> 개정합본

365일 수학愛 미치다!

첫 번째 이야기 -
도형愛 미치다. -시즌1

이주형 지음

씨실과 날실

씨실과 날실은 도서출판 세화의 자매브랜드입니다.

이 책을 지으신 선생님

이주형
멘사수학연구소 경시팀장

주요사항
한국수학올림피아드 바이블 프리미엄 (정수론, 대수, 기하, 조합) 공저
한국수학올림피아드 모의고사 및 풀이집 (KMO FINAL TEST) 공저
영재학교/과학고 합격수학 7판 저
영재학교/과학고 합격수학 입체도형 2021/22시즌 저
영재학교/과학고 합격수학 평면도형과 작도 2022/23시즌 저
영재학교/과학고 합격수학 함수 2023/24시즌 저
한국주니어수학올림피아드 최종점검 I, II, III (KJMO FINAL TEST) 저

e-mail : buraqui.lee@gmail.com

이 책의 내용에 관하여 궁금한 점이나 상담을 원하시는 독자 여러분께서는 E-MAIL이나 전화로 연락을 주시거나 도서출판 세화(www.sehwapub.co.kr) 게시판에 글을 남겨 주시면 적절한 확인 절차를 거쳐서 풀이에 관한 상세 설명을 받을 수 있습니다.

365일 수학愛미치다!
첫 번째 이야기 도형愛미치다-시즌 1

1판 1쇄 발행   2025년 04월 22일

지은이 | 이주형   **펴낸이** | 구정자
펴낸곳 | (주) 씨실과 날실   **출판등록** | (등록번호 : 2007.6.15 제302-2007-000035호)
주소 | 경기도 파주시 회동길 325-22(서패동 469-2) 1층   **전화** | (031)955-9445, **FAX** | (031)955-9446

판매대행 | 도서출판 세화   **출판등록** | (등록번호 : 1978.12.26 제1-338호)
구입문의 | (031)955-9331~2   **편집부** | (031)955-9333   **FAX** | (031)955-9334
주소 | 경기도 파주시 회동길 325-22(서패동 469-2)

정가 35,000원[365일 수학愛 미치다!(첫번째 이야기-도형愛 미치다.)-시즌 1, 2, 3, 4]
ISBN 979-11-89017-56-9 53410

※ 파손된 책은 교환하여 드립니다.

이 책의 저작권은 (주)씨실과 날실에게 있으며 무단 전재와 복제는 법으로 금지되어 있습니다. 독자여러분의 의견을 기다립니다.
Copyright ⓒ Ssisil & nalsil Publishing Co., Ltd

차 례

I 그림 그리며 풀기   1

II 그림보고 다시풀기   49

III 풀이   97

IV 개념정리   163

제 I 편

그림 그리며 풀기

문제 1 (난이도 ★★★)

$\overline{AD}\,\|\,\overline{BC}$인 사다리꼴 ABCD에서, 두 대각선 AC와 BD는 수직이다. 점 D에서 변 BC에 내린 수선의 발을 H라 하고, $\overline{BD}=20$, $\overline{BH}=16$일 때, 사다리꼴 ABCD의 넓이를 구하여라.

문제 2 (난이도 ★★★★)

사각형 ABCD에서 변 AB의 중점을 M이라 하고, 변 CD의 중점을 N이라 한다. 선분 MN과 대각선 AC, BD와의 교점을 각각 R, Q라 하고, 선분 AC와 BD의 교점을 P라 하면, $\overline{PQ}=\overline{PR}$, $\overline{BQ}:\overline{QP}:\overline{PD}=6:1:2$이다. 이때, 사각형 ABCD의 넓이는 삼각형 PQR의 넓이의 몇 배인지 구하여라.

문제 3 — 난이도 ★

정오각형 ABCDE에서 변 CD를 대각선으로 하는 정오각형 CGDHF를 그리는데, 점 G는 정오각형 ABCDE의 외부에, 점 H와 F는 정오각형 ABCDE의 내부에 오도록 한다. 이때, 사각형 FCDH의 넓이는 육각형 ABCGDE의 넓이의 몇 배인가?

문제 4 — 난이도 ★★

△ABC의 변 AC 위에 ∠ACB = ∠DBC가 되도록 점 D를 잡고, 선분 BD 위에 ∠BEC = 2 × ∠BAC가 되도록 점 E를 잡으면, $\overline{BE} = 3$, $\overline{EC} = 8$이다. 이때, 변 AC의 길이를 구하여라.

문제 5 난이도 ★★

한 변의 길이가 12인 정사각형 ABCD에서 변 BC 위에 점 P를 $\overline{BP} = 8$, $\overline{PC} = 4$가 되도록 잡고, 변 CD 위에 점 Q를 ∠BAP = ∠PAQ가 되도록 잡는다. 이때, 다음 물음에 답하여라.

(1) 선분 AQ의 길이는 선분 CQ의 길이보다 얼마나 더 긴가?

(2) 선분 AQ의 길이는 선분 DQ의 길이보다 얼마나 더 긴가?

(3) $\overline{CQ} : \overline{QD}$를 구하여라.

문제 6 난이도 ★★

사각형 ABCD에서, 변 AD, BC의 중점을 각각 M, N이라 하면, □ABNM = 30, □CDMN = 40, △ABC = 35이다. 선분 AC와 BD, 선분 BD와 MN, 선분 MN과 AC의 교점을 각각 P, Q, R이라 한다. 이때, 삼각형 PQR의 넓이를 구하여라.

문제 7 난이도 ★★

$\overline{CD} = 2$인 직사각형 ABCD에서 변 AD 위에 $\overline{AP} : \overline{PD} = 2 : 3$이 되도록 점 P를 잡고, 변 BC위에 ∠BPQ = 90°가 되도록 점 Q를 잡으면, $\overline{PQ} = \overline{QC}$이다. 이때, 선분 BP의 길이를 구하여라.

문제 8 난이도 ★★★

∠F = 90°인 직각이등변삼각형 AFE, ∠C = 90°인 직각이등변삼각형 ADC, ∠E = 90°인 직각삼각형 BED를 세 점 A, B, C와 세 점 F, E, D가 각각 한 직선 위에 오도록 그리면, ∠DAE = 21°이다. 이때, ∠BDC의 크기를 구하여라.

문제 9 (난이도 ★★★)

한 모서리의 길이가 11인 정육면체 ABCD-EFGH에서 모서리 BC 위에 $\overline{BP} = 4$가 되는 점 P를 잡고, 모서리 CD 위에 $\overline{DQ} = 7$이 되는 점 Q를 잡는다. 이 때, △PGQ의 넓이를 구하여라.

문제 10 (난이도 ★★)

$\overline{AB} = \overline{CD} = 12$, $\overline{BC} = 8$, $\overline{DE} = 6$, $\overline{EA} = 10$인 오각형 ABCDE가 있다. 이 오각형의 변 AB, BC, CD, DE, EA의 중점을 각각 P, Q, R, S, T라고 한다. 또, 선분 TQ, PR, QS, RT, SP의 중점을 각각 V, W, X, Y, Z라고 한다. 이때, $(\overline{WX} + \overline{XY} + \overline{ZV}) - (\overline{VW} + \overline{YZ})$를 구하여라.

문제 11 난이도 ★

$\overline{AB} = 9$, $\overline{BC} = 10$인 삼각형 ABC가 있다. 변 AB 위에 $\overline{AP} = 2$가 되는 점 P를 잡으면 $\overline{CP} = \overline{CA}$가 될 때, △ABC의 넓이를 구하여라.

문제 12 난이도 ★★

$\overline{AB} : \overline{BC} : \overline{DA} = 10 : 19 : 4$이고, ∠A = ∠B = 60°인 사각형 ABCD에서 $\overline{CD} = 24$일 때, 선분 BD의 길이를 구하여라.

문제 13 난이도 ★★★

$\overline{AB} = 7$, $\overline{AC} = 5$인 삼각형 ABC에서, $\angle C = \frac{1}{2} \times \angle B + 90°$이다. $\angle A$의 내각이등분선과 변 BC와의 교점을 P라고 할 때, 선분 PC의 길이를 구하여라.

문제 14 난이도 ★★

삼각형 ABC에서, $\angle ABC = 2 \times \angle ACB$이고, 점 A에서 변 BC에 내린 수선의 발을 H, 점 C에서 변 AB에 내린 수선의 발을 I라고 한다. 또, 선분 AH와 CI의 교점을 P라 하면, $\overline{CP} = 24$, $\overline{AP} = 10$이다. 이때, 선분 PH의 길이를 구하여라.

문제 15 난이도 ★★★

$\overline{AB} : \overline{AC} = 2 : 3$인 삼각형 ABC에서 ∠BAC의 이등분선과 변 BC와의 교점을 P라 한다. 선분 AP 위에 $\overline{AQ} : \overline{QP} = 3 : 2$가 되는 점 Q를 잡고, 변 AC의 중점을 N, 선분 PQ의 중점을 R이라 한다. $\overline{BQ} = 4$일 때, 선분 NR의 길이를 구하여라.

문제 16 난이도 ★★★★

$\overline{AB} = 14$인 사각형 ABCD 내부에 삼각형 APB, 삼각형 DPC가 모두 직각이등변삼각형이 되고, $\overline{CP} = 8$인 점 P를 잡는다. 변 AD의 중점을 M, 변 BC의 중점을 N이라고 하면, $\overline{MN} = 11$이다. 이때, 삼각형 PBC의 넓이를 구하여라.

문제 17 난이도 ★★★

넓이가 48인 정삼각형 ABC에서 변 AC 위에 점 E를, 변 BC의 연장선 위에 점 D를 잡으면, ∠CBE = ∠CED 이고, $\overline{BE} : \overline{ED} = 3 : 1$이다. 이때, 삼각형 ECD의 넓이를 구하여라.

문제 18 난이도 ★★★

$\overline{AB} = \overline{BC} = \overline{CD} = \overline{DA} = 3$, $\overline{AC} = 4$인 마름모 ABCD에서, 변 AB 위에 $\overline{AP} : \overline{PB} = 1 : 3$이 되도록 점 P를 잡고, 변 AD 위에 ∠PCQ = ∠BCD × $\frac{1}{2}$이 되도록 점 Q를 잡는다. 이때, 선분 AQ의 길이를 구하여라.

[문제] 19 (난이도 ★★)

$\overline{BC}=10$인 삼각형 ABC에서, 변 AB 위에 $\overline{PB}=\overline{PC}$가 되는 점 P를 잡고, 점 P를 지나 변 BC에 평행한 직선과 변 AC와의 교점을 Q라 하면, $\overline{BQ}=\overline{BC}$, $\overline{AQ}:\overline{QC}=3:7$이다. 이때, 삼각형 APQ의 넓이를 구하여라.

[문제] 20 (난이도 ★★★)

정삼각형 ABC에서 $\overline{AP}=\overline{CQ}$가 되도록 변 AB 위에 점 P를, 변 CA 위에 점 Q를 잡는다. 선분 CP와 BQ의 교점을 R이라 하면, $\overline{BR}:\overline{RC}=2:1$이다. 이때, 삼각형 RBC의 넓이는 정삼각형 ABC의 넓이의 몇 배인가?

문제 21 — 난이도 ★★★★

정삼각형 ABC와 정삼각형 ADE를 세 점 B, C, D 순으로 한 직선 위에 있으면서 $\overline{BC} : \overline{CD} = 2 : 1$이 되도록 놓는다. 선분 BE와 선분 AC, AD와의 교점을 각각 P, Q라고 한다. $\overline{AQ} = 3$일 때, 선분 QD의 길이를 구하여라.

문제 22 — 난이도 ★★

$\angle ACB = 45°$, $\overline{BC} = 2$인 삼각형 ABC에서, 변 CB의 연장선 위에 $\overline{BE} = 1$이 되는 점 E를 잡고, 점 E에서 변 AC에 내린 수선의 발을 D라 하면, $\angle EDB = \angle BAC$이다. 선분 ED와 변 AB의 교점을 F라 한다. 이때, 삼각형 AFD의 넓이를 구하여라.

문제 23 (난이도 ★★★)

$\overline{AB} = \overline{AC}$, $\overline{BC} = 5$인 이등변삼각형 ABC에서 변 AC의 연장선 위에 $\overline{AD} = 5$가 되는 점 D를 잡으면, ∠BAD = 2 × ∠ABD이다. 변 BD 위에 $\overline{DP} = 3$이 되는 점 P를 잡는다. 이때, 다음 물음에 답하여라.

(1) ∠CBD의 크기를 구하여라.

(2) △APD의 넓이를 구하여라.

문제 24 (난이도 ★★)

∠B = 90°인 직각삼각형 ABC에서, 변 AB의 중점을 M이라 하고, 점 C와 M을 연결한 다음, 선분 MB 위에 ∠MCP = ∠CMP가 되도록 점 P를 잡고, 선분 CP의 연장선 위에 ∠QMP = ∠CMP가 되는 점 Q를 잡으면, $\overline{MQ} = 8$, $\overline{CQ} = 14$이다. 이때, 선분 MC의 길이를 구하여라.

문제 25 난이도 ★★★

한 변의 길이가 4인 정사각형 ABCD에서, 변 CD 위에 $\overline{DF} = 3$이 되는 점 F를 잡고, 변 BC 위에 ∠FAE = 45°가 되는 점 E를 잡는다. 이때, 삼각형 AEC의 넓이를 구하여라.

문제 26 난이도 ★★★

∠BAC = 60°인 삼각형 ABC에서 $\overline{AP} = \overline{BP} = \overline{CP}$가 되도록 점 P를 삼각형 ABC의 내부에 잡으면, △ABP = △ABC × $\frac{1}{8}$을 만족한다. 선분 BP의 연장선과 변 AC의 교점을 R이라 한다. △APR = 3이라 할 때, △ABP의 넓이를 구하여라.

문제 27 (난이도 ★★)

$\overline{BC} = 8$, $\overline{AC} = 4$인 삼각형 ABC에서 $2 \times \angle B + \angle C = 90°$이다. 이때, 삼각형 ABC의 넓이를 구하여라.

문제 28 (난이도 ★★★)

$\overline{AB} = \overline{BC} = 90$, $\overline{CD} = 84$, $\overline{DE} = \overline{EA} = 56$, $\angle EDC = 90°$, $\angle ABC + \angle DEA = 180°$인 오각형 ABCDE가 있다. 점 B에서 변 EA의 연장선에 내린 수선의 발을 H라 하면, $\overline{HB} = 54$, $\overline{HA} = 72$이다. 이때, 오각형 ABCDE의 넓이를 구하여라.

문제 29 난이도 ★★★

$\overline{AB} : \overline{BC} = 2 : 5$인 삼각형 ABC에서, ∠B의 이등분선이 변 AC와 만나는 점을 E라 하고, 점 C에서 선분 BE의 연장선에 내린 수선의 발을 D라고 할 때, 삼각형 ABE와 삼각형 DEC의 넓이의 비를 구하여라.

문제 30 난이도 ★★

평행사변형 ABCD에서 변 CD 위에 $\overline{CP} : \overline{PD} = 3 : 2$가 되도록 점 P를 잡고, 점 A에서 선분 BP에 내린 수선의 발을 H라 한다. $\overline{AD} = \overline{AH} = \overline{HB} = \overline{BC} = 3$일 때, 평행사변형 ABCD의 넓이를 구하여라.

문제 31 난이도 ★★★

∠ACB = 15°인 삼각형 ABC에서, 점 A에서 변 BC에 내린 수선의 발을 D라 하고, 변 AC 위에 ∠ABE = 15°가 되도록 점 E를 잡는다. $\overline{BD}$ = 8, $\overline{DC}$ = 28일 때, 삼각형 EDC의 넓이를 구하여라.

문제 32 난이도 ★★★

정육각형 ABCDEF의 변 BC, DE 위에 각각 점 P, Q를 잡아 삼각형 APQ를 만드는데, 삼각형 APQ의 둘레의 길이가 최소가 되도록 한다. 이때, 다음 물음에 답하여라.

(1) $\overline{BP} : \overline{PC}$를 구하여라.

(2) $\overline{DQ} : \overline{QE}$를 구하여라.

문제 33 난이도 ★★★

넓이가 100인 정삼각형 ABC에서 변 AB의 삼등분점을 점 A에 가까운 점부터 D, E라 하고, 변 BC의 삼등분점을 점 B에 가까운 점부터 F, G라 하고, 변 CA의 삼등분점을 점 C에 가까운 점부터 H, I라 한다. 선분 AF와 선분 BI, EC와의 교점을 각각 P, Q라 하고, 선분 BH와 EC의 교점을 R이라 하고, 선분 GA와 선분 BH, DC와의 교점을 각각 S, T라 하고, 선분 CD와 BI의 교점을 U라 한다. 이때, 육각형 PQRSTU의 넓이를 구하여라.

문제 34 난이도 ★★★

∠A = 120°인 삼각형 ABC에서 ∠B의 내각이등분선과 변 CA와의 교점을 D라 하고, ∠C의 내각이등분선과 변 AB와의 교점을 E라 한다. 선분 BD와 CE의 교점을 P라 하면, $\overline{BP} : \overline{PD} = 5 : 1$이다. $\overline{BE} = 12$일 때, 선분 CD의 길이를 구하여라.

문제 35 난이도 ★★★

넓이가 28인 사각형 ABCD에서 $\overline{BC} = 10$, $\angle D = 90°$ 이다. 대각선 AC와 BD의 교점을 P라 하면, $\angle PCB = 2 \times \angle DAP$이고, △ABP의 넓이는 △PCD의 넓이의 6배이다. 이때, 다음 물음에 답하여라.

(1) 선분 PC의 길이를 구하여라.

(2) △APD의 넓이를 구하여라.

문제 36 난이도 ★★★★

$\overline{AB} = 16$, $\overline{AC} = 14$인 삼각형 ABC에서 변 BC의 중점을 M, 변 AB 위에 $\overline{AP} = 9$인 점 P, 변 AC 위에 $\overline{AQ} = 11$인 점 Q를 잡으면, $\angle PMQ = 90°$, $\overline{MP} = \overline{MQ}$이다. 이때, 삼각형 ABC의 넓이를 구하여라.

문제 37 난이도 ★★★★

$\overline{AB} \parallel \overline{CD}$인 사다리꼴 ABCD에서 대각선 AC가 ∠BCD의 내각이등분선이고,

$$\angle ACD : \angle CAD : \angle BDC = 1 : 2 : 4$$

일 때, 다음 물음에 답하여라.

(1) ∠BAD의 크기를 구하여라.

(2) ∠ABC의 크기를 구하여라.

문제 38 난이도 ★★★★

$\overline{AB} = \overline{AC} = 14$인 이등변삼각형 ABC의 내부에 $\overline{AP} = 10$이 되는 점 P를 잡으면, ∠PBC = ∠ACP이다. △PBC = 18일 때, 삼각형 ABC의 넓이를 구하여라.

문제 39 난이도 ★★

삼각형 ABC는 ∠B = 90°인 직각삼각형이고, 삼각형 DCE는 ∠C = 90°인 직각삼각형으로, 두 삼각형 ABC와 DCE는 합동이다. 변 AC와 DE의 교점을 P라 한다. $\overline{BC} = 2 \times \overline{AB}$일 때, ∠BPA의 크기를 구하여라. 단, $\overline{AB} = \overline{DC}$, $\overline{BC} = \overline{CE}$, $\overline{AC} = \overline{DE}$이다.

문제 40 난이도 ★★★

삼각형 ABC에서 $\overline{DE} \parallel \overline{BC}$가 되도록 변 AB 위에 점 D를, 변 AC 위에 점 E를 잡고, 선분 DC와 BE의 교점을 O라고 한다. △OBC = 36, △ODE = 16일 때, 삼각형 ABC의 넓이를 구하여라.

문제 41 (난이도 ★★★)

정삼각형 ABC의 변 AB, BC, CA 위에 각각 점 D, E, F를 $\overline{DB} = \frac{1}{4} \times \overline{AB}$, $\overline{BE} = \frac{1}{2} \times \overline{BC}$, $\overline{CF} = \frac{3}{4} \times \overline{CA}$가 되도록 잡는다. 세 점 A, D, F를 지나는 원과 세 점 D, B, E를 지나는 원의 교점을 G라고 하면, 점 G는 △ABC의 내부에 존재한다. △ABC의 넓이가 160일 때, 세 개의 사각형 ADGF, DBEG, ECFG 중에서 넓이가 가장 작은 것의 넓이를 구하여라.

문제 42 (난이도 ★★)

직사각형 ABCD의 내부의 점 P에 대하여, ∠APD = 110°, ∠BPC = 70°, ∠PCB = 30°이다. 이때, ∠PAD의 크기를 구하여라.

문제 43

∠B = ∠C = 80°인 이등변삼각형 ABC에서 ∠CBD = 60°, ∠BCE = 50°가 되도록 점 D와 E를 각각 변 AC, AB 위에 잡는다. 이때, ∠ADE의 크기를 구하여라.

문제 44

사각형 ABCD에서 대각선 AC와 BD의 중점을 각각 N, M이라 하고, 대각선 AC와 BD의 교점을 P라 한다. □ABCD = 80, △AMC = 20, △BND = 12일 때, 삼각형 PBC의 넓이를 구하여라.

문제 45   난이도 ★★★★

$\overline{AB} = \overline{AC} = 6$, $\overline{BC} = 4$인 이등변삼각형 ABC에서 변 AC 위에 $\overline{AF} = 4$가 되도록 점 F를, 변 BC의 연장선 위에 $\overline{CD} = 8$이 되는 점 D를 잡는다. 선분 BF의 연장선과 선분 AD의 교점을 E라 할 때, $\overline{AE} : \overline{FE}$를 구하여라.

문제 46   난이도 ★★★

넓이가 100인 삼각형 ABC에서 $\overline{AD} : \overline{DB} = \overline{BE} : \overline{EC} = 4 : 1$, $\overline{CF} : \overline{FA} = 3 : 2$가 되도록 변 AB, BC, CA 위에 각각 점 D, E, F를 잡는다. 선분 AE, BF, CD의 중점을 각각 P, Q, R이라 할 때, △PQR의 넓이를 구하여라.

문제 47 난이도 ★★★

예각삼각형 ABC의 내부의 점 P가

$$\overline{AP} \times \overline{BC} = \overline{BP} \times \overline{CA} = \overline{CP} \times \overline{AB}$$

를 만족한다. ∠BAC = 50°일 때, ∠BPC의 크기를 구하여라.

문제 48 난이도 ★★★★

$\overline{AB} = 14$, $\overline{AC} = 22$인 삼각형 ABC에서, 점 A에서 변 BC에 내린 수선의 발을 H라 하고, ∠DAC = 60°가 되도록 선분 BH위에 점 D를 잡으면, ∠BAD = 2 × ∠DAH이다. 이때, $\overline{BH} : \overline{HC}$를 구하여라.

문제 49 난이도 ★★★

변 AB의 길이가 변 BC의 길이보다 짧고, ∠B = 90°이고, 넓이가 200인 직각삼각형 ABC에서 변 AC, 변 AB, 변 BC 위에 각각 점 D, E, F를 잡아 정사각형 DEFG를 그리면, 점 G는 ∠EFB = ∠GFC를 만족하는 △ABC의 내부의 점이다. 정사각형 DEFG의 넓이가 64일 때, $\overline{BF}:\overline{FC}$를 구하여라.

문제 50 난이도 ★★★★

삼각형 ABC에서 변 AB, AC 위에 각각 점 D, E를 잡고, 선분 BE 위에 점 F를 잡으면, ∠ACF = 52.5°, ∠AED = 65°, ∠BED = 30°, ∠BCF = 17.5°, ∠DBE = 25°이다. 이때, ∠BDF를 구하여라.

문제 51 난이도 ★★★

∠BCD = 45°인 예각삼각형 BCD에서, 점 C에서 변 BD에 내린 수선의 발을 A라 하면, $\overline{AB} = 3$, $\overline{AC} = 11$이다. 이때, 선분 AD의 길이를 구하여라.

문제 52 난이도 ★★★

정사각형 ABCD에서 $\overline{AE} : \overline{EB} = 2 : 3$이 되도록 변 AB 위에 점 E를 $\overline{BF} : \overline{FC} = 4 : 1$이 되도록 변 BC위에 점 F를 잡는다. 점 D에서 EF에 내린 수선의 발을 G라 하면, $\overline{DG} = 5$이다. 이때, 정사각형 ABCD의 한 변의 길이를 구하여라.

문제 53   난이도 ★★★

삼각형 ABC에서 점 A에서 변 BC에 내린 수선의 발을 D라 하면, $\overline{BD}$ = 3이다. ∠AEB = 45°가 되도록 변 AC 위에 점 E를 잡고, 선분 AD와 BE의 교점을 F라 하면, $\overline{BF}$ = $\overline{FE}$이다. 점 E에서 변 BC에 내린 수선의 발을 G라 하면, $\overline{EG}$ = 3이다. 이때, 삼각형 ABC의 넓이를 구하여라.

문제 54   난이도 ★★★★

$\overline{AB}$ = 13, $\overline{BC}$ = 11, $\overline{CD}$ = 8, $\overline{DA}$ = 4인 사각형 ABCD에서 ∠BAD = ∠BCD = 90°이다. 이때, 삼각형 ABC의 넓이를 구하여라.

문제 55 난이도 ★★★★★

$\overline{AD} \parallel \overline{BC}$, $\overline{AB} = \overline{BC} = 2$, ∠A = 72°, ∠C = 54°인 사다리꼴 ABCD와 $\overline{EF} = 1$, $\overline{FG} = 2$, ∠E = 90°, ∠G = 72°, ∠H = 54°인 사각형 EFGH와 ∠I = 90°, ∠K = 72°, ∠L = 54°인 사각형 IJKL이 있다. $\overline{AD} = \overline{JK}$, $\overline{GH} = \overline{IJ}$일 때, 사각형 ABCD, EFGH, IJKL의 넓이의 비를 구하여라.

문제 56 난이도 ★★★★

$\overline{AB} = 28$, $\overline{BC} = 30$, $\overline{CA} = 36$인 삼각형 ABC에서 점 B에서 ∠A의 내각이등분선과 ∠C의 내각이등분선에 내린 수선의 발을 각각 P, Q라고 할 때, 선분 PQ의 길이를 구하여라.

문제 57 난이도 ★★★

삼각형 ABC에서 변 AB 위에 점 P를 잡고, 변 AC 위에 점 Q를 잡고, 선분 PC와 QB의 교점을 O라 하면, △PBO = 28, △OBC = 16, △QCO = 8이다. 이때, 삼각형 ABC의 넓이를 구하여라.

문제 58 난이도 ★★★

$\overline{AB} : \overline{AC} : \overline{BC} = 3 : 4 : 5$인 직각삼각형 ABC에서 $\overline{AF} : \overline{FB} = 4 : 5$, $\overline{AE} : \overline{EC} = 7 : 5$가 되도록 점 F, E를 각각 변 AB, AC 위에 잡고, △AEF = △DEF가 되도록 점 D를 변 BC에 잡는다. 이때, $\overline{BD} : \overline{DC}$를 구하여라.

문제 59 난이도 ★★

정오각형 ABCDE에서 대각선 AD와 BE, CE와의 교점을 각각 G, F라 한다. 이때, ∠EBF와 ∠BFC의 크기를 각각 구하여라.

문제 60 난이도 ★★

$\overline{AB} = \overline{BC} = \overline{DA}$, ∠A = 90°, ∠B = 150°인 사각형 ABCD에서 ∠ADC의 크기를 구하여라.

문제 61 난이도 ★★★★

정 10각형 ABCDEFGHIJ에서 변 AB위에 점 P, 변 AJ 위에 점 Q를 잡으면 ∠PFQ = 18°, ∠AQP = 17°이다. 이때, ∠BPF의 크기를 구하여라.

문제 62 난이도 ★★★

∠ADC = 117°, ∠DAB = 90°, ∠DCB = 72°인 사각형 ABCD의 내부에 $\overline{AB} = \overline{DP}$, ∠ADP = 36°, ∠DPC = 45°가 되도록 점 P를 잡는다. 이때, ∠DAP의 크기를 구하여라.

문제 63 (난이도 ★★★★)

삼각형 ABC에서 변 AB의 중점을 F라 하고, 변 BC위에 $\overline{BD}:\overline{DC}=1:2$인 점 D를 잡고, 변 CA위에 $\overline{CE}:\overline{EA}=4:3$이 되는 점 E를 잡는다. 선분 AD, BE, CF의 중점을 각각 L, M, N이라 한다. △ABC = 63일 때, 삼각형 LMN의 넓이를 구하여라.

문제 64 (난이도 ★★★★)

$\overline{AB}=80$, $\overline{CD}=50$, $\overline{EA}=25$이고 모든 내각이 180°보다 작은 오각형 ABCDE에서 ∠ABC + ∠ADC + ∠DAE = 180°, ∠BAC + ∠ACD + ∠AED = 180°, ∠ADC > 90°, ∠AED > 90°, ∠AED = 2 × ∠ABC이다. 이때, 오각형 ABCDE의 넓이를 구하여라.

문제 65 난이도 ★★★★

$\overline{AB} = \overline{AE}$, $\angle BAE = \angle BCD = \angle CDE = 120°$, $\overline{BC} : \overline{CD} : \overline{DE} = 1 : 3 : 2$인 오각형 ABCDE에서 △ABE = 7일 때, 사각형 BCDE의 넓이를 구하여라.

문제 66 난이도 ★★★★

정사각형 ABCD의 변 AB 위에 점 E를 잡고, 점 B를 선분 CE에 대하여 대칭이동시킨 점을 B'라고 하고, 선분 AB'의 연장선과 변 BC의 교점을 M이라 한다. 점 M이 변 BC의 중점이 될 때, 삼각형 AB'E의 넓이는 정사각형 ABCD의 넓이의 몇 배인가?

문제 67 난이도 ★★★

직사각형 ABCD에서 변 CD 위에 한 점 F를 잡아 선분 AF에 대하여 점 D를 대칭이동시키면 변 BC 위의 점 E로 이동하고, ∠AEB = 60°이다. 이때, 생기는 네 개의 직각삼각형 △ABE, △AEF, △ECF, △AFD의 내접원 가운데 큰 원과 가장 작은 원의 넓이의 비를 구하여라.

문제 68 난이도 ★★★

∠B = 90°인 직각삼각형 ABC에서 변 AB위에 점 D를, 변 BC위에 점 E를 잡고, 선분 AE와 CD의 교점을 F라 한다. $\overline{AD} = 5$, $\overline{DB} = 3$, $\overline{BE} = 4$, ∠ADC + ∠AEC = 225° 일 때, 삼각형 AFC의 넓이를 구하여라.

문제 69   난이도 ★★★

$\overline{AB} = 12$, $\overline{BC} = 16$인 직사각형 ABCD에서 $\overline{AE} = 12$, $\overline{CF} = 4$가 되도록 점 E, F를 각각 변 AD, CD 위에 잡고, 선분 AF와 CE의 교점을 G라 한다. 이때, 사각형 ABCG의 넓이를 구하여라.

문제 70   난이도 ★★

∠C = 90°인 직각삼각형 ABC에서 ∠BAD : ∠DAC = 2 : 1이 되도록 변 BC위에 점 D를 잡으면 △DAC와 △ABC는 닮음이다. $\overline{AC} = 12$일 때, 삼각형 ABD의 넓이를 구하여라.

문제 71 — 난이도 ★★★

∠C = 90°인 직각삼각형 ABC에서, 사각형 DBEF가 마름모가 되도록 점 D, E, F를 각각 변 AB, BC, CA 위에 잡는다. 삼각형 ADF의 내접원을 P, 삼각형 FEC의 내접원을 Q라 한다. 원 P, Q의 반지름의 길이가 각각 10, 8일 때, 삼각형 ABC의 넓이를 구하여라.

문제 72 — 난이도 ★★★

∠ABC = 30°인 삼각형 ABC의 내부에 $\overline{DB} = \overline{DC}$, ∠DBC = 20°를 만족도록 점 D를 잡는다. 선분 AD의 연장선과 변 BC의 교점을 E라 한다. $\overline{BE} = \overline{AE}$일 때, ∠ACD의 크기를 구하여라.

문제 73 난이도 ★★

$\overline{AB} = \overline{BC}$인 삼각형 ABC의 내부에 $\overline{BD} = \overline{AC}$, ∠ABD = 12°, ∠CBD = 24°를 만족하도록 점 D를 잡는다. 이때, ∠ADC의 크기를 구하여라.

문제 74 난이도 ★★★

$\overline{AB} = 29$, $\overline{AD} = 37$인 직사각형에서 변 BC위에 점 E를, 변 CD위에 점 F를 잡고, 대각선 BD와 선분 AE, AF와의 교점을 각각 G, H라 하고, 점 G를 변 AB에 대하여 대칭이동 시킨 점을 I라 한다. △ABG = △ADH, $\overline{DF} = 8$일 때, 사각형 DIBE의 넓이를 구하여라.

문제 75 난이도 ★★★

$\overline{AB} = 9$, $\overline{BC} = 16$, $\overline{CA} = 17$인 삼각형 ABC의 내접원과 변 BC, CA, AB와의 접점을 각각 D, E, F라 한다. 선분 AD와 BE의 교점을 P라 할 때, $\overline{AP} : \overline{PD}$를 구하여라.

문제 76 난이도 ★★★★

정사각형 ABCD에서 변 AD의 중점을 E라 하고, 선분 EC위에 $\overline{EF} : \overline{FC} = 1 : 2$가 되는 점 F를, 선분 FB위에 $\overline{EG} : \overline{GB} = 1 : 3$이 되는 점 G를, 선분 GA위에 $\overline{GH} : \overline{HA} = 1 : 4$가 되는 점 H를 잡는다. 또, 선분 HD와 EC의 교점을 I라 한다. 정사각형 ABCD의 넓이가 1440일 때, 사각형 GFIH의 넓이를 구하여라.

문제 77 난이도 ★★★

$\overline{AB} = 26$, $\overline{CA} = 65$인 삼각형 ABC에서 변 BC위에 $\overline{BD} : \overline{DC} = 1 : 2$가 되는 점 D를 잡으면, $\overline{AD} = 13$이다. 이때, 삼각형 ABC의 넓이를 구하여라.

문제 78 난이도 ★★★

한 변의 길이가 16인 정사각형 ABCD에서 변 AD 위에 $\overline{AE} = 4$인 점 E를 잡고, 점 A를 선분 EB에 대하여 대칭이동시킨 점을 A'라 하고, 선분 EA'의 연장선과 변 DC와의 교점을 F라 한다. 이때, 삼각형 DEF의 넓이를 구하여라.

문제 79   난이도 ★★

$\overline{AB} = 8$, $\overline{BC} = 12$, $\overline{CD} = 10$, $\overline{DA} = 6$인 사각형 ABCD에서 대각선 AC, BD의 중점을 각각 M, N이라 한다. $\overline{MN} = 3$일 때, 사각형 ABCD의 넓이를 구하여라.

문제 80   난이도 ★★

직사각형 ABCD에서 변 CD의 중점을 E이라 하고, 변 AB의 3등분점 중 점 A에 가까운 순으로 F, G라고 한다. 대각선 AC와 선분 FE, GE와의 교점을 각각 P, Q라 한다. △EPQ = 3일 때, 직사각형 ABCD의 넓이를 구하여라.

문제 81   난이도 ★★

∠B = 34°, ∠C = 63°인 삼각형 ABC에서 변 AB, BC의 중점을 각각 D, E라 한다. 점 A에서 변 BC에 내린 수선의 발을 F라 할 때, ∠EDF의 크기를 구하여라.

문제 82   난이도 ★★★

∠BAC = 20°, $\overline{AB} = \overline{AC}$인 삼각형 ABC에서 변 AB위에 $\overline{AD} = \overline{BC}$가 되도록 점 D를 잡는다. 이때, ∠BDC의 크기를 구하여라.

문제 83 난이도 ★★★

$\overline{CA} = 5$, $\overline{BC} = 3$, $\overline{AB} = 4$인 직각삼각형 ABC에서 내심을 I라 한다. 삼각형 IBC의 외접원과 변 AC와의 교점을 P라 할 때, 선분 AP의 길이를 구하여라.

문제 84 난이도 ★★★

반지름이 15인 원에 내접하는 사각형 ABCD에서 대각선 AC는 원의 지름이고, $\overline{BD} = \overline{AB}$이다. 두 대각선 AC와 BD의 교점을 P라 한다. $\overline{PC} = 6$일 때, 변 CD의 길이를 구하여라.

문제 85 난이도 ★★★

∠BAC = 90°인 직각이등변삼각형 ABC에서 변 BC위에 $\overline{BD} = 2 \times \overline{CD}$를 만족하도록 점 D를 잡고, 점 B에서 선분 AD에 내린 수선의 발을 E라 한다. 이때, ∠CED의 크기를 구하여라.

문제 86 난이도 ★★

삼각형 ABC에서 $\overline{DB} = 14$, $\overline{DA} = 13$, $\overline{DC} = 4$, △ADB의 외접원과 △ADC의 외접원이 합동이 되도록 점 D를 변 BC위에 잡을 때, △ABC의 넓이를 구하여라.

문제 87 난이도 ★★★

넓이가 360인 삼각형 ABC의 외접원의 중심을 O라 하고, 선분 AO의 연장선과 외접원 O와의 교점을 P라 하고, 선분 AP와 변 BC의 교점을 Q라 한다. 또, 점 Q에서 변 AB, AC에 내린 수선의 발을 각각 M, N이라 한다. 이때, 사각형 AMPN의 넓이를 구하여라.

문제 88 난이도 ★★★

$\overline{AB} = 5, \overline{AD} = 3, \angle BAD + \angle BCA = 180°$인 사각형 ABCD에서 두 대각선의 교점을 O라 한다. $\overline{AC} = 4, \overline{BO} : \overline{OD} = 7 : 6$일 때, 변 BC의 길이를 구하여라.

문제 89   난이도 ★★

정삼각형 ABC에서 변 AB, AC 위에 $\overline{AP} = \overline{CQ}$가 되도록 각각 점 P, Q를 잡는다. 선분 PQ의 중점을 M이라 하면 $\overline{AM} = 19$이다. 이때, 선분 PC의 길이를 구하여라.

문제 90   난이도 ★★

$\overline{AC} = \overline{BC} = 10$, $\angle C = 90°$인 직각이등변삼각형 ABC에서 변 BC의 중점을 D라 하고, 점 C를 지나 선분 AD에 수직인 직선과 변 AB와의 교점을 E라 한다. 또, 점 E에서 변 BC에 내린 수선의 발을 F라 한다. 이때, 선분 EF의 길이를 구하여라.

문제 91 난이도 ★★

$\overline{AB} = \overline{AC}$인 이등변삼각형 ABC에서 변 AB위에 $\overline{AP} : \overline{PB} = 5 : 1$이 되는 점 P를 잡고, 선분 AP를 한 변으로 하는 정삼각형 APQ가 되도록 점 Q를 변 BC위에 잡는다. 이때, $\overline{BQ} : \overline{QC}$를 구하여라.

제 II 편

그림보고 다시풀기

문제 1

$\overline{AD} \parallel \overline{BC}$인 사다리꼴 ABCD에서, 두 대각선 AC와 BD는 수직이다. 점 D에서 변 BC에 내린 수선의 발을 H라 하고, $\overline{BD} = 20$, $\overline{BH} = 16$일 때, 사다리꼴 ABCD의 넓이를 구하여라.

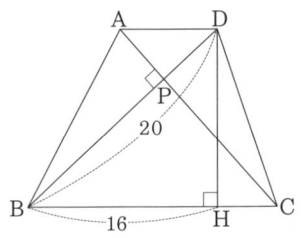

문제 2

사각형 ABCD에서 변 AB의 중점을 M이라 하고, 변 CD의 중점을 N이라 한다. 선분 MN과 대각선 AC, BD와의 교점을 각각 R, Q라 하고, 선분 AC와 BD의 교점을 P라 하면, $\overline{PQ} = \overline{PR}$, $\overline{BQ} : \overline{QP} : \overline{PD} = 6 : 1 : 2$이다. 이때, 사각형 ABCD의 넓이는 삼각형 PQR의 넓이의 몇 배인지 구하여라.

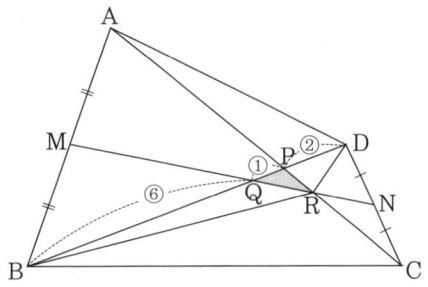

문제 3 〔그림보고 다시 풀기〕

정오각형 ABCDE에서 변 CD를 대각선으로 하는 정오각형 CGDHF를 그리는데, 점 G는 정오각형 ABCDE의 외부에, 점 H와 F는 정오각형 ABCDE의 내부에 오도록 한다. 이때, 사각형 FCDH의 넓이는 육각형 ABCGDE의 넓이의 몇 배인가?

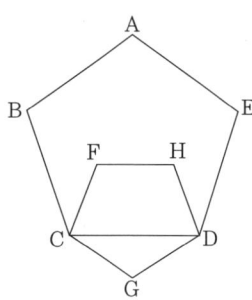

문제 4 〔그림보고 다시 풀기〕

△ABC의 변 AC 위에 ∠ACB = ∠DBC가 되도록 점 D를 잡고, 선분 BD 위에 ∠BEC = 2 × ∠BAC가 되도록 점 E를 잡으면, $\overline{BE} = 3$, $\overline{EC} = 8$이다. 이때, 변 AC의 길이를 구하여라.

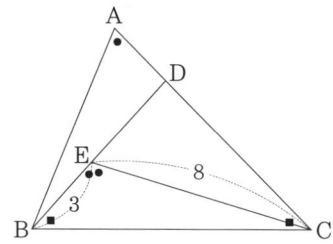

문제 5 〔그림보고 다시 풀기〕

한 변의 길이가 12인 정사각형 ABCD에서 변 BC 위에 점 P를 $\overline{BP} = 8$, $\overline{PC} = 4$가 되도록 잡고, 변 CD 위에 점 Q를 ∠BAP = ∠PAQ가 되도록 잡는다. 이때, 다음 물음에 답하여라.

(1) 선분 AQ의 길이는 선분 CQ의 길이보다 얼마나 더 긴가?

(2) 선분 AQ의 길이는 선분 DQ의 길이보다 얼마나 더 긴가?

(3) $\overline{CQ} : \overline{QD}$를 구하여라.

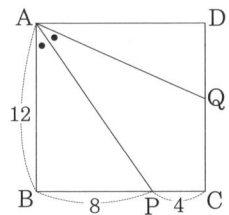

문제 6 〔그림보고 다시 풀기〕

사각형 ABCD에서, 변 AD, BC의 중점을 각각 M, N이라 하면, □ABNM = 30, □CDMN = 40, △ABC = 35이다. 선분 AC와 BD, 선분 BD와 MN, 선분 MN과 AC의 교점을 각각 P, Q, R이라 한다. 이때, 삼각형 PQR의 넓이를 구하여라.

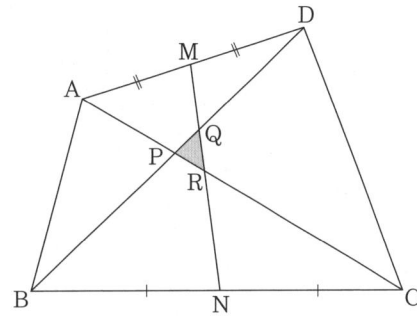

문제 7 *그림보고 다시 풀기*

$\overline{CD} = 2$인 직사각형 ABCD에서 변 AD 위에 $\overline{AP} : \overline{PD} = 2 : 3$이 되도록 점 P를 잡고, 변 BC위에 ∠BPQ = 90°가 되도록 점 Q를 잡으면, $\overline{PQ} = \overline{QC}$이다. 이때, 선분 BP의 길이를 구하여라.

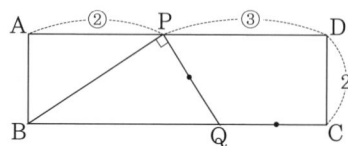

문제 8 *그림보고 다시 풀기*

∠F = 90°인 직각이등변삼각형 AFE, ∠C = 90°인 직각이등변삼각형 ADC, ∠E = 90°인 직각삼각형 BED를 세 점 A, B, C와 세 점 F, E, D가 각각 한 직선 위에 오도록 그리면, ∠DAE = 21°이다. 이때, ∠BDC의 크기를 구하여라.

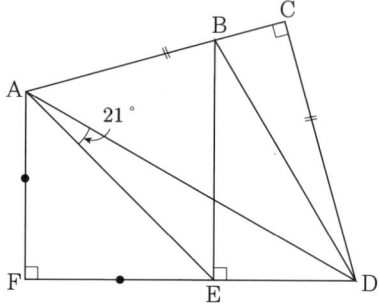

문제 9 그림보고 다시 풀기

한 모서리의 길이가 11인 정육면체 ABCD-EFGH에서 모서리 BC 위에 $\overline{BP} = 4$가 되는 점 P를 잡고, 모서리 CD 위에 $\overline{DQ} = 7$이 되는 점 Q를 잡는다. 이 때, △PGQ의 넓이를 구하여라.

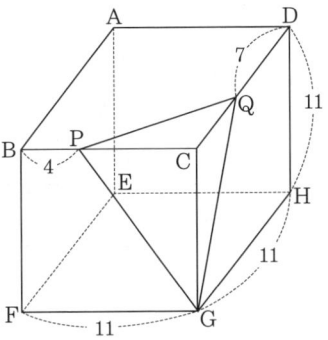

문제 10 그림보고 다시 풀기

$\overline{AB} = \overline{CD} = 12$, $\overline{BC} = 8$, $\overline{DE} = 6$, $\overline{EA} = 10$인 오각형 ABCDE가 있다. 이 오각형의 변 AB, BC, CD, DE, EA의 중점을 각각 P, Q, R, S, T라고 한다. 또, 선분 TQ, PR, QS, RT, SP의 중점을 각각 V, W, X, Y, Z라고 한다. 이때, $(\overline{WX} + \overline{XY} + \overline{ZV}) - (\overline{VW} + \overline{YZ})$를 구하여라.

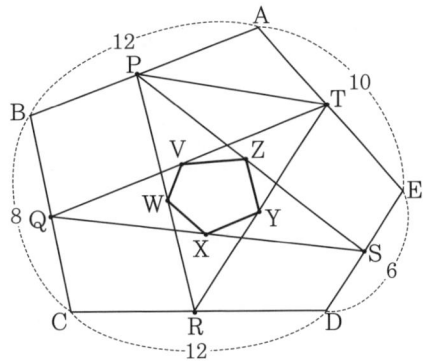

문제 11 — 그림보고 다시 풀기

$\overline{AB} = 9$, $\overline{BC} = 10$인 삼각형 ABC가 있다. 변 AB 위에 $\overline{AP} = 2$가 되는 점 P를 잡으면 $\overline{CP} = \overline{CA}$가 될 때, △ABC의 넓이를 구하여라.

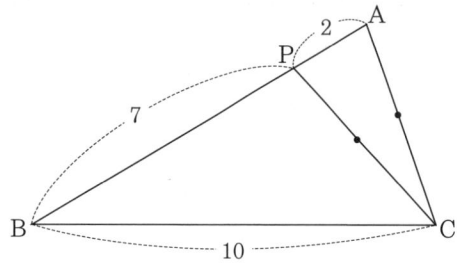

문제 12 — 그림보고 다시 풀기

$\overline{AB} : \overline{BC} : \overline{DA} = 10 : 19 : 4$이고, $\angle A = \angle B = 60°$인 사각형 ABCD에서 $\overline{CD} = 24$일 때, 선분 BD의 길이를 구하여라.

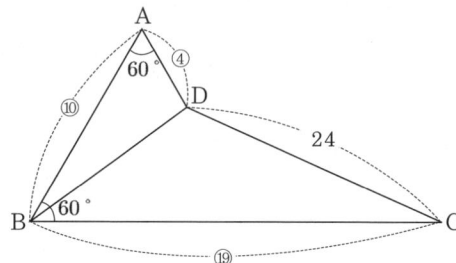

문제 13　　　　　　　　　　　　　　그림보고 다시 풀기

$\overline{AB} = 7$, $\overline{AC} = 5$인 삼각형 ABC에서, $\angle C = \dfrac{1}{2} \times \angle B + 90°$이다. $\angle A$의 내각이등분선과 변 BC와의 교점을 P라고 할 때, 선분 PC의 길이를 구하여라.

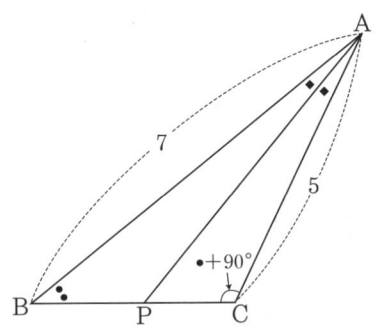

문제 14　　　　　　　　　　　　　　그림보고 다시 풀기

삼각형 ABC에서, $\angle ABC = 2 \times \angle ACB$이고, 점 A에서 변 BC에 내린 수선의 발을 H, 점 C에서 변 AB에 내린 수선의 발을 I라고 한다. 또, 선분 AH와 CI의 교점을 P라 하면, $\overline{CP} = 24$, $\overline{AP} = 10$이다. 이때, 선분 PH의 길이를 구하여라.

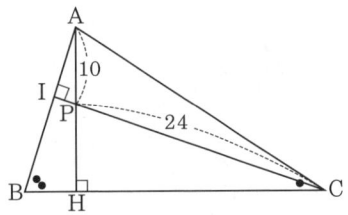

문제 15 — 그림보고 다시 풀기

$\overline{AB} : \overline{AC} = 2 : 3$인 삼각형 ABC에서 ∠BAC의 이등분선과 변 BC와의 교점을 P라 한다. 선분 AP 위에 $\overline{AQ} : \overline{QP} = 3 : 2$가 되는 점 Q를 잡고, 변 AC의 중점을 N, 선분 PQ의 중점을 R이라 한다. $\overline{BQ} = 4$일 때, 선분 NR의 길이를 구하여라.

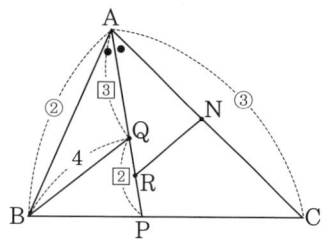

문제 16 — 그림보고 다시 풀기

$\overline{AB} = 14$인 사각형 ABCD 내부에 삼각형 APB, 삼각형 DPC가 모두 직각이등변삼각형이 되고, $\overline{CP} = 8$인 점 P를 잡는다. 변 AD의 중점을 M, 변 BC의 중점을 N이라고 하면, $\overline{MN} = 11$이다. 이때, 삼각형 PBC의 넓이를 구하여라.

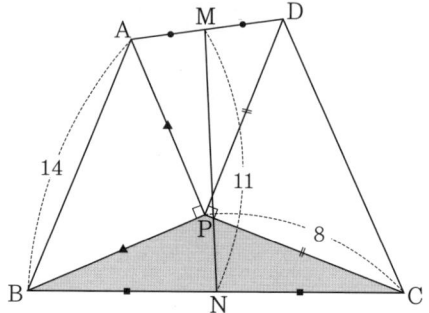

문제 17 *그림보고 다시 풀기*

넓이가 48인 정삼각형 ABC에서 변 AC 위에 점 E를, 변 BC의 연장선 위에 점 D를 잡으면, ∠CBE = ∠CED 이고, $\overline{BE}:\overline{ED} = 3:1$이다. 이때, 삼각형 ECD의 넓이를 구하여라.

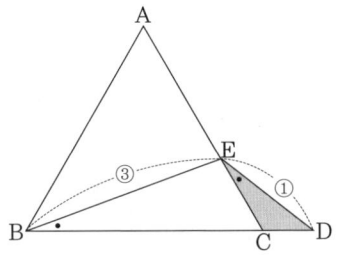

문제 18 *그림보고 다시 풀기*

$\overline{AB} = \overline{BC} = \overline{CD} = \overline{DA} = 3$, $\overline{AC} = 4$인 마름모 ABCD에서, 변 AB 위에 $\overline{AP}:\overline{PB} = 1:3$이 되도록 점 P를 잡고, 변 AD 위에 ∠PCQ = ∠BCD × $\frac{1}{2}$이 되도록 점 Q를 잡는다. 이때, 선분 AQ의 길이를 구하여라.

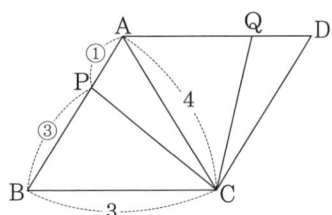

문제 19 그림보고 다시 풀기

$\overline{BC} = 10$인 삼각형 ABC에서, 변 AB 위에 $\overline{PB} = \overline{PC}$가 되는 점 P를 잡고, 점 P를 지나 변 BC에 평행한 직선과 변 AC와의 교점을 Q라 하면, $\overline{BQ} = \overline{BC}$, $\overline{AQ} : \overline{QC} = 3 : 7$이다. 이때, 삼각형 APQ의 넓이를 구하여라.

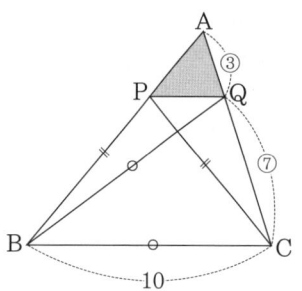

문제 20 그림보고 다시 풀기

정삼각형 ABC에서 $\overline{AP} = \overline{CQ}$가 되도록 변 AB 위에 점 P를, 변 CA 위에 점 Q를 잡는다. 선분 CP와 BQ의 교점을 R이라 하면, $\overline{BR} : \overline{RC} = 2 : 1$이다. 이때, 삼각형 RBC의 넓이는 정삼각형 ABC의 넓이의 몇 배인가?

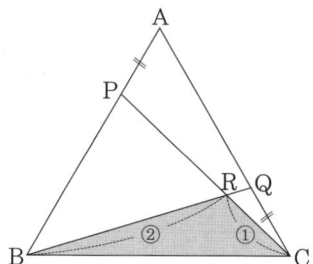

[문제] 21 ― 그림보고 다시 풀기

정삼각형 ABC와 정삼각형 ADE를 세 점 B, C, D 순으로 한 직선 위에 있으면서 $\overline{BC} : \overline{CD} = 2 : 1$이 되도록 놓는다. 선분 BE와 선분 AC, AD와의 교점을 각각 P, Q 라고 한다. $\overline{AQ} = 3$일 때, 선분 QD의 길이를 구하여라.

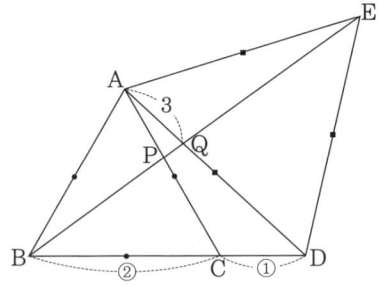

[문제] 22 ― 그림보고 다시 풀기

$\angle ACB = 45°$, $\overline{BC} = 2$인 삼각형 ABC에서, 변 CB의 연장선 위에 $\overline{BE} = 1$이 되는 점 E를 잡고, 점 E에서 변 AC에 내린 수선의 발을 D라 하면, $\angle EDB = \angle BAC$이다. 선분 ED와 변 AB의 교점을 F라 한다. 이때, 삼각형 AFD의 넓이를 구하여라.

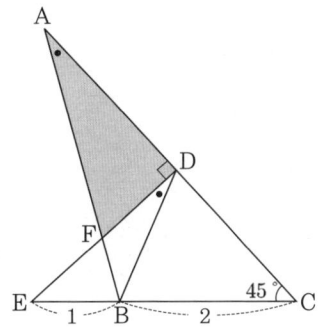

문제 23 — 그림보고 다시 풀기

$\overline{AB} = \overline{AC}$, $\overline{BC} = 5$인 이등변삼각형 ABC에서 변 AC의 연장선 위에 $\overline{AD} = 5$가 되는 점 D를 잡으면, ∠BAD = 2 × ∠ABD이다. 변 BD 위에 $\overline{DP} = 3$이 되는 점 P를 잡는다. 이때, 다음 물음에 답하여라.

(1) ∠CBD의 크기를 구하여라.

(2) △APD의 넓이를 구하여라.

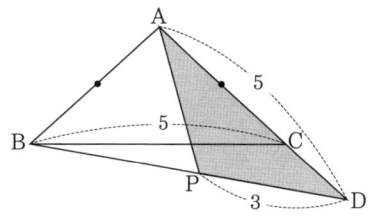

문제 24 — 그림보고 다시 풀기

∠B = 90°인 직각삼각형 ABC에서, 변 AB의 중점을 M이라 하고, 점 C와 M을 연결한 다음, 선분 MB 위에 ∠MCP = ∠CMP가 되도록 점 P를 잡고, 선분 CP의 연장선 위에 ∠QMP = ∠CMP가 되는 점 Q를 잡으면, $\overline{MQ} = 8$, $\overline{CQ} = 14$이다. 이때, 선분 MC의 길이를 구하여라.

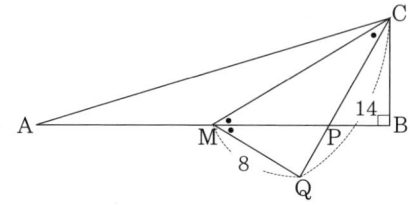

문제 25 그림보고 다시 풀기

한 변의 길이가 4인 정사각형 ABCD에서, 변 CD 위에 $\overline{DF} = 3$이 되는 점 F를 잡고, 변 BC 위에 ∠FAE = 45°가 되는 점 E를 잡는다. 이때, 삼각형 AEC의 넓이를 구하여라.

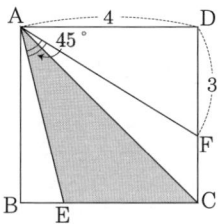

문제 26 그림보고 다시 풀기

∠BAC = 60°인 삼각형 ABC에서 $\overline{AP} = \overline{BP} = \overline{CP}$가 되도록 점 P를 삼각형 ABC의 내부에 잡으면, △ABP = △ABC × $\frac{1}{8}$을 만족한다. 선분 BP의 연장선과 변 AC의 교점을 R이라 한다. △APR = 3이라 할 때, △ABP의 넓이를 구하여라.

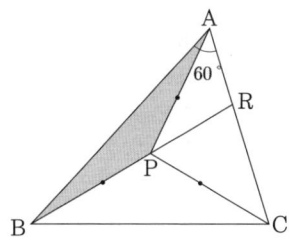

[문제] 27 ────── 그림보고 다시 풀기

$\overline{BC} = 8$, $\overline{AC} = 4$인 삼각형 ABC에서 $2 \times \angle B + \angle C = 90°$이다. 이때, 삼각형 ABC의 넓이를 구하여라.

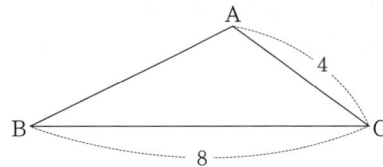

[문제] 28 ────── 그림보고 다시 풀기

$\overline{AB} = \overline{BC} = 90$, $\overline{CD} = 84$, $\overline{DE} = \overline{EA} = 56$, $\angle EDC = 90°$, $\angle ABC + \angle DEA = 180°$인 오각형 ABCDE가 있다. 점 B에서 변 EA의 연장선에 내린 수선의 발을 H라 하면, $\overline{HB} = 54$, $\overline{HA} = 72$이다. 이때, 오각형 ABCDE의 넓이를 구하여라.

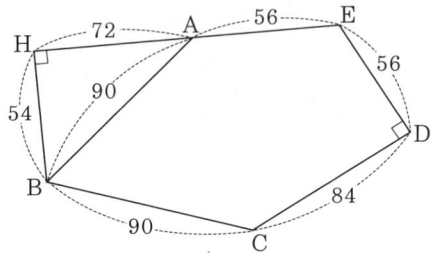

문제 29   그림보고 다시 풀기

$\overline{AB} : \overline{BC} = 2 : 5$인 삼각형 ABC에서, ∠B의 이등분선이 변 AC와 만나는 점을 E라 하고, 점 C에서 선분 BE의 연장선에 내린 수선의 발을 D라고 할 때, 삼각형 ABE와 삼각형 DEC의 넓이의 비를 구하여라.

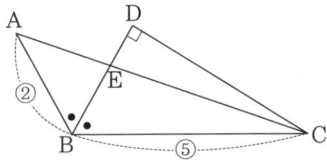

문제 30   그림보고 다시 풀기

평행사변형 ABCD에서 변 CD 위에 $\overline{CP} : \overline{PD} = 3 : 2$가 되도록 점 P를 잡고, 점 A에서 선분 BP에 내린 수선의 발을 H라 한다. $\overline{AD} = \overline{AH} = \overline{HB} = \overline{BC} = 3$일 때, 평행사변형 ABCD의 넓이를 구하여라.

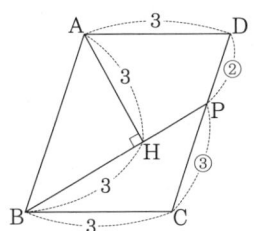

문제 31

∠ACB = 15°인 삼각형 ABC에서, 점 A에서 변 BC에 내린 수선의 발을 D라 하고, 변 AC 위에 ∠ABE = 15°가 되도록 점 E를 잡는다. $\overline{BD} = 8$, $\overline{DC} = 28$일 때, 삼각형 EDC의 넓이를 구하여라.

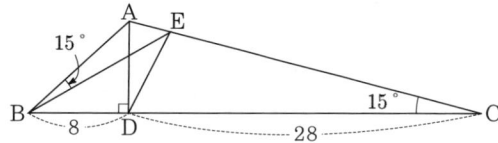

문제 32

정육각형 ABCDEF의 변 BC, DE 위에 각각 점 P, Q를 잡아 삼각형 APQ를 만드는데, 삼각형 APQ의 둘레의 길이가 최소가 되도록 한다. 이때, 다음 물음에 답하여라.

(1) $\overline{BP} : \overline{PC}$를 구하여라.

(2) $\overline{DQ} : \overline{QE}$를 구하여라.

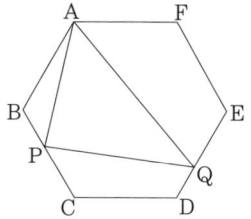

문제 33 *그림보고 다시 풀기*

넓이가 100인 정삼각형 ABC에서 변 AB의 삼등분점을 점 A에 가까운 점부터 D, E라 하고, 변 BC의 삼등분점을 점 B에 가까운 점부터 F, G라 하고, 변 CA의 삼등분점을 점 C에 가까운 점부터 H, I라 한다. 선분 AF와 선분 BI, EC와의 교점을 각각 P, Q라 하고, 선분 BH와 EC의 교점을 R이라 하고, 선분 GA와 선분 BH, DC와의 교점을 각각 S, T라 하고, 선분 CD와 BI의 교점을 U라 한다. 이때, 육각형 PQRSTU의 넓이를 구하여라.

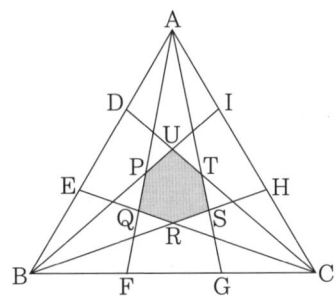

문제 34 *그림보고 다시 풀기*

∠A = 120°인 삼각형 ABC에서 ∠B의 내각이등분선과 변 CA와의 교점을 D라 하고, ∠C의 내각이등분선과 변 AB와의 교점을 E라 한다. 선분 BD와 CE의 교점을 P라 하면, $\overline{BP} : \overline{PD} = 5 : 1$이다. $\overline{BE} = 12$일 때, 선분 CD의 길이를 구하여라.

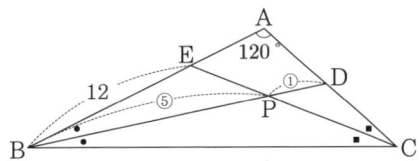

문제 35

넓이가 28인 사각형 ABCD에서 $\overline{BC} = 10$, $\angle D = 90°$이다. 대각선 AC와 BD의 교점을 P라 하면, $\angle PCB = 2 \times \angle DAP$이고, △ABP의 넓이는 △PCD의 넓이의 6배이다. 이때, 다음 물음에 답하여라.

(1) 선분 PC의 길이를 구하여라.

(2) △APD의 넓이를 구하여라.

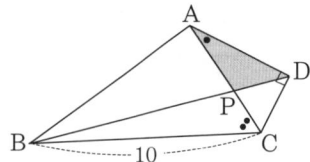

문제 36

$\overline{AB} = 16$, $\overline{AC} = 14$인 삼각형 ABC에서 변 BC의 중점을 M, 변 AB 위에 $\overline{AP} = 9$인 점 P, 변 AC 위에 $\overline{AQ} = 11$인 점 Q를 잡으면, $\angle PMQ = 90°$, $\overline{MP} = \overline{MQ}$이다. 이때, 삼각형 ABC의 넓이를 구하여라.

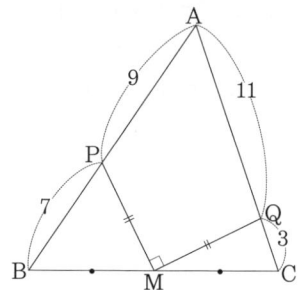

문제 37

$\overline{AB} \parallel \overline{CD}$인 사다리꼴 ABCD에서 대각선 AC가 ∠BCD의 내각이등분선이고,

$$\angle ACD : \angle CAD : \angle BDC = 1 : 2 : 4$$

일 때, 다음 물음에 답하여라.

(1) ∠BAD의 크기를 구하여라.

(2) ∠ABC의 크기를 구하여라.

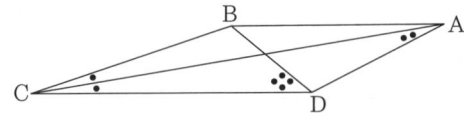

문제 38

$\overline{AB} = \overline{AC} = 14$인 이등변삼각형 ABC의 내부에 $\overline{AP} = 10$이 되는 점 P를 잡으면, ∠PBC = ∠ACP이다. △PBC = 18일 때, 삼각형 ABC의 넓이를 구하여라.

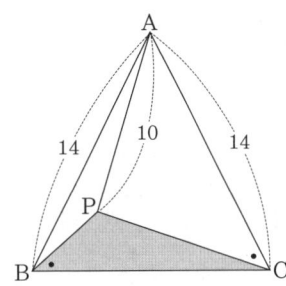

문제 39 〔그림보고 다시 풀기〕

삼각형 ABC는 ∠B = 90°인 직각삼각형이고, 삼각형 DCE는 ∠C = 90°인 직각삼각형으로, 두 삼각형 ABC와 DCE는 합동이다. 변 AC와 DE의 교점을 P라 한다. $\overline{BC} = 2 \times \overline{AB}$일 때, ∠BPA의 크기를 구하여라. 단, $\overline{AB} = \overline{DC}$, $\overline{BC} = \overline{CE}$, $\overline{AC} = \overline{DE}$이다.

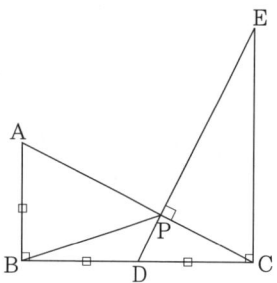

문제 40 〔그림보고 다시 풀기〕

삼각형 ABC에서 $\overline{DE} \parallel \overline{BC}$가 되도록 변 AB 위에 점 D를, 변 AC 위에 점 E를 잡고, 선분 DC와 BE의 교점을 O라고 한다. △OBC = 36, △ODE = 16일 때, 삼각형 ABC의 넓이를 구하여라.

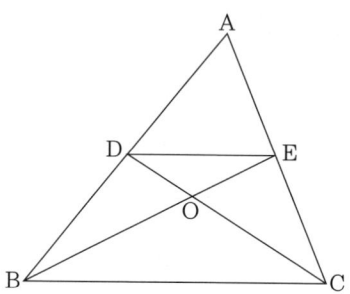

문제 41　　　그림보고 다시 풀기

정삼각형 ABC의 변 AB, BC, CA 위에 각각 점 D, E, F를 $\overline{DB} = \frac{1}{4} \times \overline{AB}$, $\overline{BE} = \frac{1}{2} \times \overline{BC}$, $\overline{CF} = \frac{3}{4} \times \overline{CA}$가 되도록 잡는다. 세 점 A, D, F를 지나는 원과 세 점 D, B, E를 지나는 원의 교점을 G라고 하면, 점 G는 △ABC의 내부에 존재한다. △ABC의 넓이가 160일 때, 세 개의 사각형 ADGF, DBEG, ECFG 중에서 넓이가 가장 작은 것의 넓이를 구하여라.

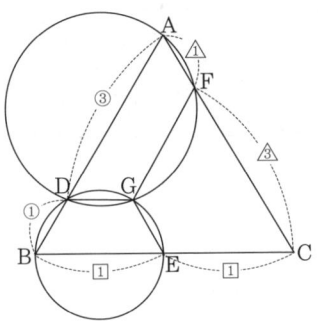

문제 42　　　그림보고 다시 풀기

직사각형 ABCD의 내부의 점 P에 대하여, ∠APD = 110°, ∠BPC = 70°, ∠PCB = 30°이다. 이때, ∠PAD의 크기를 구하여라.

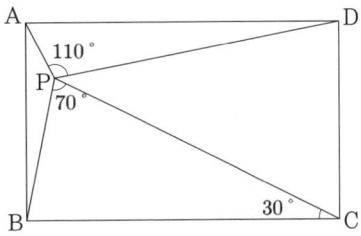

문제 43 그림보고 다시 풀기

∠B = ∠C = 80°인 이등변삼각형 ABC에서 ∠CBD = 60°, ∠BCE = 50°가 되도록 점 D와 E를 각각 변 AC, AB 위에 잡는다. 이때, ∠ADE의 크기를 구하여라.

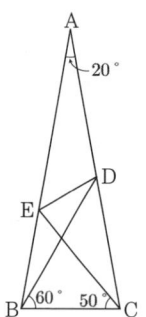

문제 44 그림보고 다시 풀기

사각형 ABCD에서 대각선 AC와 BD의 중점을 각각 N, M이라 하고, 대각선 AC와 BD의 교점을 P라 한다. □ABCD = 80, △AMC = 20, △BND = 12일 때, 삼각형 PBC의 넓이를 구하여라.

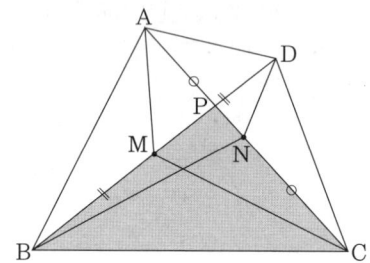

문제 45 — 그림보고 다시 풀기

$\overline{AB} = \overline{AC} = 6$, $\overline{BC} = 4$인 이등변삼각형 ABC에서 변 AC 위에 $\overline{AF} = 4$가 되도록 점 F를, 변 BC의 연장선 위에 $\overline{CD} = 8$이 되는 점 D를 잡는다. 선분 BF의 연장선과 선분 AD의 교점을 E라 할 때, $\overline{AE} : \overline{FE}$를 구하여라.

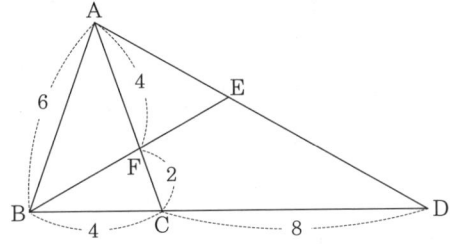

문제 46 — 그림보고 다시 풀기

넓이가 100인 삼각형 ABC에서 $\overline{AD} : \overline{DB} = \overline{BE} : \overline{EC} = 4 : 1$, $\overline{CF} : \overline{FA} = 3 : 2$가 되도록 변 AB, BC, CA 위에 각각 점 D, E, F를 잡는다. 선분 AE, BF, CD의 중점을 각각 P, Q, R이라 할 때, △PQR의 넓이를 구하여라.

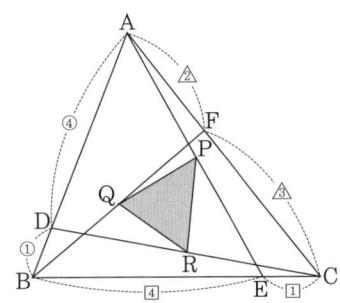

문제 47 *그림보고 다시 풀기*

예각삼각형 ABC의 내부의 점 P가

$$\overline{AP} \times \overline{BC} = \overline{BP} \times \overline{CA} = \overline{CP} \times \overline{AB}$$

를 만족한다. ∠BAC = 50°일 때, ∠BPC의 크기를 구하여라.

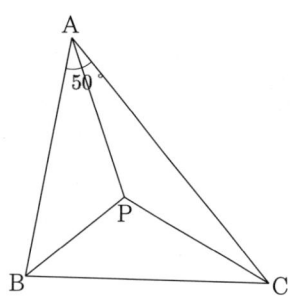

문제 48 *그림보고 다시 풀기*

$\overline{AB} = 14$, $\overline{AC} = 22$인 삼각형 ABC에서, 점 A에서 변 BC에 내린 수선의 발을 H라 하고, ∠DAC = 60°가 되도록 선분 BH위에 점 D를 잡으면, ∠BAD = 2 × ∠DAH이다. 이때, $\overline{BH} : \overline{HC}$를 구하여라.

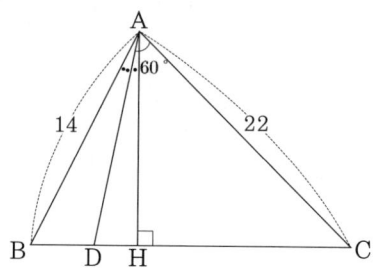

문제 49 그림보고 다시 풀기

변 AB의 길이가 변 BC의 길이보다 짧고, ∠B = 90°이고, 넓이가 200인 직각삼각형 ABC에서 변 AC, 변 AB, 변 BC 위에 각각 점 D, E, F를 잡아 정사각형 DEFG를 그리면, 점 G는 ∠EFB = ∠GFC를 만족하는 △ABC의 내부의 점이다. 정사각형 DEFG의 넓이가 64일 때, $\overline{BF} : \overline{FC}$를 구하여라.

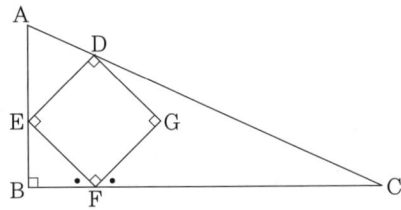

문제 50 그림보고 다시 풀기

삼각형 ABC에서 변 AB, AC 위에 각각 점 D, E를 잡고, 선분 BE 위에 점 F를 잡으면, ∠ACF = 52.5°, ∠AED = 65°, ∠BED = 30°, ∠BCF = 17.5°, ∠DBE = 25°이다. 이때, ∠BDF를 구하여라.

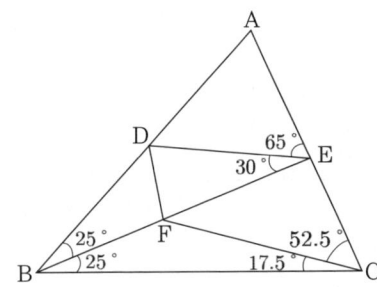

문제 51 〔그림보고 다시 풀기〕

∠BCD = 45°인 예각삼각형 BCD에서, 점 C에서 변 BD에 내린 수선의 발을 A라 하면, $\overline{AB} = 3$, $\overline{AC} = 11$이다. 이때, 선분 AD의 길이를 구하여라.

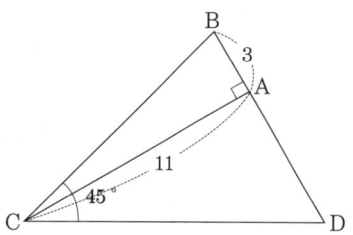

문제 52 〔그림보고 다시 풀기〕

정사각형 ABCD에서 $\overline{AE} : \overline{EB} = 2 : 3$이 되도록 변 AB 위에 점 E를 $\overline{BF} : \overline{FC} = 4 : 1$이 되도록 변 BC위에 점 F를 잡는다. 점 D에서 EF에 내린 수선의 발을 G라 하면, $\overline{DG} = 5$이다. 이때, 정사각형 ABCD의 한 변의 길이를 구하여라.

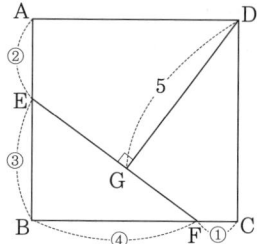

문제 53 ─────────── 그림보고 다시 풀기

삼각형 ABC에서 점 A에서 변 BC에 내린 수선의 발을 D라 하면, $\overline{BD} = 3$이다. ∠AEB = 45°가 되도록 변 AC 위에 점 E를 잡고, 선분 AD와 BE의 교점을 F라 하면, $\overline{BF} = \overline{FE}$이다. 점 E에서 변 BC에 내린 수선의 발을 G라 하면, $\overline{EG} = 3$이다. 이때, 삼각형 ABC의 넓이를 구하여라.

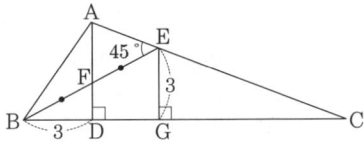

문제 54 ─────────── 그림보고 다시 풀기

$\overline{AB} = 13$, $\overline{BC} = 11$, $\overline{CD} = 8$, $\overline{DA} = 4$인 사각형 ABCD에서 ∠BAD = ∠BCD = 90°이다. 이때, 삼각형 ABC의 넓이를 구하여라.

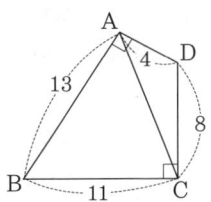

문제 55 〔그림보고 다시 풀기〕

$\overline{AD} \parallel \overline{BC}$, $\overline{AB} = \overline{BC} = 2$, $\angle A = 72°$, $\angle C = 54°$인 사다리꼴 ABCD와 $\overline{EF} = 1$, $\overline{FG} = 2$, $\angle E = 90°$, $\angle G = 72°$, $\angle H = 54°$인 사각형 EFGH와 $\angle I = 90°$, $\angle K = 72°$, $\angle L = 54°$인 사각형 IJKL이 있다. $\overline{AD} = \overline{JK}$, $\overline{GH} = \overline{IJ}$일 때, 사각형 ABCD, EFGH, IJKL의 넓이의 비를 구하여라.

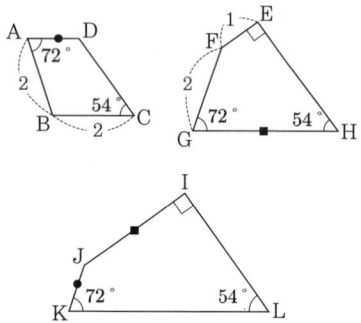

문제 56 〔그림보고 다시 풀기〕

$\overline{AB} = 28$, $\overline{BC} = 30$, $\overline{CA} = 36$인 삼각형 ABC에서 점 B에서 $\angle A$의 내각이등분선과 $\angle C$의 내각이등분선에 내린 수선의 발을 각각 P, Q라고 할 때, 선분 PQ의 길이를 구하여라.

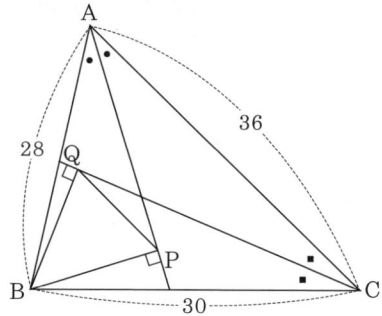

문제 57

삼각형 ABC에서 변 AB 위에 점 P를 잡고, 변 AC 위에 점 Q를 잡고, 선분 PC와 QB의 교점을 O라 하면, △PBO = 28, △OBC = 16, △QCO = 8이다. 이때, 삼각형 ABC의 넓이를 구하여라.

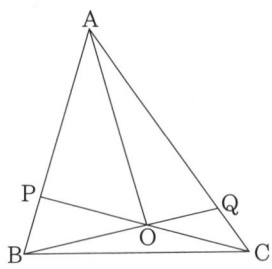

문제 58

$\overline{AB} : \overline{AC} : \overline{BC} = 3 : 4 : 5$인 직각삼각형 ABC에서 $\overline{AF} : \overline{FB} = 4 : 5$, $\overline{AE} : \overline{EC} = 7 : 5$가 되도록 점 F, E를 각각 변 AB, AC 위에 잡고, △AEF = △DEF가 되도록 점 D를 변 BC에 잡는다. 이때, $\overline{BD} : \overline{DC}$를 구하여라.

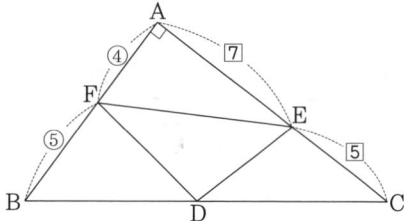

문제 59 『그림보고 다시 풀기』

정오각형 ABCDE에서 대각선 AD와 BE, CE와의 교점을 각각 G, F라 한다. 이때, ∠EBF와 ∠BFC의 크기를 각각 구하여라.

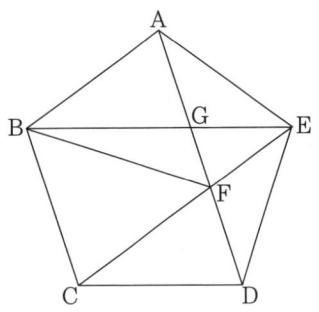

문제 60 『그림보고 다시 풀기』

$\overline{AB} = \overline{BC} = \overline{DA}$, ∠A = 90°, ∠B = 150°인 사각형 ABCD에서 ∠ADC의 크기를 구하여라.

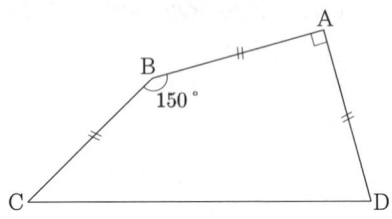

문제 61

정 10각형 ABCDEFGHIJ에서 변 AB위에 점 P, 변 AJ 위에 점 Q를 잡으면 ∠PFQ = 18°, ∠AQP = 17°이다. 이때, ∠BPF의 크기를 구하여라.

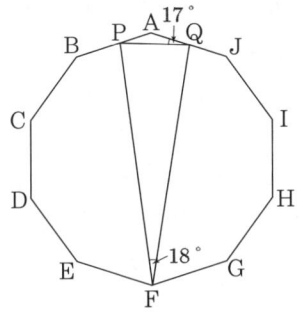

문제 62

∠ADC = 117°, ∠DAB = 90°, ∠DCB = 72°인 사각형 ABCD의 내부에 $\overline{AB} = \overline{DP}$, ∠ADP = 36°, ∠DPC = 45°가 되도록 점 P를 잡는다. 이때, ∠DAP의 크기를 구하여라.

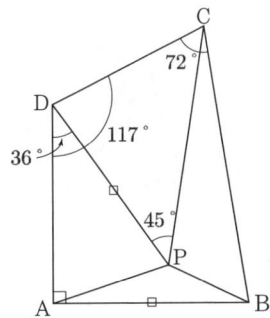

문제 63 — 그림보고 다시 풀기

삼각형 ABC에서 변 AB의 중점을 F라 하고, 변 BC위에 $\overline{BD}:\overline{DC}=1:2$인 점 D를 잡고, 변 CA위에 $\overline{CE}:\overline{EA}=4:3$이 되는 점 E를 잡는다. 선분 AD, BE, CF의 중점을 각각 L, M, N이라 한다. △ABC = 63일 때, 삼각형 LMN의 넓이를 구하여라.

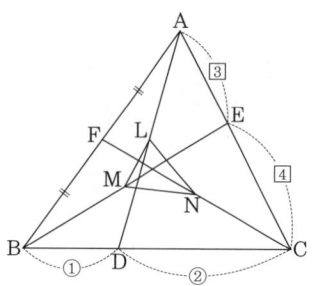

문제 64 — 그림보고 다시 풀기

$\overline{AB}=80, \overline{CD}=50, \overline{EA}=25$이고 모든 내각이 180°보다 작은 오각형 ABCDE에서 ∠ABC + ∠ADC + ∠DAE = 180°, ∠BAC + ∠ACD + ∠AED = 180°, ∠ADC > 90°, ∠AED > 90°, ∠AED = 2 × ∠ABC이다. 이때, 오각형 ABCDE의 넓이를 구하여라.

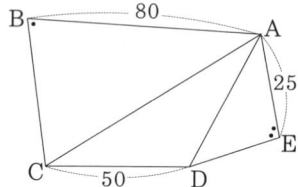

문제 65 ― 그림보고 다시 풀기

$\overline{AB} = \overline{AE}$, $\angle BAE = \angle BCD = \angle CDE = 120°$, $\overline{BC} : \overline{CD} : \overline{DE} = 1 : 3 : 2$인 오각형 ABCDE에서 △ABE = 7일 때, 사각형 BCDE의 넓이를 구하여라.

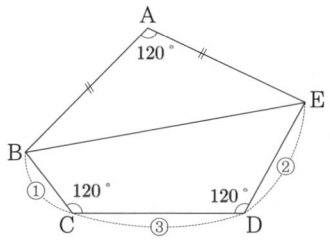

문제 66 ― 그림보고 다시 풀기

정사각형 ABCD의 변 AB 위에 점 E를 잡고, 점 B를 선분 CE에 대하여 대칭이동시킨 점을 B'라고 하고, 선분 AB'의 연장선과 변 BC의 교점을 M이라 한다. 점 M이 변 BC의 중점이 될 때, 삼각형 AB'E의 넓이는 정사각형 ABCD의 넓이의 몇 배인가?

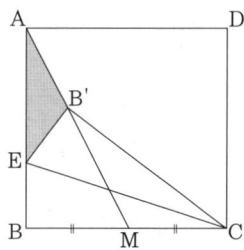

문제 67 — 그림보고 다시 풀기

직사각형 ABCD에서 변 CD 위에 한 점 F를 잡아 선분 AF에 대하여 점 D를 대칭이동시키면 변 BC 위의 점 E로 이동하고, ∠AEB = 60°이다. 이때, 생기는 네 개의 직각삼각형 △ABE, △AEF, △ECF, △AFD의 내접원 가운데 큰 원과 가장 작은 원의 넓이의 비를 구하여라.

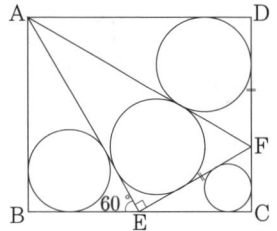

문제 68 — 그림보고 다시 풀기

∠B = 90°인 직각삼각형 ABC에서 변 AB위에 점 D를, 변 BC위에 점 E를 잡고, 선분 AE와 CD의 교점을 F라 한다. $\overline{AD} = 5$, $\overline{DB} = 3$, $\overline{BE} = 4$, ∠ADC + ∠AEC = 225° 일 때, 삼각형 AFC의 넓이를 구하여라.

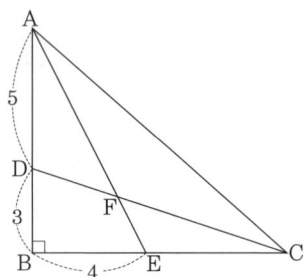

문제 69 그림보고 다시 풀기

$\overline{AB} = 12$, $\overline{BC} = 16$인 직사각형 ABCD에서 $\overline{AE} = 12$, $\overline{CF} = 4$가 되도록 점 E, F를 각각 변 AD, CD 위에 잡고, 선분 AF와 CE의 교점을 G라 한다. 이때, 사각형 ABCG의 넓이를 구하여라.

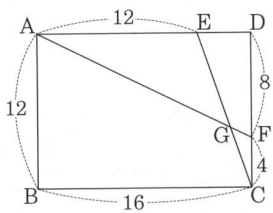

문제 70 그림보고 다시 풀기

∠C = 90°인 직각삼각형 ABC에서 ∠BAD : ∠DAC = 2 : 1이 되도록 변 BC위에 점 D를 잡으면 △DAC와 △ABC는 닮음이다. $\overline{AC} = 12$일 때, 삼각형 ABD의 넓이를 구하여라.

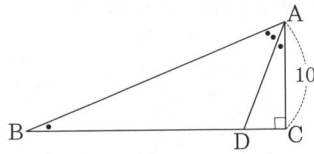

문제 71 *그림보고 다시 풀기*

∠C = 90°인 직각삼각형 ABC에서, 사각형 DBEF가 마름모가 되도록 점 D, E, F를 각각 변 AB, BC, CA 위에 잡는다. 삼각형 ADF의 내접원을 P, 삼각형 FEC의 내접원을 Q라 한다. 원 P, Q의 반지름의 길이가 각각 10, 8일 때, 삼각형 ABC의 넓이를 구하여라.

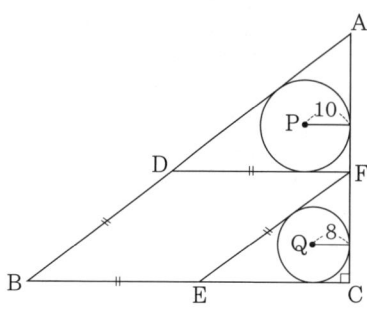

문제 72 *그림보고 다시 풀기*

∠ABC = 30°인 삼각형 ABC의 내부에 $\overline{DB} = \overline{DC}$, ∠DBC = 20°를 만족도록 점 D를 잡는다. 선분 AD의 연장선과 변 BC의 교점을 E라 한다. $\overline{BE} = \overline{AE}$일 때, ∠ACD의 크기를 구하여라.

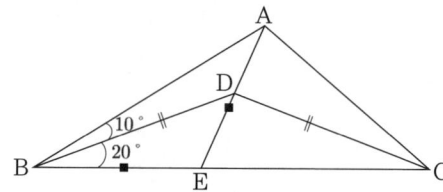

문제 73

$\overline{AB} = \overline{BC}$인 삼각형 ABC의 내부에 $\overline{BD} = \overline{AC}$, ∠ABD = 12°, ∠CBD = 24°를 만족하도록 점 D를 잡는다. 이때, ∠ADC의 크기를 구하여라.

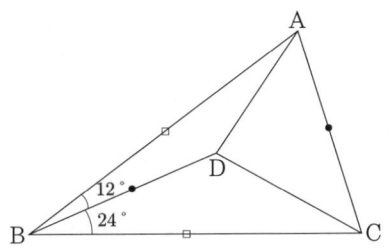

문제 74

$\overline{AB} = 29$, $\overline{AD} = 37$인 직사각형에서 변 BC위에 점 E를, 변 CD위에 점 F를 잡고, 대각선 BD와 선분 AE, AF와의 교점을 각각 G, H라 하고, 점 G를 변 AB에 대하여 대칭이동 시킨 점을 I라 한다. △ABG ≡ △ADH, $\overline{DF} = 8$일 때, 사각형 DIBE의 넓이를 구하여라.

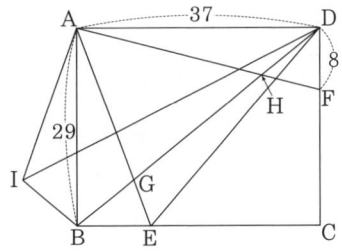

문제 75   *그림보고 다시 풀기*

$\overline{AB} = 9$, $\overline{BC} = 16$, $\overline{CA} = 17$인 삼각형 ABC의 내접원과 변 BC, CA, AB와의 접점을 각각 D, E, F라 한다. 선분 AD와 BE의 교점을 P라 할 때, $\overline{AP}:\overline{PD}$를 구하여라.

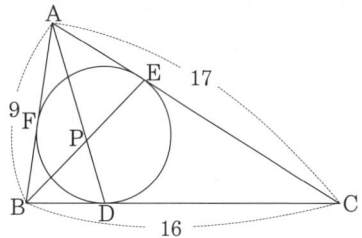

문제 76   *그림보고 다시 풀기*

정사각형 ABCD에서 변 AD의 중점을 E라 하고, 선분 EC위에 $\overline{EF}:\overline{FC} = 1:2$가 되는 점 F를, 선분 FB위에 $\overline{EG}:\overline{GB} = 1:3$이 되는 점 G를, 선분 GA위에 $\overline{GH}:\overline{HA} = 1:4$가 되는 점 H를 잡는다. 또, 선분 HD와 EC의 교점을 I라 한다. 정사각형 ABCD의 넓이가 1440일 때, 사각형 GFIH의 넓이를 구하여라.

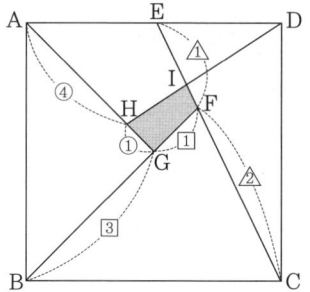

문제 77 — 그림보고 다시 풀기

$\overline{AB} = 26$, $\overline{CA} = 65$인 삼각형 ABC에서 변 BC위에 $\overline{BD}$: $\overline{DC} = 1:2$가 되는 점 D를 잡으면, $\overline{AD} = 13$이다. 이때, 삼각형 ABC의 넓이를 구하여라.

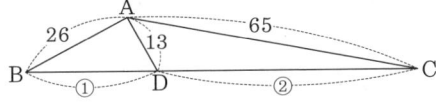

문제 78 — 그림보고 다시 풀기

한 변의 길이가 16인 정사각형 ABCD에서 변 AD 위에 $\overline{AE} = 4$인 점 E를 잡고, 점 A를 선분 EB에 대하여 대칭이동시킨 점을 A′라 하고, 선분 EA′의 연장선과 변 DC와의 교점을 F라 한다. 이때, 삼각형 DEF의 넓이를 구하여라.

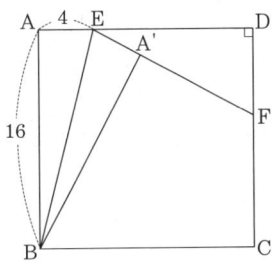

문제 79

$\overline{AB}=8$, $\overline{BC}=12$, $\overline{CD}=10$, $\overline{DA}=6$인 사각형 ABCD에서 대각선 AC, BD의 중점을 각각 M, N이라 한다. $\overline{MN}=3$일 때, 사각형 ABCD의 넓이를 구하여라.

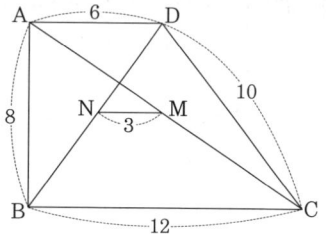

문제 80

직사각형 ABCD에서 변 CD의 중점을 E이라 하고, 변 AB의 3등분점 중 점 A에 가까운 순으로 F, G라고 한다. 대각선 AC와 선분 FE, GE와의 교점을 각각 P, Q라 한다. △EPQ = 3일 때, 직사각형 ABCD의 넓이를 구하여라.

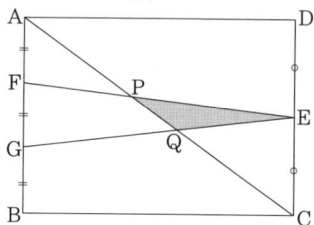

문제 81 〔그림보고 다시 풀기〕

∠B = 34°, ∠C = 63°인 삼각형 ABC에서 변 AB, BC의 중점을 각각 D, E라 한다. 점 A에서 변 BC에 내린 수선의 발을 F라 할 때, ∠EDF의 크기를 구하여라.

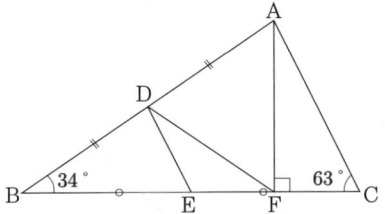

문제 82 〔그림보고 다시 풀기〕

∠BAC = 20°, $\overline{AB} = \overline{AC}$인 삼각형 ABC에서 변 AB위에 $\overline{AD} = \overline{BC}$가 되도록 점 D를 잡는다. 이때, ∠BDC의 크기를 구하여라.

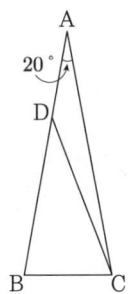

문제 83

$\overline{CA} = 5$, $\overline{BC} = 3$, $\overline{AB} = 4$인 직각삼각형 ABC에서 내심을 I라 한다. 삼각형 IBC의 외접원과 변 AC와의 교점을 P라 할 때, 선분 AP의 길이를 구하여라.

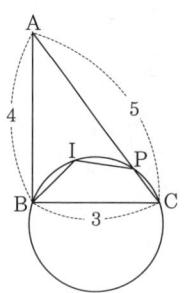

문제 84

반지름이 15인 원에 내접하는 사각형 ABCD에서 대각선 AC는 원의 지름이고, $\overline{BD} = \overline{AB}$이다. 두 대각선 AC와 BD의 교점을 P라 한다. $\overline{PC} = 6$일 때, 변 CD의 길이를 구하여라.

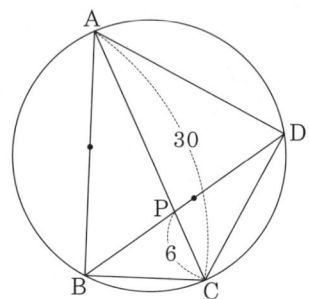

문제 85 *그림보고 다시 풀기*

∠BAC = 90°인 직각이등변삼각형 ABC에서 변 BC위에 $\overline{BD} = 2 \times \overline{CD}$를 만족하도록 점 D를 잡고, 점 B에서 선분 AD에 내린 수선의 발을 E라 한다. 이때, ∠CED의 크기를 구하여라.

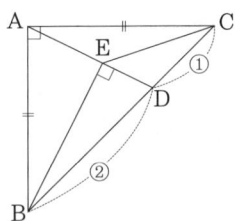

문제 86 *그림보고 다시 풀기*

삼각형 ABC에서 $\overline{DB} = 14$, $\overline{DA} = 13$, $\overline{DC} = 4$, △ADB의 외접원과 △ADC의 외접원이 합동이 되도록 점 D를 변 BC위에 잡을 때, △ABC의 넓이를 구하여라.

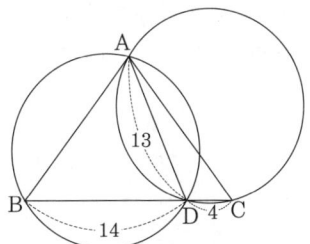

문제 87 ─────────── 그림보고 다시 풀기

넓이가 360인 삼각형 ABC의 외접원의 중심을 O라 하고, 선분 AO의 연장선과 외접원 O와의 교점을 P라 하고, 선분 AP와 변 BC의 교점을 Q라 한다. 또, 점 Q에서 변 AB, AC에 내린 수선의 발을 각각 M, N이라 한다. 이때, 사각형 AMPN의 넓이를 구하여라.

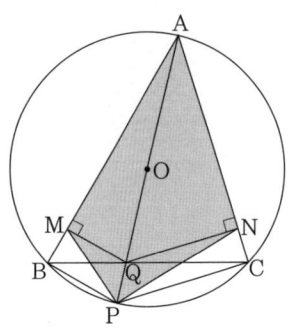

문제 88 ─────────── 그림보고 다시 풀기

$\overline{AB} = 5$, $\overline{AD} = 3$, $\angle BAD + \angle BCA = 180°$인 사각형 ABCD에서 두 대각선의 교점을 O라 한다. $\overline{AC} = 4$, $\overline{BO} : \overline{OD} = 7 : 6$일 때, 변 BC의 길이를 구하여라.

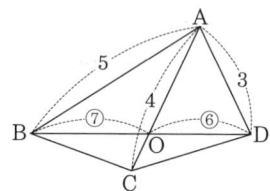

문제 89 〔그림보고 다시 풀기〕

정삼각형 ABC에서 변 AB, AC 위에 $\overline{AP} = \overline{CQ}$가 되도록 각각 점 P, Q를 잡는다. 선분 PQ의 중점을 M이라 하면 $\overline{AM} = 19$이다. 이때, 선분 PC의 길이를 구하여라.

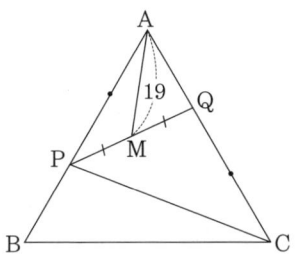

문제 90 〔그림보고 다시 풀기〕

$\overline{AC} = \overline{BC} = 10$, $\angle C = 90°$인 직각이등변삼각형 ABC에서 변 BC의 중점을 D라 하고, 점 C를 지나 선분 AD에 수직인 직선과 변 AB와의 교점을 E라 한다. 또, 점 E에서 변 BC에 내린 수선의 발을 F라 한다. 이때, 선분 EF의 길이를 구하여라.

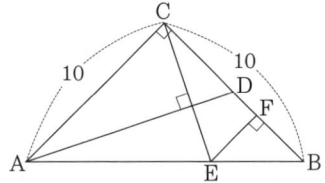

문제 91 — 그림보고 다시 풀기

$\overline{AB} = \overline{AC}$인 이등변삼각형 ABC에서 변 AB위에 $\overline{AP} : \overline{PB} = 5 : 1$이 되는 점 P를 잡고, 선분 AP를 한 변으로 하는 정삼각형 APQ가 되도록 점 Q를 변 BC위에 잡는다. 이때, $\overline{BQ} : \overline{QC}$를 구하여라.

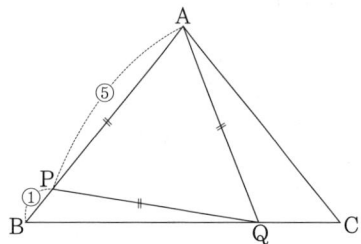

제 III 편

풀이

문제 1

$\overline{AD} \parallel \overline{BC}$인 사다리꼴 ABCD에서, 두 대각선 AC와 BD는 수직이다. 점 D에서 변 BC에 내린 수선의 발을 H라 하고, $\overline{BD} = 20$, $\overline{BH} = 16$일 때, 사다리꼴 ABCD의 넓이를 구하여라.

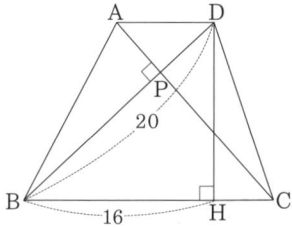

풀이 선분 AC와 BD의 교점을 P라 하자. $\overline{BD} = 20$, $\overline{BH} = 16$이므로 $\triangle DBH$는 변의 길이의 비가 $3:4:5$인 직각삼각형이 된다. 즉, $\overline{DH} = 12$이다.

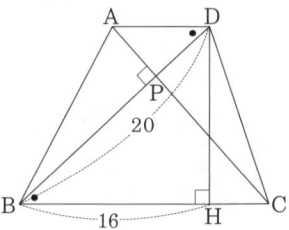

변 AD와 BC가 평행하므로,

$$\angle ADP = \angle CBP (엇각)$$

이다. 그러므로 △ADP와 △CBP는 △DBH와 닮음인 직각삼각형이다. 따라서,

$$\overline{AD} + \overline{BC} = \overline{PD} \times \frac{5}{4} + \overline{PB} \times \frac{5}{4}$$
$$= (\overline{PD} + \overline{PB}) \times \frac{5}{4}$$
$$= 20 \times \frac{5}{4} = 25$$

이다. 사다리꼴 ABCD의 넓이는

$$\frac{1}{2} \times (\overline{AD} + \overline{BC}) \times \overline{DH} = \frac{1}{2} \times 25 \times 12 = 150$$

이다.

문제 2

사각형 ABCD에서 변 AB의 중점을 M이라 하고, 변 CD의 중점을 N이라 한다. 선분 MN과 대각선 AC, BD와의 교점을 각각 R, Q라 하고, 선분 AC와 BD의 교점을 P라 하면, $\overline{PQ} = \overline{PR}$, $\overline{BQ} : \overline{QP} : \overline{PD} = 6 : 1 : 2$이다. 이때, 사각형 ABCD의 넓이는 삼각형 PQR의 넓이의 몇 배인지 구하여라.

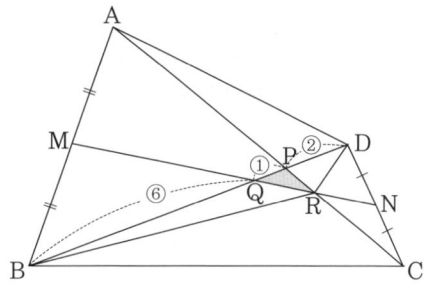

풀이 변 BC의 중점 E라고 하면 △BCA에서 삼각형 중점연결정리에 의하여

$$\overline{EM} \parallel \overline{CA}, \quad \overline{EM} = \frac{1}{2} \times \overline{CA}$$

이다. 또, △CDB에서 삼각형 중점연결정리에 의하여

$$\overline{NE} \parallel \overline{DB}, \quad \overline{NE} = \frac{1}{2} \times \overline{DB}$$

이다.

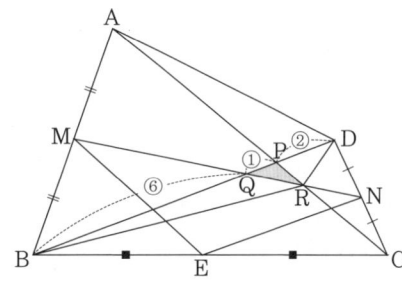

$\overline{EM} \parallel \overline{CA}$이므로

$$\angle EMN = \angle PRQ (엇각)$$

이고, $\overline{NE} \parallel \overline{DB}$이므로

$$\angle ENM = \angle PQR (엇각)$$

이다. 주어진 조건에서 $\overline{PQ} = \overline{PR}$이므로

$$\angle PQR = \angle PRQ$$

이다. 따라서

$$\angle EMN = \angle ENM$$

이다. 즉, △ENM은 △PQR과 닮음이고, $\overline{NE} = \overline{ME}$인 이등변 삼각형이다. 따라서 $\overline{AC} = \overline{BD}$이다. △PQR = S라고 놓으면,

$$\triangle RPB = \triangle PQR \times \frac{\overline{PB}}{\overline{PQ}} = 7S,$$

$$\triangle CBA = \triangle RPB \times \frac{\overline{CA}}{\overline{PR}} = 7S \times 9 = 63S,$$

$$\triangle DPR = \triangle PQR \times 2 = 2S,$$

$$\triangle CAD = \triangle DPR \times \frac{\overline{CA}}{\overline{PR}} = 2S \times 9 = 18S$$

이다. 따라서

$$\square ABCD = \triangle CBA + \triangle CAD = 81S$$

이다. 즉, 사각형 ABCD의 넓이는 삼각형 PQR의 넓이의 81배다.

문제 3

정오각형 ABCDE에서 변 CD를 대각선으로 하는 정오각형 CGDHF를 그리는데, 점 G는 정오각형 ABCDE의 외부에, 점 H와 F는 정오각형 ABCDE의 내부에 오도록 한다. 이때, 사각형 FCDH의 넓이는 육각형 ABCGDE의 넓이의 몇 배인가?

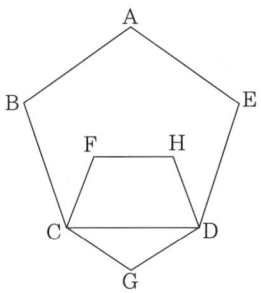

풀이 그림과 같이 선분 AF, AH, BF, HE, CH를 긋는다.

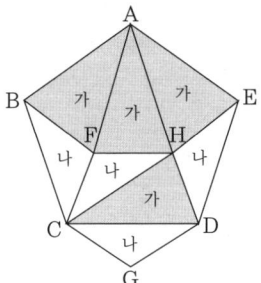

그러면,

$$\triangle ABF \equiv \triangle AFH \equiv \triangle AHE \equiv \triangle CHD,$$

$$\triangle BFC \equiv \triangle CFH \equiv \triangle CGD \equiv \triangle DHE$$

이다. 즉, 그림에서 '가'부분과 '나'부분은 각각 모두 합동이고 넓이가 같다.

따라서, 사각형 FCDH의 넓이는 육각형 ABCGDE의 넓이의 $\frac{1}{4}$배다.

문제 4

△ABC의 변 AC 위에 ∠ACB = ∠DBC가 되도록 점 D를 잡고, 선분 BD 위에 ∠BEC = 2 × ∠BAC가 되도록 점 E를 잡으면, $\overline{BE} = 3$, $\overline{EC} = 8$이다. 이때, 변 AC의 길이를 구하여라.

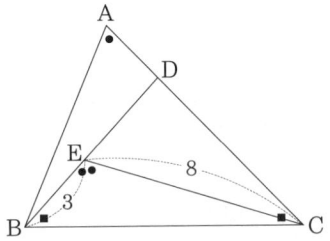

풀이 선분 BD의 연장선 위에 $\overline{AD} = \overline{DF}$인 점 F를 잡으면, $\overline{AD} = \overline{DF}$, $\overline{BD} = \overline{DC}$, ∠ADB = ∠FDC이므로

$$\triangle ABD \equiv \triangle FCD (SAS합동)$$

이다.

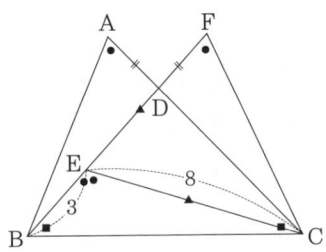

∠BAC = ∠BFC이고,

$$\angle BEC = 2 \times \angle BAC = \angle BFC + \angle FCE$$

이다. 그러므로,

$$\angle EFC = \angle ECF$$

이다. 즉, $\overline{EF} = \overline{EC}$이다. 따라서

$$\overline{AC} = \overline{BF} = 3 + \overline{EF} = 3 + \overline{EC} = 11$$

이다.

문제 5

한 변의 길이가 12인 정사각형 ABCD에서 변 BC 위에 점 P를 $\overline{BP} = 8$, $\overline{PC} = 4$가 되도록 잡고, 변 CD 위에 점 Q를 ∠BAP = ∠PAQ가 되도록 잡는다. 이때, 다음 물음에 답하여라.

(1) 선분 AQ의 길이는 선분 CQ의 길이보다 얼마나 더 긴가?

(2) 선분 AQ의 길이는 선분 DQ의 길이보다 얼마나 더 긴가?

(3) $\overline{CQ} : \overline{QD}$를 구하여라.

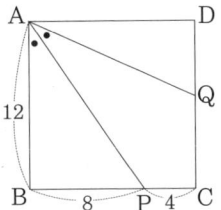

풀이

(1) 아래 그림과 선분 AP의 연장선과 변 DC의 연장선과의 교점을 R이라 하면, $\overline{AB} \parallel \overline{DR}$이므로

$$\angle BAR = \angle DRA (엇각)$$

이다.

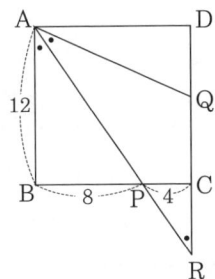

∠BAP = ∠QAR이므로, ∠QAR = ∠QRA이다. 따라서 △AQR은 $\overline{AQ} = \overline{QR}$인 이등변삼각형이 된다. 또, △ABP와 △RCP는 닮음비가 2 : 1인 닮음이므로, $\overline{CR} = 6$이다. 그러므로,

$$\overline{AQ} = \overline{CQ} + \overline{CR} = \overline{CQ} + 6$$

이다. 즉, 선분 AQ의 길이는 선분 CQ의 길이보다 6이 더 길다.

(2) 아래 그림과 같이 △ABP를 점 A를 중심으로 반시계 방향으로 90°회전시킨 삼각형을 △ADS라고 하자.

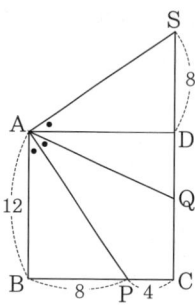

그러면,

$$\angle SAQ = \angle SAD + \angle DAQ$$
$$= \angle PAB + \angle DAQ$$
$$= \angle QAP + \angle DAQ$$
$$= \angle DAP$$
$$= \angle APB$$
$$= \angle ASQ$$

이다. 따라서 △AQS는 $\overline{AQ} = \overline{QS}$인 이등변삼각형이다. 그러므로

$$\overline{AQ} = \overline{DQ} + \overline{DS} = \overline{DQ} + 8$$

이다. 즉, 선분 AQ의 길이는 선분 DQ의 길이보다 8이 더 길다.

(3) (1)과 (2)의 결과로부터

$$\overline{CQ} = \overline{DQ} + 2, \overline{CQ} + \overline{DQ} = 12$$

이다. 따라서
$$\overline{CQ} = 7, \overline{DQ} = 5$$
이다. 즉, $\overline{CQ} : \overline{DQ} = 7 : 5$이다.

문제 6

사각형 ABCD에서, 변 AD, BC의 중점을 각각 M, N이라 하면, □ABNM = 30, □CDMN = 40, △ABC = 35이다. 선분 AC와 BD, 선분 BD와 MN, 선분 MN과 AC의 교점을 각각 P, Q, R이라 한다. 이때, 삼각형 PQR의 넓이를 구하여라.

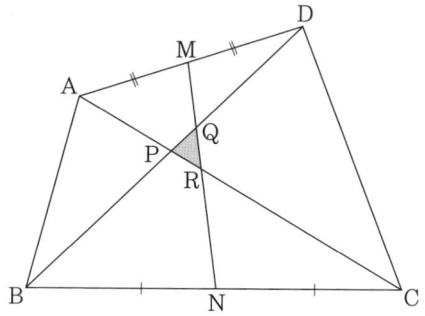

풀이 선분 AC의 중점을 S라 하면, 오각형 MSNCD의 넓이는 35이다.

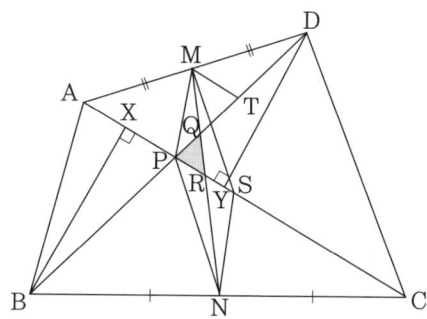

△ABC = △DAC = 35이므로 점 B, D에서 대각선 AC에 내린 수선의 발을 각각 X, Y라 하면,

$$\overline{BX} = \overline{DY}, \angle XBP = \angle YDP(엇각)$$

이고,
$$\angle BXP = \angle DYP = 90°$$
가 되어,
$$\triangle BPX \equiv \triangle DPY(ASA합동)$$
이다. 그러므로 점 P는 선분 BD의 중점이다.
삼각형 중점연결정리에 의하여

$$\overline{MP} = \overline{SN} = \frac{1}{2} \times \overline{AB}, \ \overline{MS} = \overline{PN} = \frac{1}{2} \times \overline{CD}$$

가 되어 □MPNS은 평행사변형이다. □MPNS = 10이므로,

$$\triangle NSR = \triangle MPR = \frac{5}{2}$$

이다. 따라서
$$\overline{AP}:\overline{PR}:\overline{RS}:\overline{SC} = 3:2:2:7$$
이다. 선분 PD의 중점을 T라 하면
$$\overline{MT} \parallel \overline{AP}, \quad \overline{AP}:\overline{MT} = 2:1$$
이다. 따라서
$$\overline{MT}:\overline{PR} = \overline{MQ}:\overline{QR} = 3:4$$
이다. 그러므로
$$\triangle PQR = \triangle MPR \times \frac{4}{7} = \frac{5}{2} \times \frac{4}{7} = \frac{10}{7}$$
이다.

문제 7

$\overline{CD} = 2$인 직사각형 ABCD에서 변 AD 위에 $\overline{AP}:\overline{PD} = 2:3$이 되도록 점 P를 잡고, 변 BC위에 $\angle BPQ = 90°$가 되도록 점 Q를 잡으면, $\overline{PQ} = \overline{QC}$이다. 이때, 선분 BP의 길이를 구하여라.

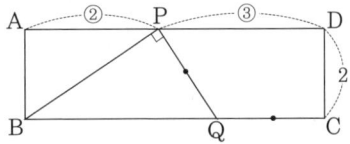

풀이 아래 그림과 같이 선분 BP의 연장선과 변 CD의 연장선의 교점을 R이라 한다.

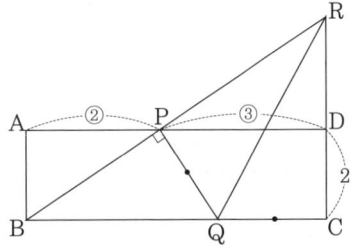

그러면 △PAB와 △PDR은 닮음비가 2:3인 닮음이고, $\overline{RD} = 3$이다. 또,

$$\overline{RQ}\text{는 공통}, \quad \overline{PQ} = \overline{QC}, \quad \angle RPQ = \angle RCQ = 90°$$

이므로,
$$\triangle RPQ \equiv \triangle RCQ(\text{SAS합동})$$
이다. 그러므로,
$$\overline{RP} = \overline{RC} = 5$$
이다. 따라서,
$$\overline{BP} = \overline{PR} \times \frac{2}{3} = 5 \times \frac{2}{3} = \frac{10}{3}$$
이다.

문제 8

∠F = 90°인 직각이등변삼각형 AFE, ∠C = 90°인 직각이등변삼각형 ADC, ∠E = 90°인 직각삼각형 BED를 세 점 A, B, C와 세 점 F, E, D가 각각 한 직선 위에 오도록 그리면, ∠DAE = 21°이다. 이때, ∠BDC의 크기를 구하여라.

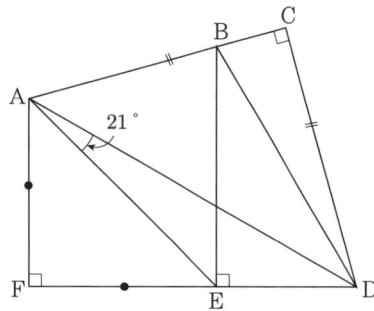

풀이 그림과 같이, 점 A에서 변 BE에 내린 수선의 발을 H, 점 H를 선분 AB에 대하여 대칭이동시킨 점을 H′라 한다.

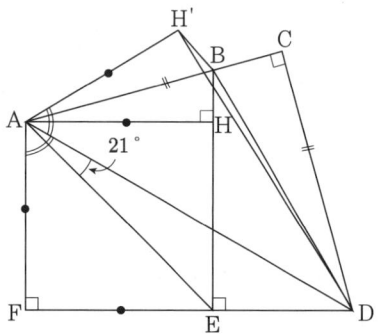

사각형 AFEH는 정사각형이므로 $\overline{AF} = \overline{AH} = \overline{AH'}$이다. 또,

$$\angle FAD = \angle H'AD = 66°, \quad AD는 공통$$

이므로,

$$\triangle ADF \equiv \triangle ADH' (SAS합동)$$

이다. 그런데, ∠AH′D = ∠AH′B = 90°이므로 세 점 H′, B, D는 한 직선 위에 있다. 따라서

$$\angle FDA = \angle BDA = 24°$$

이다. 그러므로 ∠BDC = 45° − 24° = 21°이다.

문제 9

한 모서리의 길이가 11인 정육면체 ABCD-EFGH에서 모서리 BC 위에 $\overline{BP} = 4$가 되는 점 P를 잡고, 모서리 CD 위에 $\overline{DQ} = 7$이 되는 점 Q를 잡는다. 이때, △PGQ의 넓이를 구하여라.

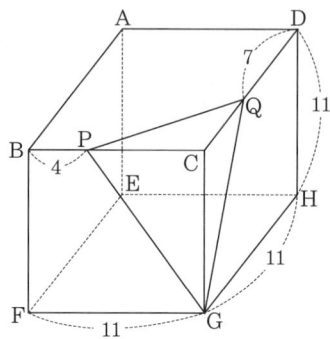

풀이 모서리 BF위에 점 R을 $\overline{BR} = 7$, $\overline{RF} = 4$가 되도록 잡는다.

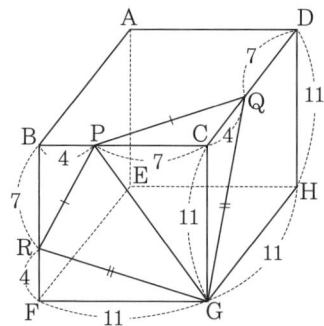

그러면, △PBR과 △QCP에서

$$\overline{PB} = \overline{QC} = 4, \quad \overline{BR} = \overline{CP} = 7, \quad \angle PBR = \angle QCP = 90°$$

이므로

$$\triangle PBR \equiv \triangle QCP (SAS합동)$$

이다. 즉, $\overline{PR} = \overline{PQ}$이다. 또, △RFG와 △QCG에서

$$\overline{RF} = \overline{QC} = 4, \quad \overline{FG} = \overline{CG} = 11, \quad \angle RFG = \angle QCG = 90°$$

이므로

$$\triangle RFG \equiv \triangle QCG (SAS합동)$$

이다. 즉, $\overline{RG} = \overline{QG}$이다. 또, $\overline{PG}$가 공통이므로,

$$\triangle PRG \equiv \triangle PQG (SSS합동)$$

이다. 그러므로

$$\triangle PRG = \square BFGC - (\triangle PBR + \triangle RFG + \triangle CPG)$$
$$= 11 \times 11 - \left(\frac{1}{2} \times 4 \times 7 + \frac{1}{2} \times 4 \times 11 + \frac{1}{2} \times 7 \times 11\right)$$
$$= \frac{93}{2}$$

이다.

문제 10

$\overline{AB} = \overline{CD} = 12$, $\overline{BC} = 8$, $\overline{DE} = 6$, $\overline{EA} = 10$인 오각형 ABCDE가 있다. 이 오각형의 변 AB, BC, CD, DE, EA의 중점을 각각 P, Q, R, S, T라고 한다. 또, 선분 TQ, PR, QS, RT, SP의 중점을 각각 V, W, X, Y, Z라고 한다. 이때, $(\overline{WX} + \overline{XY} + \overline{ZV}) - (\overline{VW} + \overline{YZ})$를 구하여라.

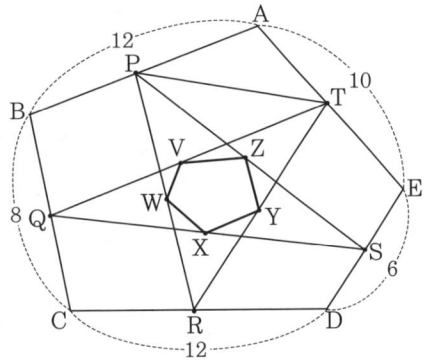

풀이 삼각형 중점연결정리로부터

$$\overline{WY} : \overline{PT} = 1 : 2, \quad \overline{PT} : \overline{BE} = 1 : 2$$

이다. 따라서 $\overline{WY} : \overline{BE} = 1 : 4$이다. 그러므로 오각형 ABCDE와 오각형 XYZVW는 닮음비가 4:1인 닮음이다.

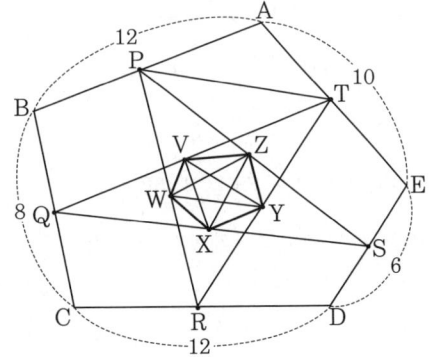

따라서

$$(\overline{WX} + \overline{XY} + \overline{ZV}) - (\overline{VW} + \overline{YZ})$$
$$= \frac{1}{4}\left\{(\overline{EA} + \overline{AB} + \overline{CD}) - (\overline{DE} + \overline{BC})\right\}$$
$$= \frac{1}{4}\{(10 + 12 + 12) - (6 + 8)\}$$
$$= 5$$

이다.

문제 11

$\overline{AB} = 9$, $\overline{BC} = 10$인 삼각형 ABC가 있다. 변 AB 위에 $\overline{AP} = 2$가 되는 점 P를 잡으면 $\overline{CP} = \overline{CA}$가 될 때, △ABC의 넓이를 구하여라.

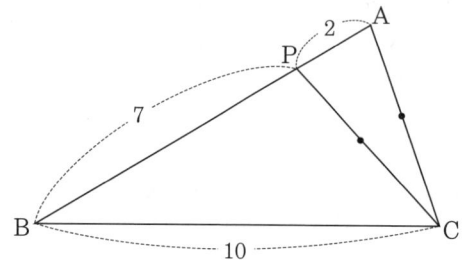

풀이 점 C에서 선분 AP에 내린 수선의 발을 H라 한다.

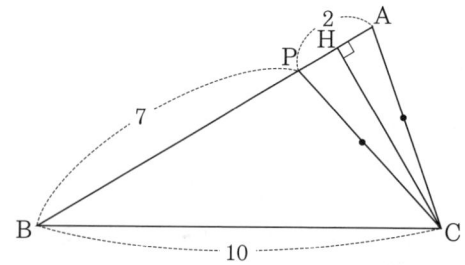

그러면, △CAP는 이등변삼각형이므로,
$$\overline{PH} = \overline{AH} = \tfrac{\overline{AP}}{2} = 1$$
이다. 이로부터
$$\overline{BH} = \overline{BP} + \overline{PH} = 7 + 1 = 8, \quad \overline{BC} = 10$$
이므로, △CBH는 세 변의 길이의 비가 3 : 4 : 5인 직각삼각형이다. 즉, $\overline{CH} = 6$이다. 따라서,
$$\triangle ABC = \tfrac{1}{2} \times \overline{AB} \times \overline{CH} = \tfrac{1}{2} \times (7+2) \times 6 = 27$$
이다.

문제 12

$\overline{AB} : \overline{BC} : \overline{DA} = 10 : 19 : 4$이고, $\angle A = \angle B = 60°$인 사각형 ABCD에서 $\overline{CD} = 24$일 때, 선분 BD의 길이를 구하여라.

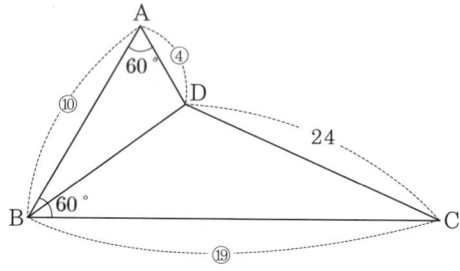

풀이 점 D를 지나고 변 AB에 평행한 직선이 변 BC와 만나는 점을 E라고 하고, 선분 AD의 연장선과 변 BC와의 교점을 F라 한다.

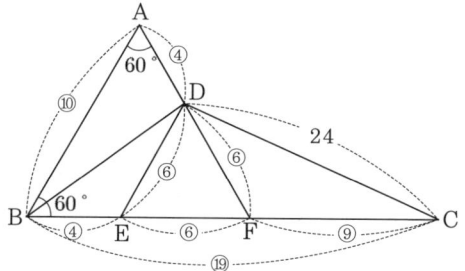

그러면 사각형 DABE는 등변사다리꼴이고, △ABF와 △DEF는 정삼각형이다. $\overline{BE} = \overline{AD} = ④$라고 하면,
$$\overline{DE} = ⑩ - ④ = ⑥,$$
$$\overline{EC} = \overline{BC} - \overline{BE} = ⑲ - ④ = ⑮,$$
$$\angle BED = 120°$$
이다. 따라서, △ABD와 △ECD에서
$$\angle BAD = \angle CED, \quad \overline{AB} : \overline{AD} = 5 : 2 = \overline{EC} : \overline{ED}$$
이므로 닮음이고, 닮음비는 2 : 3이다. 그러므로,
$$\overline{BD} = \overline{CD} \times \tfrac{2}{3} = 16$$
이다.

문제 13

$\overline{AB} = 7$, $\overline{AC} = 5$인 삼각형 ABC에서, $\angle C = \frac{1}{2} \times \angle B + 90°$이다. $\angle A$의 내각이등분선과 변 BC와의 교점을 P라고 할 때, 선분 PC의 길이를 구하여라.

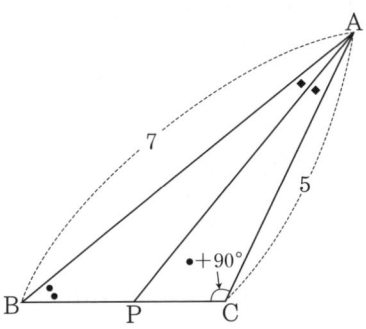

풀이 변 AB위에 $\overline{AD} = 5$가 되는 점 D를 잡고, 점 P와 연결한다.

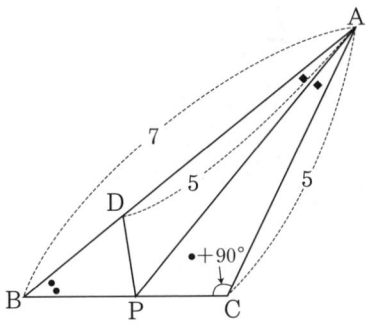

△ADP와 △ACP에서

$$\overline{AP}\text{는 공통, } \overline{AD} = \overline{AC}, \ \angle DAP = \angle CAP$$

이므로,

$$\triangle ADP \equiv \triangle ACP(SAS합동)$$

이다. △BDP에서

$$\angle BDP = 180° - \angle ADP = 180° - \angle ACB = 90° - \frac{1}{2} \times \angle B$$

이고,

$$\angle BPD = 180° - \angle BDP - \angle B = 90° - \frac{1}{2} \times \angle B$$

이다. 즉, △BDP는 이등변삼각형이다. 그러므로

$$\overline{BP} = \overline{BD} = 2$$

이다. 또, 내각이등분선의 정리에 의하여

$$\overline{BP} : \overline{PC} = 7 : 5$$

이다. 따라서 $\overline{PC} = \overline{BP} \times \frac{5}{7} = \frac{10}{7}$이다.

문제 14

삼각형 ABC에서, ∠ABC = 2 × ∠ACB이고, 점 A에서 변 BC에 내린 수선의 발을 H, 점 C에서 변 AB에 내린 수선의 발을 I라고 한다. 또, 선분 AH와 CI의 교점을 P라 하면, $\overline{CP} = 24$, $\overline{AP} = 10$이다. 이때, 선분 PH의 길이를 구하여라.

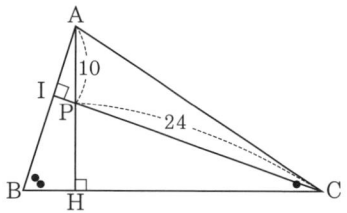

[풀이] 점 A를 변 BC에 대하여 대칭이동시킨 점을 A′이라 하면 △CAA′는 이등변삼각형이다.

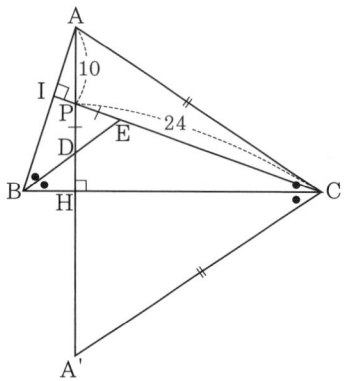

∠B의 내각이등분선과 선분 AH, CI와의 교점을 각각 D, E 라고 하면, ∠PED = ∠PDE이다. 즉, △PDE는 이등변삼각형이다.
∠DBC = ∠BCA = ∠BCA′에서 $\overline{BE} \parallel \overline{A'C}$가 되어 △PAC도 이등변삼각형이다. 따라서

$$\overline{PA'} = \overline{PC} = 24$$

이다. 그러므로

$$\overline{AH} = \overline{AA'} \times \frac{1}{2} = (10 + 24) \times \frac{1}{2} = 17$$

이다. 따라서 $\overline{PH} = 7$이다.

문제 15

$\overline{AB} : \overline{AC} = 2 : 3$인 삼각형 ABC에서 ∠BAC의 이등분선과 변 BC와의 교점을 P라 한다. 선분 AP 위에 $\overline{AQ} : \overline{QP} = 3 : 2$가 되는 점 Q를 잡고, 변 AC의 중점을 N, 선분 PQ의 중점을 R이라 한다. $\overline{BQ} = 4$일 때, 선분 NR의 길이를 구하여라.

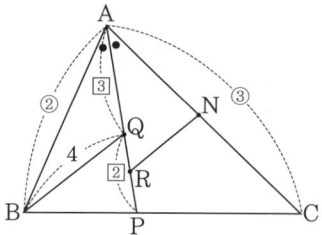

[풀이] 선분 AP의 연장선 위에 $\overline{AQ} = \overline{PD}$가 되는 점 D를 잡고, 점 C와 D를 연결한다.

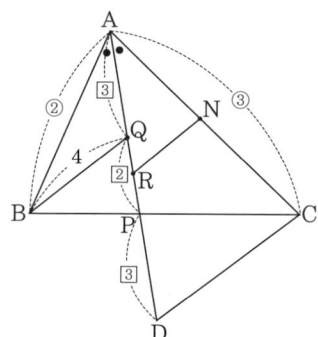

그러면

$$\overline{AR} : \overline{RD} = (\overline{AQ} + \overline{QR}) : (\overline{RP} + \overline{PD}) = 4 : 4 = 1 : 1$$

이다. 따라서 점 R은 선분 AD의 중점이다.
그러므로 △ADC에서 삼각형 중점연결정리에 의하여

$$\overline{NR} = \overline{CD} \times \frac{1}{2}$$

이다. 그런데, 선분 AP는 ∠BAC의 이등분선이므로, 내각이등분선의 정리에 의하여

$$\overline{BP} : \overline{CP} = 2 : 3 = \overline{QP} : \overline{DP}$$

이고, △PBQ와 △PCD는 닮음비가 2 : 3인 닮음이다. 따라서

$$\overline{BQ} : \overline{CD} = \overline{BP} : \overline{CP} = 2 : 3, \quad \overline{CD} = \overline{BQ} \times \frac{3}{2} = 6$$

이다. 즉,
$$\overline{NR} = \overline{CD} \times \frac{1}{2} = 6 \times \frac{1}{2} = 3$$
이다.

문제 16

$\overline{AB} = 14$인 사각형 ABCD 내부에 삼각형 APB, 삼각형 DPC가 모두 직각이등변삼각형이 되고, $\overline{CP} = 8$인 점 P를 잡는다. 변 AD의 중점을 M, 변 BC의 중점을 N이라고 하면, $\overline{MN} = 11$이다. 이때, 삼각형 PBC의 넓이를 구하여라.

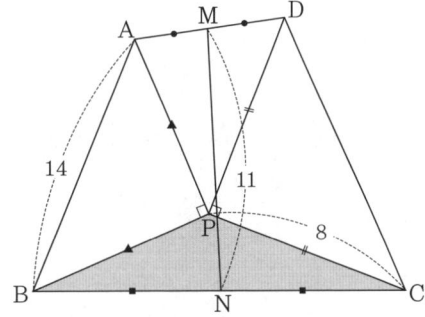

[풀이] △APC와 △BPD에서 $\overline{PA} = \overline{PB}$, $\overline{PC} = \overline{PD}$이고,

$$\angle APC = \angle APD + \angle DPC$$
$$= \angle APD + 90°$$
$$= \angle APD + \angle BPA$$
$$= \angle BPD$$

이므로 △APC ≡ △BPD(SAS합동)이다. 즉, $\overline{AC} = \overline{BD}$이다.

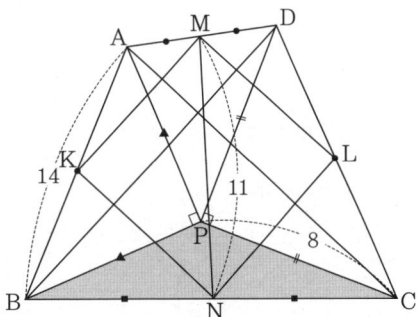

△APC와 △BPD는 90°회전한 위치관계에 있으므로 대각선 AC와 BD는 수직이다.

변 AB의 중점을 K, 변 DC의 중점을 L이라 하면, 삼각형 중점연결정리에 의하여

$$\overline{KM} = \overline{BD} \times \frac{1}{2} = \overline{LN}, \quad \overline{KM} \parallel \overline{BD} \parallel \overline{LN}$$

이고,

$$\overline{LM} = \overline{AC} \times \frac{1}{2} = \overline{KN}, \quad \overline{LM} \parallel \overline{AC} \parallel \overline{KN}$$

이다. 더욱이, $\overline{KM} = \overline{LM}$, $\overline{KM} \perp \overline{LM}$이므로 사각형 KMLN은 정사각형이다. 또, $\overline{KL} = \overline{MN} = 11$이다. 그런데,

$$\triangle AKM + \triangle CLN = \frac{1}{4} \times \triangle ABD + \frac{1}{4} \times \triangle CBD$$
$$= \frac{1}{4} \times \square ABCD,$$
$$\triangle BKN + \triangle DLM = \frac{1}{4} \times \triangle ABC + \frac{1}{4} \times \triangle ADC$$
$$= \frac{1}{4} \square ABCD$$

이다. 그러므로

$$\square KLMN$$
$$= \square ABCD - (\triangle AKM + \triangle CLN + \triangle BKN + \triangle DLM)$$
$$= \square ABCD - 2 \times \frac{1}{4} \times ABCD$$
$$= \frac{1}{2} \times ABCD$$

이다. 따라서

$$\square ABCD = 2 \times \square KLMN = \frac{1}{2} \times 11 \times 11 \times \frac{1}{2} = 121$$

이다.
△PAD를 점 P를 중심으로 90°회전시켜 점 A를 점 B와 겹치게 하면, 세 점 C, P, D는 한 직선 위에 있고, $\overline{PC} = \overline{PD}$로부터 △PAD ≡ △PBC이다.

$$\triangle PAB + \triangle PBC + \triangle PCD + \triangle PAD = \square ABCD = 121$$

에서

$$2 \times \triangle PBC + 14 \times 14 \times \frac{1}{4} + 8 \times 8 \times \frac{1}{2} = 121$$

이다. 이를 정리하면,

$$2 \times \triangle PBC = 121 - 49 - 32 = 40$$

이다. 따라서 △PBC = 20이다.

문제 17

넓이가 48인 정삼각형 ABC에서 변 AC 위에 점 E를, 변 BC의 연장선 위에 점 D를 잡으면, ∠CBE = ∠CED 이고, $\overline{BE} : \overline{ED} = 3 : 1$이다. 이때, 삼각형 ECD의 넓이를 구하여라.

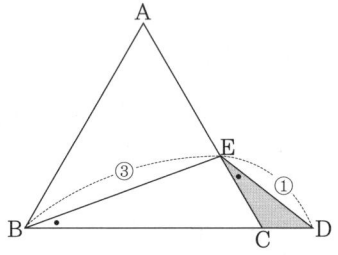

풀이 △EBD와 △CED에서

$$\angle EBD = \angle CED, \quad \angle EDB = \angle CDE$$

이므로, △EBD와 △CED는 닮음(AA닮음)이고,

$$\overline{DC} : \overline{CE} = 1 : 3$$

이다. 변 BC위에 $\overline{CE} = \overline{CF}$가 되는 점 F를 잡으면, △EFC는 정삼각형이다. 즉,

$$\angle BFE = \angle ECD = 120°$$

이다. 그러므로 △FBE와 △CED도 닮음(AA닮음)이다.

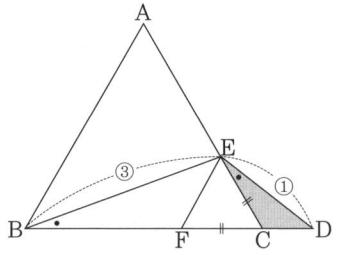

$\overline{DC} = \boxed{1}$이라고 하면,

$$\overline{CE} = \overline{CF} = \overline{EF} = \boxed{3}, \quad \overline{BF} = \boxed{9}$$

이므로, $\overline{AC} = \overline{BF} + \overline{FC} = \boxed{12}$이다. 따라서

$$\triangle ECD = \triangle ABC \times \frac{3}{12} \times \frac{1}{12} = 48 \times \frac{3}{12} \times \frac{1}{12} = 1$$

이다.

문제 18

$\overline{AB} = \overline{BC} = \overline{CD} = \overline{DA} = 3$, $\overline{AC} = 4$인 마름모 ABCD에서, 변 AB 위에 $\overline{AP} : \overline{PB} = 1 : 3$이 되도록 점 P를 잡고, 변 AD 위에 $\angle PCQ = \angle BCD \times \dfrac{1}{2}$이 되도록 점 Q를 잡는다. 이때, 선분 AQ의 길이를 구하여라.

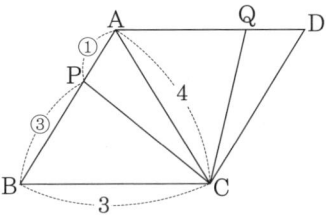

풀이 그림과 같이 선분 CP의 연장선과 변 DA의 연장선의 교점을 R이라 하고, 선분 CQ의 연장선과 점 D를 지나 대각선 AC에 평행한 직선과의 교점을 S라 한다.

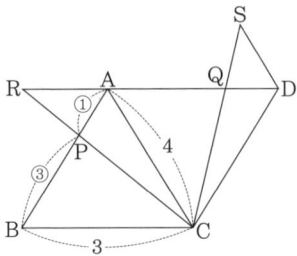

그러면, △PAR와 △PBC는 닮음비가 1 : 3인 닮음이므로, $\overline{AR} = 1$이다.
$\angle ACB = \angle ACD = \angle RCQ$로 부터 $\angle PCB = \angle ACQ$이다. 그러므로
$$\angle ACR = \angle DCS$$
이다. 또,
$$\angle ARC = \angle PCB = \angle ACQ = \angle DSC$$
이다. 그러므로 △CAR과 △CDS는 닮음비가 4 : 3인 닮음이므로, $\overline{DS} = \dfrac{3}{4}$이다.
따라서 △QAC와 △QDS는 닮음비가 $4 : \dfrac{3}{4} = 16 : 3$인 닮음이다. 즉, $\overline{AQ} : \overline{QD} = 16 : 3$이다. 따라서
$$\overline{AQ} = 3 \times \dfrac{16}{19} = \dfrac{48}{19}$$
이다.

문제 19

$\overline{BC} = 10$인 삼각형 ABC에서, 변 AB 위에 $\overline{PB} = \overline{PC}$가 되는 점 P를 잡고, 점 P를 지나 변 BC에 평행한 직선과 변 AC와의 교점을 Q라 하면, $\overline{BQ} = \overline{BC}$, $\overline{AQ} : \overline{QC} = 3 : 7$이다. 이때, 삼각형 APQ의 넓이를 구하여라.

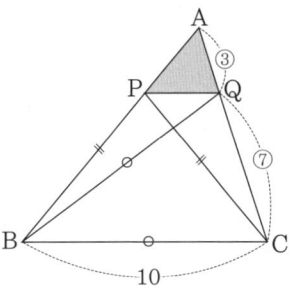

풀이 $\overline{PQ} \parallel \overline{BC}$이고, $\overline{AQ} : \overline{AC} = 3 : 10$, $\overline{BC} = 10$이므로 $\overline{PQ} = 3$이다.

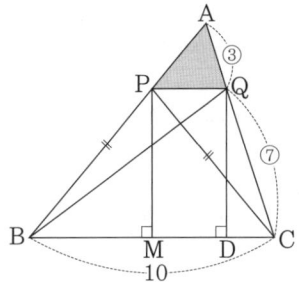

점 P, Q에서 변 BC에 내린 수선의 발을 각각 M, D라 하면,
$$\overline{BM} = 5, \quad \overline{MD} = \overline{PQ} = 3$$
이다. 따라서
$$\overline{BD} = 5 + 3 = 8$$
이다. $\overline{BQ} = \overline{BC} = 10$이므로 △BQD는 세 변의 길이의 비가 3 : 4 : 5인 직각삼각형이다. 그러므로 $\overline{QD} = 6$이다. 따라서 △BQC = $10 \times 6 \times \dfrac{1}{2} = 30$이다. 그러므로
$$\begin{aligned}\triangle APQ &= \dfrac{3}{10} \times \triangle ABQ \\ &= \dfrac{3}{10} \times \dfrac{3}{7} \times \triangle BQC \\ &= \dfrac{3}{10} \times \dfrac{3}{7} \times 30 \\ &= \dfrac{27}{7}\end{aligned}$$
이다.

문제 20

정삼각형 ABC에서 $\overline{AP} = \overline{CQ}$가 되도록 변 AB 위에 점 P를, 변 CA 위에 점 Q를 잡는다. 선분 CP와 BQ의 교점을 R이라 하면, $\overline{BR} : \overline{RC} = 2 : 1$이다. 이때, 삼각형 RBC의 넓이는 정삼각형 ABC의 넓이의 몇 배인가?

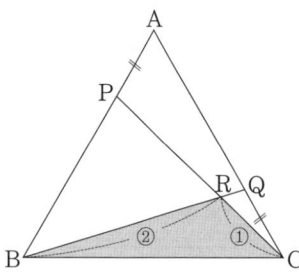

[풀이] $\overline{AC} = \overline{BC}$, $\overline{AP} = \overline{CQ}$, $\angle PAC = 60° = \angle QCB$이므로,

$$\triangle PCA \equiv \triangle QBC \text{(SAS합동)}$$

이다. 즉, $\angle PCA = \angle QBC$이다.
또, $\angle BQC = \angle CQR$로부터 △QBC와 △QCR은 닮음이다. 그러므로

$$\angle QRC = \angle QCB = 60°$$

이다. 따라서

$$\angle BRC = 180° - \angle QRC = 120°$$

이다.

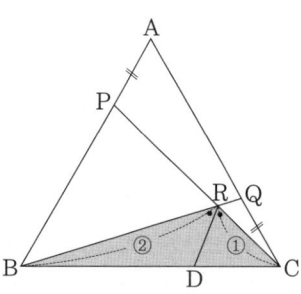

$\angle BRC$의 이등분선과 변 BC와의 교점을 D라 하면,

$$\angle BRD = 60° = \angle CRQ, \quad \angle RBD = \angle RCQ$$

이므로 △RBD와 △RCQ는 닮음비가

$$\overline{RB} : \overline{RC} = 2 : 1$$

인 닮음이다. 따라서

$$\triangle RBD : \triangle RCQ = 4 : 1$$

이다. 또, 선분 RD가 $\angle BRC$의 이등분선이므로,

$$\triangle RBD : \triangle RCD = \overline{BD} : \overline{DC} = \overline{RB} : \overline{RC} = 2 : 1$$

이다. 이것으로부터

$$\triangle RBC : \triangle RCQ = (4 + 2) : 1 = \overline{BR} : \overline{RQ}$$

가 되어

$$\overline{BR} : \overline{RC} : \overline{RQ} = 6 : 3 : 1$$

이다. 또, △QBC와 △QCR은 닮음이므로,

$$\overline{BC} : \overline{CQ} = \overline{CR} : \overline{RQ} = 3 : 1 = \overline{AC} : \overline{CQ}$$

이다. 그러므로,

$$\triangle QBC = \frac{\overline{CQ}}{\overline{AC}} \times \triangle ABC = \frac{1}{3} \times \triangle ABC,$$

$$\triangle RBC = \frac{\overline{BR}}{\overline{BQ}} \times \triangle QBC = \frac{6}{6+1} \times \triangle QBC = \frac{6}{7} \times \triangle ABC$$

이다. 따라서,

$$\triangle RBC = \frac{6}{7} \times \frac{1}{3} \times \triangle ABC = \frac{2}{7} \times \triangle ABC$$

이다. 즉, $\frac{2}{7}$배다.

문제 21

정삼각형 ABC와 정삼각형 ADE를 세 점 B, C, D 순으로 한 직선 위에 있으면서 $\overline{BC} : \overline{CD} = 2 : 1$이 되도록 놓는다. 선분 BE와 선분 AC, AD와의 교점을 각각 P, Q라고 한다. $\overline{AQ} = 3$일 때, 선분 QD의 길이를 구하여라.

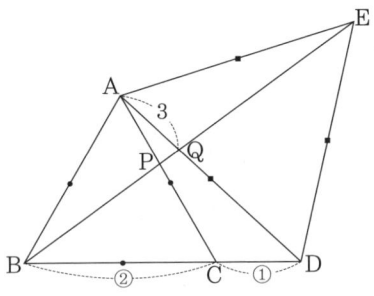

풀이 △ABD와 선분 BD 위의 점 C를 점 A를 기준으로 반시계방향으로 60°회전이동시키면, △ABD는 △ACE로 옮겨지는데, 점 C가 옮겨지는 점을 F라고 한다. 또, 선분 CE와 AD의 교점을 G라고 한다.

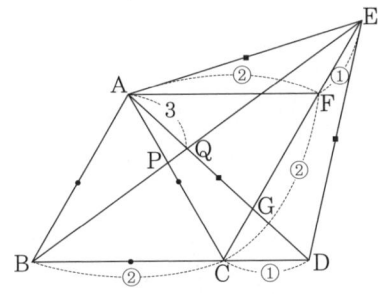

그러면 $\overline{AF} \parallel \overline{CD}$이므로,

$$\overline{CG} : \overline{GF} = \overline{DG} : \overline{GA} = \overline{CD} : \overline{AF} = 1 : 2$$

이고,

$$\overline{CF} : \overline{FE} = 2 : 1$$

이다. 그러므로

$$\overline{CG} : \overline{GF} : \overline{FE} = 2 : 4 : 3$$

이고,

$$\overline{GE} : \overline{AB} = \overline{GE} : \overline{CF} = 7 : 6$$

이다. 또, $\overline{AB} \parallel \overline{GE}$이므로

$$\overline{AQ} : \overline{QG} = \overline{AB} : \overline{GE} = 6 : 7$$

이다. 그러므로

$$\overline{AQ} : \overline{QG} : \overline{GD} = 12 : 14 : 13$$

이다. 따라서

$$\overline{AQ} : \overline{QD} = 12 : 27 = 4 : 9$$

이다. 그러므로

$$\overline{QD} = \overline{AQ} \times \frac{9}{4} = 3 \times \frac{9}{4} = \frac{27}{4}$$

이다.

문제 22

∠ACB = 45°, $\overline{BC}$ = 2인 삼각형 ABC에서, 변 CB의 연장선 위에 $\overline{BE}$ = 1이 되는 점 E를 잡고, 점 E에서 변 AC에 내린 수선의 발을 D라 하면, ∠EDB = ∠BAC이다. 선분 ED와 변 AB의 교점을 F라 한다. 이때, 삼각형 AFD의 넓이를 구하여라.

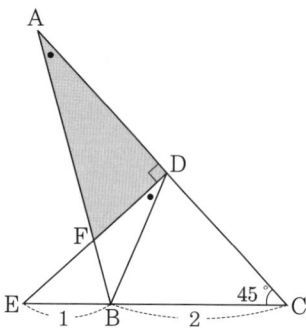

풀이 변 BC의 중점을 G라고 하면,

$$\overline{BE} = \overline{GC}, \angle DEB = \angle DCG = 45°, \overline{DE} = \overline{DC}$$

이므로,

$$\triangle DBE \equiv \triangle DGC (\text{SAS합동})$$

이다.

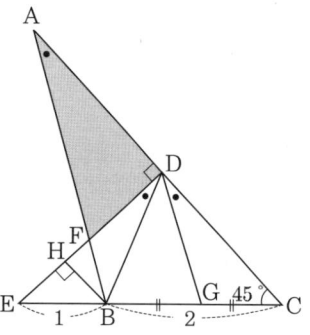

이것으로부터

$$\angle CDG = \angle EDB = \angle A$$

이다. 즉, $\overline{DG} \parallel \overline{AB}$이고, 삼각형 중점연결정리로부터 점 D는 변 AC의 중점이다. 따라서 $\overline{AD} = \overline{DC}$이다.
점 B에서 선분 ED에 내린 수선의 발을 H라 하면,

$$\overline{BF} : \overline{AF} = \overline{BH} : \overline{AD} = \overline{BH} : \overline{CD} = \overline{EB} : \overline{EC} = 1 : 3$$

이다. 점 D에서 변 BC에 내린 수선의 길이가 $\frac{3}{2}$이므로,

$$\triangle DBC = \frac{1}{2} \times 2 \times \frac{3}{2} = \frac{3}{2}$$

이다. 또, $\overline{AD} = \overline{DC}$이므로,

$$\triangle ABD = \triangle DBC = \frac{3}{2}$$

이다. 따라서,

$$\triangle AFD = \triangle ABD \times \frac{3}{4} = \frac{3}{2} \times \frac{3}{4} = \frac{9}{8}$$

이다.

문제 23

$\overline{AB} = \overline{AC}$, $\overline{BC} = 5$인 이등변삼각형 ABC에서 변 AC의 연장선 위에 $\overline{AD} = 5$가 되는 점 D를 잡으면, $\angle BAD = 2 \times \angle ABD$이다. 변 BD 위에 $\overline{DP} = 3$이 되는 점 P를 잡는다. 이때, 다음 물음에 답하여라.

(1) $\angle CBD$의 크기를 구하여라.

(2) $\triangle APD$의 넓이를 구하여라.

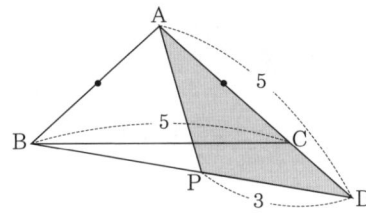

풀이

(1) △ABD를 선분 BD에 대하여 대칭이동시키고, 점 A가 대칭이동한 점을 E라고 한다.

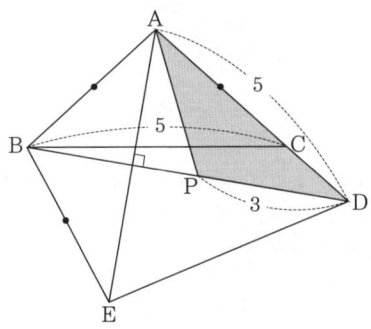

그러면,
$$\angle EBA = 2 \times \angle ABD = \angle BAD = \angle BAC$$
이고,
$$\overline{BE} = \overline{BA} = \overline{AC}$$
이므로,
$$\triangle BEA \equiv \triangle ABC (\text{SAS합동})$$
이다. 즉, $\overline{AE} = \overline{BC} = 5$이다. 또, $\overline{AD} = \overline{ED} = 5$이므로, △AED는 정삼각형이다. 그러므로
$$\angle ADE = 60°, \quad \angle ADB = 30°$$

이다. 한편 △ABD에서
$$30° = \angle ADB$$
$$= 180° - \angle ABD - \angle BAD$$
$$= 180° - 3 \times \angle ABD$$

이다. 그러므로
$$\angle ABD = 50°, \quad \angle BAC = \angle BAD = 100°$$

이다.
$$\angle ABC = \frac{180° - \angle BAC}{2} = \frac{180° - 100°}{2} = 40°$$

으로부터
$$\angle CBD = \angle ABD - \angle ABC = 50° - 40° = 10°$$

이다.

(2) △APD는 밑변이 $\overline{PD} = 3$이고, 높이가 $\frac{1}{2} \times \overline{AD} = \frac{5}{2}$이므로,
$$\triangle APD = \frac{1}{2} \times 3 \times \frac{5}{2} = \frac{15}{4}$$

이다.

문제 24

∠B = 90°인 직각삼각형 ABC에서, 변 AB의 중점을 M이라 하고, 점 C와 M을 연결한 다음, 선분 MB 위에 ∠MCP = ∠CMP가 되도록 점 P를 잡고, 선분 CP의 연장선 위에 ∠QMP = ∠CMP가 되는 점 Q를 잡으면, $\overline{MQ} = 8$, $\overline{CQ} = 14$이다. 이때, 선분 MC의 길이를 구하여라.

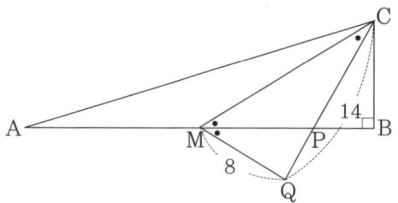

풀이 ∠MPQ = 2 × ∠MCP = ∠CMQ이므로 △MPQ와 △CMQ는 닮음이다.

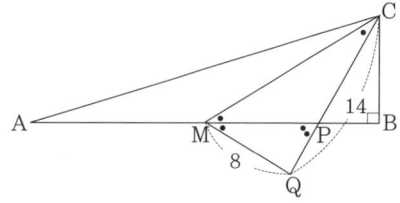

그러므로,
$$\overline{PQ} : \overline{MQ} = \overline{MQ} : \overline{CQ}, \quad \overline{PQ} : 8 = 8 : 14$$
이다. 즉, $\overline{PQ} = \frac{8 \times 8}{14} = \frac{32}{7}$이다. 그러므로,
$$\overline{CP} = \overline{CQ} - \overline{PQ} = 14 - \frac{32}{7} = \frac{66}{7}$$
이다. 또, ∠PCM = ∠PMC로부터
$$\overline{MP} = \overline{CP} = \frac{66}{7}$$
이다. △MPQ와 △CMQ가 닮음이므로,
$$\overline{CM} : \overline{MP} = \overline{CQ} : \overline{MQ}, \quad \overline{CM} : \frac{66}{7} = 14 : 8$$
이다. 즉, $\overline{CM} = \frac{66}{7} \times 14 \times \frac{1}{8} = \frac{33}{2}$이다.

문제 25

한 변의 길이가 4인 정사각형 ABCD에서, 변 CD 위에 $\overline{DF} = 3$이 되는 점 F를 잡고, 변 BC 위에 ∠FAE = 45°가 되는 점 E를 잡는다. 이때, 삼각형 AEC의 넓이를 구하여라.

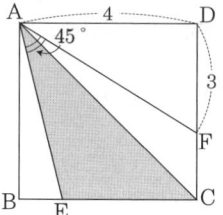

풀이 △ABE를 점 A를 기준으로 반시계방향으로 90° 회전이동시켜 변 AB가 변 AD와 일치하도록 할 때, 점 E가 이동한 점을 E'라 하고, 점 E'에서 선분 AF에 내린 수선의 발을 G라고 한다.

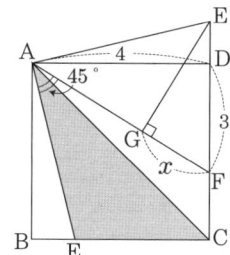

그러면 ∠E'AG = 45°가 되어 △AGE'는 직각이등변삼각형이다. 또, △AFD는 세 변의 길이의 비가 3:4:5인 직각삼각형이므로, $\overline{GF} = x$라 하면,
$$\overline{AG} = 5 - x = \overline{E'G}$$
이다. 그런데, △E'GF와 △ADF는 닮음이므로
$$\overline{E'G} : \overline{AD} = \overline{GF} : \overline{DF}, \quad 5 - x : 4 = x : 3$$
이다. 이를 정리하여 풀면, $x = \overline{GF} = \frac{15}{7}$이다.
삼각비에 의하여
$$\overline{E'F} = \overline{GF} \times \frac{5}{3} = \frac{15}{7} \times \frac{5}{3} = \frac{25}{7}$$
이다. 즉,
$$\overline{E'D} = \overline{E'F} - \overline{DF} = \frac{25}{7} - 3 = \frac{4}{7} = \overline{BE}$$
이다. 따라서
$$\overline{EC} = \overline{BC} - \overline{BE} = 4 - \frac{4}{7} = \frac{24}{7}$$

이다. 그러므로
$$\triangle \text{AEC} = \frac{1}{2} \times \frac{24}{7} \times 4 = \frac{48}{7}$$
이다.

문제 26

∠BAC = 60°인 삼각형 ABC에서 $\overline{AP} = \overline{BP} = \overline{CP}$가 되도록 점 P를 삼각형 ABC의 내부에 잡으면, △ABP = △ABC × $\frac{1}{8}$을 만족한다. 선분 BP의 연장선과 변 AC의 교점을 R이라 한다. △APR = 3이라 할 때, △ABP의 넓이를 구하여라.

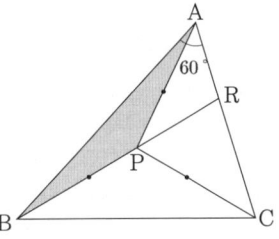

풀이 선분 CP의 연장선과 변 AB와의 교점을 Q라고 한다.

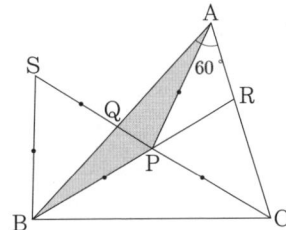

가정에서 △ABP : △ABC = 1 : 8이므로,
$$\overline{PQ} : \overline{CQ} = 1 : 8, \quad \overline{PQ} : \overline{CP} = 1 : 7 = \overline{PQ} : \overline{BP}$$
이다. 가정에서, $\overline{AP} = \overline{BP} = \overline{CP}$이므로
$$\angle PBA + \angle PCA = \angle PAB + \angle PAC = \angle BAC = 60°$$
이다. 또,
$$\angle BPC = 2 \times \angle PAB + 2 \times \angle PAC$$
$$= 2 \times \angle BAC = 2 \times 60° = 120°$$
이고,
$$\angle BPQ = \angle CPR = 180° - \angle BPC = 60°$$
이다. 선분 PQ의 연장선위에 $\overline{BP} = \overline{PS}$가 되는 점 S를 잡으면 △BPS는 정삼각형이다.
$$\angle SBQ = \angle SBP - \angle PBQ = 60° - \angle PBA$$
$$= 60° - \angle PAB = \angle PAC = \angle PCA = \angle PCR$$

이고,
$$\angle BSQ = 60° = \angle CPR, \quad \overline{BS} = \overline{BP} = \overline{CP}$$
이므로,
$$\triangle BSQ \equiv \triangle CPR (ASA합동)$$
이다. 즉, $\overline{SQ} = \overline{PR}$이다. $\overline{PQ} : \overline{BP} = 1 : 7$이므로,
$$\overline{PQ} : \overline{PS} = 1 : 7, \quad \overline{SQ} : \overline{PS} = 6 : 7 = \overline{SQ} : \overline{BP}$$
이다. 즉, $\overline{PR} : \overline{BP} = 6 : 7$이다. 그러므로,
$$\triangle APR : \triangle ABP = \overline{PR} : \overline{BP}, \quad 3 : \triangle ABP = 6 : 7$$
이므로,
$$\triangle ABP = 3 \times 7 \times \frac{1}{6} = \frac{7}{2}$$
이다.

문제 27

$\overline{BC} = 8$, $\overline{AC} = 4$인 삼각형 ABC에서 $2 \times \angle B + \angle C = 90°$이다. 이때, 삼각형 ABC의 넓이를 구하여라.

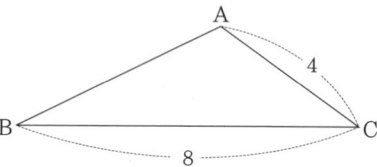

풀이 변 BC위에 $\angle BAD = \angle ABC$가 되도록 점 D를 잡으면, $\overline{BD} = \overline{AD}$이다. 또, $\angle ADC + \angle ACD = 90°$이다. 즉, $\angle DAC = 90°$이다.

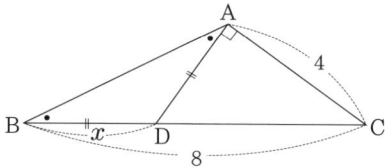

$\overline{BD} = x$라 하면,
$$\overline{AD} = x, \quad \overline{DC} = 8 - x$$
이다. 삼각형 ADC는 직각삼각형이므로, 피타고라스의 정리에 의하여
$$x^2 + 4^2 = (8-x)^2$$
이 성립한다. 이를 풀면 $x = 3$이다. 그러므로
$$\triangle ADC = \frac{1}{2} \times 3 \times 4 = 6$$
이다. 또,
$$\triangle ABD : \triangle ADC = 3 : 5, \quad \triangle ABD : 6 = 3 : 5$$
이므로,
$$\triangle ABD = 6 \times 3 \times \frac{1}{5} = \frac{18}{5}$$
이다. 따라서
$$\triangle ABC = 6 + \frac{18}{5} = \frac{48}{5}$$
이다.

문제 28

$\overline{AB} = \overline{BC} = 90$, $\overline{CD} = 84$, $\overline{DE} = \overline{EA} = 56$, $\angle EDC = 90°$, $\angle ABC + \angle DEA = 180°$인 오각형 ABCDE가 있다. 점 B에서 변 EA의 연장선에 내린 수선의 발을 H라 하면, $\overline{HB} = 54$, $\overline{HA} = 72$이다. 이때, 오각형 ABCDE의 넓이를 구하여라.

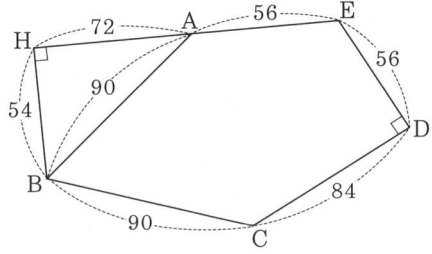

[풀이] 점 B에서 변 DC의 연장선에 내린 수선의 발을 F라 한다.

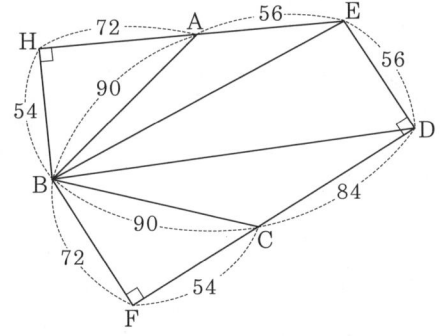

오각형 ABCDE의 내각의 합은 540°이고,

$$\angle ABC + \angle DEA = 180°, \quad \angle CDE = 90°$$

이므로,

$$\angle BAE + \angle BCD = 270°$$

이다. 그런데, $\angle BAE = 180° - \angle BAH$이므로,

$$90° + \angle CBF = \angle BCD$$
$$= 270° - \angle BAE$$
$$= 270° - (180° - \angle BAH)$$
$$= 90° + \angle BAH$$

이다. 따라서

$$\angle CBF = \angle BAH$$

이다. 그러므로

$$\triangle ABH \equiv \triangle BCF \text{(RHA합동)}$$

이다. 즉, $\overline{BF} = 72$, $\overline{FC} = 54$이다. 오각형 ABCDE의 넓이는

$$\triangle ABE + \triangle EBD + \triangle BCD$$

이다. 그런데,

$$\triangle EAB = \frac{1}{2} \times 56 \times 54 = 1512,$$
$$\triangle EBD = \frac{1}{2} \times 56 \times (84 + 54) = 3864,$$
$$\triangle BCD = \frac{1}{2} \times 84 \times 72 = 3024$$

이다. 따라서

　오각형 ABCDE의 넓이 = 1512 + 3864 + 3024 = 8400

이다.

문제 29

$\overline{AB} : \overline{BC} = 2 : 5$인 삼각형 ABC에서, ∠B의 이등분선이 변 AC와 만나는 점을 E라 하고, 점 C에서 선분 BE의 연장선에 내린 수선의 발을 D라고 할 때, 삼각형 ABE와 삼각형 DEC의 넓이의 비를 구하여라.

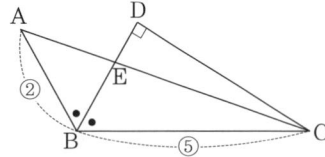

[풀이] 그림과 같이, 변 BA의 연장선과 변 CD의 연장선과의 교점을 F라 하고, 선분 FE의 연장선과 변 BC와의 교점을 G라고 하면, 삼각형 BFC에서 변 BD를 축으로 대칭이므로,

$$\overline{AF} = \overline{GC} = ③, \quad \overline{BG} = \overline{BA} = ②$$

이다.

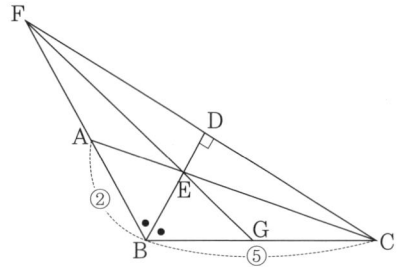

따라서

$$\triangle ABE : \triangle AFE = \overline{BA} : \overline{AF} = 2 : 3,$$
$$\triangle GBE : \triangle GCE = \overline{BG} : \overline{GC} = 2 : 3,$$
$$\triangle GFB : \triangle GFC = \overline{BG} : \overline{GC} = 2 : 3$$

이다. △ABE = 2S라고 가정하면,

$$\triangle BGE = 2S, \quad \triangle AEF = \triangle GCE = 3S, \quad \triangle GFB = 7S$$

이다. 그러므로

$$\triangle GFC = \triangle GFB \times \frac{3}{2} = 7S \times \frac{3}{2} = \frac{21}{2}S$$

이고,

$$\triangle DEC = (\triangle GFC - \triangle GCE) \times \frac{1}{2} = \left(\frac{21}{2}S - 3S\right) \times \frac{1}{2} = \frac{15}{4}S$$

이다. 따라서

$$\triangle ABE : \triangle DEC = 2 : \frac{15}{4} = 8 : 15$$

이다.

문제 30

평행사변형 ABCD에서 변 CD 위에 $\overline{CP} : \overline{PD} = 3 : 2$가 되도록 점 P를 잡고, 점 A에서 선분 BP에 내린 수선의 발을 H라 한다. $\overline{AD} = \overline{AH} = \overline{HB} = \overline{BC} = 3$일 때, 평행사변형 ABCD의 넓이를 구하여라.

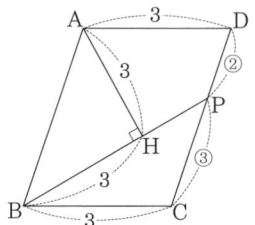

[풀이] 변 AD의 연장선과 선분 BP와의 교점을 Q라고 한다.

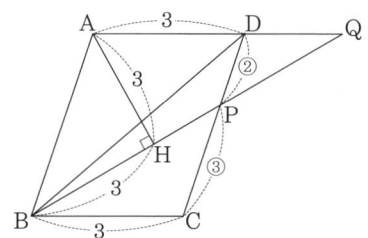

그러면, △DQP와 △CBP는 닮음비가

$$\overline{DP} : \overline{CP} = 2 : 3$$

인 닮음이다. 따라서

$$\overline{DQ} = \overline{CB} \times \frac{2}{3} = 3 \times \frac{2}{3} = 2$$

이다. 삼각형 AHQ는 세 변의 길이의 비가 3 : 4 : 5인 직각삼각형이므로, $\overline{QH} = 4$이다. 즉, $\overline{BQ} = 7$이다. 그러므로

$$\triangle ABQ = \frac{1}{2} \times \overline{BQ} \times \overline{AH} = \frac{1}{2} \times 7 \times 3 = \frac{21}{2}$$

이다. 또,

$$\triangle ABD : \triangle ABQ = \overline{AD} : \overline{AQ}, \quad \triangle ABD : \frac{21}{2} = 3 : 5$$

이므로,

$$\triangle ABD = \frac{21}{2} \times \frac{3}{5} = \frac{63}{10}$$

이다. 따라서 평행사변형 ABCD의 넓이는 $\frac{63}{5}$이다.

문제 31

∠ACB = 15°인 삼각형 ABC에서, 점 A에서 변 BC에 내린 수선의 발을 D라 하고, 변 AC 위에 ∠ABE = 15°가 되도록 점 E를 잡는다. $\overline{BD} = 8$, $\overline{DC} = 28$일 때, 삼각형 EDC의 넓이를 구하여라.

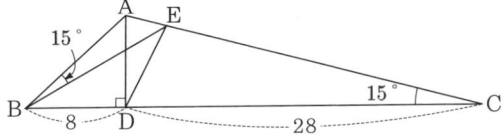

풀이 점 C를 선분 AD에 대하여 대칭이동시킨 점을 C′라 하고, 점 B와 C′를, 점 A와 C′를 각각 연결한다. 점 E에서 선분 DC에 내린 수선의 발을 H라 한다. 선분 DC 위에 ∠CEF = 15°(=∠ECB)가 되도록 점 F를 잡고, 선분 AC′ 위에 ∠AC′B = ∠C′BG = 15°가 되도록 점 G를 잡는다.

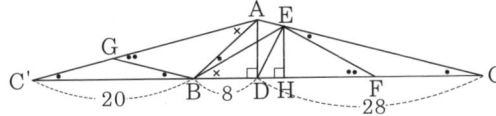

그러면 △GC′B와 △AC′C는 닮음비가
$$\overline{C'B} : \overline{C'C} = 20 : 56 = 5 : 14$$
인 닮음이다. 그러므로
$$\overline{AG} : \overline{GC'} = \overline{BC} : \overline{C'B} = 9 : 5$$
이다. ∠C′AB + ∠C′BG = ∠ABE + ∠EBC에서
$$\angle C'AB = \angle EBC$$
이고, ∠AC′B = ∠ECB = 15°이므로, 삼각형 △ABC′와 △BEC는 닮음이다. 또, △ABG와 △BEF도 닮음이고, △GC′B와 △FCE도 닮음이고, 변 AC′와 변 BC를 비교하면
$$\overline{AG} : \overline{GC'} = \overline{BF} : \overline{FC} = 9 : 5$$
이다. $\overline{BC} = 36$이므로,
$$\overline{FC} = 36 \times \frac{5}{14} = \frac{90}{7}$$
이다. $\overline{EF} = \overline{FC}$이므로, $\overline{EF} = \frac{90}{7}$이고, ∠EFH = 30°이므로, 삼각비에 의하여
$$\overline{EH} = \frac{1}{2} \times \overline{EF} = \frac{45}{7}$$
이다. 따라서
$$\triangle EDC = \frac{1}{2} \times 28 \times \frac{45}{7} = 90$$
이다.

문제 32

정육각형 ABCDEF의 변 BC, DE 위에 각각 점 P, Q를 잡아 삼각형 APQ를 만드는데, 삼각형 APQ의 둘레의 길이가 최소가 되도록 한다. 이때, 다음 물음에 답하여라.

(1) $\overline{BP} : \overline{PC}$를 구하여라.

(2) $\overline{DQ} : \overline{QE}$를 구하여라.

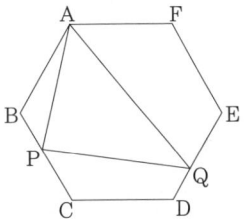

풀이 그림과 같이 정육각형 ABCDEF를 변 BC에 대하여 대칭이동시킨 정육각형 A′F′E′D′CB에 대하여 변 DE에 대하여 대칭이동시킨 정육각형 C″B″A″F″ED를 그린다.

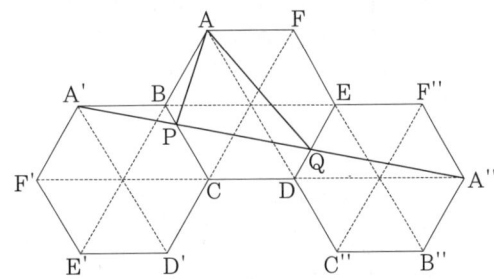

그러면 문제에서 삼각형 APQ의 둘레의 길이가 최소가 될 때의 둘레의 길이는 $\overline{A'A''}$이다.

(1) $\overline{BP} : \overline{PC} = \overline{A'B} : \overline{CA''} = 1 : 3$이다.

(2) $\overline{DQ} : \overline{QE} = \overline{DA''} : \overline{A'E} = 2 : 3$이다.

문제 33

넓이가 100인 정삼각형 ABC에서 변 AB의 삼등분점을 점 A에 가까운 점부터 D, E라 하고, 변 BC의 삼등분점을 점 B에 가까운 점부터 F, G라 하고, 변 CA의 삼등분점을 점 C에 가까운 점부터 H, I라 한다. 선분 AF와 선분 BI, EC와의 교점을 각각 P, Q라 하고, 선분 BH와 EC의 교점을 R이라 하고, 선분 GA와 선분 BH, DC와의 교점을 각각 S, T라 하고, 선분 CD와 BI의 교점을 U라 한다. 이때, 육각형 PQRSTU의 넓이를 구하여라.

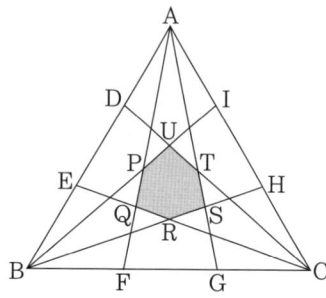

풀이 그림과 같이 세 변 BC, CA, AB의 중점을 각각 X, Y, Z라 하고, △ABC의 무게중심을 O, 선분 QS의 중점을 M이라 한다.

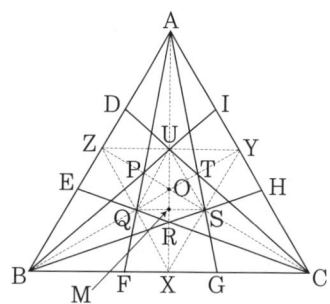

점 O는 △XYZ의 무게중심이므로,

$$\overline{BO}:\overline{OY} = 2:1, \quad \overline{QO}:\overline{OY} = 1:2, \quad \overline{BO}:\overline{QO} = 4:1$$

이다. 그러므로

$$\overline{OM}:\overline{OX} = \overline{QS}:\overline{BC} = 1:4$$

이다. 따라서 $\overline{SR}:\overline{RB} = \overline{QS}:\overline{BC} = 1:4$이다.
육각형 PQRSTU의 넓이는

$$\triangle UQS + \triangle UPQ + \triangle QRS + \triangle STU$$

이다. △UQS와 △ABC의 닮음비가 $1:4$이므로,

$$\triangle UQS = \triangle ABC \times \frac{1}{16}$$

이다. 또, $\triangle UPQ \equiv \triangle QRS \equiv \triangle STU$(SSS합동)이고,

$$\begin{aligned}
\triangle QRS &= \triangle QBS \times \frac{1}{5} \\
&= \triangle QXS \times \frac{1}{5} \\
&= \triangle XYZ \times \frac{1}{4} \times \frac{1}{5} \\
&= \triangle ABC \times \frac{1}{4} \times \frac{1}{4} \times \frac{1}{5} \\
&= \triangle ABC \times \frac{1}{80}
\end{aligned}$$

이다. 따라서 육각형 PQRSTU의 넓이는

$$\triangle ABC \times \left(\frac{1}{16} + \frac{3}{80}\right) = \triangle ABC \times \frac{1}{10} = 10$$

이다.

문제 34

∠A = 120°인 삼각형 ABC에서 ∠B의 내각이등분선과 변 CA와의 교점을 D라 하고, ∠C의 내각이등분선과 변 AB와의 교점을 E라 한다. 선분 BD와 CE의 교점을 P라 하면, $\overline{BP}:\overline{PD} = 5:1$이다. $\overline{BE} = 12$일 때, 선분 CD의 길이를 구하여라.

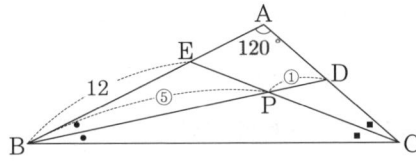

풀이 점 P는 내심이므로, $\angle BPC = 90° + 120° \times \frac{1}{2} = 150°$
이다. 그러므로

$$\angle EPB = \angle DPC = 30°$$

이다. 변 BC 위에 $\overline{BG} = \overline{BE}$가 되는 점 G를, $\overline{CF} = \overline{CD}$가 되는 점 F를 잡는다.

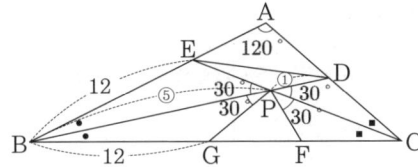

그러면

$$\triangle EBP \equiv \triangle GBP(\text{SAS합동}), \quad \triangle CDP \equiv \triangle CFP(\text{SAS합동})$$

이다. $\angle GPF = 90°$이므로,

$$\triangle PGF = \frac{1}{2} \times \overline{PG} \times \overline{PF}$$

이다. 점 E에서 선분 BP에 내린 수선의 길이는 삼각비에 의하여 $\overline{EP} \times \frac{1}{2}$이므로,

$$\triangle EPD = \frac{1}{2} \times \overline{PD} \times \left(\overline{EP} \times \frac{1}{2}\right)$$

이다. 따라서
$$\triangle PGF = 2 \times \triangle EPD$$
다. $\triangle EPD = $ ①이라고 하면,

$$\triangle EBP = ⑤, \quad \triangle BGP = ⑤, \quad \triangle PGF = ②$$

이다.
$$\triangle PFC = \triangle PDC = ⓧ$$

라고 하면,

$$\overline{BG}:\overline{GF}:\overline{FC} = \triangle BGP : \triangle PGF : \triangle PFC$$
$$= 5:2:x$$

이다. 삼각형 CDB에서 내각이등분선의 정리에 의하여

$$\overline{CD}:\overline{CB} = \overline{DP}:\overline{PB} = 1:5, \quad x:x+7 = 1:5$$

이다. 이를 풀면 $x = \frac{7}{4}$이다. 그러므로

$$\overline{BG}:\overline{FC} = 5:\frac{7}{4}, \quad 12:\overline{CD} = 5:\frac{7}{4}$$

이다. 따라서

$$\overline{CD} = 12 \times \frac{7}{4} \times \frac{1}{5} = \frac{21}{5}$$

이다.

문제 35

넓이가 28인 사각형 ABCD에서 $\overline{BC} = 10$, $\angle D = 90°$이다. 대각선 AC와 BD의 교점을 P라 하면, $\angle PCB = 2 \times \angle DAP$이고, △ABP의 넓이는 △PCD의 넓이의 6배이다. 이때, 다음 물음에 답하여라.

(1) 선분 PC의 길이를 구하여라.

(2) △APD의 넓이를 구하여라.

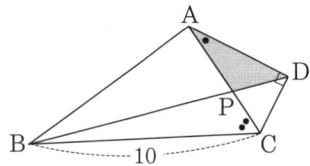

풀이

(1) 사각형 ABCD를 변 CD에 대하여 대칭이동시키면, 점 B는 점 B′로, 점 A는 점 A′로, 점 P는 점 P′로 옮겨진다.

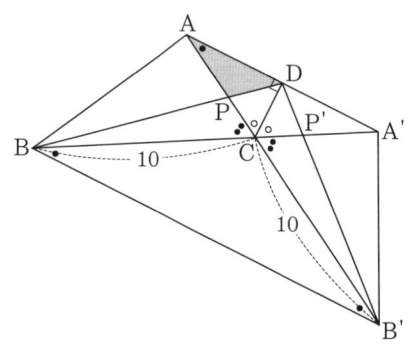

$\angle DAC + \angle ACD = 90°$이므로,

$$\angle ACB' = \angle ACA' + \angle A'CB'$$
$$= 2 \times \angle DCA + \angle ACB$$
$$= 2 \times \angle DCA + 2 \times \angle CAD$$
$$= 180°$$

이다. 따라서 세 점 A, C, B′는 한 직선 위에 있다. △CBB′는 이등변삼각형이므로,

$$\overline{CB'} = 10, \quad \angle CBB' = \angle CB'B$$

이다. 또, 사각형 B′DAB는 사다리꼴이다. 그러므로

$$△B'DP = △BPA$$

이다. △PCD = S라 하면,

$$△ABP = 6S, \quad △B'DP = 6S$$

이다. 따라서

$$△B'CD = 5S$$

이다. 그러므로

$$\overline{B'C} : \overline{CP} = △B'CD : △CDP = 5 : 1$$

이다. $\overline{B'C} = \overline{BC} = 10$이므로, $\overline{PC} = 2$이다.

(2) △CDB = 5S, △CDP = S이므로,

$$\overline{DP} : \overline{PD} = △CDP : △CPB = 1 : 4$$

이다. 그러므로

$$△APD : △PAB = 1 : 4$$

이다. 즉,

$$△APD = \frac{3}{2}S$$

이다. 따라서

$$\square ABCD = S + 4S + 6S + \frac{3}{2}S = \frac{25}{2}S$$

이다. 따라서 $S = \frac{56}{25}$이다. 그러므로

$$△APD = \frac{3}{2} \times \frac{56}{25} = \frac{84}{25}$$

이다.

문제 36

$\overline{AB} = 16$, $\overline{AC} = 14$인 삼각형 ABC에서 변 BC의 중점을 M, 변 AB 위에 $\overline{AP} = 9$인 점 P, 변 AC 위에 $\overline{AQ} = 11$인 점 Q를 잡으면, $\angle PMQ = 90°$, $\overline{MP} = \overline{MQ}$이다. 이때, 삼각형 ABC의 넓이를 구하여라.

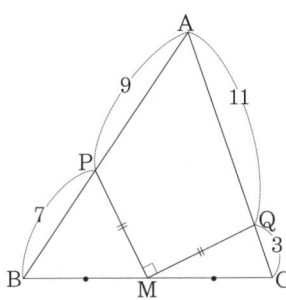

풀이 그림과 같이 삼각형 PBM을 점 P를 중심으로 반시계방향으로 90° 회전이동시키고, 삼각형 MCQ를 점 Q를 중심으로 시계방향으로 90° 회전이동시키면, 두 삼각형의 점 M은 한 점 M′로 이동하고, 점 B와 점 C는 한 점 R로 이동한다.

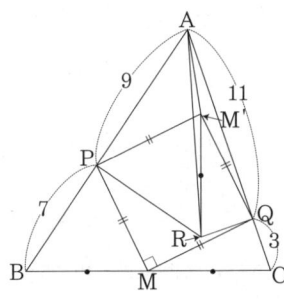

사각형 M′PMQ는 네 변의 길이가 같고, $\angle PMQ = 90°$이므로 사각형 M′PMQ는 정사각형이다. $\angle M'PM = 90°$이므로,

$$\angle BPM + \angle APM' = 90° = \angle RPM' + \angle APM' = \angle APR$$

이다. 같은 방법으로 $\angle AQR = 90°$이다. 따라서 사각형 APRQ의 넓이는 두 직각삼각형 APR과 ARQ의 넓이의 합이다. 또,

$$\overline{PB} = \overline{PR} = 7, \quad \overline{QC} = \overline{QR} = 3$$

으로부터

$$\square APRQ = \frac{1}{2} \times 9 \times 7 + \frac{1}{2} \times 11 \times 3 = 48$$

이다. $16 \times 14 = 224$이므로, $\triangle ABC = 224S$라 하면,

$$\triangle APQ = \triangle ABC \times \frac{9}{16} \times \frac{11}{14} = 99S,$$
$$\triangle PBM = \triangle ABC \times \frac{7}{16} \times \frac{1}{2} = 49S,$$
$$\triangle QMC = \triangle ABC \times \frac{3}{14} \times \frac{1}{2} = 24S$$

이다. 따라서

$$\triangle PMQ = 224S - (99 + 49 + 24)S = 52S = \triangle M'PQ$$

이다. 그런데,

$$\square M'PRQ = \triangle PBM + \triangle QMC = 49S + 24S = 73S$$

이므로,

$$\triangle PRQ = \square M'PRQ - \triangle M'PQ = 73S - 52S = 21S$$

이다. 또, $\square APRQ = \triangle APQ + \triangle PRQ$이므로,

$$\triangle ABC : \square APRQ = 224 : (99 + 21) = 28 : 15$$

이다. 따라서

$$\triangle ABC = \square APRQ \times \frac{28}{15} = 48 \times \frac{28}{15} = \frac{448}{5}$$

이다.

문제 37

$\overline{AB} \parallel \overline{CD}$인 사다리꼴 ABCD에서 대각선 AC가 ∠BCD의 내각이등분선이고,

$$\angle ACD : \angle CAD : \angle BDC = 1 : 2 : 4$$

일 때, 다음 물음에 답하여라.

(1) ∠BAD의 크기를 구하여라.

(2) ∠ABC의 크기를 구하여라.

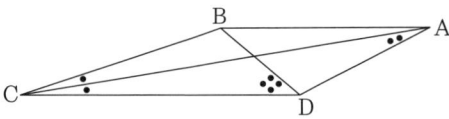

[풀이] ∠ABD의 내각이등분선과 변 CD의 연장선과의 교점을 E라 하고, ∠ABE의 내각이등분선과 변 DA의 교점을 F라 한다.

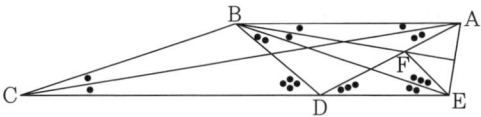

∠ACD = •이라 하면, ∠CAD = 2×•, ∠BDC = 4×•이다. ∠DAB = ∠DBF = 3×•, ∠ADB = ∠BDF이므로, △DAB와 △BDF는

$$\overline{DA} : \overline{DB} = \overline{DB} : \overline{DF}$$

인 닮음이다. 또한, △DBE에서 ∠DBE = ∠DEB이므로, $\overline{DB} = \overline{DE}$이다. $\overline{DA} : \overline{DB} = \overline{DB} : \overline{DF}$에서

$$\overline{DA} : \overline{DE} = \overline{DE} : \overline{DF}$$

이다. 또, ∠ADE = ∠EDF = 3×•이므로, △DEA와 △DFE는 닮음이다. 따라서

$$\angle DAE = \angle DEF = 5 \times \bullet$$

이다. △ABC는 이등변삼각형이므로, $\overline{BC} = \overline{BA}$이고, △BCE도 이등변삼각형이므로, $\overline{BC} = \overline{BE}$이다. 따라서

$$\angle BEA = \angle BAE = 8 \times \bullet$$

이다. △ABE의 내각의 합은 18×• = 180°이므로, • = 10°이다.

(1) ∠BAD = 30°이다.

(2) ∠ABC = 160°이다.

문제 38

$\overline{AB} = \overline{AC} = 14$인 이등변삼각형 ABC의 내부에 $\overline{AP} = 10$이 되는 점 P를 잡으면, ∠PBC = ∠ACP이다. △PBC = 18일 때, 삼각형 ABC의 넓이를 구하여라.

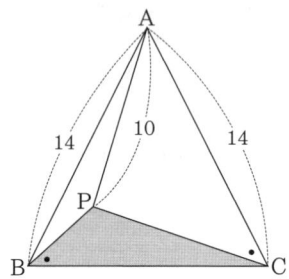

[풀이] △ABP를 점 A를 중심으로 변 AB가 변 AC와 겹치도록 회전이동시킨다. 점 P가 이동한 점을 P′라 한다.

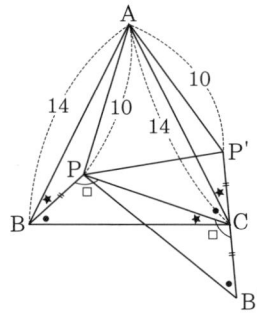

$\overline{AP} = \overline{AP'}$이므로 삼각형 APP′는 이등변삼각형이다. 또, ∠BAC = ∠PAP′이므로, △ABC와 △APP′는 닮음비가 7 : 5인 닮음이다. 즉, △ABC : △APP′ = 49 : 25이다. 따라서

$$\triangle ABC : \triangle APP' : \square PBCP' = 49 : 25 : 24$$

이다. ∠PBC = •, ∠BCP = ★, ∠CPB = □라고 하면, •+★+□ = 180°이다. △PBC를 점 P가 점 C와, 점 C가 점 P와 겹치도록 선분 PC의 수직이등분선에 대칭이동시킨다. 점 B가 대칭이동한 점을 B′이라 하면, 점 C에서 •, ★, □가 모여, 세 점 P′, C, B′가 한 직선 위에 있다. 따라서

$$\triangle PB'C : \triangle PCP' = \overline{B'C} : \overline{CP'}$$

이다. 그런데, $\overline{PB} = \overline{P'C}$, $\overline{PB} = \overline{CB'}$이므로, $\overline{B'C} = \overline{CP'}$이다. 즉, △PB′C = △PCP′이다. 따라서

$$\square PBCP' = 2 \times \triangle PBC = 36$$

이다. 그러므로 $\triangle ABC = 36 \times \frac{49}{24} = \frac{147}{2}$이다.

[문제] **39**

삼각형 ABC는 ∠B = 90°인 직각삼각형이고, 삼각형 DCE는 ∠C = 90°인 직각삼각형으로, 두 삼각형 ABC와 DCE는 합동이다. 변 AC와 DE의 교점을 P라 한다. $\overline{BC} = 2 \times \overline{AB}$일 때, ∠BPA의 크기를 구하여라. 단, $\overline{AB} = \overline{DC}$, $\overline{BC} = \overline{CE}$, $\overline{AC} = \overline{DE}$이다.

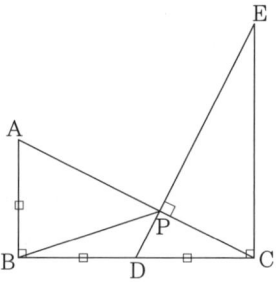

[풀이] △CPD에서

$$\angle PCD + \angle PDC = \angle PCD + \angle PAB = 90°$$

이므로, $\overline{AC} \perp \overline{DE}$이다.

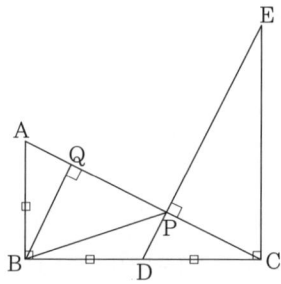

점 B에서 변 AC에 내린 수선의 발을 Q라 하면, △CPD와 △CQB는 닮음비가

$$\overline{CP} : \overline{CQ} = \overline{CD} : \overline{CB} = 1 : 2$$

인 닮음이다. 그러므로 $\overline{CP} = \overline{PQ}$이다.
또, △CPD와 △BQA에서 대응되는 세 내각의 크기가 각각 같고, 빗변의 길이가 같은 직각삼각형이므로,

$$\triangle CPD \equiv \triangle BQA (\text{RHA합동 또는 ASA합동})$$

이다. 즉, $\overline{CP} = \overline{BQ}$이다. 그러므로 $\overline{BQ} = \overline{PQ}$이다. 즉, △BPQ는 직각이등변삼각형이다. 따라서 ∠BPA = 45°이다.

[문제] **40**

삼각형 ABC에서 $\overline{DE} \parallel \overline{BC}$가 되도록 변 AB 위에 점 D를, 변 AC 위에 점 E를 잡고, 선분 DC와 BE의 교점을 O라고 한다. △OBC = 36, △ODE = 16일 때, 삼각형 ABC의 넓이를 구하여라.

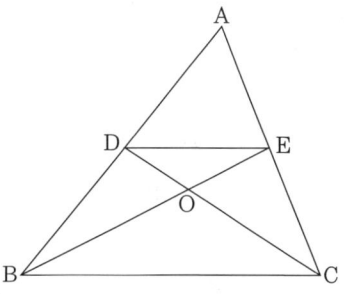

[풀이] 점 O에서 선분 DE와 변 BC에 내린 수선의 발을 각각 P, Q라 하고, 점 A에서 변 BC에 내린 수선의 발을 R이라 한다.

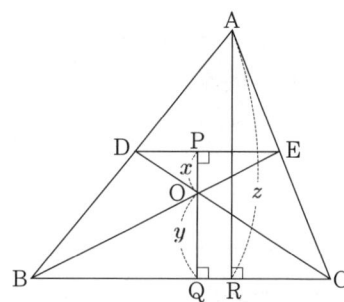

그림과 같이, $\overline{OP} = x$, $\overline{OQ} = y$, $\overline{AR} = z$라 한다. △OED와 △OBC가 닮음이고, 넓이의 비가 16 : 36이므로, $\overline{DE} : \overline{BC} = 2 : 3$이다. 즉, $x : y = 2 : 3$이다. 따라서 $2y = 3x$이다.
또, △ADE와 △ABC가 닮음이므로,

$$\overline{DE} : \overline{BC} = 2 : 3, \quad z - (x+y) : z = 2 : 3$$

이다. 이를 정리하면, $z = 3(x+y)$이다. 즉, $z = 5y$이다. 따라서

$$\triangle ABC : \triangle OBC = z : y = 5 : 1$$

이므로,

$$\triangle ABC = 5 \times \triangle OBC = 180$$

이다.

문제 41

정삼각형 ABC의 변 AB, BC, CA 위에 각각 점 D, E, F를 $\overline{DB} = \frac{1}{4} \times \overline{AB}$, $\overline{BE} = \frac{1}{2} \times \overline{BC}$, $\overline{CF} = \frac{3}{4} \times \overline{CA}$가 되도록 잡는다. 세 점 A, D, F를 지나는 원과 세 점 D, B, E를 지나는 원의 교점을 G라고 하면, 점 G는 △ABC의 내부에 존재한다. △ABC의 넓이가 160일 때, 세 개의 사각형 ADGF, DBEG, ECFG 중에서 넓이가 가장 작은 것의 넓이를 구하여라.

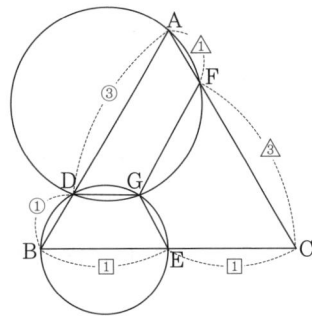

풀이) 정삼각형 ABC의 각 변을 4등분하고, 그 등분점을 그림과 같이 각 변에 평행하게 연결한다.

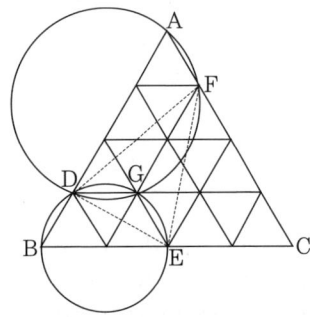

그러면, 삼각형 DEF와 점 G는 그림에서와 같은 위치에 놓인다. 작은 정삼각형 하나의 넓이는 원래 정삼각형의 넓이의 $\frac{1}{16}$이고, 세 개의 사각형 ADGF, DBEG, ECFG는 각각 작은 정삼각형을 5개, 3개, 8개 갖는다.

따라서 이 중 가장 작은 사각형의 넓이는 $3 \times \frac{1}{16} \times 160 = 30$이다.

문제 42

직사각형 ABCD의 내부의 점 P에 대하여, ∠APD = 110°, ∠BPC = 70°, ∠PCB = 30°이다. 이때, ∠PAD의 크기를 구하여라.

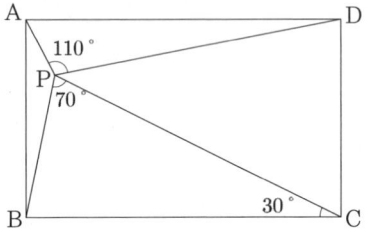

풀이) 그림과 같이 △APD를 평행이동하여 △BP′C가 되게 한다.

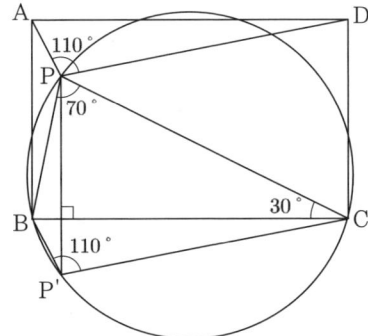

그러면
$$\angle BPC + \angle BP'C = 70° + 110° = 180°$$

이므로 □PBP′C는 원에 내접하는 사각형이다.
원주각의 성질에 의하여 ∠PP′B = ∠PCB = 30°이고, 또, $\overline{PP'} \perp \overline{BC}$이므로
$$\angle PAD = \angle P'BC = \angle P'PC = 60°$$

이다.

문제 43

$\angle B = \angle C = 80°$인 이등변삼각형 ABC에서 $\angle CBD = 60°$, $\angle BCE = 50°$가 되도록 점 D와 E를 각각 변 AC, AB 위에 잡는다. 이때, $\angle ADE$의 크기를 구하여라.

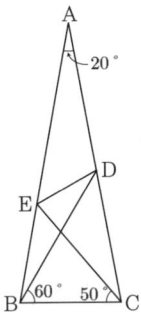

풀이 변 AB위에 $\overline{DP} \parallel \overline{BC}$가 되도록 점 P를 잡고, 변 CP와 BD의 교점을 Q라 한다.

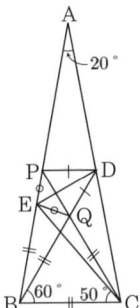

그러면,

$$\angle QDP = \angle QBC = 60°, \quad \angle QPD = \angle BCP = 60°$$

이므로, △QBC와 △QDP는 정삼각형이다. 그러므로,

$$\overline{BC} = \overline{BQ} = \overline{QC}, \quad \overline{QD} = \overline{DP} = \overline{PQ}$$

이다. 또, $\angle BEC = \angle BCE = 50°$이므로, $\overline{BE} = \overline{BC}$이다. 즉, △BQE는 $\overline{BE} = \overline{BQ}$인 이등변삼각형이다.
한편, $\angle QBE = 80° - 60° = 20°$이므로,

$$\angle BQE = \angle BEQ = 80°$$

이다. 또,

$$\angle EQP = \angle EPQ = \angle BPC = 40°$$

이다. 그러므로 △EQP는 $\overline{EP} = \overline{EQ}$인 이등변삼각형이다. 즉,

$$\triangle DEP \equiv \triangle DEQ (SSS 합동)$$

이다.

$$\angle QDP = 60°, \quad \angle EDP = \angle EDQ = 30°$$

이므로,

$$\angle ADE = 80° + 30° = 110°$$

이다.

문제 44

사각형 ABCD에서 대각선 AC와 BD의 중점을 각각 N, M이라 하고, 대각선 AC와 BD의 교점을 P라 한다. □ABCD = 80, △AMC = 20, △BND = 12일 때, 삼각형 PBC의 넓이를 구하여라.

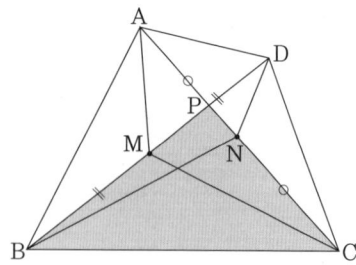

풀이 $\overline{AN} = \overline{NC}$이므로,

$$\triangle ABN = \triangle CBN, \quad \triangle ADN = \triangle CDN$$

이다. 따라서

$$\square ABND = \square CBND = \frac{1}{2} \times \square ABCD = 40$$

이다. 마찬가지로

$$\square ABCM = \square AMCD = \frac{1}{2} \times \square ABCD = 40$$

이다. 따라서

$$\triangle BCD = \square NBCD + \triangle BND = 40 + 12 = 52$$

이다. 또,

$$\triangle ACD = \square AMCD - \triangle AMC = 40 - 20 = 20$$

이다. 즉, △AMC = △ACD이다. 그러므로 $\overline{MP} = \overline{PD}$이다. 따라서

$$\triangle PBC = \triangle BCD \times \frac{3}{4} = 52 \times \frac{3}{4} = 39$$

이다.

문제 45

$\overline{AB} = \overline{AC} = 6$, $\overline{BC} = 4$인 이등변삼각형 ABC에서 변 AC 위에 $\overline{AF} = 4$가 되도록 점 F를, 변 BC의 연장선 위에 $\overline{CD} = 8$이 되는 점 D를 잡는다. 선분 BF의 연장선과 선분 AD의 교점을 E라 할 때, $\overline{AE} : \overline{FE}$를 구하여라.

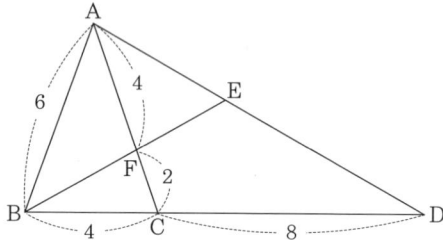

풀이 △ABD와 △FCB가 닮음이고, △EBD가 이등변삼각형이다. △ACD와 직선 BFE에 메넬라우스의 정리를 적용하면

$$\frac{\overline{AF}}{\overline{FC}} \times \frac{\overline{CB}}{\overline{BD}} \times \frac{\overline{DE}}{\overline{EA}} = 1, \quad \frac{4}{2} \times \frac{4}{12} \times \frac{\overline{DE}}{\overline{EA}} = 1$$

이다. 따라서 $\overline{DE} : \overline{EA} = 3 : 2$이다. 그림과 같이

$$\overline{ED} = \overline{EB} = 9x, \quad \overline{AE} = 6x$$

라 한다.

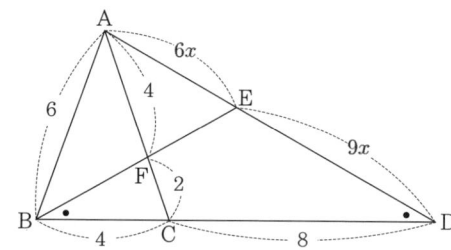

△EBD와 직선 AC에 대하여 메넬라우스의 정리를 적용하면,

$$\frac{\overline{EF}}{\overline{FB}} \times \frac{\overline{BC}}{\overline{CD}} \times \frac{\overline{DA}}{\overline{AE}} = 1, \quad \frac{\overline{EF}}{\overline{FB}} \times \frac{4}{8} \times \frac{15}{6} = 1$$

이다. 따라서

$$\overline{EF} : \overline{FB} = 4 : 5$$

이다. 즉,

$$\overline{FE} = \overline{EB} \times \frac{4}{9} = 4x$$

이다. 그러므로

$$\overline{AE} : \overline{FE} = 6x : 4x = 3 : 2$$

이다.

문제 46

넓이가 100인 삼각형 ABC에서 $\overline{AD}:\overline{DB} = \overline{BE}:\overline{EC} = 4:1$, $\overline{CF}:\overline{FA} = 3:2$가 되도록 변 AB, BC, CA 위에 각각 점 D, E, F를 잡는다. 선분 AE, BF, CD의 중점을 각각 P, Q, R이라 할 때, △PQR의 넓이를 구하여라.

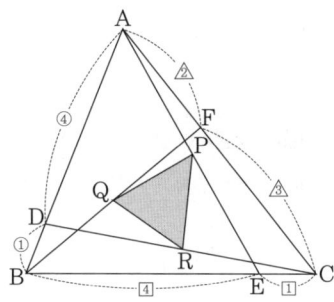

풀이 그림과 같이 변 AB의 중점을 G, 변 BC의 중점을 M, 변 CA의 중점을 N이라 하자.

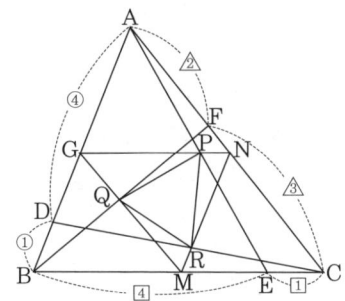

삼각형 중점연결정리로부터

$$\overline{GN} \mathbin{/\mkern-5mu/} \overline{BC}, \quad \overline{GN} = \overline{BC} \times \frac{1}{2}$$

이고,

$$\overline{MG} \mathbin{/\mkern-5mu/} \overline{CA}, \quad \overline{MG} = \overline{CA} \times \frac{1}{2}$$

이고,

$$\overline{NM} \mathbin{/\mkern-5mu/} \overline{AB}, \quad \overline{NM} = \overline{AB} \times \frac{1}{2}$$

이다. 따라서

$$\triangle GMN = \triangle ABC \times \frac{1}{4} = 25$$

이다. $\overline{GN} \mathbin{/\mkern-5mu/} \overline{BC}$이므로,

$$\overline{GP}:\overline{PN} = \overline{BE}:\overline{EC} = 4:1$$

이다. $\overline{MG} \mathbin{/\mkern-5mu/} \overline{CA}$이므로,

$$\overline{MQ}:\overline{QG} = \overline{CF}:\overline{FA} = 3:2$$

이다. $\overline{NM} \mathbin{/\mkern-5mu/} \overline{AB}$이므로,

$$\overline{NR}:\overline{RM} = \overline{AD}:\overline{DB} = 4:1$$

이다. 따라서

$$\triangle GQP = \triangle GMN \times \frac{4}{5} \times \frac{2}{5} = 8,$$
$$\triangle MRQ = \triangle GMN \times \frac{3}{5} \times \frac{1}{5} = 3,$$
$$\triangle NPR = \triangle GMN \times \frac{4}{5} \times \frac{1}{5} = 4$$

이다. 그러므로

$$\triangle PQR = 25 - (8 + 3 + 4) = 10$$

이다.

문제 47

예각삼각형 ABC의 내부의 점 P가

$$\overline{AP} \times \overline{BC} = \overline{BP} \times \overline{CA} = \overline{CP} \times \overline{AB}$$

를 만족한다. ∠BAC = 50°일 때, ∠BPC의 크기를 구하여라.

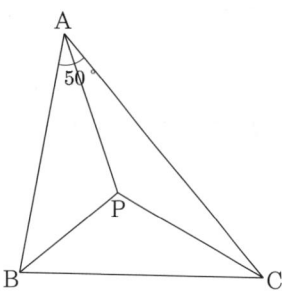

풀이 그림과 같이 △APC와 △AP′B가 닮음이 되도록 점 P′를 잡고, △APB와 △AP″C가 닮음이 되도록 점 P″를 잡는다.

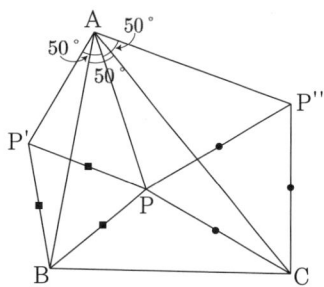

$\overline{BP'} : \overline{AB} = \overline{CP} : \overline{AC}$이므로,

$$\overline{BP'} = \frac{\overline{AB} \times \overline{CP}}{\overline{AC}} = \overline{BP}$$

이다. 이때,

$$\angle P'AP = \angle BAC = 50°$$

이고,

$$\overline{AP'} : \overline{AP} = \overline{AB} : \overline{AC}$$

이므로, △AP′P와 △ABC는 닮음(SAS닮음)이고,

$$\overline{PP'} : \overline{BC} = \overline{AP} : \overline{AC}$$

이다. 따라서

$$\overline{PP'} = \frac{\overline{AP} \times \overline{BC}}{\overline{AC}} = \overline{BP}$$

이다. 즉, △BP′P는 정삼각형이다.

같은 방법으로 △PCP″도 정삼각형이다. 사각형 AP′PP″에서

$$\angle AP'P = \angle APP'', \quad \angle APP' = \angle AP''P, \quad \angle P'AP'' = 100°$$

이므로,

$$\angle P'PP'' = \frac{360° - 100°}{2} = 130°$$

이다. 따라서

$$\angle BPC = 360° - \angle P'PB - \angle P''PC - \angle P'PP''$$
$$= 360° - 60° - 60° - 130°$$
$$= 110°$$

이다.

문제 48

$\overline{AB} = 14$, $\overline{AC} = 22$인 삼각형 ABC에서, 점 A에서 변 BC에 내린 수선의 발을 H라 하고, ∠DAC = 60°가 되도록 선분 BH위에 점 D를 잡으면, ∠BAD = 2 × ∠DAH이다. 이때, $\overline{BH} : \overline{HC}$를 구하여라.

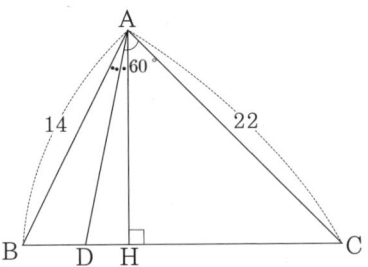

[풀이] 그림과 같이, △AHC를 변 AC에 대하여 대칭이동한 후, 점 H가 이동한 점을 H′라 한다. 또, △AH′C를 선분 AH′에 대하여 대칭이동한 후, 점 C가 이동한 점을 C′라 한다.

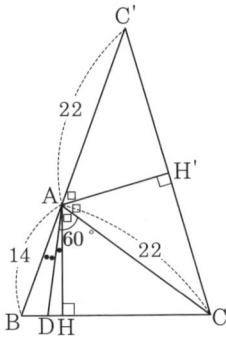

그러면,

$$\angle BAH + \angle HAC' = 3 \times (\angle DAH + \angle HAC) = 3 \times 60°$$

이므로, 세 점 B, A, C′는 한 직선 위에 있고, 더욱이 세 점 C′, H′, C도 한 직선 위에 있다. 즉, 큰 삼각형 C′BC가 생긴다. △AHC = 11S라 하면, △AH′C = △AH′C′ = 11S이다. 또,

$$\triangle C'AC : \triangle ABC = \overline{C'A} : \overline{AB} = 22 : 14$$

이다. 즉, △CAC′ = 22S, △ABC = 14S이다. 따라서

$$\triangle ABH = \triangle ABC - \triangle AHC = 14S - 11S = 3S$$

이다. 그러므로

$$\overline{BH} : \overline{HC} = \triangle ABH : \triangle AHC = 3 : 11$$

이다.

문제 49

변 AB의 길이가 변 BC의 길이보다 짧고, ∠B = 90°이고, 넓이가 200인 직각삼각형 ABC에서 변 AC, 변 AB, 변 BC 위에 각각 점 D, E, F를 잡아 정사각형 DEFG를 그리면, 점 G는 ∠EFB = ∠GFC를 만족하는 △ABC의 내부의 점이다. 정사각형 DEFG의 넓이가 64일 때, $\overline{BF} : \overline{FC}$를 구하여라.

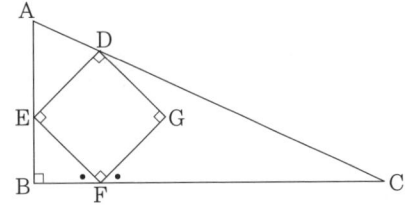

[풀이] 그림과 같이, 점 D에서 변 AB에 내린 수선의 발을 H라 하고, △AHD를 점 D를 중심으로 시계방향으로 180° 회전이동시킨 삼각형을 △PID라 한다.

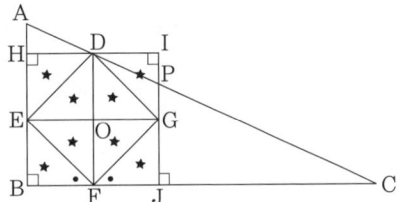

그러면, 세 점 H, D, I는 한 직선 위에 있고, 점 P는 변 AC 위에 있다. 점 I에서 변 BC에 내린 수선의 발을 J라 하자. 그러면 사각형 HBJI는 정사각형 DEFG의 넓이의 2배인 정사각형이다.

조건으로부터 ∠EFB = ∠GFJ = 45°이고, ∠FEO = 45°로부터 $\overline{HI} \parallel \overline{EG} \parallel \overline{BJ}$이다. 따라서, ★로 표시된 삼각형은 모두 합동인 직각이등변삼각형이다.

사다리꼴 ABJP의 넓이는 정사각형 HBJI와 같으므로,

$$\triangle CPJ = 200 - 2 \times 64 = 72$$

이다. 또한,

$$\triangle CAB : \triangle CPJ = 200 : 72 = 25 : 9 = 5 \times 5 : 3 \times 3$$

이므로, △CAB와 △CPJ는 닮음비가 5:3이다. 그러므로

$$\overline{BF} : \overline{FJ} : \overline{JC} = 1 : 1 : 3$$

이다. 따라서 $\overline{BF} : \overline{FC} = 1 : 4$이다.

문제 50

삼각형 ABC에서 변 AB, AC 위에 각각 점 D, E를 잡고, 선분 BE 위에 점 F를 잡으면, ∠ACF = 52.5°, ∠AED = 65°, ∠BED = 30°, ∠BCF = 17.5°, ∠DBE = 25°이다. 이때, ∠BDF를 구하여라.

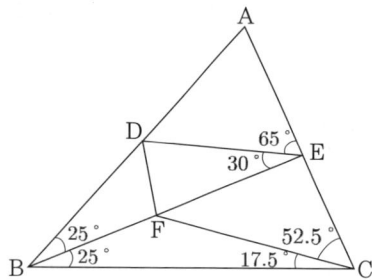

풀이

$$\angle CEB = 180° - (65° + 30°) = 85°,$$
$$\angle CFE = 180° - (52.5° + 85°) = 42.5°$$

로부터

$$\angle CBE = 42.5° - 17.5° = 25° = \angle ABE$$

이다.

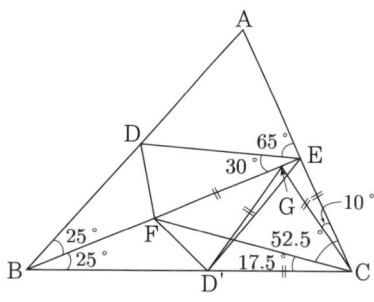

따라서 △BDE를 선분 BE에 대하여 대칭이동시켜 △BD'E를 그리면, 꼭짓점 D'는 변 BC위에 있다. 또,

$$\angle CED' = \angle CEB - \angle D'EB = 85° - 30° = 55°,$$
$$\angle CD'E = \angle EDD' + \angle BED' = 25° + 30° = 55°$$

이므로, $\overline{CD'} = \overline{CE}$이다. 여기서, 선분 BE위에 ∠ECG = 10°가 되도록 점 G를 잡으면,

$$\angle CGE = 180° - (85° + 10°) = 85° = \angle CEG$$

이므로,

$$\overline{CG} = \overline{CE} = \overline{CD'}$$

이다. 또,

$$\angle D'CG = (52.5° + 17.5°) - 10° = 60°$$

이므로, 삼각형 CD'G는 정삼각형이다.

$$\angle GCF = \angle ECF - \angle ECG = 42.5°$$
$$\angle GFC = \angle FBC + \angle FCB = 42.5°$$

이므로,

$$\overline{FG} = \overline{CG} = \overline{D'G}$$

이다. 또,

$$\angle D'GF = 180° - (\angle EGC + \angle CGD')$$
$$= 180° - (85° + 60°)$$
$$= 35°$$

이므로,

$$\angle FD'G = (180° - 35°) \div 2 = 72.5°$$

이다. 따라서

$$\angle FD'C = 60° + 72.5° = 132.5°$$

이다. 그러므로

$$\angle BDF = \angle BD'F = 180° - 132.5° = 47.5°$$

이다.

문제 51

∠BCD = 45°인 예각삼각형 BCD에서, 점 C에서 변 BD에 내린 수선의 발을 A라 하면, $\overline{AB} = 3$, $\overline{AC} = 11$이다. 이때, 선분 AD의 길이를 구하여라.

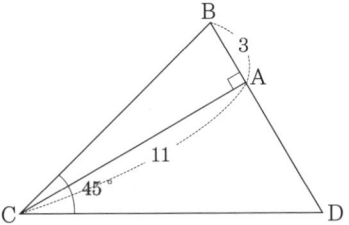

풀이 그림과 같이, 4개의 삼각형 ABC를 조합하여 정사각형 BCEF를 그리면, 대각선 CF와 변 BA의 연장선과의 교점이 점 D이다.

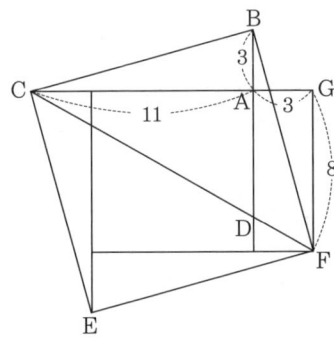

삼각형 CFG에서

$$\overline{CG} = 11 + 3 = 14, \quad \overline{GF} = 11 - 3 = 8$$

이다. 또, 삼각형 CDA와 삼각형 CFG는 닮음비가 11 : 14인 닮음이므로,

$$\overline{AD} = \overline{GF} \times \frac{11}{14} = 8 \times \frac{11}{14} = \frac{44}{7}$$

이다.

문제 52

정사각형 ABCD에서 $\overline{AE} : \overline{EB} = 2 : 3$이 되도록 변 AB 위에 점 E를 $\overline{BF} : \overline{FC} = 4 : 1$이 되도록 변 BC 위에 점 F를 잡는다. 점 D에서 EF에 내린 수선의 발을 G라 하면, $\overline{DG} = 5$이다. 이때, 정사각형 ABCD의 한 변의 길이를 구하여라.

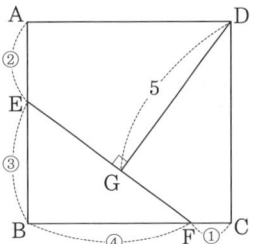

풀이 정사각형 ABCD의 한 변의 길이를 $5a$라고 하면, 피타고라스의 정리에 의하여 $\overline{EF} = 5a$이다.

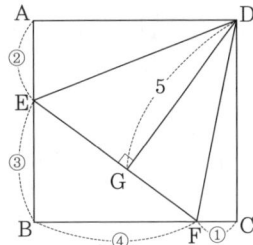

그러므로

$$\triangle EBF = 6a^2, \quad \triangle AED = 5a^2, \quad \triangle DFC = \frac{5}{2}a^2$$

이다. 따라서

$$\triangle DEF = 25a^2 - \left(6a^2 + 5a^2 + \frac{5}{2}a^2\right) = \frac{23}{2}a^2$$

이다. 그런데,

$$\triangle DEF = \frac{1}{2} \times 5a \times 5 = \frac{25}{2}a$$

이므로, $a = \frac{25}{23}$이다.

따라서 정사각형 ABCD의 한 변의 길이는 $\frac{125}{23}$이다.

문제 53

삼각형 ABC에서 점 A에서 변 BC에 내린 수선의 발을 D라 하면, $\overline{BD} = 3$이다. ∠AEB = 45°가 되도록 변 AC 위에 점 E를 잡고, 선분 AD와 BE의 교점을 F라 하면, $\overline{BF} = \overline{FE}$이다. 점 E에서 변 BC에 내린 수선의 발을 G라 하면, $\overline{EG} = 3$이다. 이때, 삼각형 ABC의 넓이를 구하여라.

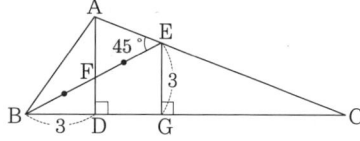

풀이 그림과 같이 ∠EBI = 90°가 되도록 변 CA의 연장선 위에 점 I를 잡고, 점 I에서 변 CB의 연장선 위에 내린 수선의 발을 H라 하고, 점 A, E에서 점 I를 지나 변 BC에 평행한 직선에 내린 수선의 발을 각각 K, J라 한다.

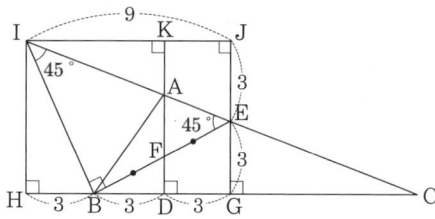

그러면, $\overline{IB} = \overline{BE}$, ∠IHB = ∠BGE, ∠HBI = ∠GEB이므로,

$$\triangle IHB \equiv \triangle BGE \text{(RHA합동)}$$

이다. 즉, $\overline{HB} = \overline{GE} = 3$이다. 또, 삼각형 BGE에서 중점연결정리에 의하여 $\overline{DG} = \overline{BD} = 3$이다. 따라서 $\overline{IH} = 6$이다. 이제 각 부분의 넓이를 구하면,

$$\square IHGJ = 6 \times 9 = 54, \quad \triangle BGE = 6 \times 3 \div 2 = 9,$$

$$\triangle IHB = 6 \times 3 \div 2 = 9, \quad \triangle IJE = 9 \times 3 \div 2 = \frac{27}{2}$$

이다. 따라서

$$\triangle BIE = 54 - \left(9 + 9 + \frac{27}{2}\right) = \frac{45}{2}$$

이다. 또, $\overline{IA} : \overline{AE} : \overline{EC} = 2 : 1 : 3$이므로,

$$\overline{IE} : \overline{AC} = 3 : 4$$

이다. 따라서

$$\triangle ABC = \frac{45}{2} \times \frac{4}{3} = 30$$

이다.

문제 54

$\overline{AB} = 13$, $\overline{BC} = 11$, $\overline{CD} = 8$, $\overline{DA} = 4$인 사각형 ABCD에서 ∠BAD = ∠BCD = 90°이다. 이때, 삼각형 ABC의 넓이를 구하여라.

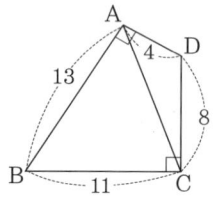

풀이 그림과 같이, 변 BA의 연장선과 변 CD의 연장선과의 교점을 P, 변 AD의 연장선과 변 BC의 연장선과의 교점을 Q라 한다.

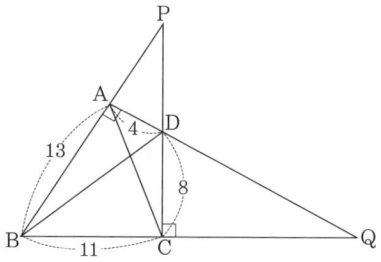

∠BAD = ∠BCD로부터

$$\angle PAD = \angle QCD, \quad \angle PDA = \angle QDC, \quad \overline{AD} : \overline{CD} = 1 : 2$$

이므로, 삼각형 PAD와 삼각형 QCD는 닮음비가 1 : 2인 닮음이다. 즉,

$$\overline{PA} : \overline{QC} = \overline{PD} : \overline{QD} = 1 : 2$$

이다. 이제, $\overline{PA} = x$, $\overline{PD} = y$라 하면, $\overline{QC} = 2x$, $\overline{QD} = 2y$이다.

$$\angle B\text{는 공통}, \quad \angle BAQ = \angle BCP, \quad \overline{AB} : \overline{BC} = 13 : 11$$

이므로, 삼각형 PBC와 삼각형 QBA는 닮음비가 11 : 13인 닮음이다. 그러므로

$$\overline{PB} : \overline{QB} = \overline{PC} : \overline{QA} = 11 : 13$$

이다. 따라서

$$13 \times \overline{PB} = 11 \times \overline{QB}, \quad 13 \times \overline{PC} = 11 \times \overline{QA}$$

이다. 여기서,

$$\overline{PB} = 13 + x, \quad \overline{QB} = 11 + 2x, \quad \overline{PC} = 8 + y, \quad \overline{QA} = 4 + 2y$$

이므로,
$$13 \times (13 + x) = 11 \times (11 + 2x), \quad 13 \times (8 + y) = 11 \times (4 + 2y)$$
이다. 이를 풀면,
$$x = \frac{16}{3}, \quad y = \frac{20}{3}$$
이다. 따라서 삼각형 PAD는 세 변의 길이의 비가 $\overline{AD} : \overline{PA} : \overline{PD} = 3 : 4 : 5$인 직각삼각형이고, 넓이는
$$4 \times \frac{16}{3} \times \frac{1}{2} = \frac{32}{3}$$
이다. $\overline{PD} : \overline{DC} = \frac{20}{3} : 8 = 5 : 6$으로부터,
$$\triangle PAC : \triangle PAD = \overline{PC} : \overline{PD} = (5+6) : 5 = 11 : 5$$
이다. 따라서
$$\triangle PAC = \frac{32}{3} \times \frac{11}{5} = \frac{352}{15}$$
이다. 그런데,
$$\triangle ABC : \triangle PAC = \overline{AB} : \overline{AP} = 13 : \frac{16}{3} = 39 : 16$$
이므로,
$$\triangle ABC = \frac{352}{15} \times \frac{39}{16} = \frac{286}{5}$$
이다.

문제 55

$\overline{AD} \parallel \overline{BC}$, $\overline{AB} = \overline{BC} = 2$, $\angle A = 72°$, $\angle C = 54°$인 사다리꼴 ABCD와 $\overline{EF} = 1$, $\overline{FG} = 2$, $\angle E = 90°$, $\angle G = 72°$, $\angle H = 54°$인 사각형 EFGH와 $\angle I = 90°$, $\angle K = 72°$, $\angle L = 54°$인 사각형 IJKL이 있다. $\overline{AD} = \overline{JK}$, $\overline{GH} = \overline{IJ}$일 때, 사각형 ABCD, EFGH, IJKL의 넓이의 비를 구하여라.

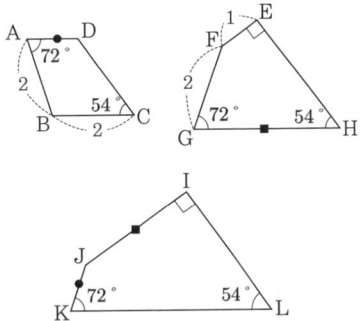

풀이 $\angle F = \angle J = 144°$, $\angle A = \angle G = \angle K = 72°$로부터, 한 내각의 크기가 144°이고, 한 변의 길이가 2인 정10각형을 생각한다.

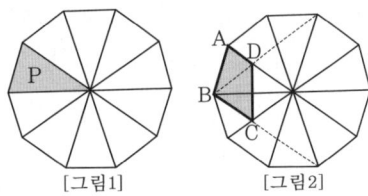

[그림1] [그림2]

[그림1]과 같이 정10각형을 합동인 10개의 이등변삼각형으로 분할해서, 이등변삼각형 한 개를 P라 한다.
사각형 ABCD를 [그림2]와 같이 생각하면 사각형 ABCD의 넓이는 P의 넓이와 같다.

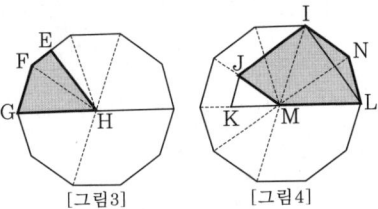

[그림3] [그림4]

사각형 EFGH를 [그림3]과 같이 생각하면, 사각형 EFGH의 넓이는 P의 넓이의 1.5배와 같다.
[그림4]와 같이 사각형 IJKL에서 정10각형의 중심을 M이라 하면,
$$\overline{MJ} = \overline{MK} = \overline{NI} = \overline{NL}$$

이고,
$$\angle JMK + \angle INL = 36° + 144° = 180°$$

이므로, △JKM ≡ △ILN이다. 즉, 사각형 IJKL의 넓이와 오각형 IJMLN의 넓이가 같다. 즉, 사각형 IJKL의 넓이는 P의 넓이의 3배와 같다. 따라서

$$\square ABCD : \square EFGH : \square IJKL = 1 : 1.5 : 3 = 2 : 3 : 6$$

이다.

문제 56

$\overline{AB} = 28$, $\overline{BC} = 30$, $\overline{CA} = 36$인 삼각형 ABC에서 점 B에서 ∠A의 내각이등분선과 ∠C의 내각이등분선에 내린 수선의 발을 각각 P, Q라고 할 때, 선분 PQ의 길이를 구하여라.

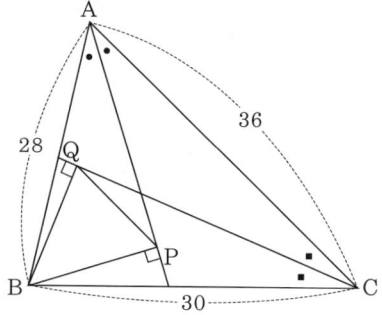

[풀이] 그림과 같이 점 B를 선분 AP에 대하여 대칭이동시킨 점을 R이라 하면, ∠BAP = ∠RAP로부터 점 R은 변 AC 위에 있다.

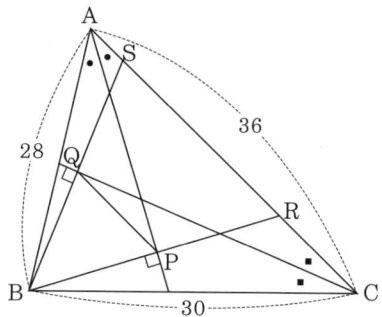

따라서
$$\overline{BP} = \overline{PR}, \quad \overline{AB} = \overline{AR} = 28$$

이다. 점 B를 선분 CQ에 대하여 대칭이동시킨 점을 S라 하면, ∠BCQ = ∠SCQ로부터 점 S는 변 AC위에 있다. 따라서
$$\overline{BQ} = \overline{QS}, \quad \overline{CB} = \overline{CS} = 30$$

이다. 그러므로
$$\overline{SR} = 28 + 30 - 36 = 22$$

이고, △BRS와 △BPQ는 닮음비가 2 : 1인 닮음이다. 따라서
$$\overline{PQ} = \overline{SR} \times \frac{1}{2} = 11$$

이다.

문제 57

삼각형 ABC에서 변 AB 위에 점 P를 잡고, 변 AC 위에 점 Q를 잡고, 선분 PC와 QB의 교점을 O라 하면, △PBO = 28, △OBC = 16, △QCO = 8이다. 이때, 삼각형 ABC의 넓이를 구하여라.

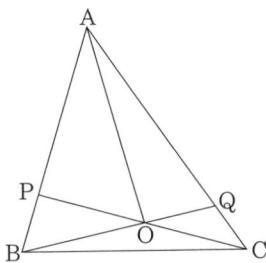

풀이) △APO = a, △AOQ = b라 하자. 그러면

$$\overline{PO} : \overline{OC} = \triangle PBO : \triangle OBC = 7 : 4$$

이므로,

$$\triangle APO : \triangle AOC = a : b + 8 = 7 : 4$$

이다. 따라서

$$4a = 7b + 56 \qquad \text{①}$$

이다. 또,

$$\overline{BO} : \overline{OQ} = \triangle OBC : \triangle QOC = 2 : 1$$

이므로,

$$\triangle ABO : \triangle AOQ = a + 28 : b = 2 : 1$$

이다. 따라서

$$2b = a + 28 \qquad \text{②}$$

이다. 식 ①, ②를 연립하여 풀면, $a = 308$, $b = 168$이다. 따라서

$$\triangle ABC = a + b + 28 + 16 + 8 = 308 + 168 + 52 = 528$$

이다.

문제 58

$\overline{AB} : \overline{AC} : \overline{BC} = 3 : 4 : 5$인 직각삼각형 ABC에서 $\overline{AF} : \overline{FB} = 4 : 5$, $\overline{AE} : \overline{EC} = 7 : 5$가 되도록 점 F, E를 각각 변 AB, AC 위에 잡고, △AEF = △DEF가 되도록 점 D를 변 BC에 잡는다. 이때, $\overline{BD} : \overline{DC}$를 구하여라.

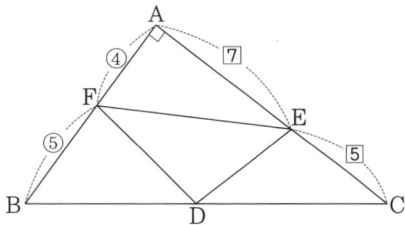

풀이) 그림과 같이, 점 B, A, D, C에서 직선 FE에 내린 수선의 발을 각각 G, H, I, J라 한다.

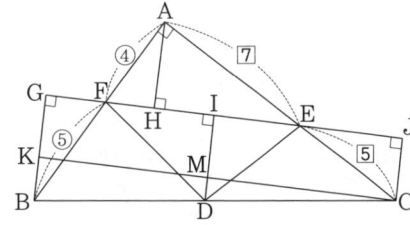

$\overline{AH} = 28a$라 하면, △BFG와 △AFH가 닮음이므로,

$$\overline{BG} = \overline{AH} \times \frac{5}{4} = 35a$$

이고, △CEJ와 △AEH가 닮음이므로,

$$\overline{CJ} = \overline{AH} \times \frac{5}{7} = 20a$$

이다. 또, △DEF = △AFE이므로,

$$\overline{DI} = \overline{AH} = 28a$$

이다. 점 C를 지나 직선 FE에 평행한 직선과 선분 BG, DI와의 교점을 각각 K, M이라 하면,

$$\overline{BK} = \overline{BG} - \overline{KG} = 35a - 20a = 15a$$
$$\overline{DM} = \overline{DI} - \overline{MI} = 28a - 20a = 8a$$

이다. 그러므로 △CKB와 △CMD가 닮음이므로,

$$\overline{DC} : \overline{BC} = \overline{MD} : \overline{KB} = 8 : 15$$

이다. 따라서 $\overline{BD} : \overline{DC} = 7 : 8$이다.

문제 59

정오각형 ABCDE에서 대각선 AD와 BE, CE와의 교점을 각각 G, F라 한다. 이때, ∠EBF와 ∠BFC의 크기를 각각 구하여라.

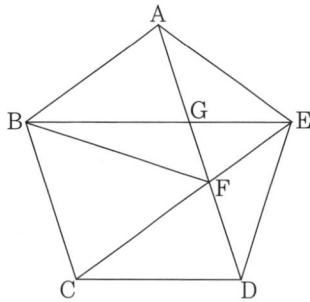

풀이 그림과 같이 대각선 AC와 선분 BF의 교점을 O라 한다.

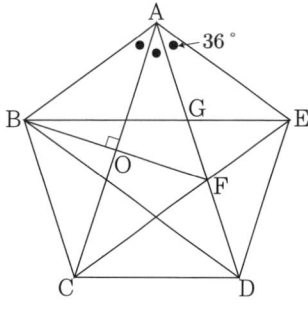

그러면,
$$\angle BAC = \angle CAD = \angle DAE = 36°$$

이고, 사각형 ABCF가 마름모이므로, $\overline{AC} \perp \overline{BF}$이다. 즉, ∠AOF = 90°이다. 따라서 ∠EBF = 18°이다. 또, ∠CBF = 54°이므로, ∠BFC = 54°이다.

문제 60

$\overline{AB} = \overline{BC} = \overline{DA}$, ∠A = 90°, ∠B = 150°인 사각형 ABCD에서 ∠ADC의 크기를 구하여라.

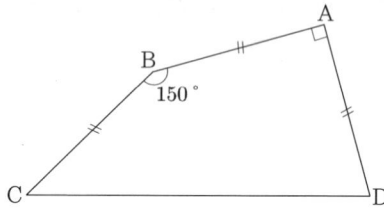

풀이 그림과 같이 사각형 ABED가 정사각형이 되도록 점 E를 잡는다.

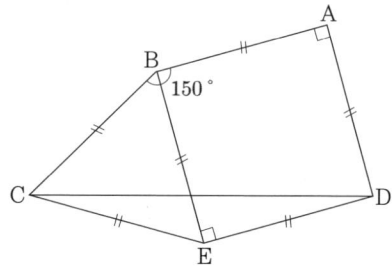

그러면,
$$\overline{BE} = \overline{AB} = \overline{BC}, \quad \angle CBE = 150° - 90° = 60°$$

이다. 따라서 △BCE는 정삼각형이다. 즉, $\overline{CE} = \overline{BC} = \overline{ED}$이다. 그러므로 △ECD는 이등변삼각형이고,
$$\angle CED = 60° + 90° = 150°$$

이다. 따라서
$$\angle CDE = (180° - 150°) \div 2 = 15°$$

이다. 즉, ∠ADC = 90° - 15° = 75°이다.

문제 61

정 10각형 ABCDEFGHIJ에서 변 AB위에 점 P, 변 AJ 위에 점 Q를 잡으면 ∠PFQ = 18°, ∠AQP = 17°이다. 이때, ∠BPF의 크기를 구하여라.

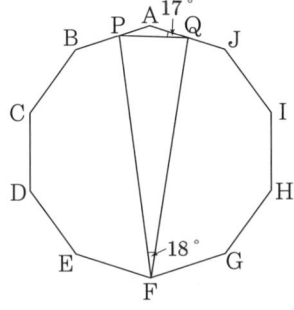

풀이 선분 AF는 정 10각형의 외접원의 지름이므로

$$\angle FBA = \angle FJA = 90°$$

이다. 또,

$$\angle PAF = \angle QAF = \frac{1}{2} \times \angle BAJ = 72°$$

이므로,

$$\angle BFA = \angle JFA = 180° - 90° - 72° = 18°$$

이다. 그림과 같이, △FJQ를 점 F를 중심으로 반시계방향으로 회전이동하여 선분 FJ가 선분 FB와 겹치도록 한다. 이때, 점 Q가 이동한 점을 Q'라 한다.

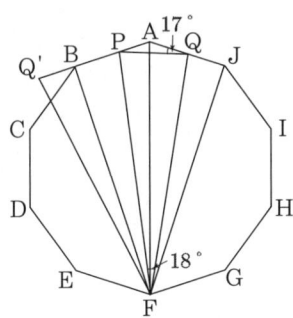

대칭성으로부터 $\overline{FJ} = \overline{FB}$이므로 점 J는 점 B에 일치하고,

$$\angle FBP + \angle FBQ' = \angle FBP + \angle FJQ = 90° + 90° = 180°$$

이므로 점 B는 선분 PQ'위에 있고, 회전이동한 도형이 △FBQ'이 된다. 그러면, $\overline{FQ'} = \overline{FQ}$이고,

$$\begin{aligned}\angle PFQ' &= \angle PFB + \angle QFJ \\&= \angle BFA + \angle JFA - \angle PFQ \\&= 18° + 18° - 18° \\&= 18° \\&= \angle PFQ\end{aligned}$$

이므로,

$$\triangle FPQ' \equiv \triangle FPQ (\text{SAS합동})$$

이다. 따라서

$$\angle Q'PF = \angle QPF$$

이다. 즉,

$$\angle BPF = \angle QPF$$

이다. 이것으로부터

$$\angle BPF = \frac{1}{2} \times (\angle PAQ + \angle AQP) = \frac{1}{2} \times (144° + 17°) = 80.5°$$

이다.

문제 62

∠ADC = 117°, ∠DAB = 90°, ∠DCB = 72°인 사각형 ABCD의 내부에 $\overline{AB} = \overline{DP}$, ∠ADP = 36°, ∠DPC = 45°가 되도록 점 P를 잡는다. 이때, ∠DAP의 크기를 구하여라.

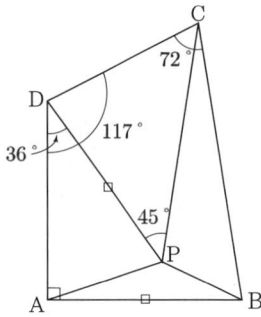

풀이 그림과 같이 변 BC위에 $\overline{CD} = \overline{BE}$가 되는 점 E를 잡는다.

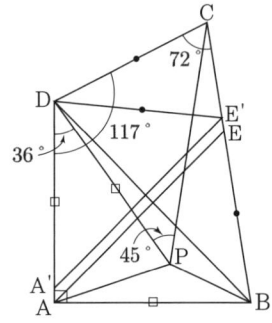

△PDC를 점 D를 중심으로 시계방향으로 36°회전이동 시킨 삼각형을 △A′DE′이라 하면, △CDE′는 밑각이 72°인 이등변삼각형이다. 그러므로 점 E′는 변 BC위에 있다.

∠ABE = 360° − 117° − 90° − 72° = 81°,

∠A′DE′ = ∠PDC = 117° − 36° = 81°

으로부터 ∠ABE = ∠A′DE′이다. 따라서

△ABE ≡ △A′DE′ (SAS합동)

이다. 즉, $\overline{AE} = \overline{A'E'}$이다.

∠DA′E′ = ∠DPC = 45°,

∠DAE = 90° − ∠BAE = 90° − ∠DPC = 45°

으로부터 $\overline{AE} \parallel \overline{A'E'}$이다. 그런데, 변 AD와 변 BC는 평행이 아니므로, $\overline{AE} = \overline{A'E'}$가 되려면 점 A와 A′가 일치해야 한다.

따라서 $\overline{DA} = \overline{DP}$이다. 즉, △ADP는 이등변삼각형이다. 따라서

∠DAP = (180° − 36°) ÷ 2 = 72°

이다.

문제 63

삼각형 ABC에서 변 AB의 중점을 F라 하고, 변 BC위에 $\overline{BD}:\overline{DC}=1:2$인 점 D를 잡고, 변 CA위에 $\overline{CE}:\overline{EA}=4:3$이 되는 점 E를 잡는다. 선분 AD, BE, CF의 중점을 각각 L, M, N이라 한다. △ABC = 63일 때, 삼각형 LMN의 넓이를 구하여라.

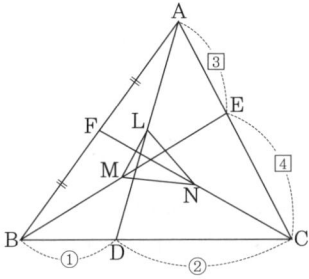

풀이 변 BC, CA의 중점을 각각 Q, R이라 한다.

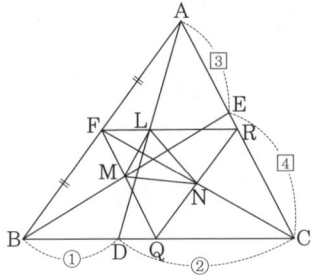

그러면, 삼각형 중점연결정리에 의하여

$$\overline{MQ}=\overline{EC}\times\frac{1}{2},\quad \overline{MF}=\overline{EA}\times\frac{1}{2}$$

이다. 그런데, $\overline{MQ}\,/\!/\,\overline{EC}$, $\overline{MF}\,/\!/\,\overline{EA}$이므로, 세 점 F, M, Q는 한 직선 위에 있고,

$$\overline{MQ}:\overline{MF}=\overline{EC}:\overline{EA}=4:3,$$
$$\overline{QN}:\overline{NR}=\overline{BF}:\overline{FA}=1:1,$$
$$\overline{RL}:\overline{LF}=\overline{CD}:\overline{DB}=2:1$$

이다. 따라서,

$$\frac{\triangle FML}{\triangle FQR}=\frac{3}{7}\times\frac{1}{3}=\frac{1}{7},\ \frac{\triangle MQN}{\triangle FQR}=\frac{4}{7}\times\frac{1}{2}=\frac{2}{7},\ \frac{\triangle LNR}{\triangle FQR}=\frac{1}{2}\times\frac{2}{3}=\frac{1}{3}$$

이다. 그러므로

$$\frac{\triangle LMN}{\triangle FQR}=1-\left(\frac{1}{7}+\frac{2}{7}+\frac{1}{3}\right)=\frac{5}{21}$$

이다. 따라서

$$\triangle LMN=\triangle FQR\times\frac{5}{21}=\triangle ABC\times\frac{1}{4}\times\frac{5}{21}=63\times\frac{1}{4}\times\frac{5}{21}=\frac{15}{4}$$

이다.

문제 64

$\overline{AB}=80$, $\overline{CD}=50$, $\overline{EA}=25$이고 모든 내각이 180°보다 작은 오각형 ABCDE에서 ∠ABC + ∠ADC + ∠DAE = 180°, ∠BAC + ∠ACD + ∠AED = 180°, ∠ADC > 90°, ∠AED > 90°, ∠AED = 2 × ∠ABC이다. 이때, 오각형 ABCDE의 넓이를 구하여라.

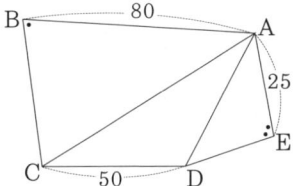

풀이 [그림1]과 같이, △ABC와 △ADE를 각각 선분 AC, AD의 수직이등분선에 대하여 대칭이동시키면, 점 B는 점 B′로, 점 E는 점 E′로 이동한다.

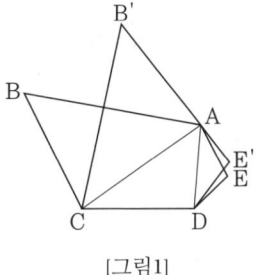

[그림1]

그런데,

$$\angle BCA + \angle CAD + \angle ADE = 540° - 2\times 180° = 180°$$

이므로, 뒤집은 후의 두 개의 변 BC, DE는 일직선이 된다. 사각형 B′CDE′를 [그림2]와 같이 사각형 PQRS라고 한다.

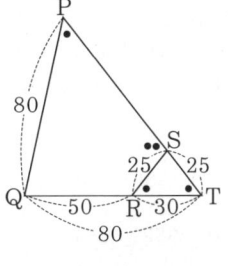

[그림2]

∠QPS = ∠ABC, ∠QRS = ∠ADC + ∠DAE로부터

$$\angle QPS + \angle QRS = 180°$$

이다. 또,

$$\angle PSR = \angle AED > 90°,$$
$$\angle QRS = \angle ADC + \angle DAE > \angle ADC > 90°$$

이다. 변 PS의 연장선과 변 QR의 연장선의 교점을 T라 하면,

$$\angle PSR(=\angle SPQ \times 2) = \angle SRT + \angle STR \qquad ①$$

이다. 또, $\angle SPQ + \angle QRS = 180°$이므로,

$$\angle SPQ = \angle SRT \qquad ②$$

이다. 식, ①, ②로부터

$$\angle STR = \angle PSR - \angle SRT = \angle SPQ$$

이다. 따라서 △QTP는 $\angle QTP = \angle TPQ$인 이등변삼각형이고, △SRT도 $\angle SRT = \angle RTS$인 이등변삼각형이다. 더욱이 △QPT와 △SRT는 닮음비가

$$\overline{QP} : \overline{SR} = 80 : 25 = 16 : 5$$

인 닮음이다. 그러므로

$$\overline{ST} = \overline{SR} = 25, \quad \overline{QT} = \overline{PQ} = 80$$

으로부터 $\overline{RT} = 80 - 50 = 30$이다.

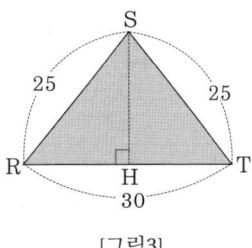

[그림3]

[그림3]과 같이 △SRT를 따로 떼어 살펴본다. 점 S에서 변 RT에 내린 수선의 발을 H라 하면, $\overline{RH} = 30 \div 2 = 15$이다. 따라서 △SRH는 세 변의 길이의 비가 3 : 4 : 5인 직각삼각형이다. 그러므로

$$\overline{SH} = 25 \times \frac{4}{5} = 20, \quad △SRT = 30 \times 20 \div 2 = 300$$

이다. □PQRS = △PQT - △SRT이므로,

$$□PQRS = 300 \times \frac{16 \times 16 - 5 \times 5}{5 \times 5} = 2772$$

이다. 즉, 오각형 ABCDE의 넓이는 2772이다.

문제 65

$\overline{AB} = \overline{AE}$, $\angle BAE = \angle BCD = \angle CDE = 120°$, $\overline{BC} : \overline{CD} : \overline{DE} = 1 : 3 : 2$인 오각형 ABCDE에서 △ABE = 7일 때, 사각형 BCDE의 넓이를 구하여라.

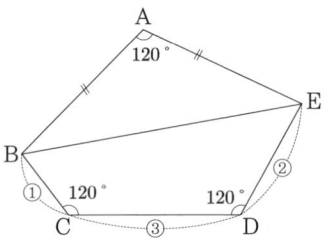

[풀이] 그림과 같이 오각형 ABCDE를 3개를 붙여, 정육각형 FGCDHI를 만든다. 또, 직선 FI, GC, DH의 교점으로 이루어진 정삼각형 JKL을 그린다.

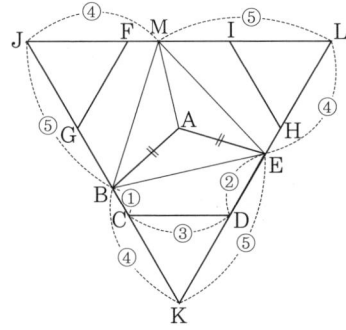

△KLJ = 81S라 하면,

$$△KEB = △JBM = △LME = △KLJ \times \frac{4}{9} \times \frac{5}{9} = 20S,$$
$$△KDC = △JGF = △LIH = △KLJ \times \frac{3}{9} \times \frac{3}{9} = 9S,$$
$$□ABKE = △KLJ \times \frac{1}{3} = 27S$$

이므로,

$$△ABE = □ABKE - △KEB = 27S - 20S = 7S = 7$$

이다. 즉, S = 1이다. 또,

$$□BCDE = △KEB - △KDC = 20S - 9S = 11S$$

이므로, 사각형 BCDE의 넓이는 11이다.

문제 66

정사각형 ABCD의 변 AB 위에 점 E를 잡고, 점 B를 선분 CE에 대하여 대칭이동시킨 점을 B′라고 하고, 선분 AB′의 연장선과 변 BC의 교점을 M이라 한다. 점 M이 변 BC의 중점이 될 때, 삼각형 AB′E의 넓이는 정사각형 ABCD의 넓이의 몇 배인가?

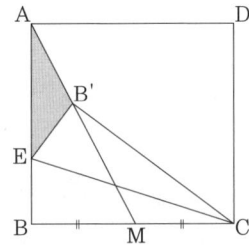

풀이 그림과 같이, 점 B′에서 변 BC에 내린 수선의 발을 F라 한다.

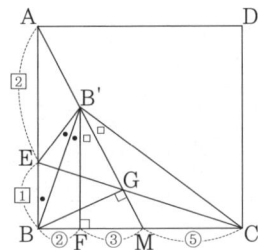

$\overline{EB} = \overline{EB'}$와 $\overline{EB} \parallel \overline{B'F}$로부터

$$\angle EB'B = \angle EBB' = \angle BB'F$$

이다. 한편,

$$\overline{AB} : \overline{BM} = \overline{B'F} : \overline{FM} = 2 : 1,$$
$$\overline{B'C} : \overline{MC} = \overline{BC} : \overline{MC} = 2 : 1$$

로부터

$$\overline{B'F} : \overline{FM} = \overline{B'C} : \overline{MC} = 2 : 1$$

이다. 그러므로

$$\overline{B'F} : \overline{B'C} = \overline{FM} : \overline{MC}$$

가 되어 내각이등분선의 정리로부터 선분 B′M이 ∠FB′C의 이등분선이다. 따라서

$$\angle FB'M = \angle MB'C$$

이다. 또, ∠EB′C = 90°이므로 ∠BB′M = 45°이다.
선분 B′M과 EC의 교점을 G라 하면, 대칭성에 의하여 ∠B′BG = 45°이고, 선분 BG는 점 B에서 선분 AM에 내린 수선이다.

△ABM, △BGM, △AGB는 서로 닮음이고,

$$\overline{AB} : \overline{BM} = \overline{BG} : \overline{GM} = \overline{AG} : \overline{GB} = 2 : 1$$

로 부터

$$\overline{MG} : \overline{BG} : \overline{AG} = 1 : 2 : 4$$

이다. 그런데, $\overline{BG} = \overline{B'G}$이므로

$$\overline{MG} : \overline{GB'} : \overline{B'A} = 1 : 2 : 2$$

이다. 따라서,

$$\overline{BF} : \overline{FM} = \overline{AB'} : \overline{B'M} = 2 : (2+1) = 2 : 3$$

이다. 점 M이 변 BC의 중점이므로,

$$\overline{BF} : \overline{FM} : \overline{MC} = 2 : 3 : 5$$

가 되어

$$\overline{BF} = \overline{BC} \times \frac{1}{5} \qquad (1)$$

이다. 한편

$$\overline{FM} = \overline{BF} \times \frac{3}{2}, \quad \overline{B'F} = \overline{FM} \times \frac{3}{2} \times 2 = \overline{BF} \times 3$$

이다. 삼각형 BFB′과 삼각형 EBC는 닮음이므로,

$$\overline{EB} : \overline{BC} = \overline{BF} : \overline{FB'} = 1 : 3$$

이다. 따라서 $\overline{AE} : \overline{EB} = 2 : 1$이 되어

$$\overline{AE} = \overline{AB} \times \frac{2}{3} \qquad (2)$$

이다. 그러므로 식 (1), (2)로부터 삼각형 AB′E의 넓이는 정사각형 ABCD의 넓이의 $\frac{1}{2} \times \frac{1}{5} \times \frac{2}{3} = \frac{1}{15}$배이다.

문제 67

직사각형 ABCD에서 변 CD 위에 한 점 F를 잡아 선분 AF에 대하여 점 D를 대칭이동시키면 변 BC 위의 점 E로 이동하고, ∠AEB = 60°이다. 이때, 생기는 네 개의 직각삼각형 △ABE, △AEF, △ECF, △AFD의 내접원 가운데 큰 원과 가장 작은 원의 넓이의 비를 구하여라.

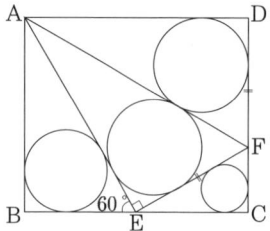

풀이 네 개의 직각삼각형은 직각 이외의 내각이 모두 30°와 60°이므로 닮음이다. $\overline{DF} = \overline{EF}$, $\overline{EF} : \overline{FC} = 2 : 1$로부터

$$\overline{DF} : \overline{FC} = \overline{EF} : \overline{FC} = 2 : 1$$

이다. 또, $\overline{AD} = \overline{AE}$, $\overline{AE} : \overline{BE} = 2 : 1$로 부터,

$$\overline{AD} : \overline{BE} = 2 : 1$$

이므로, 점 E는 변 BC의 중점이다. 따라서 네 개의 직각삼각형의 넓이는

$$\triangle AFD = \triangle AEF = \square ABCD \times \frac{1}{3},$$
$$\triangle AEB = \square ABCD \times \frac{1}{4},$$
$$\triangle EFC = \square ABCD \times \frac{1}{12}$$

이다. 닮음인 삼각형의 닮음비는 그 내접원의 닮음비(즉, 내접원의 반지름의 비)와 같으므로, 직각삼각형의 넓이의 비는 그 내접원의 넓이의 비와 같다. 따라서

(가장 큰 원의 넓이) : (가장 작은 원의 넓이)
$$= \triangle AFD : \triangle EFC = 4 : 1$$

이다.

문제 68

∠B = 90°인 직각삼각형 ABC에서 변 AB위에 점 D를, 변 BC위에 점 E를 잡고, 선분 AE와 CD의 교점을 F라 한다. $\overline{AD} = 5$, $\overline{DB} = 3$, $\overline{BE} = 4$, ∠ADC + ∠AEC = 225°일 때, 삼각형 AFC의 넓이를 구하여라.

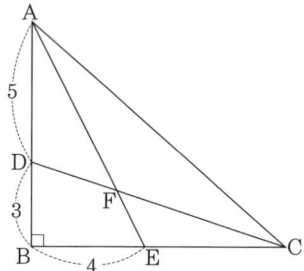

풀이 그림과 같이, 점 D에서 선분 AE에 내린 수선의 발을 G라 하고, 점 G에서 변 AB에 내린 수선의 발을 H라 한다.

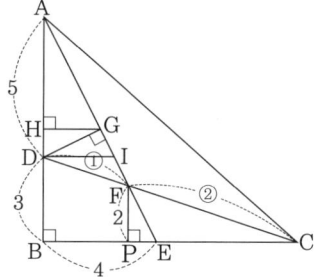

그러면 삼각형 ABE, 삼각형 GHD, 삼각형 AHG는 닮음이므로, $\overline{AB} : \overline{BE} = 8 : 4 = 2 : 1$로 부터

$$\overline{GH} : \overline{HD} = \overline{AH} : \overline{HG} = 2 : 1$$

이다. 따라서 $\overline{AH} : \overline{HD} = 4 : 1$이다. $\overline{AD} = 5$이므로 $\overline{AH} = 4$, $\overline{HD} = 1$이 되어 $\overline{HG} = 2$이다.

∠ADC + ∠AEC = 225°이므로, 사각형 DBEF에서,

$$\angle BDF + \angle BEF = 135°$$

가 되어

$$\angle DFE = 360° - 90° - 135° = 135°$$

이다. 즉, ∠DFG = 45°이다. 그러므로 삼각형 DFG는 직각이등변삼각형이다.
$\overline{DE} = \sqrt{\overline{DB}^2 + \overline{BE}^2} = 5$이므로, 삼각형 ADE는 이등변삼각형이다. 그러므로 $\overline{AG} = \overline{GE}$이다. 그런데,

$$\overline{DG} = \sqrt{\overline{HD}^2 + \overline{HG}^2} = \sqrt{1^2 + 2^2} = \sqrt{5},$$
$$\overline{AG} = \sqrt{\overline{AH}^2 + \overline{HG}^2} = \sqrt{4^2 + 2^2} = 2\sqrt{5}$$

이므로,
$$\overline{FE} = \overline{GE} - \overline{GF} = 2\sqrt{5} - \sqrt{5} = \sqrt{5}$$
이다. 점 D를 지나 선분 BE에 평행한 직선과 선분 AE의 교점을 I라 하고, 점 F에서 변 BC에 내린 수선의 발을 P라 하면,
$$\overline{DI} = 4 \times \frac{5}{8} = \frac{5}{2}, \quad \overline{GI} = \sqrt{\overline{DI}^2 - \overline{DG}^2} = \frac{\sqrt{5}}{2}$$
이다. 즉, $\overline{IF} = \overline{GF} - \overline{GI} = \frac{\sqrt{5}}{2}$이다. 따라서
$$\overline{IF} : \overline{FE} = 1 : 2$$
이다. 또한,
$$\overline{DI} : \overline{EC} = \overline{IF} : \overline{FE} = 1 : 2, \quad \overline{DB} : \overline{FP} = 3 : 2$$
이다. 즉, $\overline{EC} = 5$, $\overline{FP} = 2$이다. 그러므로
$$\triangle ABC = 9 \times 8 \div 2 = 36,$$
$$\triangle ABE = 4 \times 8 \div 2 = 16,$$
$$\triangle FEC = 5 \times 2 \div 2 = 5$$
이다. 따라서 $\triangle AFC = 36 - 16 - 5 = 15$이다.

문제 69

$\overline{AB} = 12$, $\overline{BC} = 16$인 직사각형 ABCD에서 $\overline{AE} = 12$, $\overline{CF} = 4$가 되도록 점 E, F를 각각 변 AD, CD 위에 잡고, 선분 AF와 CE의 교점을 G라 한다. 이때, 사각형 ABCG의 넓이를 구하여라.

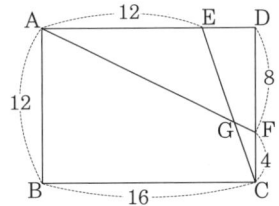

[풀이] 그림과 같이, 선분 AF의 연장선과 변 BC의 연장선의 교점을 H라 한다.

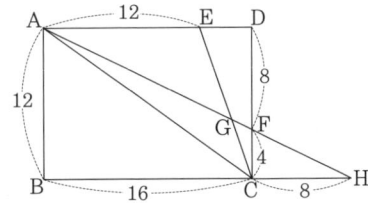

$\overline{AB} \parallel \overline{FC}$이므로, $\triangle ABH$와 $\triangle FCH$는 닮음비가
$$\overline{FC} : \overline{AB} = 4 : 12 = 1 : 3$$
인 닮음이다. 따라서
$$\overline{HC} : \overline{HB} = 1 : 3, \quad \overline{HC} : \overline{CB} = 1 : 2$$
이다. 그러므로
$$\overline{HC} = \overline{BC} \times \frac{1}{2} = 8$$
이다. 또, $\overline{AE} \parallel \overline{HC}$이므로, $\triangle AEG$와 $\triangle HCG$는 닮음비가
$$\overline{AE} : \overline{HC} = 12 : 8 = 3 : 2$$
인 닮음이다. $\triangle ACH$의 밑변을 선분 CH로 보면
$$\triangle ACH = \frac{1}{2} \times \overline{CH} \times \overline{CD} = \frac{1}{2} \times 8 \times 12 = 48$$
이고, $\triangle ACH$의 밑변을 선분 AH로 보면
$$\triangle CAG : \triangle CGH = \overline{AG} : \overline{GH} = 3 : 2$$
이다. 따라서
$$\triangle AGC = \triangle ACH \times \frac{3}{5} = 48 \times \frac{3}{5} = \frac{144}{5}$$

이다. 또,
$$\triangle ABC = \frac{1}{2} \times \overline{BC} \times \overline{AB} = \frac{1}{2} \times 16 \times 12 = 96$$
이다. 따라서
$$\square ABCG = \triangle ABC + \triangle AGC = 96 + \frac{144}{5} = \frac{624}{5}$$
이다.

문제 70

$\angle C = 90°$인 직각삼각형 ABC에서 $\angle BAD : \angle DAC = 2 : 1$이 되도록 변 BC위에 점 D를 잡으면 $\triangle DAC$와 $\triangle ABC$는 닮음이다. $\overline{AC} = 12$일 때, 삼각형 ABD의 넓이를 구하여라.

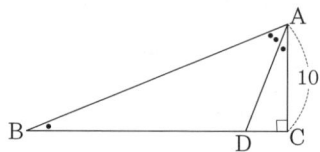

풀이 $\triangle DAC$는 $\triangle ABC$와 닮음이므로, $\angle DAC = \angle ABC$이다. 따라서 $4 \times \angle ABC = 90°$이다. 즉, $\angle ABC = 22.5°$이다. 그림과 같이, 점 A를 변 BC에 대하여 대칭이동시킨 점을 E라 하고, 선분 AD의 연장선과 선분 BE의 교점을 F라 한다.

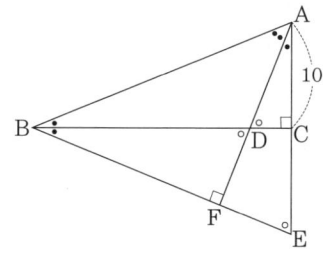

그러면
$$\angle CBE = \angle ABC, \quad \angle AFB = 90°$$
이다. 그러므로 $\triangle ABF$는 직각이등변삼각형이다. 또,
$$\overline{BF} = \overline{AF}, \quad \angle DBF = \angle EAF, \quad \angle BDF = \angle AEF$$
이므로
$$\triangle BFD \equiv \triangle AFE (ASA합동)$$
이다. 즉, $\overline{BD} = \overline{AE} = 10 \times 2 = 20$이다. 따라서
$$\triangle ABD = 20 \times 10 \div 2 = 100$$
이다.

문제 71

∠C = 90°인 직각삼각형 ABC에서, 사각형 DBEF가 마름모가 되도록 점 D, E, F를 각각 변 AB, BC, CA 위에 잡는다. 삼각형 ADF의 내접원을 P, 삼각형 FEC의 내접원을 Q라 한다. 원 P, Q의 반지름의 길이가 각각 10, 8일 때, 삼각형 ABC의 넓이를 구하여라.

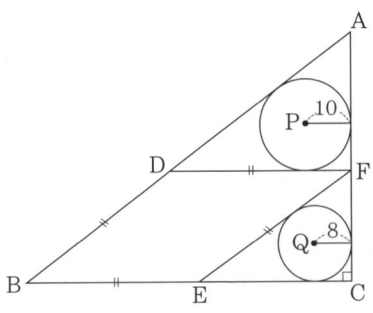

풀이) 원 P와 Q의 반지름의 비가 5 : 4이므로

$$\overline{AF} : \overline{FC} = \overline{BE} : \overline{EC} = 5 : 4$$

이다. 그러면

$$\overline{FE} : \overline{EC} = 5 : 4$$

이므로 삼각형 FEC와 삼각형 ADF는 변의 길이의 비가 3 : 4 : 5인 직각삼각형이다. 더욱이 삼각형 ABC도 변의 길이의 비가 3 : 4 : 5인 직각삼각형이다. 세 변의 길이가 3, 4, 5인 직각삼각형의 내접원의 반지름이 1이므로,

$$\overline{AF} = 30, \quad \overline{FC} = 24, \quad \overline{DF} = 40, \quad \overline{EC} = 32$$

이다. 따라서

$$\triangle ABC = 72 \times 54 \times \frac{1}{2} = 1944$$

이다.

문제 72

∠ABC = 30°인 삼각형 ABC의 내부에 $\overline{DB} = \overline{DC}$, ∠DBC = 20°를 만족도록 점 D를 잡는다. 선분 AD의 연장선과 변 BC의 교점을 E라 한다. $\overline{BE} = \overline{AE}$일 때, ∠ACD의 크기를 구하여라.

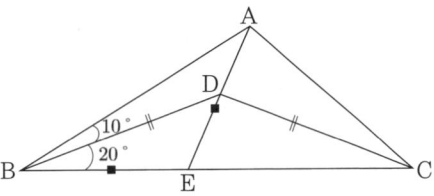

풀이) $\overline{DB} = \overline{DC}, \overline{BE} = \overline{AE}$이므로

∠DCB = 20°,   ∠BAE = 30°,

∠AEC = 60°,   ∠ADC = 80°

이다. 그림과 같이 변 BA의 연장선 위에 $\overline{DB} = \overline{DF}$인 점 F를 잡는다.

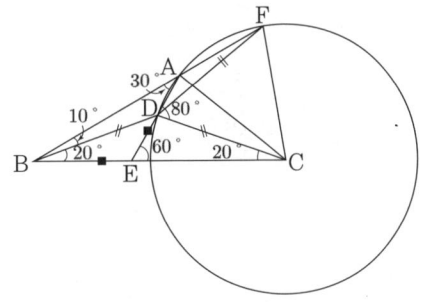

그러면,

∠BFD = ∠DBF = 10°,   ∠ADF = 20°,   ∠FDC = 60°

이다. $\overline{DF} = \overline{DC}$이므로, △FDC는 정삼각형이다.
그림과 같이, 점 C를 중심으로 하고, 점 D, F를 지나는 원을 그린다.
∠DCF = 300°(둔각)의 원주각은 150° = ∠DAF이다. 따라서 점 A는 원 C위의 한 점이다.
그러므로 △ADC는 이등변삼각형이다. 즉, ∠ACD = 20°이다.

문제 73

$\overline{AB} = \overline{BC}$인 삼각형 ABC의 내부에 $\overline{BD} = \overline{AC}$, $\angle ABD = 12°$, $\angle CBD = 24°$를 만족하도록 점 D를 잡는다. 이때, $\angle ADC$의 크기를 구하여라.

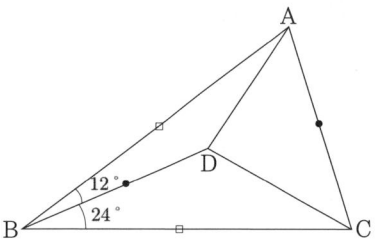

풀이 삼각형 ABC에서 $\overline{AB} = \overline{BC}$, $\angle ABC = 36°$이므로 그림과 같이 변 AC를 한 변으로 하는 정오각형 CAEBF를 그린다.

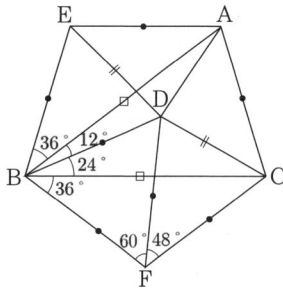

$\overline{BD} = \overline{AC}$이고,

$$\angle DBF = \angle DBC + \angle CBF = 24° + 36° = 60°$$

이므로 삼각형 DBF는 정삼각형이다.
또, $\angle EBD = \angle DFC = 48°$이므로,

$$\triangle DBE \equiv \triangle DFC \text{(SAS합동)}$$

이다. 그러므로 $\overline{DE} = \overline{DC}$이고,

$$\angle EDB + \angle CDF = \angle DCF + \angle CDF = 180° - 48° = 132°$$

이다. 또, 삼각형 DEA와 삼각형 DCA는 합동(SSS합동)이므로,

$$\angle ADC = \frac{360° - 60° - 132°}{2} = 84°$$

이다.

문제 74

$\overline{AB} = 29$, $\overline{AD} = 37$인 직사각형에서 변 BC위에 점 E를, 변 CD위에 점 F를 잡고, 대각선 BD와 선분 AE, AF와의 교점을 각각 G, H라 하고, 점 G를 변 AB에 대하여 대칭이동 시킨 점을 I라 한다. $\triangle ABG \equiv \triangle ADH$, $\overline{DF} = 8$일 때, 사각형 DIBE의 넓이를 구하여라.

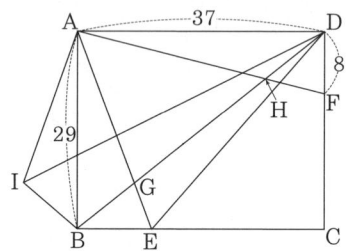

풀이 삼각형 ABH와 삼각형 FHD가 닮음이므로,

$$\overline{BH} : \overline{HD} = \overline{AB} : \overline{DF} = 29 : 8$$

이다. $\triangle ABG \equiv \triangle ADH$이므로, $\overline{BG} = \overline{HD}$이다. 그러므로

$$\overline{DG} : \overline{GB} = \overline{BH} : \overline{HD} = 29 : 8$$

이다. 즉,

$$\overline{DB} : \overline{GB} = 37 : 8$$

이다. 그림과 같이 선분 IG와 변 AB의 교점을 J라 한다.

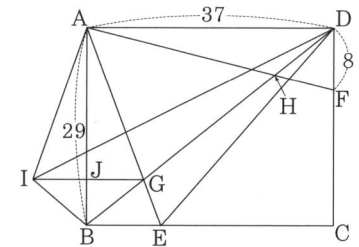

삼각형 ABD와 삼각형 JBG는 닮음비가

$$\overline{AD} : \overline{JG} = 37 : 8$$

인 닮음이고, $\overline{JG} = 8$이다. 그러면,

$$\triangle DIB = \triangle DIG + \triangle BIG$$
$$= \frac{1}{2} \times \overline{AB} \times \overline{IG}$$
$$= \overline{AB} \times \overline{JG}$$
$$= 8 \times 29$$
$$= 232$$

이다.

$$\overline{AD} : \overline{BE} = \overline{DG} : \overline{GB} = 29 : 8$$

이므로,
$$\overline{BE} = 37 \times 8 \div 29 = \frac{37 \times 8}{29}$$
이다. 따라서
$$\triangle DBE = \overline{BE} \times \overline{AB} \div 2 = \frac{37 \times 8}{29} \times 29 \div 2 = 148$$
이다. 그러므로
$$\square DIBE = 232 + 148 = 380$$
이다.

문제 75

$\overline{AB} = 9$, $\overline{BC} = 16$, $\overline{CA} = 17$인 삼각형 ABC의 내접원과 변 BC, CA, AB와의 접점을 각각 D, E, F라 한다. 선분 AD와 BE의 교점을 P라 할 때, $\overline{AP} : \overline{PD}$를 구하여라.

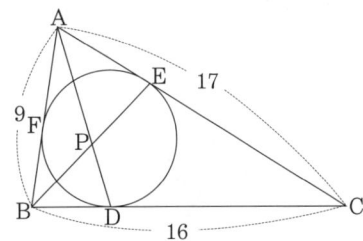

풀이 점 D를 지나고 선분 BE에 평행한 직선과 변 AC와의 교점을 G라 하고, $\overline{BD} = x$라고 한다.

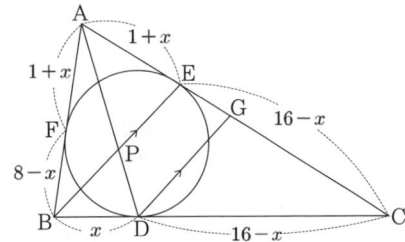

그러면,
$$\overline{DC} = 16 - x = \overline{CE},$$
$$\overline{EA} = 17 - (16 - x) = 1 + x = \overline{AF},$$
$$\overline{FB} = 9 - (1 + x) = 8 - x = \overline{BD}$$

이다. 그러므로 $x = 8 - x$이다. 즉, $x = 4$이다. 따라서
$$\overline{BD} = 4, \quad \overline{DC} = 12 = \overline{CE}, \quad \overline{EA} = 5$$

이다. 또,
$$\overline{CG} : \overline{GE} = \overline{CD} : \overline{DB} = 3 : 1$$

이다. 그러므로
$$\overline{GE} = \overline{CE} \times \frac{1}{4} = 3$$

이다. 따라서
$$\overline{AP} : \overline{PD} = \overline{AE} : \overline{EG} = 5 : 3$$

이다.

문제 76

정사각형 ABCD에서 변 AD의 중점을 E라 하고, 선분 EC위에 $\overline{EF} : \overline{FC} = 1 : 2$가 되는 점 F를, 선분 FB 위에 $\overline{EG} : \overline{GB} = 1 : 3$이 되는 점 G를, 선분 GA위에 $\overline{GH} : \overline{HA} = 1 : 4$가 되는 점 H를 잡는다. 또, 선분 HD와 EC의 교점을 I라 한다. 정사각형 ABCD의 넓이가 1440일 때, 사각형 GFIH의 넓이를 구하여라.

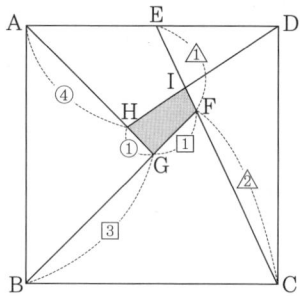

풀이 그림과 같이, 점 F를 지나 변 AD에 평행한 직선과 변 DC와의 교점을 J라 하고, 점 G를 지나 변 AD에 평행한 직선과 변 DC, 선분 EC, 변 AB와의 교점을 각각 K, L, M이라 한다. 또, 점 H를 지나 변 AD에 평행한 직선과 변 AB, 선분 EC와의 교점을 각각 N, O라 한다.

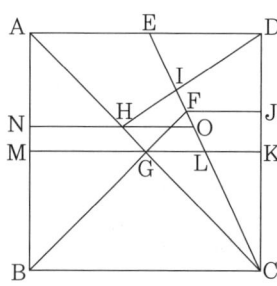

정사각형 ABCD의 한 변의 길이를 $60k$라 하면, $\overline{AE} : \overline{ED} = 1 : 1$이므로, $\overline{ED} = 30k$이다.
삼각형 EDC와 삼각형 FJC는 닮음비가 $\overline{EF} : \overline{FC} = 1 : 2$인 닮음이므로,

$$\overline{FJ} = 30k \times \frac{2}{3} = 20k, \quad \overline{JC} = 60k \times \frac{2}{3} = 40k$$

이다. 삼각형 FBC와 삼각형 FGL은 닮음비가 $\overline{FG} : \overline{FB} = 1 : 3$인 닮음이므로,

$$\overline{GL} = 60k \times \frac{1}{4} = 15k$$

이다. 삼각형 FJC와 삼각형 LKC는 닮음비가 $\overline{FJ} : \overline{LK} = 4 : 3$인 닮음이므로,

$$\overline{LK} = 20k \times \frac{3}{4} = 15k, \quad \overline{JK} = 40k \times \frac{1}{4} = 10k$$

이다. 또,

$$\overline{MG} = 60k - (15k + 15k) = 30k$$

이다. 삼각형 AMG와 삼각형 ANH는 닮음비가 $\overline{AH} : \overline{HA} = 5 : 4$인 닮음이므로,

$$\overline{NH} = 30k \times \frac{4}{5} = 24k, \quad \overline{NM} = 30k \times \frac{1}{5} = 6k$$

이다. 또,

$$\overline{NB} = 30k + 6k = 36k$$

이다. 더욱이

$$\overline{AE} : \overline{HO} = \overline{EC} : \overline{OC} = \overline{AB} : \overline{NB}$$

로부터

$$\overline{HO} = 36k \times \frac{30k}{60k} = 18k$$

이다. 삼각형 HOI와 삼각형 DEI는 닮음비가

$$\overline{HO} : \overline{DE} = 18 : 30 = 3 : 5$$

인 닮음이므로,

$$\triangle EID = \triangle AHD \times \frac{1}{2} \times \frac{5}{8} = \triangle AHD \times \frac{5}{16}$$

이다. 따라서

$$\square GFIH = \square ABCD - (\triangle AHD + \triangle ECD + \triangle FBC + \triangle AGB) + \triangle EID$$

이다. 그런데,

$$\square ABCD = 60k \times 60k = 3600k^2,$$
$$\triangle AHD = 60k \times 24k \div 2 = 720k^2,$$
$$\triangle ECD = 60k \times 30k \div 2 = 900k^2,$$
$$\triangle FBC = 60k \times 40k \div 2 = 1200k^2,$$
$$\triangle AGB = 60k \times 30k \div 2 = 900k^2,$$
$$\triangle EID = 60k \times 24k \div 2 \times \frac{5}{16} = 225k^2$$

이다. 그러므로

$$\square GFIH = 105k^2$$

이다. 따라서

$$\square GFIH : \triangle ABCD = 105 : 3600 = 42 : 1440$$

이다. 즉, 정사각형 GFIH의 넓이는 42이다.

문제 77

$\overline{AB} = 26$, $\overline{CA} = 65$인 삼각형 ABC에서 변 BC위에 $\overline{BD} : \overline{DC} = 1 : 2$가 되는 점 D를 잡으면, $\overline{AD} = 13$이다. 이때, 삼각형 ABC의 넓이를 구하여라.

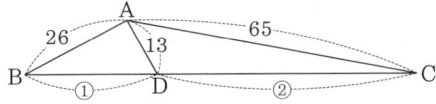

[풀이] 그림과 같이 선분 DC의 중점을 E라 하고, 점 E를 지나 선분 AD에 평행한 직선과 변 BA의 연장선과의 교점을 P라 하고, 선분 EP와 변 AC의 교점을 Q라 한다.

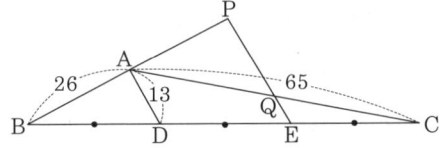

그러면,
$$\overline{BD} = \overline{DE} = \overline{EC}, \quad \overline{AD} \parallel \overline{PE}$$

이므로, 삼각형 중점연결정리에 의하여
$$\overline{QE} = \frac{13}{2}, \quad \overline{PE} = 26$$

이다. 그러므로
$$\overline{PQ} = \overline{PE} - \overline{QE} = 26 - \frac{13}{2} = \frac{39}{2}$$

이다. 또,
$$\overline{AQ} = \overline{QC} = \frac{65}{2}, \quad \overline{PA} = \overline{AB} = 26$$

이다. 그런데,
$$\overline{PQ} : \overline{PA} : \overline{AQ} = \frac{39}{2} : 26 : \frac{65}{2} = 3 : 4 : 5$$

이므로, 삼각형 PAQ는 $\angle P = 90°$인 직각삼각형이다. 그러므로
$$\angle BAD = \angle BPE = 90°$$

이고,
$$\triangle ABD = \frac{1}{2} \times 26 \times 13 = 169$$

이다. 따라서
$$\triangle ABC = 169 \times 3 = 507$$

이다.

문제 78

한 변의 길이가 16인 정사각형 ABCD에서 변 AD 위에 $\overline{AE} = 4$인 점 E를 잡고, 점 A를 선분 EB에 대하여 대칭이동시킨 점을 A'라 하고, 선분 EA'의 연장선과 변 DC와의 교점을 F라 한다. 이때, 삼각형 DEF의 넓이를 구하여라.

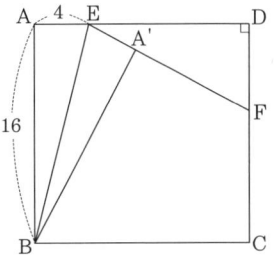

[풀이] 점 F를 지나 선분 BE에 평행한 직선과 선분 ED의 연장선과의 교점을 G라 하고, 점 E에서 선분 FG에 내린 수선의 발을 H라 하고, 점 H에서 선분 EG에 내린 수선의 발을 I라 한다.

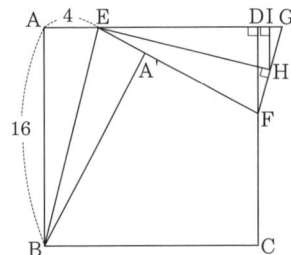

그러면 $\overline{BE} \parallel \overline{FG}$가 평행이므로,
$$\angle AEB = \angle DGF = \angle A'EB = \angle A'FG$$

이다. 따라서 △EFG는 $\overline{EG} = \overline{EF}$인 이등변삼각형이다. 즉, 점 H는 선분 FG의 중점이다. 또, △ABE와 △DFG, △IHG는 닮음이고, △HEG와 △IHG, △IEH는 닮음이다. 주어진 조건에서 $\overline{AE} = 4$, $\overline{AB} = 16$이므로 $\overline{AE} : \overline{AB} = 1 : 4$이다. $\overline{DG} = 2x$라고 하면,
$$\overline{DI} = x, \quad \overline{DF} = 8x, \quad \overline{IH} = 4x, \quad \overline{EI} = 16x$$

이다. 그러므로
$$\overline{ED} = 16x - x = 15x = 12$$

이다. 즉, $x = \frac{4}{5}$이다. 따라서
$$\overline{DF} = 8 \times \frac{4}{5} = \frac{32}{5}$$

이다. 그러므로
$$\triangle DEF = 12 \times \frac{32}{5} \div 2 = \frac{192}{5}$$
이다.

문제 79

$\overline{AB} = 8$, $\overline{BC} = 12$, $\overline{CD} = 10$, $\overline{DA} = 6$인 사각형 ABCD에서 대각선 AC, BD의 중점을 각각 M, N이라 한다. $\overline{MN} = 3$일 때, 사각형 ABCD의 넓이를 구하여라.

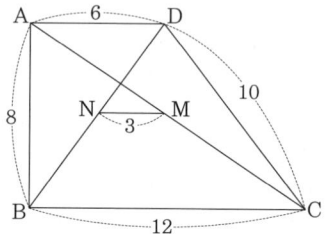

[풀이] 그림과 같이, 변 CD의 중점을 L이라 한다.

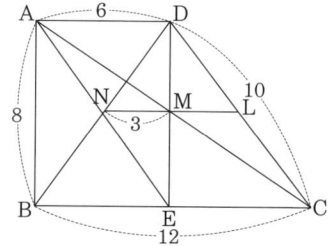

삼각형 중점연결정리에 의하여
$$\overline{AD} \parallel \overline{ML}, \quad \overline{ML} = 3$$
이다. 또,
$$\overline{LN} \parallel \overline{CB}, \quad \overline{LN} = 6$$
이다. 그런데, $\overline{MN} = 3$이므로
$$\overline{LN} = \overline{LM} + \overline{MN}$$
이다. 따라서 세 점 L, M, N은 한 직선 위에 있다. 그러므로 $\overline{AD} \parallel \overline{BC}$이다.

변 BC 위에 $\overline{BE} = 6$이 되는 점 E를 잡으면, 사각형 AECD는 평행사변형이다. 즉, $\overline{AE} = 10$이다. 삼각형 ABE에서 $\overline{AB} = 8$, $\overline{BE} = 6$, $\overline{AE} = 10$이므로, 삼각형 ABE는 직각삼각형이다. 또, 삼각형 DEC도 직각삼각형이다. 즉, 사각형 ABED는 직사각형이다.

따라서 사각형 ABCD는 $\angle A = \angle B = 90°$인 사다리꼴이므로
$$\square ABCD = (12 + 6) \times 8 \div 2 = 72$$
이다.

문제 80

직사각형 ABCD에서 변 CD의 중점을 E이라 하고, 변 AB의 3등분점 중 점 A에 가까운 순으로 F, G라고 한다. 대각선 AC와 선분 FE, GE와의 교점을 각각 P, Q라 한다. △EPQ = 3일 때, 직사각형 ABCD의 넓이를 구하여라.

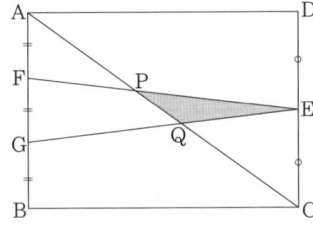

풀이 삼각형 EFG의 넓이는 직사각형 ABCD의 넓이의 $\frac{1}{6}$이다. 삼각형 AFP와 삼각형 CEP는 닮음이고,

$$\overline{FP} : \overline{EP} = \overline{AF} : \overline{CE} = 2 : 3$$

이다. 또, 삼각형 AGQ와 삼각형 CEQ도 닮음이고,

$$\overline{CQ} : \overline{EQ} = \overline{AG} : \overline{CE} = 4 : 3$$

이다. 따라서

$$\begin{aligned} \triangle EPQ &= \triangle EFG \times \frac{3}{5} \times \frac{3}{7} \\ &= \square ABCD \times \frac{1}{6} \times \frac{3}{5} \times \frac{3}{7} \\ &= \square ABCD \times \frac{3}{70} \end{aligned}$$

이다. 따라서

$$\square ABCD = 3 \times \frac{70}{3} = 70$$

이다.

문제 81

∠B = 34°, ∠C = 63°인 삼각형 ABC에서 변 AB, BC의 중점을 각각 D, E라 한다. 점 A에서 변 BC에 내린 수선의 발을 F라 할 때, ∠EDF의 크기를 구하여라.

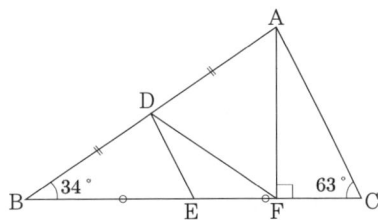

풀이 삼각형 ABF는 직각삼각형이고, 점 D가 빗변의 중점이므로,

$$\overline{DA} = \overline{DB} = \overline{DF}$$

이다. 삼각형 중점연결정리에 의하여 $\overline{DE} \parallel \overline{AC}$이고,

$$\angle DEB = \angle ACB = 63°, \quad \angle ADE = 63° + 34° = 97°$$

이다. 또, $\overline{DA} = \overline{DF}$로부터

$$\angle DFA = \angle DAF$$

이고, 이 사실과 ∠BAF = 90° − 34° = 56°로부터

$$\angle ADF = 180° − 56° \times 2 = 68°$$

이다. 따라서

$$\angle EDF = 97° − 68° = 29°$$

이다.

문제 82

∠BAC = 20°, $\overline{AB} = \overline{AC}$인 삼각형 ABC에서 변 AB위에 $\overline{AD} = \overline{BC}$가 되도록 점 D를 잡는다. 이때, ∠BDC의 크기를 구하여라.

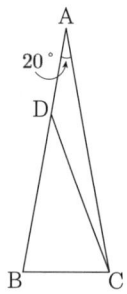

풀이 그림과 같이, 변 AB를 한 변으로 하는 정삼각형 ABE를 그린다.

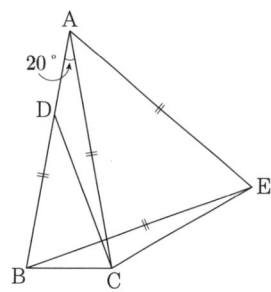

그러면,

$$\angle CAE = \angle BAE - \angle BAC = 60° - 20° = 40°$$

이다. 그런데, $\overline{AB} = \overline{AC} = \overline{AE}$이므로, 삼각형 ACE에서

$$\angle ACE = \angle AEC = 70°$$

이다. 또,

$$\overline{AD} = \overline{BC}, \ \angle DAC = \angle CBE = 20°, \ \overline{AC} = \overline{BE}$$

이므로,

$$\triangle ADC \equiv \triangle BCE \text{(SAS합동)}$$

이다. 그러므로

$$\angle ACD = \angle BEC = 10°$$

이다. 따라서 ∠BDC = 30°이다.

문제 83

$\overline{CA} = 5$, $\overline{BC} = 3$, $\overline{AB} = 4$인 직각삼각형 ABC에서 내심을 I라 한다. 삼각형 IBC의 외접원과 변 AC와의 교점을 P라 할 때, 선분 AP의 길이를 구하여라.

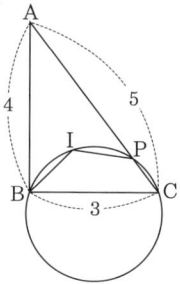

풀이 점 I에서 변 AC에 내린 수선의 발을 H라 한다.

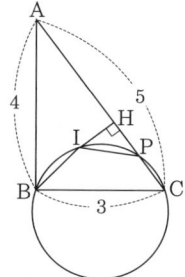

사각형 IBCP는 원에 내접하는 사각형이므로, 내대각의 성질에 의하여

$$\angle IPH = \angle IBC = \frac{1}{2} \times \angle ABC = \frac{1}{2} \times 90° = 45°$$

이고, ∠PIH = 45°이다. 따라서 △HIP는 직각이등변삼각형이다. 그러므로

$$\overline{HP} = \overline{IH} = \frac{3+4-5}{2} = 1, \ \overline{AH} = \frac{4+5-3}{2} = 3$$

이다. 따라서 $\overline{AP} = \overline{AH} + \overline{HP} = 3 + 1 = 4$이다.

문제 84

반지름이 15인 원에 내접하는 사각형 ABCD에서 대각선 AC는 원의 지름이고, $\overline{BD} = \overline{AB}$이다. 두 대각선 AC와 BD의 교점을 P라 한다. $\overline{PC} = 6$일 때, 변 CD의 길이를 구하여라.

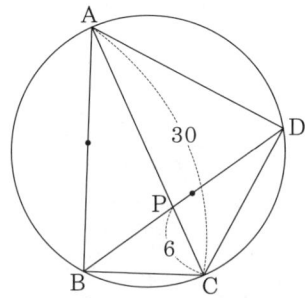

풀이 삼각형 ABD가 $\overline{AB} = \overline{BD}$인 이등변삼각형이므로, 직선 OB와 변 AD는 수직이다. 또, 선분 AC가 지름이므로, 지름에 대한 원주각으로부터 ∠CDA = 90°이다.

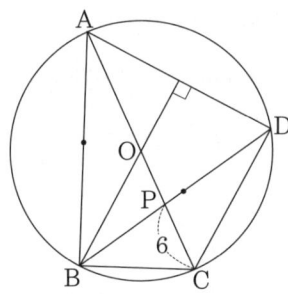

따라서 $\overline{OB} \parallel \overline{CD}$이다. 즉, △POB와 △PCD는 닮음(AA닮음)이다. 그러므로

$$\overline{CD} : \overline{OB} = \overline{PC} : \overline{PO}, \quad \overline{CD} : 15 = 6 : 9$$

이므로, $\overline{CD} = 10$이다.

문제 85

∠BAC = 90°인 직각이등변삼각형 ABC에서 변 BC 위에 $\overline{BD} = 2 \times \overline{CD}$를 만족하도록 점 D를 잡고, 점 B에서 선분 AD에 내린 수선의 발을 E라 한다. 이때, ∠CED의 크기를 구하여라.

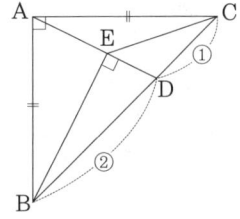

풀이 그림과 같이, □ABFC가 정사각형이 되도록 점 F를 잡고, 선분 AD와 BF의 연장선의 교점을 G라 한다.

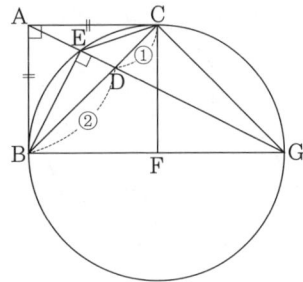

그러면, △ACD와 △GBD는 닮음이고,

$$\overline{DC} : \overline{BD} = \overline{AC} : \overline{BG}$$

이다. 그러므로 $\overline{BG} = 2 \times \overline{AC}$이다. 즉, $\overline{BF} = \overline{FG}$이다. △BFC와 △CFG는 직각이등변삼각형이므로,

$$\angle BCG = 90°$$

이다. ∠BEG = ∠BCG이므로 네 점 B, E, C, G는 선분 BG를 지름으로 하는 한 원 위에 있다. 그러므로

$$\angle CEG = \angle CBG = 45°$$

이다. 따라서 ∠CED = 45°이다.

문제 86

삼각형 ABC에서 $\overline{DB} = 14$, $\overline{DA} = 13$, $\overline{DC} = 4$, △ADB의 외접원과 △ADC의 외접원이 합동이 되도록 점 D를 변 BC위에 잡을 때, △ABC의 넓이를 구하여라.

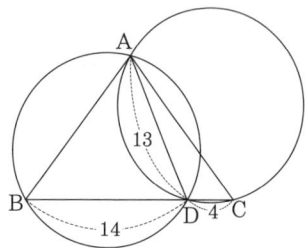

풀이 두 원의 공통현이 $\overline{AD}$이다. 따라서 원주각의 성질에 의하여 ∠ABC = ∠ACB이다. 즉, 삼각형 ABC는 이등변삼각형이다.

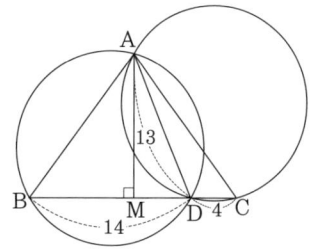

그림과 같이, 점 A에서 변 BC에 내린 수선의 발을 M이라 하면, $\overline{MC} = 9$, $\overline{MD} = 5$이다.
또, △AMD는 직각삼각형이므로, 피타고라스의 정리에 의하여 $\overline{AM} = 12$이다. 따라서

$$\triangle ABC = \frac{1}{2} \times 12 \times 18 = 108$$

이다.

문제 87

넓이가 360인 삼각형 ABC의 외접원의 중심을 O라 하고, 선분 AO의 연장선과 외접원 O와의 교점을 P라 하고, 선분 AP와 변 BC의 교점을 Q라 한다. 또, 점 Q에서 변 AB, AC에 내린 수선의 발을 각각 M, N이라 한다. 이때, 사각형 AMPN의 넓이를 구하여라.

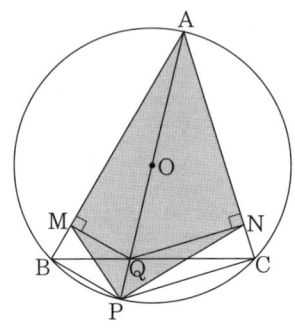

풀이 ∠ABP = ∠AMQ이므로, $\overline{BP} \parallel \overline{MQ}$이다. 그러므로

$$\triangle QMB = \triangle QMP$$

이다. 또, ∠ANQ = ∠ACP이므로, $\overline{PC} \parallel \overline{QN}$이다. 그러므로

$$\triangle QNC = \triangle QNP$$

이다. 따라서

$$\begin{aligned}
\square AMPN &= \square AMQN + \triangle QMP + \triangle QNP \\
&= \square AMQN + \triangle QMB + \triangle QNC \\
&= \triangle ABC \\
&= 360
\end{aligned}$$

이다.

문제 88

$\overline{AB} = 5, \overline{AD} = 3, \angle BAD + \angle BCA = 180°$인 사각형 ABCD에서 두 대각선의 교점을 O라 한다. $\overline{AC} = 4, \overline{BO} : \overline{OD} = 7 : 6$일 때, 변 BC의 길이를 구하여라.

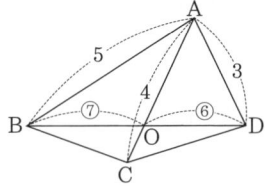

풀이 그림과 같이, 점 B를 지나 변 AD에 평행한 직선과 선분 AC의 연장선과의 교점을 E라고 한다.

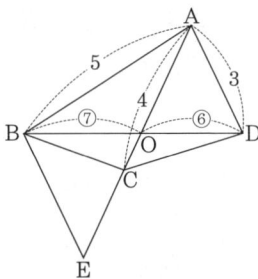

그러면 ∠BEO = ∠DAO이다. 또,

$$\angle BAD + \angle BCA = 180°$$

이므로,

$$\angle CBA = 180° - (\angle BCA + \angle CAB) = \angle DAO$$

이다. 따라서 ∠BEA = ∠CBA이다. 그러므로 △BAC와 △EAB는 닮음이고, 닮음비는

$$\overline{BC} : \overline{BE} = \overline{AC} : \overline{AB} = 4 : 5$$

이다. 즉, $\overline{BC} = \frac{4}{5} \times \overline{BE}$이다. 또, $\overline{BE} \parallel \overline{AD}$이므로 △BOE와 △DOA는 닮음이고, 닮음비는

$$\overline{BE} : \overline{AD} = \overline{BO} : \overline{OD} = 7 : 6$$

이다. 즉,

$$\overline{BE} = \frac{7}{6} \times \overline{AD} = \frac{7}{6} \times 3 = \frac{7}{2}$$

이다. 따라서

$$\overline{BC} = \frac{4}{5} \times \overline{BE} = \frac{4}{5} \times \frac{7}{2} = \frac{14}{5}$$

이다.

문제 89

정삼각형 ABC에서 변 AB, AC 위에 $\overline{AP} = \overline{CQ}$가 되도록 각각 점 P, Q를 잡는다. 선분 PQ의 중점을 M이라 하면 $\overline{AM} = 19$이다. 이때, 선분 PC의 길이를 구하여라.

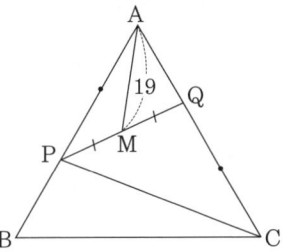

풀이 그림과 같이, 점 Q를 지나고 변 AB에 평행한 직선과 변 BC와의 교점을 R이라 한다.

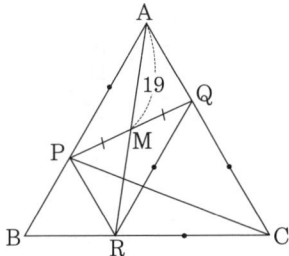

그러면, △QRC는 정삼각형이다. 즉, $\overline{QR} = \overline{CQ} = \overline{AP}$이다. 따라서 사각형 APRQ는 평행사변형이다.
점 M은 선분 PQ의 중점이므로, 세 점 A, M, R은 한 직선 위에 있고, 선분 AR은 평행사변형 APRQ의 대각선이다. 그러므로 $\overline{AR} = 2 \times \overline{AM}$이다. 또,

$$\overline{CR} = \overline{AP}, \quad \overline{AC}는 공통, \quad \angle RCA = \angle PAC = 60°$$

이므로,

$$\triangle ACR \equiv \triangle CAP (SAS합동)$$

이다. 따라서 $\overline{CP} = \overline{AR} = 2 \times \overline{AM} = 38$이다.

[문제] 90

$\overline{AC} = \overline{BC} = 10$, $\angle C = 90°$인 직각이등변삼각형 ABC에서 변 BC의 중점을 D라 하고, 점 C를 지나 선분 AD에 수직인 직선과 변 AB와의 교점을 E라 한다. 또, 점 E에서 변 BC에 내린 수선의 발을 F라 한다. 이때, 선분 EF의 길이를 구하여라.

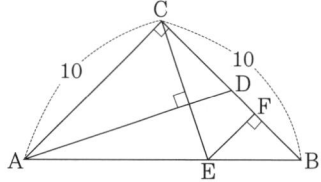

[풀이] 그림과 같이, 점 B를 지나 변 AC에 평행한 직선과 선분 CE의 연장선과의 교점을 G라 한다.

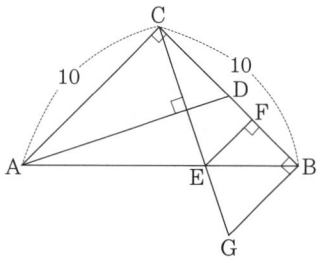

그러면,
$$\angle CBG = \angle ACD = 90°$$
이다. 또, $\overline{CE} \perp \overline{AD}$이므로,
$$\angle BCG = \angle CAD$$
이다. 더욱이, $\overline{BC} = \overline{AC}$이므로,
$$\triangle CBG \equiv \triangle ACD (\text{ASA합동})$$
이다. 그러므로
$$\overline{BG} = \overline{CD} = \tfrac{1}{2} \times \overline{BC} = \tfrac{1}{2} \times \overline{AC}$$
이다. 따라서
$$\overline{BE} : \overline{AE} = \overline{BG} : \overline{AC} = 1 : 2$$
이다. 즉, $\overline{BE} = \tfrac{1}{2} \times \overline{AE}$이다. 따라서 $\overline{BE} = \tfrac{1}{3} \times \overline{AB}$이다. 즉,
$$\overline{EF} : \overline{AC} = \overline{BE} : \overline{AB} = 1 : 3$$
이다. 따라서
$$\overline{EF} = \tfrac{1}{3} \times \overline{AC} = \tfrac{1}{3} \times 10 = \tfrac{10}{3}$$
이다.

[문제] 91

$\overline{AB} = \overline{AC}$인 이등변삼각형 ABC에서 변 AB위에 $\overline{AP} : \overline{PB} = 5 : 1$이 되는 점 P를 잡고, 선분 AP를 한 변으로 하는 정삼각형 APQ가 되도록 점 Q를 변 BC위에 잡는다. 이때, $\overline{BQ} : \overline{QC}$를 구하여라.

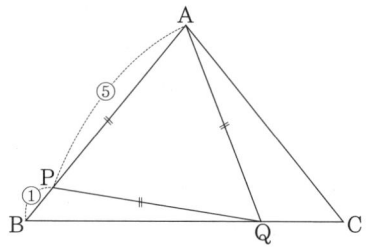

[풀이] 그림과 같이 점 A를 중심으로 하고, 변 AB를 반지름으로 하는 원을 그리고, 직선 AQ와 원과의 교점을 각각 D, E라 한다.

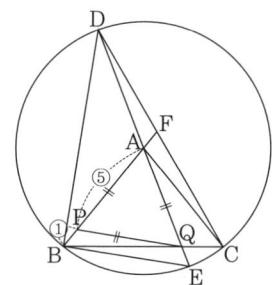

그러면, 선분 DE는 원의 지름이다. 선분 DC와 변 BA의 연장선의 교점을 F라 하면,
$$\overline{BE} = \overline{DA},\ \angle QBE = \angle FDA,\ \angle BEQ = \angle DAF = 60°$$
이므로,
$$\triangle QBE \equiv \triangle FDA (\text{ASA합동})$$
이다. $\overline{AP} = 5$, $\overline{PB} = 1$이라고 하면,
$$\overline{AQ} = \overline{AP} = 5, \qquad \overline{QE} = \overline{PB} = 1,$$
$$\overline{AF} = \overline{QE} = 1, \qquad \overline{AD} = \overline{AB} = 6$$
이다. 그런데,
$$\triangle ADC : \triangle AQC = 6 : 5,\ \triangle ADC : \square ADBC = 6 : 36$$
이므로,
$$\triangle DBQ = \square ADBC - \triangle AQC = 36 - 5 = 31,$$
$$\triangle DQC = \triangle ADC + \triangle AQC = 6 + 5 = 11$$

이다. 따라서

$$\overline{BQ}:\overline{QC} = \triangle DBQ : \triangle DQC = 31 : 11$$

이다.

제 IV 편

개념정리

정리 1 (평행선과 각)

다음 그림에서 두 직선 l과 m이 평행($l \parallel m$)하면, 다음이 성립한다.

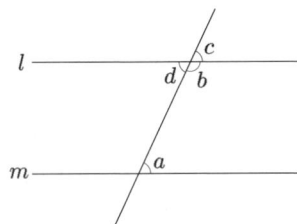

(1) (동측내각) $a + b = 180°$이다.

(2) (동위각) $a = c$이다.

(3) (엇각) $a = d$이다.

정리 2 (삼각형의 기본성질)

다음 그림의 삼각형 ABC에서 다음이 성립한다.

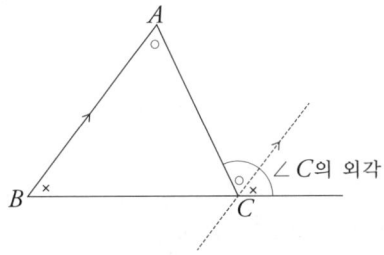

(1) 삼각형 ABC의 내각에 대하여 $\angle A + \angle B + \angle C = 180°$이다.

(2) 삼각형 ABC의 외각에 대하여 $\angle C$의 외각$= \angle A + \angle B$이다.

(3) 삼각형의 두 변의 길이의 합은 나머지 다른 한 변의 길이보다 길다. 즉, $\overline{AB} + \overline{BC} > \overline{CA}$, $\overline{BC} + \overline{CA} > \overline{AB}$, $\overline{CA} + \overline{AB} > \overline{BC}$이다.

정리 3 (외각의 성질)

다음 그림에서 $a + b = c + d$가 성립한다.

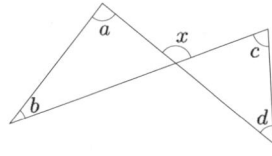

정리 4 (외각의 성질)

다음 그림에서 l과 m이 평행($l \parallel m$)하면, $a + c = b + d$가 성립한다.

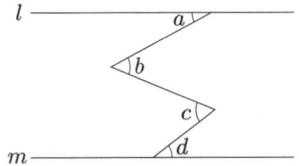

[정리] **5 (각도 공식)**

다음이 성립한다.

(1) 아래 그림에서, $x = a+b+c$이다.

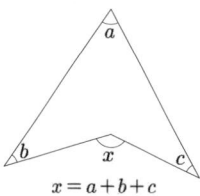

$x = a+b+c$

(2) 아래 그림에서, $a+b+c+d+e = 180°$이다.

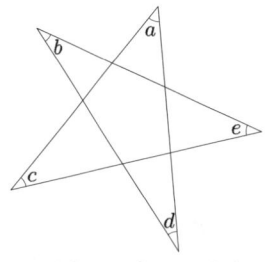

$a+b+c+d+e = 180°$

(3) 아래 그림에서, $x = 90° + \dfrac{a}{2}$이다.

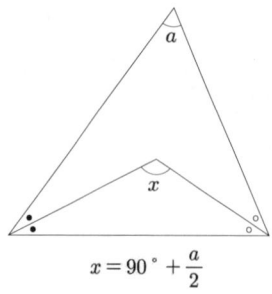

$x = 90° + \dfrac{a}{2}$

(4) 아래 그림에서, $x = \dfrac{a}{2}$이다.

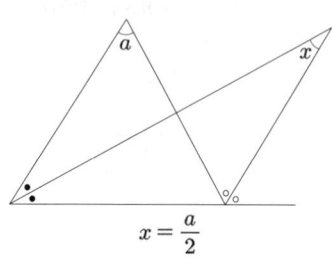

$x = \dfrac{a}{2}$

(5) 아래 그림에서, $x = \dfrac{a+b}{2}$이다.

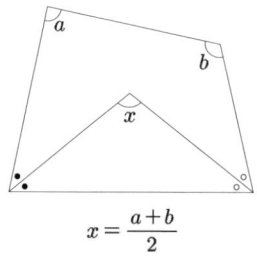

$x = \dfrac{a+b}{2}$

(6) 아래 그림에서, $x = \dfrac{a}{2}$이다.

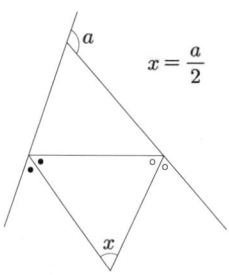

$x = \dfrac{a}{2}$

정리 6 (삼각형의 합동조건)

다음 세 가지 조건 중 하나를 만족하면 두 삼각형은 합동이다.

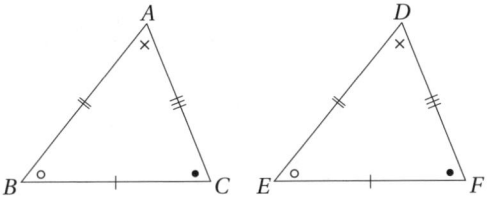

(1) (SSS합동) 대응하는 세 변의 길이가 모두 같을 때,

(2) (SAS합동) 대응하는 두 변의 길이가 같고 그 끼인각이 같을 때,

(3) (ASA합동) 한 변의 길이가 같고 대응하는 양끝각의 크기가 같을 때,

정리 7 (이등변삼각형의 기본성질)

이등변삼각형에서 다음이 성립한다.

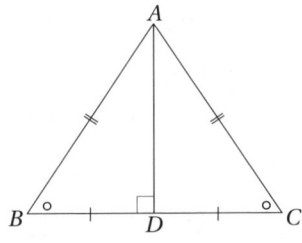

(1) 이등변삼각형의 두 밑각의 크기는 서로 같다.

(2) 두 내각의 크기가 같은 삼각형은 이등변삼각형이다.

(3) 이등변삼각형의 꼭지각의 이등분선은 밑변을 수직이등분한다.

정리 8 (직각삼각형의 합동조건)

두 직각삼각형이 다음 두 조건 중 하나를 만족하면, 서로 합동이다.

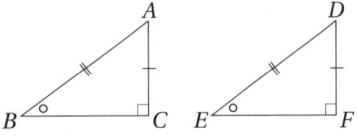

(1) (RHA합동) 빗변의 길이와 한 예각의 크기가 같을 때,

(2) (RHS합동) 빗변의 길이와 다른 변의 길이가 각각 같을 때,

정리 9 (평행사변형의 성질)

임의의 평행사변형은 다음 조건을 모두 만족한다. 역으로, 다음 조건 중 어느 하나만이라도 성립하면 그 사각형은 평행사변형이다.

(1) 두 쌍의 대변의 길이가 서로 같다.

(2) 두 쌍의 대각의 크기가 각각 같다.

(3) 두 대각선이 서로 다른 것을 이등분한다.

(4) 한 쌍의 대변의 길이가 같고, 그 대변이 평행하다.

[정리] 10 ─────────────
직사각형, 마름모, 정사각형의 성질은 다음과 같다.

(1) 직사각형은 두 대각선의 길이가 같고 서로 다른 것을 이등분한다. 그 역도 성립한다.

(2) 마름모의 두 대각선은 서로 다른 것을 수직이등분한다. 역으로, 두 대각선이 서로 다른 것을 수직이등분하는 사각형은 마름모이다.

(3) 정사각형의 두 대각선의 길이가 같고, 서로 다른 것을 수직이등분한다. 역으로, 두 대각선의 길이가 같고, 서로 다른 것을 수직이등분하는 사각형은 정사각형이다.

[정리] 11 ─────────────
볼록사각형 $ABCD$에서 두 대각선 AC와 BD의 교점을 O라고 하자. 그러면, 사각형 $ABCD$는 네 개의 삼각형 ABO, BCO, CDO, DAO로 나누어지고,

$$\triangle ABO \cdot \triangle CDO = \triangle BCO \cdot \triangle DAO$$

가 성립한다.

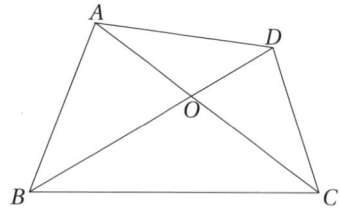

[정리] 12 (내각과 외각의 크기, 대각선의 수) ─────────────
볼록 n각형에 대하여 다음이 성립한다.

(1) 볼록 n각형의 내각의 총합은 $(n-2) \times 180°$이다.

(2) 정 n각형의 한 내각의 크기는 $\dfrac{(n-2) \times 180°}{n}$이다.

(3) n각형의 외각의 합은 $360°$이다.

(4) n각형의 대각선의 총수는 $\dfrac{1}{2}n(n-3)$이다.

(5) 정 n각형의 서로 다른 대각선의 수는 $\left[\dfrac{n-2}{2}\right]$이다. 단, $[x]$는 x를 넘지 않는 최대의 정수이다.

[정리] 13 (피타고라스의 정리) ─────────────
$\angle C = 90°$인 직각삼각형 ABC에서, $\overline{BC}^2 + \overline{CA}^2 = \overline{AB}^2$이 성립한다. 또, 역도 성립한다.

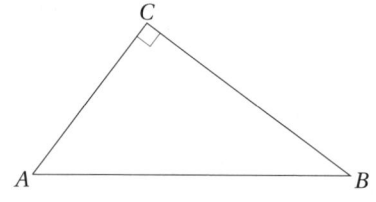

정리 14 (삼각형의 닮음조건)

두 삼각형은 다음 세 조건 중 어느 하나를 만족하면 닮음이다.

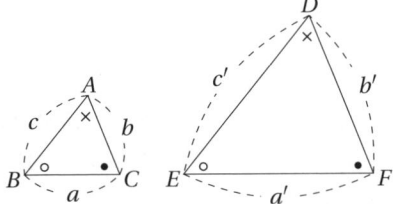

(1) (SSS닮음) 세 쌍의 대응변의 길이의 비가 같을 때,

(2) (SAS닮음) 두 쌍의 대응변의 길이의 비가 같고, 그 끼인각의 크기가 같을 때,

(3) (AA닮음) 두 쌍의 대응각의 크기가 같을 때,

정리 15 (삼각형과 선분의 길이의 비)

△ABC에서 변 BC에 평행한 직선이 변 AB, AC 또는 그 연장선과 만나는 점을 각각 D, E라고 하면, 다음이 성립한다.

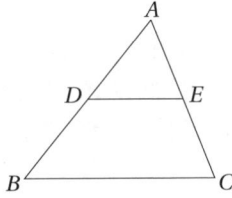

(1) $\dfrac{\overline{AD}}{\overline{AB}} = \dfrac{\overline{AE}}{\overline{AC}} = \dfrac{\overline{DE}}{\overline{BC}}$ 이다.

(2) $\dfrac{\overline{AD}}{\overline{DB}} = \dfrac{\overline{AE}}{\overline{EC}}$ 이다.

정리 16 (내각의 이등분선의 정리)

삼각형 ABC에서 ∠A의 이등분선과 변 BC의 교점을 D라 하면,

$$\overline{AB}:\overline{AC} = \overline{BD}:\overline{DC}$$

가 성립한다.

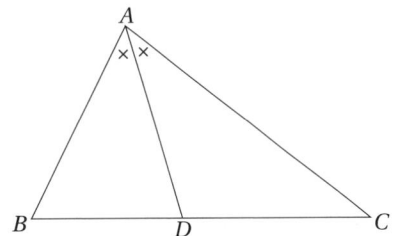

정리 17 (외각의 이등분선의 정리)

삼각형 ABC에서 ∠A의 외각의 이등분선과 변 BC의 연장선과의 교점을 D라 하면,

$$\overline{AB}:\overline{AC} = \overline{BD}:\overline{DC}$$

가 성립한다.

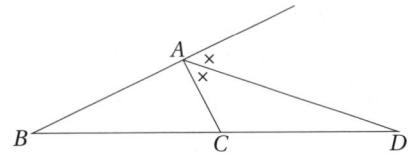

정리 18

삼각형 ABC에서 ∠A의 이등분선과 변 BC의 교점을 D라 할 때,

$$\overline{AD}^2 = \overline{AB} \cdot \overline{AC} - \overline{BD} \cdot \overline{DC}$$

가 성립한다.

정리 19 (직각삼각형의 닮음)

삼각형 ABC에서 $\angle A = 90°$이고, 점 A에서 변 BC에 내린 수선의 발을 H라 할 때, 다음이 성립한다.

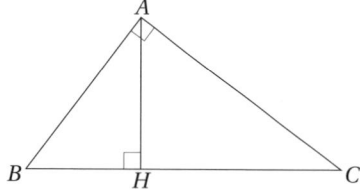

(1) $\overline{AB}^2 = \overline{BH} \cdot \overline{BC}$

(2) $\overline{AC}^2 = \overline{CH} \cdot \overline{BC}$

(3) $\overline{AH}^2 = \overline{BH} \cdot \overline{CH}$

(4) $\overline{AB} \cdot \overline{AC} = \overline{AH} \cdot \overline{BC}$

정리 20 (삼각형의 중점연결정리)

삼각형 ABC에서 변 AB, AC의 중점을 각각 D, E라 하면, $\overline{DE} \parallel \overline{BC}, \overline{DE} = \frac{1}{2}\overline{BC}$가 성립한다.

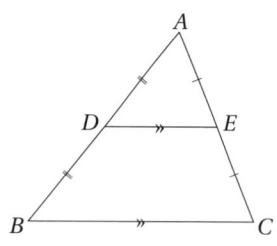

정리 21 (내심의 기본성질(1))

내심에서 세 변에 이르는 거리는 같다.

정리 22 (내심의 기본성질(2))

삼각형 ABC에서 변 BC, CA, AB의 길이를 각각 a, b, c라 하고, 반지름이 r인 내접원과 변 BC, CA, AB와의 교점을 각각 D, E, F라고 하면,

$$\overline{AE} = \overline{AF}, \quad \overline{BF} = \overline{BD}, \quad \overline{CD} = \overline{CE}$$

이다. $a + b + c = 2s$라고 할 때, 다음이 성립한다.

(1) $\overline{AE} = \overline{AF} = s - a$, $\overline{BF} = \overline{BD} = s - b$, $\overline{CD} = \overline{CE} = s - c$이다.

(2) 삼각형 ABC의 넓이 S는 $S = \frac{1}{2}(a + b + c)r = sr$이다.

정리 23 (외심의 기본성질)

외심에서 세 꼭짓점에 이르는 거리는 같다.

정리 24 (무게중심의 기본성질)

삼각형 ABC에서 세 변 BC, CA, AB의 중점을 각각 D, E, F라 하자. 세 중선의 교점을 G라 하자. 그러면 다음이 성립한다.

(1) $\overline{AG} : \overline{GD} = 2 : 1$, $\overline{BG} : \overline{GE} = 2 : 1$, $\overline{CG} : \overline{GF} = 2 : 1$이다.

(2) $\triangle AGF = \triangle GFB = \triangle BGD = \triangle GDC = \triangle CGE = \triangle GEA$이다.

정리 25 (스튜워트의 정리)

삼각형 ABC에서 변 BC, CA, AB의 길이를 각각 a, b, c라 하자. 또 점 D가 변 BC위의 한 점이고, 선분 AD, BD, CD의 길이를 각각 p, m, n이라 하자. 그러면

$$b^2m + c^2n = a(p^2 + mn)$$

이 성립한다.

정리 26 (파푸스의 중선정리)

삼각형 ABC에서 변 BC의 중점을 M이라 하면,

$$\overline{AB}^2 + \overline{AC}^2 = 2(\overline{BM}^2 + \overline{AM}^2)$$

이 성립한다.

정리 27 (삼각형 넓이의 비에 대한 정리)

평행하지 않은 두 선분 AB와 PQ의 교점 또는 그 연장선의 교점을 M이라고 하면, $\dfrac{\triangle ABP}{\triangle ABQ} = \dfrac{\overline{PM}}{\overline{QM}}$이 성립한다.

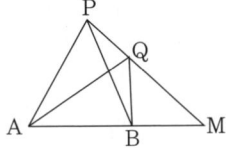 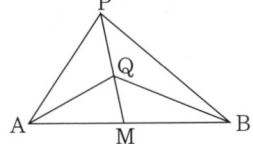

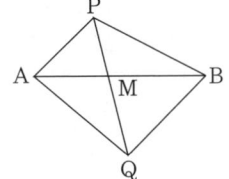 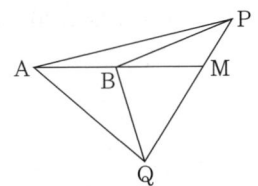

정리 28 (체바의 정리)

삼각형 ABC의 세 변 BC, CA, AB 위에 각각 주어진 점 D, E, F에 대하여, 세 선분 AD, BE, CF가 한 점에서 만날 필요충분조건은

$$\frac{\overline{AF}}{\overline{FB}} \cdot \frac{\overline{BD}}{\overline{DC}} \cdot \frac{\overline{CE}}{\overline{EA}} = 1$$

이다.

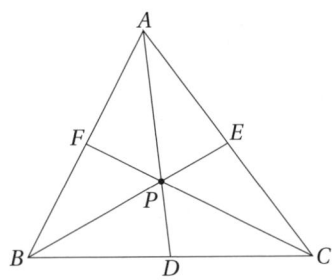

정리 29 (메넬라우스의 정리)

직선 ℓ이 삼각형 ABC에서 세 변 BC, CA, AB 또는 그 연장선과 각각 점 D, E, F에서 만나면

$$\frac{\overline{AF}}{\overline{FB}} \cdot \frac{\overline{BD}}{\overline{DC}} \cdot \frac{\overline{CE}}{\overline{EA}} = 1$$

이 성립한다. 역으로 위의 식이 성립하면, 세 점 D, E, F는 한 직선 위에 있다.

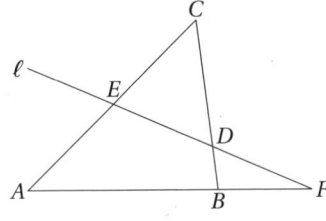

정리 30 (중심각과 호, 현의 비교)
한 원에서 중심각과 호, 현 사이에는 다음과 같은 관계가 성립한다.

(1) 한 원 또는 합동인 두 원에서 같은 크기의 중심각에 대한 호의 길이와 현의 길이는 각각 같다. 그 역도 성립한다.

(2) 부채꼴의 중심각의 크기와 호의 길이는 비례한다.

(3) 부채꼴의 중심각의 크기와 현의 길이는 비례하지 않는다.

정리 31 (현의 수직이등분선의 성질)
원의 중심에서 현에 내린 수선은 현을 수직이등분한다. 또, 현의 수직이등분선은 이 원의 중심을 지난다.

정리 32 (현의 길이의 성질)
원의 중심에서 같은 거리에 있는 두 현의 길이는 같다. 또, 길이가 같은 두 현은 중심에서 같은 거리에 있다.

정리 33 (원주각과 중심각 사이의 관계)
한 원에서 원주각과 중심각 사이에는 다음과 같은 관계가 성립한다.

(1) 한 원에서 주어진 호(또는 현) 위의 원주각의 크기는 중심각의 크기의 $\frac{1}{2}$이다.

(2) 한 원에서 같은 길이의 호에 대한 원주각의 크기는 일정하다. 또, 역도 성립한다.

정리 34 (원의 접선의 성질)
원의 접선은 그 접점을 지나는 반지름에 수직이다. 또, 원 위의 한 점을 지나고 그 점을 지나는 반지름에 수직인 직선은 이 원의 접선이다.

정리 35 (접선의 길이)
원의 외부에 있는 한 점에서 그 원에 그은 두 접선의 길이는 같다.

정리 36 (접선과 현이 이루는 각)
원의 접선과 그 접점을 지나는 현이 이루는 각의 크기는 이 각의 내부에 있는 호에 대한 원주각의 크기와 같다.

정리 37 (방멱의 원리(원과 비례의 성질))

원과 현(현의 연장선) 사이에 다음과 같은 관계가 성립한다. 이를 방멱의 원리 또는 원과 비례의 성질이라고 부른다.

(1) 한 원의 두 현 AB와 CD가 원의 내부에서 만나는 점을 P라고 하면, $\overline{PA} \cdot \overline{PB} = \overline{PC} \cdot \overline{PD}$가 성립한다.

(2) 한 원의 두 현 AB와 CD의 연장선이 원의 외부에서 만나는 점을 P라고 하면, $\overline{PA} \cdot \overline{PB} = \overline{PC} \cdot \overline{PD}$가 성립한다.

(3) 원의 외부의 한 점 P에서 그 원에 그은 접선과 할선이 원과 만나는 점을 각각 T, A, B라고 하면, $\overline{PT}^2 = \overline{PA} \cdot \overline{PB}$가 성립한다.

정리 38 (네 점이 한 원 위에 있을 조건)

네 점이 한 원에 있을 조건은 다음과 같다.

(1) 두 선분 AB, CD 또는 그 연장선이 점 P에서 만나고,
$$\overline{PA} \cdot \overline{PB} = \overline{PC} \cdot \overline{PD}$$
이면, 네 점 A, B, C, D는 한 원 위에 있다.

(2) $\angle DAB = \angle BCD = 90°$이면 네 점 A, B, C, D는 $\overline{BD}$를 지름으로 하는 원 위에 있다.

(3) 선분 AB에 대하여 같은 쪽에 있는 두 점을 각각 P, Q라고 할 때, $\angle APB = \angle AQB$이면 네 점 A, B, P, Q는 한 원 위에 있다.

정리 39 (원에 내접하는 사각형)

사각형 $ABCD$가 한 원에 내접하기 위한 필요충분조건은 다음과 같다.

(1) 원에 내접하는 사각형에서 한 쌍의 대각의 크기의 합은 $180°$이다.

(2) 원에 내접하는 사각형에서 한 외각의 크기는 그 내대각의 크기와 같다.

(3) 임의의 한 변에서, 나머지 두 점을 바라보는 각이 같다. 변 AB에서 점 C를 바라보는 각이 $\angle ACB$, 점 D를 바라보는 각이 $\angle ADB$라고 할 때, $\angle ACB = \angle ADB$이다.

(4) 두 대각선의 교점을 P라고 하면 $\overline{PA} \cdot \overline{PC} = \overline{PB} \cdot \overline{PD}$이다.

(5) 두 대변 AD와 BC(또는 AB와 CD)의 연장선의 교점을 P라 할 때, $\overline{PA} \cdot \overline{PD} = \overline{PB} \cdot \overline{PC}$ 또는 $\overline{PA} \cdot \overline{PB} = \overline{PC} \cdot \overline{PD}$이다.

(6) 네 꼭짓점에 이르는 거리가 같은 점이 존재한다.

(7) 네 변의 수직이등분선이 한 점에서 만난다.

(8) (톨레미의 정리) $\overline{AB} \cdot \overline{CD} + \overline{BC} \cdot \overline{DA} = \overline{AC} \cdot \overline{BD}$이다.

정리 40 (톨레미의 정리)

원에 내접하는 사각형 $ABCD$의 대변의 길이의 곱을 합한 것은 대각선의 길이의 곱과 같다. 즉,

$$\overline{AB}\cdot\overline{CD}+\overline{BC}\cdot\overline{DA}=\overline{AC}\cdot\overline{BD}$$

가 성립한다.

따름정리 41 (톨레미 정리의 역)

볼록사각형에서 두 쌍의 대변의 곱의 합이 두 대각선의 곱과 같으면 그 사각형은 원에 내접한다. 즉, 볼록사각형 $ABCD$에서

$$\overline{AB}\cdot\overline{CD}+\overline{BC}\cdot\overline{DA}=\overline{AC}\cdot\overline{BD}$$

가 성립하면, 사각형 $ABCD$는 원에 내접한다.

정리 42 (브라마굽타의 공식)

원에 내접하는 사각형 $ABCD$의 대각선이 서로 직교할 때, 그 교점 O에서 한 변 BC에 그은 수선 OE의 연장선은 변 BC의 대변 AD를 이등분한다.

정리 43 (원에 외접하는 사각형)

사각형 $ABCD$가 한 원에 외접하기 위한 필요충분조건은 다음과 같다.

(1) (듀란드의 문제) $\overline{AB}+\overline{CD}=\overline{BC}+\overline{DA}$이다.

(2) 네 변에 이르는 거리가 같은 점이 존재한다.

(3) 네 각의 이등분선이 한 점에서 만난다.

정리 44 (사인 법칙)

$\overline{BC}=a, \overline{CA}=b, \overline{AB}=c$인 삼각형 ABC에서 다음이 성립한다. 단, R은 삼각형 ABC의 외접원의 반지름이다.

$$\frac{a}{\sin A}=\frac{b}{\sin B}=\frac{c}{\sin C}=2R$$

정리 45 (제 1 코사인법칙)

$\overline{BC}=a, \overline{CA}=b, \overline{AB}=c$인 삼각형 ABC에서 다음이 성립한다.

$$a=b\cos C+c\cos B$$
$$b=c\cos A+a\cos C$$
$$c=a\cos B+b\cos A$$

정리 46 (제 2 코사인법칙)

$\overline{BC}=a, \overline{CA}=b, \overline{AB}=c$인 삼각형 ABC에서 다음이 성립한다.

$$a^2=b^2+c^2-2bc\cos A$$
$$b^2=c^2+a^2-2ca\cos B$$
$$c^2=a^2+b^2-2ab\cos C$$

정리 47 (삼각형의 넓이 공식)

$\overline{BC} = a$, $\overline{CA} = b$, $\overline{AB} = c$인 삼각형 ABC의 넓이 S는 다음과 같다. 단, R은 삼각형 ABC의 외접원의 반지름이고, r은 내접원의 반지름, r_a, r_b, r_c는 방접원의 반지름이고, h_a, h_b, h_c는 삼각형의 높이이고, $s = \frac{a+b+c}{2}$이다.

(1) $S = \frac{1}{2}ah_a = \frac{1}{2}bh_b = \frac{1}{2}ch_c$이다.

(2) $S = \frac{1}{2}bc\sin A = \frac{1}{2}ca\sin B = \frac{1}{2}ab\sin C$이다.

(3) (헤론의 공식) $S = \sqrt{s(s-a)(s-b)(s-c)}$

(4) $S = \frac{abc}{4R}$이다.

(5) $S = rs = (s-a)r_a = (s-b)r_b = (s-c)r_c$이다.

(6) $S = 2R^2 \sin A \sin B \sin C$이다.

(7) $S = \sqrt{rr_a r_b r_c}$이다.

(8) $S = \frac{a^2 \sin B \sin C}{2\sin(B+C)} = \frac{b^2 \sin C \sin A}{2\sin(C+A)} = \frac{c^2 \sin A \sin B}{2\sin(A+B)}$이다.

정리 48

삼각형 ABC에서 외접원의 반지름 R, 내접원의 반지름 r, 방접원의 반지름 r_a, r_b, r_c 사이에 다음이 성립한다.

(1) $4R + r = r_a + r_b + r_c$이다.

(2) $\frac{1}{r} = \frac{1}{r_a} + \frac{1}{r_b} + \frac{1}{r_c}$이다.

(3) $1 + \frac{r}{R} = \cos A + \cos B + \cos C$이다.

> 개정합본

365일 수학愛 미치다!

첫 번째 이야기 –
도형愛 미치다. –시즌2

이주형 지음

씨실과 날실

씨실과 날실은 도서출판 세화의 자매브랜드입니다.

이 책을 지으신 선생님

이주형
멘사수학연구소 경시팀장
주요사항
한국수학올림피아드 바이블 프리미엄 (정수론, 대수, 기하, 조합) 공저
한국수학올림피아드 모의고사 및 풀이집 (KMO FINAL TEST) 공저
영재학교/과학고 합격수학 7판 저
영재학교/과학고 합격수학 입체도형 2021/22시즌 저
영재학교/과학고 합격수학 평면도형과 작도 2022/23시즌 저
영재학교/과학고 합격수학 함수 2023/24시즌 저
한국주니어수학올림피아드 최종점검 I, II, III (KJMO FINAL TEST) 저

e-mail : buraqui.lee@gmail.com

이 책의 내용에 관하여 궁금한 점이나 상담을 원하시는 독자 여러분께서는 E-MAIL이나 전화로 연락을 주시거나 도서출판 세화(www.sehwapub.co.kr) 게시판에 글을 남겨 주시면 적절한 확인 절차를 거쳐서 풀이에 관한 상세 설명을 받을 수 있습니다.

365일 수학愛미치다!
첫 번째 이야기 도형愛미치다-시즌 2

1판 1쇄 발행　　2025년　04월　22일

지은이 | 이주형　**펴낸이** | 구정자
펴낸곳 | (주) 씨실과 날실　**출판등록** | (등록번호 : 2007.6.15 제302-2007-000035호)
주소 | 경기도 파주시 회동길 325-22(서패동 469-2) 1층　**전화** | (031)955-9445, **FAX** | (031)955-9446

판매대행 | 도서출판 세화　**출판등록** | (등록번호 : 1978.12.26 제1-338호)
구입문의 | (031)955-9331~2　**편집부** | (031)955-9333　**FAX** | (031)955-9334
주소 | 경기도 파주시 회동길 325-22(서패동 469-2)

정가 35,000원[365일 수학愛 미치다!(첫번째 이야기-도형愛 미치다.)-시즌 1, 2, 3, 4]
ISBN 979-11-89017-56-9　53410

※ 파손된 책은 교환하여 드립니다.

이 책의 저작권은 (주)씨실과 날실에게 있으며 무단 전재와 복제는 법으로 금지되어 있습니다. 독자여러분의 의견을 기다립니다.
Copyright ⓒ Ssisil & nalsil Publishing Co., Ltd

차 례

차 례

I   그림 그리며 풀기   1

II   그림보고 다시풀기   49

III   풀이   97

IV   개념정리   155

365일 수학愛 미치다

제 I 편

그림 그리며 풀기

문제 92 난이도 ★★

정삼각형 ABC의 내부의 한 점 P에서 변 BC, CA, AB에 내린 수선의 발을 각각 D, E, F라 하면, $\overline{PD} = 8$, $\overline{PE} = 20$, $\overline{PF} = 5$이다. 이때, 정삼각형 ABC의 넓이는 한 변의 길이가 1인 정삼각형의 넓이의 몇 배인가?

문제 93 난이도 ★★

원 O위에 $\overline{OA} = \overline{AB} = \overline{OB}$가 되도록 두 점 A, B를 잡는다. 원 O의 넓이가 360일 때, 삼각형 OAB의 내접원의 넓이를 구하여라.

문제 94 — 난이도 ★★

$\overline{AD} \parallel \overline{BC}$인 등변사다리꼴 ABCD에서 삼각형 AEF가 정삼각형이 되도록 점 E, F를 각각 변 BC, CD위에 잡으면, ∠BAE = 36°, ∠EFC = 50°이다. 이때, ∠AEB의 크기를 구하여라.

문제 95 — 난이도 ★★★

평행사변형 ABCD에서 $\overline{AC} = 14$, ∠ADB = 45°이다. 두 대각선 AC와 BD의 교점을 O라 하면, $\overline{AB} = \overline{AO}$이다. 이때, 삼각형 ABO의 넓이를 구하여라.

문제 96 난이도 ★★

$\overline{AB} = \overline{AC} = 20$, $\overline{BC} = 30$인 삼각형 ABC에서 변 BC위에 $\overline{BD} = 6$이 되는 점 D를 잡는다. 이때, 선분 AD의 길이를 구하여라. 단, 스튜워트의 정리를 사용할 수 없다.

문제 97 난이도 ★★★★

$\overline{AB} = \overline{CD}$인 사각형 ABCD에서 변 AD의 중점을 E, 변 BC의 중점을 F라 하고, 선분 AC와 EF의 교점을 G라 하면, ∠BAC = 107°, ∠ACD = 59°이다. 이때, ∠EGC의 크기를 구하여라.

문제 98 난이도 ★★★

선분 AB를 지름으로 하는 원 위에 한 점 C를 잡는다. 선분 AC의 연장선 위에 $\overline{AC} : \overline{CP} = 2 : 1$이 되는 점 P를 잡고, 선분 BC의 연장선 위에 $\overline{BC} : \overline{CQ} = 2 : 1$이 되는 점 Q를 잡는다. 선분 AQ의 연장선과 선분 BP의 연장선의 교점을 O라 한다. $\overline{AB} = 36$일 때, 삼각형 OAB의 넓이의 최댓값을 구하여라.

문제 99 난이도 ★★

$\overline{BC} = 36$, $\overline{CD} = 16$이고, 넓이가 338인 평행사변형 ABCD에서 대각선 AC위에 한 점 P를 잡고, 점 P를 지나 변 AB에 평행한 직선과 변 AD, BC와의 교점을 각각 E, F라 하고, 점 P를 지나 변 BC에 평행한 직선과 변 AB, CD와의 교점을 각각 G, H라 한다. 사각형 GBFP가 마름모일 때, 사각형 EPHD의 넓이를 구하여라.

문제 100 난이도 ★★★

넓이가 4530인 직사각형 ABCD에서 변 BC, CD위에 각각 점 E, F를 잡으면, 삼각형 AEF의 넓이는 2022이고, $\overline{DF} = 18$일 때, 선분 BE의 길이를 구하여라.

문제 101 난이도 ★★★★

원에 외접하는 사각형 ABCD에서 $\overline{AD} \parallel \overline{BC}$, $\angle A = \angle B = 90°$, $\overline{AD} = 10$, $\overline{BC} = 8$일 때, 사각형 ABCD의 넓이를 구하여라.

문제 102 (난이도 ★★)

$\overline{BC} = 89$, $\overline{CD} = 58$인 평행사변형 ABCD에서 ∠C, ∠D의 내각이등분선과 변 AD, BC와의 교점을 각각 E, F라 하고, 선분 CE와 DF의 교점을 O라 한다. 점 A에서 변 BC에 내린 수선의 발을 H라 하면, $\overline{AH} = 42$이다. 이때, 오각형 ABFOE의 넓이를 구하여라.

문제 103 (난이도 ★★)

$\overline{AB} > \overline{BC}$, ∠B = 37°인 삼각형 ABC에서 ∠B의 내각이등분선과 변 CA와의 교점을 D라 한다. 점 C를 선분 BD에 대하여 대칭이동시킨 점을 C'라 하면, ∠C'DA = 8°이다. 또, 변 AB의 수직이등분선과 선분 BD의 교점을 O라 하고, 선분 OA와 선분 DC'의 교점을 E라 한다. 이때, ∠OED의 크기를 구하여라.

문제 104 난이도 ★★★

정사각형 ABCD의 변 AB와 원 O와의 두 교점을 각각 E, F라고 하고, 변 BC와 원 O와의 두 교점을 각각 G, H라 한다. △OFG = 104일 때, 삼각형 OEH의 넓이를 구하여라. 단, 원 O의 중심은 정사각형 ABCD의 내부에 있다.

문제 105 난이도 ★★★★

정삼각형 ABC에서 변 BC위에 $\overline{BD} : \overline{DC} = 1 : 2$가 되도록 하는 점 D를, 선분 AD위에 $\overline{AE} : \overline{ED} = 3 : 4$가 되도록 점 E를 잡는다. 이때, ∠BED와 ∠BEC의 크기를 각각 구하여라.

문제 106 난이도 ★★★

삼각형 ABC의 외부에 변 AB를 한 변으로 하는 정사각형 ADEB를 그리고, 두 대각선 AE와 DB와의 교점을 P라고 한다. 또, 삼각형 ABC의 외부에 변 AC를 한 변으로 하는 정사각형 ACFG를 그리고, 두 대각선 AF와 CG와의 교점을 Q라 하고, 변 BC의 중점을 M이라 한다. $\overline{PQ} = 18$일 때, 삼각형 PQM의 넓이를 구하여라.

문제 107 난이도 ★★★★

$\overline{AD} \,/\!/\, \overline{BC}$인 등변사다리꼴 ABCD에서, $\angle DAB = 112.5°$이다. 변 CD를 지름으로 하는 원이 변 AB와 점 E에서 접하고, 변 BC와 점 C가 아닌 점 F에서 만난다. 선분 FC를 지름으로 하는 원의 넓이가 107일 때, 선분 BF를 지름으로 하는 원의 넓이를 구하여라.

문제 108 난이도 ★★★

∠ABC = 45°인 삼각형 ABC에서 변 BC위에 $\overline{BD}:\overline{DC}$ = 1 : 2가 되도록 점 D를 잡으면, ∠BAD = 15°이다. 이때, ∠ACB의 크기를 구하여라.

문제 109 난이도 ★★

삼각형 ABC에서 ∠B의 내각이등분선과 변 CA와의 교점을 D, ∠C의 내각이등분선과 변 AB와의 교점을 E라 한다. ∠ABC : ∠BDE : ∠CED = 2 : 3 : 4일 때, ∠A의 크기를 구하여라.

문제 110 난이도 ★★★

정육각형 ABCDEF에서 세 변 AB, CD, EF의 중점을 각각 X, Y, Z라 한다. 선분 XY와 선분 AC, CE와의 교점을 각각 O, P라 하고, 선분 YZ와 선분 CE, EA와의 교점을 각각 Q, R이라 하고, 선분 ZX와 선분 EA, AC와의 교점을 각각 S, T라 한다. 육각형 OPQRST의 넓이가 110일 때, 정육각형 ABCDEF의 넓이를 구하여라.

문제 111 난이도 ★★★

정삼각형 ABC의 내부에 한 점 O를 잡고, 점 O에서 세 변 BC, CA, AB에 내린 수선의 발을 각각 D, E, F라 하면, $\overline{AF}:\overline{FB} = 2:1$, $\overline{AE}:\overline{EC} = 4:5$를 만족한다. 이때, $\overline{BD}:\overline{DC}$를 구하여라.

문제 112 — 난이도 ★★★

정사각형 ABCD에서 선분 EF와 GH가 정사각형 ABCD의 내부의 점 I에서 수직으로 만나도록 변 AB 위에 점 E, 변 BC 위에 점 G, F, 변 CD 위에 점 H를 잡으면, $\overline{GC} = \overline{CH}$, $\overline{EI} = 21$, $\overline{GI} = 4$, $\overline{HI} = 7$이다. 이때, 정사각형 ABCD의 넓이를 구하여라.

문제 113 — 난이도 ★★★

$\overline{AB} = 14$, $\overline{BC} = 16$, $\overline{CD} = 18$, $\overline{DA} = 20$, 넓이가 276인 사각형 ABCD에서 변 AB의 3등분점을 점 A에서 가까운 순서대로 E, F라 하고, 변 BC의 중점을 G라 하고, 변 CD의 3등분점을 점 C에 가까운 순서대로 H, I라 하고, 변 DA의 4등분점을 점 D에 가까운 순서대로 J, K, L이라 한다. 이때, 육각형 EFGHJK의 넓이를 구하여라.

문제 114 난이도 ★★★

사각형 ABCD에서 △APD, △DPQ, △PQB, △QBC의 넓이가 모두 같도록 변 AB, CD 위에 각각 점 P, Q를 잡는다. $\overline{AP}:\overline{PB} = 10:7$일 때, $\overline{DQ}:\overline{QC}$를 구하여라.

문제 115 난이도 ★★

$\overline{AB} = \overline{AD}$, ∠BAD = 120°, ∠BCD = 60°, ∠CDA = 45°인 사각형 ABCD에서 삼각형 ABD의 넓이가 115일 때, 사각형 ABCD의 넓이를 구하여라.

문제 116 난이도 ★★★

삼각형 ABC에서 변 AB에 대하여 점 C를 대칭이동시킨 점을 D라 하고, 점 B를 선분 AD에 대하여 대칭이동시킨 점을 E라 하고, 점 B를 변 CA에 대하여 대칭이동시킨 점을 F라 한다. 변 BC와 선분 EF의 교점을 G, 선분 CF와 선분 DE의 교점을 H라 한다. ∠EGB = 116°일 때, ∠CHD의 크기를 구하여라.

문제 117 난이도 ★★★

정사각형 ABCD에서 변 AD의 중점을 E라 하고, 정사각형 ABCD에 내접하는 원 O와 선분 EB, EC와의 교점을 각각 F, G라 한다. 정사각형 ABCD의 넓이가 360일 때, 오각형 OFBCG의 넓이를 구하여라.

문제 118 난이도 ★★★

$\overline{AB} : \overline{BC} : \overline{CA} = 4 : 5 : 6$인 삼각형 ABC에서 변 AB위에 점 D, F를 잡는다. 점 D를 지나 변 BC에 평행한 직선과 변 CA와의 교점을 E, 점 F를 지나 변 CA에 평행한 직선과 변 BC와의 교점을 G라 한다. 또, 선분 DE와 FG의 교점을 H라 하면 삼각형 ADE의 둘레의 길이와 사각형 DBCE의 둘레의 길이가 같고, 삼각형 FBG의 둘레의 길이와 사각형 AFGC의 둘레의 길이가 같다. 이때, 삼각형 FDH의 둘레의 길이와 삼각형 ABC의 둘레의 길이의 비를 구하여라.

문제 119 난이도 ★★★★

한 변의 길이가 10인 정삼각형 ABC의 내부에 $\overline{AP} = \overline{BQ} = \overline{CR} = \overline{PQ} = \overline{QR} = \overline{RP}$를 만족하도록 세 점 P, Q, R을 잡는다. 이때, 정삼각형 ABC의 넓이와 정삼각형 PQR의 넓이의 차를 구하여라.

문제 120 난이도 ★★★★

$\overline{AB} = 28$, $\overline{AC} = 24$, $\overline{BC} = 19$인 삼각형 ABC에서 변 BC 위에 $\overline{BP} : \overline{PC} = 7 : 3$이 되는 점 P를, ∠CAP = ∠BAQ가 되도록 점 Q를 잡는다. 이때, 선분 BQ의 길이를 구하여라.

문제 121 난이도 ★★★

정사각형 ABCD에서 변 BC, CD, DA의 중점을 각각 P, Q, R이라 할 때, 선분 AP와 선분 BR, BD와의 교점을 각각 E, F라 하고, 선분 AQ와 선분 BD, BR의 교점을 각각 G, H라 한다. 사각형 EFGH의 넓이가 121일 때, 오각형 FPCQG의 넓이를 구하여라.

문제 122 (난이도 ★★)

정십이각형 ABCDEFGHIJKL에서 $\overline{CK} = 6$일 때, 정십이각형 ABCDEFGHIJKL의 넓이를 구하여라.

문제 123 (난이도 ★★★)

$\overline{AB} = \overline{AD}$, $\angle ABD = \angle CBD = 50°$, $\angle BAC = 60°$인 사각형 ABCD에서 $\angle BDC$의 크기를 구하여라.

문제 124 난이도 ★★★★

$\overline{AB} = 6$, $\overline{BC} = 8$, $\overline{CA} = 10$인 직각삼각형 ABC에서 변 AB를 빗변으로 하는 직각이등변삼각형 ADB가 되도록 점 D를 삼각형 ABC의 외부에 잡는다. 또, 변 AC를 빗변으로 하는 직각이등변삼각형 ACE가 되도록 점 E를 삼각형 ABC의 외부에 잡는다. 변 BC의 중점을 F라 할 때, 삼각형 FED의 넓이를 구하여라. 단, ∠D, ∠E는 직각이다.

문제 125 난이도 ★★

$\overline{AB} = 13$, $\overline{BC} = 12$, $\overline{CA} = 5$인 직각삼각형 ABC에서 점 A, B에서 ∠ACB의 내각이등분선에 내린 수선의 발을 각각 D, E라 한다. 선분 DE와 변 AB의 교점을 F라 할 때, 삼각형 FEB와 삼각형 DAF의 넓이의 차를 구하여라.

문제 126 난이도 ★★★

$\angle A = 90°$, $\overline{AB} : \overline{AC} = 3 : 4$인 직각삼각형 ABC에서 점 A를 중심으로 점 B가 변 BC위의 점 B'에 오도록 삼각형 ABC를 반시계방향으로 회전이동시킨다. 이때, 점 C가 회전이동한 점을 C'라 하고, 변 CA와 C'B'의 교점을 D라 할 때, $\overline{CD} : \overline{DA}$를 구하여라.

문제 127 난이도 ★★★

$\overline{AB} = 21$, $\overline{BC} = 28$, $\overline{AC} = 20$인 삼각형 ABC에서 내부의 한 점 P를 잡고, 점 P를 지나 선분 AB에 평행한 직선과 변 CA, BC와의 교점을 각각 D, E라 하고, 점 P를 지나 변 BC에 평행한 직선과 변 AB, AC와의 교점을 각각 F, G라 하고, 점 P를 지나 변 CA에 평행한 직선과 변 AB, BC와의 교점을 각각 H, I라 하면, $\overline{DE} = \overline{FG} = \overline{HI}$이다. 이때, 선분 DE의 길이를 구하여라.

문제 128 난이도 ★★★

$\angle A = 90°$, $\overline{AB} : \overline{AC} : \overline{BC} = 3 : 4 : 5$인 직각삼각형 ABC에서 점 A를 중심으로 삼각형 ABC를 회전이동시켜 얻은 삼각형을 AB'C'라고 한다. 변 CB의 연장선과 변 B'C'의 연장선과의 교점을 D라 하면, $\overline{AB} = \overline{C'D}$이다. 삼각형 ABC의 넓이가 100일 때, 사각형 AC'DB의 넓이를 구하여라.

문제 129 난이도 ★★★★

$\overline{AB} = \overline{BC} = \overline{CD}$, $\angle ABC = 108°$, $\angle BCD = 48°$인 사각형 ABCD에서 $\angle ADC$의 크기를 구하여라.

문제 130 난이도 ★★

한 변의 길이가 15인 정사각형 ABCD에서 변 BA의 연장선 위에 ∠DEA = 70°가 되도록 점 E를 잡고, 변 BC의 연장선 위에 ∠BFD = 65°가 되도록 점 F를 잡는다. 이때, 직각삼각형 EBF의 넓이를 구하여라.

문제 131 난이도 ★★★

$\overline{AB}$ = 28, $\overline{AC}$ = 23인 삼각형 ABC에서, 점 A에서 변 BC에 내린 수선의 발을 D라 하면, $\overline{AD}$ = 22이다. 이때, 삼각형 ABC의 외접원의 둘레의 길이를 구하여라. 단, 원주율은 π로 계산한다.

문제 132 난이도 ★★★

넓이가 132인 정육각형 ABCDEF의 변 BC, DE위에 각각 점 P, Q를 잡아 삼각형 APQ를 만들되, 삼각형 APQ의 둘레의 길이가 최소가 되도록 한다. 이때, 삼각형 APQ의 넓이를 구하여라.

문제 133 난이도 ★★★

$\overline{AB} = 12$, $\overline{BC} = 18$, $\overline{CA} = 9$인 삼각형 ABC에서 내부에 한 점 P를 잡고, 점 P를 지나 변 AB에 평행한 직선과 변 BC와의 교점을 D, 점 P를 지나 변 BC에 평행한 직선과 변 AC의 교점을 E, 점 P를 지나 변 CA에 평행한 직선과 변 AB와의 교점을 F라 하면, $\overline{PD} = \overline{PE} = \overline{PF}$이다. 이때, 선분 PD의 길이를 구하여라.

문제 134 난이도 ★★★★

사각형 ABCD에서 ∠DAB = 65°, ∠ABD = 50°, ∠DBC = 50°, ∠BCD = 55°이다. 변 BA의 연장선과 변 CD의 연장선과의 교점을 E, 변 AD의 연장선과 변 BC의 연장선과의 교점을 F라 한다. 이때, ∠DEF의 크기를 구하여라.

문제 135 난이도 ★★★

$\overline{AD} \parallel \overline{BC}$, ∠D = ∠C = 90°인 사다리꼴 ABCD에서 $\overline{AB} = \overline{AC}$, $\overline{BC} = \overline{CD}$이다. $\overline{AB} = 15$일 때, 사다리꼴 ABCD의 넓이를 구하여라.

[문제] 136   [난이도 ★★★★]

직사각형 ABCD에서 변 AD위에 $\overline{AE} = 30$인 점 E를 잡고, 변 CD위에 $\overline{CF} = 20$인 점 F를 잡으면, △BFE = 320이다. 이때, 직사각형 ABCD의 넓이를 구하여라.

[문제] 137   [난이도 ★★★]

삼각형 ABC에서 ∠ABC = 2 × ∠ACB, $\overline{AB} = 18$, $\overline{AC} = 33$이다. 이때, 변 BC의 길이를 구하여라.

문제 138 　　　　　　　　　　난이도 ★★★

평행사변형 ABCD에서 변 AB의 삼등분점을 점 A에 가까운 순서대로 E, F라 하고, 변 BC의 삼등분점을 점 B에 가까운 순서대로 G, H라 하고, 변 CD의 삼등분점을 점 C에 가까운 순서대로 I, J라 하고, 변 DA의 삼등분점을 점 D에 가까운 순서대로 K, L이라 한다. 선분 AG와 선분 FD, BJ의 교점을 각각 P, Q라 하고, 선분 KC와 선분 FD, BJ와의 교점을 각각 S, R이라 한다. 사각형 PQRS의 넓이가 138일 때, 평행사변형 ABCD의 넓이를 구하여라.

문제 139 　　　　　　　　　　난이도 ★★★

$\angle B = 90°$이고, 둘레의 길이가 78인 직각삼각형 ABC에서 $\overline{AB} = 24$일 때, 삼각형 ABC의 넓이를 구하여라.

문제 140 난이도 ★★★

원에 내접하는 사각형 ABCD에서 $\overline{AB} = 20$, $\overline{BC} = 15$, $\overline{CD} = 24$, $\overline{DA} = 7$일 때, 선분 BD의 길이를 구하여라.

문제 141 난이도 ★★★

∠ABD = 30°, ∠ADB = 15°인 평행사변형 ABCD에서 변 BC위에 $\overline{AB} = \overline{AE}$인 점 E를 잡을 때, ∠DEC의 크기를 구하여라.

문제 142   난이도 ★★★★

지름이 10인 원 O에 내접하는 넓이가 28인 삼각형 ABC에서 $\overline{AB} = 8$이다. ∠B의 내각이등분선과 원 O와의 교점을 D라 하고, 선분 BD와 변 CA와의 교점을 E라 한다. 점 E에서 변 AB, BC에 내린 수선의 발을 각각 F, G라 한다. 이때, 사각형 DFBG의 넓이를 구하여라.

문제 143   난이도 ★★★★

$\overline{AD} /\!/ \overline{BC}$, $\overline{AD} = 8$, $\overline{BC} = 16$인 사다리꼴 ABCD에서 변 AB의 삼등분점을 점 A에 가까운 순서대로 E, F라 하고, 변 DC의 삼등분점을 점 D에 가까운 순서대로 G, H라고 한다. 또, 선분 BD와 EH의 교점을 O라고 한다. △EOD와 △OBH의 넓이의 합이 56일 때, 사다리꼴 ABCD의 넓이를 구하여라.

문제 144   난이도 ★★★

한 변의 길이가 12인 정사각형 ABCD의 외부에 △ABE와 △CFD가 정삼각형이 되도록 점 E와 F를 잡고, 선분 AF와 DE의 교점을 G, 선분 BF와 CE의 교점을 H라 한다. 이때, 사각형 EHFG의 넓이를 구하여라.

문제 145   난이도 ★★★

$\overline{AB} = \overline{AC}$인 이등변삼각형 ABC에서 변 BC위에 $\overline{BD} = \overline{EC}$가 되도록 점 D, E를 잡는다. 변 AB위에 한 점 F를 잡고, 선분 FC와 AD, AE와의 교점을 각각 G, H라 하면, $\overline{FG} : \overline{GH} : \overline{HC} = 1 : 3 : 6$이다. 이때, 선분 AF를 지름으로 하는 반원의 넓이와 선분 AC를 지름으로 하는 반원의 넓이의 비를 구하여라.

문제 146 난이도 ★★★

$\overline{AB} = 27$, $\overline{BC} = 36$, $\angle ABC = 30°$인 삼각형 ABC의 내부에 점 D를 잡을 때, $\overline{AD} + \overline{BD} + \overline{CD}$의 최솟값을 구하여라.

문제 147 난이도 ★★★

$\overline{AB} = 12$, $\angle A = 30°$, $\overline{AC} = 9$인 삼각형 ABC에서 변 BC를 한 변으로 하는 정삼각형 BDC를 그린다. 이때, 선분 AD의 길이를 구하여라.

문제 148 난이도 ★★★

한 변의 길이가 70인 정삼각형 ABCD에서 $\overline{AE} = \overline{BF} = \overline{CG} = 9$가 되도록 점 E, F, G를 각각 변 AD, AB, BC 위에 잡는다. 점 A를 선분 EF에 대하여 대칭이동시킨 점을 A'라고 한다. 이때, △A'EG의 넓이를 구하여라.

문제 149 난이도 ★★★

$\overline{AB} = \overline{BC} = 20$인 이등변삼각형 ABC에서 변 BC 위에 $\overline{BD} = 11$, $\overline{DC} = 9$인 점 D를 잡고, 변 AB 위에 $\overline{AE} = 2$, $\overline{EF} = 4$, $\overline{FB} = 14$가 되도록 점 E, F를 잡으면, 선분 ED는 변 BC와 수직이다. 변 AC 위에 $\overline{AG} : \overline{GC} = 7 : 3$이 되도록 점 G를 잡는다. 선분 ED와 FG의 교점을 H라 할 때, $\overline{FH} : \overline{HG}$를 구하여라.

문제 150 난이도 ★★★

$\overline{AB} = 26$, $\overline{BC} = 39$인 삼각형 ABC에서 변 BC위에 ∠CAD = 90°가 되도록 점 D를 잡으면, ∠DCA = ∠DAB이다. 이때, 삼각형 ABC의 넓이를 구하여라.

문제 151 난이도 ★★

정사각형 ABCD에서 변 AB위에 $\overline{AE} : \overline{EB} = 5 : 1$이 되는 점 E를 잡고, 변 BC위에 $\overline{BE} = \overline{BF}$가 되도록 점 F를 잡고, 선분 CE와 DF의 교점을 G라 한다. 사각형 AEGD의 넓이가 271일 때, 삼각형 EBC와 삼각형 GCD의 넓이의 합을 구하여라.

문제 152   난이도 ★★★

∠C = 90°인 직각이등변삼각형 ABC에서 ∠ADB = 90°가 되도록 점 D를 잡고, 선분 AD와 변 BC의 교점을 E라 하면, $\overline{BE}:\overline{EC}$ = 3 : 2이다. △BDE = 261일 때, 삼각형 ABC의 넓이를 구하여라.

문제 153   난이도 ★★★

∠A = 90°이고, 넓이가 60인 직각이등변삼각형 ABC에서 변 BC위에 $\overline{BD}:\overline{DC}$ = 1 : 3이 되도록 점 D를 잡는다. 선분 AD를 한 변으로 하는 정사각형 AFED가 되도록 점 E, F를 잡는다. 이때, 정사각형 AFED의 넓이를 구하여라.

문제 154 난이도 ★★★

$\overline{AB} = 339$, $\overline{AD} = 587$인 직사각형 ABCD에서 변 DA, AB, BC, CD위에 각각 점 E, F, G, H를 잡고, 점 E에서 변 BC에 내린 수선의 발을 E′, 점 F에서 변 CD에 내린 수선의 발을 F′라 하면, $\overline{EF} = 250$, $\overline{E'G} = 67$, $\overline{F'H} = 15$이다. 이때, 사각형 ABCD의 넓이를 구하여라.

문제 155 난이도 ★★★★

반지름이 12인 두 원 O, O′이 두 점 A, B에서 만난다. 직선 AO와 원 O′과의 교점을 C, 직선 AO′과 원 O와의 교점을 D라 한다. ∠DAC = 30°일 때, 삼각형 ACD의 넓이를 구하여라.

[문제] 156 난이도 ★★★

$\overline{AB}$ = 121, $\overline{BC}$ = 104, $\overline{CA}$ = 113인 삼각형 ABC에서 내접원 O를 그린다. 중심 O를 지나 변 BC에 평행한 직선과 변 AB, AC와의 교점을 각각 E, F라 한다. 이때, 선분 EF의 길이를 구하여라.

[문제] 157 난이도 ★★★★

$\overline{AD} < \overline{BC}$, $\overline{AD} /\!/ \overline{BC}$인 사다리꼴 ABCD에서 두 대각선의 교점을 E라 하자. 점 D를 지나 변 AB에 평행한 직선과 변 BC와의 교점을 F라 하면, △DFC = 72, △AED = 49이다. 이때, 사다리꼴 ABCD의 넓이를 구하여라.

문제 158 난이도 ★★★

한 변의 길이가 24인 정사각형 ABCD에서 변 AB 위에 $\overline{AE} : \overline{EB} = 1 : 3$이 되는 점 E를 잡고, 변 CD 위에 $\overline{CH} : \overline{HD} = 1 : 3$이 되는 점 H를 잡는다. 변 BC의 중점을 F라 하고, 변 DA의 중점을 G라 한다. 또, 선분 EF 위에 한 점 O를 잡으면, □OFCH = 158이다. 이때, 사각형 AEOG의 넓이를 구하여라.

문제 159 난이도 ★★★

$\overline{AB} = 35$, $\overline{BF} = 19$인 삼각형 ABF에서 변 BF의 연장선 위에 $\overline{FC} = 20$인 점 C를 잡고, 변 AB위에 $\overline{AE} = 17$이 되는 점 E를 잡는다. 선분 AF와 CE의 교점을 D라 하면, $\overline{CD} = 21$이다. 이때, 메넬라우스의 정리를 이용하지 않고 선분 DE의 길이를 구하여라.

문제 160 난이도 ★★★

$\overline{AB}$ = 12인 삼각형 ABC에서 변 AB위에 $\overline{AD}$ = 3인 점 D를 잡는다. 점 D를 지나 변 AC에 평행한 직선과 변 BC와의 교점을 E라 하면, ∠DAE = 30°, $\overline{AE}$ = 10이다. 이때, 삼각형 AEC의 넓이를 구하여라.

문제 161 난이도 ★★

사각형 ABCD에서 ∠ABD = 46°, ∠DBC = 30°, ∠BCA = 38°, ∠ACD = 30°이다. 이때, ∠DAC의 크기를 구하여라.

문제 162 난이도 ★★★

선분 AB를 지름으로 하는 원의 호 $\widehat{AB}$ 위에 점 A에 가까운 순서대로 점 P, Q, R을 잡으면, $\widehat{AP} = \widehat{QR}$, $\widehat{PQ} = \widehat{RB}$, $\overline{BR} = \overline{PQ} = 2$ 이다. 이때, △QPR = 6일 때, 사각형 ABRP 의 넓이를 구하여라.

문제 163 난이도 ★★★

∠A = 60°, ∠C = 90°인 직각삼각형 ABC에서 변 CA위에 ∠DBC = 10°가 되도록 하는 점 D를 잡고, 점 D에서 변 AB에 내린 수선의 발을 E라 하면, $\overline{BD} = 21$이다. 이때, 선분 CE의 길이를 구하여라.

문제 164 난이도 ★★

한 변의 길이가 7인 정사각형 ABCD에서 변 BC, CD 위에 각각 점 P, Q를 잡으면, $\overline{BP} = 4$이다. 삼각형 APQ의 둘레의 길이가 최소일 때, 삼각형 APQ의 넓이를 구하여라.

문제 165 난이도 ★★★

넓이가 10인 삼각형 ABC에서 변 BC의 연장선 위에 $\overline{BC} = \overline{CD}$인 점 D를 잡고, 변 AB의 연장선 위에 △BED = 86이 되도록 점 E를 잡고, 변 CA의 연장선 위에 △EDF = 165가 되도록 점 F를 잡는다. 이때, $\overline{FA} : \overline{AC}$를 구하여라.

문제 166 난이도 ★★★★

∠C = 90°, $\overline{AC}$ = 24, $\overline{BC}$ = 72인 삼각형 ABC에서 변 BC 위에 ∠APC = 4 × ∠ABC인 점 P를 잡을 때, 삼각형 ABP의 넓이를 구하여라.

문제 167 난이도 ★★★★

삼각형 ABC에서 변 BC위에 ∠ADB = 99°가 되는 점 D를, 변 AC위에 ∠BEC = 99°가 되는 점 E를, 변 AB위에 ∠CFA = 99°가 되는 점 F를 잡으면, $\overline{AD} : \overline{BE} : \overline{CF}$ = 60 : 55 : 66이 된다. 이때, $\overline{AB} : \overline{BC} : \overline{CA}$를 구하여라.

문제 168   난이도 ★★★

한 변의 길이가 9인 정육각형 ABCDEF에서 변 AB, BC, CD, DE, EF, FA 위에 $\overline{AP}:\overline{PB} = \overline{BQ}:\overline{QC} = \overline{CR}:\overline{RD} = \overline{DS}:\overline{SE} = \overline{ET}:\overline{TF} = \overline{FU}:\overline{UA} = 7:2$를 만족하는 점 P, Q, R, S, T, U를 각각 잡는다. 이때, 정육각형 PQRSTU의 넓이는 정육각형 ABCDEF의 넓이의 몇 배인가?

문제 169   난이도 ★★★

$\overline{AB} = 37$, $\angle BAC = 120°$, $\overline{AC} = 20$인 삼각형 ABC에서 $\angle BAC$의 내각이등분선과 변 BC와의 교점을 D라 할 때, 선분 AD의 길이를 구하여라.

[문제] 170 난이도 ★★★★

$\overline{AD} \parallel \overline{BC}$, $\angle ABC = 90°$, $\overline{AD} = 6$, $\overline{AB} = 2$, $\overline{BC} = 14$인 사다리꼴 ABCD에서 두 대각선의 교점을 O라 한다. 이때, $\angle AOB$의 크기와 $\angle OBC$의 크기의 합을 구하여라.

[문제] 171 난이도 ★★★

정육각형 ABCDEF에서 대각선 BE위에 $\overline{BG} = 1$인 점 G를, 대각선 CF위에 $\overline{CH} = 2$인 점 H를, 대각선 DA위에 $\overline{DI} = 3$인 점 I를, 대각선 BE위에 $\overline{EJ} = 4$인 점 E를 잡으면, 세 점 I, J, F는 한 직선 위에 있다. 삼각형 ABG, 사각형 GBCH, 사각형 HCDI, 사각형 IDEJ, 삼각형 EFJ의 넓이의 합이 100일 때, 오각형 AGHIF의 넓이를 구하여라.

문제 172 난이도 ★★★

$\overline{AB} = \overline{AC}$, ∠BAC = 120°인 삼각형 ABC에서 변 BC위에 $\overline{BP} : \overline{PC} = 2 : 9$가 되는 점 P를 잡고, 선분 AP를 한 변으로 하는 정삼각형 AQP가 되도록 선분 AP에 대하여 점 B의 반대편에 점 Q를 잡는다. 정삼각형 AQP의 넓이는 삼각형 ABC의 넓이의 몇 배인가?

문제 173 난이도 ★★★

$\overline{AB} : \overline{BC} : \overline{CA}$ = 3 : 4 : 5인 직각삼각형 ABC에서, 삼각형 ACD가 $\overline{AD} = \overline{CD}$인 직각이등변삼각형이 되도록 변 AC에 대하여 점 B의 반대편에 점 D를 잡는다. $\overline{BD}$ = 35일 때, 선분 AD의 길이를 구하여라.

문제 174 난이도 ★★

$\overline{AC} = 10$인 삼각형 ABC에서 변 AB위에 $\overline{AD} : \overline{DB} = 3 : 2$인 점 D를 잡고, 변 BC위에 $\overline{BE} : \overline{EC} = 5 : 2$인 점 E를 잡는다. 선분 AE와 CD의 교점을 F라 하면, $\overline{AF} = 6$, ∠CAE = 46°이다. 이때, ∠BAE의 크기를 구하여라.

문제 175 난이도 ★★★★

정삼각형 ABC에서 변 CA의 중점을 D라 하고, 변 BA의 연장선 위에 ∠ADE = a°인 점 E를 잡고, 선분 DE를 그리고, 선분 DE의 중점을 F라 한다. 직선 FA위에 ∠ABG = b°가 되는 점 G를 잡는다. 선분 GD와 변 AB의 교점을 H라 할 때, ∠BHD의 크기를 a와 b를 사용하여 나타내어라. (단, $a° + b° = 60°$이다.)

[문제] 176 난이도 ★★★

사각형 ABCD에서 ∠ABD = 50°, ∠DBC = 30°, ∠BCA = 60°, ∠ACD = 20°이다. 이때, ∠BAD의 크기를 구하여라.

[문제] 177 난이도 ★★★

$\overline{AB} = 4$, $\overline{BC} = 20$인 직사각형 ABCD에서 변 AD위에 $\overline{AP} = 12$인 점 P를 잡는다. 이때, ∠BPC의 크기를 구하여라. 단, 코사인 법칙을 이용하지 않고 풀어야 한다.

문제 178 난이도 ★★★

$\overline{AD} \parallel \overline{BC}$, $\overline{AD} = 6$, $\overline{AB} = 20$, $\overline{BC} = 16$, $\angle B = 90°$인 사다리꼴 ABCD에서 변 CD의 중점을 M이라 하자. 사다리꼴 ABCD의 넓이를 이등분하는 점 M을 지나는 직선과 변 AB와의 교점을 P라 할 때, 선분 PB의 길이를 구하여라.

문제 179 난이도 ★★★

정사각형 ABCD에서 변 BC, CD위에 ∠BAE = 30°, ∠DAF = 15°가 되도록 각각 점 E, F를 잡는다. 이때, ∠EFC의 크기를 구하여라.

문제 180 난이도 ★★★

$\overline{AB} = \overline{AC} = 14$인 이등변삼각형 ABC에서 점 C를 중심으로 삼각형 ABC를 시계방향으로 회전시켜 점 B가 변 AB와 겹치도록 한다. 점 A, B가 회전이동한 점을 각각 A′, B′라 하고, 변 AC와 A′B′와의 교점을 P라 하면, $\overline{AP} = 6$이다. 이때, 선분 BB′의 길이를 구하여라.

문제 181 난이도 ★★

넓이가 216인 직사각형 ABCD에서 변 AB, BC 위에 각각 점 E, F를 잡으면, $\overline{AE} = 4$이고, △DEF = 80이다. 이때, 선분 FC의 길이를 구하여라.

문제 182 난이도 ★★

삼각형 ABC에서 변 AB를 지름으로 하는 원과 변 CA, CB와의 교점을 각각 D, E라 한다. $\widehat{BE} = \widehat{DE} = \frac{1}{5} \times \widehat{AB}$ 일 때, ∠ACB의 크기를 구하여라.

제 II 편

그림보고 다시풀기

문제 92 ──────── 그림보고 다시 풀기

정삼각형 ABC의 내부의 한 점 P에서 변 BC, CA, AB에 내린 수선의 발을 각각 D, E, F라 하면, $\overline{PD} = 8$, $\overline{PE} = 20$, $\overline{PF} = 5$이다. 이때, 정삼각형 ABC의 넓이는 한 변의 길이가 1인 정삼각형의 넓이의 몇 배인가?

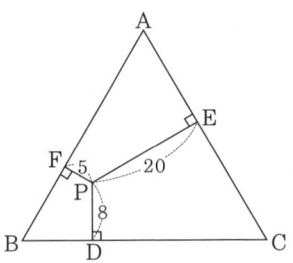

문제 93 ──────── 그림보고 다시 풀기

원 O위에 $\overline{OA} = \overline{AB} = \overline{OB}$가 되도록 두 점 A, B를 잡는다. 원 O의 넓이가 360일 때, 삼각형 OAB의 내접원의 넓이를 구하여라.

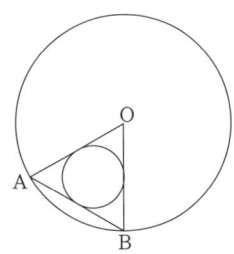

문제 94 ― 그림보고 다시 풀기

$\overline{AD} \parallel \overline{BC}$인 등변사다리꼴 ABCD에서 삼각형 AEF가 정삼각형이 되도록 점 E, F를 각각 변 BC, CD위에 잡으면, ∠BAE = 36°, ∠EFC = 50°이다. 이때, ∠AEB의 크기를 구하여라.

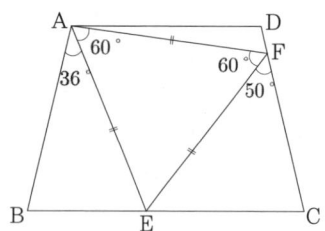

문제 95 ― 그림보고 다시 풀기

평행사변형 ABCD에서 $\overline{AC} = 14$, ∠ADB = 45°이다. 두 대각선 AC와 BD의 교점을 O라 하면, $\overline{AB} = \overline{AO}$이다. 이때, 삼각형 ABO의 넓이를 구하여라.

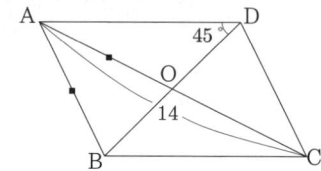

문제 96 〔그림보고 다시 풀기〕

$\overline{AB} = \overline{AC} = 20$, $\overline{BC} = 30$인 삼각형 ABC에서 변 BC위에 $\overline{BD} = 6$이 되는 점 D를 잡는다. 이때, 선분 AD의 길이를 구하여라. 단, 스튜워트의 정리를 사용할 수 없다.

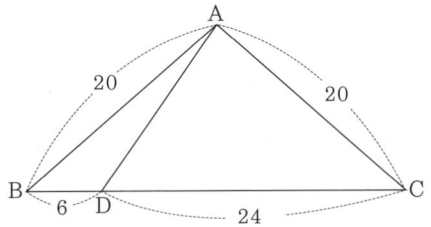

문제 97 〔그림보고 다시 풀기〕

$\overline{AB} = \overline{CD}$인 사각형 ABCD에서 변 AD의 중점을 E, 변 BC의 중점을 F라 하고, 선분 AC와 EF의 교점을 G라 하면, ∠BAC = 107°, ∠ACD = 59°이다. 이때, ∠EGC의 크기를 구하여라.

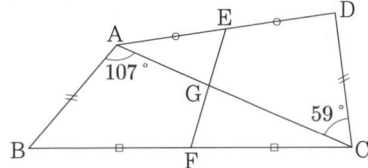

문제 98

선분 AB를 지름으로 하는 원 위에 한 점 C를 잡는다. 선분 AC의 연장선 위에 $\overline{AC}:\overline{CP}=2:1$이 되는 점 P를 잡고, 선분 BC의 연장선 위에 $\overline{BC}:\overline{CQ}=2:1$이 되는 점 Q를 잡는다. 선분 AQ의 연장선과 선분 BP의 연장선의 교점을 O라 한다. $\overline{AB}=36$일 때, 삼각형 OAB의 넓이의 최댓값을 구하여라.

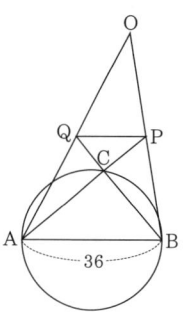

문제 99

$\overline{BC}=36$, $\overline{CD}=16$이고, 넓이가 338인 평행사변형 ABCD에서 대각선 AC위에 한 점 P를 잡고, 점 P를 지나 변 AB에 평행한 직선과 변 AD, BC와의 교점을 각각 E, F라 하고, 점 P를 지나 변 BC에 평행한 직선과 변 AB, CD와의 교점을 각각 G, H라 한다. 사각형 GBFP가 마름모일 때, 사각형 EPHD의 넓이를 구하여라.

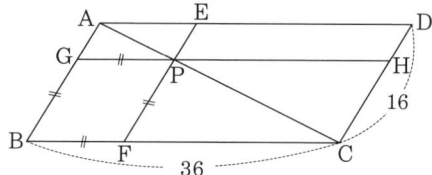

[문제] 100 ────────── 그림보고 다시 풀기

넓이가 4530인 직사각형 ABCD에서 변 BC, CD위에 각각 점 E, F를 잡으면, 삼각형 AEF의 넓이는 2022이고, $\overline{DF} = 18$일 때, 선분 BE의 길이를 구하여라.

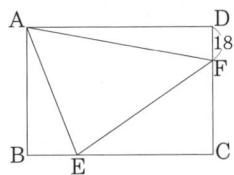

[문제] 101 ────────── 그림보고 다시 풀기

원에 외접하는 사각형 ABCD에서 $\overline{AD} \parallel \overline{BC}$, $\angle A = \angle B = 90°$, $\overline{AD} = 10$, $\overline{BC} = 8$일 때, 사각형 ABCD의 넓이를 구하여라.

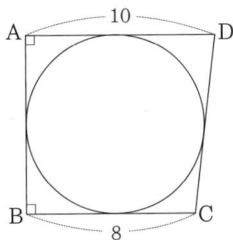

문제 102 그림보고 다시 풀기

$\overline{BC} = 89$, $\overline{CD} = 58$인 평행사변형 ABCD에서 ∠C, ∠D의 내각이등분선과 변 AD, BC와의 교점을 각각 E, F라 하고, 선분 CE와 DF의 교점을 O라 한다. 점 A에서 변 BC에 내린 수선의 발을 H라 하면, $\overline{AH} = 42$이다. 이때, 오각형 ABFOE의 넓이를 구하여라.

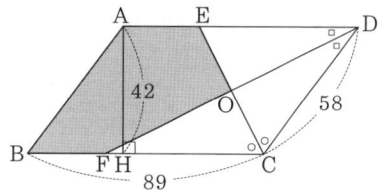

문제 103 그림보고 다시 풀기

$\overline{AB} > \overline{BC}$, ∠B = 37°인 삼각형 ABC에서 ∠B의 내각이등분선과 변 CA와의 교점을 D라 한다. 점 C를 선분 BD에 대하여 대칭이동시킨 점을 C′라 하면, ∠C′DA = 8°이다. 또, 변 AB의 수직이등분선과 선분 BD의 교점을 O라 하고, 선분 OA와 선분 DC′의 교점을 E라 한다. 이때, ∠OED의 크기를 구하여라.

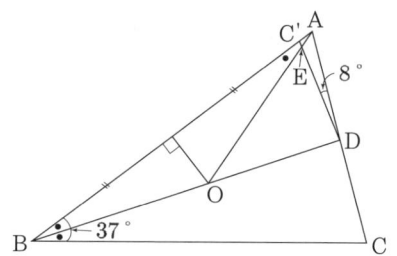

문제 104 ────────────── 그림보고 다시 풀기

정사각형 ABCD의 변 AB와 원 O와의 두 교점을 각각 E, F라고 하고, 변 BC와 원 O와의 두 교점을 각각 G, H라 한다. △OFG = 104일 때, 삼각형 OEH의 넓이를 구하여라. 단, 원 O의 중심은 정사각형 ABCD의 내부에 있다.

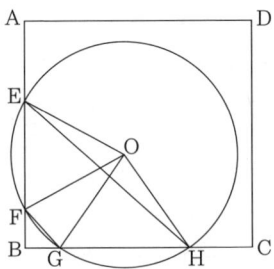

문제 105 ────────────── 그림보고 다시 풀기

정삼각형 ABC에서 변 BC위에 $\overline{BD}:\overline{DC} = 1:2$가 되도록 하는 점 D를, 선분 AD위에 $\overline{AE}:\overline{ED} = 3:4$가 되도록 점 E를 잡는다. 이때, ∠BED와 ∠BEC의 크기를 각각 구하여라.

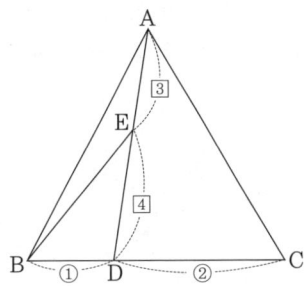

문제 106 *그림보고 다시 풀기*

삼각형 ABC의 외부에 변 AB를 한 변으로 하는 정사각형 ADEB를 그리고, 두 대각선 AE와 DB와의 교점을 P라고 한다. 또, 삼각형 ABC의 외부에 변 AC를 한 변으로 하는 정사각형 ACFG를 그리고, 두 대각선 AF와 CG와의 교점을 Q라 하고, 변 BC의 중점을 M이라 한다. $\overline{PQ} = 18$일 때, 삼각형 PQM의 넓이를 구하여라.

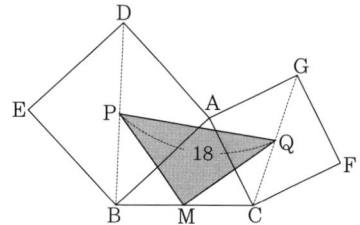

문제 107 *그림보고 다시 풀기*

$\overline{AD} \parallel \overline{BC}$인 등변사다리꼴 ABCD에서, $\angle DAB = 112.5°$이다. 변 CD를 지름으로 하는 원이 변 AB와 점 E에서 접하고, 변 BC와 점 C가 아닌 점 F에서 만난다. 선분 FC를 지름으로 하는 원의 넓이가 107일 때, 선분 BF를 지름으로 하는 원의 넓이를 구하여라.

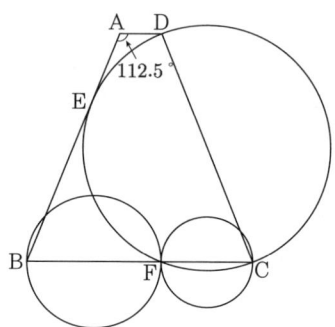

문제 108 [그림보고 다시 풀기]

∠ABC = 45°인 삼각형 ABC에서 변 BC위에 $\overline{BD} : \overline{DC} =$ 1 : 2가 되도록 점 D를 잡으면, ∠BAD = 15°이다. 이때, ∠ACB의 크기를 구하여라.

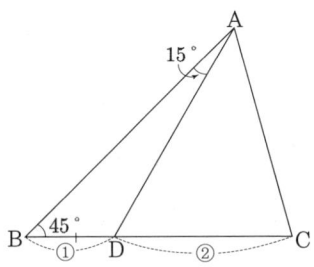

문제 109 [그림보고 다시 풀기]

삼각형 ABC에서 ∠B의 내각이등분선과 변 CA와의 교점을 D, ∠C의 내각이등분선과 변 AB와의 교점을 E라 한다. ∠ABC : ∠BDE : ∠CED = 2 : 3 : 4일 때, ∠A의 크기를 구하여라.

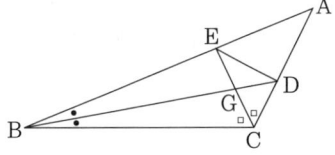

문제 110 — 그림보고 다시 풀기

정육각형 ABCDEF에서 세 변 AB, CD, EF의 중점을 각각 X, Y, Z라 한다. 선분 XY와 선분 AC, CE와의 교점을 각각 O, P라 하고, 선분 YZ와 선분 CE, EA와의 교점을 각각 Q, R이라 하고, 선분 ZX와 선분 EA, AC와의 교점을 각각 S, T라 한다. 육각형 OPQRST의 넓이가 110일 때, 정육각형 ABCDEF의 넓이를 구하여라.

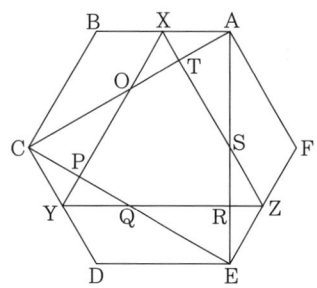

문제 111 — 그림보고 다시 풀기

정삼각형 ABC의 내부에 한 점 O를 잡고, 점 O에서 세 변 BC, CA, AB에 내린 수선의 발을 각각 D, E, F라 하면, $\overline{AF} : \overline{FB} = 2 : 1$, $\overline{AE} : \overline{EC} = 4 : 5$를 만족한다. 이때, $\overline{BD} : \overline{DC}$를 구하여라.

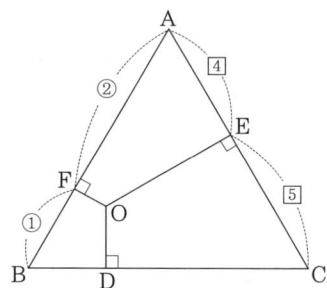

문제 112 〔그림보고 다시 풀기〕

정사각형 ABCD에서 선분 EF와 GH가 정사각형 ABCD의 내부의 점 I에서 수직으로 만나도록 변 AB 위에 점 E, 변 BC 위에 점 G, F, 변 CD 위에 점 H를 잡으면, $\overline{GC} = \overline{CH}$, $\overline{EI} = 21$, $\overline{GI} = 4$, $\overline{HI} = 7$이다. 이때, 정사각형 ABCD의 넓이를 구하여라.

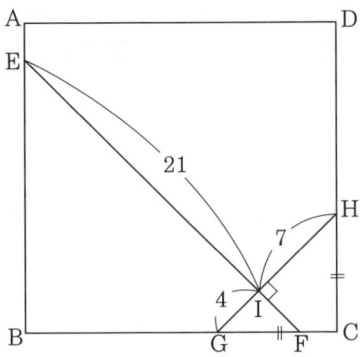

문제 113 〔그림보고 다시 풀기〕

$\overline{AB} = 14$, $\overline{BC} = 16$, $\overline{CD} = 18$, $\overline{DA} = 20$, 넓이가 276인 사각형 ABCD에서 변 AB의 3등분점을 점 A에서 가까운 순서대로 E, F라 하고, 변 BC의 중점을 G라 하고, 변 CD의 3등분점을 점 C에 가까운 순서대로 H, I라 하고, 변 DA의 4등분점을 점 D에 가까운 순서대로 J, K, L이라 한다. 이때, 육각형 EFGHJK의 넓이를 구하여라.

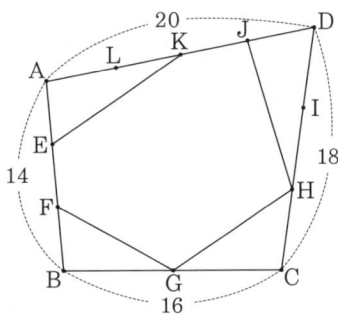

문제 114 _____ 그림보고 다시 풀기

사각형 ABCD에서 △APD, △DPQ, △PQB, △QBC의 넓이가 모두 같도록 변 AB, CD 위에 각각 점 P, Q를 잡는다. $\overline{AP} : \overline{PB} = 10 : 7$일 때, $\overline{DQ} : \overline{QC}$를 구하여라.

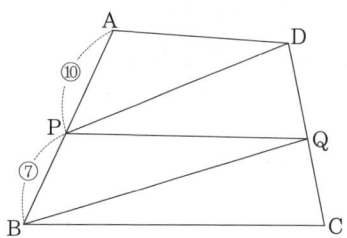

문제 115 _____ 그림보고 다시 풀기

$\overline{AB} = \overline{AD}$, ∠BAD = 120°, ∠BCD = 60°, ∠CDA = 45°인 사각형 ABCD에서 삼각형 ABD의 넓이가 115일 때, 사각형 ABCD의 넓이를 구하여라.

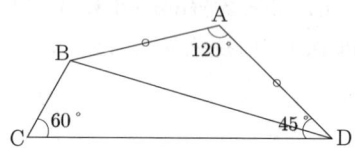

문제 116

삼각형 ABC에서 변 AB에 대하여 점 C를 대칭이동시킨 점을 D라 하고, 점 B를 선분 AD에 대하여 대칭이동시킨 점을 E라 하고, 점 B를 변 CA에 대하여 대칭이동시킨 점을 F라 한다. 변 BC와 선분 EF의 교점을 G, 선분 CF와 선분 DE의 교점을 H라 한다. ∠EGB = 116°일 때, ∠CHD의 크기를 구하여라.

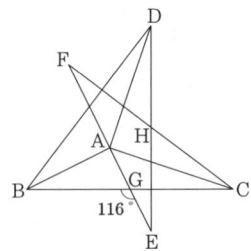

문제 117

정사각형 ABCD에서 변 AD의 중점을 E라 하고, 정사각형 ABCD에 내접하는 원 O와 선분 EB, EC와의 교점을 각각 F, G라 한다. 정사각형 ABCD의 넓이가 360일 때, 오각형 OFBCG의 넓이를 구하여라.

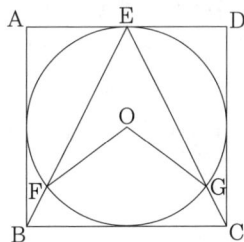

문제 118

$\overline{AB} : \overline{BC} : \overline{CA} = 4 : 5 : 6$인 삼각형 ABC에서 변 AB위에 점 D, F를 잡는다. 점 D를 지나 변 BC에 평행한 직선과 변 CA와의 교점을 E, 점 F를 지나 변 CA에 평행한 직선과 변 BC와의 교점을 G라 한다. 또, 선분 DE와 FG의 교점을 H라 하면 삼각형 ADE의 둘레의 길이와 사각형 DBCE의 둘레의 길이가 같고, 삼각형 FBG의 둘레의 길이와 사각형 AFGC의 둘레의 길이가 같다. 이때, 삼각형 FDH의 둘레의 길이와 삼각형 ABC의 둘레의 길이의 비를 구하여라.

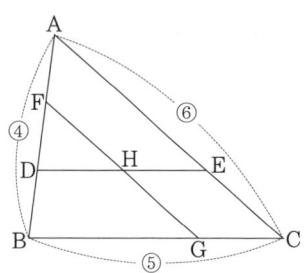

문제 119

한 변의 길이가 10인 정삼각형 ABC의 내부에 $\overline{AP} = \overline{BQ} = \overline{CR} = \overline{PQ} = \overline{QR} = \overline{RP}$를 만족하도록 세 점 P, Q, R을 잡는다. 이때, 정삼각형 ABC의 넓이와 정삼각형 PQR의 넓이의 차를 구하여라.

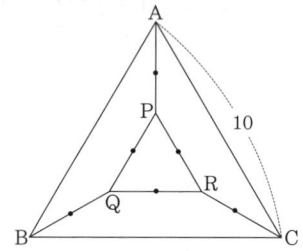

문제 120 그림보고 다시 풀기

$\overline{AB} = 28$, $\overline{AC} = 24$, $\overline{BC} = 19$인 삼각형 ABC에서 변 BC 위에 $\overline{BP} : \overline{PC} = 7 : 3$이 되는 점 P를, ∠CAP = ∠BAQ가 되도록 점 Q를 잡는다. 이때, 선분 BQ의 길이를 구하여라.

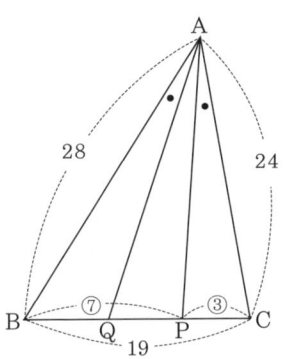

문제 121 그림보고 다시 풀기

정사각형 ABCD에서 변 BC, CD, DA의 중점을 각각 P, Q, R이라 할 때, 선분 AP와 선분 BR, BD와의 교점을 각각 E, F라 하고, 선분 AQ와 선분 BD, BR의 교점을 각각 G, H라 한다. 사각형 EFGH의 넓이가 121일 때, 오각형 FPCQG의 넓이를 구하여라.

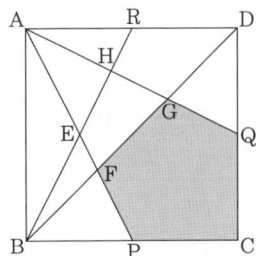

[문제] 122 [그림보고 다시 풀기]

정십이각형 ABCDEFGHIJKL에서 $\overline{CK} = 6$일 때, 정십이각형 ABCDEFGHIJKL의 넓이를 구하여라.

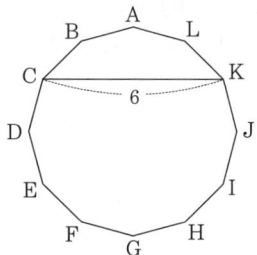

[문제] 123 [그림보고 다시 풀기]

$\overline{AB} = \overline{AD}$, $\angle ABD = \angle CBD = 50°$, $\angle BAC = 60°$인 사각형 ABCD에서 $\angle BDC$의 크기를 구하여라.

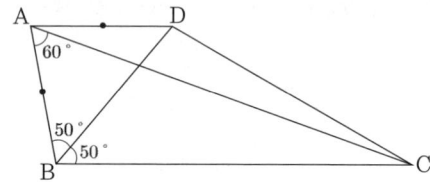

문제 124 _그림보고 다시 풀기_

$\overline{AB}=6$, $\overline{BC}=8$, $\overline{CA}=10$인 직각삼각형 ABC에서 변 AB를 빗변으로 하는 직각이등변삼각형 ADB가 되도록 점 D를 삼각형 ABC의 외부에 잡는다. 또, 변 AC를 빗변으로 하는 직각이등변삼각형 ACE가 되도록 점 E를 삼각형 ABC의 외부에 잡는다. 변 BC의 중점을 F라 할 때, 삼각형 FED의 넓이를 구하여라. 단, ∠D, ∠E는 직각이다.

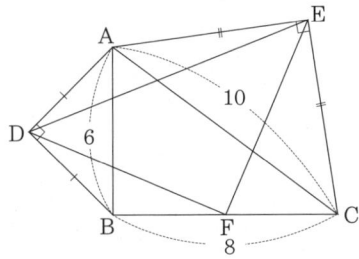

문제 125 _그림보고 다시 풀기_

$\overline{AB}=13$, $\overline{BC}=12$, $\overline{CA}=5$인 직각삼각형 ABC에서 점 A, B에서 ∠ACB의 내각이등분선에 내린 수선의 발을 각각 D, E라 한다. 선분 DE와 변 AB의 교점을 F라 할 때, 삼각형 FEB와 삼각형 DAF의 넓이의 차를 구하여라.

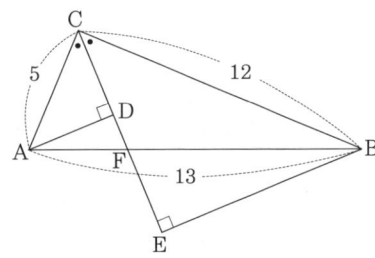

문제 126 〔그림보고 다시 풀기〕

∠A = 90°, $\overline{AB} : \overline{AC} = 3 : 4$인 직각삼각형 ABC에서 점 A를 중심으로 점 B가 변 BC위의 점 B′에 오도록 삼각형 ABC를 반시계방향으로 회전이동시킨다. 이때, 점 C가 회전이동한 점을 C′라 하고, 변 CA와 C′B′의 교점을 D라 할 때, $\overline{CD} : \overline{DA}$를 구하여라.

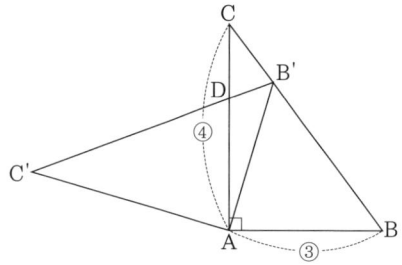

문제 127 〔그림보고 다시 풀기〕

$\overline{AB} = 21, \overline{BC} = 28, \overline{AC} = 20$인 삼각형 ABC에서 내부의 한 점 P를 잡고, 점 P를 지나 선분 AB에 평행한 직선과 변 CA, BC와의 교점을 각각 D, E라 하고, 점 P를 지나 변 BC에 평행한 직선과 변 AB, AC와의 교점을 각각 F, G라 하고, 점 P를 지나 변 CA에 평행한 직선과 변 AB, BC와의 교점을 각각 H, I라 하면, $\overline{DE} = \overline{FG} = \overline{HI}$이다. 이때, 선분 DE의 길이를 구하여라.

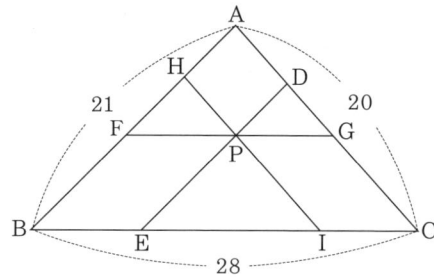

문제 128 [그림보고 다시 풀기]

∠A = 90°, $\overline{AB} : \overline{AC} : \overline{BC}$ = 3 : 4 : 5인 직각삼각형 ABC에서 점 A를 중심으로 삼각형 ABC를 회전이동시켜 얻은 삼각형을 AB'C'라고 한다. 변 CB의 연장선과 변 B'C'의 연장선과의 교점을 D라 하면, $\overline{AB} = \overline{C'D}$이다. 삼각형 ABC의 넓이가 100일 때, 사각형 AC'DB의 넓이를 구하여라.

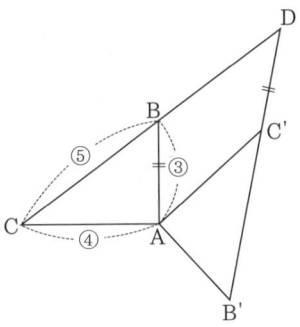

문제 129 [그림보고 다시 풀기]

$\overline{AB} = \overline{BC} = \overline{CD}$, ∠ABC = 108°, ∠BCD = 48°인 사각형 ABCD에서 ∠ADC의 크기를 구하여라.

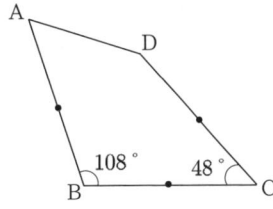

[문제] 130 ────── 그림보고 다시 풀기

한 변의 길이가 15인 정사각형 ABCD에서 변 BA의 연장선 위에 ∠DEA = 70°가 되도록 점 E를 잡고, 변 BC의 연장선 위에 ∠BFD = 65°가 되도록 점 F를 잡는다. 이때, 직각삼각형 EBF의 넓이를 구하여라.

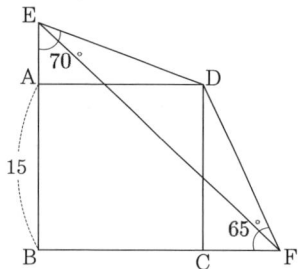

[문제] 131 ────── 그림보고 다시 풀기

$\overline{AB} = 28$, $\overline{AC} = 23$인 삼각형 ABC에서, 점 A에서 변 BC에 내린 수선의 발을 D라 하면, $\overline{AD} = 22$이다. 이때, 삼각형 ABC의 외접원의 둘레의 길이를 구하여라. 단, 원주율은 π로 계산한다.

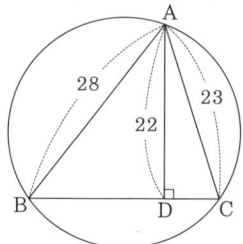

문제 132 — 그림보고 다시 풀기

넓이가 132인 정육각형 ABCDEF의 변 BC, DE위에 각각 점 P, Q를 잡아 삼각형 APQ를 만들되, 삼각형 APQ의 둘레의 길이가 최소가 되도록 한다. 이때, 삼각형 APQ의 넓이를 구하여라.

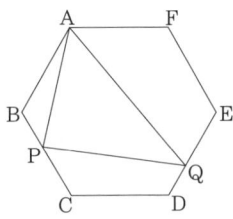

문제 133 — 그림보고 다시 풀기

$\overline{AB} = 12$, $\overline{BC} = 18$, $\overline{CA} = 9$인 삼각형 ABC에서 내부에 한 점 P를 잡고, 점 P를 지나 변 AB에 평행한 직선과 변 BC와의 교점을 D, 점 P를 지나 변 BC에 평행한 직선과 변 AC의 교점을 E, 점 P를 지나 변 CA에 평행한 직선과 변 AB와의 교점을 F라 하면, $\overline{PD} = \overline{PE} = \overline{PF}$이다. 이때, 선분 PD의 길이를 구하여라.

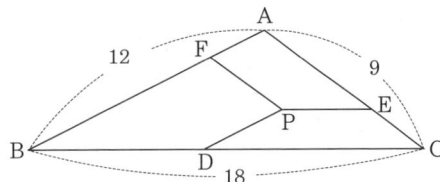

문제 134 〔그림보고 다시 풀기〕

사각형 ABCD에서 ∠DAB = 65°, ∠ABD = 50°, ∠DBC = 50°, ∠BCD = 55°이다. 변 BA의 연장선과 변 CD의 연장선과의 교점을 E, 변 AD의 연장선과 변 BC의 연장선과의 교점을 F라 한다. 이때, ∠DEF의 크기를 구하여라.

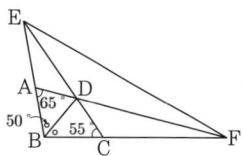

문제 135 〔그림보고 다시 풀기〕

$\overline{AD} \parallel \overline{BC}$, ∠D = ∠C = 90°인 사다리꼴 ABCD에서 $\overline{AB} = \overline{AC}$, $\overline{BC} = \overline{CD}$이다. $\overline{AB} = 15$일 때, 사다리꼴 ABCD의 넓이를 구하여라.

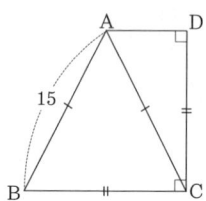

문제 136 — 그림보고 다시 풀기

직사각형 ABCD에서 변 AD위에 $\overline{AE}$ = 30인 점 E를 잡고, 변 CD위에 $\overline{CF}$ = 20인 점 F를 잡으면, △BFE = 320이다. 이때, 직사각형 ABCD의 넓이를 구하여라.

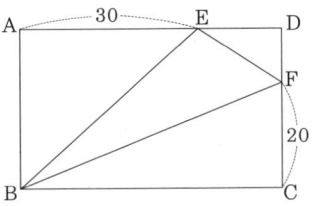

문제 137 — 그림보고 다시 풀기

삼각형 ABC에서 ∠ABC = 2 × ∠ACB, $\overline{AB}$ = 18, $\overline{AC}$ = 33이다. 이때, 변 BC의 길이를 구하여라.

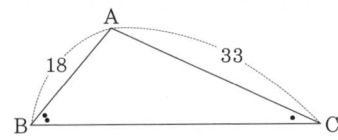

문제 138 〔그림보고 다시 풀기〕

평행사변형 ABCD에서 변 AB의 삼등분점을 점 A에 가까운 순서대로 E, F라 하고, 변 BC의 삼등분점을 점 B에 가까운 순서대로 G, H라 하고, 변 CD의 삼등분점을 점 C에 가까운 순서대로 I, J라 하고, 변 DA의 삼등분점을 점 D에 가까운 순서대로 K, L이라 한다. 선분 AG와 선분 FD, BJ의 교점을 각각 P, Q라 하고, 선분 KC와 선분 FD, BJ와의 교점을 각각 S, R이라 한다. 사각형 PQRS의 넓이가 138일 때, 평행사변형 ABCD의 넓이를 구하여라.

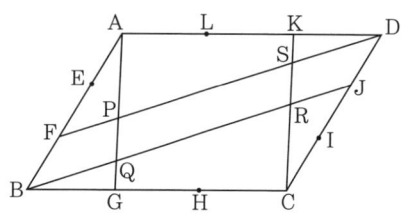

문제 139 〔그림보고 다시 풀기〕

∠B = 90°이고, 둘레의 길이가 78인 직각삼각형 ABC에서 $\overline{AB}$ = 24일 때, 삼각형 ABC의 넓이를 구하여라.

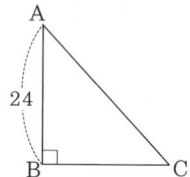

문제 140 [그림보고 다시 풀기]

원에 내접하는 사각형 ABCD에서 $\overline{AB}=20$, $\overline{BC}=15$, $\overline{CD}=24$, $\overline{DA}=7$일 때, 선분 BD의 길이를 구하여라.

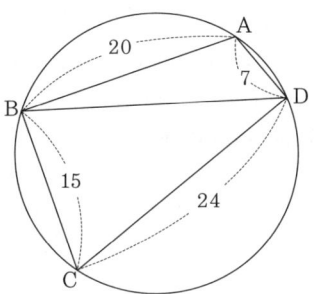

문제 141 [그림보고 다시 풀기]

∠ABD = 30°, ∠ADB = 15°인 평행사변형 ABCD에서 변 BC위에 $\overline{AB}=\overline{AE}$인 점 E를 잡을 때, ∠DEC의 크기를 구하여라.

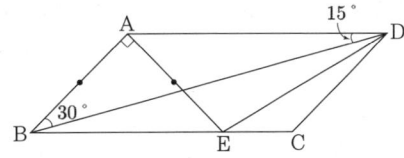

문제 142

지름이 10인 원 O에 내접하는 넓이가 28인 삼각형 ABC에서 $\overline{AB} = 8$이다. ∠B의 내각이등분선과 원 O와의 교점을 D라 하고, 선분 BD와 변 CA와의 교점을 E라 한다. 점 E에서 변 AB, BC에 내린 수선의 발을 각각 F, G라 한다. 이때, 사각형 DFBG의 넓이를 구하여라.

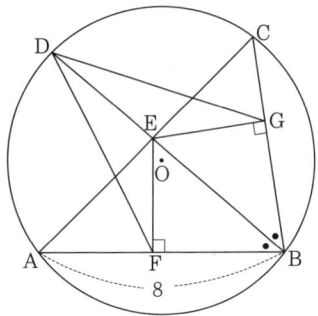

문제 143

$\overline{AD} \parallel \overline{BC}$, $\overline{AD} = 8$, $\overline{BC} = 16$인 사다리꼴 ABCD에서 변 AB의 삼등분점을 점 A에 가까운 순서대로 E, F라 하고, 변 DC의 삼등분점을 점 D에 가까운 순서대로 G, H라고 한다. 또, 선분 BD와 EH의 교점을 O라고 한다. △EOD와 △OBH의 넓이의 합이 56일 때, 사다리꼴 ABCD의 넓이를 구하여라.

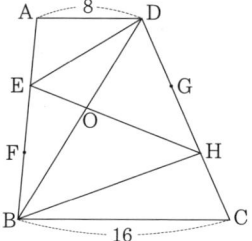

문제 144   〔그림보고 다시 풀기〕

한 변의 길이가 12인 정사각형 ABCD의 외부에 △ABE와 △CFD가 정삼각형이 되도록 점 E와 F를 잡고, 선분 AF와 DE의 교점을 G, 선분 BF와 CE의 교점을 H라 한다. 이때, 사각형 EHFG의 넓이를 구하여라.

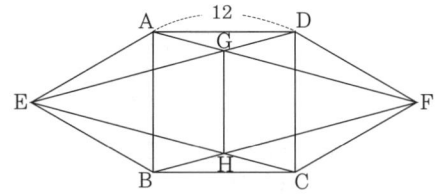

문제 145   〔그림보고 다시 풀기〕

$\overline{AB} = \overline{AC}$인 이등변삼각형 ABC에서 변 BC위에 $\overline{BD} = \overline{EC}$가 되도록 점 D, E를 잡는다. 변 AB위에 한 점 F를 잡고, 선분 FC와 AD, AE와의 교점을 각각 G, H라 하면, $\overline{FG} : \overline{GH} : \overline{HC} = 1 : 3 : 6$이다. 이때, 선분 AF를 지름으로 하는 반원의 넓이와 선분 AC를 지름으로 하는 반원의 넓이의 비를 구하여라.

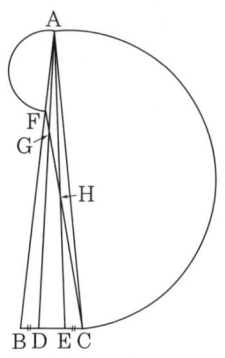

[문제] 146 ─────── 그림보고 다시 풀기

$\overline{AB} = 27$, $\overline{BC} = 36$, $\angle ABC = 30°$인 삼각형 ABC의 내부에 점 D를 잡을 때, $\overline{AD} + \overline{BD} + \overline{CD}$의 최솟값을 구하여라.

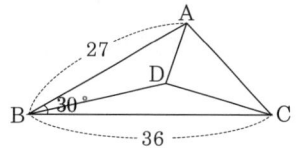

[문제] 147 ─────── 그림보고 다시 풀기

$\overline{AB} = 12$, $\angle A = 30°$, $\overline{AC} = 9$인 삼각형 ABC에서 변 BC를 한 변으로 하는 정삼각형 BDC를 그린다. 이때, 선분 AD의 길이를 구하여라.

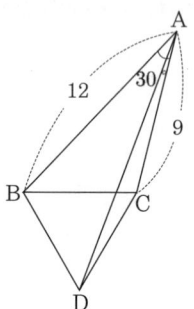

문제 148

한 변의 길이가 70인 정삼각형 ABCD에서 $\overline{AE} = \overline{BF} = \overline{CG} = 9$가 되도록 점 E, F, G를 각각 변 AD, AB, BC 위에 잡는다. 점 A를 선분 EF에 대하여 대칭이동시킨 점을 A'라고 한다. 이때, △A'EG의 넓이를 구하여라.

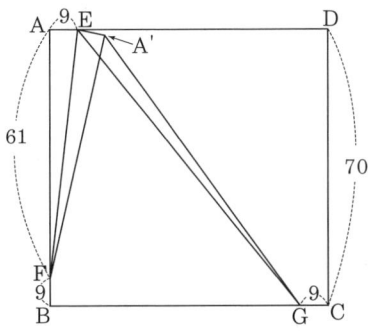

문제 149

$\overline{AB} = \overline{BC} = 20$인 이등변삼각형 ABC에서 변 BC위에 $\overline{BD} = 11$, $\overline{DC} = 9$인 점 D를 잡고, 변 AB위에 $\overline{AE} = 2$, $\overline{EF} = 4$, $\overline{FB} = 14$가 되도록 점 E, F를 잡으면, 선분 ED는 변 BC와 수직이다. 변 AC위에 $\overline{AG} : \overline{GC} = 7 : 3$이 되도록 점 G를 잡는다. 선분 ED와 FG의 교점을 H라 할 때, $\overline{FH} : \overline{HG}$를 구하여라.

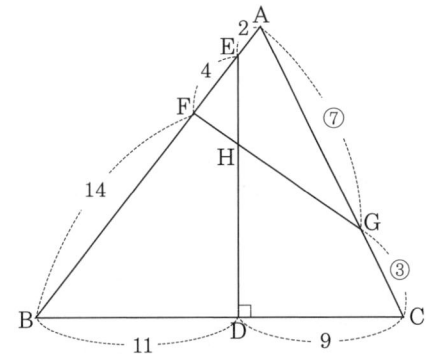

문제 150 그림보고 다시 풀기

$\overline{AB} = 26$, $\overline{BC} = 39$인 삼각형 ABC에서 변 BC위에 ∠CAD = 90°가 되도록 점 D를 잡으면, ∠DCA = ∠DAB이다. 이때, 삼각형 ABC의 넓이를 구하여라.

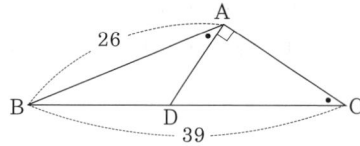

문제 151 그림보고 다시 풀기

정사각형 ABCD에서 변 AB위에 $\overline{AE} : \overline{EB} = 5 : 1$이 되는 점 E를 잡고, 변 BC위에 $\overline{BE} = \overline{BF}$가 되도록 점 F를 잡고, 선분 CE와 DF의 교점을 G라 한다. 사각형 AEGD의 넓이가 271일 때, 삼각형 EBC와 삼각형 GCD의 넓이의 합을 구하여라.

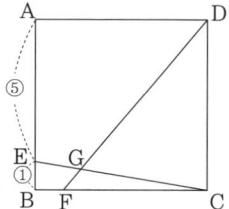

문제 152 〔그림보고 다시 풀기〕

∠C = 90°인 직각이등변삼각형 ABC에서 ∠ADB = 90°가 되도록 점 D를 잡고, 선분 AD와 변 BC의 교점을 E라 하면, $\overline{BE} : \overline{EC} = 3 : 2$이다. △BDE = 261일 때, 삼각형 ABC의 넓이를 구하여라.

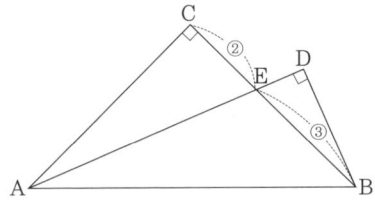

문제 153 〔그림보고 다시 풀기〕

∠A = 90°이고, 넓이가 60인 직각이등변삼각형 ABC에서 변 BC위에 $\overline{BD} : \overline{DC} = 1 : 3$이 되도록 점 D를 잡는다. 선분 AD를 한 변으로 하는 정사각형 AFED가 되도록 점 E, F를 잡는다. 이때, 정사각형 AFED의 넓이를 구하여라.

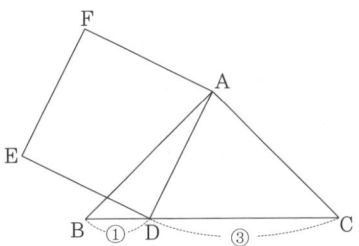

문제 154

$\overline{AB} = 339$, $\overline{AD} = 587$인 직사각형 ABCD에서 변 DA, AB, BC, CD위에 각각 점 E, F, G, H를 잡고, 점 E에서 변 BC에 내린 수선의 발을 E′, 점 F에서 변 CD에 내린 수선의 발을 F′라 하면, $\overline{EF} = 250$, $\overline{E'G} = 67$, $\overline{F'H} = 15$이다. 이때, 사각형 ABCD의 넓이를 구하여라.

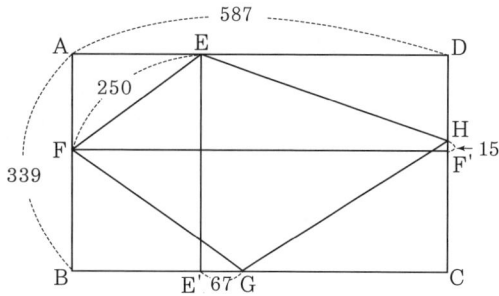

문제 155

반지름이 12인 두 원 O, O′이 두 점 A, B에서 만난다. 직선 AO와 원 O′과의 교점을 C, 직선 AO′과 원 O와의 교점을 D라 한다. ∠DAC = 30°일 때, 삼각형 ACD의 넓이를 구하여라.

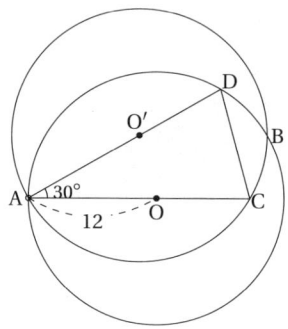

문제 156 — 그림보고 다시 풀기

$\overline{AB}$ = 121, $\overline{BC}$ = 104, $\overline{CA}$ = 113인 삼각형 ABC에서 내접원 O를 그린다. 중심 O를 지나 변 BC에 평행한 직선과 변 AB, AC와의 교점을 각각 E, F라 한다. 이때, 선분 EF의 길이를 구하여라.

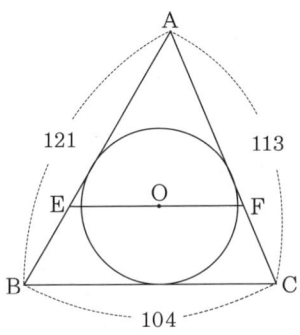

문제 157 — 그림보고 다시 풀기

$\overline{AD} < \overline{BC}$, $\overline{AD} \parallel \overline{BC}$인 사다리꼴 ABCD에서 두 대각선의 교점을 E라 하자. 점 D를 지나 변 AB에 평행한 직선과 변 BC와의 교점을 F라 하면, △DFC = 72, △AED = 49이다. 이때, 사다리꼴 ABCD의 넓이를 구하여라.

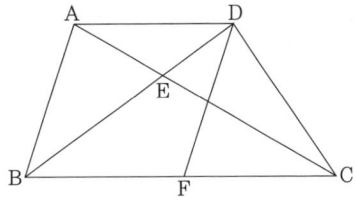

문제 158 *그림보고 다시 풀기*

한 변의 길이가 24인 정사각형 ABCD에서 변 AB 위에 $\overline{AE}:\overline{EB} = 1:3$이 되는 점 E를 잡고, 변 CD 위에 $\overline{CH}:\overline{HD} = 1:3$이 되는 점 H를 잡는다. 변 BC의 중점을 F라 하고, 변 DA의 중점을 G라 한다. 또, 선분 EF 위에 한 점 O를 잡으면, □OFCH = 158이다. 이때, 사각형 AEOG의 넓이를 구하여라.

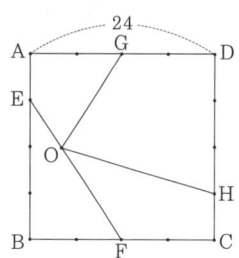

문제 159 *그림보고 다시 풀기*

$\overline{AB} = 35$, $\overline{BF} = 19$인 삼각형 ABF에서 변 BF의 연장선 위에 $\overline{FC} = 20$인 점 C를 잡고, 변 AB위에 $\overline{AE} = 17$이 되는 점 E를 잡는다. 선분 AF와 CE의 교점을 D라 하면, $\overline{CD} = 21$이다. 이때, 메넬라우스의 정리를 이용하지 않고 선분 DE의 길이를 구하여라.

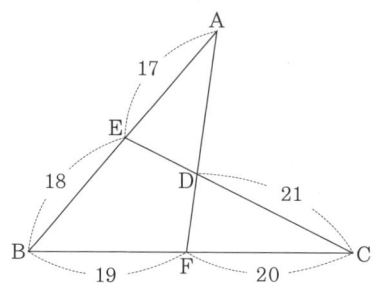

[문제] 160 ——————————— 그림보고 다시 풀기

$\overline{AB}$ = 12인 삼각형 ABC에서 변 AB위에 $\overline{AD}$ = 3인 점 D를 잡는다. 점 D를 지나 변 AC에 평행한 직선과 변 BC와의 교점을 E라 하면, ∠DAE = 30°, $\overline{AE}$ = 10이다. 이때, 삼각형 AEC의 넓이를 구하여라.

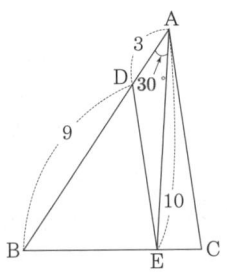

[문제] 161 ——————————— 그림보고 다시 풀기

사각형 ABCD에서 ∠ABD = 46°, ∠DBC = 30°, ∠BCA = 38°, ∠ACD = 30°이다. 이때, ∠DAC의 크기를 구하여라.

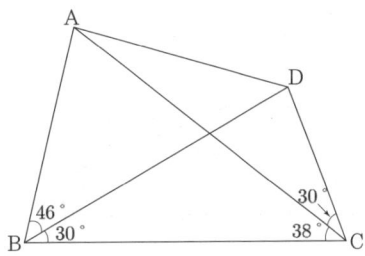

문제 162
선분 AB를 지름으로 하는 원의 호 $\overset{\frown}{AB}$ 위에 점 A에 가까운 순서대로 점 P, Q, R을 잡으면, $\overset{\frown}{AP} = \overset{\frown}{QR}$, $\overset{\frown}{PQ} = \overset{\frown}{RB}$, $\overline{BR} = \overline{PQ} = 2$이다. 이때, △QPR = 6일 때, 사각형 ABRP 의 넓이를 구하여라.

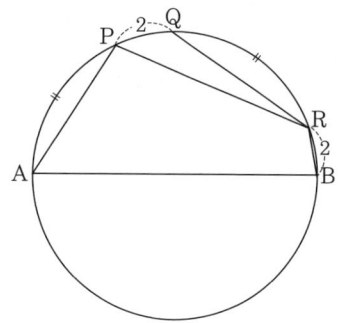

문제 163
∠A = 60°, ∠C = 90°인 직각삼각형 ABC에서 변 CA 위에 ∠DBC = 10°가 되도록 하는 점 D를 잡고, 점 D에서 변 AB에 내린 수선의 발을 E라 하면, $\overline{BD} = 21$이다. 이때, 선분 CE의 길이를 구하여라.

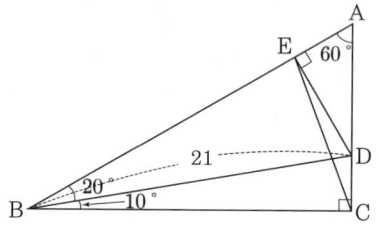

문제 164

한 변의 길이가 7인 정사각형 ABCD에서 변 BC, CD 위에 각각 점 P, Q를 잡으면, $\overline{BP} = 4$이다. 삼각형 APQ의 둘레의 길이가 최소일 때, 삼각형 APQ의 넓이를 구하여라.

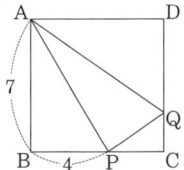

문제 165

넓이가 10인 삼각형 ABC에서 변 BC의 연장선 위에 $\overline{BC} = \overline{CD}$인 점 D를 잡고, 변 AB의 연장선 위에 △BED = 86이 되도록 점 E를 잡고, 변 CA의 연장선 위에 △EDF = 165가 되도록 점 F를 잡는다. 이때, $\overline{FA} : \overline{AC}$를 구하여라.

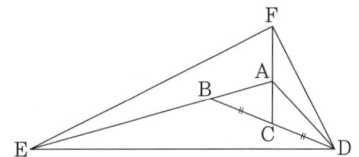

문제 166

∠C = 90°, $\overline{AC}$ = 24, $\overline{BC}$ = 72인 삼각형 ABC에서 변 BC 위에 ∠APC = 4 × ∠ABC인 점 P를 잡을 때, 삼각형 ABP의 넓이를 구하여라.

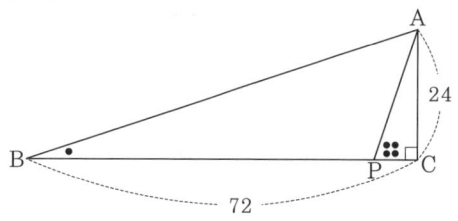

문제 167

삼각형 ABC에서 변 BC위에 ∠ADB = 99°가 되는 점 D를, 변 AC위에 ∠BEC = 99°가 되는 점 E를, 변 AB위에 ∠CFA = 99°가 되는 점 F를 잡으면, $\overline{AD} : \overline{BE} : \overline{CF}$ = 60 : 55 : 66이 된다. 이때, $\overline{AB} : \overline{BC} : \overline{CA}$를 구하여라.

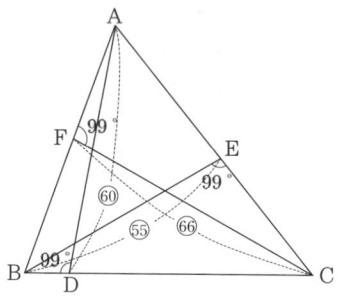

[문제] 168 『그림보고 다시 풀기』

한 변의 길이가 9인 정육각형 ABCDEF에서 변 AB, BC, CD, DE, EF, FA 위에 $\overline{AP} : \overline{PB} = \overline{BQ} : \overline{QC} = \overline{CR} : \overline{RD} = \overline{DS} : \overline{SE} = \overline{ET} : \overline{TF} : \overline{FU} : \overline{UA} = 7 : 2$를 만족하는 점 P, Q, R, S, T, U를 각각 잡는다. 이때, 정육각형 PQRSTU의 넓이는 정육각형 ABCDEF의 넓이의 몇 배인가?

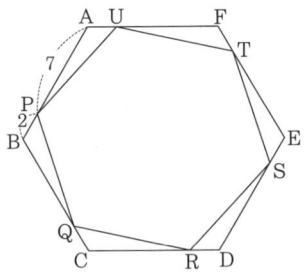

[문제] 169 『그림보고 다시 풀기』

$\overline{AB} = 37$, $\angle BAC = 120°$, $\overline{AC} = 20$인 삼각형 ABC에서 $\angle BAC$의 내각이등분선과 변 BC와의 교점을 D라 할 때, 선분 AD의 길이를 구하여라.

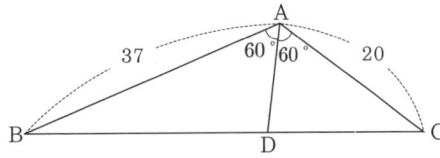

문제 170

$\overline{AD} \parallel \overline{BC}$, $\angle ABC = 90°$, $\overline{AD} = 6$, $\overline{AB} = 2$, $\overline{BC} = 14$인 사다리꼴 ABCD에서 두 대각선의 교점을 O라 한다. 이때, ∠AOB의 크기와 ∠OBC의 크기의 합을 구하여라.

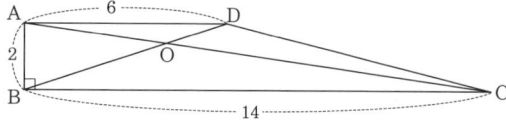

문제 171

정육각형 ABCDEF에서 대각선 BE위에 $\overline{BG} = 1$인 점 G를, 대각선 CF위에 $\overline{CH} = 2$인 점 H를, 대각선 DA위에 $\overline{DI} = 3$인 점 I를, 대각선 BE위에 $\overline{EJ} = 4$인 점 E를 잡으면, 세 점 I, J, F는 한 직선 위에 있다. 삼각형 ABG, 사각형 GBCH, 사각형 HCDI, 사각형 IDEJ, 삼각형 EFJ의 넓이의 합이 100일 때, 오각형 AGHIF의 넓이를 구하여라.

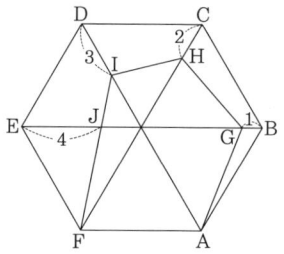

문제 172 그림보고 다시 풀기

$\overline{AB} = \overline{AC}$, ∠BAC = 120°인 삼각형 ABC에서 변 BC위에 $\overline{BP} : \overline{PC} = 2 : 9$가 되는 점 P를 잡고, 선분 AP를 한 변으로 하는 정삼각형 AQP가 되도록 선분 AP에 대하여 점 B의 반대편에 점 Q를 잡는다. 정삼각형 AQP의 넓이는 삼각형 ABC의 넓이의 몇 배인가?

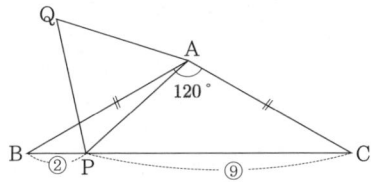

문제 173 그림보고 다시 풀기

$\overline{AB} : \overline{BC} : \overline{CA} = 3 : 4 : 5$인 직각삼각형 ABC에서, 삼각형 ACD가 $\overline{AD} = \overline{CD}$인 직각이등변삼각형이 되도록 변 AC에 대하여 점 B의 반대편에 점 D를 잡는다. $\overline{BD} = 35$일 때, 선분 AD의 길이를 구하여라.

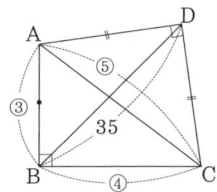

[문제] 174 ─ 그림보고 다시 풀기

$\overline{AC} = 10$인 삼각형 ABC에서 변 AB위에 $\overline{AD}:\overline{DB} = 3:2$인 점 D를 잡고, 변 BC위에 $\overline{BE}:\overline{EC} = 5:2$인 점 E를 잡는다. 선분 AE와 CD의 교점을 F라 하면, $\overline{AF} = 6$, $\angle CAE = 46°$이다. 이때, $\angle BAE$의 크기를 구하여라.

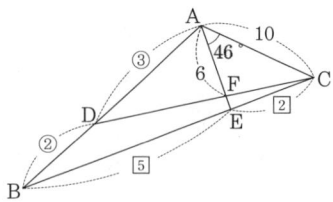

[문제] 175 ─ 그림보고 다시 풀기

정삼각형 ABC에서 변 CA의 중점을 D라 하고, 변 BA의 연장선 위에 $\angle ADE = a°$인 점 E를 잡고, 선분 DE를 그리고, 선분 DE의 중점을 F라 한다. 직선 FA위에 $\angle ABG = b°$가 되는 점 G를 잡는다. 선분 GD와 변 AB의 교점을 H라 할 때, $\angle BHD$의 크기를 a와 b를 사용하여 나타내어라. (단, $a° + b° = 60°$이다.)

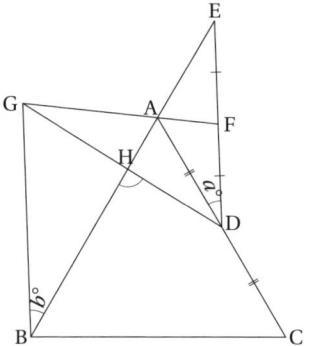

문제 176 — 그림보고 다시 풀기

사각형 ABCD에서 ∠ABD = 50°, ∠DBC = 30°, ∠BCA = 60°, ∠ACD = 20°이다. 이때, ∠BAD의 크기를 구하여라.

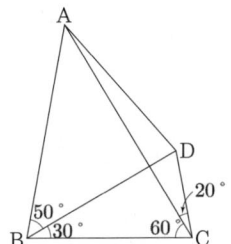

문제 177 — 그림보고 다시 풀기

$\overline{AB}$ = 4, $\overline{BC}$ = 20인 직사각형 ABCD에서 변 AD위에 $\overline{AP}$ = 12인 점 P를 잡는다. 이때, ∠BPC의 크기를 구하여라. 단, 코사인 법칙을 이용하지 않고 풀어야 한다.

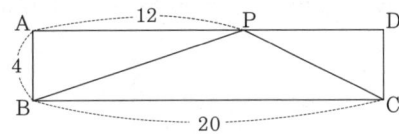

문제 178

$\overline{AD} \parallel \overline{BC}$, $\overline{AD} = 6$, $\overline{AB} = 20$, $\overline{BC} = 16$, $\angle B = 90°$인 사다리꼴 ABCD에서 변 CD의 중점을 M이라 하자. 사다리꼴 ABCD의 넓이를 이등분하는 점 M을 지나는 직선과 변 AB와의 교점을 P라 할 때, 선분 PB의 길이를 구하여라.

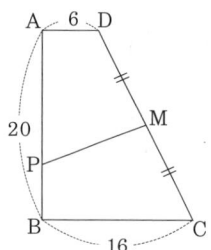

문제 179

정사각형 ABCD에서 변 BC, CD위에 ∠BAE = 30°, ∠DAF = 15°가 되도록 각각 점 E, F를 잡는다. 이때, ∠EFC의 크기를 구하여라.

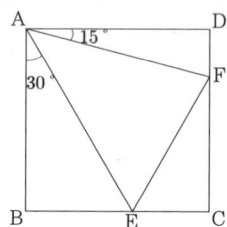

문제 180 ─── 그림보고 다시 풀기

$\overline{AB} = \overline{AC} = 14$인 이등변삼각형 ABC에서 점 C를 중심으로 삼각형 ABC를 시계방향으로 회전시켜 점 B가 변 AB와 겹치도록 한다. 점 A, B가 회전이동한 점을 각각 A′, B′라 하고, 변 AC와 A′B′와의 교점을 P라 하면, $\overline{AP} = 6$이다. 이때, 선분 BB′의 길이를 구하여라.

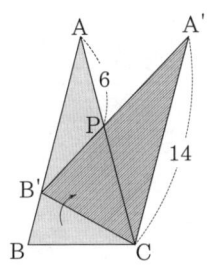

문제 181 ─── 그림보고 다시 풀기

넓이가 216인 직사각형 ABCD에서 변 AB, BC 위에 각각 점 E, F를 잡으면, $\overline{AE} = 4$이고, △DEF = 80이다. 이때, 선분 FC의 길이를 구하여라.

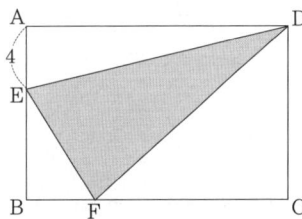

문제 182

삼각형 ABC에서 변 AB를 지름으로 하는 원과 변 CA, CB와의 교점을 각각 D, E라 한다. $\widehat{BE} = \widehat{DE} = \frac{1}{5} \times \widehat{AB}$ 일 때, ∠ACB의 크기를 구하여라.

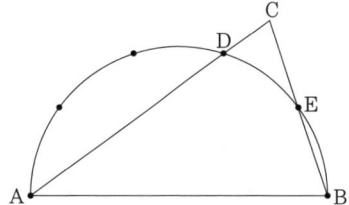

제 III 편

풀이

문제 92

정삼각형 ABC의 내부의 한 점 P에서 변 BC, CA, AB에 내린 수선의 발을 각각 D, E, F라 하면, $\overline{PD}=8$, $\overline{PE}=20$, $\overline{PF}=5$이다. 이때, 정삼각형 ABC의 넓이는 한 변의 길이가 1인 정삼각형의 넓이의 몇 배인가?

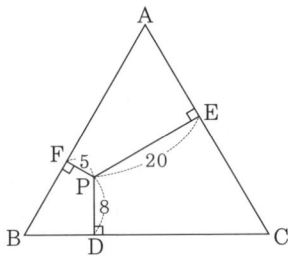

풀이] 그림과 같이, 정육각형 AXBYCZ를 그리고, 정육각형의 중심을 O라 한다.

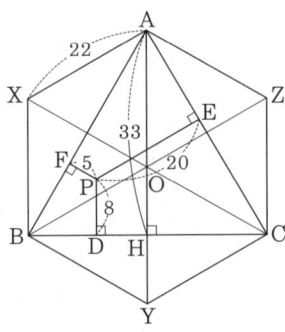

그러면,
$$\triangle ABC = \triangle PAB + \triangle PBC + \triangle PCA$$
이므로,
$$\overline{AH} = \overline{PD} + \overline{PE} + \overline{PF} = 33$$
이다. 따라서
$$\overline{AX} = \overline{AO} = \overline{AH} \times \frac{2}{3} = 22$$
이다. 그러므로 정삼각형 AXO의 넓이는 한 변의 길이가 1인 정삼각형의 넓이의 $22 \times 22 = 484$배이다. 또, 정삼각형 ABC의 넓이는 정삼각형 AXO의 넓이의 3배이므로, 정삼각형 ABC의 넓이는 한 변의 길이가 1인 정삼각형의 넓이의 1452배다.

문제 93

원 O위에 $\overline{OA}=\overline{AB}=\overline{OB}$가 되도록 두 점 A, B를 잡는다. 원 O의 넓이가 360일 때, 삼각형 OAB의 내접원의 넓이를 구하여라.

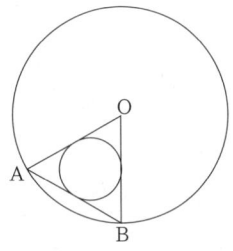

풀이] 그림과 같이 원 O에 외접하는 정삼각형을 그리고, 원에 O에 내접하는 정육각형을 그린다.

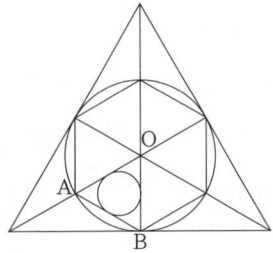

그러면, 정삼각형 OAB의 넓이는 원 O에 외접하는 정삼각형 넓이의 $\frac{1}{12}$배이다. 따라서 정삼각형 OAB에 내접하는 원의 넓이는 원 O의 넓이의 $\frac{1}{12}$이다. 그러므로 정삼각형 OAB에 내접하는 원의 넓이는 $360 \times \frac{1}{12} = 30$이다.

문제 94

$\overline{AD} \parallel \overline{BC}$인 등변사다리꼴 ABCD에서 삼각형 AEF가 정삼각형이 되도록 점 E, F를 각각 변 BC, CD위에 잡으면, ∠BAE = 36°, ∠EFC = 50°이다. 이때, ∠AEB의 크기를 구하여라.

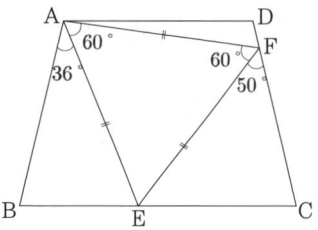

풀이 사각형 ABCD가 등변사다리꼴이므로

$$\angle ABC = \angle DCB$$

이다. 따라서

$$\angle ABC = \{360° - (36° + 60°) - (60° + 50°)\} \div 2 = 77°$$

이다. 그러므로 ∠AEB = 180° − 77° − 36° = 67°이다.

문제 95

평행사변형 ABCD에서 $\overline{AC} = 14$, ∠ADB = 45°이다. 두 대각선 AC와 BD의 교점을 O라 하면, $\overline{AB} = \overline{AO}$이다. 이때, 삼각형 ABO의 넓이를 구하여라.

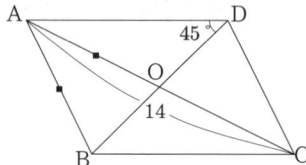

풀이 그림과 같이, 삼각형 AOD를 변 AD에 대하여 대칭이동시켜 삼각형 ADP를 얻는다. 이때, 사각형 ABDP에서 $\overline{AB} = \overline{AP}$이고, ∠BDP = 90°이다.

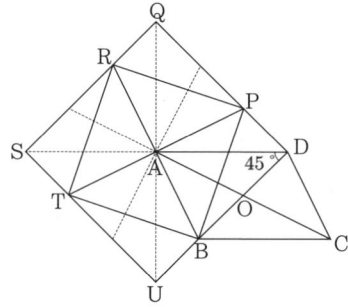

사각형 ABDP를 점 A를 기준으로 시계반대방향으로 각각 90°, 180°, 270°회전이동시킨 사각형 APQR, ARST, ATUB를 그리면, 사각형 DQSU과 사각형 BPRT는 정사각형이다. $\overline{AB} = \overline{AO} = 14 \times \dfrac{1}{2} = 7$이므로,

$$\square BPRT = 7 \times 7 \times 2 = 98$$

이다. 또, $\overline{BO} = \overline{OD} = x$라 하면, $\overline{PD} = x$이다. 그러므로

$$\square DQSU = 3x \times 3x = 9x^2, \quad \triangle PDB = x \times 2x \times \dfrac{1}{2} = x^2$$

이다. 따라서

$$\square BPRT = 9x^2 - x^2 \times 4 = 5x^2$$

이다. 그러므로

$$\square DQSU = 98 \times \dfrac{1}{5x^2} \times 9x^2 = \dfrac{882}{5}$$

이다. 따라서

$$\triangle ABO = \dfrac{882}{5} \times \dfrac{1}{12} = \dfrac{147}{10}$$

이다.

문제 96

$\overline{AB} = \overline{AC} = 20$, $\overline{BC} = 30$인 삼각형 ABC에서 변 BC위에 $\overline{BD} = 6$이 되는 점 D를 잡는다. 이때, 선분 AD의 길이를 구하여라. 단, 스튜워트의 정리를 사용할 수 없다.

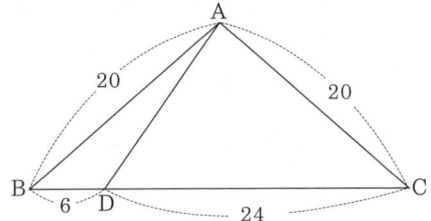

풀이 그림과 같이, 점 A에서 변 BC에 내린 수선의 발을 E라 하고, 점 D에서 변 CA에 내린 수선의 발을 F라 한다.

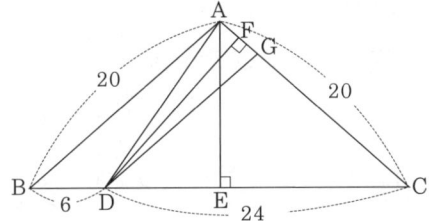

그러면, 삼각형 AEC와 삼각형 DFC는 닮음이다. $\overline{AC} = 20$, $\overline{EC} = 15$, $\overline{DC} = 24$로부터

$$\overline{FC} = 24 \times 15 \times \frac{1}{20} = 18$$

이다. 즉, $\overline{AF} = 2$이다.

변 AC 위에 $\overline{AG} = 4$가 되는 점 G를 잡는다. 그러면, 삼각형 ADG는 이등변삼각형이다. 즉, $\overline{AD} = \overline{DG}$이다. 그런데,

$$\overline{AG} : \overline{AC} = 4 : 20 = 1 : 5, \quad \overline{BD} : \overline{BC} = 6 : 30 = 1 : 5$$

이므로, $\overline{AB} \parallel \overline{DG}$이다. 따라서 삼각형 GDC와 삼각형 ABC는 닮음이고, $\overline{GD} = \overline{GC}$이다. 즉,

$$\overline{AD} = \overline{GD} = \overline{GC} = 20 - 4 = 16$$

이다.

문제 97

$\overline{AB} = \overline{CD}$인 사각형 ABCD에서 변 AD의 중점을 E, 변 BC의 중점을 F라 하고, 선분 AC와 EF의 교점을 G라 하면, $\angle BAC = 107°$, $\angle ACD = 59°$이다. 이때, $\angle EGC$의 크기를 구하여라.

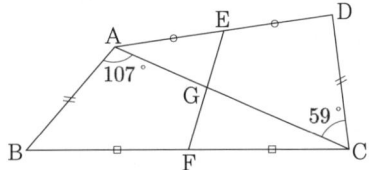

풀이 선분 AC의 중점을 H라 하면, 삼각형 중점연결정리에 의하여

$$\overline{HE} = \frac{1}{2} \times \overline{CD}, \quad \overline{HF} = \frac{1}{2} \times \overline{AB}$$

이다.

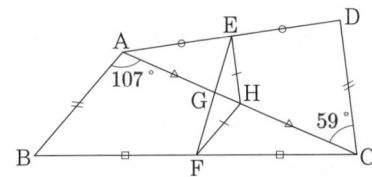

그러므로 삼각형 HEF는 $\overline{HE} = \overline{HF}$인 이등변삼각형이다. $\overline{AB} \parallel \overline{HF}$, $\overline{CD} \parallel \overline{HE}$이므로,

$$\angle FHA = 180° - 107° = 73°, \quad \angle EHA = 59°$$

이다. 그러므로

$$\angle EHF = 73° + 59° = 132°$$

이다. 따라서

$$\angle HEG = (180° - 132°) \div 2 = 24°$$

이므로,

$$\angle EGC = 180° - (59° + 24°) = 97°$$

이다.

문제 98

선분 AB를 지름으로 하는 원 위에 한 점 C를 잡는다. 선분 AC의 연장선 위에 $\overline{AC} : \overline{CP} = 2 : 1$이 되는 점 P를 잡고, 선분 BC의 연장선 위에 $\overline{BC} : \overline{CQ} = 2 : 1$이 되는 점 Q를 잡는다. 선분 AQ의 연장선과 선분 BP의 연장선의 교점을 O라 한다. $\overline{AB} = 36$일 때, 삼각형 OAB의 넓이의 최댓값을 구하여라.

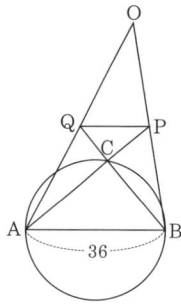

풀이 점 P와 Q를 연결한다. 삼각형 ABC와 삼각형 PQC에서

$$\overline{AC} : \overline{PC} = 2 : 1, \quad \overline{BC} : \overline{QC} = 2 : 1, \quad \angle ACB = \angle PCQ$$

이므로, 삼각형 ABC와 삼각형 PQC는 닮음이다. 또, 삼각형 OAB와 삼각형 OQP도 닮음이고, 닮음비가 $\overline{AB} : \overline{QP} = 2 : 1$이므로,

$$\overline{OA} : \overline{OQ} = 2 : 1, \quad \overline{OB} : \overline{OP} = 2 : 1$$

이다. 즉, 점 C는 삼각형 OAB의 무게중심이다. 선분 OC의 연장선과 변 AB와의 교점을 R이라 하면, 점 R은 주어진 원(삼각형 ABC의 외접원)의 중심이 되고, $\overline{OC} : \overline{CR} = 2 : 1$이다. 따라서 $\overline{OR} = \overline{CR} \times 3 = (36 \div 2) \times 3 = 54$이다.

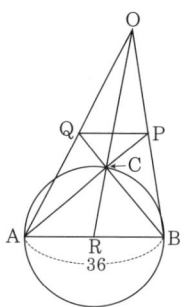

그러므로, △OAB의 넓이의 최댓값은 선분 OR이 삼각형 OAB의 높이가 될 때이므로,

$$\triangle OAB\text{의 최댓값} = 36 \times 54 \div 2 = 972$$

이다.

문제 99

$\overline{BC} = 36$, $\overline{CD} = 16$이고, 넓이가 338인 평행사변형 ABCD에서 대각선 AC위에 한 점 P를 잡고, 점 P를 지나 변 AB에 평행한 직선과 변 AD, BC와의 교점을 각각 E, F라 하고, 점 P를 지나 변 BC에 평행한 직선과 변 AB, CD와의 교점을 각각 G, H라 한다. 사각형 GBFP가 마름모일 때, 사각형 EPHD의 넓이를 구하여라.

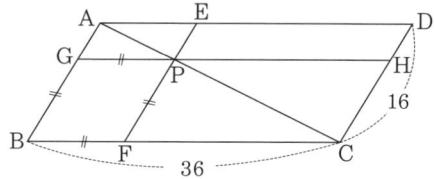

풀이 사각형 GBFP가 마름모이고,

$$\overline{AG} : \overline{GP} = \overline{PF} : \overline{FC} = \overline{AB} : \overline{BC} = 16 : 36 = 4 : 9$$

이므로,

$$\overline{AG} : \overline{AB} = 4 : (4+9) = 4 : 13, \quad \overline{FC} : \overline{CB} = 9 : (4+9) = 9 : 13$$

이다. 따라서

$$\square EPHD = \square ABCD \times \frac{4}{13} \times \frac{9}{13} = 338 \times \frac{36}{169} = 72$$

이다.

문제 100

넓이가 4530인 직사각형 ABCD에서 변 BC, CD위에 각각 점 E, F를 잡으면, 삼각형 AEF의 넓이는 2022이고, $\overline{DF} = 18$일 때, 선분 BE의 길이를 구하여라.

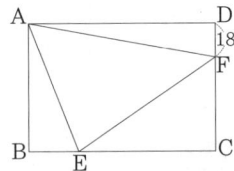

풀이 [그림1]과 같이, 점 F를 지나 변 AD에 평행한 직선과 변 AB와의 교점을 G, 점 E를 지나 변 AB에 평행한 직선과 변 AD와의 교점을 H라 하고, 선분 GF와 HE의 교점을 P라 한다.

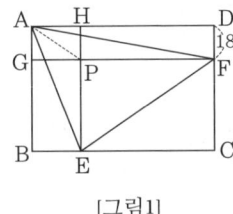

[그림1]

그러면,
$$\triangle AEP = \triangle GEP, \quad \triangle APF = \triangle HPF$$

이다. ([그림2] 참고)

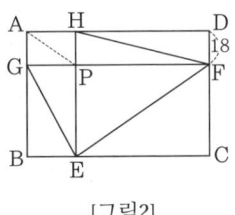

[그림2]

따라서
$$\square AGPH = \square ABCD - 2 \times \triangle AEF$$
$$= 4530 - 2 \times 2022$$
$$= 486$$

이다. 그러므로
$$\overline{BE} = \square AGPH \div \overline{DF} = 486 \div 18 = 27$$

이다.

문제 101

원에 외접하는 사각형 ABCD에서 $\overline{AD} \parallel \overline{BC}$, $\angle A = \angle B = 90°$, $\overline{AD} = 10$, $\overline{BC} = 8$일 때, 사각형 ABCD의 넓이를 구하여라.

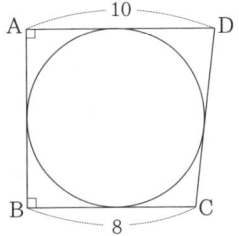

풀이 그림과 같이, 원의 중심을 O라 하고, 원과 세 변 AD, BC, CD와의 교점(접점)을 각각 P, Q, R이라 한다.

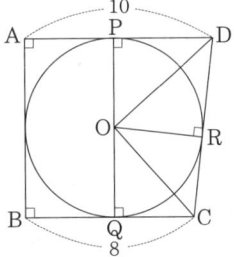

삼각형 POD와 삼각형 ROD에서
$$\overline{OP} = \overline{OR}, \quad \overline{OD}는 공통, \quad \angle OPD = \angle ORD = 90°$$

이므로
$$\triangle POD \equiv \triangle ROD (\text{RHS합동})$$

이다. 또, 삼각형 QOC와 삼각형 ROC에서
$$\overline{OQ} = \overline{OR}, \quad \overline{OC}는 공통, \quad \angle OQC = \angle ORC = 90°$$

이므로
$$\triangle QOC \equiv \triangle ROC (\text{RHS합동})$$

이다.
$$\angle POR + \angle PDR = 180°, \quad \angle POR + \angle ROQ = 180°$$

로부터
$$\angle PDR = \angle ROQ$$

이다. 같은 방법으로
$$\angle POR = \angle RCQ$$

이다. 그러므로 사각형 PORD와 사각형 CROQ는 닮음이다. 따라서 삼각형 OPD와 삼각형 CQO는 닮음이다.
이제 $\overline{AP} = \overline{PO} = \overline{OQ} = \overline{BQ} = x$라고 하면,

$$\overline{OP} + \overline{PD} = 10, \quad \overline{OQ} + \overline{QC} = 8$$

에서

$$\overline{PD} = 10 - x, \quad \overline{QC} = 8 - x$$

이다. 삼각형 OPD와 삼각형 CQO가 닮음이므로,

$$\overline{PD} : \overline{OQ} = \overline{PO} : \overline{QC}, \quad 10 - x : x = x : 8 - x$$

이다. 이를 정리하면

$$x^2 = 80 - 18x + x^2$$

이다. 이를 풀면, $x = \dfrac{40}{9}$이다. 따라서

$$\square ABCD = (10 + 8) \times \frac{80}{9} \div 2 = 80$$

이다.

문제 102

$\overline{BC} = 89$, $\overline{CD} = 58$인 평행사변형 ABCD에서 ∠C, ∠D의 내각이등분선과 변 AD, BC와의 교점을 각각 E, F라 하고, 선분 CE와 DF의 교점을 O라 한다. 점 A에서 변 BC에 내린 수선의 발을 H라 하면, $\overline{AH} = 42$이다. 이 때, 오각형 ABFOE의 넓이를 구하여라.

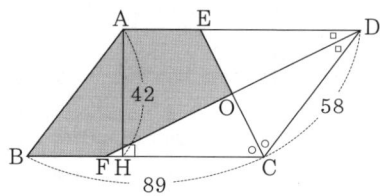

풀이 사각형 EFCD가 마름모이므로, 오각형 ABFOE의 넓이는 사각형 ABFE의 넓이와 마름모 EFCD의 넓이의 $\dfrac{1}{4}$의 합이다.

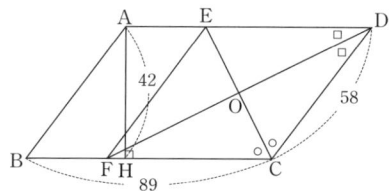

따라서 오각형 ABFOE의 넓이는

$$(89 - 58) \times 42 + 58 \times 42 \times \frac{1}{4} = 1911$$

이다.

문제 103

$\overline{AB} > \overline{BC}$, ∠B = 37°인 삼각형 ABC에서 ∠B의 내각이 등분선과 변 CA와의 교점을 D라 한다. 점 C를 선분 BD에 대하여 대칭이동시킨 점을 C'라 하면, ∠C'DA = 8°이다. 또, 변 AB의 수직이등분선과 선분 BD의 교점을 O라 하고, 선분 OA와 선분 DC'의 교점을 E라 한다. 이때, ∠OED의 크기를 구하여라.

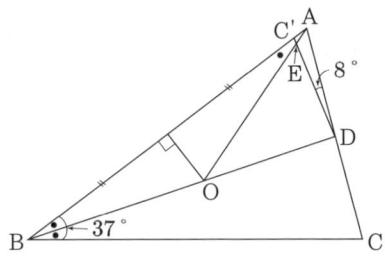

풀이 그림에서,

$$\angle EOD = \angle AOD = \angle OBA + \angle OAB = 37°$$

이고,

$$\angle EDO = (180° - 8°) \div 2 = 86°$$

이다.

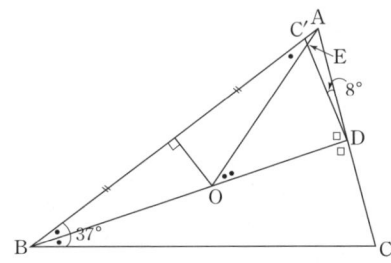

따라서

$$\angle OED = 180° - (37° + 86°) = 57°$$

이다.

문제 104

정사각형 ABCD의 변 AB와 원 O와의 두 교점을 각각 E, F라고 하고, 변 BC와 원 O와의 두 교점을 각각 G, H라 한다. △OFG = 104일 때, 삼각형 OEH의 넓이를 구하여라. 단, 원 O의 중심은 정사각형 ABCD의 내부에 있다.

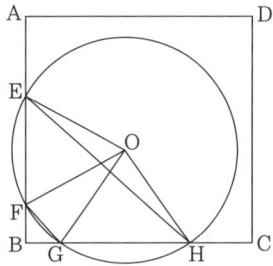

풀이 그림과 같이, 두 대각선의 교점이 O가 되는 직사각형 A'BC'D'를 그린다. 점 O에서 변 BC', C'D', D'A', A'B에 내린 수선의 발을 각각 L, N, K, M이라 한다. 또, 선분 EO의 연장선과 원과의 교점을 P라 한다.

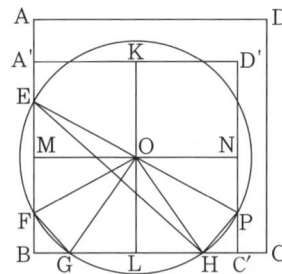

그러면,

$$\angle EOM = \angle PON, \ \angle EOM = \angle FOM, \ \angle GOL = \angle HOL$$

이다. 그러므로

$$\angle FOG = \angle POH$$

이다. 따라서 삼각형 OFG와 삼각형 OHP는 합동이다. 그런데, 삼각형 OEH와 삼각형 OHP에서 밑변이 같고($\overline{EO} = \overline{OP}$), 높이가 같으므로 넓이가 같다. 즉, △OEH = △OHP이다. 따라서

$$\triangle OEH = \triangle OFG = 104$$

이다.

문제 105

정삼각형 ABC에서 변 BC위에 $\overline{BD}:\overline{DC}=1:2$가 되도록 하는 점 D를, 선분 AD위에 $\overline{AE}:\overline{ED}=3:4$가 되도록 점 E를 잡는다. 이때, ∠BED와 ∠BEC의 크기를 각각 구하여라.

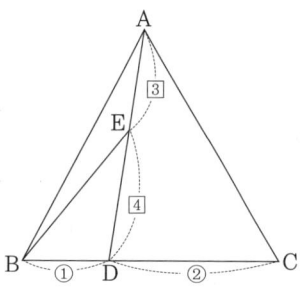

[풀이] 그림과 같이, 선분 CE의 연장선과 변 AB와의 교점을 F라 하고, 점 D를 지나 선분 CF에 평행한 직선과 변 AB와의 교점을 G라 하고, 점 F를 지나 선분 AD의 평행한 직선과 변 BC와의 교점을 H라 한다.

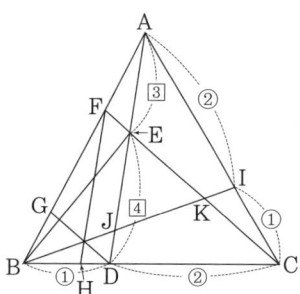

그러면, $\overline{AE}:\overline{ED}=3:4$로부터 $\overline{AF}:\overline{FG}=3:4$이고, $\overline{BD}:\overline{DC}=1:2$로부터 $\overline{BG}:\overline{GF}=1:2=2:4$이다. 그러므로

$$\overline{AF}:\overline{FG}:\overline{GB}=3:4:2,\ \overline{AF}:\overline{FB}=1:2$$

이다. $\overline{BH}:\overline{HD}=2:1$이므로

$$\overline{HD}:\overline{DC}=1:6,\ \overline{CE}:\overline{EF}=6:1$$

이다.

$$\overline{AF}:\overline{FB}=\overline{BD}:\overline{DC}=1:2$$

이므로 변 CA위에 $\overline{CI}:\overline{IA}=1:2$가 되는 점 I를 잡고, 선분 BI와 선분 AD, CF와의 교점을 각각 J, K라 하면,

$$\overline{AD}=\overline{BI}=\overline{CF}$$

이다. 그런데

$$\overline{CE}:\overline{EF}=6:1,\ \overline{AE}:\overline{ED}=3:4$$

이므로

$$\overline{AE}=\overline{EJ}=\overline{BJ}=\overline{JK}=\overline{CK}=\overline{KE}$$

이다. 즉, 삼각형 EJK는 정삼각형이고, 삼각형 BEJ는 $\overline{BJ}=\overline{EJ}$인 이등변삼각형이고, ∠JEK = 60°, ∠BEJ = 60° ÷ 2 = 30° 이다. 따라서

$$\angle BED=30°,\ \angle BEC=30°+60°=90°$$

이다.

문제 106

삼각형 ABC의 외부에 변 AB를 한 변으로 하는 정사각형 ADEB를 그리고, 두 대각선 AE와 DB와의 교점을 P라고 한다. 또, 삼각형 ABC의 외부에 변 AC를 한 변으로 하는 정사각형 ACFG를 그리고, 두 대각선 AF와 CG와의 교점을 Q라 하고, 변 BC의 중점을 M이라 한다. $\overline{PQ} = 18$일 때, 삼각형 PQM의 넓이를 구하여라.

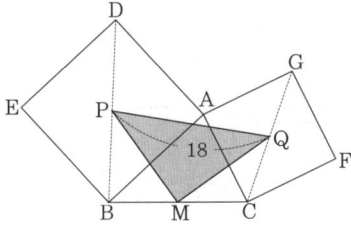

[풀이] 그림과 같이, 점 D와 점 C를 연결하고, 점 B와 점 G를 연결한다.

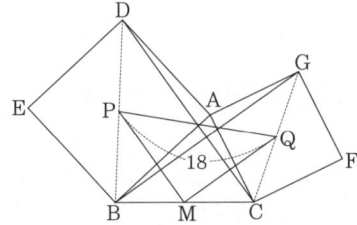

삼각형 ADC와 삼각형 ABG에서

$$\overline{AD} = \overline{AB},\ \overline{AC} = \overline{AG},\ \angle DAC = \angle BAG$$

이므로

$$\triangle ADC \equiv \triangle ABG\ (\text{SAS합동})$$

이다. 즉, $\overline{DC} = \overline{BG}$이다. 삼각형 중점연결정리에 의하여

$$\overline{MQ} = \frac{1}{2} \times \overline{BG},\ \overline{PM} = \frac{1}{2} \times \overline{DC}$$

이다. 따라서 $\overline{PM} = \overline{MQ}$이다.
또, $\overline{AG} \perp \overline{AC}$이므로 $\overline{DC} \perp \overline{BG}$이고, $\overline{PM} \perp \overline{MQ}$이다. 따라서 삼각형 PMQ는 직각이등변삼각형이다. 그러므로

$$\triangle PMQ = 18 \times 18 \div 4 = 81$$

이다.

문제 107

$\overline{AD} \parallel \overline{BC}$인 등변사다리꼴 ABCD에서, $\angle DAB = 112.5°$이다. 변 CD를 지름으로 하는 원이 변 AB와 점 E에서 접하고, 변 BC와 점 C가 아닌 점 F에서 만난다. 선분 FC를 지름으로 하는 원의 넓이가 107일 때, 선분 BF를 지름으로 하는 원의 넓이를 구하여라.

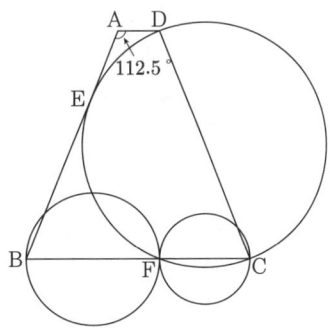

[풀이] 변 CD의 중점을 O라 한다.

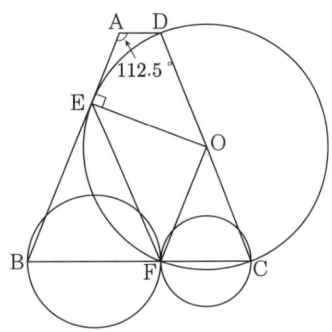

등변사다리꼴 ABCD에서 $\angle DAB = 112.5°$이므로,

$$\angle ADC = 112.5°,\ \angle ABC = \angle DCB = 180° - 112.5° = 67.5°$$

이다. 삼각형 OFC는 $\overline{OF} = \overline{OC}$인 이등변삼각형이고,

$$\angle FOC = 180° - 67.5° \times 2 = 45°$$

이다. 사각형 AEOD에서

$$\angle EOD = 360° - (112.5° \times 2 + 90°) = 45°$$

이고,

$$\angle EOF = 180° - 45° \times 2 = 90°$$

로부터 삼각형 OEF는 $\overline{EO} = \overline{FO}$인 직각이등변삼각형이다.
또, 삼각형 EBF에서

$$\angle BEF = 180° - (90° + 45°) = 45°,\ \angle EBF = 67.5°$$

이므로, 삼각형 EBF는 삼각형 OFC와 닮음이고, 닮음비는

$$\overline{EF} : \overline{OC} = \sqrt{2} : 1$$

이다. 그러므로

$$\triangle OFC : \triangle EBF = 1 : 2$$

이다. 즉, 선분 BF를 지름으로 하는 원의 넓이와 선분 FC를 지름으로 하는 원의 넓이의 비는 2:1이다. 따라서 구하는 선분 BF를 지름으로 하는 원의 넓이는 214이다.

[문제] **108**

∠ABC = 45°인 삼각형 ABC에서 변 BC위에 $\overline{BD} : \overline{DC} = 1 : 2$가 되도록 점 D를 잡으면, ∠BAD = 15°이다. 이때, ∠ACB의 크기를 구하여라.

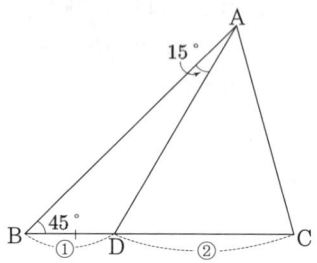

[풀이] 점 C에서 선분 AD에 내린 수선의 발을 E라 한다.

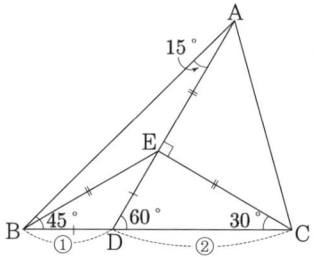

∠EDC = 45° + 15°이므로, ∠ECD = 30°이다. $\overline{DE} : \overline{DC} = 1 : 2$ 이므로 $\overline{ED} = \overline{BD}$이다. 삼각형 EBD는 이등변삼각형이고,

$$\angle EBD = \angle BED = 60° \div 2 = 30°$$

이다. 또, ∠EBC = ∠ECB = 30°이므로, 삼각형 EBC는 $\overline{EB} = \overline{EC}$인 이등변삼각형이다.

한편, ∠EAB = ∠EBA = 15°이므로 삼각형 EAB도 $\overline{EA} = \overline{EB}$인 이등변삼각형이다. 따라서 $\overline{EB} = \overline{EC} = \overline{EA}$이다. 그러므로 삼각형 AEC는 직각이등변삼각형이다. 즉, ∠ACB = 75°이다.

문제 109

삼각형 ABC에서 ∠B의 내각이등분선과 변 CA와의 교점을 D, ∠C의 내각이등분선과 변 AB와의 교점을 E라 한다. ∠ABC : ∠BDE : ∠CED = 2 : 3 : 4일 때, ∠A의 크기를 구하여라.

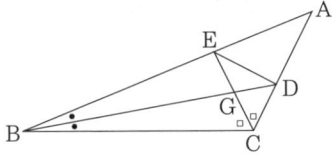

풀이) ∠ABD = ∠CBD = α라고 하면,

$$\angle BDE = 3\alpha, \quad \angle CED = 4\alpha$$

이다. 또,

$$\angle AED = \angle ABD + \angle BDE = \alpha + 3\alpha = 4\alpha$$

이므로, 선분 ED는 ∠AEC의 내각이등분선이다.

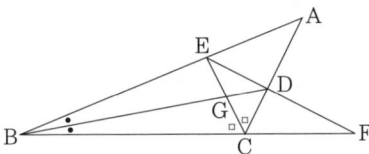

그림과 같이, 변 BC의 연장선과 선분 ED의 연장선의 교점을 F라 하면, 점 D가 △BCE의 방심이므로, ∠ECD = ∠DCF이다. 따라서

$$\angle BCE = \angle ECD = \angle DCF = 60°$$

이다. 선분 BD와 EC의 교점을 G라 하면,

$$\angle DGC = \angle GBC + \angle GCB = \alpha + 60°,$$
$$\angle DGC = \angle GDE + \angle GED = 3\alpha + 4\alpha = 7\alpha$$

이다. 그러므로, $\alpha = 10°$이다. 따라서

$$\angle ABC = 20°, \quad \angle ACB = 120°$$

이다. 그러므로

$$\angle A = 180° - (20° + 120°) = 40°$$

이다.

문제 110

정육각형 ABCDEF에서 세 변 AB, CD, EF의 중점을 각각 X, Y, Z라 한다. 선분 XY와 선분 AC, CE와의 교점을 각각 O, P라 하고, 선분 YZ와 선분 CE, EA와의 교점을 각각 Q, R이라 하고, 선분 ZX와 선분 EA, AC와의 교점을 각각 S, T라 한다. 육각형 OPQRST의 넓이가 110일 때, 정육각형 ABCDEF의 넓이를 구하여라.

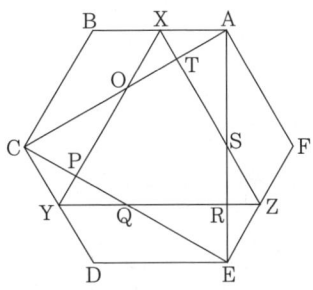

풀이) 그림과 같이, OQ, QS, SO를 연결하면 삼각형 OQS는 정삼각형이 되고, 정삼각형 ACE의 넓이의 $\frac{1}{4}$이 된다.

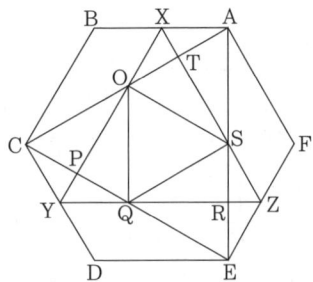

또, 정삼각형 ACE의 넓이는 정육각형 ABCDEF의 넓이의 $\frac{1}{2}$이다. 그런데, 삼각형 TOS는 정삼각형 OQS의 넓이의 $\frac{1}{2}$이므로, 육각형 OPQRST의 넓이는 정삼각형 OQS의 넓이의 $\frac{5}{2}$이다. 따라서 정육각형 ABCDEF의 넓이는 육각형 OPQRST의 넓이의 $\frac{16}{5}$이다. 즉, 정육각형 ABCDEF의 넓이는 $110 \times \frac{16}{5} = 352$이다.

문제 111

정삼각형 ABC의 내부에 한 점 O를 잡고, 점 O에서 세 변 BC, CA, AB에 내린 수선의 발을 각각 D, E, F라 하면, $\overline{AF} : \overline{FB} = 2 : 1$, $\overline{AE} : \overline{EC} = 4 : 5$를 만족한다. 이때, $\overline{BD} : \overline{DC}$를 구하여라.

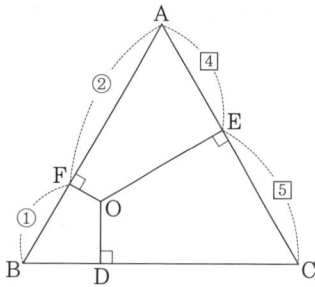

풀이 그림과 같이, 선분 EO의 연장선과 변 CB의 연장선과의 교점을 X, 선분 FO의 연장선과 변 BC와의 교점을 Y라 한다.

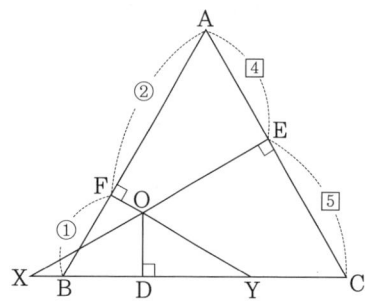

정삼각형 ABC의 한 변의 길이를 $27k$라 하면,
$$\overline{EC} = 15k, \ \overline{AE} = 12k, \ \overline{AF} = 18k, \ \overline{FB} = 9k$$
이다. 또, 직각삼각형 XCE, FBY에서 삼각비의 성질에 의하여
$$\overline{XC} = \overline{EC} \times 2 = 30k, \ \overline{BY} = \overline{FB} \times 2 = 18k$$
이다. 즉, $\overline{XB} = \overline{XC} - \overline{BC} = 3k$이다. 삼각형 OXY는 $\angle OXY = \angle OYX = 30°$인 이등변삼각형이므로,
$$\overline{XD} = \overline{DY} = (\overline{XB} + \overline{BY}) \times \frac{1}{2} = \frac{21}{2}k$$
이다. 그러므로
$$\overline{BD} = \frac{21}{2}k - 3k = \frac{15}{2}k, \ \overline{DC} = 27k - \frac{15}{2}k = \frac{39}{2}k$$
이다. 따라서 $\overline{BD} : \overline{DC} = \frac{15}{2}k : \frac{39}{2}k = 5 : 13$이다.

문제 112

정사각형 ABCD에서 선분 EF와 GH가 정사각형 ABCD의 내부의 점 I에서 수직으로 만나도록 변 AB 위에 점 E, 변 BC 위에 점 G, F, 변 CD 위에 점 H를 잡으면, $\overline{GC} = \overline{CH}$, $\overline{EI} = 21$, $\overline{GI} = 4$, $\overline{HI} = 7$이다. 이때, 정사각형 ABCD의 넓이를 구하여라.

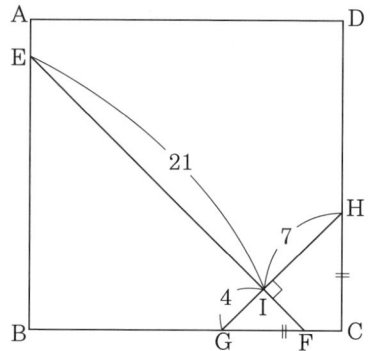

풀이 그림과 같이, 대각선 AC와 GH의 교점을 J라 하고, 점 E, F에서 대각선 AC에 내린 수선의 발을 각각 L, K라 한다.

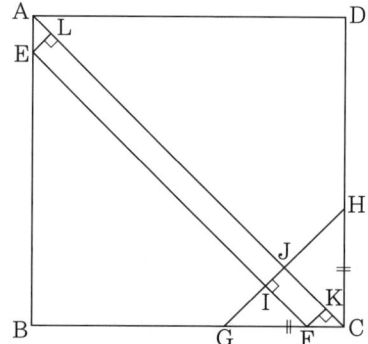

그러면, $\overline{GH} = 11$이므로,
$$\overline{JC} = \overline{GJ} = 11 \div 2 = \frac{11}{2}$$
이다. 또, $\overline{JK} = \overline{IF} = \overline{IG} = 4$이므로,
$$\overline{AL} = \overline{KC} = \frac{11}{2} - 4 = \frac{3}{2}$$
이다. 그러므로
$$\overline{AC} = \frac{3}{2} + 21 + \frac{11}{2} = 28$$
이다. 따라서 □ABCD $= 28 \times 28 \div 2 = 392$이다.

문제 113

$\overline{AB} = 14$, $\overline{BC} = 16$, $\overline{CD} = 18$, $\overline{DA} = 20$, 넓이가 276인 사각형 ABCD에서 변 AB의 3등분점을 점 A에서 가까운 순서대로 E, F라 하고, 변 BC의 중점을 G라 하고, 변 CD의 3등분점을 점 C에 가까운 순서대로 H, I라 하고, 변 DA의 4등분점을 점 D에 가까운 순서대로 J, K, L이라 한다. 이때, 육각형 EFGHJK의 넓이를 구하여라.

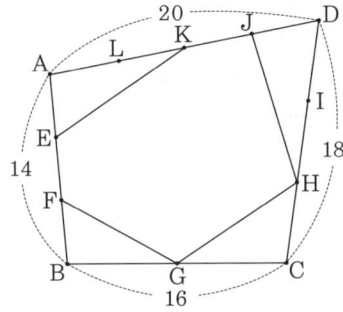

풀이 그림과 같이, 대각선 AC와 BD를 긋는다.

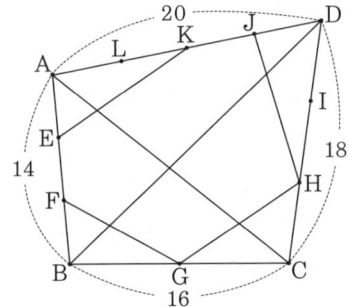

그러면,
$$\overline{BF} = \overline{BA} \times \frac{1}{3}, \quad \overline{BG} = \overline{BC} \times \frac{1}{2}$$
이므로
$$\triangle BGF = \triangle BCA \times \frac{1}{6}$$
이다.
$$\overline{DH} = \overline{DC} \times \frac{2}{3}, \quad \overline{DJ} = \overline{DA} \times \frac{1}{4}$$
이므로
$$\triangle DHJ = \triangle DCA \times \frac{1}{6}$$
이다. 그러므로,
$$\triangle BGF + \triangle DHJ = \square ABCD \times \frac{1}{6}$$
이다. 또,
$$\overline{CH} = \overline{CD} \times \frac{1}{3}, \quad \overline{CG} = \overline{BC} \times \frac{1}{2}$$
이므로
$$\triangle CHG = \triangle CDB \times \frac{1}{6}$$
이다.
$$\overline{AE} = \overline{AB} \times \frac{1}{3}, \quad \overline{AK} = \overline{AD} \times \frac{1}{2}$$
이므로
$$\triangle AEK = \triangle ABD \times \frac{1}{6}$$
이다. 그러므로,
$$\triangle CHG + \triangle AEK = \square ABCD \times \frac{1}{6}$$
이다. 따라서

육각형 EFGHJK의 넓이 $= \square ABCD \times \frac{2}{3} = 276 \times \frac{2}{3} = 184$

이다.

[문제] 114

사각형 ABCD에서 △APD, △DPQ, △PQB, △QBC의 넓이가 모두 같도록 변 AB, CD 위에 각각 점 P, Q를 잡는다. $\overline{AP}:\overline{PB} = 10:7$일 때, $\overline{DQ}:\overline{QC}$를 구하여라.

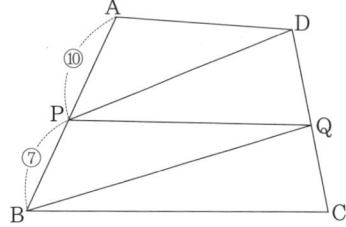

[풀이] 그림과 같이, 대각선 BD를 긋는다.

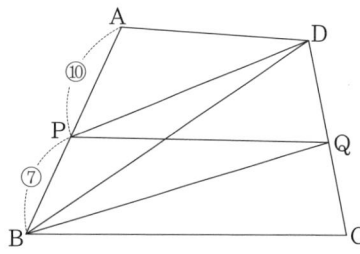

$\overline{AP}:\overline{PB} = 10:7$이므로, △APD = 10S라 하면,

$$\triangle PBD = 7S, \quad \square DPBQ = \triangle DPQ + \triangle PBQ = 20S$$

이므로,

$$\triangle DBQ = 20S - 7S = 13S$$

이다. 또, △QBC = 10S이므로,

$$\overline{DQ}:\overline{QC} = 13:10$$

이다.

[참고] 일반적으로 이 문제에서 $\overline{AP}:\overline{PB} = a:b$이면,

$$\overline{DQ}:\overline{QC} = (2a-b):a$$

이 성립한다.

[문제] 115

$\overline{AB} = \overline{AD}$, $\angle BAD = 120°$, $\angle BCD = 60°$, $\angle CDA = 45°$ 인 사각형 ABCD에서 삼각형 ABD의 넓이가 115일 때, 사각형 ABCD의 넓이를 구하여라.

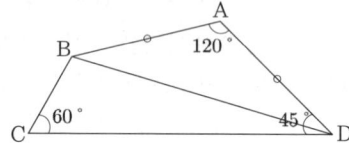

[풀이] 그림과 같이, 점 D를 지나 변 BC에 평행한 직선 위에 $\overline{AD} = \overline{AE}$를 만족하는 점 E를 잡는다.

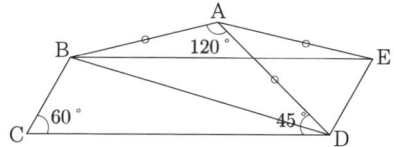

그러면
$$\angle BCD = 60°, \quad \angle CDA = 45°$$
이므로,
$$\angle ADE = 75°, \quad \angle AED = 75°, \quad \angle DAE = 30°$$
이다.
$$\overline{AB} = \overline{AD}, \quad \angle BAD = 120°$$
이므로
$$\angle ABD = \angle ADB = 30°, \quad \overline{AE} \parallel \overline{BD}$$
이다. 그러므로
$$\triangle ABD = \triangle EBD$$
이다. 또, $\overline{AB} = \overline{AE}$이므로,
$$\angle BAE = 120° + 30° = 150°, \quad \angle AEB = \angle ABE = 15°,$$
$$\angle EBD = 30° - 15° = 15°, \quad \angle CDB = 45° - 30° = 15°$$
이고, $\overline{BE} \parallel \overline{CD}$이다. 그러므로
$$\triangle EBD = \triangle BCD$$
이다. 따라서
$$\square ABCD = 115 \times 2 = 230$$
이다.

문제 116

삼각형 ABC에서 변 AB에 대하여 점 C를 대칭이동시킨 점을 D라 하고, 점 B를 선분 AD에 대하여 대칭이동시킨 점을 E라 하고, 점 B를 변 CA에 대하여 대칭이동시킨 점을 F라 한다. 변 BC와 선분 EF의 교점을 G, 선분 CF와 선분 DE의 교점을 H라 한다. ∠EGB = 116°일 때, ∠CHD의 크기를 구하여라.

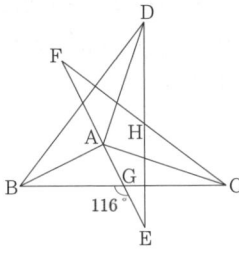

풀이1 [그림1]은 변 AB에 대하여 대칭인 도형이므로, ∠BAE = 90°이고, ∠ABC = 116° − 90° = 26°이다.

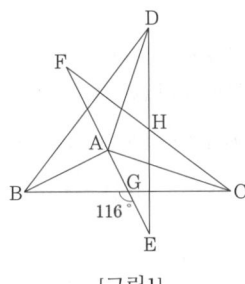

[그림1]

삼각형 HFE에서 ∠HEF = ∠HFE = 26°이므로,

$$\angle EHF = 180° - 26° \times 2 = 128°$$

이다. 따라서 ∠DHC = ∠EHF = 128°이다.

풀이2 [그림2]는 변 AB에 대칭이므로, 세 점 B, A, H는 한 직선 위에 있다.

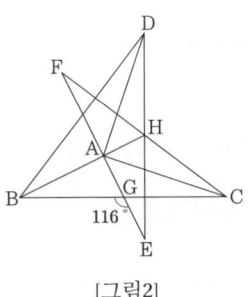

[그림2]

삼각형 HBC와 삼각형 GFC에서

$$\overline{BC} = \overline{FC}, \quad \angle HBC = \angle GFC, \quad \angle HCB = \angle GCF$$

이므로,

$$\triangle HBC \equiv \triangle GFC \text{(ASA합동)}$$

이다.

$$\angle BHC = \angle FGC = \angle BGE = 116°$$

로부터

$$\angle DHC = 360° - 2 \times 116° = 128°$$

이다.

문제 117

정사각형 ABCD에서 변 AD의 중점을 E라 하고, 정사각형 ABCD에 내접하는 원 O와 선분 EB, EC와의 교점을 각각 F, G라 한다. 정사각형 ABCD의 넓이가 360일 때, 오각형 OFBCG의 넓이를 구하여라.

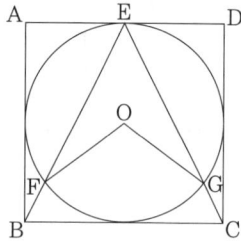

풀이 선분 EO의 연장선과 원 O와의 교점을 H라 하면, $\overline{HG} \perp \overline{EG}$이다.

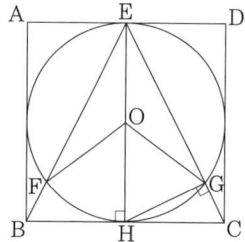

삼각형 EHG와 삼각형 HCG는 닮음이고, 닮음비가 $\overline{EH} : \overline{HC} = 2 : 1$이므로, 넓이의 비는 $4 : 1$이다.
$\triangle EHC = 360 \times \dfrac{1}{4} = 90$이므로,

$$\triangle HCG = 18, \quad \triangle EHG = 72$$

이다. 또, $\triangle EOG = \triangle OHG$이므로,

$$\triangle OHG = \triangle EHG \times \dfrac{1}{2} = 36$$

이다. 따라서 오각형 OFBCG의 넓이는 108이다.

문제 118

$\overline{AB} : \overline{BC} : \overline{CA} = 4 : 5 : 6$인 삼각형 ABC에서 변 AB위에 점 D, F를 잡는다. 점 D를 지나 변 BC에 평행한 직선과 변 CA와의 교점을 E, 점 F를 지나 변 CA에 평행한 직선과 변 BC와의 교점을 G라 한다. 또, 선분 DE와 FG의 교점을 H라 하면 삼각형 ADE의 둘레의 길이와 사각형 DBCE의 둘레의 길이가 같고, 삼각형 FBG의 둘레의 길이와 사각형 AFGC의 둘레의 길이가 같다. 이때, 삼각형 FDH의 둘레의 길이와 삼각형 ABC의 둘레의 길이의 비를 구하여라.

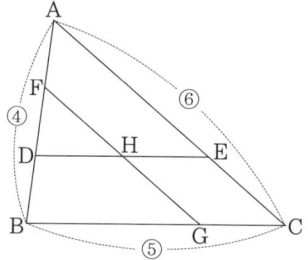

풀이 $\overline{AB} = 4, \overline{BC} = 5, \overline{CA} = 6$이라 한다. 삼각형 ADE의 둘레의 길이와 사각형 DBCE의 둘레의 길이가 같으므로,

$$\overline{AD} + \overline{AE} = \overline{DB} + \overline{BC} + \overline{CE} = (4+5+6) \div 2 = \dfrac{15}{2}$$

이고, 삼각형 ADE와 삼각형 ABC가 닮음이므로,

$$\overline{AD} : \overline{AB} = (\overline{AD} + \overline{AE}) : (\overline{AB} + \overline{AC}) = \dfrac{15}{2} : (4+6) = 3 : 4$$

이다. 삼각형 FBG의 둘레의 길이와 사각형 AFGC의 둘레의 길이가 같으므로,

$$\overline{BG} + \overline{BF} = \overline{GC} + \overline{CA} + \overline{AF} = (4+5+6) \div 2 = \dfrac{15}{2}$$

이고, 삼각형 FBG와 삼각형 ABC가 닮음이므로,

$$\overline{FB} : \overline{AB} = (\overline{FB} + \overline{BG}) : (\overline{AB} + \overline{BC}) = \dfrac{15}{2} : (4+5) = 5 : 6$$

이다. 그러므로

$$\overline{AD} : \overline{AB} : \overline{FB} = 9 : 12 : 10$$

이다. 따라서

$$\overline{FD} : \overline{AB} = (9 + 10 - 12) : 12 = 7 : 12$$

이다. 즉, $\triangle FDH$와 $\triangle ABC$의 둘레의 길이의 비는 $7 : 12$이다.

[문제] 119

한 변의 길이가 10인 정삼각형 ABC의 내부에 $\overline{AP} = \overline{BQ} = \overline{CR} = \overline{PQ} = \overline{QR} = \overline{RP}$를 만족하도록 세 점 P, Q, R을 잡는다. 이때, 정삼각형 ABC의 넓이와 정삼각형 PQR의 넓이의 차를 구하여라.

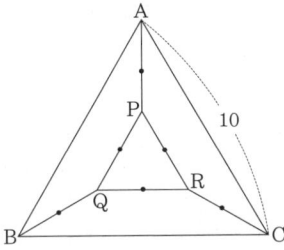

[풀이] 정삼각형 ABC의 넓이와 정삼각형 PQR의 넓이의 차는 사각형 QBCR의 넓이의 3배이다. 삼각형 QBR과 삼각형 RPA는 꼭지각이 150°인 이등변삼각형이므로,

$$\angle BRA = 15° + 60° + 15° = 90°$$

이다. 그러므로 삼각형 ABR은 직각이등변삼각형이다.

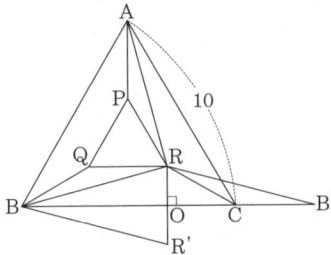

그림과 같이, 삼각형 BQR을 점 R을 중심으로 시계방향으로 회전이동시켜 점 Q를 점 C로 이동시키고, 점 B가 이동한 점을 B′라 한다. 그러면 삼각형 RBB′는 이등변삼각형이다. 점 R에서 변 BB′에 내린 수선의 발을 O라 하고, 점 R이 변 BB′에 대하여 대칭이동한 점을 R′이라 한다. 그러면,

$$\triangle R'OB \equiv \triangle ROB'$$

이다. 또, ∠RBR′ = 30°이므로, 점 R에서 변 BR′에 내린 수선의 길이(높이)는 $\overline{BR} \times \frac{1}{2}$이다. 그러므로 삼각형 RBR′의 넓이는 삼각형 ABR의 넓이의 $\frac{1}{2}$이다.
△ABR = 10 × 10 ÷ 2 ÷ 2 = 25이므로, △RBR′ = $\frac{25}{2}$이다. 즉, □QBCR = $\frac{25}{2}$이다. 따라서

$$\triangle ABC - \triangle PQR = \square QBCR \times 3 = \frac{75}{2}$$

이다.

[문제] 120

$\overline{AB} = 28$, $\overline{AC} = 24$, $\overline{BC} = 19$인 삼각형 ABC에서 변 BC 위에 $\overline{BP} : \overline{PC} = 7 : 3$이 되는 점 P를, ∠CAP = ∠BAQ가 되도록 점 Q를 잡는다. 이때, 선분 BQ의 길이를 구하여라.

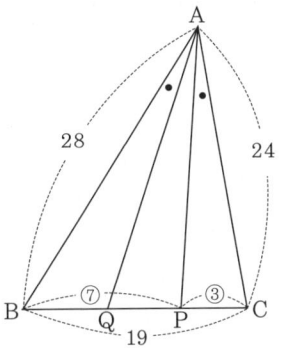

[풀이] 그림과 같이, 점 Q를 지나 변 AC에 평행한 직선과 변 AB와의 교점을 D, 점 P를 지나 변 AB에 평행한 직선과 변 AC와의 교점을 E라 한다.

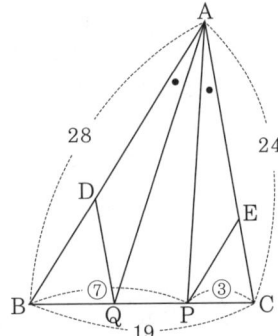

그러면, 삼각형 ABC, 삼각형 DBQ, 삼각형 EPC는 모두 닮음이다. $\overline{BP} : \overline{PC} = 7 : 3$이므로

$$\overline{EP} = \overline{AB} \times \frac{3}{10} = 28 \times \frac{3}{10} = \frac{42}{5},$$

$$\overline{EC} = \overline{AC} \times \frac{3}{10} = 24 \times \frac{3}{10} = \frac{36}{5}$$

이다. 그러므로

$$\overline{AE} = \overline{AC} - \overline{EC} = 24 - \frac{36}{5} = \frac{84}{5}$$

이다. 따라서

$$\overline{AE} : \overline{EP} = \frac{84}{5} : \frac{42}{5} = 2 : 1$$

이다. ∠DAQ = ∠EAP, ∠ADQ = ∠AEP로부터 삼각형 ADQ와 삼각형 AEP는 닮음이고,

$$\overline{AD} : \overline{DQ} = \overline{AE} : \overline{EP} = 2 : 1$$

이다. 그러므로
$$\overline{DQ}:\overline{DB} = 24:28 = 6:7, \quad \overline{AD}:\overline{DB} = 12:7$$
이다. 따라서 $\overline{BC}:\overline{BQ} = 19:7$로부터
$$\overline{BQ} = \overline{BC} \times \frac{7}{19} = 19 \times \frac{7}{19} = 7$$
이다.

문제 121

정사각형 ABCD에서 변 BC, CD, DA의 중점을 각각 P, Q, R이라 할 때, 선분 AP와 선분 BR, BD와의 교점을 각각 E, F라 하고, 선분 AQ와 선분 BD, BR의 교점을 각각 G, H라 한다. 사각형 EFGH의 넓이가 121일 때, 오각형 FPCQG의 넓이를 구하여라.

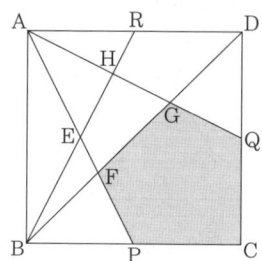

풀이 점 E, F에서 변 BC에 내린 수선의 발을 각각 E′, F′라 하고, 점 H, G에서 변 AD에 내린 수선의 발을 각각 H′, G′라 한다.

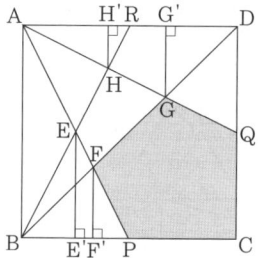

그러면, 삼각형의 닮음에 의하여
$$\overline{AE}:\overline{EF}:\overline{FP} = 3:1:2, \quad \overline{AH}:\overline{HG}:\overline{GQ} = 6:4:5$$
이다. 그러므로
$$\triangle AEH = \triangle AFG \times \frac{3}{4} \times \frac{6}{10} = \triangle AFG \times \frac{9}{20}$$
이다. 그러므로
$$\square EFGH = \triangle AFG \times \frac{11}{20}$$
이다. 즉, $\triangle AFG = 121 \times \frac{20}{11} = 220$이다. 따라서
$$\triangle ABD = 220 \times 3 = 660, \quad \square APCQ = 660$$
이다. 그러므로 오각형 FPCQG의 넓이는
$$\square APCQ - \triangle AFG = 660 - 220 = 440$$
이다.

문제 122

정십이각형 ABCDEFGHIJKL에서 $\overline{CK} = 6$일 때, 정십이각형 ABCDEFGHIJKL의 넓이를 구하여라.

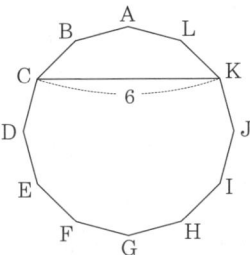

풀이 선분 LG와 CH의 교점을 O라 한다. [그림1]과 같이 정십이각형을 6개의 다각형으로 나눈다.

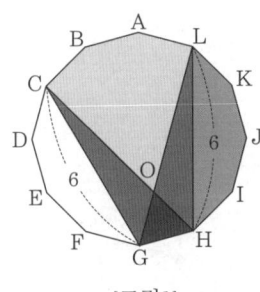

[그림1]

6개의 다각형을 이용하여, [그림2]와 같이 정사각형을 만든다.

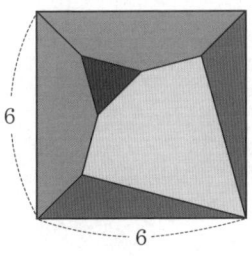

[그림2]

그러므로 정십이각형 ABCDEFGHIJKL의 넓이는 36이다.

문제 123

$\overline{AB} = \overline{AD}$, $\angle ABD = \angle CBD = 50°$, $\angle BAC = 60°$인 사각형 ABCD에서 $\angle BDC$의 크기를 구하여라.

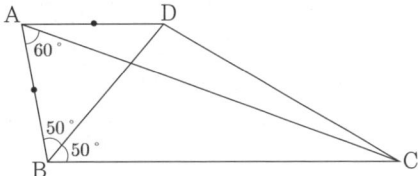

풀이 $\overline{AB} = \overline{AD}$이므로, $\angle ADB = 50°$이다. 그러므로, $\overline{AD} \parallel \overline{BC}$이고, $\angle DAC = 20°$이다. 그림과 같이 $\overline{DA} = \overline{DE} = \overline{DF}$가 되도록 점 E와 F를 각각 변 BC, AC 위에 잡는다. (여기서, 점 E가 될 수 있는 점이 그림에서 E와 E'인데, 이 중에서 점 B에 가까운 점을 E로 잡는다.)

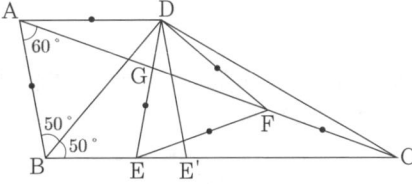

선분 DE와 대각선 AC의 교점을 G라 한다. 사각형 ABED는 등변사다리꼴이므로,

$$\angle BED = 100°, \quad \angle ADE = 80°$$

이다. 그러므로

$$\angle DGA = 180° - (20° + 80°) = 80°$$

이다. 또, $\overline{DA} = \overline{DF}$이므로,

$$\angle DFG = 20°, \quad \angle FDG = 80° - 20° = 60°$$

이다. 따라서 삼각형 DEF는 정삼각형이다. 그러므로

$$\angle FEC = 80° - 60° = 20°, \quad \angle FCE = 40° - 20° = 20°$$

이므로, 삼각형 FEC는 $\overline{FE} = \overline{FC}$인 이등변삼각형이다. 더욱이, 삼각형 DFC도 $\overline{DF} = \overline{FC}$인 이등변삼각형이다. 그러므로 $\angle FDC = 10°$이다. 따라서

$$\angle BDC = (80° - 50°) + 60° + 10° = 100°$$

이다.

문제 124

$\overline{AB} = 6$, $\overline{BC} = 8$, $\overline{CA} = 10$인 직각삼각형 ABC에서 변 AB를 빗변으로 하는 직각이등변삼각형 ADB가 되도록 점 D를 삼각형 ABC의 외부에 잡는다. 또, 변 AC를 빗변으로 하는 직각이등변삼각형 ACE가 되도록 점 E를 삼각형 ABC의 외부에 잡는다. 변 BC의 중점을 F라 할 때, 삼각형 FED의 넓이를 구하여라. 단, ∠D, ∠E는 직각이다.

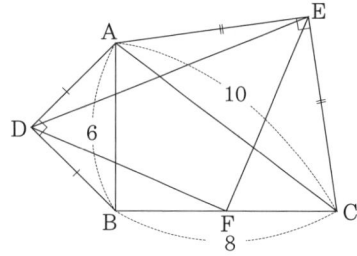

[풀이] 그림과 같이, 변 AB, AC를 각각 한 변으로 하는 정사각형 AGHB와 ACJI를 그린다.

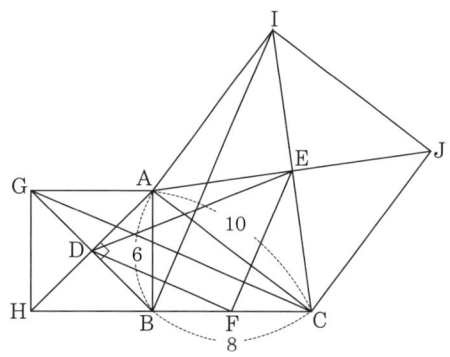

그러면,

$$\overline{AG} = \overline{AB},\ \angle GAC = \angle BAI,\ \overline{AC} = \overline{AI}$$

이므로,

$$\triangle AGC \equiv \triangle ABI (SAS합동)$$

이다. 즉, $\overline{GC} = \overline{BI}$이다. 또, 삼각형 AGC를 점 A를 기준으로 반시계방향으로 90° 회전이동시키면, 삼각형 ABI가 되므로 $\overline{GC} \perp \overline{BI}$이다. 점 F가 변 BC의 중점이므로, 삼각형 중점연결정리에 의하여

$$\overline{DF} = \tfrac{1}{2} \times \overline{GC},\ \overline{DF} \parallel \overline{GC}$$

이고,

$$\overline{FE} = \tfrac{1}{2} \times \overline{BI},\ \overline{FE} \parallel \overline{BI}$$

이다. $\overline{GC} = \overline{BI}$이므로

$$\overline{DF} = \overline{FE},\ \angle DFE = 90°$$

이다. 즉, 삼각형 DFE는 직각이등변삼각형이다. $\overline{HC} = 14$, $\overline{GH} = 6$이므로 피타고라스의 정리에 의하여

$$\overline{GC}^2 = 14^2 + 6^2 = 232$$

이다. 또, 삼각형 FED의 넓이는 선분 GC를 한 변으로 정사각형의 넓이의 $\tfrac{1}{8}$이므로,

$$\triangle FED = 232 \times \tfrac{1}{8} = 29$$

이다.

문제 125

$\overline{AB} = 13$, $\overline{BC} = 12$, $\overline{CA} = 5$인 직각삼각형 ABC에서 점 A, B에서 ∠ACB의 내각이등분선에 내린 수선의 발을 각각 D, E라 한다. 선분 DE와 변 AB의 교점을 F라 할 때, 삼각형 FEB와 삼각형 DAF의 넓이의 차를 구하여라.

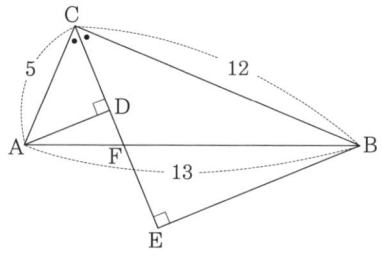

풀이 △FEB − △DAF = △BCE + △ACD − △ABC이므로,

△FEB − △DAF = $12 \times 12 \div 4 + 5 \times 5 \div 4 - 12 \times 5 \div 2 = \frac{49}{4}$

이다.

문제 126

∠A = 90°, $\overline{AB} : \overline{AC} = 3 : 4$인 직각삼각형 ABC에서 점 A를 중심으로 점 B가 변 BC위의 점 B′에 오도록 삼각형 ABC를 반시계방향으로 회전이동시킨다. 이때, 점 C가 회전이동한 점을 C′라 하고, 변 CA와 C′B′의 교점을 D라 할 때, $\overline{CD} : \overline{DA}$를 구하여라.

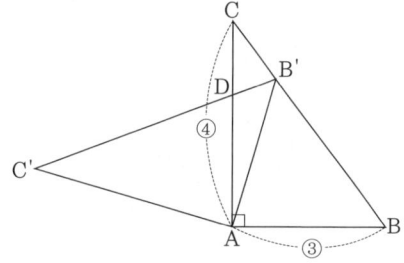

풀이 그림과 같이, 점 A에서 변 BC, CC′에 내린 수선의 발을 각각 E, F라 한다. 그러면, 점 E, F는 각각 변 BB′, CC′의 중점이다.

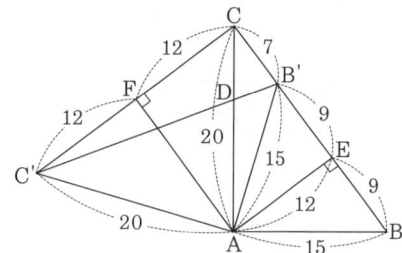

삼각형 EBA와 삼각형 ABC가 닮음이고, $\overline{AB} : \overline{AC} = 3 : 4$이므로 $\overline{EB} = 9$라고 하면,

$\overline{AE} = 12$, $\overline{AB} = 15$, $\overline{AC} = 20$, $\overline{BC} = 25$, $\overline{B'C} = 7$

이다. ∠C′AC = ∠B′AB이므로, 삼각형 FCA와 삼각형 EBA는 닮음이고, $\overline{CF} = 20 \times \frac{3}{5} = 12$이다. 즉, $\overline{CC'} = 24$이다. 따라서

$\overline{CD} : \overline{DA}$ = △CB′C′ : △AB′C′
= $(7 \times 24 \div 2) : (15 \times 20 \div 2)$
= $14 : 25$

이다.

문제 127

$\overline{AB} = 21, \overline{BC} = 28, \overline{AC} = 20$인 삼각형 ABC에서 내부의 한 점 P를 잡고, 점 P를 지나 선분 AB에 평행한 직선과 변 CA, BC와의 교점을 각각 D, E라 하고, 점 P를 지나 변 BC에 평행한 직선과 변 AB, AC와의 교점을 각각 F, G라 하고, 점 P를 지나 변 CA에 평행한 직선과 변 AB, BC와의 교점을 각각 H, I라 하면, $\overline{DE} = \overline{FG} = \overline{HI}$이다. 이때, 선분 DE의 길이를 구하여라.

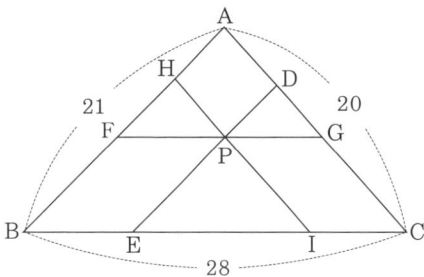

풀이 21, 20, 28의 최소공배수가 420이므로, $\overline{DE} = \overline{FG} = \overline{HI} = 420k$라고 하자. 삼각형의 닮음을 이용하면,

$$\overline{EC} = 420k \times \frac{28}{21} = 560k,$$
$$\overline{BI} = 420k \times \frac{28}{20} = 588k,$$
$$\overline{EI} = 560k + 588k - 28 = 1148k - 28$$

이다. $\overline{FP} = \overline{BE}, \overline{PG} = \overline{IC}$이므로, $\overline{EI} = 28 - 420k$이다. 따라서

$$1148k - 28 = 28 - 420k$$

이다. 즉, $1568k = 56$이다. 그러므로

$$\overline{DE} = 420k = 420 \times \frac{56}{1568} = 15$$

이다.

문제 128

$\angle A = 90°, \overline{AB} : \overline{AC} : \overline{BC} = 3 : 4 : 5$인 직각삼각형 ABC에서 점 A를 중심으로 삼각형 ABC를 회전이동시켜 얻은 삼각형을 AB'C'라고 한다. 변 CB의 연장선과 변 B'C'의 연장선과의 교점을 D라 하면, $\overline{AB} = \overline{C'D}$이다. 삼각형 ABC의 넓이가 100일 때, 사각형 AC'DB의 넓이를 구하여라.

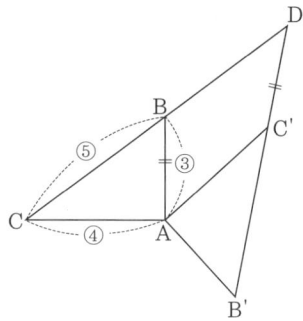

풀이 점 A에서 변 BC, B'C'에 내린 수선의 발을 각각 E, F라 한다.

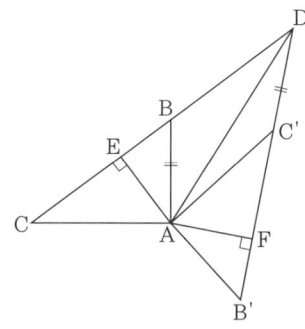

그러면,

$$\overline{AD}는 공통, \overline{AE} = \overline{AF}, \angle AED = \angle AFD$$

이므로,

$$\triangle AED \equiv \triangle AFD (\text{RHS합동})$$

이다. 또, $\overline{AB} : \overline{AC} : \overline{BC} = 3 : 4 : 5$이므로,

$$\overline{AB} = 15k, \quad \overline{AC} = 20k, \quad \overline{BC} = 25k$$

라고 가정하면,

$$\triangle ABC = 15k \times 20k \div 2 = 150k^2$$

이다. 삼각형 AEB와 삼각형 AFB'는 합동이면서, 삼각형 ABC와는 닮음이므로,

$$\overline{AE} = \overline{AF} = 12k, \quad \overline{BE} = \overline{B'F} = 9k, \quad \overline{EC} = \overline{FC'} = 25k - 9k = 16k$$

이다. $\overline{AB} = \overline{C'D}$이므로,

$$\overline{DE} = \overline{DF} = 16k + 15k = 31k$$

이다. 따라서

$$\square AC'DB = 31k \times 12k - 150k^2 = 222k^2$$

이다. 그러므로

$$\triangle ABC : \square AC'DB = 150 : 222 = 25 : 37$$

이다. 그런데, 주어진 조건으로부터 △ABC = 100이므로,

$$\square AC'DB = 37 \times 4 = 148$$

이다.

문제 129

$\overline{AB} = \overline{BC} = \overline{CD}$, ∠ABC = 108°, ∠BCD = 48°인 사각형 ABCD에서 ∠ADC의 크기를 구하여라.

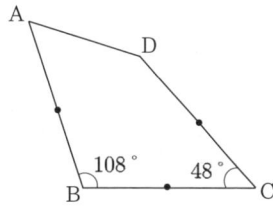

풀이 $\overline{BA} = \overline{BC}$, ∠ABC = 108°라는 사실로부터 그림과 같이 정오각형 ABCEF를 그린다.

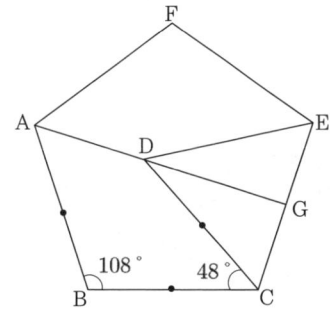

그러면,

$$\angle BCD = 48°, \quad \angle DCE = 108° - 48° = 60°$$

이므로 삼각형 BCE는 정삼각형이다. 사각형 ABCD와 사각형 AFED는 선분 AD에 대하여 대칭이므로 선분 AD의 연장선과 변 CE와의 교점을 G라 하면, 삼각형 DCG와 삼각형 DEG도 선분 DG에 대하여 대칭이다. 따라서

$$\angle CDG = 60° \div 2 = 30°$$

이다. 그러므로

$$\angle ADC = 180° - 30° = 150°$$

이다.

문제 130

한 변의 길이가 15인 정사각형 ABCD에서 변 BA의 연장선 위에 ∠DEA = 70°가 되도록 점 E를 잡고, 변 BC의 연장선 위에 ∠BFD = 65°가 되도록 점 F를 잡는다. 이때, 직각삼각형 EBF의 넓이를 구하여라.

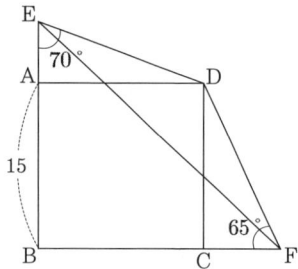

풀이) 점 B와 D를 연결한다.

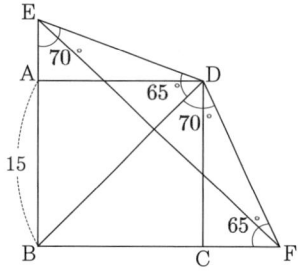

그러면,
$$\angle EDB = 65°, \quad \angle BDF = 70°$$

이므로, 삼각형 EDB와 삼각형 DFB는 닮음이고, $\overline{EB} : \overline{DB} = \overline{DB} : \overline{FB}$이다. 즉,
$$\overline{DB} \times \overline{DB} = \overline{EB} \times \overline{FB}$$

이다. 또, 직각삼각형 EBF의 넓이는
$$\triangle EBF = \overline{EB} \times \overline{FB} \div 2 = \overline{DB} \times \overline{DB} \div 2 = \square ABCD$$

이다. 따라서
$$\triangle EBF = 15 \times 15 = 225$$

이다.

문제 131

$\overline{AB} = 28$, $\overline{AC} = 23$인 삼각형 ABC에서, 점 A에서 변 BC에 내린 수선의 발을 D라 하면, $\overline{AD} = 22$이다. 이때, 삼각형 ABC의 외접원의 둘레의 길이를 구하여라. 단, 원주율은 π로 계산한다.

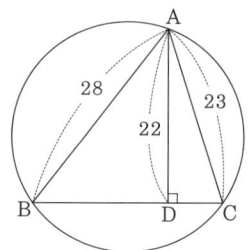

풀이) 지름 AE를 그린다.

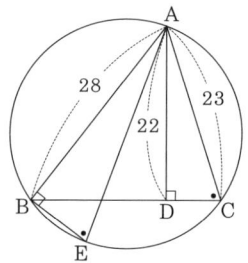

원주각의 성질에 의하여
$$\angle AEB = \angle ACB, \quad \angle ABE = \angle ADC = 90°$$

이다. 그러므로 △ABE와 △ADC는 닮음이다.
$$\overline{AB} : \overline{AD} = \overline{AE} : \overline{AC}$$

이므로,
$$\overline{AE} = 28 \times \frac{23}{22} = \frac{322}{11}$$

이다. 따라서 삼각형 ABC의 외접원의 둘레의 길이는 $\frac{322}{11}\pi$이다.

문제 132

넓이가 132인 정육각형 ABCDEF의 변 BC, DE위에 각각 점 P, Q를 잡아 삼각형 APQ를 만들되, 삼각형 APQ의 둘레의 길이가 최소가 되도록 한다. 이때, 삼각형 APQ의 넓이를 구하여라.

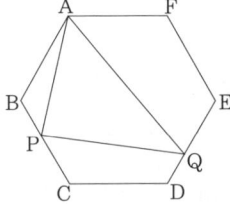

풀이 그림과 같이, 정육각형 ABCDEF를 변 BC에 대하여 대칭이동시킨 정육각형 A′F′E′D′CB와 변 DE에 대하여 대칭이동시킨 정육각형 C″B″A″F″ED를 그린다. 변 AF의 연장선과 변 DE의 연장선의 교점을 G라 하고, 변 BC의 연장선과 변 ED의 연장선의 교점을 H라 한다.

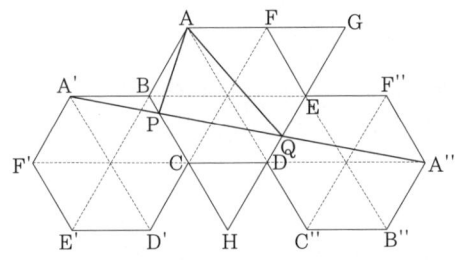

그러면, 삼각형 APQ의 둘레의 길이가 최소가 될 때의 둘레의 길이는 $\overline{A'A''}$이다. 그러므로

$$\overline{BP}:\overline{PC} = \overline{A'B}:\overline{CA''} = 1:3, \quad \overline{DQ}:\overline{QE} = \overline{DA''}:\overline{A'E} = 2:3$$

이다. 또,

$$\triangle APQ = \square ABHG - \triangle ABP - \triangle PHQ - \triangle AQG$$

이다. 그런데,

$$\square ABHG = 132 \times \frac{1}{6} \times 8 = 176,$$
$$\triangle ABP = 132 \times \frac{1}{6} \times \frac{1}{4} = \frac{11}{2},$$
$$\triangle PHQ = 132 \times \frac{1}{6} \times 4 \times \frac{7}{8} \times \frac{8}{10} = \frac{308}{5},$$
$$\triangle AQG = 132 \times \frac{1}{6} \times 4 \times \frac{8}{10} = \frac{352}{5}$$

이다. 따라서 $\triangle APQ = 176 - \frac{11}{2} - \frac{308}{5} - \frac{352}{5} = \frac{77}{2}$이다.

문제 133

$\overline{AB} = 12$, $\overline{BC} = 18$, $\overline{CA} = 9$인 삼각형 ABC에서 내부에 한 점 P를 잡고, 점 P를 지나 변 AB에 평행한 직선과 변 BC와의 교점을 D, 점 P를 지나 변 BC에 평행한 직선과 변 AC와의 교점을 E, 점 P를 지나 변 CA에 평행한 직선과 변 AB와의 교점을 F라 하면, $\overline{PD} = \overline{PE} = \overline{PF}$이다. 이때, 선분 PD의 길이를 구하여라.

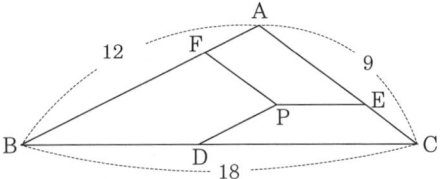

풀이 점 F를 지나 선분 PE에 평행한 직선과 변 AC와의 교점을 G라 하고, 점 D를 지나 선분 PF에 평행한 직선과 변 AB와의 교점을 H라 한다.

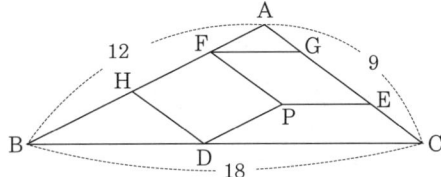

$\overline{PD} = \overline{PE} = \overline{PF}$이므로, 사각형 FPEG와 사각형 FHDP는 마름모이다. 삼각형 AFG와 삼각형 HBD는 삼각형 ABC와 닮음이므로, $\overline{PD} = \overline{PE} = \overline{PF} = x$라 하면,

$$\overline{AF} = x \times \frac{2}{3}, \quad \overline{FH} = x, \quad \overline{HB} = x \times \frac{4}{3}$$

이다. 그러므로

$$\overline{AB} = x \times \frac{2}{3} + x + x \times \frac{4}{3} = x \times 3 = 12$$

이다. 따라서 $x = 4$이다. 즉, $\overline{PD} = 4$이다.

문제 134

사각형 ABCD에서 ∠DAB = 65°, ∠ABD = 50°, ∠DBC = 50°, ∠BCD = 55°이다. 변 BA의 연장선과 변 CD의 연장선과의 교점을 E, 변 AD의 연장선과 변 BC의 연장선과의 교점을 F라 한다. 이때, ∠DEF의 크기를 구하여라.

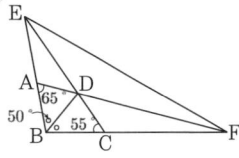

풀이 그림과 같이, 삼각형 EBF의 외접원과 선분 BD의 연장선과의 교점을 G라 한다.

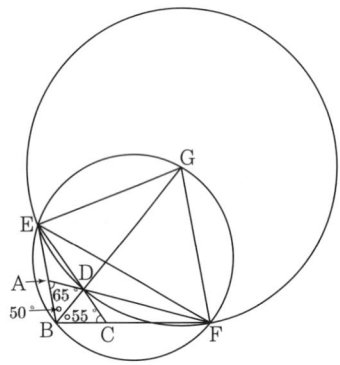

∠EBG = ∠FBG = 50°이므로, 원주각의 성질에 의하여

$$\overline{GE} = \overline{GF}, \quad \angle EFG = \angle FEG = 50°$$

이다. 또,

∠EGF = 180° − 50° × 2 = 80°,
∠EDF = ∠ADC = 360° − (50° + 50° + 65° + 55°) = 140°,
∠EDG = ∠BDC = 180° − (50° + 55°) = 75°

이다. 그런데, $\overline{GE} = \overline{GF}$이므로, 점 G를 중심으로 하고, 선분 GE를 반지름으로 하는 원을 그린다. 그러면, ∠EGF의 원주각은 40°이고, ∠EDF = 140°이므로, 점 D는 이 원 위에 있다. 또, $\overline{GE} = \overline{GD}$이므로, ∠DEG = ∠EDG = 75°이다. 따라서

$$\angle DEF = \angle DEG - \angle FEG = 75° - 50° = 25°$$

이다.

문제 135

$\overline{AD} \parallel \overline{BC}$, ∠D = ∠C = 90°인 사다리꼴 ABCD에서 $\overline{AB} = \overline{AC}$, $\overline{BC} = \overline{CD}$이다. $\overline{AB} = 15$일 때, 사다리꼴 ABCD의 넓이를 구하여라.

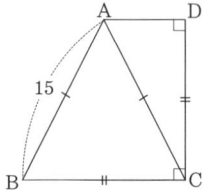

풀이 대각선 AC와 BD의 교점을 O라 한다.

$$\overline{AB} = \overline{AC}, \quad \angle BCD = \angle ADC = 90°$$

이므로,

$$\overline{AD} : \overline{BC} = 1 : 2, \quad \overline{AO} : \overline{OC} = 1 : 2$$

이다. 그러므로

$$\overline{OC} = 15 \times \frac{2}{3} = 10$$

이다. 아래 그림과 같이, 변 BC와 CD를 각각 3등분하여 작은 정사각형 형태로 나누고, 선분 OC를 한 변으로 하는 정사각형을 그린다.

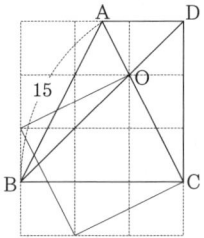

이 정사각형의 넓이는 작은 정사각형의 넓이의 5배이고, 사각형 ABCD의 넓이는 작은 정사각형의 넓이의 $\frac{27}{4}$배이다. 그런데, 작은 정사각형의 넓이는 10 × 10 ÷ 5 = 20이므로, 사각형 ABCD의 넓이는 $20 \times \frac{27}{4} = 135$이다.

문제 136

직사각형 ABCD에서 변 AD위에 $\overline{AE} = 30$인 점 E를 잡고, 변 CD위에 $\overline{CF} = 20$인 점 F를 잡으면, $\triangle BFE = 320$이다. 이때, 직사각형 ABCD의 넓이를 구하여라.

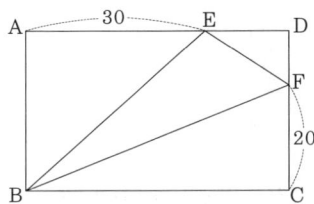

풀이 점 F를 지나 변 BC에 평행한 직선과 변 AB와의 교점을 G라 한다.

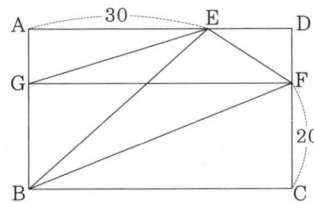

그러면,
$$\triangle EGB = 30 \times 20 \div 2 = 300$$
이다. 그런데,
$$\triangle EGB + \triangle EBF = \frac{1}{2} \times \square ABCD$$
이므로,
$$\square ABCD = 2 \times (300 + 320) = 1240$$
이다.

문제 137

삼각형 ABC에서 $\angle ABC = 2 \times \angle ACB$, $\overline{AB} = 18$, $\overline{AC} = 33$이다. 이때, 변 BC의 길이를 구하여라.

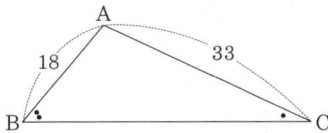

풀이 $\angle ABC$의 내각이등분선과 변 AC의 교점을 D라 한다.

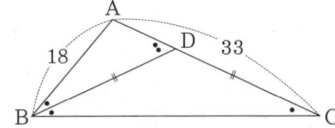

그러면, 삼각형 ABC와 삼각형 ADB는 닮음이고, 삼각형 DBC는 $\overline{DB} = \overline{DC}$인 이등변삼각형이다. 그러므로
$$\overline{AD} : 18 = 18 : 33$$
이므로,
$$\overline{AD} = \frac{18 \times 18}{33} = \frac{108}{11}$$
이다. 따라서
$$\overline{DC} = \overline{DB} = 33 - \frac{108}{11} = \frac{255}{11}$$
이다. 그러므로
$$18 : \overline{BC} = \frac{108}{11} : \frac{255}{11}$$
이므로,
$$\overline{BC} = \frac{255 \times 18}{108} = \frac{85}{2}$$
이다.

문제 138

평행사변형 ABCD에서 변 AB의 삼등분점을 점 A에 가까운 순서대로 E, F라 하고, 변 BC의 삼등분점을 점 B에 가까운 순서대로 G, H라 하고, 변 CD의 삼등분점을 점 C에 가까운 순서대로 I, J라 하고, 변 DA의 삼등분점을 점 D에 가까운 순서대로 K, L이라 한다. 선분 AG와 선분 FD, BJ의 교점을 각각 P, Q라 하고, 선분 KC와 선분 FD, BJ와의 교점을 각각 S, R이라 한다. 사각형 PQRS의 넓이가 138일 때, 평행사변형 ABCD의 넓이를 구하여라.

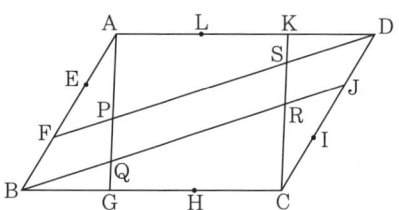

풀이   그림과 같이 평행사변형 UVWX를 그린다.

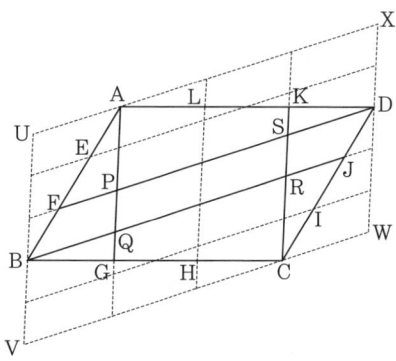

그러면,

$$\square UVWX = \square PQRS \div 2 \times 20 = 138 \div 2 \times 20 = 1380$$

이다. 또,

$$\square UVWX = (\square ABCD - \square PQRS) \times 2 + \square PQRS$$

이므로,

$$\begin{aligned}\square ABCD &= (\square UVWX - \square PQRS) \div 2 + \square PQRS \\ &= (1380 - 138) \div 2 + 138 \\ &= 759\end{aligned}$$

이다.

문제 139

∠B = 90°이고, 둘레의 길이가 78인 직각삼각형 ABC에서 $\overline{AB}$ = 24일 때, 삼각형 ABC의 넓이를 구하여라.

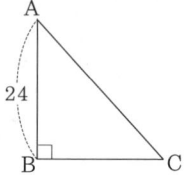

풀이   변 BC의 연장선 위에 $\overline{AC} = \overline{CD}$가 되도록 점 D를 잡고, ∠DAE = 90°가 되도록 하는 점 E를 변 CB의 연장선 위에 잡는다. 점 C에서 선분 DA에 내린 수선의 발을 F라 한다.

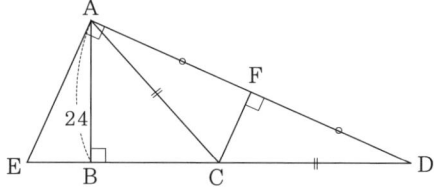

그러면,

$$\overline{BD} = 78 - 24 = 54$$

이다. 삼각형 ABD와 삼각형 EBA가 닮음이므로,

$$\overline{EB} = 24 \times 24 \div 54 = \frac{32}{3}, \quad \overline{ED} = \frac{32}{3} + 54 = \frac{194}{3}$$

이다. 삼각형 ACD가 이등변삼각형이므로, $\overline{AF} = \overline{FD}$이다. 따라서 삼각형 중점연결정리에 의하여

$$\overline{EC} = \overline{CD} = \frac{194}{3} \div 2 = \frac{97}{3}$$

이다. 그러므로

$$\overline{BC} = \frac{97}{3} - \frac{32}{3} = \frac{65}{3}$$

이다. 따라서

$$\triangle ABC = \frac{65}{3} \times 24 \div 2 = 260$$

이다.

문제 140

원에 내접하는 사각형 ABCD에서 $\overline{AB} = 20$, $\overline{BC} = 15$, $\overline{CD} = 24$, $\overline{DA} = 7$일 때, 선분 BD의 길이를 구하여라.

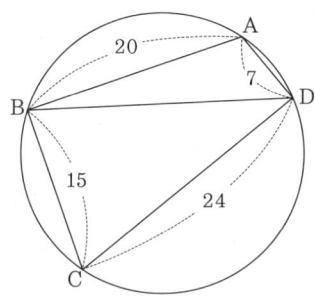

풀이 대각선 AC와 BD의 교점을 E라 한다.

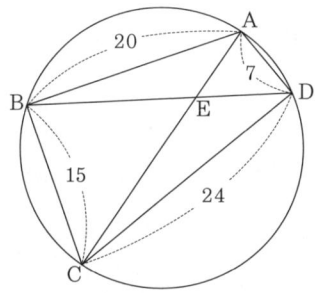

$15^2 + 20^2 = 25^2 = 7^2 + 24^2$이므로, 대각선 AC는 원의 지름이고, $\overline{AC} = 25$이다. 톨레미의 정리에 의하여

$$25 \times \overline{BD} = 20 \times 24 + 15 \times 7 = 585$$

이다. 따라서 $\overline{BD} = \frac{117}{5}$이다.

문제 141

$\angle ABD = 30°$, $\angle ADB = 15°$인 평행사변형 ABCD에서 변 BC위에 $\overline{AB} = \overline{AE}$인 점 E를 잡을 때, $\angle DEC$의 크기를 구하여라.

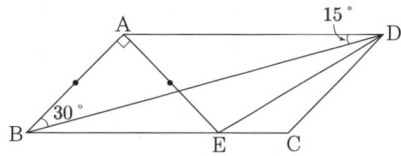

풀이 $\overline{AD} \parallel \overline{BC}$이고, $\angle DBC = 15°$이므로, 삼각형 ABE는 $\angle BAE = 90°$인 직각이등변삼각형이다. 그림과 같이, 선분 AE를 한 변으로 하는 정삼각형 AEF를 그린다.

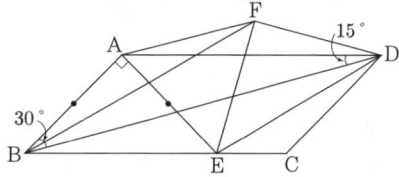

삼각형 ABF에서 $\angle BAF = 150°$, $\overline{AB} = \overline{AF}$이므로,

$$\angle ABF = \angle AFB = 15°$$

이다. 즉, $\overline{AF} \parallel \overline{BD}$이다. 따라서

$$\angle FBD = \angle ADB, \quad \overline{FB} = \overline{AD}$$

이다. 그러므로

$$\triangle ABD \equiv \triangle FDB(SAS합동)$$

이다. 즉, 사각형 ABDF는 $\overline{AB} = \overline{FD}$인 등변사다리꼴이다. 그러므로 $\angle EFD = \angle AFD - 60° = \angle FAB - 60° = \angle BAE$이다. 따라서

$$\triangle FED \equiv \triangle ABE(SAS합동)$$

이다. 그러므로

$$\angle DEC = 180° - (45° + 60° + 45°) = 30°$$

이다.

문제 142

지름이 10인 원 O에 내접하는 넓이가 28인 삼각형 ABC에서 $\overline{AB} = 8$이다. ∠B의 내각이등분선과 원 O와의 교점을 D라 하고, 선분 BD와 변 CA와의 교점을 E라 한다. 점 E에서 변 AB, BC에 내린 수선의 발을 각각 F, G라 한다. 이때, 사각형 DFBG의 넓이를 구하여라.

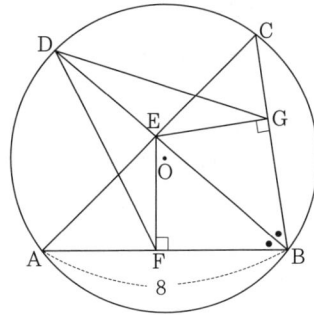

풀이 점 D에서 변 AB와 BC의 연장선 위에 내린 수선의 발을 각각 A′, C′라 한다.

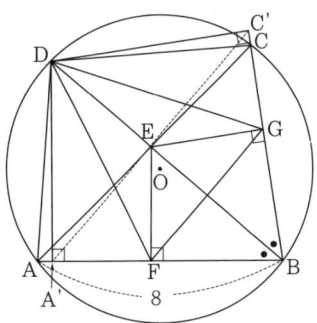

∠ABD = ∠CBD이므로, $\overline{DA} = \overline{DC}$이다. 삼각형 DBA′과 삼각형 DBC′에서

$\overline{DB}$는 공통, ∠A′BD = ∠C′BD, ∠DA′B = ∠DC′B = 90°

이므로,
$$\triangle DBA' \equiv \triangle DBC' (\text{RHA합동})$$

이다. 즉, $\overline{DA'} = \overline{DC'}$이다. 삼각형 DAA′와 삼각형 DCC′에서

$\overline{DA} = \overline{DC}, \quad \overline{DA'} = \overline{DC'}, \quad \angle DA'A = \angle DC'C = 90°$

이므로,
$$\triangle DAA' \equiv \triangle DCC' (\text{RHS합동})$$

이다. 즉, $\overline{AA'} = \overline{CC'}$이다. 삼각형 EFB와 삼각형 EGB에서

$\overline{EB}$는 공통, ∠EBF = ∠EBG, ∠EFB = ∠EGB = 90°

이므로,
$$\triangle EFB \equiv \triangle EGB (\text{RHA합동})$$

이다. 즉, $\overline{EF} = \overline{EG}$이다. 따라서
$$\triangle AA'E = \overline{AA'} \times \overline{EF} \div 2 = \overline{CC'} \times \overline{EG} \div 2 = \triangle CC'E$$

이다. 그러므로

$$\begin{aligned}
\square DFBG &= \triangle DEF + \triangle EFB + \triangle DEG + \triangle EBG \\
&= \triangle EA'F + \triangle EFB + \triangle C'EG + \triangle EBG \\
&= \triangle A'EB + \triangle EC'B \\
&= \triangle EAA' + \triangle A'EB + \triangle EC'B - \triangle CC'E \\
&= \triangle EAB + \triangle EBC \\
&= \triangle ABC \\
&= 28
\end{aligned}$$

이다.

문제 143

$\overline{AD} \parallel \overline{BC}$, $\overline{AD} = 8$, $\overline{BC} = 16$인 사다리꼴 ABCD에서 변 AB의 삼등분점을 점 A에 가까운 순서대로 E, F라 하고, 변 DC의 삼등분점을 점 D에 가까운 순서대로 G, H라고 한다. 또, 선분 BD와 EH의 교점을 O라고 한다. △EOD와 △OBH의 넓이의 합이 56일 때, 사다리꼴 ABCD의 넓이를 구하여라.

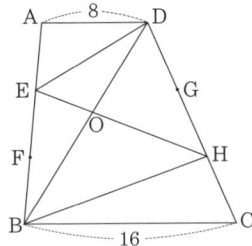

[풀이] 그림과 같이, 대각선 BD와 선분 EG, FH와의 교점을 각각 P, Q라 한다.

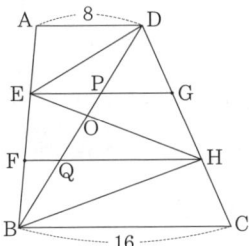

$\overline{AD} : \overline{BC} = 8 : 16 = 1 : 2$로부터 $\overline{EP} : \overline{QH} = 1 : 2$이고, 삼각형 EOP와 삼각형 OQH는 닮음이고, $\overline{PO} : \overline{OQ} = 1 : 2$이다. $\overline{PO} = $ ①라고 하면,

$$\overline{DO} = ④, \quad \overline{OB} = ⑤$$

이다. 그러면,

$$\triangle EOD = \square ABCD \times \frac{1}{3} \times \frac{2}{3} \times \frac{4}{9} = \square ABCD \times \frac{8}{81}$$

이다. 또,

$$\triangle OBH = \square ABCD \times \frac{2}{3} \times \frac{2}{3} \times \frac{5}{9} = \square ABCD \times \frac{20}{81}$$

이다. 따라서

$$\triangle EOD + \triangle OBH = 56 = \square ABCD \times \frac{28}{81}$$

이다. 그러므로, $\square ABCD = 56 \times \frac{81}{28} = 162$이다.

문제 144

한 변의 길이가 12인 정사각형 ABCD의 외부에 △ABE와 △CFD가 정삼각형이 되도록 점 E와 F를 잡고, 선분 AF와 DE의 교점을 G, 선분 BF와 CE의 교점을 H라 한다. 이때, 사각형 EHFG의 넓이를 구하여라.

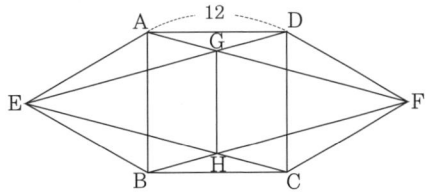

[풀이] $\overline{DA} = \overline{DF}$이고, $\angle ADF = 150°$이므로,

$$\angle DAF = (180° - 150°) \div 2 = 15°$$

이다. 또, 같은 방법으로 $\angle ADE = 15°$이다. 그러므로

$$\angle AGD = 150°$$

이다. 삼각형 ABG의 내부에 삼각형 AGI가 정삼각형이 되도록 점 I를 잡는다.

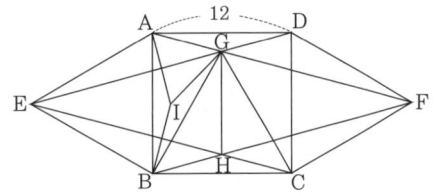

$\angle BAI = 15°$로부터, 삼각형 ADG와 삼각형 ABI에서

$$\overline{AD} = \overline{AB}, \quad \overline{AG} = \overline{AI}, \quad \angle DAG = \angle BAI$$

이므로

$$\triangle ADG \equiv \triangle ABI \text{(SAS합동)}$$

이다. 따라서

$$\angle AIB = (360° - 60°) \div 2 = 150°, \quad \angle GIB = 150°$$

이다. 그러므로 삼각형 ABI와 삼각형 GBI에서

$$\overline{AI} = \overline{GI}, \quad \overline{BI}\text{는 공통}, \quad \angle AIB = \angle GIB$$

이므로,

$$\triangle ABI \equiv \triangle GBI \text{(SAS합동)}$$

이다. 즉,

$$\overline{AB} = \overline{GB}, \quad \angle ABG = 15° \times 2 = 30°$$

이다. 그러므로 ∠GBC = 60°이다. 즉, 삼각형 BGC는 정삼각형이다.

삼각형 EBG는 $\overline{EB} = \overline{GB}$인 직각이등변삼각형이고, $\overline{EG} \parallel \overline{BH}$이므로, △EBG = △EHG이다. 따라서

$$\square EHFG = \triangle EHG \times 2 = \triangle EBG \times 2 = \square ABCD = 144$$

이다.

문제 145

$\overline{AB} = \overline{AC}$인 이등변삼각형 ABC에서 변 BC위에 $\overline{BD} = \overline{EC}$가 되도록 점 D, E를 잡는다. 변 AB위에 한 점 F를 잡고, 선분 FC와 AD, AE와의 교점을 각각 G, H라 하면, $\overline{FG} : \overline{GH} : \overline{HC} = 1 : 3 : 6$이다. 이때, 선분 AF를 지름으로 하는 반원의 넓이와 선분 AC를 지름으로 하는 반원의 넓이의 비를 구하여라.

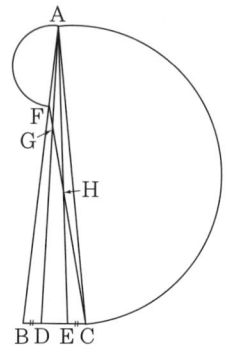

풀이 $\overline{FG} : \overline{GH} : \overline{HC} = 1 : 3 : 6$이므로,

$$\triangle AFG : \triangle AGH : \triangle AHC = 1 : 3 : 6$$

이다. 또, ∠FAG = ∠CAH이므로

$$\overline{AF} \times \overline{AG} : \overline{AC} \times \overline{AH} = 1 : 6$$

이다. 즉,

$$\frac{\overline{AC} \times \overline{AH}}{\overline{AF} \times \overline{AG}} = 6$$

이다. ∠FAH = ∠CAG이므로,

$$\overline{AF} \times \overline{AH} : \overline{AC} \times \overline{AG} = (1+3) : (3+6) = 4 : 9$$

이다. 즉,

$$\frac{\overline{AC} \times \overline{AG}}{\overline{AF} \times \overline{AH}} = \frac{9}{4}$$

이다. 그러므로

$$\frac{\overline{AC} \times \overline{AH}}{\overline{AF} \times \overline{AG}} \times \frac{\overline{AC} \times \overline{AG}}{\overline{AF} \times \overline{AH}} = 6 \times \frac{9}{4} = \frac{27}{2}$$

이다. 즉,

$$\frac{\overline{AC} \times \overline{AC}}{\overline{AF} \times \overline{AF}} = \frac{27}{2}, \quad \overline{AC}^2 : \overline{AF}^2 = 27 : 2$$

이다. 따라서 선분 AF를 지름으로 하는 반원의 넓이와 선분 AC를 지름으로 하는 반원의 넓이의 비는 2 : 27이다.

문제 146

$\overline{AB}=27$, $\overline{BC}=36$, $\angle ABC=30°$인 삼각형 ABC의 내부에 점 D를 잡을 때, $\overline{AD}+\overline{BD}+\overline{CD}$의 최솟값을 구하여라.

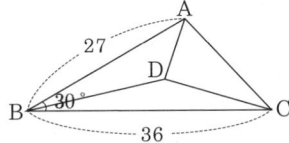

풀이 그림과 같이, 변 BC를 한 변으로 하는 정삼각형 BFC를 그리고, 변 BD를 한 변으로 하는 정삼각형 BED를 그린다.

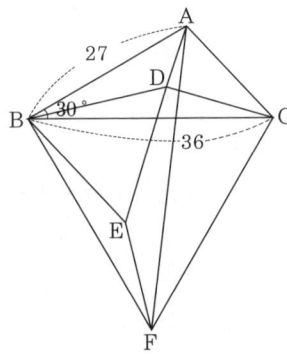

그러면, 삼각형 BCD와 삼각형 BFE에서
$$\overline{DB}=\overline{EB}, \quad \angle DBC=\angle EBF, \quad \overline{BC}=\overline{BF}$$
이므로
$$\triangle BCD \equiv \triangle BFE(\text{SAS합동})$$
이다. 그러므로
$$\overline{AD}+\overline{BD}+\overline{CD}=\overline{AD}+\overline{DE}+\overline{EF}$$
이다. $\overline{AD}+\overline{DE}+\overline{EF}$가 최소가 되기 위해서는 점 D가 선분 AF위에 있을 때이다. 즉, 세 선분 AD, DE, EF가 한 직선 위에 있을 때이다.

그러면, 삼각형 ABF는 직각삼각형이다. 따라서 $\overline{AB}:\overline{BF}=27:36=3:4$이므로, $\overline{AF}=45$이다.

문제 147

$\overline{AB}=12$, $\angle A=30°$, $\overline{AC}=9$인 삼각형 ABC에서 변 BC를 한 변으로 하는 정삼각형 BDC를 그린다. 이때, 선분 AD의 길이를 구하여라.

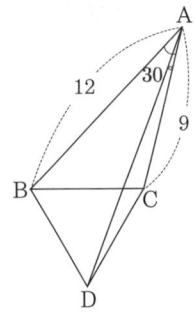

풀이 그림과 같이 변 AC를 한 변으로 하는 정삼각형 CEA를 그린다.

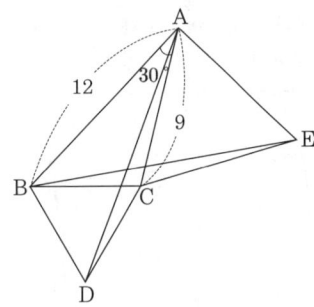

그러면, 삼각형 ADC와 삼각형 EBC에서
$$\overline{AC}=\overline{EC}, \quad \overline{CD}=\overline{CB}, \quad \angle ACD=\angle ECB$$
이므로,
$$\triangle ADC \equiv \triangle EBC(\text{SAS합동})$$
이다. 즉, $\overline{AD}=\overline{EB}$이다.
삼각형 ABE는 $\angle EAB=90°$인 직각삼각형이고, $\overline{AE}:\overline{AB}=9:12=3:4$이므로, $\overline{BE}=15$이다. 따라서 $\overline{AD}=15$이다.

문제 **148**

한 변의 길이가 70인 정삼각형 ABCD에서 $\overline{AE} = \overline{BF} = \overline{CG} = 9$가 되도록 점 E, F, G를 각각 변 AD, AB, BC 위에 잡는다. 점 A를 선분 EF에 대하여 대칭이동시킨 점을 A′라고 한다. 이때, △A′EG의 넓이를 구하여라.

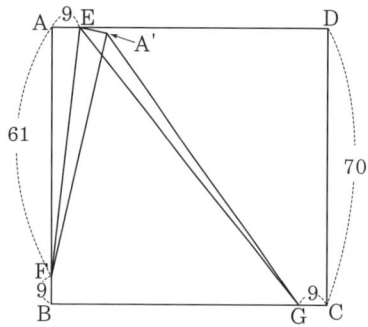

풀이) 그림과 같이, 변 CD 위에 $\overline{DH} = 9$인 점 H를 잡고, 점 B를 선분 FG에 대하여 대칭이동시킨 점을 B′라고 하고, 점 C를 선분 HG에 대하여 대칭이동시킨 점을 C′라고 하고, 점 D를 선분 EH에 대하여 대칭이동시킨 점을 D′라고 한다.

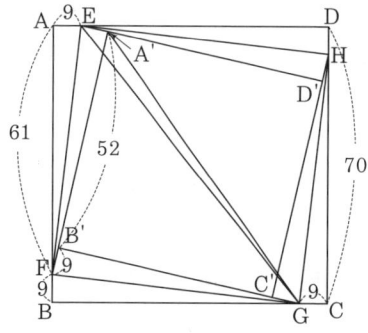

그러면, 사각형 A′B′C′D′는 정사각형이고, $\overline{A'F} = 61$, $\overline{A'B'} = 61 - 9 = 52$이다. 그러므로, △A′EG는 선분 EA′를 밑변으로 하고, 높이가 선분 A′B′인 삼각형이다. 따라서

$$\triangle A'EG = 9 \times 52 \div 2 = 234$$

이다.

문제 **149**

$\overline{AB} = \overline{BC} = 20$인 이등변삼각형 ABC에서 변 BC위에 $\overline{BD} = 11$, $\overline{DC} = 9$인 점 D를 잡고, 변 AB위에 $\overline{AE} = 2$, $\overline{EF} = 4$, $\overline{FB} = 14$가 되도록 점 E, F를 잡으면, 선분 ED는 변 BC와 수직이다. 변 AC위에 $\overline{AG} : \overline{GC} = 7 : 3$이 되도록 점 G를 잡는다. 선분 ED와 FG의 교점을 H라 할 때, $\overline{FH} : \overline{HG}$를 구하여라.

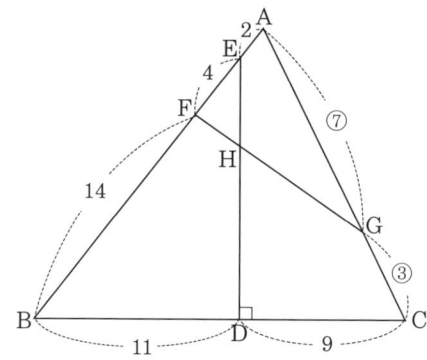

풀이1) 점 F와 D를 연결하고, 점 G와 D를 연결한다.

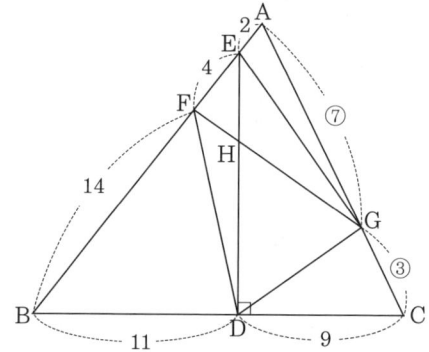

△ABC = S 라 하면,

$$\triangle FBD = S \times \frac{11}{20} \times \frac{14}{20} = \frac{77}{200}S,$$
$$\triangle AEG = S \times \frac{7}{10} \times \frac{2}{20} = \frac{14}{200}S,$$
$$\triangle GDC = S \times \frac{9}{20} \times \frac{3}{10} = \frac{27}{200}S$$

이다. 그러므로

$$\triangle EFD = \triangle FBD \times \frac{4}{14} = \frac{77}{200}S \times \frac{4}{14} = \frac{22}{200}S$$

이다. 따라서

$$\triangle EDG = \triangle ABC - \triangle FBD - \triangle AEG - \triangle GDC - \triangle EFD$$
$$= S - \frac{77}{200}S - \frac{14}{200}S - \frac{27}{200}S - \frac{22}{200}S$$
$$= \frac{60}{200}S$$

이다. 그러므로

$$\overline{FH} : \overline{HG} = \triangle EFD : \triangle EDG = \frac{22}{200}S : \frac{60}{200}S = 11 : 30$$

이다.

[풀이2] 세 점 F, A, G에서 변 BC에 내린 수선의 발을 각각 F′, A′, G′라 한다.

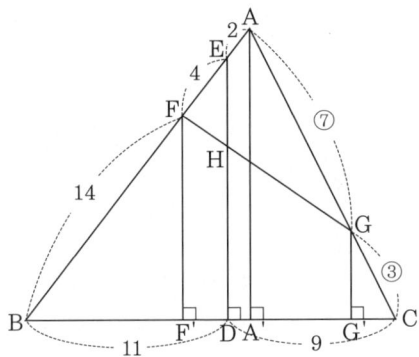

주어진 조건으로부터

$$\overline{BF'} : \overline{F'D} : \overline{DA'} = 7 : 2 : 1$$

이므로,

$$\overline{BF'} = \frac{77}{9}, \quad \overline{F'D} = \frac{22}{9}, \quad \overline{DA'} = \frac{11}{9}$$

이다. 또,

$$\overline{A'C} = 9 - \frac{11}{9} = \frac{70}{9}, \quad \overline{A'G'} : \overline{G'C} = 7 : 3$$

으로부터

$$\overline{A'G'} = \frac{49}{9}, \quad \overline{G'C} = \frac{21}{9}$$

이다. 따라서

$$\overline{FH} : \overline{HG} = \overline{F'D} : \overline{DG'} = \frac{22}{9} : \left(\frac{11}{9} + \frac{49}{9}\right) = 11 : 30$$

이다.

[문제] **150**

$\overline{AB} = 26$, $\overline{BC} = 39$인 삼각형 ABC에서 변 BC위에 ∠CAD = 90°가 되도록 점 D를 잡으면, ∠DCA = ∠DAB이다. 이때, 삼각형 ABC의 넓이를 구하여라.

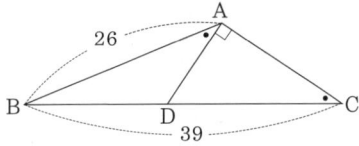

[풀이1] ∠BAD = ∠BCA, ∠ABD = ∠CBA이므로, 삼각형 ABC와 삼각형 DBA는 닮음이고,

$$\overline{AC} : \overline{AD} = \overline{BC} : \overline{BA} = \overline{AB} : \overline{DB} = 3 : 2$$

이다. 그러므로

$$\overline{BD} = 26 \times \frac{2}{3} = \frac{52}{3}, \quad \overline{CD} = 39 - \frac{52}{3} = \frac{65}{3}$$

이다.

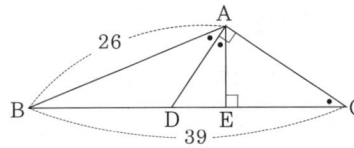

점 A에서 변 BC에 내린 수선의 발을 H라 하면, 삼각형 ADC, 삼각형 HAD, 삼각형 HAC가 닮음이므로

$$\overline{DH} : \overline{HA} = 2 : 3, \quad \overline{AH} : \overline{HC} = 2 : 3$$

이다. 즉,

$$\overline{DH} : \overline{HA} : \overline{HC} = 4 : 6 : 9$$

이다. 그러므로

$$\overline{AH} = \frac{65}{3} \times \frac{6}{13} = 10$$

이다. 따라서

$$\triangle ABC = 39 \times 10 \times \frac{1}{2} = 195$$

이다.

[풀이2] 점 A에서 변 BC에 내린 수선의 발을 E라 하고, 점 C에서 변 BA에 연장선 위에 내린 수선의 발을 F라 한다.

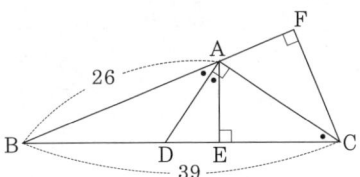

그러면,

$$\angle BEA = \angle BFC = 90°, \quad \angle ABE = \angle CBF$$

로부터 삼각형 ABE와 삼각형 CBF는 닮음이고, $\overline{AB} = 26$, $\overline{BC} = 39$이므로 닮음비가 2:3이다. 따라서

$$\overline{BF} = \overline{BE} \times \frac{3}{2}$$

이다. 삼각형 AEC와 삼각형 AFC에서

$\overline{AC}$는 공통, $\angle AEC = \angle AFC = 90°$, $\angle EAC = \angle FAC$

이므로,

$$\triangle AEC \equiv \triangle AFC (\text{RHA합동})$$

이다.

$$\overline{AF} : \overline{FC} = \overline{AE} : \overline{EC} = 2 : 3$$

이므로,

$$\overline{EC} = \overline{AE} \times \frac{3}{2}$$

이다. $\overline{BE} = \overline{AE} \times x$라고 하면,

$$\overline{BC} = \overline{BE} + \overline{EC} = \overline{AE} \times x + \overline{AE} \times \frac{3}{2} = 39,$$
$$\overline{BA} = \overline{BF} - \overline{AF} = \overline{AE} \times x \times \frac{3}{2} - \overline{AE} = 26$$

이다. 위 두 식을 연립하여 계산하면,

$$\overline{AE} \times \left(\frac{9}{4} + 1\right) = 39 \times \frac{3}{2} - 26 = \frac{65}{2}$$

이다. 이를 정리하면 $\overline{AE} = 10$이다. 따라서

$$\triangle ABC = 39 \times 10 \times \frac{1}{2} = 195$$

이다.

문제 151

정사각형 ABCD에서 변 AB위에 $\overline{AE} : \overline{EB} = 5 : 1$이 되는 점 E를 잡고, 변 BC위에 $\overline{BE} = \overline{BF}$가 되도록 점 F를 잡고, 선분 CE와 DF의 교점을 G라 한다. 사각형 AEGD의 넓이가 271일 때, 삼각형 EBC와 삼각형 GCD의 넓이의 합을 구하여라.

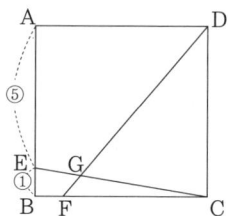

풀이 선분 CE의 연장선과 변 AD의 연장선과의 교점을 H라 한다.

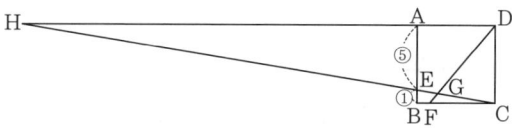

$\overline{BE} = ①$라고 하면,

$$\overline{BC} = ⑥, \quad \overline{AE} = \overline{CF} = ⑤, \quad \overline{HA} = ㉚$$

이다. 즉, $\overline{HD} : \overline{CF} = 36 : 5$이다. 삼각형 GDH와 삼각형 GFC가 닮음비가 $\overline{DG} : \overline{FG} = 36 : 5$인 닮음이다. 그러므로

$$\triangle EBC = 6 \times 1 \div 2 = 3,$$
$$\triangle CGD = 6 \times 5 \div 2 \times \frac{36}{41} = \frac{540}{41}$$

이다. 따라서

$$\square AEGD : (\triangle EBC + \triangle CGD)$$
$$= \left\{6 \times 6 - \left(3 + \frac{540}{41}\right)\right\} : \left(3 + \frac{540}{41}\right)$$
$$= 271 : 221$$

이다. 그러므로 사각형 AEGD의 넓이가 271이므로, 삼각형 EBC와 삼각형 GCD의 넓이의 합은 221이다.

문제 152

∠C = 90°인 직각이등변삼각형 ABC에서 ∠ADB = 90°가 되도록 점 D를 잡고, 선분 AD와 변 BC의 교점을 E라 하면, $\overline{BE} : \overline{EC} = 3 : 2$이다. △BDE = 261일 때, 삼각형 ABC의 넓이를 구하여라.

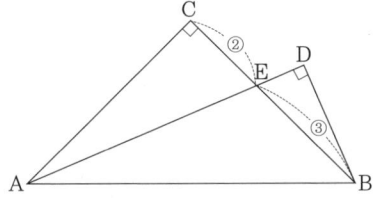

풀이   그림과 같이, 세 점 C, D, E에서 변 AB에 내린 수선의 발을 각각 C′, D′, E′라고 한다.

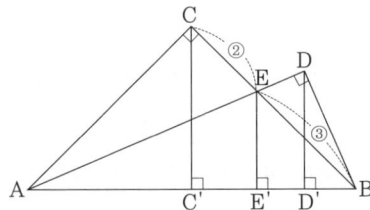

$\overline{BE} : \overline{EC} = 3 : 2$이므로,

$$\overline{BE'} : \overline{E'C'} = 3 : 2, \quad \overline{EE'} : \overline{E'A} = 3 : 7$$

이다. 삼각형 ABD와 삼각형 DBD′, 삼각형 ADD′, 삼각형 AEE′는 모두 닮음이다.

$$\overline{BD'} : \overline{D'D} = 3 : 7, \quad \overline{DD'} : \overline{D'A} = 3 : 7$$

이므로,

$$\overline{BD'} : \overline{DD'} : \overline{D'A} = 9 : 21 : 49$$

이다. 이제, $\overline{AB} = 9k + 49k = 58k$라고 하면,

$$\overline{BC'} = \overline{CC'} = 58k \times \frac{1}{2} = 29k,$$
$$\overline{BE'} = \overline{EE'} = 29k \times \frac{3}{5} = \frac{87}{5}k$$
$$\overline{DD'} = 21k$$

이다. 따라서

$$\triangle BDE = 58k \times 21k \div 2 - 58k \times \frac{87}{5}k \div 2 = \frac{522}{5}k^2,$$
$$\triangle ABC = 58k \times 29k \div 2 = 841k^2$$

이다. 그런데, △BDE = 261이므로, $k^2 = \frac{5}{2}$이다. 따라서

$$\triangle ABC = 841k^2 = 841 \times \frac{5}{2} = \frac{4205}{2}$$

이다.

문제 153

∠A = 90°이고, 넓이가 60인 직각이등변삼각형 ABC에서 변 BC위에 $\overline{BD} : \overline{DC} = 1 : 3$이 되도록 점 D를 잡는다. 선분 AD를 한 변으로 하는 정사각형 AFED가 되도록 점 E, F를 잡는다. 이때, 정사각형 AFED의 넓이를 구하여라.

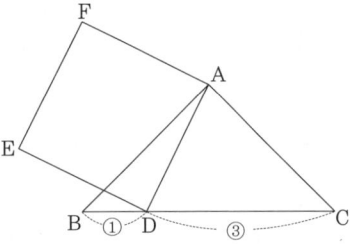

풀이   그림과 같이, 선분 BD를 한 변으로 하는 작은 정사각형(모눈)으로 나눈다.

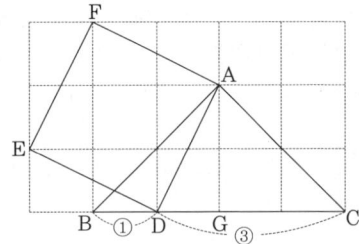

정사각형 AFED의 넓이는 선분 BD를 한 변으로 하는 정사각형의 넓이의 5배이고, 삼각형 ABC의 넓이는 선분 BD를 한 변으로 하는 정사각형의 넓이의 4배이다. 따라서

$$\square AFED = \triangle ABC \times \frac{5}{4} = 60 \times \frac{5}{4} = 75$$

이다.

문제 154

$\overline{AB} = 339$, $\overline{AD} = 587$인 직사각형 ABCD에서 변 DA, AB, BC, CD위에 각각 점 E, F, G, H를 잡고, 점 E에서 변 BC에 내린 수선의 발을 E′, 점 F에서 변 CD에 내린 수선의 발을 F′라 하면, $\overline{EF} = 250$, $\overline{E'G} = 67$, $\overline{F'H} = 15$이다. 이때, 사각형 ABCD의 넓이를 구하여라.

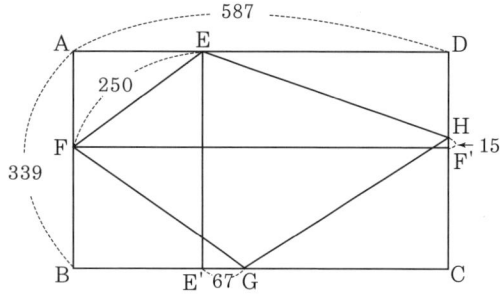

[풀이] 점 G에서 변 AD에 내린 수선의 발을 G′라 하고, 점 H에서 변 AB에 내린 수선의 발을 H′라 한다. 또, 선분 EE′와 선분 H′H, FF′와의 교점을 각각 I, J라 하고, 선분 G′G와 선분 FF′, HH′와의 교점을 각각 K, L이라 한다.

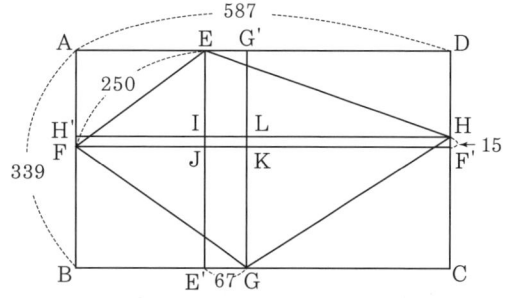

그러면,

$$\triangle EFJ = \frac{1}{2} \times \square AFJE, \quad \triangle FGK = \frac{1}{2} \times \square FBGK,$$
$$\triangle LGH = \frac{1}{2} \times \square LGCH, \quad \triangle EIH = \frac{1}{2} \times \square EIHD$$

이다. □IJKL = 15 × 67 = 1005이므로,

$$\begin{aligned}\square EFGH &= (\square ABCD - \square IJKL) \div 2 + \square IJKL \\ &= (339 \times 587 - 1005) \div 2 + 1005 \\ &= 99999\end{aligned}$$

이다.

문제 155

반지름이 12인 두 원 O, O′이 두 점 A, B에서 만난다. 직선 AO와 원 O′과의 교점을 C, 직선 AO′과 원 O와의 교점을 D라 한다. ∠DAC = 30°일 때, 삼각형 ACD의 넓이를 구하여라.

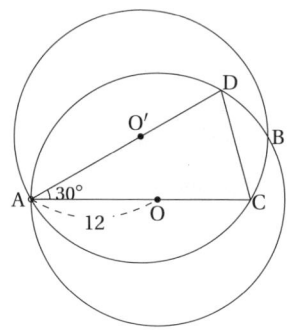

[풀이] 삼각형 ACD의 넓이는 삼각형 O′AO와 사각형 O′OCD의 넓이의 합과 같다. 그러므로

$$\triangle ACD = \frac{1}{2} \times 12 \times 6 + 12 \times 12 \times \frac{1}{2} = 36 + 72 = 108$$

이다.

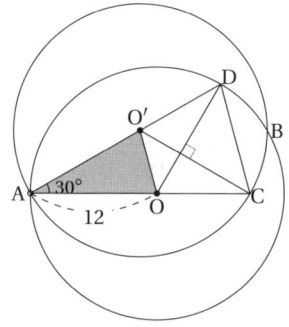

문제 156

$\overline{AB} = 121$, $\overline{BC} = 104$, $\overline{CA} = 113$인 삼각형 ABC에서 내접원 O를 그린다. 중심 O를 지나 변 BC에 평행한 직선과 변 AB, AC와의 교점을 각각 E, F라 한다. 이때, 선분 EF의 길이를 구하여라.

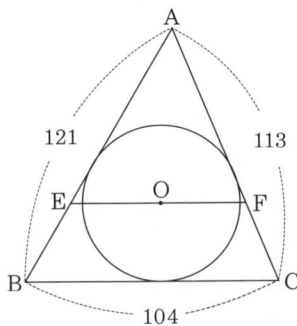

풀이 점 O에서 변 AB, BC, CA에 내린 수선의 발을 각각 P, Q, R이라 한다.

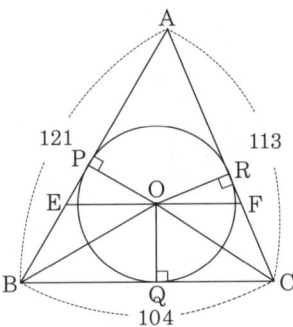

그러면, △OPB ≡ △OQB, △OQC ≡ △ORC이다. $\overline{EF} \parallel \overline{BC}$이므로,

$$\angle EOB = \angle OBC, \quad \angle FOC = \angle OCB$$

이다. 중심 O가 삼각형 ABC의 내심이므로,

$$\overline{EB} = \overline{EO}, \quad \overline{FO} = \overline{FC}$$

이다. 삼각형 AFE의 둘레의 길이는

$$\overline{AB} + \overline{AC} = 121 + 113 = 234$$

이고, 삼각형 ABC의 둘레의 길이는 $121 + 104 + 113 = 338$이다. 삼각형 AEF와 삼각형 ABC가 닮음이므로,

$$\overline{EF} = \overline{BC} \times \frac{234}{338} = 104 \times \frac{234}{338} = 72$$

이다.

문제 157

$\overline{AD} < \overline{BC}$, $\overline{AD} \parallel \overline{BC}$인 사다리꼴 ABCD에서 두 대각선의 교점을 E라 하자. 점 D를 지나 변 AB에 평행한 직선과 변 BC와의 교점을 F라 하면, △DFC = 72, △AED = 49이다. 이때, 사다리꼴 ABCD의 넓이를 구하여라.

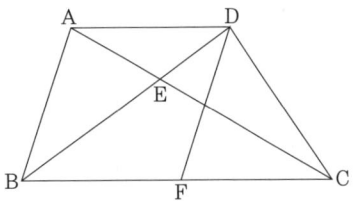

풀이 대각선 AC와 선분 DF의 교점을 G라고 한다.

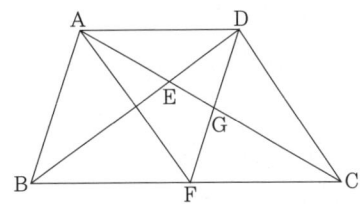

그러면, △BDF = △AFD = △ACD이므로,

$$\square EBFG = \triangle AED + \triangle DGC$$

이다. 그러므로

$$\triangle EBC = \square EBFG + \triangle GFC$$
$$= \triangle AED + \triangle DGC + \triangle GFC$$
$$= \triangle AED + \triangle DFC$$
$$= 49 + 72$$
$$= 121$$

이다. 삼각형 EDA와 삼각형 EBC는 닮음이고,

$$\triangle EDA : \triangle EBC = 49 : 121 = 7^2 : 11^2$$

이므로 닮음비는 $\overline{AD} : \overline{BC} = 7 : 11$이다. 그러므로

$$\overline{BF} : \overline{FC} = 7 : 4$$

이다. 즉,

$$\triangle DBF = 72 \times \frac{7}{4} = 126$$

이다. 따라서

$$\square ABCD = 126 \times 2 + 72 = 324$$

이다.

문제 158

한 변의 길이가 24인 정사각형 ABCD에서 변 AB 위에 $\overline{AE} : \overline{EB} = 1 : 3$이 되는 점 E를 잡고, 변 CD 위에 $\overline{CH} : \overline{HD} = 1 : 3$이 되는 점 H를 잡는다. 변 BC의 중점을 F라 하고, 변 DA의 중점을 G라 한다. 또, 선분 EF 위에 한 점 O를 잡으면, □OFCH = 158이다. 이때, 사각형 AEOG의 넓이를 구하여라.

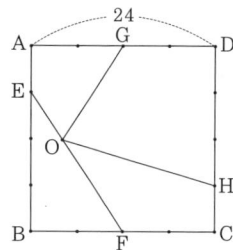

풀이 그림과 같이 선분 EG, GH, FH를 그린다.

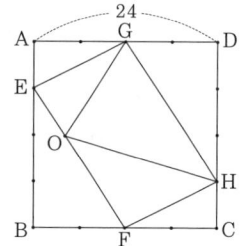

그러면, 사각형 EFHG는 평행사변형이다.

$$\triangle AEG = \triangle FCH = 12 \times 6 \div 2 = 36,$$
$$\triangle EBF = \triangle HDG = 18 \times 12 \div 2 = 108$$

이므로,

$$\square EFHG = 24 \times 24 - (36 + 108) \times 2 = 288$$

이다. 그러므로

$$\triangle EFH = \square EFHG \times \frac{1}{2} = 144$$

이고,

$$\triangle OFH = \square OFCH - \triangle FCH = 122$$

이다. 따라서

$$\triangle EOH = \triangle EFH - \triangle OFH = 144 - 122 = 22 = \triangle OEG$$

이다. 그러므로

$$\square AEOG = \triangle AEG + \triangle OEG = 36 + 22 = 58$$

이다.

문제 159

$\overline{AB} = 35$, $\overline{BF} = 19$인 삼각형 ABF에서 변 BF의 연장선 위에 $\overline{FC} = 20$인 점 C를 잡고, 변 AB위에 $\overline{AE} = 17$이 되는 점 E를 잡는다. 선분 AF와 CE의 교점을 D라 하면, $\overline{CD} = 21$이다. 이때, 메넬라우스의 정리를 이용하지 않고 선분 DE의 길이를 구하여라.

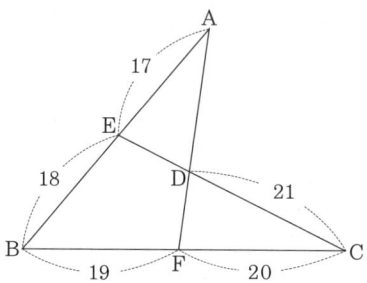

풀이 점 E를 지나 선분 AF에 평행한 직선과 변 BC와의 교점을 G라 한다.

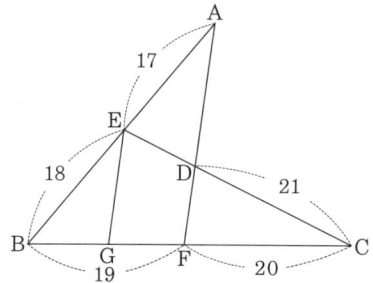

그러면, $\overline{BG} : \overline{GF} = 18 : 17$이므로,

$$\overline{GF} = 19 \times \frac{17}{35} = \frac{323}{35}$$

이다. 또, $\overline{GF} : \overline{FC} = \overline{ED} : \overline{DC}$이므로,

$$\overline{ED} = \overline{GF} \times 21 \times \frac{1}{20} = \frac{323}{35} \times 21 \times \frac{1}{20} = \frac{969}{100}$$

이다.

문제 160

$\overline{AB} = 12$인 삼각형 ABC에서 변 AB위에 $\overline{AD} = 3$인 점 D를 잡는다. 점 D를 지나 변 AC에 평행한 직선과 변 BC와의 교점을 E라 하면, $\angle DAE = 30°$, $\overline{AE} = 10$이다. 이때, 삼각형 AEC의 넓이를 구하여라.

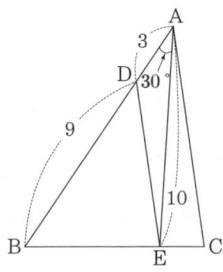

[풀이] 점 E에서 변 AB에 내린 수선의 발을 F라 한다.

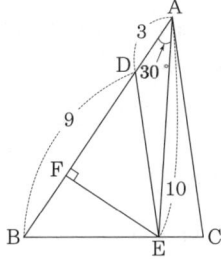

$\angle FAE = 30°$이므로,

$$\overline{EF} = \frac{1}{2} \times \overline{AE} = \frac{1}{2} \times 10 = 5$$

이다. 따라서
$$\triangle ABE = 12 \times 5 \div 2 = 30$$

이다. 또, $\overline{AD} = 3$, $\overline{DB} = 9$, $\overline{AC} \parallel \overline{DE}$이므로,

$$\overline{BE} : \overline{EC} = 3 : 1$$

이다. 따라서
$$\triangle AEC = 30 \div 3 = 10$$

이다.

문제 161

사각형 ABCD에서 $\angle ABD = 46°$, $\angle DBC = 30°$, $\angle BCA = 38°$, $\angle ACD = 30°$이다. 이때, $\angle DAC$의 크기를 구하여라.

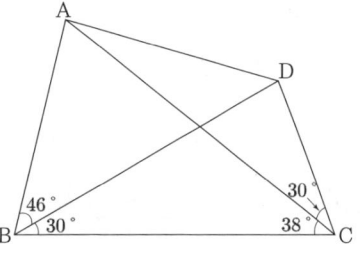

[풀이] 그림과 같이 변 BC위에 $\overline{AB} = \overline{AE}$가 되는 점 E를 잡는다.

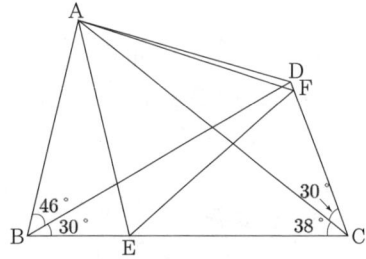

그러면 $\angle AEB = 76°$, $\angle BAE = 28°$이다. 그러므로
$$\angle EAC = 76° - 38° = 38°$$

이다. 또, $\angle ECA = 38°$이므로 $\overline{AE} = \overline{EC}$이다. 변 CD 또는 그 연장선 위에 $\overline{EC} = \overline{EF}$가 되는 점 F를 잡으면

$$\angle EFC = \angle ECF = 68°, \quad \angle FEC = 180° - 68° \times 2 = 44°$$

이다. 그러므로
$$\angle AEF = 180° - (76° + 44°) = 60°$$

이다. 삼각형 AEF는 정삼각형이다. 또,
$$\angle BAF = 60° + 28° = 88°, \quad \overline{AB} = \overline{AF}$$

이므로,
$$\angle ABF = (180° - 88°) \div 2 = 46°$$

이다. 그런데, $\angle ABD = 46°$이므로 점 D와 F는 동일한 점이다. 따라서
$$\angle DAC = 60° - 38° = 22°$$

이다.

문제 162

선분 AB를 지름으로 하는 원의 호 $\widehat{AB}$ 위에 점 A에 가까운 순서대로 점 P, Q, R을 잡으면, $\widehat{AP} = \widehat{QR}$, $\widehat{PQ} = \widehat{RB}$, $\overline{BR} = \overline{PQ} = 2$이다. 이때, △QPR = 6일 때, 사각형 ABRP의 넓이를 구하여라.

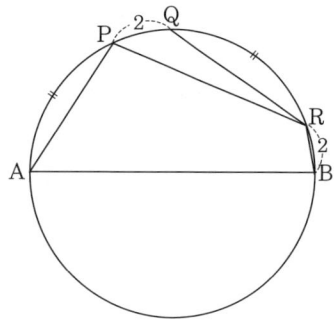

풀이 원의 중심을 O라 한다. 선분 OP와 OQ, OR을 그린다. 점 R에서 선분 PQ의 연장선 위에 내린 수선의 발을 H라 한다.

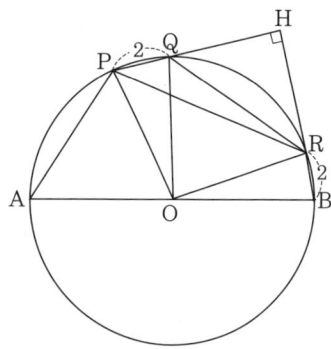

$\widehat{AP} = \widehat{QR}$, $\widehat{PQ} = \widehat{RB}$ 로부터

$$\triangle OAP \equiv \triangle OQR, \quad \triangle OPQ \equiv \triangle ORB$$

이다. 그런데,

$$\square ABRP = \triangle OAP + \triangle OPR + \triangle ORB,$$
$$\triangle PQR = \triangle OPQ + \triangle OQR - \triangle OPR$$
$$= \triangle OAP + \triangle ORB - \triangle OPR$$

로부터

$$\square ABRP = \triangle OPR \times 2 + \triangle PQR$$
$$= \triangle OPR \times 2 + 6$$

이다. 또,
$$\widehat{PR} = \widehat{PQ} + \widehat{QR} = \widehat{AP} + \widehat{PB}$$

이므로, $\widehat{PR} = \dfrac{1}{2} \times \widehat{AB}$이다. 그러므로 ∠POR = 90°이고, △OPR은 직각이등변삼각형이다. 사각형 PORQ에서

$$\angle PQR = (360° - \angle POR) \div 2 = 135°$$

이다. 또,

$$\angle RQH = 180° - \angle PQR = 180° - 135° = 45°$$

가 되어, △HQR은 $\overline{QH} = \overline{RH}$인 직각이등변삼각형이다. 또,

$$\triangle PQR = 6 = \overline{PQ} \times \overline{RH} \div 2 = 2 \times \overline{RH} \div 2$$

로 부터 $\overline{RH} = 6$이다. 그러므로

$$\overline{QH} = \overline{RH} = 6, \quad \overline{PH} = \overline{PQ} + \overline{QH} = 2 + 6 = 8$$

이다. 따라서 △RHP는 세 변의 길이의 비가 3 : 4 : 5인 직각삼각형이다. 즉, $\overline{PR} = 10$이다. 그러므로

$$\triangle OPR = \dfrac{1}{2} \times \overline{PR} \times \dfrac{\overline{PR}}{2} = \dfrac{1}{2} \times 10 \times 5 = 25$$

이다. 따라서

$$\square ABRP = \triangle OPR \times 2 + 6 = 25 \times 2 + 6 = 56$$

이다.

문제 163

∠A = 60°, ∠C = 90°인 직각삼각형 ABC에서 변 CA위에 ∠DBC = 10°가 되도록 하는 점 D를 잡고, 점 D에서 변 AB에 내린 수선의 발을 E라 하면, $\overline{BD}$ = 21이다. 이때, 선분 CE의 길이를 구하여라.

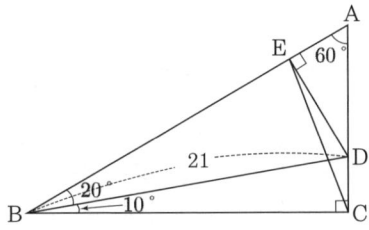

풀이1 그림과 같이 점 D를 변 BC, AB에 대하여 대칭이동시킨 점을 각각 D′, D″라 한다.

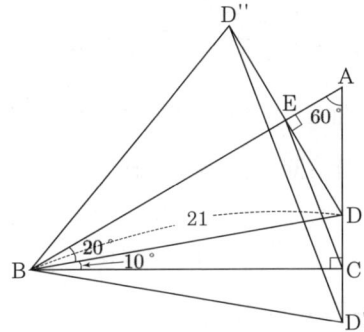

그러면,
$$\angle D''BD' = 60°, \quad \overline{BD''} = \overline{BD'}$$

이므로 삼각형 BD′D″는 정삼각형이다. 그러므로
$$\overline{D'D''} = \overline{BD'} = \overline{BD} = 21$$

이다. 또, 삼각형 DD″D′에서 점 C는 변 DD′의 중점이고, 점 E는 변 DD″의 중점이므로, 삼각형 중점연결정리에 의하여
$$\overline{EC} \parallel \overline{D'D''}, \quad \overline{EC} = \frac{1}{2} \times \overline{D''D'} = \frac{21}{2}$$

이다.

풀이2 선분 BD의 중점을 O라 한다. 그러면, ∠BDE = ∠BCD = 90°이므로, 사각형 EBCD는 점 O를 중심으로 하고 선분 BD를 지름으로 하는 원에 내접한다.

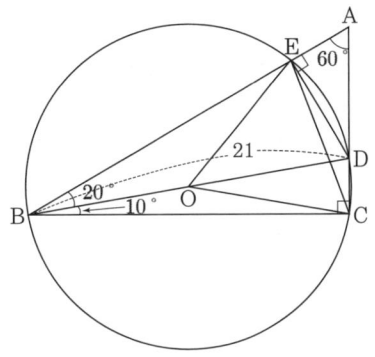

그러므로
$$\overline{BO} = \overline{OE} = \overline{OC} = \overline{OD}$$

이다. 또, ∠EOC = 60°이므로 삼각형 EOC는 정삼각형이다. 그러므로 $\overline{EC} = \frac{11}{2}$이다.

문제 164

한 변의 길이가 7인 정사각형 ABCD에서 변 BC, CD 위에 각각 점 P, Q를 잡으면, $\overline{BP} = 4$이다. 삼각형 APQ의 둘레의 길이가 최소일 때, 삼각형 APQ의 넓이를 구하여라.

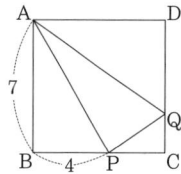

풀이 그림과 같이, 점 A, B를 변 DC에 대하여 대칭이동한 점을 각각 A′, B′라 한다.

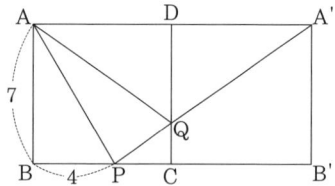

그러면,

$$\overline{AP} + \overline{PQ} + \overline{QA} = \overline{AP} + \overline{PQ} + \overline{QA'} \geq \overline{AP} + \overline{PA'}$$

이다. 따라서 $\overline{AP} + \overline{PQ} + \overline{QA}$가 최소가 될 때는 점 Q가 선분 PA′ 위에 있을 때이다. 삼각형 PCQ와 삼각형 PB′A′가 닮음비가 3 : 10인 닮음이므로,

$$\overline{QC} = 7 \times \frac{3}{10} = \frac{21}{10}, \quad \overline{QD} = 7 - \frac{21}{10} = \frac{49}{10}$$

이다. 따라서

$$\triangle APQ = \square ABCD - \triangle ABP - \triangle PCQ - \triangle AQD$$
$$= 7 \times 7 - 7 \times 4 \times \frac{1}{2} - 3 \times \frac{21}{10} \times \frac{1}{2} - 7 \times \frac{49}{10} \times \frac{1}{2}$$
$$= \frac{147}{10}$$

이다.

문제 165

넓이가 10인 삼각형 ABC에서 변 BC의 연장선 위에 $\overline{BC} = \overline{CD}$인 점 D를 잡고, 변 AB의 연장선 위에 △BED = 86이 되도록 점 E를 잡고, 변 CA의 연장선 위에 △EDF = 165가 되도록 점 F를 잡는다. 이때, $\overline{FA} : \overline{AC}$를 구하여라.

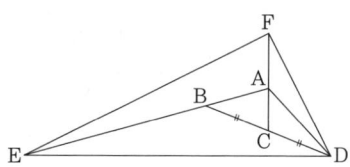

풀이 점 E와 C를 연결한다.

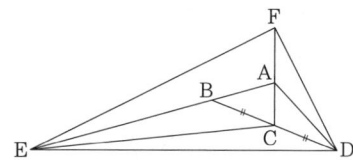

삼각형의 넓이와 길이의 사이의 비에 의하여

$$\overline{FA} : \overline{AC} = \triangle FAD : \triangle ACD$$
$$= \triangle AFE : \triangle CAE$$
$$= \square FEAD : \triangle AECD$$

이 성립한다. $\overline{BC} = \overline{CD}$이므로,

$$\triangle ACD = 10, \quad \triangle BEC = 86 \div 2 = 43$$

이다. 그러므로

$$\square AECD = 43 + 10 + 10 = 63,$$
$$\square FEAD = 165 - 86 - 10 \times 2 = 59$$

이다. 따라서

$$\overline{FA} : \overline{AC} = 59 : 63$$

이다.

문제 166

∠C = 90°, $\overline{AC}$ = 24, $\overline{BC}$ = 72인 삼각형 ABC에서 변 BC 위에 ∠APC = 4 × ∠ABC인 점 P를 잡을 때, 삼각형 ABP의 넓이를 구하여라.

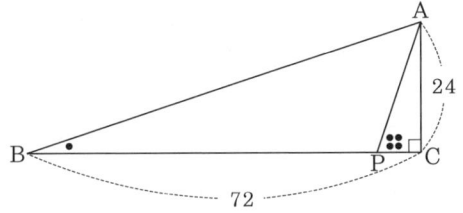

풀이 ∠APC = 4 × ∠ABC로 부터

$$\angle BAP = 3 \times \angle ABC$$

이다. 변 BC위에 ∠BAQ = ∠ABC가 되도록 점 Q를 잡으면 삼각형 ABQ와 삼각형 AQP는 이등변삼각형이다. 점 Q에서 변 AB에 내린 수선의 발을 R이라 하면, $\overline{AR} = \overline{BR}$이다.

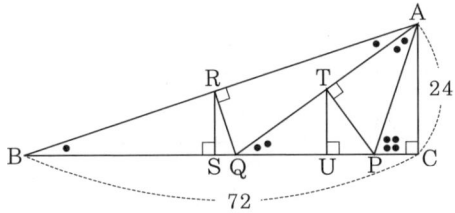

점 R에서 변 BC에 내린 수선의 발을 S라 하면, 삼각형 RBS와 삼각형 ABC는 닮음이고, $\overline{AR} = \overline{BR}$이므로,

$$\overline{RS} = 12, \quad \overline{BS} = 36$$

이다. 또, 삼각형 QRS와 삼각형 ABC가 닮음이고, $\overline{SQ} = 12 \times \frac{24}{72} = 4$이므로,

$$\overline{BQ} = 36 + 4 = 40, \quad \overline{QC} = 32$$

이다. 점 P에서 변 AQ에 내린 수선의 발을 T라 하면, $\overline{AT} = \overline{TQ}$이다. 또, 점 T에서 변 QP에 내린 수선의 발을 U라 하면, 삼각형 TQU와 삼각형 AQC는 닮음이고, $\overline{AT} = \overline{TQ}$이므로,

$$\overline{TU} = 12, \quad \overline{QU} = 16$$

이다. 삼각형 PTU와 삼각형 AQC가 닮음이고,

$$\overline{UP} = 12 \times \frac{24}{32} = 9, \quad \overline{QP} = 16 + 9 = 25$$

이다. 따라서

$$\triangle ABP = (40 + 25) \times 24 \times \frac{1}{2} = 780$$

이다.

문제 167

삼각형 ABC에서 변 BC위에 ∠ADB = 99°가 되는 점 D를, 변 AC위에 ∠BEC = 99°가 되는 점 E를, 변 AB위에 ∠CFA = 99°가 되는 점 F를 잡으면, $\overline{AD} : \overline{BE} : \overline{CF}$ = 60 : 55 : 66이 된다. 이때, $\overline{AB} : \overline{BC} : \overline{CA}$를 구하여라.

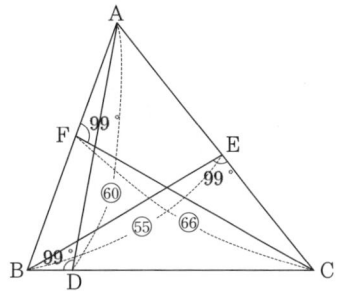

풀이 그림과 같이 점 A에서 변 BC에 내린 수선의 발을 H라 하고, 점 B에서 변 CA에 내린 수선의 발을 I라 하고, 점 C에서 변 AB에 내린 수선의 발을 J라 한다.

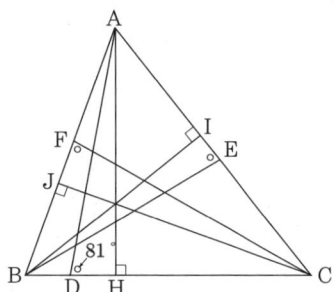

그러면 ∠ADB = 99°이므로, ∠ADC = 81°이고, ∠BEC = 99°이므로, ∠BEA = 81°이고, ∠CFA = 99°이므로 ∠CFB = 81°이다. 그러므로 세 직각삼각형 ADH, BEI, CFH는 서로 닮음(AA닮음)이고, 닮음비는

$$\overline{AD} : \overline{BE} : \overline{CF} = 60 : 55 : 66$$

이다. 따라서

$$\overline{AH} : \overline{BI} : \overline{CJ} = 60 : 55 : 66$$

이다.

$$\triangle ABC = \frac{\overline{AB} \times \overline{CJ}}{2} = \frac{\overline{BC} \times \overline{AH}}{2} = \frac{\overline{AC} \times \overline{BI}}{2}$$

이므로,

$$\overline{AB} \times \overline{CJ} = \overline{BC} \times \overline{AH} = \overline{AC} \times \overline{BI}$$

이다. 즉,
$$\overline{AB} \times 66 = \overline{BC} \times 60 = \overline{AC} \times 55$$
이다. 따라서
$$\overline{AB} : \overline{BC} : \overline{CA} = \frac{1}{66} : \frac{1}{60} : \frac{1}{55}$$
$$= 60 \times 55 : 55 \times 66 : 60 \times 66$$
$$= 10 : 11 : 12$$
이다.

문제 168

한 변의 길이가 9인 정육각형 ABCDEF에서 변 AB, BC, CD, DE, EF, FA 위에 $\overline{AP} : \overline{PB} = \overline{BQ} : \overline{QC} = \overline{CR} : \overline{RD} = \overline{DS} : \overline{SE} = \overline{ET} : \overline{TF} = \overline{FU} : \overline{UA} = 7 : 2$를 만족하는 점 P, Q, R, S, T, U를 각각 잡는다. 이때, 정육각형 PQRSTU의 넓이는 정육각형 ABCDEF의 넓이의 몇 배인가?

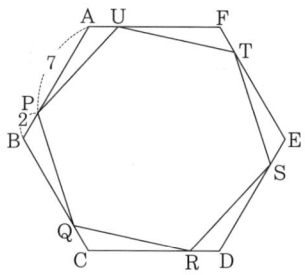

풀이 정육각형 ABCDEF의 중심을 O라 한다.

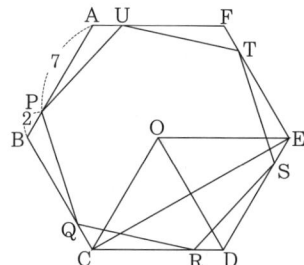

정육각형 ABCDEF의 넓이는 정삼각형 OCD의 넓이의 6배다. $\overline{OC} \parallel \overline{DE}$이므로 △OCD = △ECD이다. 또, $\overline{CR} : \overline{RD} = \overline{DS} : \overline{SE} = 7 : 2$이므로

$$\triangle SRD = \triangle ECD \times \frac{2}{9} \times \frac{7}{9} = \triangle ECD \times \frac{14}{81}$$

이다. 따라서

$$\triangle ECD - \triangle SRD = \triangle ECD \times \frac{67}{81}$$

이다. 그러므로 정육각형 PQRSTU의 넓이는 정육각형 ABCDEF의 넓이의 $\frac{67}{81}$배이다.

[문제] 169

$\overline{AB} = 37$, $\angle BAC = 120°$, $\overline{AC} = 20$인 삼각형 ABC에서 $\angle BAC$의 내각이등분선과 변 BC와의 교점을 D라 할 때, 선분 AD의 길이를 구하여라.

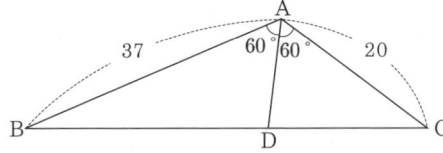

[풀이] 점 D를 지나 변 AB에 평행한 직선과 변 AC와의 교점을 E라 한다.

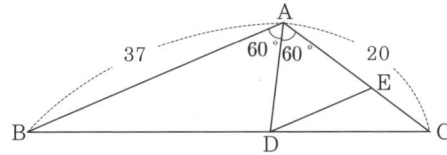

그러면, $\angle ADE = 60°$이므로, 삼각형 ADE는 정삼각형이다. 삼각형 ABC와 삼각형 EDC는 닮음이므로

$$\overline{DE} : \overline{EC} = \overline{AB} : \overline{AC} = 37 : 20$$

이다. $\overline{AD} = \overline{DE} = \overline{AE}$이므로,

$$\overline{AE} : \overline{EC} = 37 : 20, \quad \overline{AD} : \overline{AC} = 37 : 57$$

이다. 따라서

$$\overline{AD} = \overline{AC} \times \frac{37}{57} = 20 \times \frac{37}{57} = \frac{740}{57}$$

이다.

[문제] 170

$\overline{AD} \parallel \overline{BC}$, $\angle ABC = 90°$, $\overline{AD} = 6$, $\overline{AB} = 2$, $\overline{BC} = 14$인 사다리꼴 ABCD에서 두 대각선의 교점을 O라 한다. 이때, $\angle AOB$의 크기와 $\angle OBC$의 크기의 합을 구하여라.

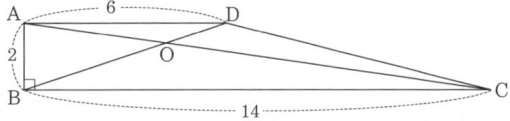

[풀이1] 그림과 같이 $\overline{AE} \parallel \overline{BO}$인 등변사다리꼴 ABOE를 그린다. 점 E에서 변 BC에 내린 수선의 발을 G라 하고, 선분 EG와 BO와의 교점을 F라 한다. 선분 EG의 연장선 위에 $\angle AEB = \angle AHB$인 점 H를 잡는다. 그러면,

$$\angle AOB = \angle EBO = \angle AEB = \angle AHB$$

이므로, 다섯 점 A, B, H, O, E는 한 원 위에 있다.

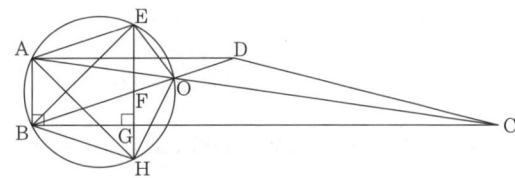

$\overline{AB} \parallel \overline{EF}$이므로, $\overline{AB} = \overline{EF} = \overline{EO} = 2$이다. 즉, 삼각형 EFO는 이등변삼각형이다. 삼각형 EFO와 삼각형 BHF는 닮음(AA닮음)이므로, 삼각형 BHF는 이등변삼각형이다. 즉, $\overline{BH} = \overline{BF}$이다.
$\overline{BG} = 3a$라 하면, $\overline{AB} : \overline{AD} = 1 : 3$이므로,

$$\overline{FG} = \overline{GH} = a, \quad \overline{BF} = \sqrt{(3a)^2 + a^2} = \sqrt{10}a$$

이다.
$\overline{BO} : \overline{OD} = 14 : 6 = 7 : 3$이고, $\overline{BD} = \sqrt{2^2 + 6^2} = 2\sqrt{10}$이므로,

$$\overline{BO} = 2\sqrt{10} \times \frac{7}{7+3} = \frac{14\sqrt{10}}{10}$$

이다. 그러므로

$$\overline{FO} = \overline{BO} - \overline{BF} = \frac{14\sqrt{10}}{10} - \sqrt{10}a$$

이다. 원과 비례의 성질(방멱의 원리)에 의하여

$$\overline{BF} \times \overline{BO} = \overline{EF} \times \overline{FH}, \quad \sqrt{10}a \times \left(\frac{14\sqrt{10}}{10} - \sqrt{10}a\right) = 2 \times 2a$$

이다. 이를 정리하여 풀면, $a = 1$이다. 그러므로

$$\overline{BG} = 3a = 3, \quad \overline{EG} = 2 + a = 3$$

이다. 즉, 삼각형 EBG는 직각이등변삼각형이다. 따라서 ∠EBG = 45°이다. 즉, ∠AOB + ∠OBC = 45°이다.

[풀이2] 아래 그림과 같이, 길이가 1인 모눈을 그리고, 대각선 AC의 중점을 E라 한다. 삼각형 ABD와 닮음비가 $\overline{AB} : \overline{FG} = 2 : \sqrt{10}$이고, $\overline{BD} \parallel \overline{EF}$인 삼각형 FGE를 그린다.

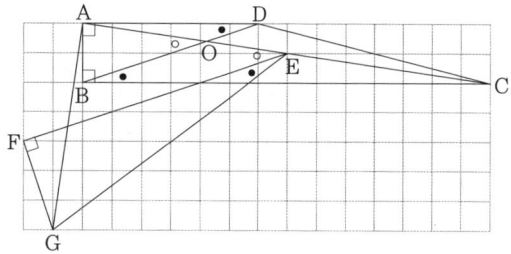

그러면,

∠AOB = ∠AEF, ∠OBC = ∠ADB = ∠FEG

이다. 그러므로

∠AOB + ∠OBC = ∠AEF + ∠FEG = ∠AEG

이다. 그림에서 $\overline{AG} = \overline{AE}$이고, $\overline{AG} \perp \overline{AE}$이므로 삼각형 AGE는 직각이등변삼각형이다. 그러므로 ∠AEG = 45°이다. 즉, ∠AOB + ∠OBC = 45°이다.

문제 171

정육각형 ABCDEF에서 대각선 BE위에 $\overline{BG} = 1$인 점 G를, 대각선 CF위에 $\overline{CH} = 2$인 점 H를, 대각선 DA위에 $\overline{DI} = 3$인 점 I를, 대각선 BE위에 $\overline{EJ} = 4$인 점 E를 잡으면, 세 점 I, J, F는 한 직선 위에 있다. 삼각형 ABG, 사각형 GBCH, 사각형 HCDI, 사각형 IDEJ, 삼각형 EFJ의 넓이의 합이 100일 때, 오각형 AGHIF의 넓이를 구하여라.

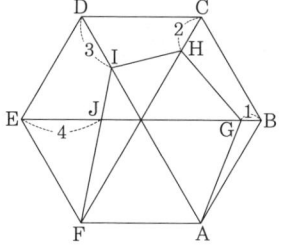

[풀이] 그림과 같이 정육각형 ABCDEF의 중점을 O라 하고, 선분 OJ를 한 변으로 하는 정육각형 JKLMNP를 그린다.

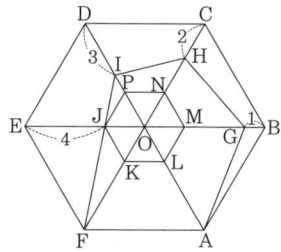

삼각형 IJP와 삼각형 JKF는 닮음(AA닮음)이므로, $\overline{OJ} = a$라 하면, $1 : a = a : 4$가 되어 $a = 2$이다.

△OKL = 2S라 하면,

△OFA = 2S × 3 × 3 = 18S,   △OAG = 2S × 3 × $\frac{5}{2}$ = 15S,

△OGH = 2S × $\frac{5}{2}$ × 2 = 10S,   △OHI = 2S × 2 × $\frac{3}{2}$ = 6S,

△OIJ = 2S × $\frac{3}{2}$ × 1 = 3S,   △OJF = 2S × 1 × 3 = 6S

이다. 그러므로

오각형 AGHIF의 넓이 = 18S + 15S + 10S + 6S + 3S + 6S
= 58S

이고,

△ABG + □GBCH + □HCDI + □IDEJ + △EFJ
= 18S × 6 − 58S = 50S

이다 그런데, 50S = 100이므로, S = 2이다. 따라서 오각형 AGHIF의 넓이는 58S = 58 × 2 = 116이다.

문제 172

$\overline{AB} = \overline{AC}$, $\angle BAC = 120°$인 삼각형 ABC에서 변 BC위에 $\overline{BP} : \overline{PC} = 2 : 9$가 되는 점 P를 잡고, 선분 AP를 한 변으로 하는 정삼각형 AQP가 되도록 선분 AP에 대하여 점 B의 반대편에 점 Q를 잡는다. 정삼각형 AQP의 넓이는 삼각형 ABC의 넓이의 몇 배인가?

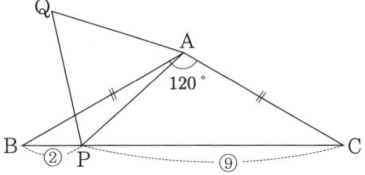

풀이 그림과 같이 점 A에서 변 BC에 내린 수선의 발을 D라 하고, 삼각형 ADC를 점 D를 중심으로 시계방향으로 180° 회전이동하여 얻어진 도형을 삼각형 A'DB라 한다.

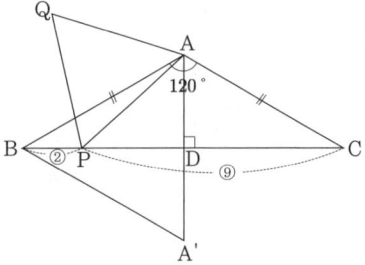

그러면, 삼각형 ABA'는 정삼각형이다. $\overline{AD} = 11k$라고 하면, 삼각비와 피타고라스의 정리에 의하여

$$\overline{AB} = 22k, \quad \overline{BD} = 11\sqrt{3}k, \quad \overline{PD} = 7\sqrt{3}k, \quad \overline{AP} = 2\sqrt{67}k$$

이다. 그러므로
$$\overline{AP} : \overline{AB} = \sqrt{67} : 11$$

이므로,
$$\triangle AQP : \triangle ABA' = 67 : 121$$

이다. 따라서
$$\triangle AQP = \triangle ABC \times \frac{67}{121}$$

이다. 즉, 삼각형 AQP의 넓이는 삼각형 ABC의 넓이의 $\frac{67}{121}$ 배이다.

문제 173

$\overline{AB} : \overline{BC} : \overline{CA} = 3 : 4 : 5$인 직각삼각형 ABC에서, 삼각형 ACD가 $\overline{AD} = \overline{CD}$인 직각이등변삼각형이 되도록 변 AC에 대하여 점 B의 반대편에 점 D를 잡는다. $\overline{BD} = 35$일 때, 선분 AD의 길이를 구하여라.

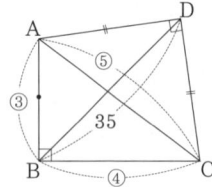

풀이 $\overline{AC} = 10k$라 하면, $\overline{AB} = 6k$, $\overline{BC} = 8k$이고,

$\triangle ABC = 6k \times 8k \div 2 = 24k^2$, $\triangle DAC = 10k \times 10k \div 4 = 25k^2$

이다. 그러므로 $\square ABCD = 49k^2$이다.

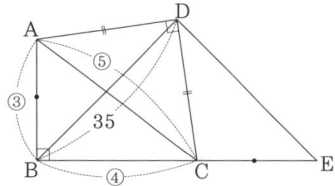

$\overline{AD} = \overline{CD}$, $\angle DAB + \angle DCB = 180°$이므로, 변 BC의 연장선 위에 $\overline{CE} = \overline{AB}$인 점 E를 잡으면,

$$\triangle DAB \equiv \triangle DCE (SAS합동)$$

이다. 그러므로 삼각형 DBE는 직각이등변삼각형이다. 삼각형 DAC와 삼각형 DBE는 닮음이고, 넓이의 비가 25 : 49이므로,

$$\overline{AD} : \overline{BD} = 5 : 7$$

이다. 따라서

$$\overline{AD} = \overline{BD} \times \frac{5}{7} = 35 \times \frac{5}{7} = 25$$

이다.

문제 174

$\overline{AC} = 10$인 삼각형 ABC에서 변 AB위에 $\overline{AD} : \overline{DB} = 3 : 2$인 점 D를 잡고, 변 BC위에 $\overline{BE} : \overline{EC} = 5 : 2$인 점 E를 잡는다. 선분 AE와 CD의 교점을 F라 하면, $\overline{AF} = 6$, $\angle CAE = 46°$이다. 이때, $\angle BAE$의 크기를 구하여라.

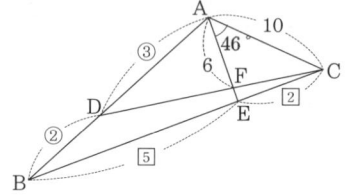

풀이 변 BA의 연장선 위에 $\overline{BD} = \overline{AG}$가 되는 점 G를 잡는다.

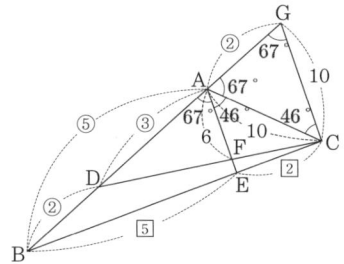

그러면, 삼각형 ABE와 삼각형 GBC는 닮음비가 5 : 7인 닮음이다. 그러므로 $\overline{AE} \parallel \overline{GC}$이다. 즉, $\angle ACG = 46°$이다.
또, 삼각형 ADF와 삼각형 GDC도 닮음비가 3 : 5인 닮음이다. 그러므로 $\overline{GC} = 10$이다. 따라서 삼각형 ACG는 $\overline{AC} = \overline{GC} = 10$인 이등변삼각형이다. 즉,

$$\angle CAG = \angle CGA = (180° - 46°) \div 2 = 67°$$

이다. 따라서 $\angle BAE = \angle AGC = 67°$이다.

[문제] 175

정삼각형 ABC에서 변 CA의 중점을 D라 하고, 변 BA의 연장선 위에 ∠ADE = $a°$인 점 E를 잡고, 선분 DE를 그리고, 선분 DE의 중점을 F라 한다. 직선 FA위에 ∠ABG = $b°$가 되는 점 G를 잡는다. 선분 GD와 변 AB의 교점을 H라 할 때, ∠BHD의 크기를 a와 b를 사용하여 나타내어라. (단, $a° + b° = 60°$이다.)

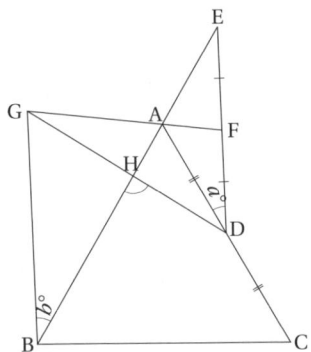

[풀이] 그림과 같이, 선분 BD를 그리고, 선분 BG의 연장선과 변 CA의 연장선의 교점을 I라 한다. $\overline{BD} \perp \overline{AC}$이므로 삼각형 IBD는 직각삼각형이다.

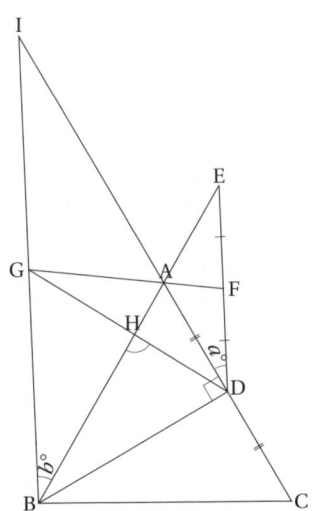

∠BAC = 60°, $a° + b° = 60°$이므로 ∠AED = $b°$이다. 따라서 $\overline{IB} \parallel \overline{ED}$이다.

삼각형 EAF와 삼각형 BAG는 닮음이고,

$$\overline{EF} : \overline{GB} = \overline{FA} : \overline{AG}$$

이 성립한다. 또, 삼각형 DAF와 삼각형 IAG는 닮음이고,

$$\overline{DF} : \overline{GI} = \overline{FA} : \overline{AG}$$

이 성립한다. 주어진 조건 $\overline{EF} = \overline{FD}$이므로 $\overline{BG} = \overline{GI}$이다. 즉, 점 G는 직각삼각형 IBD에서 빗변 IB의 중점이다. 그러므로 $\overline{GI} = \overline{GD}$이다. 즉,

$$\angle GDI = \angle GID = \angle IDE = a°$$

이다. 따라서

$$\angle BHD = \angle GBH + \angle EDH = 2a° + b° = (2a + b)°$$

이다.

[문제] 176

사각형 ABCD에서 ∠ABD = 50°, ∠DBC = 30°, ∠BCA = 60°, ∠ACD = 20°이다. 이때, ∠BAD의 크기를 구하여라.

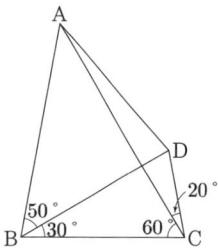

[풀이] 대각선 AC위에 $\overline{BE} = \overline{EC}$가 되는 점 E를 잡고, 점 D를 지나 변 BC에 평행한 직선과 변 AB와의 교점을 F라 한다.

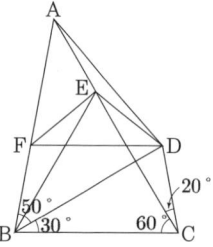

∠BCA = 60°이므로 삼각형 EBC는 정삼각형이다. ∠ABC = ∠DCB = 80°이므로, 사각형 FBCD는 등변사다리꼴이다. 즉, $\overline{FB} = \overline{DC}$이다. 삼각형 EBD와 삼각형 CBD에서

$$\overline{EB} = \overline{CB},\ \angle EBD = \angle CBD,\ \overline{BD}\text{는 공통}$$

이므로
$$\triangle EBD \equiv \triangle CBD (\text{SAS합동})$$

이다. 그러므로 $\overline{DE} = \overline{DC}$이다. 즉, ∠DEC = ∠DCE = 20°이다. 삼각형 FBE와 삼각형 DCE에서

$$\overline{FB} = \overline{DC},\ \angle FBE = \angle DCE,\ \overline{BE} = \overline{CE}$$

이므로,
$$\triangle FBE \equiv \triangle DCE (\text{SAS합동})$$

이다. 그러므로
∠AFE = ∠FBE + ∠FEB = 40°, ∠AFE = ∠FAE = 40°

이다. 따라서 $\overline{AF} = \overline{FE}$이다. 그러므로
$$\overline{AE} = \overline{FE} = \overline{FB} = \overline{DE}$$

이다. 즉,
$$\angle EAD = \angle EDA = \angle DEC \div 2 = 10°$$

이다. 따라서
$$\angle BAD = \angle FAE + \angle EAD = 40° + 10° = 50°$$

이다.

문제 177

$\overline{AB} = 4$, $\overline{BC} = 20$인 직사각형 ABCD에서 변 AD위에 $\overline{AP} = 12$인 점 P를 잡는다. 이때, ∠BPC의 크기를 구하여라. 단, 코사인 법칙을 이용하지 않고 풀어야 한다.

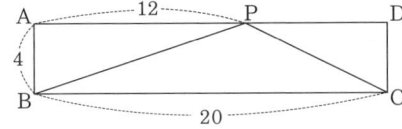

풀이) 점 P에서 변 BC에 내린 수선의 발을 E라 한다. 그림과 같이 길이가 4인 모눈을 만들고, 점 F를 잡는다.

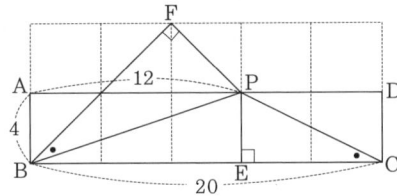

그러면, 삼각형 PEC와 삼각형 PFB는 닮음비가 $1 : \sqrt{2}$인 닮음이다. 즉, ∠FPB = ∠CPE이다. 따라서

$$\angle BPC = \angle FPE = 135°$$

이다.

문제 178

$\overline{AD} \parallel \overline{BC}$, $\overline{AD} = 6$, $\overline{AB} = 20$, $\overline{BC} = 16$, ∠B = 90°인 사다리꼴 ABCD에서 변 CD의 중점을 M이라 하자. 사다리꼴 ABCD의 넓이를 이등분하는 점 M을 지나는 직선과 변 AB와의 교점을 P라 할 때, 선분 PB의 길이를 구하여라.

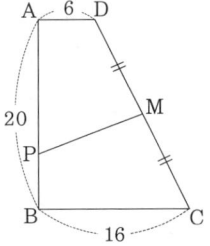

풀이) 점 M에서 변 AD의 연장선과 변 BC에 내린 수선의 발을 각각 G, H라 한다.

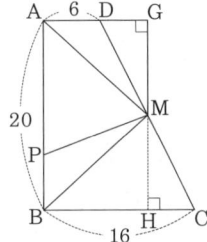

삼각형 ABM의 넓이가 사다리꼴 ABCD의 넓이의 $\frac{1}{2}$이므로, 삼각형 ADM의 넓이와 삼각형 PBM의 넓이가 같다. 즉,

$$\triangle ADM = 6 \times 10 \div 2 = 30 = \triangle PBM$$

이다. 삼각형 PBM에서 밑변을 선분 PB로, 높이를 선분 BH로 하는 삼각형이다. $\overline{BH} = \frac{6+16}{2} = 11$이므로,

$$\overline{PB} = 30 \times 2 \div 11 = \frac{60}{11}$$

이다.

문제 179

정사각형 ABCD에서 변 BC, CD위에 ∠BAE = 30°, ∠DAF = 15°가 되도록 각각 점 E, F를 잡는다. 이때, ∠EFC의 크기를 구하여라.

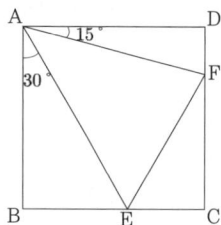

풀이1 [그림1]과 같이 삼각형 AFD를 점 A를 중심으로 시계방향으로 90°회전이동시켜 점 F가 대응하는 점을 F′라 한다.

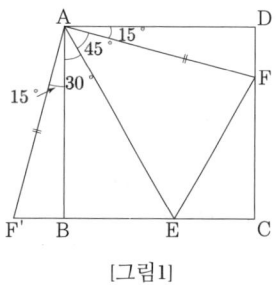

[그림1]

그러면, 삼각형 AF′E와 삼각형 AFE에서

$$\overline{AF'} = \overline{AF}, \quad \angle F'AE = \angle FAE = 45°, \quad \overline{AE}는 공통$$

이므로, △AF′E ≡ △AFE(SAS합동)이다. 따라서

$$\angle AF'E = 75° = \angle AFE = \angle AFD$$

이다. 그러므로 ∠EFC = 30°이다.

풀이2 [그림2]와 같이 변 BC위에 $\overline{DF} = \overline{BF'}$인 점 F′를 잡는다.

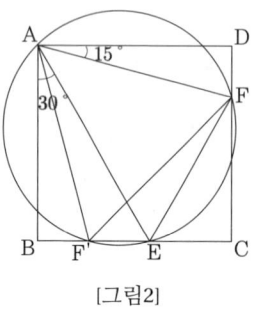

[그림2]

그러면, ∠DAF = 15°이므로, 삼각형 AFF′는 정삼각형이다. 삼각형 AFF′의 외접원을 그리면,

$$\angle BEA = 60°, \quad \angle AEF' = \angle AFF'$$

이므로, 점 E는 삼각형 AFF′의 외접원 위의 점이다. 그러므로 ∠AEF = ∠AF′F = 60°이다. 따라서

$$\angle EFC = \angle FEB - \angle FCE = 120° - 90° = 30°$$

이다.

문제 180

$\overline{AB} = \overline{AC} = 14$인 이등변삼각형 ABC에서 점 C를 중심으로 삼각형 ABC를 시계방향으로 회전시켜 점 B가 변 AB와 겹치도록 한다. 점 A, B가 회전이동한 점을 각각 A′, B′라 하고, 변 AC와 A′B′와의 교점을 P라 하면, $\overline{AP} = 6$이다. 이때, 선분 BB′의 길이를 구하여라.

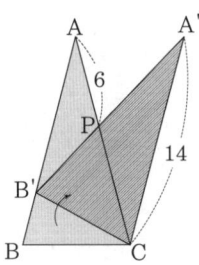

풀이 △PAB′와 △PA′C에서

$$\angle PAB' = \angle PA'C, \quad \angle APB' = \angle A'PC$$

이므로, △PAB′와 △PA′C는 닮음이다. $\overline{BC} = \overline{B'C}$로부터 △CB′B는 이등변삼각형이다. 따라서 $\angle CB'B = \angle CBB'$이다. 즉, $\angle BB'C = \angle A'CB'$(엇각)이므로 $\overline{AB} \parallel \overline{A'C}$이다.

$$\angle PB'A = \angle PA'C, \quad \angle PCA' = \angle PAB'$$

이므로, △PAB′와 △PA′C는 닮음비가

$$\overline{AP} : \overline{PC} = 6 : 8 = 3 : 4$$

인 닮음이다. 그러므로

$$\overline{AB'} = \overline{A'C} \times \frac{3}{4} = 14 \times \frac{3}{4} = \frac{21}{2}$$

이다. 따라서

$$\overline{BB'} = 14 - \frac{21}{2} = \frac{7}{2}$$

이다.

문제 181

넓이가 216인 직사각형 ABCD에서 변 AB, BC 위에 각각 점 E, F를 잡으면, $\overline{AE} = 4$이고, △DEF = 80이다. 이때, 선분 FC의 길이를 구하여라.

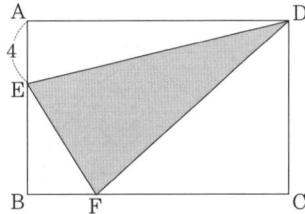

풀이 점 E를 지나 변 BC에 평행한 직선과 변 CD의 교점을 H라 하고, 점 F를 지나 변 AB에 평행한 직선과 변 AD와의 교점을 I라 하고, 선분 EH와 IF의 교점을 G라 한다.

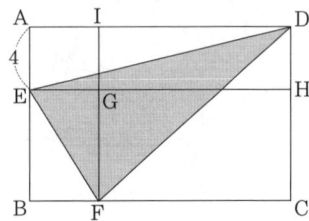

그런데,

$$\triangle AED + \triangle EBF + \triangle DFC = \square ABCD - \triangle DEF$$
$$= 216 - 80$$
$$= 136$$

이다.

$$\triangle DEH = \triangle AED, \quad \triangle EFG = \triangle EBF, \quad \triangle IFD = \triangle DFC$$

로부터

$$\triangle DEH + \triangle EFG + \triangle IFD = \triangle AED + \triangle EBF + \triangle DFC$$
$$= 136$$

이고,

$$\triangle DEH + \triangle EFG + \triangle IFD - \triangle DEF$$
$$= \square IGHD = 136 - 80 = 56$$

이다. 따라서

$$\overline{FC} = \overline{GH} = 56 \div 4 = 14$$

이다.

| 문제 | 182

삼각형 ABC에서 변 AB를 지름으로 하는 원과 변 CA, CB와의 교점을 각각 D, E라 한다. $\widehat{BE} = \widehat{DE} = \frac{1}{5} \times \widehat{AB}$ 일 때, ∠ACB의 크기를 구하여라.

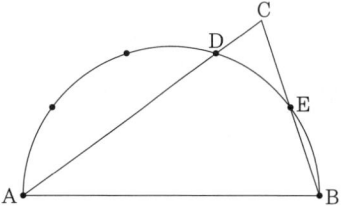

| 풀이 | 원의 중심(선분 AB의 중점)을 O라 한다.

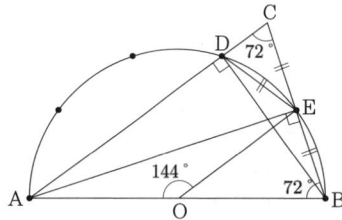

그러면,
$$\angle AEB = \angle ADB = 180° \div 2 = 90°$$
이다. 따라서 △BCD는 ∠BDC = 90°인 직각삼각형이다. 또,
$$\angle ABE = \angle AOE \div 2 = 180° \times \frac{4}{5} \div 2 = 72°$$
이다. 그런데, $\widehat{DE} = \widehat{BE}$로 부터 $\overline{DE} = \overline{EB}$이다.
따라서 점 E는 직각삼각형 BCD의 빗변 BC위에 있으므로 변 BC의 중점이다. 그러면, 점 E는 점 A에서 변 BC에 내린 수선의 발이므로, 삼각형 ABC는 $\overline{AB} = \overline{AC}$인 이등변삼각형 이다. 따라서
$$\angle ACB = \angle ABE = 72°$$
이다.

제 IV 편

개념정리

[정리] **1 (평행선과 각)**

다음 그림에서 두 직선 l과 m이 평행($l \parallel m$)하면, 다음이 성립한다.

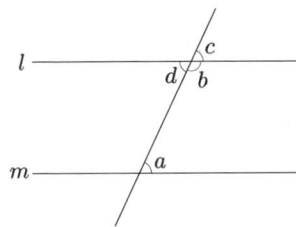

(1) (동측내각) $a + b = 180°$이다.

(2) (동위각) $a = c$이다.

(3) (엇각) $a = d$이다.

[정리] **2 (삼각형의 기본성질)**

다음 그림의 삼각형 ABC에서 다음이 성립한다.

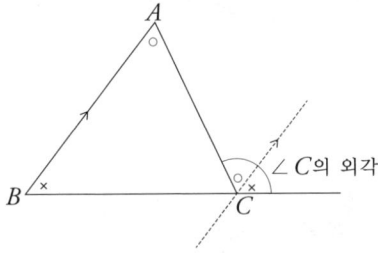

(1) 삼각형 ABC의 내각에 대하여 $\angle A + \angle B + \angle C = 180°$이다.

(2) 삼각형 ABC의 외각에 대하여 $\angle C$의 외각$= \angle A + \angle B$이다.

(3) 삼각형의 두 변의 길이의 합은 나머지 다른 한 변의 길이보다 길다. 즉, $\overline{AB} + \overline{BC} > \overline{CA}$, $\overline{BC} + \overline{CA} > \overline{AB}$, $\overline{CA} + \overline{AB} > \overline{BC}$이다.

[정리] **3 (외각의 성질)**

다음 그림에서 $a + b = c + d$가 성립한다.

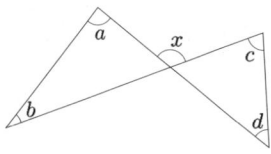

[정리] **4 (외각의 성질)**

다음 그림에서 l과 m이 평행($l \parallel m$)하면, $a + c = b + d$가 성립한다.

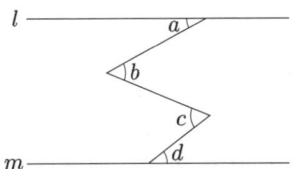

정리 5 (각도 공식)

다음이 성립한다.

(1) 아래 그림에서, $x = a + b + c$이다.

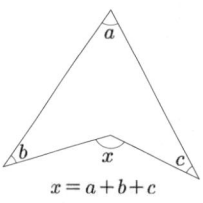

$x = a+b+c$

(2) 아래 그림에서, $a + b + c + d + e = 180°$이다.

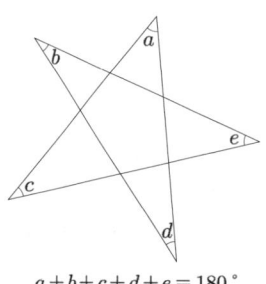

$a+b+c+d+e = 180°$

(3) 아래 그림에서, $x = 90° + \dfrac{a}{2}$이다.

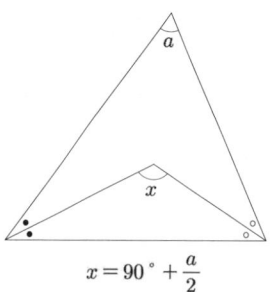

$x = 90° + \dfrac{a}{2}$

(4) 아래 그림에서, $x = \dfrac{a}{2}$이다.

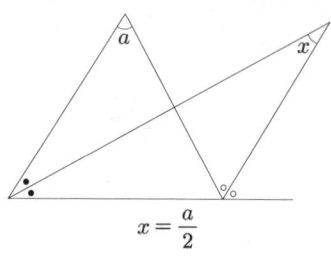

$x = \dfrac{a}{2}$

(5) 아래 그림에서, $x = \dfrac{a+b}{2}$이다.

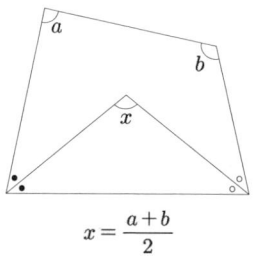

$x = \dfrac{a+b}{2}$

(6) 아래 그림에서, $x = \dfrac{a}{2}$이다.

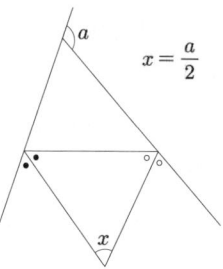

$x = \dfrac{a}{2}$

[정리] **6 (삼각형의 합동조건)**

다음 세 가지 조건 중 하나를 만족하면 두 삼각형은 합동이다.

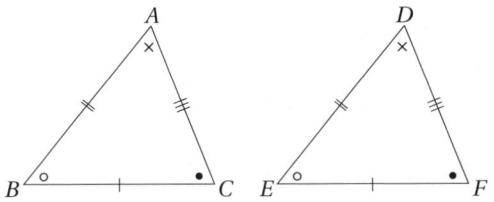

(1) (SSS합동) 대응하는 세 변의 길이가 모두 같을 때,

(2) (SAS합동) 대응하는 두 변의 길이가 같고 그 끼인각이 같을 때,

(3) (ASA합동) 한 변의 길이가 같고 대응하는 양끝각의 크기가 같을 때,

[정리] **7 (이등변삼각형의 기본성질)**

이등변삼각형에서 다음이 성립한다.

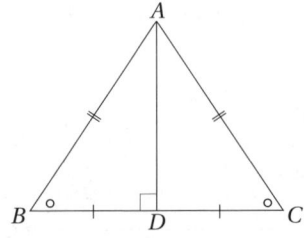

(1) 이등변삼각형의 두 밑각의 크기는 서로 같다.

(2) 두 내각의 크기가 같은 삼각형은 이등변삼각형이다.

(3) 이등변삼각형의 꼭지각의 이등분선은 밑변을 수직이등분한다.

[정리] **8 (직각삼각형의 합동조건)**

두 직각삼각형이 다음 두 조건 중 하나를 만족하면, 서로 합동이다.

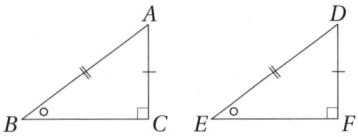

(1) (RHA합동) 빗변의 길이와 한 예각의 크기가 같을 때,

(2) (RHS합동) 빗변의 길이와 다른 변의 길이가 각각 같을 때,

[정리] **9 (평행사변형의 성질)**

임의의 평행사변형은 다음 조건을 모두 만족한다. 역으로, 다음 조건 중 어느 하나만이라도 성립하면 그 사각형은 평행사변형이다.

(1) 두 쌍의 대변의 길이가 서로 같다.

(2) 두 쌍의 대각의 크기가 각각 같다.

(3) 두 대각선이 서로 다른 것을 이등분한다.

(4) 한 쌍의 대변의 길이가 같고, 그 대변이 평행하다.

[정리] 10

직사각형, 마름모, 정사각형의 성질은 다음과 같다.

(1) 직사각형은 두 대각선의 길이가 같고 서로 다른 것을 이등분한다. 그 역도 성립한다.

(2) 마름모의 두 대각선은 서로 다른 것을 수직이등분한다. 역으로, 두 대각선이 서로 다른 것을 수직이등분하는 사각형은 마름모이다.

(3) 정사각형의 두 대각선의 길이가 같고, 서로 다른 것을 수직이등분한다. 역으로, 두 대각선의 길이가 같고, 서로 다른 것을 수직이등분하는 사각형은 정사각형이다.

[정리] 11

볼록사각형 $ABCD$에서 두 대각선 AC와 BD의 교점을 O라고 하자. 그러면, 사각형 $ABCD$는 네 개의 삼각형 ABO, BCO, CDO, DAO로 나누어지고,

$$\triangle ABO \cdot \triangle CDO = \triangle BCO \cdot \triangle DAO$$

가 성립한다.

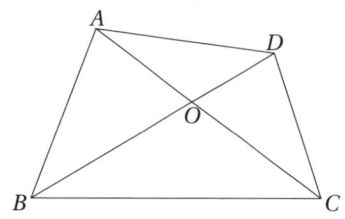

[정리] 12 (내각과 외각의 크기, 대각선의 수)

볼록 n각형에 대하여 다음이 성립한다.

(1) 볼록 n각형의 내각의 총합은 $(n-2) \times 180°$이다.

(2) 정 n각형의 한 내각의 크기는 $\dfrac{(n-2) \times 180°}{n}$이다.

(3) n각형의 외각의 합은 $360°$이다.

(4) n각형의 대각선의 총수는 $\dfrac{1}{2}n(n-3)$이다.

(5) 정 n각형의 서로 다른 대각선의 수는 $\left[\dfrac{n-2}{2}\right]$이다. 단, $[x]$는 x를 넘지 않는 최대의 정수이다.

[정리] 13 (피타고라스의 정리)

$\angle C = 90°$인 직각삼각형 ABC에서, $\overline{BC}^2 + \overline{CA}^2 = \overline{AB}^2$이 성립한다. 또, 역도 성립한다.

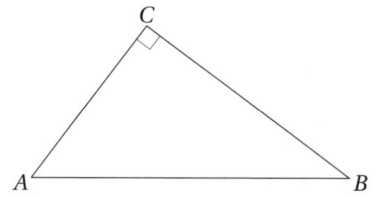

[정리] **14** (삼각형의 닮음조건)

두 삼각형은 다음 세 조건 중 어느 하나를 만족하면 닮음이다.

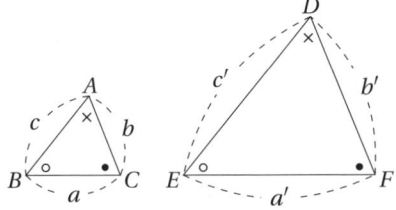

(1) (SSS닮음) 세 쌍의 대응변의 길이의 비가 같을 때,

(2) (SAS닮음) 두 쌍의 대응변의 길이의 비가 같고, 그 끼인각의 크기가 같을 때,

(3) (AA닮음) 두 쌍의 대응각의 크기가 같을 때,

[정리] **15** (삼각형과 선분의 길이의 비)

△ABC에서 변 BC에 평행한 직선이 변 AB, AC 또는 그 연장선과 만나는 점을 각각 D, E라고 하면, 다음이 성립한다.

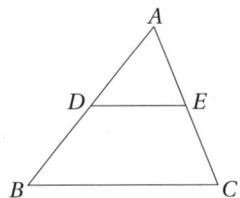

(1) $\dfrac{\overline{AD}}{\overline{AB}} = \dfrac{\overline{AE}}{\overline{AC}} = \dfrac{\overline{DE}}{\overline{BC}}$ 이다.

(2) $\dfrac{\overline{AD}}{\overline{DB}} = \dfrac{\overline{AE}}{\overline{EC}}$ 이다.

[정리] **16** (내각의 이등분선의 정리)

삼각형 ABC에서 ∠A의 이등분선과 변 BC의 교점을 D라 하면,

$$\overline{AB} : \overline{AC} = \overline{BD} : \overline{DC}$$

가 성립한다.

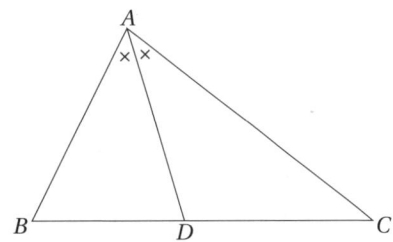

[정리] **17** (외각의 이등분선의 정리)

삼각형 ABC에서 ∠A의 외각의 이등분선과 변 BC의 연장선과의 교점을 D라 하면,

$$\overline{AB} : \overline{AC} = \overline{BD} : \overline{DC}$$

가 성립한다.

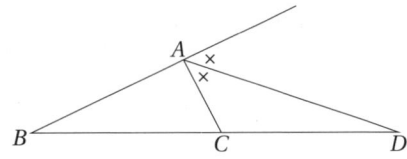

[정리] **18**

삼각형 ABC에서 ∠A의 이등분선과 변 BC의 교점을 D라 할 때,

$$\overline{AD}^2 = \overline{AB} \cdot \overline{AC} - \overline{BD} \cdot \overline{DC}$$

가 성립한다.

정리 19 (직각삼각형의 닮음)

삼각형 ABC에서 $\angle A = 90°$이고, 점 A에서 변 BC에 내린 수선의 발을 H라 할 때, 다음이 성립한다.

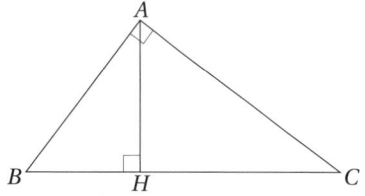

(1) $\overline{AB}^2 = \overline{BH} \cdot \overline{BC}$

(2) $\overline{AC}^2 = \overline{CH} \cdot \overline{BC}$

(3) $\overline{AH}^2 = \overline{BH} \cdot \overline{CH}$

(4) $\overline{AB} \cdot \overline{AC} = \overline{AH} \cdot \overline{BC}$

정리 20 (삼각형의 중점연결정리)

삼각형 ABC에서 변 AB, AC의 중점을 각각 D, E라 하면, $\overline{DE} \parallel \overline{BC}$, $\overline{DE} = \frac{1}{2}\overline{BC}$가 성립한다.

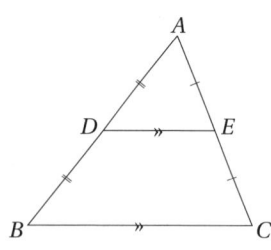

정리 21 (내심의 기본성질(1))

내심에서 세 변에 이르는 거리는 같다.

정리 22 (내심의 기본성질(2))

삼각형 ABC에서 변 BC, CA, AB의 길이를 각각 a, b, c라 하고, 반지름이 r인 내접원과 변 BC, CA, AB와의 교점을 각각 D, E, F라고 하면,

$$\overline{AE} = \overline{AF}, \quad \overline{BF} = \overline{BD}, \quad \overline{CD} = \overline{CE}$$

이다. $a + b + c = 2s$라고 할 때, 다음이 성립한다.

(1) $\overline{AE} = \overline{AF} = s - a$, $\overline{BF} = \overline{BD} = s - b$, $\overline{CD} = \overline{CE} = s - c$이다.

(2) 삼각형 ABC의 넓이 S는 $S = \frac{1}{2}(a+b+c)r = sr$이다.

정리 23 (외심의 기본성질)

외심에서 세 꼭짓점에 이르는 거리는 같다.

정리 24 (무게중심의 기본성질)

삼각형 ABC에서 세 변 BC, CA, AB의 중점을 각각 D, E, F라 하자. 세 중선의 교점을 G라 하자. 그러면 다음이 성립한다.

(1) $\overline{AG} : \overline{GD} = 2 : 1$, $\overline{BG} : \overline{GE} = 2 : 1$, $\overline{CG} : \overline{GF} = 2 : 1$이다.

(2) $\triangle AGF = \triangle GFB = \triangle BGD = \triangle GDC = \triangle CGE = \triangle GEA$이다.

정리 25 (스튜워트의 정리)

삼각형 ABC에서 변 BC, CA, AB의 길이를 각각 a, b, c라 하자. 또 점 D가 변 BC위의 한 점이고, 선분 AD, BD, CD의 길이를 각각 p, m, n이라 하자. 그러면

$$b^2 m + c^2 n = a(p^2 + mn)$$

이 성립한다.

정리 26 (파푸스의 중선정리)

삼각형 ABC에서 변 BC의 중점을 M이라 하면,

$$\overline{AB}^2 + \overline{AC}^2 = 2(\overline{BM}^2 + \overline{AM}^2)$$

이 성립한다.

정리 27 (삼각형 넓이의 비에 대한 정리)

평행하지 않은 두 선분 AB와 PQ의 교점 또는 그 연장선의 교점을 M이라고 하면, $\dfrac{\triangle ABP}{\triangle ABQ} = \dfrac{\overline{PM}}{\overline{QM}}$이 성립한다.

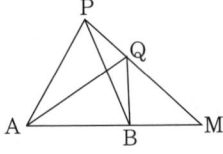 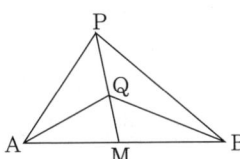

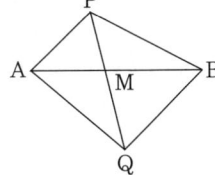 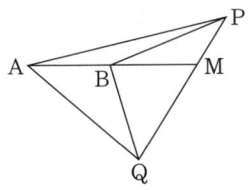

정리 28 (체바의 정리)

삼각형 ABC의 세 변 BC, CA, AB 위에 각각 주어진 점 D, E, F에 대하여, 세 선분 AD, BE, CF가 한 점에서 만날 필요충분조건은

$$\dfrac{\overline{AF}}{\overline{FB}} \cdot \dfrac{\overline{BD}}{\overline{DC}} \cdot \dfrac{\overline{CE}}{\overline{EA}} = 1$$

이다.

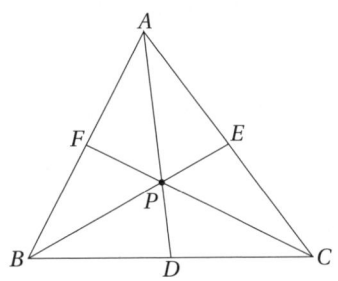

정리 29 (메넬라우스의 정리)

직선 ℓ이 삼각형 ABC에서 세 변 BC, CA, AB 또는 그 연장선과 각각 점 D, E, F에서 만나면

$$\dfrac{\overline{AF}}{\overline{FB}} \cdot \dfrac{\overline{BD}}{\overline{DC}} \cdot \dfrac{\overline{CE}}{\overline{EA}} = 1$$

이 성립한다. 역으로 위의 식이 성립하면, 세 점 D, E, F는 한 직선 위에 있다.

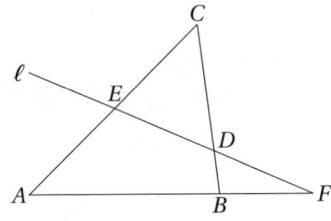

정리 30 (중심각과 호, 현의 비교) ──────
한 원에서 중심각과 호, 현 사이에는 다음과 같은 관계가 성립한다.

(1) 한 원 또는 합동인 두 원에서 같은 크기의 중심각에 대한 호의 길이와 현의 길이는 각각 같다. 그 역도 성립한다.

(2) 부채꼴의 중심각의 크기와 호의 길이는 비례한다.

(3) 부채꼴의 중심각의 크기와 현의 길이는 비례하지 않는다.

정리 31 (현의 수직이등분선의 성질) ──────
원의 중심에서 현에 내린 수선은 현을 수직이등분한다. 또, 현의 수직이등분선은 이 원의 중심을 지난다.

정리 32 (현의 길이의 성질) ──────
원의 중심에서 같은 거리에 있는 두 현의 길이는 같다. 또, 길이가 같은 두 현은 중심에서 같은 거리에 있다.

정리 33 (원주각과 중심각 사이의 관계) ──────
한 원에서 원주각과 중심각 사이에는 다음과 같은 관계가 성립한다.

(1) 한 원에서 주어진 호(또는 현) 위의 원주각의 크기는 중심각의 크기의 $\frac{1}{2}$이다.

(2) 한 원에서 같은 길이의 호에 대한 원주각의 크기는 일정하다. 또, 역도 성립한다.

정리 34 (원의 접선의 성질) ──────
원의 접선은 그 접점을 지나는 반지름에 수직이다. 또, 원 위의 한 점을 지나고 그 점을 지나는 반지름에 수직인 직선은 이 원의 접선이다.

정리 35 (접선의 길이) ──────
원의 외부에 있는 한 점에서 그 원에 그은 두 접선의 길이는 같다.

정리 36 (접선과 현이 이루는 각) ──────
원의 접선과 그 접점을 지나는 현이 이루는 각의 크기는 이 각의 내부에 있는 호에 대한 원주각의 크기와 같다.

정리 37 (방멱의 원리(원과 비례의 성질))

원과 현(현의 연장선) 사이에 다음과 같은 관계가 성립한다. 이를 방멱의 원리 또는 원과 비례의 성질이라고 부른다.

(1) 한 원의 두 현 AB와 CD가 원의 내부에서 만나는 점을 P라고 하면, $\overline{PA} \cdot \overline{PB} = \overline{PC} \cdot \overline{PD}$가 성립한다.

(2) 한 원의 두 현 AB와 CD의 연장선이 원의 외부에서 만나는 점을 P라고 하면, $\overline{PA} \cdot \overline{PB} = \overline{PC} \cdot \overline{PD}$가 성립한다.

(3) 원의 외부의 한 점 P에서 그 원에 그은 접선과 할선이 원과 만나는 점을 각각 T, A, B라고 하면, $\overline{PT}^2 = \overline{PA} \cdot \overline{PB}$가 성립한다.

정리 38 (네 점이 한 원 위에 있을 조건)

네 점이 한 원에 있을 조건은 다음과 같다.

(1) 두 선분 AB, CD 또는 그 연장선이 점 P에서 만나고,
$$\overline{PA} \cdot \overline{PB} = \overline{PC} \cdot \overline{PD}$$
이면, 네 점 A, B, C, D는 한 원 위에 있다.

(2) $\angle DAB = \angle BCD = 90°$이면 네 점 A, B, C, D는 $\overline{BD}$를 지름으로 하는 원 위에 있다.

(3) 선분 AB에 대하여 같은 쪽에 있는 두 점을 각각 P, Q라고 할 때, $\angle APB = \angle AQB$이면 네 점 A, B, P, Q는 한 원 위에 있다.

정리 39 (원에 내접하는 사각형)

사각형 $ABCD$가 한 원에 내접하기 위한 필요충분조건은 다음과 같다.

(1) 원에 내접하는 사각형에서 한 쌍의 대각의 크기의 합은 $180°$이다.

(2) 원에 내접하는 사각형에서 한 외각의 크기는 그 내대각의 크기와 같다.

(3) 임의의 한 변에서, 나머지 두 점을 바라보는 각이 같다. 변 AB에서 점 C를 바라보는 각이 $\angle ACB$, 점 D를 바라보는 각이 $\angle ADB$라고 할 때, $\angle ACB = \angle ADB$이다.

(4) 두 대각선의 교점을 P라고 하면 $\overline{PA} \cdot \overline{PC} = \overline{PB} \cdot \overline{PD}$이다.

(5) 두 대변 AD와 BC(또는 AB와 CD)의 연장선의 교점을 P라 할 때, $\overline{PA} \cdot \overline{PD} = \overline{PB} \cdot \overline{PC}$ 또는 $\overline{PA} \cdot \overline{PB} = \overline{PC} \cdot \overline{PD}$이다.

(6) 네 꼭짓점에 이르는 거리가 같은 점이 존재한다.

(7) 네 변의 수직이등분선이 한 점에서 만난다.

(8) (톨레미의 정리) $\overline{AB} \cdot \overline{CD} + \overline{BC} \cdot \overline{DA} = \overline{AC} \cdot \overline{BD}$이다.

[정리] 40 (톨레미의 정리)

원에 내접하는 사각형 $ABCD$의 대변의 길이의 곱을 합한 것은 대각선의 길이의 곱과 같다. 즉,

$$\overline{AB}\cdot\overline{CD}+\overline{BC}\cdot\overline{DA}=\overline{AC}\cdot\overline{BD}$$

가 성립한다.

[따름정리] 41 (톨레미 정리의 역)

볼록사각형에서 두 쌍의 대변의 곱의 합이 두 대각선의 곱과 같으면 그 사각형은 원에 내접한다. 즉, 볼록사각형 $ABCD$에서

$$\overline{AB}\cdot\overline{CD}+\overline{BC}\cdot\overline{DA}=\overline{AC}\cdot\overline{BD}$$

가 성립하면, 사각형 $ABCD$는 원에 내접한다.

[정리] 42 (브라마굽타의 공식)

원에 내접하는 사각형 $ABCD$의 대각선이 서로 직교할 때, 그 교점 O에서 한 변 BC에 그은 수선 OE의 연장선은 변 BC의 대변 AD를 이등분한다.

[정리] 43 (원에 외접하는 사각형)

사각형 $ABCD$가 한 원에 외접하기 위한 필요충분조건은 다음과 같다.

(1) (듀란드의 문제) $\overline{AB}+\overline{CD}=\overline{BC}+\overline{DA}$이다.

(2) 네 변에 이르는 거리가 같은 점이 존재한다.

(3) 네 각의 이등분선이 한 점에서 만난다.

[정리] 44 (사인 법칙)

$\overline{BC}=a$, $\overline{CA}=b$, $\overline{AB}=c$인 삼각형 ABC에서 다음이 성립한다. 단, R은 삼각형 ABC의 외접원의 반지름이다.

$$\frac{a}{\sin A}=\frac{b}{\sin B}=\frac{c}{\sin C}=2R$$

[정리] 45 (제 1 코사인법칙)

$\overline{BC}=a$, $\overline{CA}=b$, $\overline{AB}=c$인 삼각형 ABC에서 다음이 성립한다.

$$a=b\cos C+c\cos B$$
$$b=c\cos A+a\cos C$$
$$c=a\cos B+b\cos A$$

[정리] 46 (제 2 코사인법칙)

$\overline{BC}=a$, $\overline{CA}=b$, $\overline{AB}=c$인 삼각형 ABC에서 다음이 성립한다.

$$a^2=b^2+c^2-2bc\cos A$$
$$b^2=c^2+a^2-2ca\cos B$$
$$c^2=a^2+b^2-2ab\cos C$$

정리 47 (삼각형의 넓이 공식)

$\overline{BC} = a$, $\overline{CA} = b$, $\overline{AB} = c$인 삼각형 ABC의 넓이 S는 다음과 같다. 단, R은 삼각형 ABC의 외접원의 반지름이고, r은 내접원의 반지름, r_a, r_b, r_c는 방접원의 반지름이고, h_a, h_b, h_c는 삼각형의 높이이고, $s = \frac{a+b+c}{2}$이다.

(1) $S = \frac{1}{2}ah_a = \frac{1}{2}bh_b = \frac{1}{2}ch_c$이다.

(2) $S = \frac{1}{2}bc\sin A = \frac{1}{2}ca\sin B = \frac{1}{2}ab\sin C$이다.

(3) (헤론의 공식) $S = \sqrt{s(s-a)(s-b)(s-c)}$

(4) $S = \frac{abc}{4R}$이다.

(5) $S = rs = (s-a)r_a = (s-b)r_b = (s-c)r_c$이다.

(6) $S = 2R^2\sin A\sin B\sin C$이다.

(7) $S = \sqrt{rr_ar_br_c}$이다.

(8) $S = \frac{a^2\sin B\sin C}{2\sin(B+C)} = \frac{b^2\sin C\sin A}{2\sin(C+A)} = \frac{c^2\sin A\sin B}{2\sin(A+B)}$이다.

정리 48

삼각형 ABC에서 외접원의 반지름 R, 내접원의 반지름 r, 방접원의 반지름 r_a, r_b, r_c 사이에 다음이 성립한다.

(1) $4R + r = r_a + r_b + r_c$이다.

(2) $\frac{1}{r} = \frac{1}{r_a} + \frac{1}{r_b} + \frac{1}{r_c}$이다.

(3) $1 + \frac{r}{R} = \cos A + \cos B + \cos C$이다.

> 개정합본

365일 수학愛 미치다!

첫 번째 이야기 -
도형愛 미치다. -시즌3

이주형 지음

씨실과 날실

씨실과 날실은 도서출판 세화의 자매브랜드입니다.

이 책을 지으신 선생님

이주형
멘사수학연구소 경시팀장

주요사항
한국수학올림피아드 바이블 프리미엄 (정수론, 대수, 기하, 조합) 공저
한국수학올림피아드 모의고사 및 풀이집 (KMO FINAL TEST) 공저
영재학교/과학고 합격수학 7판 저
영재학교/과학고 합격수학 입체도형 2021/22시즌 저
영재학교/과학고 합격수학 평면도형과 작도 2022/23시즌 저
영재학교/과학고 합격수학 함수 2023/24시즌 저
한국주니어수학올림피아드 최종점검 I, II, III (KJMO FINAL TEST) 저

e-mail : buraqui.lee@gmail.com

이 책의 내용에 관하여 궁금한 점이나 상담을 원하시는 독자 여러분께서는 E-MAIL이나 전화로 연락을 주시거나 도서출판 세화(www.sehwapub.co.kr) 게시판에 글을 남겨 주시면 적절한 확인 절차를 거쳐서 풀이에 관한 상세 설명을 받을 수 있습니다.

365일 수학愛미치다!
**첫 번째 이야기
도형愛미치다-시즌 3**

1판 1쇄 발행　　2025년　04월　22일

지은이 | 이주형　**펴낸이** | 구정자
펴낸곳 | (주) 씨실과 날실　**출판등록** | (등록번호 : 2007.6.15 제302-2007-000035호)
주소 | 경기도 파주시 회동길 325-22(서패동 469-2) 1층　**전화** | (031)955-9445, **FAX** | (031)955-9446

판매대행 | 도서출판 세화　**출판등록** | (등록번호 : 1978.12.26 제1-338호)
구입문의 | (031)955-9331~2　**편집부** | (031)955-9333　**FAX** | (031)955-9334
주소 | 경기도 파주시 회동길 325-22(서패동 469-2)

정가 35,000원[365일 수학愛 미치다(첫번째 이야기-도형愛 미치다.)-시즌 1, 2, 3, 4]
ISBN　979-11-89017-56-9　53410

※ 파손된 책은 교환하여 드립니다.

이 책의 저작권은 (주)씨실과 날실에게 있으며 무단 전재와 복제는 법으로 금지되어 있습니다. 독자여러분의 의견을 기다립니다.
Copyright ⓒ Ssisil & nalsil Publishing Co., Ltd

차 례

I 그림 그리며 풀기   1

II 그림보고 다시풀기   49

III 풀이   97

IV 개념정리   157

제 I 편

그림 그리며 풀기

문제 183 난이도 ★★★

반지름의 길이가 12인 반원 O에 평행한 두 현 AB, CD를 그리면, ∠COD = 125°, ∠AOB = 55°이다. 이때, 색칠한 부분의 도형 ACDB의 넓이를 구하여라. 단, 원주율은 π로 계산한다.

문제 184 난이도 ★★★

∠B = ∠D = 90°인 크기가 다른 두 개의 직각삼각형 ABC와 CDE가 있다. 점 A, E, D의 순서로 한 직선 위에 있고, $\overline{CD} + \overline{DE} = \overline{EA}$이다. △CDE = 23일 때, 사각형 ABCD의 넓이를 구하여라.

문제 185 난이도 ★★★

$\overline{AB} = 10$, $\overline{BC} = 12$인 평행사변형 ABCD에서 변 CD에 중점을 M, 변 AD의 중점을 N이라 하면, $\overline{CN} \perp \overline{AD}$, $\overline{CN} = 8$이다. 선분 CM위에 $\overline{CL} : \overline{LM} = 2 : 3$이 되도록 점 L을 잡고, 선분 AM의 연장선과 선분 BL의 연장선과의 교점을 P라 한다. 이때, □ABLM − (△LCP + △MPD)를 구하여라.

문제 186 난이도 ★★★★

선분 AB를 지름으로 하는 반원에서 지름 AB위에 $\overline{AQ} : \overline{QB} = 13 : 1$이 되는 점 Q를 잡고, 호 AB위에 ∠PQR = 90°이고, $\overparen{PR} = \frac{1}{2} \times \overparen{AB}$가 되도록 점 P, R을 잡는다. $\overline{AB} = 28$일 때, 삼각형 PQR의 넓이를 구하여라.

문제 187 난이도 ★★★

∠A = 90°이고, 넓이가 50π인 삼각형 ABC에서 내접원을 그리면, 내접원의 넓이가 삼각형 ABC의 넓이의 $\frac{1}{2}$일 때, 변 BC의 길이를 구하여라. 단, 원주율은 π로 계산한다.

문제 188 난이도 ★★★★

삼각형 ABC에서 변 BC의 중점을 D라 하면, ∠ABD = ∠CAD, ∠BDA = 45°이다. 이때, ∠ABD의 크기를 구하여라.

문제 189 난이도 ★★★

한 변의 길이가 12인 정삼각형 ABC가 원에 내접한다. 호 BC위에 $\overline{BP} : \overline{PC} = 1 : 2$가 되는 점 P를 잡는다. 이때, 선분(현) AP의 길이를 구하여라.

문제 190 난이도 ★★★★

∠B = ∠C = 40°인 이등변삼각형 ABC의 내부에 ∠ABO = ∠OBC = 20°, ∠BCO = 10°, ∠OCA = 30°를 만족하는 점 O를 잡는다. 이때, ∠OAC의 크기를 구하여라.

[문제] 191 (난이도 ★★★)

∠A = 90°인 직각이등변삼각형 ABC에서 변 AC의 중점을 D라 하고, 변 BC를 지름으로 하고, 점 A를 지나는 반원을 그린다. 선분 BD의 연장선과 반원과의 교점을 E라 하고, 점 E에서 변 CA에 내린 수선의 발을 F라 하면, $\overline{EF}$ = 6이다. 이때, 삼각형 AFE의 넓이를 구하여라.

[문제] 192 (난이도 ★★★)

점 O를 중심으로 하고, 반지름을 각각 OA, OB로 하는 사분원의 호 AB위에 점 C, D를 잡고, 반지름 OA위에 점 E를 잡으면, ∠BOC = 20°, ∠OCE = ∠CED = 40°이다. $\overline{OA} = \overline{OB}$ = 16일 때, 사각형 AECD의 넓이를 구하여라.

문제 193 (난이도 ★★★)

한 변의 길이가 35인 정사각형 ABCD에서 변 AD위의 점 E에 대하여, ∠BEF = 90°인 직각이등변삼각형이 되도록 점 F를 잡는다. 선분 BF와 변 CD의 교점을 G라 하면, $\overline{CG} = 14$이다. 이때, 직각이등변삼각형 EBF의 넓이를 구하여라.

문제 194 (난이도 ★★★)

$\overline{AB} = \overline{AC} = 14$, $\overline{BC} = 7$인 이등변삼각형 ABC에서 변 AB위에 $\overline{AP} = 12$가 되는 점 P를 잡고, 네 점 A, R, B, Q가 한 원 위에 있도록 변 AC위에 점 Q, 변 CB의 연장선 위에 점 R을 잡으면, 점 P는 선분 RQ위에 있다. 이때, 선분 RB의 길이를 구하여라.

문제 195 난이도 ★★★

원에 내접하는 사각형 ABCD에서 $\overline{BC} = \overline{CD} = 4$, $\overline{DA} = 16$이다. $\overline{AC} = 16$일 때, 변 AB의 길이를 구하여라.

문제 196 난이도 ★★★★

삼각형 ABC에서 변 BC위에 점 D를 잡으면, $\overline{AC} = \overline{BD}$, $\overline{AD} = \overline{DC}$, $\angle ABC = \angle CAD \times \frac{3}{2}$이다. 이때, $\angle ABD$의 크기를 구하여라.

문제 197 난이도 ★★★

$\overline{AB} = 12$, $\overline{BC} = 10$, $\overline{CA} = 8$인 삼각형 ABC에서 ∠A의 내각이등분선과 변 BC와의 교점을 D라 하고, 점 A를 지나고 변 BC와 점 D에서 접하는 원과 변 AB, AC와의 교점을 각각 E, F라 한다. 이때, 선분 EF의 길이를 구하여라.

문제 198 난이도 ★★★

∠B = 90°인 직각삼각형 ABC에서 점 C를 지나 변 AC에 수직인 직선과 점 A를 지나 변 BC에 평행한 직선과의 교점을 D라 한다. $\overline{AB} = 6$일 때, 선분 AD의 길이의 최솟값을 구하여라.

문제 199 난이도 ★★★

$\overline{AC} = 4$, $\overline{BC} = 6$인 삼각형 ABC에서 점 A를 중심으로 점 C가 변 BC와 겹칠 때까지 회전이동시킨다. 이때, 점 B, C가 이동한 점을 각각 점 B′, C′라 하면, $\overline{CC'} = 2$이다. 변 AB와 변 C′B′의 교점을 P라 할 때, 삼각형 APC′와 삼각형 ABC의 넓이의 비를 구하여라.

문제 200 난이도 ★★★

삼각형 ABC에서 점 A에서 변 BC에 내린 수선의 발을 D, 점 D에서 변 AB, AC에 내린 수선의 발을 각각 E, F라 한다. $\overline{AE} = 5$, $\overline{EB} = 3$, $\overline{AF} = 2$일 때, 삼각형 ADC의 넓이를 구하여라.

문제 201 난이도 ★★★

삼각형 ABC의 외접원에 점 A에서 내접하고, 변 BC 위의 점 P에 접하는 원이 있다. ∠BAC = 120°, $\overline{AB}$ = 4, $\overline{AC}$ = 12일 때, 선분 AP의 길이를 구하여라.

문제 202 난이도 ★★★

$\overline{AE}$ ∥ $\overline{BD}$인 사다리꼴 ABDE에서 $\overline{AB}$ = $\overline{BD}$이다. 변 AE 위에 $\overline{AB}$ = $\overline{BC}$가 되도록 점 C를 잡으면, $\overline{CD}$ = $\overline{DE}$이다. 선분 BE와 변 CD의 교점을 P라 한다. △ABC = 110, △CBD = 70일 때, 삼각형 CPE의 넓이를 구하여라.

[문제] 203 난이도 ★★★★

점 P, Q를 중심으로 하는 두 원이 점 A, B에서 만난다. 직선 PA가 원 P, 원 Q와 각각 점 C, D(점 A가 아닌 점)에서 만나고, 점 A에서의 원 Q의 접선과 원 P와의 교점을 E라 한다. $\overline{AC} = 35$, $\overline{AB} = \overline{CE} = 21$일 때, 선분 AD의 길이를 구하여라.

[문제] 204 난이도 ★★★

삼각형 ABC의 내부에 $\overline{AB} = \overline{BP} = \overline{PC}$가 되도록 점 P를 잡으면 ∠ABP = 35°, ∠BPC = 155°이다. 이때, ∠BAC의 크기를 구하여라.

문제 205 난이도 ★★

∠FAG = 120°이고, 넓이가 180인 이등변삼각형 AFG에서 변 AF의 중점을 B, 점 B를 지나 변 AF에 수직인 직선과 변 FG와의 교점을 C, 선분 CG의 중점을 D, 점 D를 지나 변 FG에 수직인 직선과 변 AG와의 교점을 E라 한다. 이때, 오각형 ABCDE의 넓이를 구하여라.

문제 206 난이도 ★★

원에 내접하는 사각형 ABCD에서 $\overline{AB} = 3$, $\overline{BC} = 4$, $\overline{CD} = 6$, $\overline{AC} : \overline{BD} = 7 : 8$일 때, 변 AD의 길이를 구하여라.

문제 207 난이도 ★★★★

$\overline{AB} = \overline{AE}$, $\overline{AC} = \overline{AD}$, $\overline{BE} \parallel \overline{CD}$인 오각형 ABCDE에서 선분 BE와 선분 AC, AD와의 교점을 각각 P, Q라 하면, $\overline{BP} : \overline{PQ} : \overline{QE} = 2 : 1 : 2$이다. 점 D를 지나 변 AE에 평행한 직선과 선분 AC와의 교점을 R이라 하면, $\overline{AR} = \overline{AB} = \overline{AE}$이고, $\overline{AB} \parallel \overline{RQ}$이다. △ABE = 96일 때, 사다리꼴 PCDQ의 넓이를 구하여라.

문제 208 난이도 ★★

삼각형 ABC에서 변 BC위에 점 D를 잡으면 $\overline{AB} = \overline{DC}$, ∠BAD : ∠ABC : ∠ACB = 1 : 2 : 3이다. 이때, ∠BAD의 크기를 구하여라.

문제 209 난이도 ★★★

삼각형 ABC에서 변 BC위에 $\overline{BC} = \overline{AD}$인 점 D를 잡으면, ∠CAD : ∠ABC : ∠ACB = 2 : 3 : 4 이다. 이때, ∠ABC의 크기를 구하여라.

문제 210 난이도 ★★★★

원에 내접하는 사각형 ABCD에서 $\overline{AB} = 2$, $\overline{CD} = 5$이다. 변 BA의 연장선과 변 CD의 연장선의 교점을 E라 하면, $\overline{DE} = 3$이다. 점 E를 지나 변 BC와 평행한 직선이 변 CA의 연장선, 대각선 BD의 연장선과의 교점을 각각 G, F라 한다. 이때, $\overline{AG} : \overline{DF}$를 구하여라.

문제 211 　　　　　　　　　　　　　　　난이도 ★★★

$\overline{AB} = \overline{BC} = \overline{DA}$, ∠A = 90°인 사각형 ABCD에서, ∠CBD + ∠CDB = 45°일 때, ∠CBD의 크기를 구하여라.

문제 212 　　　　　　　　　　　　　　　난이도 ★★★

원에 내접하는 오각형 ABCDE에서 $\overline{AB} = \overline{BC}$, $\overline{DE} = \overline{EA}$, ∠BAE = 105°이고, ∠BCD와 ∠CDE의 차가 25°일 때, ∠BCD와 ∠CDE 중 큰 각의 크기를 구하여라.

문제 213 난이도 ★★★

삼각형 ABC에서 $\overline{AB} = \overline{AD} = \overline{BD}$가 되도록 점 D를 잡으면, ∠BCD = 10°, ∠CAD = ∠CBD + 30°이다. 이때, ∠CBD의 크기를 구하여라.

문제 214 난이도 ★★★

정사각형 ABCD에서 변 AD, CD위에 $\overline{PD} = \overline{QD}$가 되도록 각각 점 P, Q를 잡는다. 점 C를 중심으로 하고, 변 CD를 반지름으로 하는 사분원과 선분 BP와의 교점을 E라고 한다. ∠ABP = 35°일 때, ∠EQD의 크기를 구하여라.

문제 215 난이도 ★★★

삼각형 ABC의 내부에 점 D를 잡고, 삼각형 ABD의 내부에 점 P를 잡으면, △ADP : △ABP : △BDP = 1 : 2 : 2 가 된다. 점 D가 삼각형 ABC의 내부를 자유롭게 움직일 때, 삼각형 ABC의 넓이와 점 P가 이동한 영역의 넓이의 비를 구하여라.

문제 216 난이도 ★★

삼각형 ABC에서 점 A에서 변 BC에 내린 수선의 발을 H라 하면, $\overline{AB} = 9$, $\overline{AC} = 16$, $\overline{AH} = 6$이다. 이때, 삼각형 ABC의 외접원 O의 반지름의 길이를 구하여라.

문제 217 난이도 ★★

삼각형 ABC에서 $\overline{AB} = 20$, $\overline{BC} = 24$, $\overline{CA} = 16$이고, 삼각형 ABC의 내심을 I라 한다. 삼각형 ABI, 삼각형 BCI, 삼각형 CAI의 무게중심을 각각 P, Q, R이라 할 때, 삼각형 PQR의 변의 길이의 합 $\overline{PQ}+\overline{QR}+\overline{RP}$를 구하여라.

문제 218 난이도 ★★★

삼각형 ABC에서 $\overline{AB} = 8$, $\overline{BC} = 6$, $\overline{CA} = 10$이고, 점 A, C를 지나는 반지름이 13인 원 O가 변 BA의 연장선과 점 P에서 만나고, 변 BC의 연장선과 점 Q에서 만난다. 이때, 선분 PQ의 길이를 구하여라.

문제 219 난이도 ★★★

∠B = 90°인 직각삼각형 ABC에서 변 BC위에 ∠ACB = ∠BAD가 되도록 점 D를 잡으면 $\overline{BD} : \overline{DC} = 1 : 2$이다. 이때, ∠ACB의 크기를 구하여라.

문제 220 난이도 ★★★★

한 변의 길이가 12인 정삼각형 ABC에서 변 AB의 삼등분점을 점 A에서 가까운 순서대로 D, E라 하고, 변 BC의 삼등분점을 점 B에 가까운 순서대로 F, G라 하고, 변 CA의 삼등분점을 점 C에 가까운 순서대로 H, I라 한다. 선분 AF와 BI, EC와의 교점을 각각 P, Q라 하고, 선분 BH와 EC의 교점을 R이라 하고, 선분 GA와 BH, DC와의 교점을 각각 S, T라 하고, 선분 CD와 BI의 교점을 U라 한다. 이때, 육각형 PQRSTU에 내접하는 원의 넓이를 구하여라. 단, 원주율은 π로 계산한다.

문제 221   난이도 ★★

삼각형 ABC에서 ∠ACB = 50°이고, 변 BC위에 $\overline{AC}$ = $\overline{BD}$가 되는 점 D를 잡으면 ∠CAD = 15°이다. 이때, ∠ABC의 크기를 구하여라.

문제 222   난이도 ★★★

∠A = 90°, $\overline{BC}$ = 60인 직각이등변삼각형 ABC에서, 변 BC의 중점을 M, 선분 AM의 중점을 N이라 한다. ∠BPC = 90°가 되도록 점 P를 선분 CN의 연장선 위에 잡는다. 선분 PC와 변 AB와의 교점을 Q라 할 때, 삼각형 PMQ의 넓이를 구하여라.

문제 223 난이도 ★★

삼각형 ABC에서 ∠ABC의 내각이등분선과 변 CA와의 교점을 D, ∠ACB의 내각이등분선과 변 AB와의 교점을 E라 한다. ∠ABC = 70°, ∠ACB = 50°일 때, ∠AED의 크기를 구하여라.

문제 224 난이도 ★★★★

$\overline{CA} : \overline{AB} : \overline{BC} = 2 : 3 : 4$인 삼각형 ABC에서 변 BC위에 $\overline{AD} = \overline{DB}$를 만족하는 점 D를 잡는다. 이때, 선분 AD와 AC의 길이의 비를 구하여라. 단, 스튜워트의 정리를 사용하지 않는다.

문제 225 난이도 ★★★

정사각형 ABCD를 점 A를 중심으로 반시계방향으로 30° 회전 이동하여 점 B, C, D가 이동한 점을 각각 B′, C′, D′라 한다. 오각형 ABCC′D′의 넓이가 225일 때, 정사각형 ABCD의 넓이를 구하여라.

문제 226 난이도 ★★★★

삼각형 ABC에서 변 BC위에 $\overline{AB} = \overline{DC}$인 점 D를 잡으면, ∠ACB : ∠ABC : ∠DAC = 3 : 4 : 5이다. 이때, ∠ABC의 크기를 구하여라.

문제 227 난이도 ★★★

반지름의 길이가 10인 원 O의 내부에 $\overline{OP} = 6$인 점 P를 잡고, 점 P에서 수직인 두 현 AB, CD를 그린다. 이때, 사각형 ACBD의 넓이의 최댓값과 최솟값을 구하여라.

문제 228 난이도 ★★★

한 변의 길이가 36인 정사각형 ABCD에서 변 AB의 삼등분점을 점 A에 가까운 순서대로 E, F라 하고, 변 BC의 삼등분점을 점 B에 가까운 순서대로 G, H라 하고, 변 CD의 삼등분점을 점 C에 가까운 순서대로 I, J라 하고, 변 DA의 삼등분점을 점 D에 가까운 순서대로 K, L이라 한다. 선분 EG와 선분 FL, FH와의 교점을 각각 M, N이라 하고, 선분 GI와 선분 FH, HJ와의 교점을 각각 P, Q라 하고, 선분 IK와 선분 HJ, JL과의 교점을 각각 R, S라 하고, 선분 KE와 선분 JL, LF와의 교점을 각각 T, U라 할 때, 팔각형 MNPQRSTU의 넓이를 구하여라.

[문제] 229 난이도 ★★★

삼각형 ABC에서 변 BC의 중점을 D라 하면, ∠ABC = ∠CAD = 2 × ∠ACB이다. 이때, ∠ACB의 크기를 구하여라.

[문제] 230 난이도 ★★★

$\overline{AD} \parallel \overline{BC}$이고, $\overline{AD}$ = 10인 등변사다리꼴 ABCD에서 변 AD, BC의 중점을 각각 M, N이라 한다. 선분 AN과 BM의 교점을 E라 하고, 선분 CM과 DN의 교점을 F라 하고, 점 F에서 변 BC에 내린 수선의 발을 H라 하면, $\overline{FH}$ = 19.2이다. 이때, 사각형 ENFM의 넓이를 구하여라.

문제 231 난이도 ★★

$\overline{AB} = \overline{AC} = 20$, $\overline{BC} = 26$인 이등변삼각형 ABC에서 변 AB, AC에 각각 점 P, Q에서 접하는 원과 변 BC와의 교점을 R, S라고 한다. $\overline{AP} = 8$일 때, 선분 RS의 길이를 구하여라.

문제 232 난이도 ★★★

넓이가 232인 삼각형 ABC에서 변 BC를 사등분하여 점 B에 가까운 순서대로 점 D, E, F라 하고, △PBF = $\frac{1}{2}$ × △ABC, △QEC = $\frac{1}{3}$ × △ABC가 되도록 변 AB위에 점 P를, 변 AC위에 점 Q를 잡는다. 선분 PF와 QE의 교점을 R이라 할 때, 삼각형 REF의 넓이를 구하여라.

[문제] 233 난이도 ★★★

∠B = ∠D = 90°, ∠C ≠ 90°, ∠ACB = 2 × ∠ACD인 사각형 ABCD에서, 점 D에서 대각선 AC에 내린 수선의 발을 E라 한다. $\overline{DE}$ = 6일 때, 변 AB의 길이를 구하여라.

[문제] 234 난이도 ★★

$\overline{AB}$ = 10, $\overline{BC}$ = 8, $\overline{CA}$ = 6인 직각삼각형 ABC에서 내접원의 중심을 P라 하자. 직선 AB와 점 A에서 접하고, 점 P를 지나는 원 O의 반지름의 길이를 구하여라.

문제 235 난이도 ★★★

한 변의 길이가 16인 정사각형 ABCD에서 변 AD위에 $\overline{ED} = 10$인 점 E를, 변 AB위에 $\overline{AF} = 10$인 점 F를, 변 BC위에 $\overline{BG} = 10$인 점 G를 잡는다. 점 A를 선분 EF에 대하여 대칭이동한 점을 A'이라 한다. 이때, 오각형 EA'GCD의 넓이를 구하여라.

문제 236 난이도 ★★★

사각형 ABCD에서 $\overline{AB} = \overline{AC}$, $\angle BAC = 36°$, $\angle CBD = 32°$이고, $\angle BDC = 18°$이다. 이때, $\angle CAD$의 크기를 구하여라.

문제 237 난이도 ★★★

∠A = ∠C = 90°인 사각형 ABCD에서 $\overline{AC}$ = 6이고, ∠ABD = 12°, ∠CBD = 18°일 때, 선분 BD의 길이를 구하여라.

문제 238 난이도 ★★★

∠A = 60°인 삼각형 ABC에서 ∠A의 내각이등분선과 변 BC와의 교점을 점 D라 하면, $\overline{AC} = \overline{AB} + \overline{BD}$이다. 이때, ∠ACB의 크기를 구하여라.

문제 239 난이도 ★★★

$\overline{AC} = 24$인 정사각형 ABCD에서 대각선 AC 위에 $\overline{EC} = 6$인 점 E를 잡고, 점 E를 지나고 BE에 수직인 직선과 변 AD와의 교점을 F라 하면, $\overline{BE} = \overline{EF}$이다. 사각형 BEFG가 정사각형이 되도록 점 G를 잡는다. 이때, 정사각형 BEFG의 넓이를 구하여라.

문제 240 난이도 ★★★

$\overline{AB} = \overline{AC} = 5$, $\overline{BC} = 6$인 이등변삼각형 ABC에서 외접원의 지름을 CE라고 하고, 선분 CE와 변 AB와의 교점을 D라 할 때, 선분 CD와 DE의 길이의 비를 구하여라.

문제 241 난이도 ★★★

삼각형 ABC에서 ∠ABC : ∠ACB = 3 : 4이고, 점 A에서 ∠C의 내각이등분선에 내린 수선의 발을 D라 하면, $\overline{BC} = 2 \times \overline{CD}$이다. 이때, ∠ABC의 크기를 구하여라.

문제 242 난이도 ★★

직사각형 ABCD에서 대각선 BD의 중점을 M이라 하고, ∠BAM의 내각이등분선과 대각선 BD, 변 BC와의 교점을 각각 P, E라 하면 $\overline{BM} \perp \overline{AP}$이고, $\overline{PE} = 24$이다. 이때, 선분 AD의 길이를 구하여라.

문제 243 — 난이도 ★★★★

사각형 ABCD에서, 사각형 내부에 삼각형 APB, 삼각형 DPC가 ∠APB = ∠DPC = 90°인 직각이등변삼각형이고, ∠ADP = 90°인 점 P를 잡으면, $\overline{CP} = \overline{DP} = 12$이다. 선분 DP의 연장선과 변 BC와의 교점을 Q라 하고, AB의 중점을 R이라고 하면, $\overline{QR} = 10$이다. 이때, 직각이등변삼각형 ABP의 넓이를 구하여라.

문제 244 — 난이도 ★★★

볼록오각형 ABCDE에서 $\overline{BE} \parallel \overline{CD}$, $\overline{BC} \parallel \overline{AD}$, $\overline{BC} = \overline{DE}$, $\overline{AB} = \overline{CD}$이다. ∠BCD = 130°일 때, ∠ACE의 크기를 구하여라.

[문제] 245 난이도 ★★★

∠B = 90°인 직각삼각형 ABC에서 빗변 CA의 중점을 M이라 하고, 변 AB위에 $\overline{MP} = \overline{PB}$가 되는 점 P를, 변 BC위에 $\overline{MQ} = \overline{QB}$가 되는 점 Q를 잡으면, ∠PMQ = 90°이다. △MPQ = 28, △CMQ + △AMP = 52일 때, $\overline{AP} \times \overline{CQ}$를 구하여라.

[문제] 246 난이도 ★★

넓이가 246인 정삼각형 ABC에서 변 BC, CA의 중점을 각각 D, E라 하고, AD와 BE의 교점을 O라 한다. 선분 AE 위에 ∠CPO = 60°가 되도록 잡고, 삼각형 APO의 외접원과 변 AB가 만나는 점 중 A가 아닌 점을 Q라 하고, 삼각형 BQO의 외접원이 변 BC와 만나는 점 중 점 B가 아닌 점을 R이라 한다. 이때, 삼각형 PQR의 넓이를 구하여라.

문제 247   난이도 ★★

삼각형 ABC에서 변 AC위에 ∠ABD : ∠CBD = 1 : 2가 되도록 점 D를 잡고, 변 BC위에 ∠BDE = ∠ACB가 되도록 점 E를 잡는다. ∠A = 90°, $\overline{DE}$ = 12일 때, 선분 AD의 길이를 구하여라. 단, $\overline{AB} < \overline{AC}$이다.

문제 248   난이도 ★★★

$\overline{AB} = 8$, $\overline{BC} = 12$, $\overline{CA} = 10$인 삼각형 ABC에서 변 BC위에 $\overline{AB} = \overline{AP}$인 점 P를, 변 CA위에 ∠APQ = ∠ACB인 점 Q를 잡는다. 이때, 선분 BQ의 길이를 구하여라.

문제 249 난이도 ★★★

삼각형 ABC에서 외접원의 중심을 O라 한다. 점 B에서 변 CA에 내린 수선의 발을 D라 하고, 선분 BD의 연장선 위에 $\overline{BC} = \overline{CE}$가 되도록 점 E를 잡는다. 선분 AO의 연장선과 선분 EC의 연장선과의 교점을 F라 한다. ∠AFE = 33°, ∠BEF = 24°일 때, ∠ABC의 크기를 구하여라.

문제 250 난이도 ★★★

넓이가 32이고, $\overline{BC} = 16$, ∠BAD = ∠ADC = 135°인 사각형 ABCD에서 $\overline{AB} + \overline{CD} = \overline{AD}$를 만족한다. 사각형 ABCD의 외부(변 AD의 위쪽부분)에 $\overline{PA} = \overline{PD}$, ∠APD = 45°를 만족하는 점 P를 잡는다. 이때, 삼각형 PAD의 넓이를 구하여라.

문제 251 난이도 ★★★

∠A = 90°인 직각삼각형 ABC에서 내심을 I라 하고, 점 I를 지나 BI에 수직인 직선과 변 BC와의 교점을 D라 하고, 점 D에서 변 CA에 내린 수선의 발을 E라 한다. $\overline{AE} = 10$일 때, 삼각형 ABC의 내접원의 반지름의 길이를 구하여라.

문제 252 난이도 ★★★

삼각형 ABC에서 내부의 한 점 P에서, 선분 AP의 연장선과 변 BC와의 교점을 D라 하고, 선분 BP의 연장선과 변 CA와의 교점을 E라 하고, 선분 CP의 연장선과 변 AB와의 교점을 F라 하면, $\overline{AP} = 6$, $\overline{PD} = 6$, $\overline{BP} = 9$, $\overline{PE} = 3$, $\overline{CP} = 15$이다. 이때, 삼각형 ABC의 넓이를 구하여라.

[문제] 253   난이도 ★★★

삼각형 ABC에서 ∠ABC = 2 × ∠ACB이고, 삼각형 ABC의 내심을 I라 한다. $\overline{IC} = \overline{AB}$일 때, ∠BAC의 크기를 구하여라.

[문제] 254   난이도 ★★★★

$\overline{AB} = 32$, $\overline{AC} = 20$인 삼각형 ABC에서 변 BC의 중점을 D, 변 CA의 중점을 E라 한다. 선분 DE위에 $\overline{DP} = 6$인 점 P를 잡으면, ∠ACP = 2 × ∠ABP이다. 이때, 삼각형 PBC의 넓이를 구하여라.

문제 255 난이도 ★★★

삼각형 ABC에서 변 AB의 중점을 D라 하면, ∠ACD = 30°, ∠ABC = 2 × ∠BCD이다. 이때, ∠BCD의 크기를 구하여라.

문제 256 난이도 ★★★★

$\overline{AB} : \overline{BC} : \overline{CA} = 3 : 4 : 5$인 삼각형 ABC에서 변 BC위에 $\overline{BP} : \overline{PC} = 3 : 5$인 점 P를 잡고, 점 P를 중심으로 삼각형 ABC를 반시계방향으로 30°회전이동시킨다. 점 A, B, C가 회전이동한 점을 각각 A′, B′, C′라 한다. 변 AB와 C′A′와의 교점을 D, 변 CA와 CB′, C′A′와의 교점을 각각 E, F라 한다. 삼각형 ABC의 넓이가 256일 때, 오각형 DBPEF의 넓이를 구하여라.

문제 257
난이도 ★★★

사각형 ABCD에서 ∠BAD = 45°, ∠BCD = 90°, ∠ACB = 45°, △ABD = 32, △BCD = 8이다. 대각선 AC와 BD의 교점을 E라 할 때, 선분 AE의 길이를 구하여라.

문제 258
난이도 ★★★

$\overline{AB} = \overline{AC}$인 이등변삼각형 ABC에서 변 CA 쪽의 외부에 한 점 D를 잡으면, $\overline{BD} = \overline{BC}$, ∠ADB = 30°, ∠ABD : ∠DBC = 5 : 2이다. 이때, ∠ABC의 크기를 구하여라.

문제 259 난이도 ★★★

$\angle A = 90°$, $\overline{AB} = 7$인 삼각형 ABC에서 변 CA위에 $\angle ABD = \frac{1}{2} \times \angle ACB$를 만족하는 점 D를 잡고, 점 A, D에서 변 BC에서 내린 수선의 발을 각각 E, F라 한다. $\overline{DF} = 4$일 때, 선분 AE의 길이를 구하여라.

문제 260 난이도 ★★★

$\overline{AB} = \overline{AC}$인 이등변삼각형 ABC에서 $\angle ACB$의 이등분선과 변 AB와의 교점을 D라 하고, 선분 DC위에 $\overline{AD} = \overline{DE}$가 되는 점 E를 잡으면, $\angle DEB = \frac{1}{2} \times \angle BAC$이다. 이때, $\angle EBC$의 크기를 구하여라.

문제 261 난이도 ★★★

원 C가 선분 AB를 지름으로 하는 반원 O에 내접하는데, 원 O와 점 E에서 접하고, 지름 AB와 점 D에서 접한다. 이때, ∠AED의 크기를 구하여라.

문제 262 난이도 ★★

정삼각형 ABC의 변 BC 위의 점 D에 대하여, 선분 AD의 연장선이 정삼각형 ABC의 외접원과 만나는 점을 P라 한다. $\overline{BP} = 5$, $\overline{PC} = 20$일 때, 선분 AD의 길이를 구하여라.

문제 263 　　　　　　　　　　　난이도 ★★★

반지름의 길이가 5인 원 O에 내접하는 사각형 ABCD에서 대각선 AC는 원 O의 지름이고, $\overline{BD} = \overline{AB}$이다. 대각선 AC와 BD의 교점을 P라 한다. $\overline{PC} = 2$일 때, 선분 CD의 길이를 구하여라.

문제 264 　　　　　　　　　　　난이도 ★★★

정사각형 ABCD에서 변 BC, CD위에 각각 점 E, F를 잡는다. 점 F에서 선분 AE에 내린 수선의 발을 G라고 하면, 점 G는 선분 AE와 BD의 교점이다. $\overline{AK} = \overline{EF}$를 만족하는 점 K를 선분 FG위에 잡을 때, ∠EKF의 크기를 구하여라.

문제 265 난이도 ★★★

$\overline{AB} = \overline{AC}$, $\angle ADB = 65°$, $\angle CDB = 50°$인 사각형 ABCD에서 $\angle BAC$의 크기를 구하여라.

문제 266 난이도 ★★★

사각형 ABCD에서 $\angle ABD : \angle DBC : \angle CDB = 1 : 3 : 5$, $\overline{AB} = \overline{BC}$, $\overline{AD} \mathbin{/\mkern-5mu/} \overline{BC}$일 때, $\angle ABD$의 크기를 구하여라.

문제 267 _난이도 ★★★_

사각형 ABCD에서 $\overline{AB} = \overline{BC}$이고, ∠ABD = 48°, ∠DBC = 16°, ∠DAC = 30°일 때, ∠BDC의 크기를 구하여라.

문제 268 _난이도 ★★_

∠A = 90°인 직각삼각형 ABC에서 외접원 O의 넓이가 400π이고, 내접원 O′의 넓이가 16π일 때, 직각삼각형 ABC의 넓이를 구하여라. 단, 원주율은 π로 계산한다.

문제 269 난이도 ★★★

오각형 ABCDE에서 $\overline{AB} = \overline{BC} = \overline{CD} = \overline{DE}$이고, ∠B = 96°, ∠C = ∠D = 108°일 때, ∠AED의 크기를 구하여라.

문제 270 난이도 ★★

삼각형 ABC에서 $\overline{AB} = \overline{AC} = 26$, $\overline{BC} = 20$이다. 변 BC 위에 $\overline{BP} < \overline{PC}$인 점 P를 잡고, 삼각형 ABP와 삼각형 APC의 수심을 각각 H, K라 한다. 이때, $\overline{HK} = 4$일 때, 선분 PC의 길이를 구하여라.

문제 271 난이도 ★★

∠BCA > 90°인 삼각형 ABC에서 변 BC위에 ∠BAD = 90°인 점 D, ∠CAD = ∠DAE인 점 E를 잡으면, △CAD = 15, △DAE = 9이다. 이때, 삼각형 ABE의 넓이를 구하여라.

문제 272 난이도 ★★★

사각형 ABCD에서 변 BC, DA의 중점을 각각 E, F라 하고, 선분 AE와 BF의 교점을 G, 선분 DE와 CF의 교점을 H라 한다. △AGF = 98, △BEG = 162, △ECH = 144일 때, 삼각형 FHD의 넓이를 구하여라.

문제 273 난이도 ★★★★

$\overline{AB} = 7$인 삼각형 ABC의 외접원 O에서, 점 D가 변 AB에 대하여 점 C의 반대편에 있다. 변 AB와 선분 CD의 교점을 E라 하고, 선분 EB 위에 $\overline{MB} = 2$가 되는 점 M을 잡는다. 삼각형 EDM의 외접원 O'의 점 E에서의 접선이 변 BC와 점 F에서 만나고, 변 CA의 연장선과 점 G에서 만난다고 할 때, 선분 EG와 EF의 길이의 비를 구하여라.

문제 274 난이도 ★★★

삼각형 ABC에서 변 AB의 중점을 P, 변 AC위에 $\overline{AQ} : \overline{QC} = 3 : 4$인 점 Q, 선분 CP와 BQ의 교점을 R이라 하면, $\overline{AR} = \overline{CR} = 8$, $\overline{BR} = 10$이다. 이때, 삼각형 ABC의 넓이를 구하여라.

제 II 편

그림보고 다시풀기

문제 183

반지름의 길이가 12인 반원 O에 평행한 두 현 AB, CD를 그리면, ∠COD = 125°, ∠AOB = 55°이다. 이때, 색칠한 부분의 도형 ACDB의 넓이를 구하여라. 단, 원주율은 π로 계산한다.

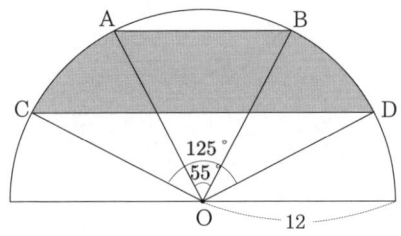

문제 184

∠B = ∠D = 90°인 크기가 다른 두 개의 직각삼각형 ABC와 CDE가 있다. 점 A, E, D의 순서로 한 직선 위에 있고, $\overline{CD} + \overline{DE} = \overline{EA}$이다. △CDE = 23일 때, 사각형 ABCD의 넓이를 구하여라.

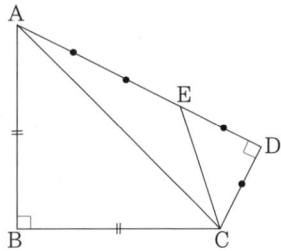

문제 185 　　　그림보고 다시 풀기

$\overline{AB}$ = 10, $\overline{BC}$ = 12인 평행사변형 ABCD에서 변 CD에 중점을 M, 변 AD의 중점을 N이라 하면, $\overline{CN} \perp \overline{AD}$, $\overline{CN}$ = 8이다. 선분 CM위에 $\overline{CL} : \overline{LM}$ = 2 : 3이 되도록 점 L을 잡고, 선분 AM의 연장선과 선분 BL의 연장선과의 교점을 P라 한다. 이때, □ABLM − (△LCP + △MPD)를 구하여라.

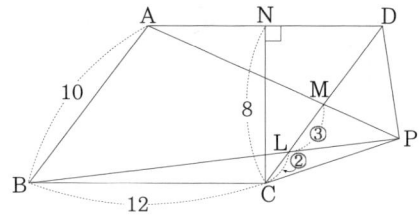

문제 186 　　　그림보고 다시 풀기

선분 AB를 지름으로 하는 반원에서 지름 AB위에 $\overline{AQ} : \overline{QB}$ = 13 : 1이 되는 점 Q를 잡고, 호 AB위에 ∠PQR = 90°이고, $\overset{\frown}{PR} = \frac{1}{2} \times \overset{\frown}{AB}$가 되도록 점 P, R을 잡는다. $\overline{AB}$ = 28일 때, 삼각형 PQR의 넓이를 구하여라.

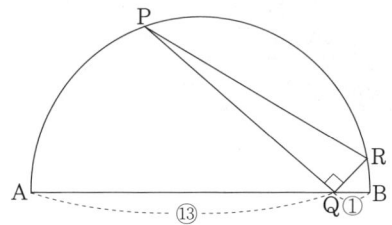

문제 187 〔그림보고 다시 풀기〕

∠A = 90°이고, 넓이가 50π인 삼각형 ABC에서 내접원을 그리면, 내접원의 넓이가 삼각형 ABC의 넓이의 $\frac{1}{2}$일 때, 변 BC의 길이를 구하여라. 단, 원주율은 π로 계산한다.

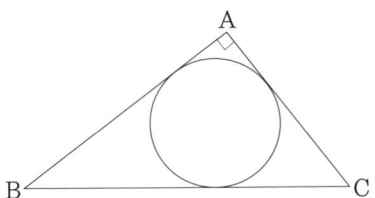

문제 188 〔그림보고 다시 풀기〕

삼각형 ABC에서 변 BC의 중점을 D라 하면, ∠ABD = ∠CAD, ∠BDA = 45°이다. 이때, ∠ABD의 크기를 구하여라.

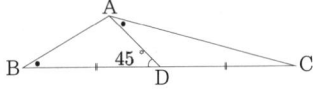

[문제] **189**

한 변의 길이가 12인 정삼각형 ABC가 원에 내접한다. 호 BC위에 $\overline{BP} : \overline{PC} = 1 : 2$가 되는 점 P를 잡는다. 이때, 선분(현) AP의 길이를 구하여라.

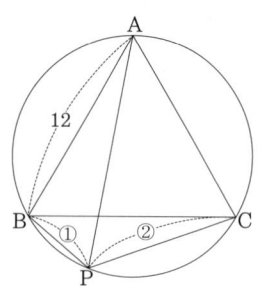

[문제] **190**

$\angle B = \angle C = 40°$인 이등변삼각형 ABC의 내부에 $\angle ABO = \angle OBC = 20°$, $\angle BCO = 10°$, $\angle OCA = 30°$를 만족하는 점 O를 잡는다. 이때, $\angle OAC$의 크기를 구하여라.

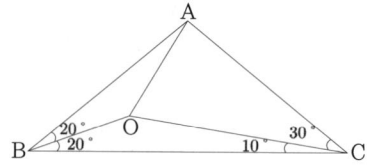

문제 191 〔그림보고 다시 풀기〕

∠A = 90°인 직각이등변삼각형 ABC에서 변 AC의 중점을 D라 하고, 변 BC를 지름으로 하고, 점 A를 지나는 반원을 그린다. 선분 BD의 연장선과 반원과의 교점을 E라 하고, 점 E에서 변 CA에 내린 수선의 발을 F라 하면, $\overline{EF} = 6$이다. 이때, 삼각형 AFE의 넓이를 구하여라.

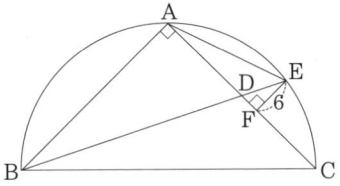

문제 192 〔그림보고 다시 풀기〕

점 O를 중심으로 하고, 반지름을 각각 OA, OB로 하는 사분원의 호 AB위에 점 C, D를 잡고, 반지름 OA위에 점 E를 잡으면, ∠BOC = 20°, ∠OCE = ∠CED = 40°이다. $\overline{OA} = \overline{OB} = 16$일 때, 사각형 AECD의 넓이를 구하여라.

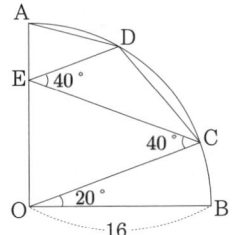

[문제] **193** — 그림보고 다시 풀기

한 변의 길이가 35인 정사각형 ABCD에서 변 AD위의 점 E에 대하여, ∠BEF = 90°인 직각이등변삼각형이 되도록 점 F를 잡는다. 선분 BF와 변 CD의 교점을 G라 하면, $\overline{CG}$ = 14이다. 이때, 직각이등변삼각형 EBF의 넓이를 구하여라.

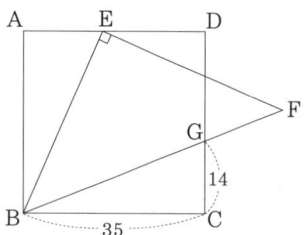

[문제] **194** — 그림보고 다시 풀기

$\overline{AB} = \overline{AC} = 14$, $\overline{BC} = 7$인 이등변삼각형 ABC에서 변 AB위에 $\overline{AP} = 12$가 되는 점 P를 잡고, 네 점 A, R, B, Q가 한 원 위에 있도록 변 AC위에 점 Q, 변 CB의 연장선 위에 점 R을 잡으면, 점 P는 선분 RQ위에 있다. 이때, 선분 RB의 길이를 구하여라.

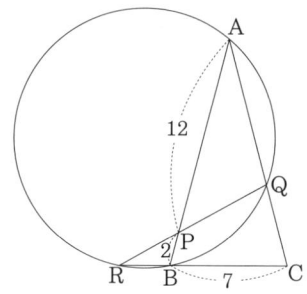

문제 195 ㅡ 그림보고 다시 풀기

원에 내접하는 사각형 ABCD에서 $\overline{BC} = \overline{CD} = 4$, $\overline{DA} = 16$이다. $\overline{AC} = 16$일 때, 변 AB의 길이를 구하여라.

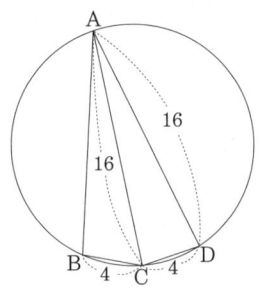

문제 196 ㅡ 그림보고 다시 풀기

삼각형 ABC에서 변 BC위에 점 D를 잡으면, $\overline{AC} = \overline{BD}$, $\overline{AD} = \overline{DC}$, $\angle ABC = \angle CAD \times \dfrac{3}{2}$이다. 이때, $\angle ABD$의 크기를 구하여라.

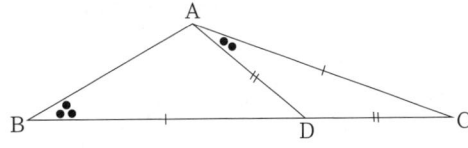

문제 197

$\overline{AB}$ = 12, $\overline{BC}$ = 10, $\overline{CA}$ = 8인 삼각형 ABC에서 ∠A의 내각이등분선과 변 BC와의 교점을 D라 하고, 점 A를 지나고 변 BC와 점 D에서 접하는 원과 변 AB, AC와의 교점을 각각 E, F라 한다. 이때, 선분 EF의 길이를 구하여라.

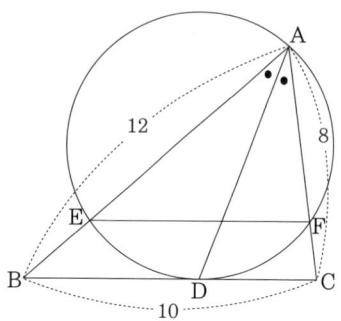

문제 198

∠B = 90°인 직각삼각형 ABC에서 점 C를 지나 변 AC에 수직인 직선과 점 A를 지나 변 BC에 평행한 직선과의 교점을 D라 한다. $\overline{AB}$ = 6일 때, 선분 AD의 길이의 최솟값을 구하여라.

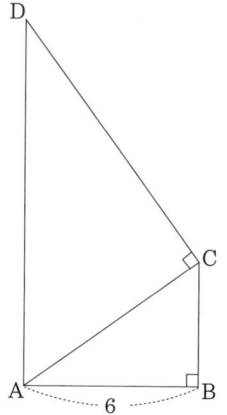

문제 199 〔그림보고 다시 풀기〕

$\overline{AC}=4$, $\overline{BC}=6$인 삼각형 ABC에서 점 A를 중심으로 점 C가 변 BC와 겹칠 때까지 회전이동시킨다. 이때, 점 B, C가 이동한 점을 각각 점 B′, C′라 하면, $\overline{CC'}=2$이다. 변 AB와 변 C′B′의 교점을 P라 할 때, 삼각형 APC′와 삼각형 ABC의 넓이의 비를 구하여라.

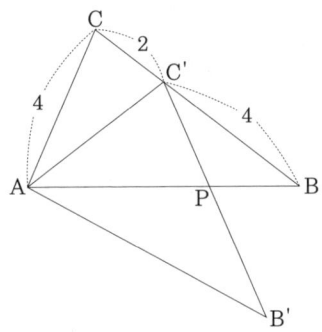

문제 200 〔그림보고 다시 풀기〕

삼각형 ABC에서 점 A에서 변 BC에 내린 수선의 발을 D, 점 D에서 변 AB, AC에 내린 수선의 발을 각각 E, F라 한다. $\overline{AE}=5$, $\overline{EB}=3$, $\overline{AF}=2$일 때, 삼각형 ADC의 넓이를 구하여라.

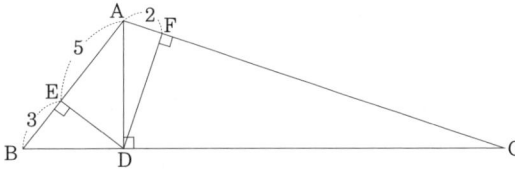

문제 201 〔그림보고 다시 풀기〕

삼각형 ABC의 외접원에 점 A에서 내접하고, 변 BC 위의 점 P에 접하는 원이 있다. ∠BAC = 120°, $\overline{AB}$ = 4, $\overline{AC}$ = 12일 때, 선분 AP의 길이를 구하여라.

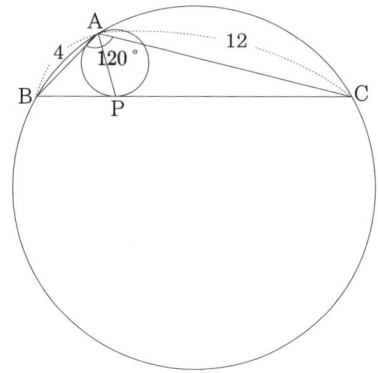

문제 202 〔그림보고 다시 풀기〕

$\overline{AE}$ ∥ $\overline{BD}$인 사다리꼴 ABDE에서 $\overline{AB}$ = $\overline{BD}$이다. 변 AE 위에 $\overline{AB}$ = $\overline{BC}$가 되도록 점 C를 잡으면, $\overline{CD}$ = $\overline{DE}$이다. 선분 BE와 변 CD의 교점을 P라 한다. △ABC = 110, △CBD = 70일 때, 삼각형 CPE의 넓이를 구하여라.

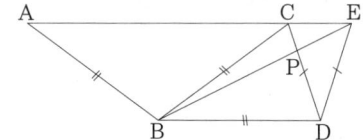

문제 203

점 P, Q를 중심으로 하는 두 원이 점 A, B에서 만난다. 직선 PA가 원 P, 원 Q와 각각 점 C, D(점 A가 아닌 점)에서 만나고, 점 A에서의 원 Q의 접선과 원 P와의 교점을 E라 한다. $\overline{AC} = 35$, $\overline{AB} = \overline{CE} = 21$일 때, 선분 AD의 길이를 구하여라.

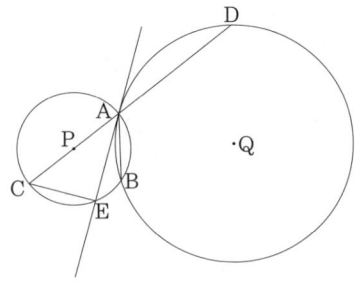

문제 204

삼각형 ABC의 내부에 $\overline{AB} = \overline{BP} = \overline{PC}$가 되도록 점 P를 잡으면 ∠ABP = 35°, ∠BPC = 155°이다. 이때, ∠BAC의 크기를 구하여라.

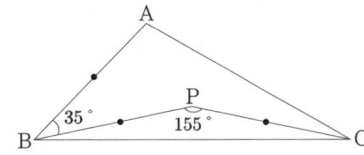

문제 205

∠FAG = 120°이고, 넓이가 180인 이등변삼각형 AFG에서 변 AF의 중점을 B, 점 B를 지나 변 AF에 수직인 직선과 변 FG와의 교점을 C, 선분 CG의 중점을 D, 점 D를 지나 변 FG에 수직인 직선과 변 AG와의 교점을 E라 한다. 이때, 오각형 ABCDE의 넓이를 구하여라.

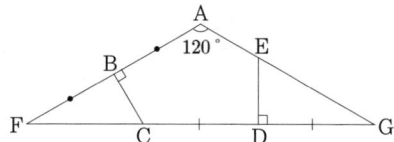

문제 206

원에 내접하는 사각형 ABCD에서 $\overline{AB} = 3$, $\overline{BC} = 4$, $\overline{CD} = 6$, $\overline{AC} : \overline{BD} = 7 : 8$일 때, 변 AD의 길이를 구하여라.

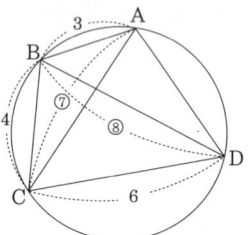

문제 207 _____ 〔그림보고 다시 풀기〕

$\overline{AB} = \overline{AE}$, $\overline{AC} = \overline{AD}$, $\overline{BE} \parallel \overline{CD}$인 오각형 ABCDE에서 선분 BE와 선분 AC, AD와의 교점을 각각 P, Q라 하면, $\overline{BP} : \overline{PQ} : \overline{QE} = 2 : 1 : 2$이다. 점 D를 지나 변 AE에 평행한 직선과 선분 AC와의 교점을 R이라 하면, $\overline{AR} = \overline{AB} = \overline{AE}$이고, $\overline{AB} \parallel \overline{RQ}$이다. △ABE = 96일 때, 사다리꼴 PCDQ의 넓이를 구하여라.

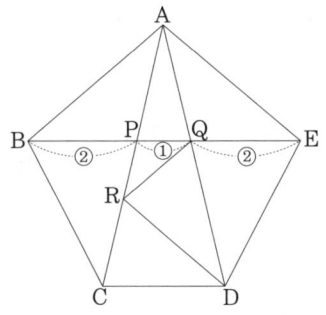

문제 208 _____ 〔그림보고 다시 풀기〕

삼각형 ABC에서 변 BC위에 점 D를 잡으면 $\overline{AB} = \overline{DC}$, ∠BAD : ∠ABC : ∠ACB = 1 : 2 : 3이다. 이때, ∠BAD의 크기를 구하여라.

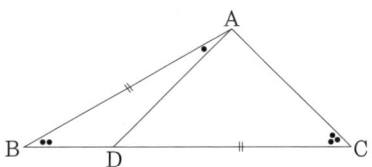

문제 209 _그림보고 다시 풀기_

삼각형 ABC에서 변 BC위에 $\overline{BC} = \overline{AD}$인 점 D를 잡으면, $\angle CAD : \angle ABC : \angle ACB = 2 : 3 : 4$ 이다. 이때, $\angle ABC$의 크기를 구하여라.

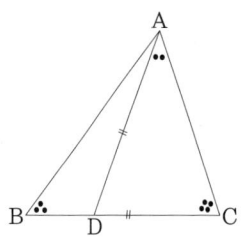

문제 210 _그림보고 다시 풀기_

원에 내접하는 사각형 ABCD에서 $\overline{AB} = 2$, $\overline{CD} = 5$이다. 변 BA의 연장선과 변 CD의 연장선의 교점을 E라 하면, $\overline{DE} = 3$이다. 점 E를 지나 변 BC와 평행한 직선이 변 CA의 연장선, 대각선 BD의 연장선과의 교점을 각각 G, F라 한다. 이때, $\overline{AG} : \overline{DF}$를 구하여라.

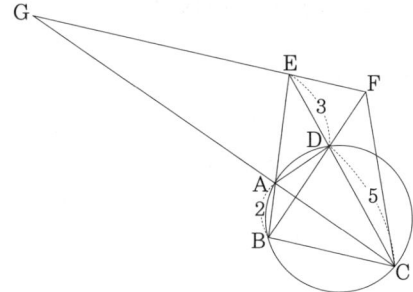

문제 211

$\overline{AB} = \overline{BC} = \overline{DA}$, ∠A = 90°인 사각형 ABCD에서, ∠CBD + ∠CDB = 45°일 때, ∠CBD의 크기를 구하여라.

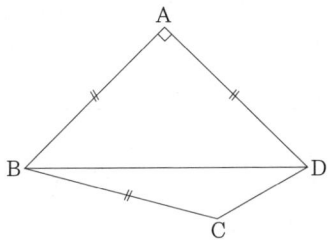

문제 212

원에 내접하는 오각형 ABCDE에서 $\overline{AB} = \overline{BC}$, $\overline{DE} = \overline{EA}$, ∠BAE = 105°이고, ∠BCD와 ∠CDE의 차가 25°일 때, ∠BCD와 ∠CDE 중 큰 각의 크기를 구하여라.

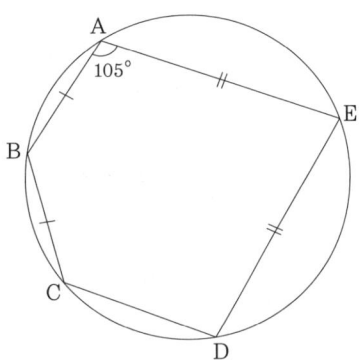

문제 213 [그림보고 다시 풀기]

삼각형 ABC에서 $\overline{AB} = \overline{AD} = \overline{BD}$가 되도록 점 D를 잡으면, ∠BCD = 10°, ∠CAD = ∠CBD + 30°이다. 이때, ∠CBD의 크기를 구하여라.

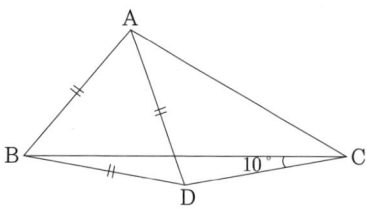

문제 214 [그림보고 다시 풀기]

정사각형 ABCD에서 변 AD, CD위에 $\overline{PD} = \overline{QD}$가 되도록 각각 점 P, Q를 잡는다. 점 C를 중심으로 하고, 변 CD를 반지름으로 하는 사분원과 선분 BP와의 교점을 E라고 한다. ∠ABP = 35°일 때, ∠EQD의 크기를 구하여라.

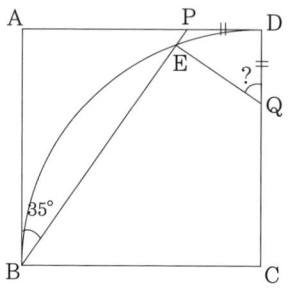

[문제] 215　　　　　　　　　[그림보고 다시 풀기]

삼각형 ABC의 내부에 점 D를 잡고, 삼각형 ABD의 내부에 점 P를 잡으면, △ADP : △ABP : △BDP = 1 : 2 : 2 가 된다. 점 D가 삼각형 ABC의 내부를 자유롭게 움직일 때, 삼각형 ABC의 넓이와 점 P가 이동한 영역의 넓이의 비를 구하여라.

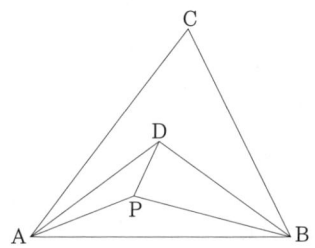

[문제] 216　　　　　　　　　[그림보고 다시 풀기]

삼각형 ABC에서 점 A에서 변 BC에 내린 수선의 발을 H라 하면, $\overline{AB} = 9$, $\overline{AC} = 16$, $\overline{AH} = 6$이다. 이때, 삼각형 ABC의 외접원 O의 반지름의 길이를 구하여라.

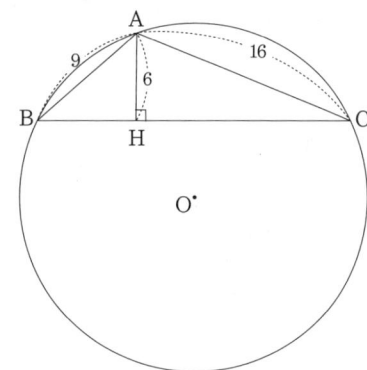

문제 217 〔그림보고 다시 풀기〕

삼각형 ABC에서 $\overline{AB} = 20$, $\overline{BC} = 24$, $\overline{CA} = 16$이고, 삼각형 ABC의 내심을 I라 한다. 삼각형 ABI, 삼각형 BCI, 삼각형 CAI의 무게중심을 각각 P, Q, R이라 할 때, 삼각형 PQR의 변의 길이의 합 $\overline{PQ}+\overline{QR}+\overline{RP}$를 구하여라.

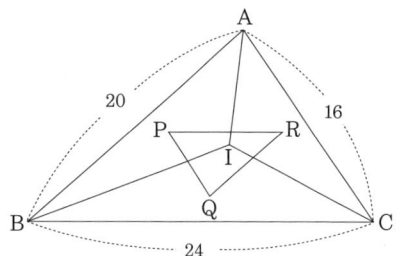

문제 218 〔그림보고 다시 풀기〕

삼각형 ABC에서 $\overline{AB} = 8$, $\overline{BC} = 6$, $\overline{CA} = 10$이고, 점 A, C를 지나는 반지름이 13인 원 O가 변 BA의 연장선과 점 P에서 만나고, 변 BC의 연장선과 점 Q에서 만난다. 이때, 선분 PQ의 길이를 구하여라.

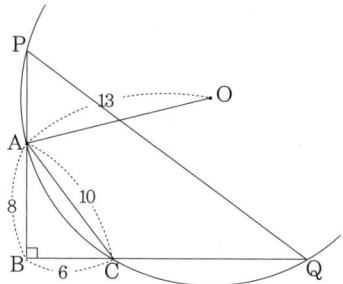

문제 219 ─── 그림보고 다시 풀기

∠B = 90°인 직각삼각형 ABC에서 변 BC위에 ∠ACB = ∠BAD가 되도록 점 D를 잡으면 $\overline{BD} : \overline{DC} = 1 : 2$이다. 이때, ∠ACB의 크기를 구하여라.

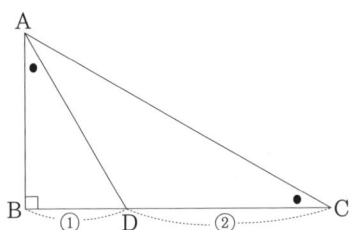

문제 220 ─── 그림보고 다시 풀기

한 변의 길이가 12인 정삼각형 ABC에서 변 AB의 삼등분점을 점 A에서 가까운 순서대로 D, E라 하고, 변 BC의 삼등분점을 점 B에 가까운 순서대로 F, G라 하고, 변 CA의 삼등분점을 점 C에 가까운 순서대로 H, I라 한다. 선분 AF와 BI, EC와의 교점을 각각 P, Q라 하고, 선분 BH와 EC의 교점을 R이라 하고, 선분 GA와 BH, DC와의 교점을 각각 S, T라 하고, 선분 CD와 BI의 교점을 U라 한다. 이때, 육각형 PQRSTU에 내접하는 원의 넓이를 구하여라. 단, 원주율은 π로 계산한다.

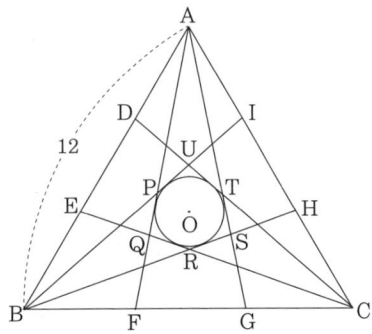

문제 221 그림보고 다시 풀기

삼각형 ABC에서 ∠ACB = 50°이고, 변 BC위에 $\overline{AC}$ = $\overline{BD}$가 되는 점 D를 잡으면 ∠CAD = 15°이다. 이때, ∠ABC의 크기를 구하여라.

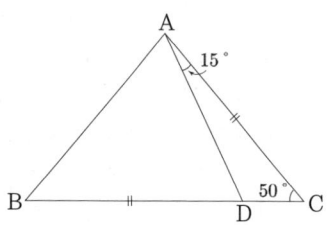

문제 222 그림보고 다시 풀기

∠A = 90°, $\overline{BC}$ = 60인 직각이등변삼각형 ABC에서, 변 BC의 중점을 M, 선분 AM의 중점을 N이라 한다. ∠BPC = 90°가 되도록 점 P를 선분 CN의 연장선 위에 잡는다. 선분 PC와 변 AB와의 교점을 Q라 할 때, 삼각형 PMQ의 넓이를 구하여라.

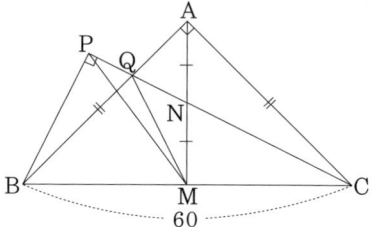

문제 223 [그림보고 다시 풀기]

삼각형 ABC에서 ∠ABC의 내각이등분선과 변 CA와의 교점을 D, ∠ACB의 내각이등분선과 변 AB와의 교점을 E라 한다. ∠ABC = 70°, ∠ACB = 50°일 때, ∠AED의 크기를 구하여라.

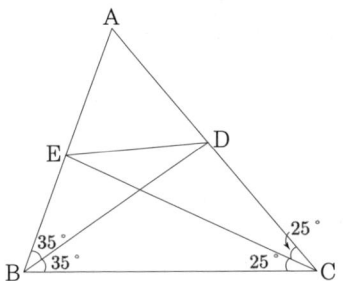

문제 224 [그림보고 다시 풀기]

$\overline{CA} : \overline{AB} : \overline{BC} = 2 : 3 : 4$인 삼각형 ABC에서 변 BC위에 $\overline{AD} = \overline{DB}$를 만족하는 점 D를 잡는다. 이때, 선분 AD와 AC의 길이의 비를 구하여라. 단, 스튜워트의 정리를 사용하지 않는다.

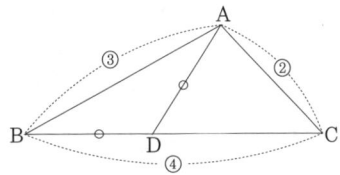

문제 225 —— 그림보고 다시 풀기

정사각형 ABCD를 점 A를 중심으로 반시계방향으로 30° 회전 이동하여 점 B, C, D가 이동한 점을 각각 B′, C′, D′라 한다. 오각형 ABCC′D′의 넓이가 225일 때, 정사각형 ABCD의 넓이를 구하여라.

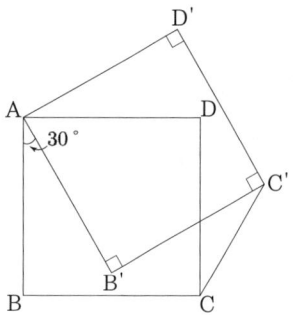

문제 226 —— 그림보고 다시 풀기

삼각형 ABC에서 변 BC위에 $\overline{AB} = \overline{DC}$인 점 D를 잡으면, ∠ACB : ∠ABC : ∠DAC = 3 : 4 : 5이다. 이때, ∠ABC의 크기를 구하여라.

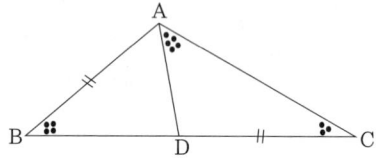

문제 227 _그림보고 다시 풀기_

반지름의 길이가 10인 원 O의 내부에 $\overline{OP} = 6$인 점 P를 잡고, 점 P에서 수직인 두 현 AB, CD를 그린다. 이때, 사각형 ACBD의 넓이의 최댓값과 최솟값을 구하여라.

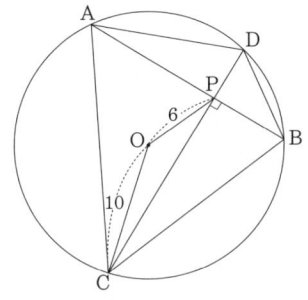

문제 228 _그림보고 다시 풀기_

한 변의 길이가 36인 정사각형 ABCD에서 변 AB의 삼등분점을 점 A에 가까운 순서대로 E, F라 하고, 변 BC의 삼등분점을 점 B에 가까운 순서대로 G, H라 하고, 변 CD의 삼등분점을 점 C에 가까운 순서대로 I, J라 하고, 변 DA의 삼등분점을 점 D에 가까운 순서대로 K, L이라 한다. 선분 EG와 선분 FL, FH와의 교점을 각각 M, N이라 하고, 선분 GI와 선분 FH, HJ와의 교점을 각각 P, Q라 하고, 선분 IK와 선분 HJ, JL과의 교점을 각각 R, S라 하고, 선분 KE와 선분 JL, LF와의 교점을 각각 T, U라 할 때, 팔각형 MNPQRSTU의 넓이를 구하여라.

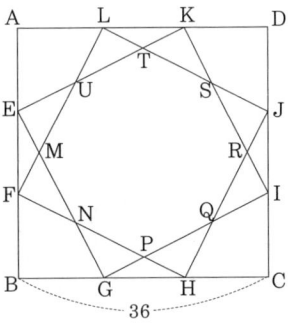

문제 229

삼각형 ABC에서 변 BC의 중점을 D라 하면, ∠ABC = ∠CAD = 2 × ∠ACB이다. 이때, ∠ACB의 크기를 구하여라.

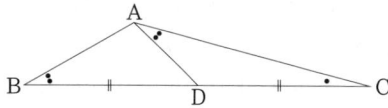

문제 230

$\overline{AD}$ ∥ $\overline{BC}$이고, $\overline{AD}$ = 10인 등변사다리꼴 ABCD에서 변 AD, BC의 중점을 각각 M, N이라 한다. 선분 AN과 BM의 교점을 E라 하고, 선분 CM과 DN의 교점을 F라 하고, 점 F에서 변 BC에 내린 수선의 발을 H라 하면, $\overline{FH}$ = 19.2이다. 이때, 사각형 ENFM의 넓이를 구하여라.

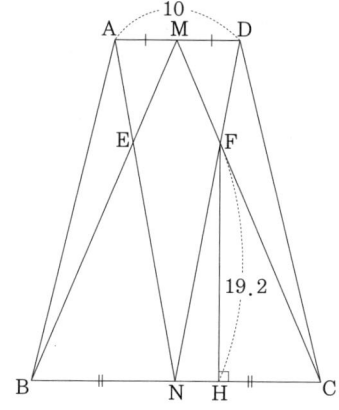

문제 231

$\overline{AB} = \overline{AC} = 20$, $\overline{BC} = 26$인 이등변삼각형 ABC에서 변 AB, AC에 각각 점 P, Q에서 접하는 원과 변 BC와의 교점을 R, S라고 한다. $\overline{AP} = 8$일 때, 선분 RS의 길이를 구하여라.

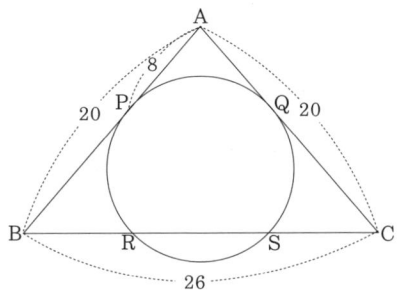

문제 232

넓이가 232인 삼각형 ABC에서 변 BC를 사등분하여 점 B에 가까운 순서대로 점 D, E, F라 하고, △PBF = $\frac{1}{2}$ × △ABC, △QEC = $\frac{1}{3}$ × △ABC가 되도록 변 AB위에 점 P를, 변 AC위에 점 Q를 잡는다. 선분 PF와 QE의 교점을 R이라 할 때, 삼각형 REF의 넓이를 구하여라.

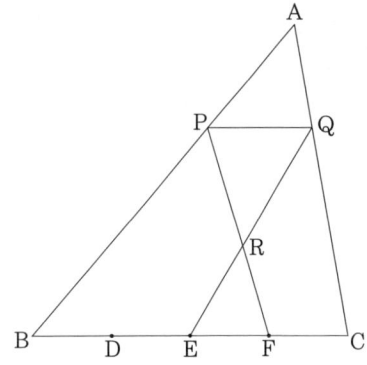

[문제] 233 — 그림보고 다시 풀기

∠B = ∠D = 90°, ∠C ≠ 90°, ∠ACB = 2 × ∠ACD인 사각형 ABCD에서, 점 D에서 대각선 AC에 내린 수선의 발을 E라 한다. $\overline{DE}$ = 6일 때, 변 AB의 길이를 구하여라.

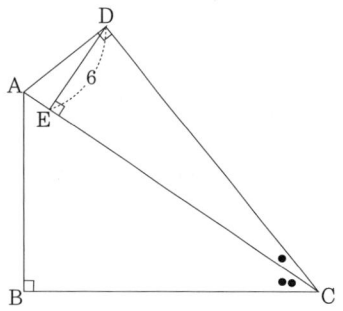

[문제] 234 — 그림보고 다시 풀기

$\overline{AB}$ = 10, $\overline{BC}$ = 8, $\overline{CA}$ = 6인 직각삼각형 ABC에서 내접원의 중심을 P라 하자. 직선 AB와 점 A에서 접하고, 점 P를 지나는 원 O의 반지름의 길이를 구하여라.

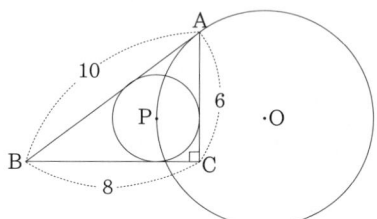

문제 235 ─ 그림보고 다시 풀기

한 변의 길이가 16인 정사각형 ABCD에서 변 AD위에 $\overline{ED}$ = 10인 점 E를, 변 AB위에 $\overline{AF}$ = 10인 점 F를, 변 BC위에 $\overline{BG}$ = 10인 점 G를 잡는다. 점 A를 선분 EF에 대하여 대칭이동한 점을 A'이라 한다. 이때, 오각형 EA'GCD의 넓이를 구하여라.

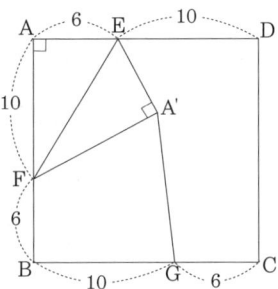

문제 236 ─ 그림보고 다시 풀기

사각형 ABCD에서 $\overline{AB} = \overline{AC}$, ∠BAC = 36°, ∠CBD = 32°이고, ∠BDC = 18°이다. 이때, ∠CAD의 크기를 구하여라.

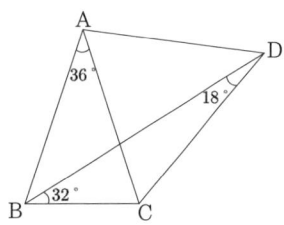

문제 237

∠A = ∠C = 90°인 사각형 ABCD에서 $\overline{AC}$ = 6이고, ∠ABD = 12°, ∠CBD = 18°일 때, 선분 BD의 길이를 구하여라.

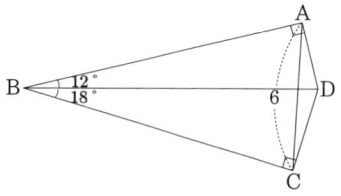

문제 238

∠A = 60°인 삼각형 ABC에서 ∠A의 내각이등분선과 변 BC와의 교점을 점 D라 하면, $\overline{AC} = \overline{AB} + \overline{BD}$이다. 이때, ∠ACB의 크기를 구하여라.

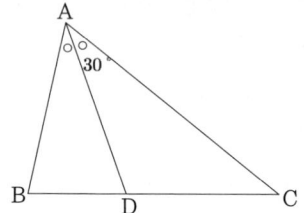

문제 239

$\overline{AC} = 24$인 정사각형 ABCD에서 대각선 AC 위에 $\overline{EC} = 6$인 점 E를 잡고, 점 E를 지나고 BE에 수직인 직선과 변 AD와의 교점을 F라 하면, $\overline{BE} = \overline{EF}$이다. 사각형 BEFG가 정사각형이 되도록 점 G를 잡는다. 이때, 정사각형 BEFG의 넓이를 구하여라.

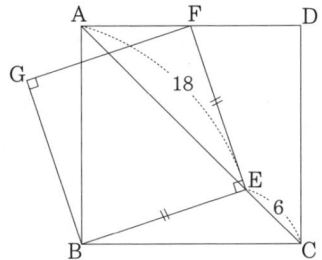

문제 240

$\overline{AB} = \overline{AC} = 5$, $\overline{BC} = 6$인 이등변삼각형 ABC에서 외접원의 지름을 CE라고 하고, 선분 CE와 변 AB와의 교점을 D라 할 때, 선분 CD와 DE의 길이의 비를 구하여라.

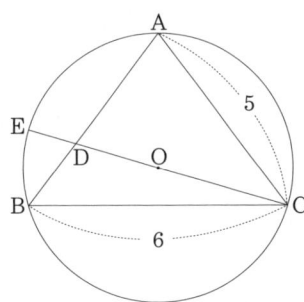

[문제] 241 _그림보고 다시 풀기_

삼각형 ABC에서 ∠ABC : ∠ACB = 3 : 4이고, 점 A에서 ∠C의 내각이등분선에 내린 수선의 발을 D라 하면, $\overline{BC} = 2 \times \overline{CD}$이다. 이때, ∠ABC의 크기를 구하여라.

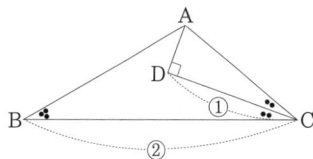

[문제] 242 _그림보고 다시 풀기_

직사각형 ABCD에서 대각선 BD의 중점을 M이라 하고, ∠BAM의 내각이등분선과 대각선 BD, 변 BC와의 교점을 각각 P, E라 하면 $\overline{BM} \perp \overline{AP}$이고, $\overline{PE} = 24$이다. 이때, 선분 AD의 길이를 구하여라.

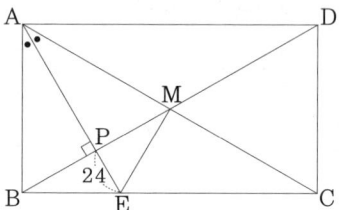

문제 243   그림보고 다시 풀기

사각형 ABCD에서, 사각형 내부에 삼각형 APB, 삼각형 DPC가 ∠APB = ∠DPC = 90°인 직각이등변삼각형이고, ∠ADP = 90°인 점 P를 잡으면, $\overline{CP} = \overline{DP} = 12$이다. 선분 DP의 연장선과 변 BC와의 교점을 Q라 하고, AB의 중점을 R이라고 하면, $\overline{QR} = 10$이다. 이때, 직각이등변삼각형 ABP의 넓이를 구하여라.

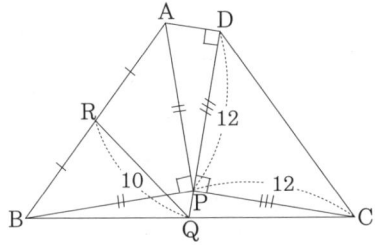

문제 244   그림보고 다시 풀기

볼록오각형 ABCDE에서 $\overline{BE}$ ∥ $\overline{CD}$, $\overline{BC}$ ∥ $\overline{AD}$, $\overline{BC} = \overline{DE}$, $\overline{AB} = \overline{CD}$이다. ∠BCD = 130°일 때, ∠ACE의 크기를 구하여라.

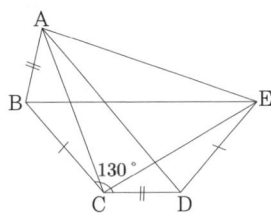

[문제] 245

∠B = 90°인 직각삼각형 ABC에서 빗변 CA의 중점을 M이라 하고, 변 AB위에 $\overline{MP} = \overline{PB}$가 되는 점 P를, 변 BC위에 $\overline{MQ} = \overline{QB}$가 되는 점 Q를 잡으면, ∠PMQ = 90°이다. △MPQ = 28, △CMQ + △AMP = 52일 때, $\overline{AP} \times \overline{CQ}$를 구하여라.

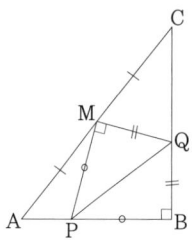

[문제] 246

넓이가 246인 정삼각형 ABC에서 변 BC, CA의 중점을 각각 D, E라 하고, AD와 BE의 교점을 O라 한다. 선분 AE 위에 ∠CPO = 60°가 되도록 잡고, 삼각형 APO의 외접원과 변 AB가 만나는 점 중 A가 아닌 점을 Q라 하고, 삼각형 BQO의 외접원이 변 BC와 만나는 점 중 점 B가 아닌 점을 R이라 한다. 이때, 삼각형 PQR의 넓이를 구하여라.

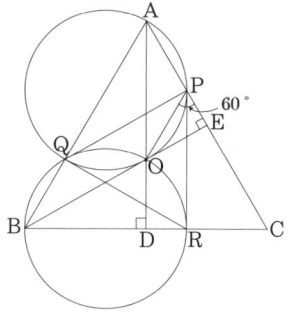

문제 247 *그림보고 다시 풀기*

삼각형 ABC에서 변 AC위에 ∠ABD : ∠CBD = 1 : 2가 되도록 점 D를 잡고, 변 BC위에 ∠BDE = ∠ACB가 되도록 점 E를 잡는다. ∠A = 90°, $\overline{DE}$ = 12일 때, 선분 AD의 길이를 구하여라. 단, $\overline{AB} < \overline{AC}$이다.

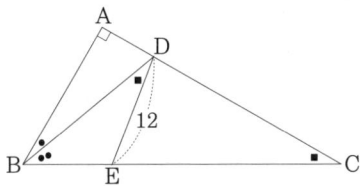

문제 248 *그림보고 다시 풀기*

$\overline{AB}$ = 8, $\overline{BC}$ = 12, $\overline{CA}$ = 10인 삼각형 ABC에서 변 BC위에 $\overline{AB} = \overline{AP}$인 점 P를, 변 CA위에 ∠APQ = ∠ACB인 점 Q를 잡는다. 이때, 선분 BQ의 길이를 구하여라.

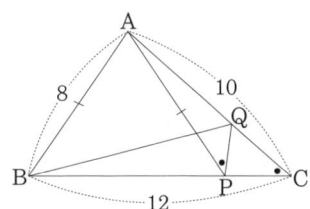

문제 249 *그림보고 다시 풀기*

삼각형 ABC에서 외접원의 중심을 O라 한다. 점 B에서 변 CA에 내린 수선의 발을 D라 하고, 선분 BD의 연장선 위에 $\overline{BC} = \overline{CE}$가 되도록 점 E를 잡는다. 선분 AO의 연장선과 선분 EC의 연장선과의 교점을 F라 한다. ∠AFE = 33°, ∠BEF = 24°일 때, ∠ABC의 크기를 구하여라.

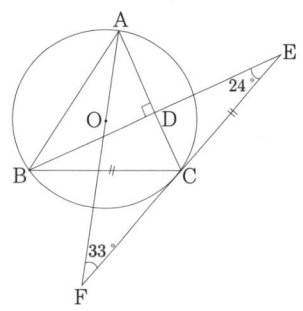

문제 250 *그림보고 다시 풀기*

넓이가 32이고, $\overline{BC} = 16$, ∠BAD = ∠ADC = 135°인 사각형 ABCD에서 $\overline{AB} + \overline{CD} = \overline{AD}$를 만족한다. 사각형 ABCD의 외부(변 AD의 위쪽부분)에 $\overline{PA} = \overline{PD}$, ∠APD = 45°를 만족하는 점 P를 잡는다. 이때, 삼각형 PAD의 넓이를 구하여라.

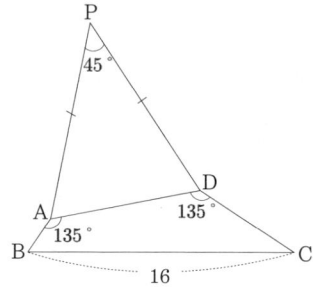

문제 251

∠A = 90°인 직각삼각형 ABC에서 내심을 I라 하고, 점 I를 지나 BI에 수직인 직선과 변 BC와의 교점을 D라 하고, 점 D에서 변 CA에 내린 수선의 발을 E라 한다. $\overline{AE} = 10$일 때, 삼각형 ABC의 내접원의 반지름의 길이를 구하여라.

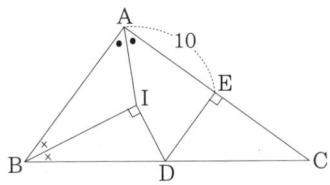

문제 252

삼각형 ABC에서 내부의 한 점 P에서, 선분 AP의 연장선과 변 BC와의 교점을 D라 하고, 선분 BP의 연장선과 변 CA와의 교점을 E라 하고, 선분 CP의 연장선과 변 AB와의 교점을 F라 하면, $\overline{AP} = 6$, $\overline{PD} = 6$, $\overline{BP} = 9$, $\overline{PE} = 3$, $\overline{CP} = 15$이다. 이때, 삼각형 ABC의 넓이를 구하여라.

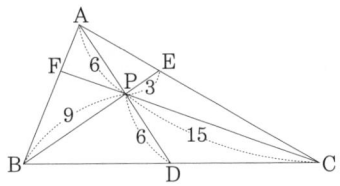

문제 253

삼각형 ABC에서 ∠ABC = 2 × ∠ACB이고, 삼각형 ABC의 내심을 I라 한다. $\overline{IC} = \overline{AB}$일 때, ∠BAC의 크기를 구하여라.

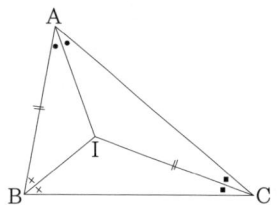

문제 254

$\overline{AB}$ = 32, $\overline{AC}$ = 20인 삼각형 ABC에서 변 BC의 중점을 D, 변 CA의 중점을 E라 한다. 선분 DE위에 $\overline{DP}$ = 6인 점 P를 잡으면, ∠ACP = 2 × ∠ABP이다. 이때, 삼각형 PBC의 넓이를 구하여라.

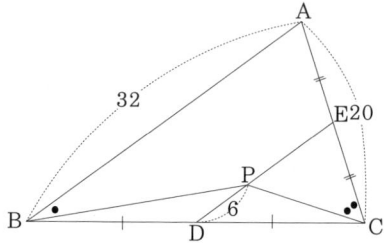

문제 255 [그림보고 다시 풀기]

삼각형 ABC에서 변 AB의 중점을 D라 하면, ∠ACD = 30°, ∠ABC = 2 × ∠BCD이다. 이때, ∠BCD의 크기를 구하여라.

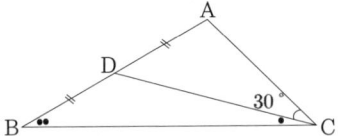

문제 256 [그림보고 다시 풀기]

$\overline{AB} : \overline{BC} : \overline{CA}$ = 3 : 4 : 5인 삼각형 ABC에서 변 BC위에 $\overline{BP} : \overline{PC}$ = 3 : 5인 점 P를 잡고, 점 P를 중심으로 삼각형 ABC를 반시계방향으로 30°회전이동시킨다. 점 A, B, C가 회전이동한 점을 각각 A′, B′, C′라 한다. 변 AB와 C′A′와의 교점을 D, 변 CA와 CB′, C′A′와의 교점을 각각 E, F라 한다. 삼각형 ABC의 넓이가 256일 때, 오각형 DBPEF의 넓이를 구하여라.

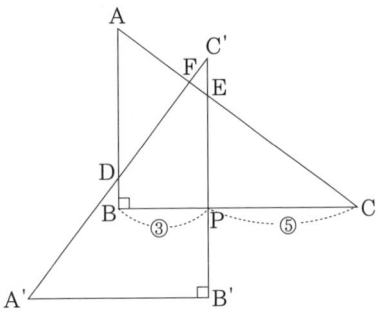

문제 257

사각형 ABCD에서 ∠BAD = 45°, ∠BCD = 90°, ∠ACB = 45°, △ABD = 32, △BCD = 8이다. 대각선 AC와 BD의 교점을 E라 할 때, 선분 AE의 길이를 구하여라.

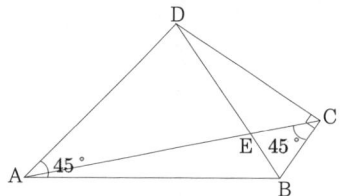

문제 258

$\overline{AB} = \overline{AC}$인 이등변삼각형 ABC에서 변 CA 쪽의 외부에 한 점 D를 잡으면, $\overline{BD} = \overline{BC}$, ∠ADB = 30°, ∠ABD : ∠DBC = 5 : 2이다. 이때, ∠ABC의 크기를 구하여라.

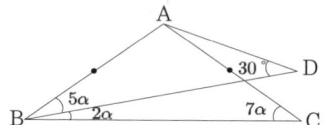

문제 259 _그림보고 다시 풀기_

∠A = 90°, $\overline{AB}$ = 7인 삼각형 ABC에서 변 CA위에 ∠ABD = $\frac{1}{2}$ × ∠ACB를 만족하는 점 D를 잡고, 점 A, D에서 변 BC에서 내린 수선의 발을 각각 E, F라 한다. $\overline{DF}$ = 4일 때, 선분 AE의 길이를 구하여라.

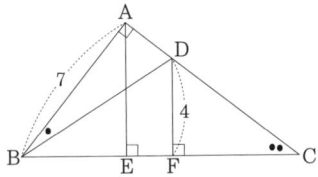

문제 260 _그림보고 다시 풀기_

$\overline{AB} = \overline{AC}$인 이등변삼각형 ABC에서 ∠ACB의 이등분선과 변 AB와의 교점을 D라 하고, 선분 DC위에 $\overline{AD} = \overline{DE}$가 되는 점 E를 잡으면, ∠DEB = $\frac{1}{2}$ × ∠BAC이다. 이 때, ∠EBC의 크기를 구하여라.

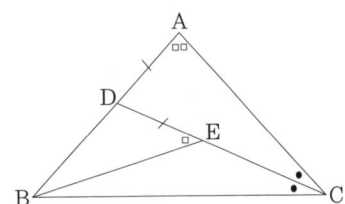

문제 261 [그림보고 다시 풀기]

원 C가 선분 AB를 지름으로 하는 반원 O에 내접하는데, 원 O와 점 E에서 접하고, 지름 AB와 점 D에서 접한다. 이때, ∠AED의 크기를 구하여라.

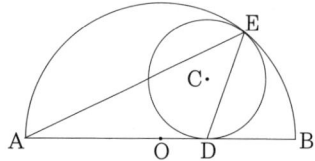

문제 262 [그림보고 다시 풀기]

정삼각형 ABC의 변 BC 위의 점 D에 대하여, 선분 AD의 연장선이 정삼각형 ABC의 외접원과 만나는 점을 P라 한다. $\overline{BP} = 5$, $\overline{PC} = 20$일 때, 선분 AD의 길이를 구하여라.

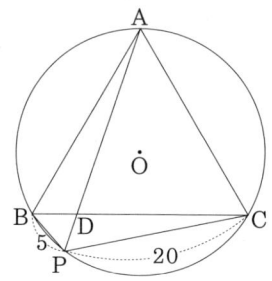

문제 263

반지름의 길이가 5인 원 O에 내접하는 사각형 ABCD에서 대각선 AC는 원 O의 지름이고, $\overline{BD} = \overline{AB}$이다. 대각선 AC와 BD의 교점을 P라 한다. $\overline{PC} = 2$일 때, 선분 CD의 길이를 구하여라.

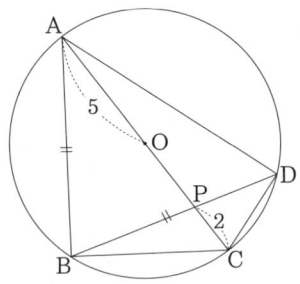

문제 264

정사각형 ABCD에서 변 BC, CD위에 각각 점 E, F를 잡는다. 점 F에서 선분 AE에 내린 수선의 발을 G라고 하면, 점 G는 선분 AE와 BD의 교점이다. $\overline{AK} = \overline{EF}$를 만족하는 점 K를 선분 FG위에 잡을 때, ∠EKF의 크기를 구하여라.

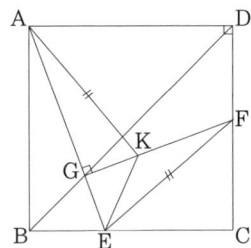

문제 265

$\overline{AB} = \overline{AC}$, ∠ADB = 65°, ∠CDB = 50°인 사각형 ABCD에서 ∠BAC의 크기를 구하여라.

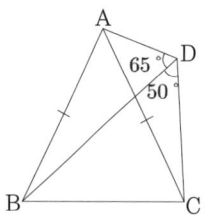

문제 266

사각형 ABCD에서 ∠ABD : ∠DBC : ∠CDB = 1 : 3 : 5, $\overline{AB} = \overline{BC}$, $\overline{AD} \mathbin{/\mkern-5mu/} \overline{BC}$일 때, ∠ABD의 크기를 구하여라.

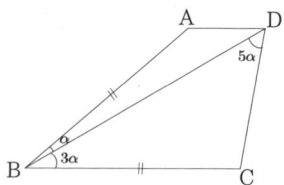

문제 267 [그림보고 다시 풀기]

사각형 ABCD에서 $\overline{AB} = \overline{BC}$이고, ∠ABD = 48°, ∠DBC = 16°, ∠DAC = 30°일 때, ∠BDC의 크기를 구하여라.

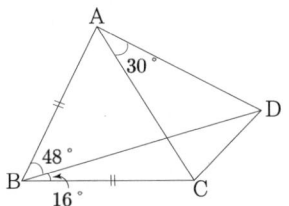

문제 268 [그림보고 다시 풀기]

∠A = 90°인 직각삼각형 ABC에서 외접원 O의 넓이가 400π이고, 내접원 O'의 넓이가 16π일 때, 직각삼각형 ABC의 넓이를 구하여라. 단, 원주율은 π로 계산한다.

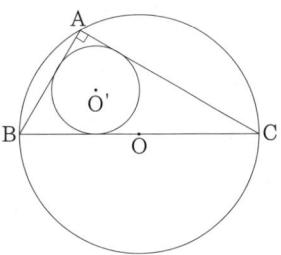

문제 269 — 그림보고 다시 풀기

오각형 ABCDE에서 $\overline{AB} = \overline{BC} = \overline{CD} = \overline{DE}$이고, ∠B = 96°, ∠C = ∠D = 108°일 때, ∠AED의 크기를 구하여라.

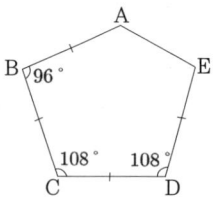

문제 270 — 그림보고 다시 풀기

삼각형 ABC에서 $\overline{AB} = \overline{AC} = 26$, $\overline{BC} = 20$이다. 변 BC 위에 $\overline{BP} < \overline{PC}$인 점 P를 잡고, 삼각형 ABP와 삼각형 APC의 수심을 각각 H, K라 한다. 이때, $\overline{HK} = 4$일 때, 선분 PC의 길이를 구하여라.

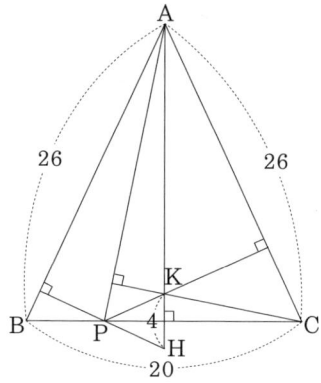

문제 271 *그림보고 다시 풀기*

∠BCA > 90°인 삼각형 ABC에서 변 BC위에 ∠BAD = 90°인 점 D, ∠CAD = ∠DAE인 점 E를 잡으면, △CAD = 15, △DAE = 9이다. 이때, 삼각형 ABE의 넓이를 구하여라.

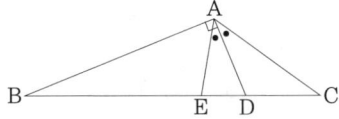

문제 272 *그림보고 다시 풀기*

사각형 ABCD에서 변 BC, DA의 중점을 각각 E, F라 하고, 선분 AE와 BF의 교점을 G, 선분 DE와 CF의 교점을 H라 한다. △AGF = 98, △BEG = 162, △ECH = 144일 때, 삼각형 FHD의 넓이를 구하여라.

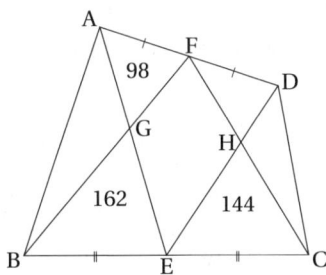

[문제] 273 — 그림보고 다시 풀기

$\overline{AB} = 7$인 삼각형 ABC의 외접원 O에서, 점 D가 변 AB에 대하여 점 C의 반대편에 있다. 변 AB와 선분 CD의 교점을 E라 하고, 선분 EB 위에 $\overline{MB} = 2$가 되는 점 M을 잡는다. 삼각형 EDM의 외접원 O'의 점 E에서의 접선이 변 BC와 점 F에서 만나고, 변 CA의 연장선과 점 G에서 만난다고 할 때, 선분 EG와 EF의 길이의 비를 구하여라.

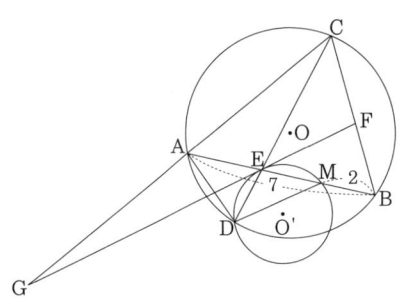

[문제] 274 — 그림보고 다시 풀기

삼각형 ABC에서 변 AB의 중점을 P, 변 AC위에 $\overline{AQ} : \overline{QC} = 3 : 4$인 점 Q, 선분 CP와 BQ의 교점을 R이라 하면, $\overline{AR} = \overline{CR} = 8$, $\overline{BR} = 10$이다. 이때, 삼각형 ABC의 넓이를 구하여라.

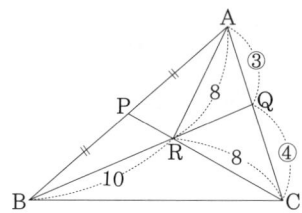

제 III 편

풀이

문제 183

반지름의 길이가 12인 반원 O에 평행한 두 현 AB, CD를 그리면, ∠COD = 125°, ∠AOB = 55°이다. 이때, 색칠한 부분의 도형 ACDB의 넓이를 구하여라. 단, 원주율은 π로 계산한다.

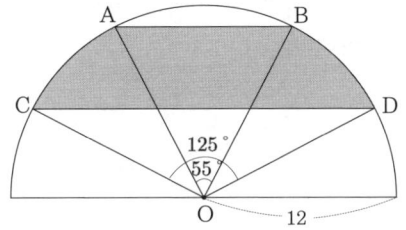

[풀이] 중심 O에서 현 AB에 내린 수선의 발을 M, 선분 OM과 현 CD의 교점을 N, 선분 OB와 현 CD의 교점을 P라 한다.

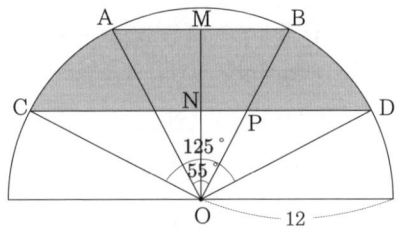

∠MOB = 27.5°, ∠NOD = 62.5°, $\overline{OB} = \overline{OD}$, ∠OMB = ∠OND = 90°이므로,

$$\triangle OMB \equiv \triangle DNO \text{ (RHA합동)}$$

이다. 즉,

$$\square MNPB = \triangle OPD$$

이다. 따라서 구하는 도형 ACDB의 넓이는 부채꼴 COA와 부채꼴 BOD의 넓이의 합이므로,

$$12 \times 12 \times \pi \times \frac{125-55}{360} = 28\pi$$

이다.

문제 184

∠B = ∠D = 90°인 크기가 다른 두 개의 직각삼각형 ABC와 CDE가 있다. 점 A, E, D의 순서로 한 직선 위에 있고, $\overline{CD} + \overline{DE} = \overline{EA}$이다. △CDE = 23일 때, 사각형 ABCD의 넓이를 구하여라.

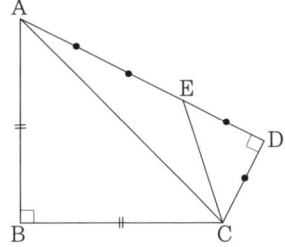

[풀이1] 삼각형 BCD를 점 B를 중심으로 반시계방향으로 90°회전이동시킨다. 점 D가 이동한 점을 D′라 한다.

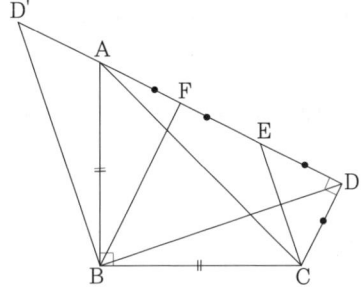

그러면 삼각형 BDD′는 직각이등변삼각형이다. $\overline{CD} = 1$이라 가정하면 $\overline{DD'} = 4$이다. 점 B에서 변 DD′에 내린 수선의 발을 F라 한다. 그러면 $\overline{BF} = 2$이다. 즉,

$$\triangle CDE : \triangle BFD' = 1 : 4$$

이다. 따라서

$$\square ABCD = \triangle D'BD$$
$$= 2 \times \triangle BFD'$$
$$= 2 \times (4 \times \triangle CDE)$$
$$= 2 \times 4 \times 23$$
$$= 184$$

이다.

[풀이2] $\overline{BC} = \overline{BA}$이고, ∠CEA = 135°이므로, 세 점 A, E, C가 중심이 B이고, 반지름이 AB인 원 위에 있다. 즉, $\overline{BC} = \overline{BA} = \overline{BE}$이다. 점 B에서 선분 AE에 내린 수선의 발을 F라 한다.

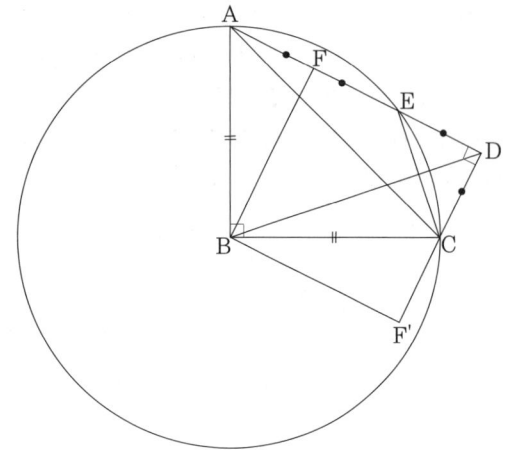

그러면 $\overline{AF} = \overline{FE}$이다. 삼각형 ABF를 점 B를 중심으로 시계방향으로 90°회전이동시킨다. 점 F가 회전이동한 점을 F′라 한다. 그러면 사각형 BF′DF는 정사각형이다. 따라서 정사각형 BF′DF의 한 변의 길이는 선분 CD의 길이의 2배이므로,

$$\Box BF'DF = 8 \times \triangle CDE = 8 \times 23 = 184$$

이다.

문제 185

$\overline{AB} = 10$, $\overline{BC} = 12$인 평행사변형 ABCD에서 변 CD에 중점을 M, 변 AD의 중점을 N이라 하면, $\overline{CN} \perp \overline{AD}$, $\overline{CN} = 8$이다. 선분 CM위에 $\overline{CL} : \overline{LM} = 2 : 3$이 되도록 점 L을 잡고, 선분 AM의 연장선과 선분 BL의 연장선과의 교점을 P라 한다. 이때, □ABLM − (△LCP + △MPD)를 구하여라.

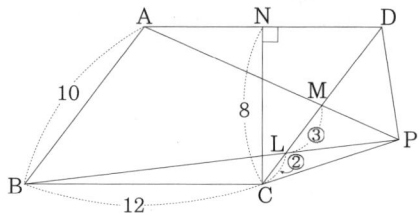

풀이 그림과 같이, 점 M을 지나 변 BC에 평행한 직선과 변 AB와의 교점을 M′, 점 L을 지나 변 BC에 평행한 직선과 변 AB와의 교점을 L′, 점 P를 지나 변 BC에 평행한 직선과 점 A를 지나 선분 DP에 평행한 직선과의 교점을 P′라 한다.

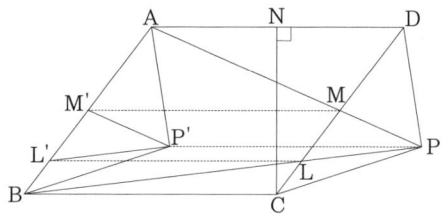

그러면,

$$\triangle DCP \equiv \triangle ABP' (SSS합동), \quad \triangle PML \equiv \triangle P'M'L' (SSS합동)$$

이다. 따라서

$$\Box ABLM - (\triangle LCP + \triangle MPD) = \Box AP'BP$$
$$= \frac{1}{2} \times \Box ABCD$$
$$= \frac{1}{2} \times 12 \times 8$$
$$= 48$$

이다.

문제 186

선분 AB를 지름으로 하는 반원에서 지름 AB위에 $\overline{AQ} : \overline{QB} = 13 : 1$이 되는 점 Q를 잡고, 호 AB위에 $\angle PQR = 90°$이고, $\overset{\frown}{PR} = \frac{1}{2} \times \overset{\frown}{AB}$가 되도록 점 P, R을 잡는다. $\overline{AB} = 28$일 때, 삼각형 PQR의 넓이를 구하여라.

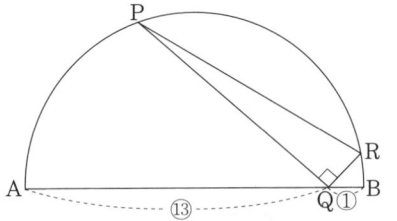

풀이 원의 중심을 O라 하고, 선분 PQ의 연장선과 원과의 교점을 S라 한다.

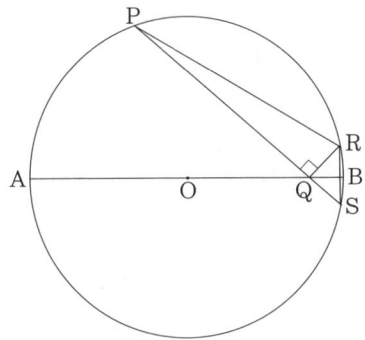

그러면, $\overset{\frown}{PR} = \frac{1}{2} \times \overset{\frown}{AB}$이므로,

$$\angle POR = 90°, \quad \angle ORP = 45°$$

이다. 그러므로 원주각의 성질에 의하여 $\angle PSR = 45°$이다. 즉, 삼각형 QSR은 $\overline{QS} = \overline{QR}$인 직각이등변삼각형이다. 따라서

$$\overline{PQ} \times \overline{QR} = \overline{PQ} \times \overline{QS}$$

이다. 원과 비례의 성질(방멱의 원리)에 의하여

$$\overline{PQ} \times \overline{QS} = \overline{AQ} \times \overline{QB} = \left(28 \times \frac{13}{14}\right) \times \left(28 \times \frac{1}{14}\right) = 52$$

이다. 따라서

$$\triangle PQR = \frac{1}{2} \times \overline{PQ} \times \overline{QR} = 26$$

이다.

문제 187

$\angle A = 90°$이고, 넓이가 50π인 삼각형 ABC에서 내접원을 그리면, 내접원의 넓이가 삼각형 ABC의 넓이의 $\frac{1}{2}$일 때, 변 BC의 길이를 구하여라. 단, 원주율은 π로 계산한다.

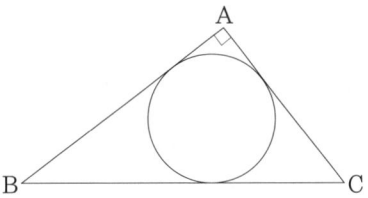

풀이 내접원의 넓이는 $50\pi \div 2 = 25\pi$이다. 원의 반지름을 R이라 하면, $\pi r^2 = 25\pi$이다. 즉, $r = 5$이다.

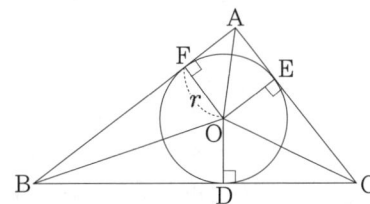

원의 중심을 O라 하고, 점 O에서 변 BC, CA, AB에 내린 수선의 발(즉, 원과 변의 접점)을 각각 D, E, F라 하면,

$$\overline{BF} = \overline{BD}, \quad \overline{DC} = \overline{CE}$$

이다. 그러므로

$$\triangle ABC = \triangle OBC \times 2 + \square AFOE$$

이다. $\square AFOE = 25$이므로,

$$\triangle OBC = \frac{50\pi - 25}{2}$$

이다. 또, $\triangle OBC = \frac{1}{2} \times \overline{BC} \times \overline{OD}$에서 $\overline{OD} = 5$이므로,

$$\overline{BC} = \frac{50\pi - 25}{2} \times \frac{1}{5} \times 2 = 10\pi - 5$$

이다.

[문제] 188

삼각형 ABC에서 변 BC의 중점을 D라 하면, ∠ABD = ∠CAD, ∠BDA = 45°이다. 이때, ∠ABD의 크기를 구하여라.

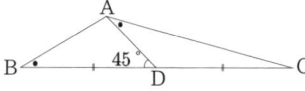

[풀이] 그림과 같이, 점 C에서 변 BA의 연장선 위에 내린 수선의 발을 E라고 한다.

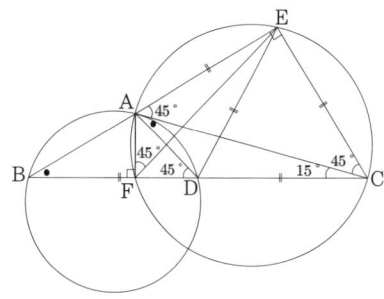

그러면, 삼각형 EBC는 직각삼각형이고, 점 D는 직각삼각형 EBC의 빗변의 중점이다. 따라서 $\overline{BD} = \overline{ED} = \overline{DC}$이다. 또,

$$\angle ABD + \angle BDA = \angle EAD = \angle EAC + \angle CAD$$

이다. 조건으로부터 ∠ABD = ∠CAD이므로, ∠EAC = 45°이고, 삼각형 EAC는 직각이등변삼각형이다. 즉, $\overline{EA} = \overline{EC}$이다.

점 A에서 변 BC에 내린 수선의 발을 F라 하면, ∠AEC = ∠AFC = 90°이므로, 네 점 E, A, F, C는 변 AC를 지름으로 하는 한 원 위에 있다. 그러므로, 원주각의 성질에 의하여

$$\angle AFE = \angle ACE = 45°$$

이다. 즉, ∠AFE = ∠DFE = 45°이다. 삼각형 AFE와 DFE에서

$$\overline{AF} = \overline{FD}, \quad \overline{FE}는 공통, \quad \angle AFE = \angle DFE = 45°$$

이므로

$$\triangle AFE \equiv \triangle DFE(SAS합동)$$

이다. 즉, $(\overline{EC} =)\overline{AE} = \overline{DE}$이다. 그러므로 삼각형 EDC는 정삼각형이다. 따라서

$$\angle ACD = \angle ECD - \angle ECA = 15°$$

이다. 그러므로 ∠CAD = 45° − 15° = 30°이다. 즉, ∠ABD = 30°이다.

[문제] 189

한 변의 길이가 12인 정삼각형 ABC가 원에 내접한다. 호 BC위에 $\overline{BP} : \overline{PC} = 1 : 2$가 되는 점 P를 잡는다. 이때, 선분(현) AP의 길이를 구하여라.

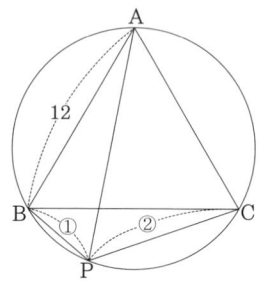

[풀이] △ABC는 $\overline{BC} = 12$인 정삼각형이고, 같은 호에 대한 원주각의 크기가 같으므로, ∠BPA = ∠CPA = 60°이다. 선분 AP와 변 BC의 교점을 Q라 한다. 삼각형 BPC에서 내각 이등분선의 정리에 의하여

$$\overline{BQ} : \overline{QC} = \overline{BP} : \overline{PC} = 1 : 2$$

이므로 $\overline{BQ} = 4, \overline{CQ} = 8$이다.

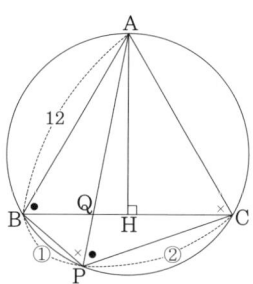

점 A에서 변 BC에 내린 수선의 발을 H라 하면, $\overline{AH} = 6\sqrt{3}$이고, 피타고라스의 정리에 의하여

$$\overline{AQ} = \sqrt{\overline{AH}^2 + \overline{QH}^2} = \sqrt{(6\sqrt{3})^2 + 2^2} = 4\sqrt{7}$$

이다. 또, 원과 비례의 성질(방멱의 원리)에 의하여

$$\overline{BQ} \times \overline{QC} = \overline{AQ} \times \overline{QP}, \quad 4 \times 8 = 4\sqrt{7} \times \overline{QP}$$

이다. 이를 정리하면 $\overline{QP} = \frac{8\sqrt{7}}{7}$이다. 그러므로

$$\overline{AP} = \overline{AQ} + \overline{QP} = 4\sqrt{7} + \frac{8\sqrt{7}}{7} = \frac{36\sqrt{7}}{7}$$

이다.

문제 190

∠B = ∠C = 40°인 이등변삼각형 ABC의 내부에 ∠ABO = ∠OBC = 20°, ∠BCO = 10°, ∠OCA = 30°를 만족하는 점 O를 잡는다. 이때, ∠OAC의 크기를 구하여라.

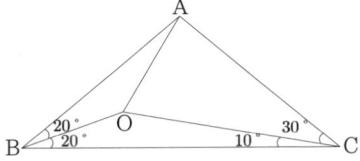

풀이 점 C에서 선분 BO의 연장선에 내린 수선의 발을 F라 하고, 선분 CF의 연장선과 변 BA의 연장선과의 교점을 E라 하고, 변 AC와 선분 OE의 교점을 G라 한다.

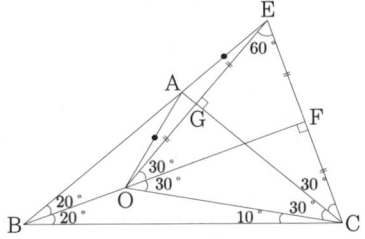

△BEF와 △BCF에서

$\overline{BF}$는 공통, ∠BFE = ∠BFC, ∠EBF = ∠CBF = 20°

이므로,

△EBF ≡ △CBF(ASA합동)

이다. 직선 BO가 ∠ABC의 내각이등분선이므로

$\overline{OC} = \overline{OE}$, ∠EOF = ∠COF = 30°

이다. 또, ∠ECG = 30°이다. 삼각형 CGO와 삼각형 CGE에서

$\overline{CG}$는 공통, ∠OCG = ∠ECG, $\overline{OC} = 2 \times \overline{FC} = \overline{EC}$

이므로

△CGO ≡ △CGE(SAS합동)

이다. 즉, 직선 AC는 선분 OE의 수직이등분선이다. 따라서 삼각형 AOE는 이등변삼각형이다. 그러므로

∠OAC = ∠EAC = ∠ABC + ∠ACB = 80°

이다.

문제 191

∠A = 90°인 직각이등변삼각형 ABC에서 변 AC의 중점을 D라 하고, 변 BC를 지름으로 하고, 점 A를 지나는 반원을 그린다. 선분 BD의 연장선과 반원과의 교점을 E라 하고, 점 E에서 변 CA에 내린 수선의 발을 F라 하면, $\overline{EF} = 6$이다. 이때, 삼각형 AFE의 넓이를 구하여라.

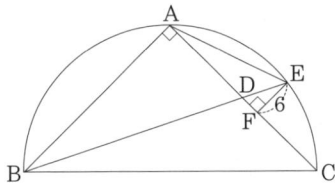

풀이 변 BC의 중점을 G라 하고, 선분 AG와 BE의 교점을 H라 한다.

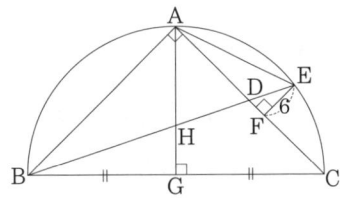

그러면 삼각형 ABG는 직각이등변삼각형이고, 점 H는 삼각형 ABC의 무게중심이다. 그러므로

$\overline{AH} : \overline{HG} = 2 : 1$, $\overline{HG} : \overline{BG} = 1 : 3$

이다. 삼각형 BGH와 삼각형 AFE에서

∠HBG = ∠EAF($\overparen{EC}$의 원주각), ∠HGB = ∠EFA = 90°

이므로, 삼각형 BGH와 삼각형 AFE는 닮음이고,

$\overline{EF} : \overline{AF} = \overline{HG} : \overline{BG} = 1 : 3$

이다. 그러므로

$\overline{AF} = 6 \times 3 = 18$

이다. 따라서

△AFE = $\frac{1}{2} \times 18 \times 6 = 54$

이다.

문제 192

점 O를 중심으로 하고, 반지름을 각각 OA, OB로 하는 사분원의 호 AB위에 점 C, D를 잡고, 반지름 OA위에 점 E를 잡으면, ∠BOC = 20°, ∠OCE = ∠CED = 40°이다. $\overline{OA} = \overline{OB} = 16$일 때, 사각형 AECD의 넓이를 구하여라.

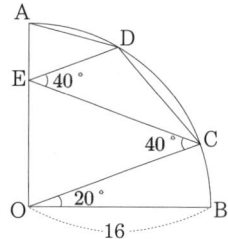

풀이 삼각형 EOC에서 ∠EOC = 90° − 20° = 70°이므로,

∠CEO = 180° − 70° − 40° = 70°

이다. 그러므로 삼각형 EOC는 $\overline{CO} = \overline{CE}$인 이등변삼각형이다. ∠OCE = ∠CED이므로, $\overline{ED} \parallel \overline{OC}$이다. 즉, 사각형 EOCD는 사다리꼴이고, △DEC = △DEO이다. 따라서

□AECD = △AOD

이다. 또, $\overline{DO} = \overline{CO} = \overline{CE}$이므로 사각형 EOCD는 등변사다리꼴이고,

∠COD = ∠OCE = 40°

이다. 즉, ∠AOD = 90° − 20° − 40° = 30°이다.

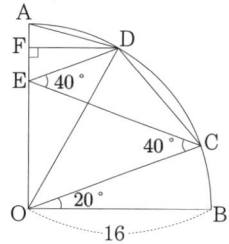

점 D에서 선분 OA에 내린 수선의 발을 F라 하면,

$\overline{DF} = \frac{1}{2} \times \overline{OD} = \frac{1}{2} \times \overline{OA} = 8$

이다. 따라서,

□AECD = △AOD = $\frac{1}{2} \times 16 \times 8 = 64$

이다.

문제 193

한 변의 길이가 35인 정사각형 ABCD에서 변 AD위의 점 E에 대하여, ∠BEF = 90°인 직각이등변삼각형이 되도록 점 F를 잡는다. 선분 BF와 변 CD의 교점을 G라 하면, $\overline{CG} = 14$이다. 이때, 직각이등변삼각형 EBF의 넓이를 구하여라.

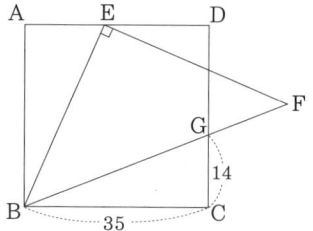

풀이 그림과 같이, 정사각형 EBHF를 그린다.

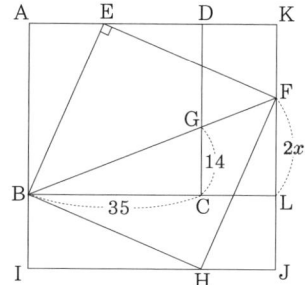

그러면, 직각이등변삼각형 EBF와 직각이등변삼각형 BHF는 합동이다. 또, 직각삼각형 ABE와 합동이면서 정사각형 EBHF의 세 변 BH, HF, FE를 빗변으로 하는 직각삼각형 BIH, HJF, FKE를 그리면 사각형 AIJK는 정사각형이다.
변 BC의 연장선과 변 JK와의 교점을 L이라 하면, 삼각형 BLF와 삼각형 BCG는 닮음이고,

$\overline{BC} : \overline{CG} = 35 : 14 = 5 : 2$

이므로, $\overline{BL} : \overline{LF} = 5 : 2$이다. $\overline{LF} = 2x$라고 하면,

$\overline{JK} = \overline{BL} = 5x$

이다. $\overline{JK} = \overline{JF} + \overline{LK} - \overline{LF}$이고, $\overline{JF} = \overline{LK} = 35$이므로,

$5x = 70 - 2x$

이다. 이를 풀면 $x = 10$이다. 따라서 $\overline{LF} = 20$이다. 그러므로 정사각형 AIJK의 한 변의 길이는 50이다. 직각삼각형 ABE에서

$\overline{AB} = 35$, $\overline{AE} = 50 - 35 = 15$

이다. 따라서

$$\triangle EBF = (50 \times 50 - 35 \times 15 \div 2 \times 4) \div 2 = 725$$

이다.

문제 194

$\overline{AB} = \overline{AC} = 14$, $\overline{BC} = 7$인 이등변삼각형 ABC에서 변 AB위에 $\overline{AP} = 12$가 되는 점 P를 잡고, 네 점 A, R, B, Q가 한 원 위에 있도록 변 AC위에 점 Q, 변 CB의 연장선 위에 점 R을 잡으면, 점 P는 선분 RQ위에 있다. 이때, 선분 RB의 길이를 구하여라.

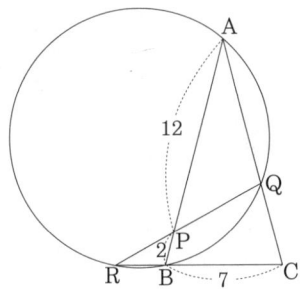

[풀이] 점 B를 지나 선분 RQ에 평행한 직선과 변 AC와의 교점을 S라 한다.

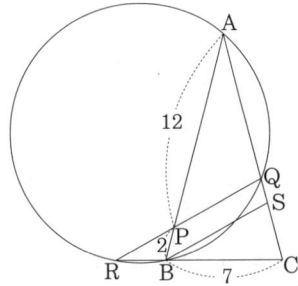

그러면, 원주각의 성질에 의하여 ∠AQR = ∠ABR이다. 즉, ∠RQC = ∠ABC이다. 그러므로 △CSB, △CBA, △CQR은 서로 닮음이고, 원과 비례의 성질(방멱의 원리)에 의하여

$$\overline{CB} \times \overline{CR} = \overline{CQ} \times \overline{CA}, \quad \frac{\overline{CR}}{\overline{CQ}} = \frac{\overline{CA}}{\overline{CB}}$$

이다. 따라서

$$\overline{BC} : \overline{CS} = \overline{CR} : \overline{CQ} = \overline{CA} : \overline{CB} = 14 : 7 = 2 : 1$$

이다. 그러므로 $\overline{BC} = 7$이므로 $\overline{CS} = \frac{7}{2}$이다. 또, $\overline{PQ} \parallel \overline{BS}$이므로,

$$\overline{AQ} : \overline{QS} = \overline{AP} : \overline{PB} = 12 : 2 = 6 : 1$$

이다. $\overline{QS} = \left(14 - \frac{7}{2}\right) \times \frac{1}{7} = \frac{3}{2}$이다. $\overline{RQ} \parallel \overline{BS}$이므로

$$\overline{RB} : \overline{BC} = \overline{QS} : \overline{SC}, \quad \overline{RB} : 7 = \frac{3}{2} : \frac{7}{2} = 3 : 7$$

이다. 따라서 $\overline{RB} = 3$이다.

문제 195

원에 내접하는 사각형 ABCD에서 $\overline{BC} = \overline{CD} = 4$, $\overline{DA} = 16$이다. $\overline{AC} = 16$일 때, 변 AB의 길이를 구하여라.

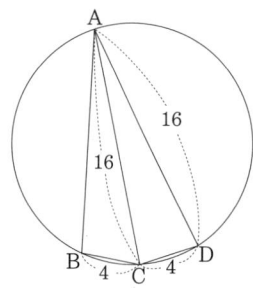

풀이 $\overline{BC} = \overline{CD}$로부터 $\angle BAC = \angle DAC$이다. 점 B를 변 AC에 대하여 대칭이동시키면 선분 AD위의 점으로 이동하는데, 이 점을 B'라 한다.

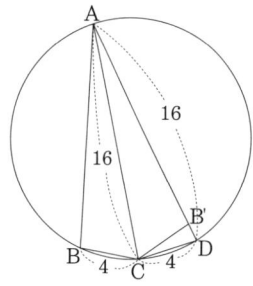

$\overline{CB'} = 4$이므로, 삼각형 ACD와 삼각형 CDB'는 닮음인 이등변삼각형이고,

$$\overline{AD} : \overline{CD} = \overline{CD} : \overline{DB'}, \quad 16 : 4 = 4 : \overline{DB'}$$

이다. 이를 풀면 $\overline{DB'} = 1$이다. 따라서 $\overline{AB} = \overline{AB'} = 15$이다.

문제 196

삼각형 ABC에서 변 BC위에 점 D를 잡으면, $\overline{AC} = \overline{BD}$, $\overline{AD} = \overline{DC}$, $\angle ABC = \angle CAD \times \dfrac{3}{2}$이다. 이때, $\angle ABD$의 크기를 구하여라.

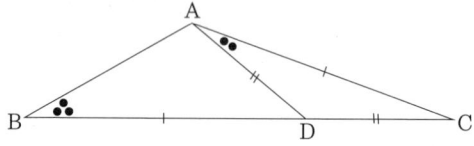

풀이 주어진 조건으로부터 $\angle CAD = 2x$, $\angle ABC = 3x$라고 하자.

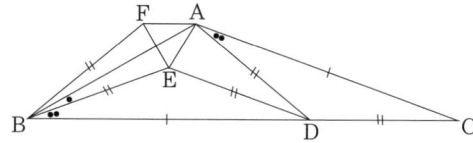

삼각형 ADC에서 $\overline{AD} = \overline{DC}$이므로 삼각형 ADC는 이등변삼각형이다. 그러므로

$$\angle ACD = \angle CAD = 2x$$

이다. 삼각형 ABD의 내부에 삼각형 BDE와 삼각형 CAD가 합동($\overline{BE} = \overline{ED} = \overline{AD} = \overline{DC}$, $\overline{BD} = \overline{CA}$)이 되도록 점 E를 잡으면

$$\angle EBD = \angle EDB = \angle EDA = 2x$$

이다. 따라서 삼각형 EDA는 $\overline{ED} = \overline{AD}$인 이등변삼각형이다. 그러므로

$$\angle ABE = \angle ABD - \angle EBD = 3x - 2x = x$$

이다. 점 E를 변 AB에 대하여 대칭이동시킨 점을 F라 하면,

$$\overline{BF} = \overline{BE}, \quad \overline{FA} = \overline{EA}$$

이다. 즉, 삼각형 EFA와 삼각형 BEA는 합동이고,

$$\angle FBE = 2 \times \angle ABE = 2x$$

이다. 그런데,

$$\overline{BF} = \overline{BE} = \overline{DE} = \overline{DA}, \quad \angle FBE = \angle EDA = 2x$$

이므로 삼각형 FBE와 삼각형 ADE는 합동인 이등변삼각형이다. 즉, $\overline{FE} = \overline{EA} = \overline{FA}$이다. 따라서 삼각형 FEA는 정삼각형이다. 즉,

$$\angle FAE = 60°, \quad \angle BAE = 30°$$

이다. 그런데,
$$\angle BAD = 30° + (90° - x) = 120° - x$$
이므로, 삼각형 ABD의 내각을 구하면,
$$180° = 3x + 4x + 120° - x = 120° + 6x$$
이다. 즉, $x = 10°$이다. 따라서
$$\angle ABD = 30°$$
이다.

문제 197

$\overline{AB} = 12$, $\overline{BC} = 10$, $\overline{CA} = 8$인 삼각형 ABC에서 $\angle A$의 내각이등분선과 변 BC와의 교점을 D라 하고, 점 A를 지나고 변 BC와 점 D에서 접하는 원과 변 AB, AC와의 교점을 각각 E, F라 한다. 이때, 선분 EF의 길이를 구하여라.

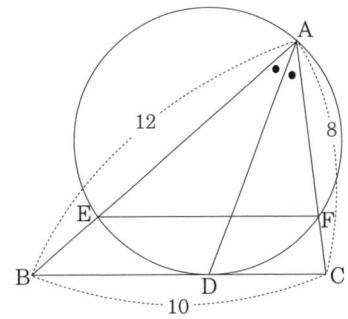

풀이 내각이등분선의 정리에 의하여
$$\overline{BD} : \overline{DC} = \overline{AB} : \overline{AC} = 3 : 2$$
이다. 따라서
$$\overline{BD} = 6, \ \overline{CD} = 4$$
이다. 원과 비례의 성질(방멱의 원리)로부터
$$\overline{BD}^2 = \overline{BE} \times \overline{BA}, \ 6^2 = \overline{BE} \times 12$$
이다. 그러므로 $\overline{BE} = 3$이다. 또, 원과 비례의 성질(방멱의 원리)로부터
$$\overline{CD}^2 = \overline{CF} \times \overline{CA}, \ 4^2 = \overline{CF} \times 8$$
이다. 그러므로 $\overline{CF} = 2$이다. 따라서
$$\overline{AB} : \overline{AE} = 4 : 3, \ \overline{AC} : \overline{AF} = 4 : 3$$
이다. 즉, 삼각형 ABC와 삼각형 AEF는 닮음비가 4 : 3인 닮음이다. 그러므로
$$\overline{EF} = \overline{BC} \times \frac{3}{4} = 10 \times \frac{3}{4} = \frac{15}{2}$$
이다.

문제 198

∠B = 90°인 직각삼각형 ABC에서 점 C를 지나 변 AC에 수직인 직선과 점 A를 지나 변 BC에 평행한 직선과의 교점을 D라 한다. $\overline{AB} = 6$일 때, 선분 AD의 길이의 최솟값을 구하여라.

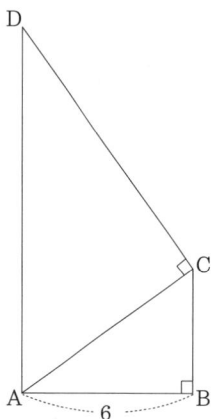

풀이 그림과 같이, 변 AB의 길이를 한 변의 길이로 하는 두 정사각형 ABEH, HEFG를 그리고, 점 H를 중심으로 하고, 선분 HA를 반지름으로 하는 반원을 그린다.

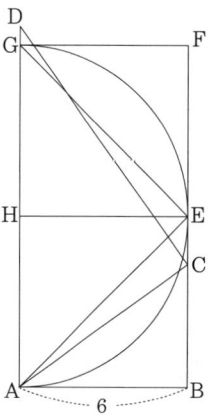

점 C를 선분 BF 위의 임의의 점이라고 하면, 점 C가 점 E와 일치하지 않을 때에는 반원 밖의 점이 되므로, ∠ACG < 90°이고, 점 D의 위치는 선분 AG의 연장선(점 G의 위쪽) 위에 있어야 한다.
그러므로 점 C가 점 E와 일치할 때에는 점 D는 점 G와 일치한다. 따라서 선분 AD의 길이의 최솟값은 $\overline{AG} = 12$이다.

문제 199

$\overline{AC} = 4, \overline{BC} = 6$인 삼각형 ABC에서 점 A를 중심으로 점 C가 변 BC와 겹칠 때까지 회전이동시킨다. 이때, 점 B, C가 이동한 점을 각각 점 B′, C′라 하면, $\overline{CC'} = 2$이다. 변 AB와 변 C′B′의 교점을 P라 할 때, 삼각형 APC′와 삼각형 ABC의 넓이의 비를 구하여라.

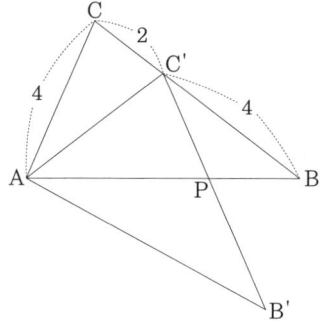

풀이 ∠ABC′ = ∠AB′C′이므로, 네 점 A, B′, B, C′는 한 원 위에 있다.

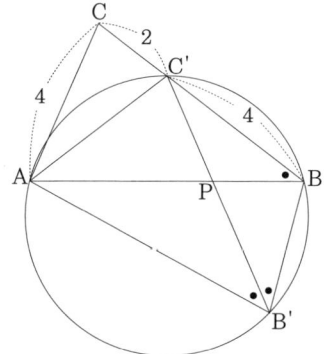

$\overline{BC'} = \overline{AC'} = \overline{AC} = 4$이므로 ∠AB′C′ = ∠C′B′B이다. 즉, 직선 B′C′는 ∠AB′B의 내각이등분선이다. 따라서, 내각이등분선의 정리에 의하여

$$\overline{AP} : \overline{PB} = \overline{AB'} : \overline{B'B}$$

이다. 또, ∠AC′B′ = ∠ABB′이므로, △AB′B와 △AC′C는 닮음이고,

$$\overline{AB'} : \overline{B'B} = \overline{AC'} : \overline{C'C} = 2 : 1$$

이다. 즉, $\overline{AP} : \overline{PB} = 2 : 1$이다. 따라서

$$\triangle APC' = \triangle AC'B \times \frac{2}{3} = \left(\triangle ABC \times \frac{2}{3}\right) \times \frac{2}{3} = \triangle ABC \times \frac{4}{9}$$

이다. 즉, △APC′ : △ABC = 4 : 9이다.

[문제] 200

삼각형 ABC에서 점 A에서 변 BC에 내린 수선의 발을 D, 점 D에서 변 AB, AC에 내린 수선의 발을 각각 E, F라 한다. $\overline{AE} = 5$, $\overline{EB} = 3$, $\overline{AF} = 2$일 때, 삼각형 ADC의 넓이를 구하여라.

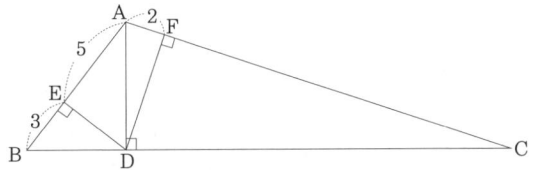

[풀이] 사각형 AEDF에서 ∠AED + ∠AFD = 180°이므로 사각형 AEDF는 선분 AD를 지름으로 하는 원에 내접한다.

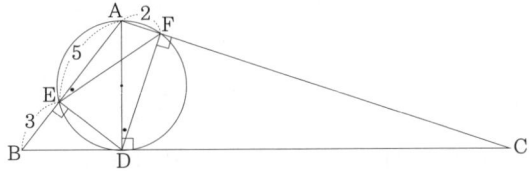

그러므로

$$\angle AEF = \angle ADF = 90° - \angle DAF = \angle ACB$$

이다. 그러므로 삼각형 AEF와 삼각형 ACB는 닮음이고,

$$\overline{AE} : \overline{AF} = \overline{AC} : \overline{AB}, \ 5 : 2 = \overline{AC} : 8$$

이다. 따라서

$$\overline{AC} = 20, \ \overline{FC} = 18$$

이다. 삼각형 ADF와 삼각형 DCF는 닮음이므로,

$$\overline{AF} : \overline{FD} = \overline{DF} : \overline{FC}, \ 2 : \overline{FD} = \overline{FD} : 18$$

이다. 따라서 $\overline{FD} = 6$이다. 그러므로

$$\triangle ADC = \frac{1}{2} \times 20 \times 6 = 60$$

이다.

[문제] 201

삼각형 ABC의 외접원에 점 A에서 내접하고, 변 BC 위의 점 P에 접하는 원이 있다. ∠BAC = 120°, $\overline{AB} = 4$, $\overline{AC} = 12$일 때, 선분 AP의 길이를 구하여라.

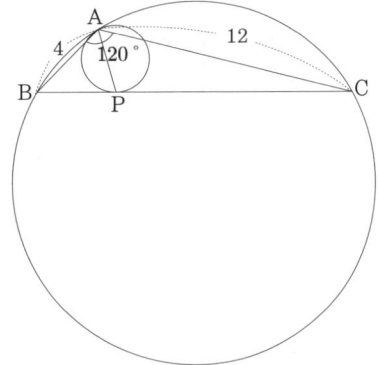

[풀이] 점 A에서의 접선과 변 CB의 연장선과의 교점을 Q라 한다.

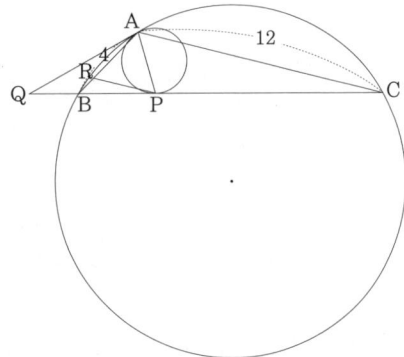

작은 원에 2개의 접선과 현 AP가 이루는 각은 동일하므로

$$\angle QAP = \angle QPA$$

이다. 또, 큰 원에서의 접선과 현이 이루는 각의 성질로부터

$$\angle QAB = \angle ACB$$

이다. 그러면

$$\angle CAP = \angle APB - \angle ACP = \angle QAP - \angle QAB = \angle BAP$$

이다. 따라서 선분 AP는 ∠BAC의 내각이등분선이며,

$$\angle BAP = \angle CAP = 60°$$

이고,

$$\overline{AB} : \overline{AC} = \overline{BP} : \overline{PC} = 4 : 12 = 1 : 3$$

이다. $\overline{PR} \mathbin{/\mkern-6mu/} \overline{AC}$인 점 R을 변 AB위에 잡으면, △ARP는 정삼각형이므로, $\overline{AP} = \overline{PR}$이다.
삼각형 BCA와 삼각형 BPR은 닮음이므로,

$$\overline{BC} : \overline{BP} = \overline{CA} : \overline{PR}, \quad (1+3) : 1 = 12 : \overline{PR}$$

이다. 즉, $\overline{PR} = 3$이다. 따라서 $\overline{AP} = \overline{PR} = 3$이다.

문제 202

$\overline{AE} \mathbin{/\mkern-6mu/} \overline{BD}$인 사다리꼴 ABDE에서 $\overline{AB} = \overline{BD}$이다. 변 AE 위에 $\overline{AB} = \overline{BC}$가 되도록 점 C를 잡으면, $\overline{CD} = \overline{DE}$이다. 선분 BE와 변 CD의 교점을 P라 한다. △ABC = 110, △CBD = 70일 때, 삼각형 CPE의 넓이를 구하여라.

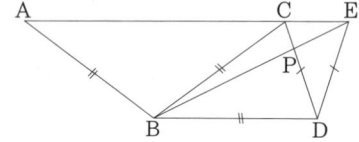

풀이 점 B, D에서 변 AE에 내린 수선의 발을 각각 H, I라 한다.

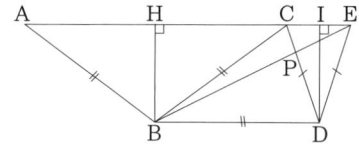

그러면 사각형 HBDI는 직사각형이므로 $\overline{HI} = \overline{BD}$이다.
한편, 이등변삼각형의 성질에 의하여

$$\overline{AH} = \overline{CH}, \quad \overline{CI} = \overline{EI}, \quad \overline{AE} = \overline{HI} \times 2$$

가 되어,

$$\overline{BD} : \overline{AE} = 1 : 2$$

이다. 또한,

$$\overline{AC} : \overline{BD} = \triangle BAC : \triangle BCD = 11 : 7$$

이고,

$$\overline{CE} : \overline{BD} = (\overline{AE} - \overline{AC}) : \overline{BD} = (7 \times 2 - 11) : 7 = 3 : 7$$

이다. 또, $\overline{CE} \mathbin{/\mkern-6mu/} \overline{BD}$로 부터 삼각형 PCE와 삼각형 PDB는 닮음이고

$$\overline{CP} : \overline{PD} = \overline{CE} : \overline{BD} = 3 : 7$$

이다. 따라서

$$\triangle BPD = \triangle BCD \times \frac{\overline{PD}}{\overline{CP} + \overline{PD}} = 70 \times \frac{7}{3+7} = 49$$

이다. 그러므로

$$\triangle CPE = \triangle BPD \times \frac{\overline{PC}}{\overline{PD}} \times \frac{\overline{PC}}{\overline{PD}} = 49 \times \frac{3}{7} \times \frac{3}{7} = 9$$

이다.

문제 203

점 P, Q를 중심으로 하는 두 원이 점 A, B에서 만난다. 직선 PA가 원 P, 원 Q와 각각 점 C, D(점 A가 아닌 점)에서 만나고, 점 A에서의 원 Q의 접선과 원 P와의 교점을 E라 한다. $\overline{AC} = 35$, $\overline{AB} = \overline{CE} = 21$일 때, 선분 AD의 길이를 구하여라.

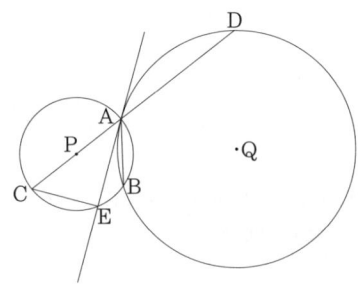

풀이 사각형 ACEB에서 $\overline{AB} = \overline{CE}$이므로, $\angle ACE = \angle CAB$이다. 그러므로 사각형 ACEB는 등변사다리꼴이다. 삼각형 ACE는 변 AC를 빗변으로 하는 직각삼각형이므로,

$$\overline{AC} : \overline{CE} = 35 : 21 = 5 : 3$$

이다. 그러므로 $\overline{AE} = 28$이다. 같은 방법으로 $\overline{CB} = 28$이다.

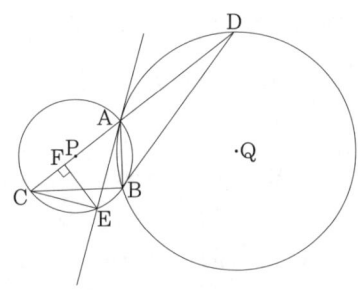

점 E에서 변 AC에 내린 수선의 발을 F라 하면, 삼각형 ECF와 삼각형 ACE는 닮음이고,

$$\overline{CF} = \overline{CE} \times \frac{3}{5} = \frac{63}{5}$$

이다. 또,

$$\overline{BE} = \overline{AC} - \overline{CF} \times 2 = 35 - \frac{63}{5} \times 2 = \frac{49}{5}$$

이다. 점 A는 원 Q의 접점이므로, 접선과 현이 이루는 각의 성질과 원주각의 성질로 부터

$$\angle ADB = \angle EAB = \angle ECB \qquad ①$$

이다. 사각형 ACEB는 원에 내접하는 사각형이므로, 내대각의 성질로 부터

$$\angle BEC = \angle BAD \qquad ②$$

이다. 따라서 식 ①, ②로부터 △BEC와 △BAD는 닮음이고,

$$\overline{BE} : \overline{EC} = \overline{BA} : \overline{AD}$$

이다. 그러므로

$$\overline{AD} = \overline{BA} \times \overline{EC} \div \overline{BE} = 21 \times 21 \div \frac{49}{5} = 45$$

이다.

| 문제 | 204

삼각형 ABC의 내부에 $\overline{AB} = \overline{BP} = \overline{PC}$가 되도록 점 P를 잡으면 ∠ABP = 35°, ∠BPC = 155°이다. 이때, ∠BAC의 크기를 구하여라.

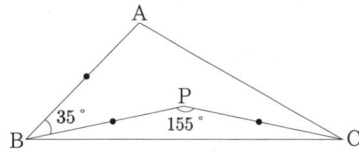

풀이 변 BC에 대하여 점 A와 같은 쪽에 정삼각형 DBC가 되도록 점 D를 잡는다.

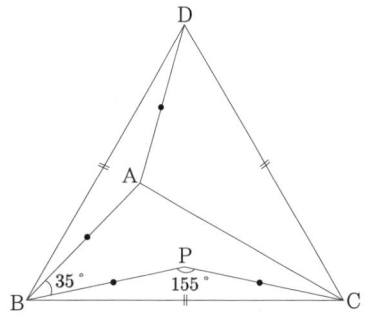

∠PBC = ∠PCB = 12.5°이므로,

$$\angle ABD = 60° - (35° + 12.5°) = 12.5°$$

이다. 그러면 삼각형 ADB와 삼각형 PBC에서

$$\angle ABD = \angle PBC, \quad \overline{AB} = \overline{BP}, \quad \overline{BD} = \overline{BC}$$

이므로

$$\triangle ADB \equiv \triangle PBC (SAS합동)$$

이다. 즉,

$$\overline{AB} = \overline{AD}, \quad \angle BAD = 155°$$

이다. 또, 삼각형 ABC와 삼각형 ADC에서

$$\overline{AB} = \overline{AD}, \quad \overline{AC}는 공통, \quad \overline{BC} = \overline{CD}$$

이므로

$$\triangle ABC \equiv \triangle ADC (SSS합동)$$

이다. 따라서

$$\angle BAC = \angle DAC = (360° - 155°) \div 2 = 102.5°$$

이다.

| 문제 | 205

∠FAG = 120°이고, 넓이가 180인 이등변삼각형 AFG에서 변 AF의 중점을 B, 점 B를 지나 변 AF에 수직인 직선과 변 FG와의 교점을 C, 선분 CG의 중점을 D, 점 D를 지나 변 FG에 수직인 직선과 변 AG와의 교점을 E라 한다. 이때, 오각형 ABCDE의 넓이를 구하여라.

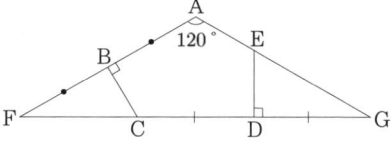

풀이 삼각형 AFG가 이등변삼각형이고, ∠FAG = 120°이 므로, ∠AFG = ∠AGF = 30°이다.

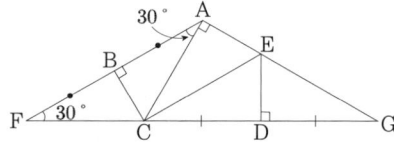

그러면,

$$\triangle ABC \equiv \triangle FBC, \quad \triangle CAE \equiv \triangle CDE \equiv \triangle GDE$$

이고, 삼각형 ABC와 삼각형 CDE는 닮음이다. 그러므로

$$\overline{FC} = \overline{CD} = \overline{DG}$$

이다. 따라서

$$\triangle AFC = 180 \div 3 = 60$$

이므로,

$$\triangle ABC = \triangle AFC \div 2 = 30$$

이다. 또,

$$\square ACDE = \triangle ACG \times \frac{2}{3} = \triangle AFG \times \frac{2}{3} \times \frac{2}{3} = 80$$

이다. 따라서 오각형 ABCDE의 넓이는 110이다.

문제 206

원에 내접하는 사각형 ABCD에서 $\overline{AB} = 3$, $\overline{BC} = 4$, $\overline{CD} = 6$, $\overline{AC} : \overline{BD} = 7 : 8$일 때, 변 AD의 길이를 구하여라.

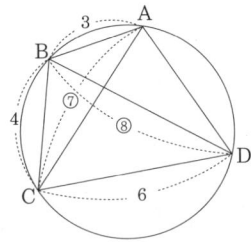

[풀이] 두 대각선의 교점을 P라 한다.

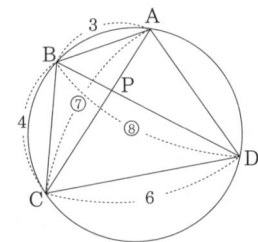

삼각형 ABP와 삼각형 DCP는 닮음비가 $\overline{AB} : \overline{DC} = 1 : 2$인 닮음이다. 이제, $\overline{BP} = l$, $\overline{CP} = 2l$이라 한다. 삼각형 BPC와 삼각형 APD는 닮음이고, 닮음비가 $1 : k$라 하면, $\overline{AP} = kl$, $\overline{DP} = 2kl$이다. 또,

$$\begin{aligned}\overline{AC} : \overline{BD} &= (\overline{AP} + \overline{PC}) : (\overline{BP} + \overline{PD}) \\ &= (kl + 2l) : (l + 2kl) \\ &= (k+2) : (1+k) \\ &= 7 : 8\end{aligned}$$

이다. 즉, $7(2k+1) = 8(k+2)$이다. 이를 풀면, $k = \frac{3}{2}$이다. 따라서

$$4 : \overline{AD} = 1 : \frac{3}{2}$$

이다. 이를 풀면 $\overline{AD} = 6$이다.

문제 207

$\overline{AB} = \overline{AE}$, $\overline{AC} = \overline{AD}$, $\overline{BE} \parallel \overline{CD}$인 오각형 ABCDE에서 선분 BE와 선분 AC, AD와의 교점을 각각 P, Q라 하면, $\overline{BP} : \overline{PQ} : \overline{QE} = 2 : 1 : 2$이다. 점 D를 지나 변 AE에 평행한 직선과 선분 AC와의 교점을 R이라 하면, $\overline{AR} = \overline{AB} = \overline{AE}$이고, $\overline{AB} \parallel \overline{RQ}$이다. $\triangle ABE = 96$일 때, 사다리꼴 PCDQ의 넓이를 구하여라.

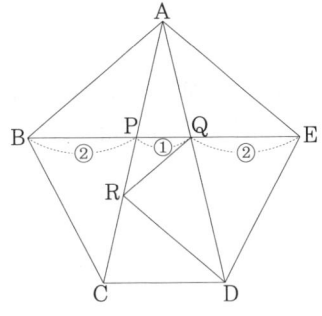

[풀이] 삼각형 APB와 삼각형 RPQ는 닮음이고

$$\overline{AP} : \overline{PR} = 2 : 1$$

이다. $\overline{AC} = \overline{AD}$로부터 $\overline{AP} = \overline{AQ}$이다. 삼각형 ARQ와 삼각형 ADR은 닮음이고

$$\overline{AQ} : \overline{AR} = \overline{AR} : \overline{AD} = \overline{AR} : \overline{AC} = 2 : 3$$

이다. 그러므로

$$\overline{AR} : \overline{RC} = 2 : 1$$

이다. 즉,

$$\overline{AQ} : \overline{QD} = 4 : 5$$

이다. 따라서

$$\triangle APQ : \triangle ACD = 16 : 81$$

이므로

$$\begin{aligned}\square PCDQ &= \triangle APQ \times \frac{65}{16} \\ &= \triangle ABE \times \frac{1}{5} \times \frac{65}{16} \\ &= 96 \times \frac{1}{5} \times \frac{65}{16} \\ &= 78\end{aligned}$$

이다.

문제 208

삼각형 ABC에서 변 BC위에 점 D를 잡으면 $\overline{AB} = \overline{DC}$, ∠BAD : ∠ABC : ∠ACB = 1 : 2 : 3이다. 이때, ∠BAD의 크기를 구하여라.

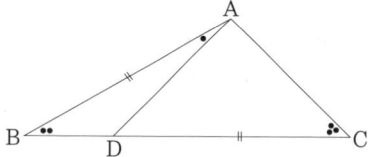

풀이 ∠BAD = x라 하면, ∠ABC = $2x$, ∠ACB = $3x$이다. 또, ∠ADC = $3x$이므로 삼각형 ADC는 이등변삼각형이다. 즉, $\overline{AD} = \overline{AC}$이다.

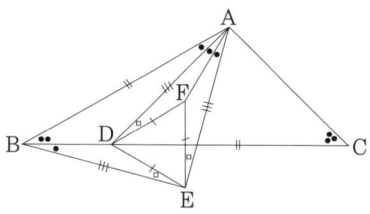

이제 ∠DAE = $2x$이고, $\overline{AD} = \overline{AE}$인 점 E를 잡고, 선분 DE를 한 변으로 하는 정삼각형 DEF를 그린다. 삼각형 FAD와 삼각형 FAE는 합동이고, ∠FDA = ∠FEA이다. ∠FDA = y라 하면, ∠FEA = y이다. 삼각형 EAB와 삼각형 ACD에서

$$\overline{EA} = \overline{AC}, \ \angle EAB = \angle ACD, \ \overline{AB} = \overline{CD}$$

이므로,

$$\triangle EAB \equiv \triangle ACD (SAS합동)$$

이다. 사각형 BDFA는 등변사다리꼴이므로, $\overline{BD} = \overline{AF}$이다. 그러므로

$$\triangle BED \equiv \triangle AFE (SAS합동)$$

이다. 즉, ∠BED = y이다. 삼각형 ADE에서

$$2x + 2y + 120° = 180°$$

이고, 삼각형 ABE에서

$$6x + 2y + 60° = 180°$$

이다. 이를 연립하여 풀면 $x = 15°$이다. 즉, ∠BAD = 15°이다.

문제 209

삼각형 ABC에서 변 BC위에 $\overline{BC} = \overline{AD}$인 점 D를 잡으면, ∠CAD : ∠ABC : ∠ACB = 2 : 3 : 4 이다. 이때, ∠ABC의 크기를 구하여라.

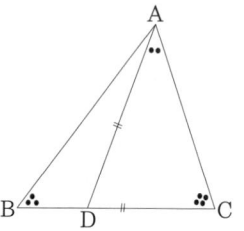

풀이 그림과 같이, ∠DAE = ∠ABC가 되도록 점 E를 변 BC의 연장선 위에 잡는다.

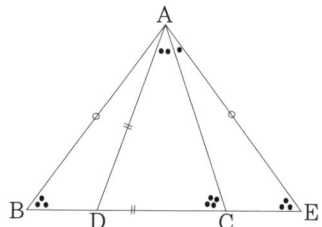

∠CAD = $2x$라 하면, ∠EAC = x, ∠AEC = $3x$이다. 즉, $\overline{AB} = \overline{AE}$이다. 삼각형 ABC와 삼각형 EAD에서

$$\overline{AB} = \overline{EA}, \ \angle ABC = \angle EAD, \ \overline{BC} = \overline{AD}$$

이므로,

$$\triangle ABC \equiv \triangle EAD (SAS합동)$$

이다. 따라서

$$\angle BCA = \angle ADE = 4x$$

이다. 삼각형 △ADC의 내각의 합이 180°이므로,

$$\angle ADC + \angle DCA + \angle CAD = 4x + 4x + 2x = 180°$$

이다. 이를 정리하면 $x = 18°$이다. 따라서 ∠ABC = 54°이다.

문제 210

원에 내접하는 사각형 ABCD에서 $\overline{AB}=2$, $\overline{CD}=5$이다. 변 BA의 연장선과 변 CD의 연장선의 교점을 E라 하면, $\overline{DE}=3$이다. 점 E를 지나 변 BC와 평행한 직선이 변 CA의 연장선, 대각선 BD의 연장선과의 교점을 각각 G, F라 한다. 이때, $\overline{AG}:\overline{DF}$를 구하여라.

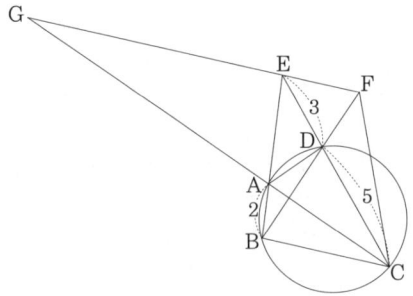

[풀이] 원과 비례의 성질(방멱의 원리)에 의하여

$$\overline{EA}\times\overline{EB}=\overline{ED}\times\overline{EC},\ \overline{EA}\times(\overline{EA}+2)=3\times 8$$

이다. 이를 정리하면

$$\overline{EA}^2+2\times\overline{EA}-24=0$$

이다. 이를 풀면 $\overline{EA}=4$이다. 또, 삼각형 EBC와 삼각형 EDA는 닮음이므로,

$$\overline{BC}:\overline{DA}=\overline{EB}:\overline{ED}=6:3=2:1 \qquad (1)$$

이다.

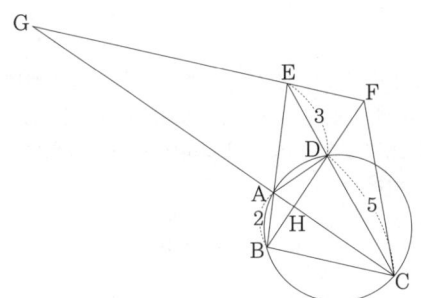

대각선 AC와 BD의 교점을 H라 하면, 삼각형 ADH와 삼각형 BCH는 닮음이고, 식 (1)에 의하여

$$\overline{AH}:\overline{BH}=\overline{AD}:\overline{BC}=1:2 \qquad (2)$$

이다. 삼각형 ABH와 삼각형 DCH가 닮음이므로

$$\overline{AH}:\overline{DH}=\overline{AB}:\overline{DC}=2:5,\ \overline{HB}:\overline{HC}=\overline{AB}:\overline{DC}=2:5 \qquad (3)$$

이다. 식 (3)에서 $\overline{BH}=2\times\overline{AH}$이므로

$$2\times\overline{AH}:\overline{HC}=2:5$$

이다. 즉,

$$\overline{AH}:\overline{HC}=1:5 \qquad (4)$$

이다. 그러면, 삼각형 ABC와 삼각형 AEG가 닮음이므로

$$\overline{AG}:\overline{AC}=\overline{AE}:\overline{AB}=4:2=2:1$$

이다. 식 (4)로부터

$$\begin{aligned}\overline{AG}&=2\times\overline{AC}\\&=2\times(\overline{AH}+\overline{HC})\\&=2\times(\overline{AH}+5\times\overline{AH})\\&=12\times\overline{AH}\end{aligned}$$

이다. 또, 삼각형 BCD와 삼각형 FED가 닮음이므로

$$\overline{BD}:\overline{FD}=\overline{CD}:\overline{ED}=5:3$$

이다. 식 (2), (3)으로 부터

$$\begin{aligned}\overline{DF}&=\overline{BD}\times\frac{3}{5}\\&=\frac{3}{5}\times(\overline{BH}+\overline{HD})\\&=\frac{3}{5}\times\left(2\times\overline{AH}+\frac{5}{2}\times\overline{AH}\right)\\&=\frac{27}{10}\times\overline{AH}\end{aligned}$$

이다. 따라서

$$\overline{AG}:\overline{DF}=12\times\overline{AH}:\frac{27}{10}\times\overline{AH}=40:9$$

이다.

문제 211

$\overline{AB} = \overline{BC} = \overline{DA}$, ∠A = 90°인 사각형 ABCD에서, ∠CBD + ∠CDB = 45°일 때, ∠CBD의 크기를 구하여라.

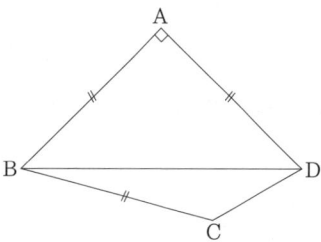

풀이 ∠CBD + ∠CDB = 45°이므로, ∠BCD = 135°이다.

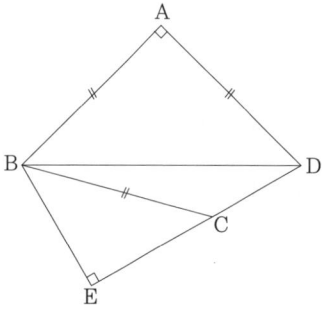

점 B에서 변 DC의 연장선 위에 내린 수선의 발을 E라 하면, ∠BCE = 45°이고, 삼각형 BEC는 직각이등변삼각형이다. 또, 삼각형 BAD가 직각이등변삼각형이므로, 삼각형 BEC와 삼각형 BAD는 닮음이고, 닮음비는 $1 : \sqrt{2}$이다. 따라서

$$\overline{BE} : \overline{BD} = 1 : 2$$

이다. 그러므로 ∠DBE = 60°이다. 따라서

$$\angle CBD = \angle DBE - \angle CBE = 60° - 45° = 15°$$

이다.

문제 212

원에 내접하는 오각형 ABCDE에서 $\overline{AB} = \overline{BC}$, $\overline{DE} = \overline{EA}$, ∠BAE = 105°이고, ∠BCD와 ∠CDE의 차가 25°일 때, ∠BCD와 ∠CDE 중 큰 각의 크기를 구하여라.

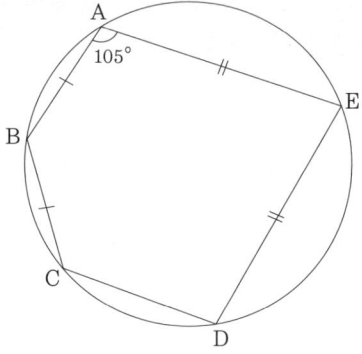

풀이 사각형 BCDE를 잘라내어 점 B와 점 E, 점 E와 점 B가 겹치도록 뒤집어 붙인다.

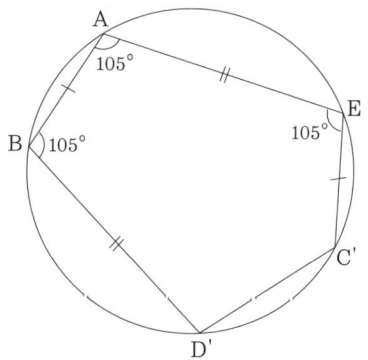

점 D가 옮겨진 점을 D′, 점 C가 옮겨진 점을 C′라고 하면 삼각형 ABD′, 삼각형 BAE, 삼각형 C′EA는 대응하는 두 변의 길이가 같고, 원주각의 성질에 의하여 사잇각이 같으므로 합동이다. 따라서

$$\angle ABD' = \angle C'EA = 105°$$

이다. 또, 오각형의 내각의 합은 540°이므로,

$$\angle BD'C' + \angle EC'D' = 540° - 105° \times 3 = 225°$$

이고, 두 각의 차가 25°이므로 두 각 중 큰 각은 125°이다.

문제 213

삼각형 ABC에서 $\overline{AB} = \overline{AD} = \overline{BD}$가 되도록 점 D를 잡으면, $\angle BCD = 10°$, $\angle CAD = \angle CBD + 30°$이다. 이때, $\angle CBD$의 크기를 구하여라.

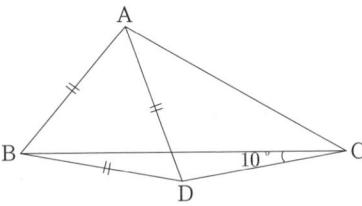

풀이 그림과 같이 선분 BD의 연장선 위에 $\angle EAD = 30°$가 되도록 점 E를 잡는다.

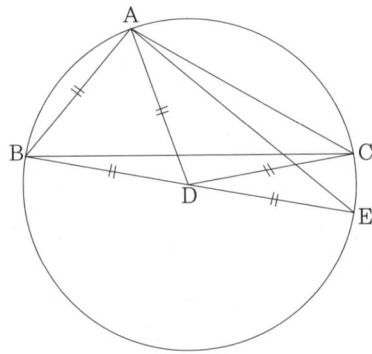

그러면, $\angle EAD + \angle AED = \angle ADB$로 부터 $\angle AED = 30°$이다. 즉,

$$\overline{DE} = \overline{DA} = \overline{DB}, \ \angle BAE = 90°$$

이다. 또, $\angle CAD = \angle CAE + 30° = \angle CBD + 30°$로 부터

$$\angle CAE = \angle CBD = \angle CBE$$

이다. 따라서 네 점 A, B, E, C는 점 D를 중심으로 하고, 선분 BE를 지름으로 하는 원 위에 있다. 그러므로 $\overline{BD} = \overline{DC}$이다. 따라서 $\angle CBD = \angle BCD = 10°$이다.

문제 214

정사각형 ABCD에서 변 AD, CD위에 $\overline{PD} = \overline{QD}$가 되도록 각각 점 P, Q를 잡는다. 점 C를 중심으로 하고, 변 CD를 반지름으로 하는 사분원과 선분 BP와의 교점을 E라고 한다. $\angle ABP = 35°$일 때, $\angle EQD$의 크기를 구하여라.

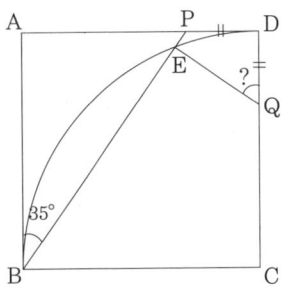

풀이 $\overline{PD} = \overline{QD}$이므로 $\overline{AP} = \overline{CQ}$이고,

$$\triangle ABP \equiv \triangle CBQ \text{(SAS합동)}$$

이다. 따라서 $\angle APB = \angle CQB$이다.

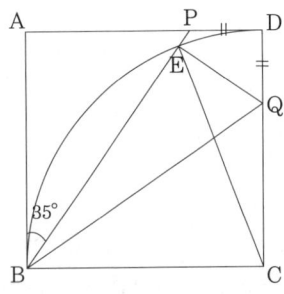

또, $\angle APB = 90° - 35° = 55°$이므로

$$\angle EBC = 90° - 35° = 55°$$

이다. 그리고 △BCE는 이등변삼각형이므로,

$$\angle EBC = \angle BEC$$

이다. 따라서

$$\angle APB = \angle EBC = \angle BEC$$

이다. $\angle BEC = \angle BQC$이므로, 사각형 BCQE는 선분 BQ를 지름으로 하는 원에 내접하고 대각의 합이 180°이므로 $\angle BEQ = 90°$이다.

또한 사각형 DPEQ에서 $\angle PDQ = \angle PEQ = 90°$이므로 대각의 합이 180°이므로, 사각형 DPEQ는 선분 PQ를 지름으로 하는 원에 내접한다. 그러므로 $\angle EQD = \angle APB = 55°$이다.

문제 215

삼각형 ABC의 내부에 점 D를 잡고, 삼각형 ABD의 내부에 점 P를 잡으면, △ADP : △ABP : △BDP = 1 : 2 : 2가 된다. 점 D가 삼각형 ABC의 내부를 자유롭게 움직일 때, 삼각형 ABC의 넓이와 점 P가 이동한 영역의 넓이의 비를 구하여라.

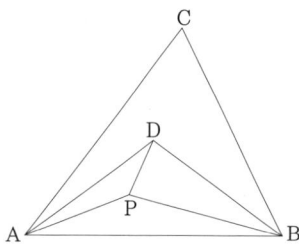

풀이) 먼저 점 P의 위치를 확인하기 위하여 선분 DP의 연장선과 변 AB와의 교점을 E라고 한다.

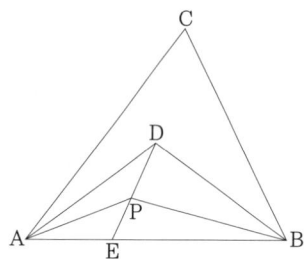

그러면, △ADP : △BDP = 1 : 2이므로, $\overline{AE} : \overline{EB} = 1 : 2$이다.
또, △ABD : △ABP = 5 : 2 이므로, $\overline{ED} : \overline{EP} = 5 : 2$이다.
그러므로 점 D가 주어졌을 때, $\overline{AE} : \overline{EB} = 1 : 2$인 점 E를 이용하여 $\overline{EP} = \frac{2}{5} \times \overline{ED}$가 되는 점 P를 잡는다.
점 D는 삼각형 ABC의 내부를 움직이는 점이므로, 각각의 점 D에 대하여 점 P를 잡는 것은 점 E에 대하여 삼각형 ABC를 $\frac{2}{5}$배 축소(넓이를 축소)한 것에 해당한다. 즉, 점 P가 지나는 영역의 넓이는 삼각형 ABC의 넓이의 $\frac{4}{25}$배이다.
따라서 삼각형 ABC의 넓이와 점 P가 이동한 영역의 넓이의 비는 25 : 4이다.

문제 216

삼각형 ABC에서 점 A에서 변 BC에 내린 수선의 발을 H라 하면, $\overline{AB} = 9$, $\overline{AC} = 16$, $\overline{AH} = 6$이다. 이때, 삼각형 ABC의 외접원 O의 반지름의 길이를 구하여라.

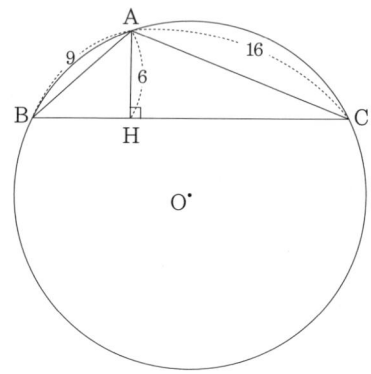

풀이) 그림과 같이 점 A를 지나는 지름과 원 O와의 교점 (점 A가 아닌 점)을 D라 한다.

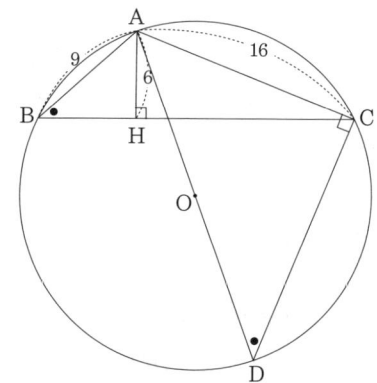

삼각형 ABH와 삼각형 ADC에서

∠ABH = ∠ADC, ∠AHB = ∠ACD = 90°

이다. 따라서 삼각형 ABH와 삼각형 ADC는 닮음이다. 그러므로

$\overline{AB} : \overline{AH} = \overline{AD} : \overline{AC}$, $9 : 6 = \overline{AD} : 16$

이고, 이를 풀면 $\overline{AD} = 24$이다. 따라서 외접원의 반지름의 길이는 12이다.

문제 217

삼각형 ABC에서 $\overline{AB}=20$, $\overline{BC}=24$, $\overline{CA}=16$이고, 삼각형 ABC의 내심을 I라 한다. 삼각형 ABI, 삼각형 BCI, 삼각형 CAI의 무게중심을 각각 P, Q, R이라 할 때, 삼각형 PQR의 변의 길이의 합 $\overline{PQ}+\overline{QR}+\overline{RP}$를 구하여라.

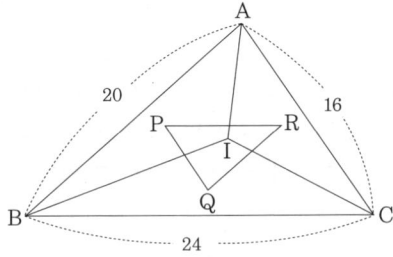

풀이 변 AB, BC의 중점을 각각 M, N이라 한다.

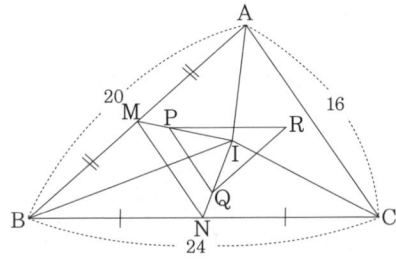

삼각형 ABC에서 중점연결정리에 의하여

$$\overline{MN}=\frac{1}{2}\times\overline{AC}$$

이다. 한편 삼각형 IMN에서

$$\overline{IP}:\overline{PM}=2:1,\quad \overline{IQ}:\overline{QN}=2:1$$

이므로, 삼각형 IMN과 삼각형 IPQ는 닮음비가 3:2인 닮음이다. 그래서

$$\overline{PQ}=\frac{2}{3}\times\overline{MN}=\frac{2}{3}\times\frac{1}{2}\times\overline{AC}=\frac{1}{3}\times\overline{AC}$$

이다. 같은 방법으로

$$\overline{QR}=\frac{1}{3}\times\overline{AB},\quad \overline{RP}=\frac{1}{3}\times\overline{CB}$$

가 되어 삼각형 PQR의 둘레의 길이는 삼각형 ABC의 둘레의 길이의 $\frac{1}{3}$이다. 따라서 삼각형 PQR의 둘레의 길이는

$$(20+24+16)\times\frac{1}{3}=20$$

이다.

문제 218

삼각형 ABC에서 $\overline{AB}=8$, $\overline{BC}=6$, $\overline{CA}=10$이고, 점 A, C를 지나는 반지름이 13인 원 O가 변 BA의 연장선과 점 P에서 만나고, 변 BC의 연장선과 점 Q에서 만난다. 이때, 선분 PQ의 길이를 구하여라.

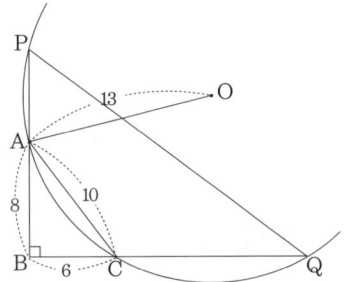

풀이 점 P와 점 C를 연결하고, 점 R를 $\widehat{PQ}$(긴 호) 위에 있는 점이라 하면, 중심각과 원주각, 내대각의 성질에 의하여

$$\angle POQ = 2\times\angle PRQ = 2\times\angle PCB,\quad \angle AOC = 2\times\angle BPC$$

이다.

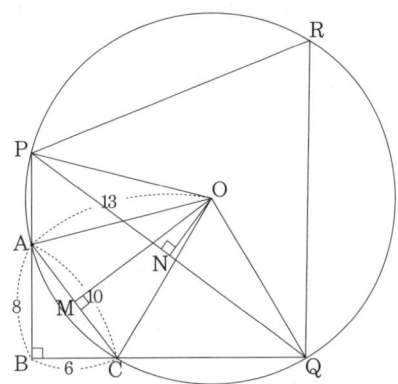

삼각형 BPC가 직각삼각형이므로, $\angle PCB+\angle BPC=90°$이다. 따라서 $\angle POQ+\angle AOC=180°$이다. 여기서, 두 개의 이등변삼각형 OAC와 OPQ에서 점 O에서 변 AC, PQ에 내린 수선의 발을 각각 M, N이라 하면, $\angle AOM+\angle PON=90°$로부터 네 개의 삼각형 OAM, OCM, OPN, OQN은 모두 합동이다.

따라서 $\overline{AM}=5$, $\overline{OM}=12$이므로,

$$\overline{PQ}=2\times\overline{OM}=2\times 12=24$$

이다.

문제 219

∠B = 90°인 직각삼각형 ABC에서 변 BC위에 ∠ACB = ∠BAD가 되도록 점 D를 잡으면 $\overline{BD} : \overline{DC} = 1 : 2$이다. 이때, ∠ACB의 크기를 구하여라.

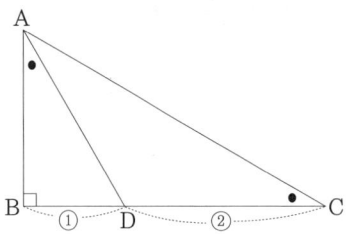

풀이 가정에서 $\overline{BD} : \overline{DC} = 1 : 2$이고, 삼각형 DAB와 삼각형 ACB가 닮음이므로,

$$\overline{BD} : \overline{AB} = \overline{AB} : \overline{BC}, \quad \overline{AB}^2 = \overline{BD} \times \overline{BC} = 3 \times \overline{BD}^2$$

이다. 삼각형 DAB에서

$$\overline{AD}^2 = \overline{AB}^2 + \overline{BD}^2 = 3 \times \overline{BD}^2 + \overline{BD}^2 = 4 \times \overline{BD}^2$$

이다. 따라서 $\overline{BD} = \frac{1}{2} \times \overline{AD}$이다. 그러므로 삼각형 DAB는 ∠ADB = 60°인 직각삼각형이다. 즉,

$$\angle DAB = \angle ACB = 30°$$

이다.

문제 220

한 변의 길이가 12인 정삼각형 ABC에서 변 AB의 삼등분점을 점 A에서 가까운 순서대로 D, E라 하고, 변 BC의 삼등분점을 점 B에 가까운 순서대로 F, G라 하고, 변 CA의 삼등분점을 점 C에 가까운 순서대로 H, I라 한다. 선분 AF와 BI, EC와의 교점을 각각 P, Q라 하고, 선분 BH와 EC의 교점을 R이라 하고, 선분 GA와 BH, DC와의 교점을 각각 S, T라 하고, 선분 CD와 BI의 교점을 U라 한다. 이때, 육각형 PQRSTU에 내접하는 원의 넓이를 구하여라. 단, 원주율은 π로 계산한다.

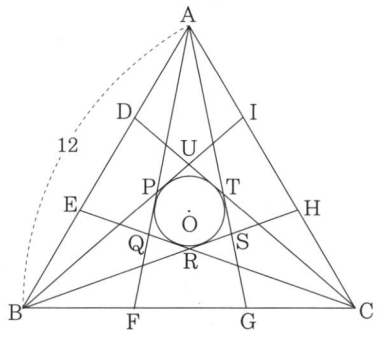

풀이 점 A에서 변 BC에 내린 수선의 발을 A′, 점 O에서 선분 AF에 내린 수선의 발을 X라 한다.

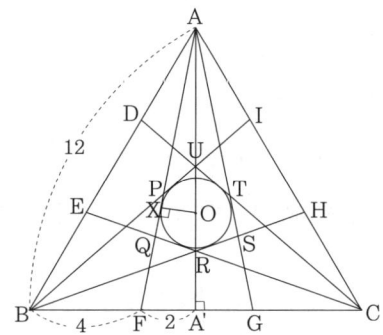

피타고라스의 정리에 의하여

$$\overline{AA'} = 6\sqrt{3}, \quad \overline{AF} = 4\sqrt{7}$$

이다. 점 O가 정삼각형 ABC의 무게중심이므로,

$$\overline{AO} = \frac{2}{3} \times \overline{AA'} = 4\sqrt{3}$$

이다. 삼각형 AOX와 삼각형 AFA′는 닮음이므로,

$$\overline{AO} : \overline{AF} = \overline{XO} : \overline{FA'}, \quad 4\sqrt{3} : 4\sqrt{7} = \overline{XO} : 2$$

이다. 이를 정리하면 $\overline{OX} = \frac{2\sqrt{21}}{7}$이다. 그러므로 원 O의 넓이는 $\frac{12}{7}\pi$이다.

문제 221

삼각형 ABC에서 ∠ACB = 50°이고, 변 BC위에 $\overline{AC} = \overline{BD}$가 되는 점 D를 잡으면 ∠CAD = 15°이다. 이때, ∠ABC의 크기를 구하여라.

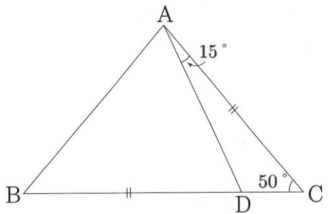

풀이1 변 BC위에 $\overline{AC} = \overline{EC}$인 점 E를 잡으면, $\overline{BE} = \overline{CD}$이다.

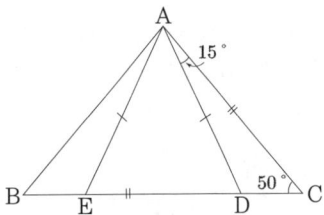

또, ∠ACE = 50°이므로 ∠AEC = 65°, ∠EAD = 50°이다. 즉, ∠AEB = 115°이다. 그러므로,

$$\angle BEA = 115° = \angle ADC$$

이다. 따라서 $\overline{AE} = \overline{AD}$이다. 즉, 삼각형 ABE와 삼각형 ACD는 합동이다. 그러므로 ∠ABC = 50°이다.

풀이2 그림과 같이 삼각형 ACD와 삼각형 DBE가 합동이 되도록 점 E를 잡는다.

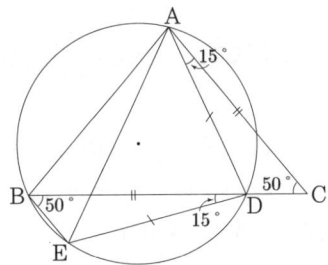

그러면, $\overline{AD} = \overline{DE}$이고, ∠ADE = 80°이므로,

$$\angle DAE = \angle DEA = 50°$$

이다. 따라서 네 점 A, B, E, D는 한 원 위에 있다. 그러므로 ∠ABE = ∠AED = 50°이다. 즉, ∠ABC = 50°이다.

문제 222

$\angle A = 90°$, $\overline{BC} = 60$인 직각이등변삼각형 ABC에서, 변 BC의 중점을 M, 선분 AM의 중점을 N이라 한다. $\angle BPC = 90°$가 되도록 점 P를 선분 CN의 연장선 위에 잡는다. 선분 PC와 변 AB와의 교점을 Q라 할 때, 삼각형 PMQ의 넓이를 구하여라.

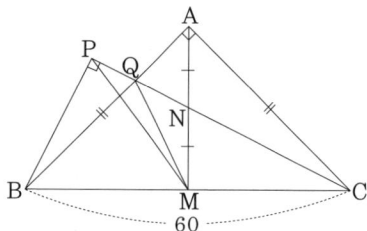

풀이 점 Q에서 변 BC에 내린 수선의 발을 H, 점 M에서 선분 PC에 내린 수선의 발을 R이라 한다.

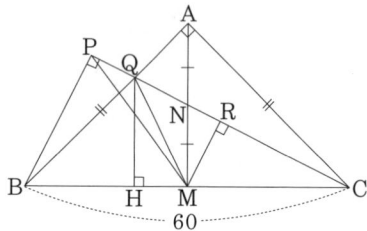

우선 $\overline{BM} = \overline{MC} = \overline{AM}$, $\overline{AN} = \overline{NM}$으로부터 $\overline{NM} : \overline{MC} = 1 : 2$이다. 또, 삼각형 NMC, 삼각형 MRC, 삼각형 NRM은 모두 닮음이므로, $\overline{NR} : \overline{RC} = 1 : 4$이다. 따라서

$$\triangle NRM : \triangle MRC = 1 : 4$$

이다. 그런데,

$$\triangle NMC = \overline{NM} \times \overline{MC} \times \frac{1}{2} = 15 \times 30 \times \frac{1}{2} = 225$$

이므로

$$\triangle MRC = \triangle NMC \times \frac{4}{5} = 180$$

이다. 삼각형 MRC와 삼각형 BPC는 닮음비가 1:2인 닮음이므로, 넓이의 비는 1:4이다. 따라서

$$\triangle BPC = \triangle MRC \times 4 = 720$$

이다. 또, 삼각형 QHC와 삼각형 NMC는 닮음이므로, $\overline{QH} : \overline{HC} = 1 : 2$이다. 삼각형 QBH는 직각이등변삼각형이므로 $\overline{BH} = \overline{QH}$이다. 즉, $\overline{QH} = 20$이다. 그러므로

$$\triangle QBC = \overline{BC} \times \overline{QH} \times \frac{1}{2} = 60 \times 20 \times \frac{1}{2} = 600$$

이다. 따라서

$$\triangle PQB = \triangle BPC - \triangle QBC = 720 - 600 = 120$$

이다. 그러므로 삼각형 PMQ와 삼각형 PQB에서 밑변은 PQ로 공통이므로 높이의 비가 $\overline{MR} : \overline{PB} = 1 : 2$로부터

$$\triangle PMQ = \triangle PQB \times \frac{1}{2} = 120 \times \frac{1}{2} = 60$$

이다.

문제 223

삼각형 ABC에서 ∠ABC의 내각이등분선과 변 CA와의 교점을 D, ∠ACB의 내각이등분선과 변 AB와의 교점을 E라 한다. ∠ABC = 70°, ∠ACB = 50°일 때, ∠AED의 크기를 구하여라.

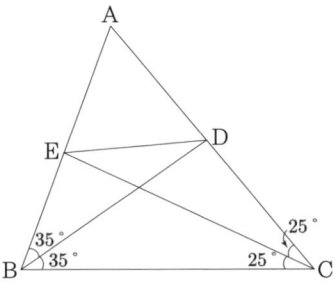

풀이 선분 BD와 CE의 교점을 I라 하면, 점 I는 내심이다. 세 점 A, E, D를 지나는 원을 그린다.

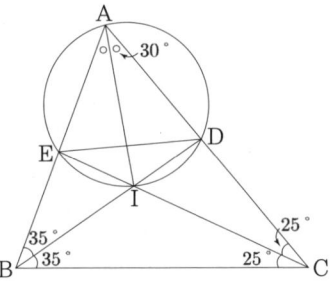

∠ABC = 70°, ∠ACB = 50°이므로

$$\angle BAC = 60°, \quad \angle EAI = \angle DAI = 30°$$

이다. 또, ∠IBC = 35°, ∠ICB = 25°이므로, ∠BIC = 120°이다. 따라서 ∠EID = 120°이다. 그러므로

$$\angle EAD + \angle EID = 180°$$

이므로 점 I는 세 점 A, E, D를 지나는 원 위에 있다. 따라서

$$\angle DEI = \angle DAI = 30°$$

이고,

$$\angle AEC = \angle EBC + \angle ECB = 70° + 25° = 95°$$

이므로

$$\angle AED = 95° - 30° = 65°$$

이다.

문제 224

$\overline{CA} : \overline{AB} : \overline{BC} = 2 : 3 : 4$인 삼각형 ABC에서 변 BC위에 $\overline{AD} = \overline{DB}$를 만족하는 점 D를 잡는다. 이때, 선분 AD와 AC의 길이의 비를 구하여라. 단, 스튜워트의 정리를 사용하지 않는다.

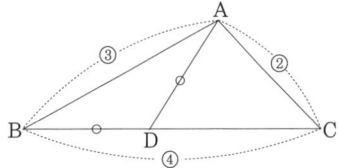

풀이 그림과 같이, $\overline{BA'} : \overline{BC} : \overline{CA'} = 4 : 4 : 2$인 이등변삼각형 A'BC가 되도록 점 A'를 변 BA의 연장선 위에 잡는다.

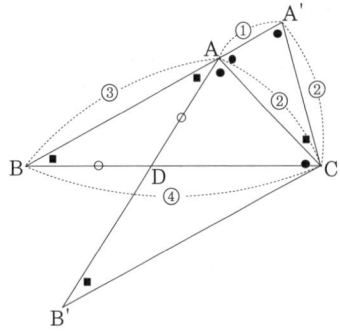

삼각형 A'BC를 점 C를 중심으로 반시계방향으로 ∠BAD 만큼(즉, 점 A'가 점 A에 오도록) 회전이동시킨다.
그러면 $\overline{BA} \parallel \overline{B'C}$이고, 삼각형 DAB와 삼각형 DB'C는 닮음비가 3 : 4인 닮음이다. 따라서

$$\overline{AD} = \overline{AB'} \times \frac{3}{7} = \overline{BC} \times \frac{3}{7}$$

이다. 그러므로

$$\overline{AD} : \overline{AC} = \overline{BC} \times \frac{3}{7} : \overline{BC} \times \frac{1}{2} = 6 : 7$$

이다.

| 문제 | 225

정사각형 ABCD를 점 A를 중심으로 반시계방향으로 30°회전 이동하여 점 B, C, D가 이동한 점을 각각 B′, C′, D′라 한다. 오각형 ABCC′D′의 넓이가 225일 때, 정사각형 ABCD의 넓이를 구하여라.

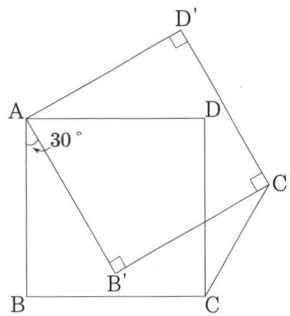

| 풀이 | 그림과 같이 오각형 ABCC′D′에서 점 A와 C를, 점 A와 C′를 연결한다.

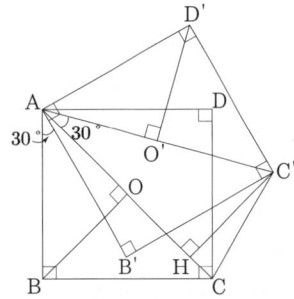

이제 오각형 ABCC′D′를 세 개의 삼각형으로 분리하여 생각한다. 선분 AC의 중점을 O, 선분 AC′의 중점을 O′, 점 C′에서 선분 AC에 내린 수선의 발을 H라 하면,

$$\overline{AO} = \overline{BO} = \overline{CO} = \overline{AO'} = \overline{C'O'} = \overline{D'O'}$$

로 부터 삼각형 ABC와 삼각형 AD′C′는 합동이다.
선분 AC′는 선분 AC를 반시계방향으로 30°회전이동한 것이므로, ∠C′AC = 30°이다. 따라서

$$\overline{C'H} = \overline{AC'} \times \frac{1}{2} = \overline{AO}$$

이다. 그러므로 삼각형 AC′C와 삼각형 ABC는 밑변이 AC로 공통이고, 높이가 $\overline{BO} = \overline{C'H}$이므로,

$$\triangle ACC' = \triangle ABC$$

이다. 따라서

$$\triangle ABC = \triangle ACC' = \triangle AD'C'$$

이다. 또,

$$\triangle ABC + \triangle AD'C' = \square ABCD$$

이므로,

$$\square ABCD = (오각형 ABCC'D'의 넓이) \times \frac{2}{3} = 150$$

이다.

문제 226

삼각형 ABC에서 변 BC위에 $\overline{AB} = \overline{DC}$인 점 D를 잡으면, $\angle ACB : \angle ABC : \angle DAC = 3 : 4 : 5$이다. 이때, $\angle ABC$의 크기를 구하여라.

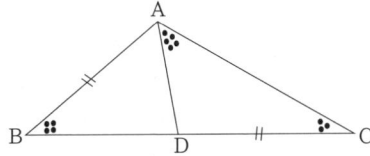

[풀이] 주어진 조건으로부터

$$\angle ACB = 3 \times \bullet, \quad \angle ABC = 4 \times \bullet, \quad \angle CAD = 5 \times \bullet$$

라고 한다. 그림과 같이 $\overline{BE} = \overline{AE}$가 되도록 점 E를 변 BC 위에 잡는다.

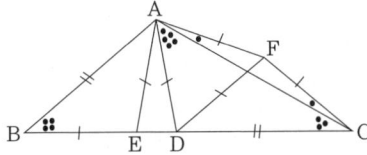

그러면 삼각형 ABE는 이등변삼각형이다. 즉, $\angle AED = 8 \times \bullet$이다. 또, 삼각형 ADC에서 $\angle ADE = 8 \times \bullet$이다. 따라서 $\overline{AE} = \overline{AD}$이다. 즉, 삼각형 AED는 이등변삼각형이다. 삼각형 ABE와 삼각형 DCF가 합동이 되도록 점 F를 잡으면,

$$\angle FDC = \angle FCD = 4 \times \bullet$$

이다. 또, $\angle ADF = 180° - 12 \times \bullet$이다. 그런데, 삼각형 ADF는 이등변삼각형이므로,

$$\angle DAF = \angle DFA = 6 \times \bullet$$

이다. 즉, $\angle FAC = \bullet$이다. 그러므로, 삼각형 FAC도 이등변삼각형이다. 따라서 $\overline{AD} = \overline{DF} = \overline{FA}$이다. 즉, 삼각형 ADF는 정삼각형이다. 그러므로 $6 \times \bullet = 60°$이다. 즉, $\bullet = 10°$이다. 따라서 $\angle ABC = 40°$이다.

문제 227

반지름의 길이가 10인 원 O의 내부에 $\overline{OP} = 6$인 점 P를 잡고, 점 P에서 수직인 두 현 AB, CD를 그린다. 이때, 사각형 ACBD의 넓이의 최댓값과 최솟값을 구하여라.

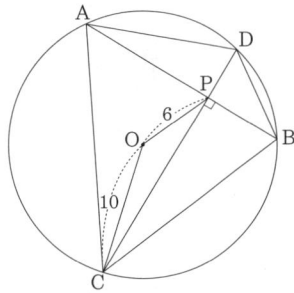

[풀이] [그림1]과 같이 점 O에서 변 CD, AB에 내린 수선의 발을 각각 E, F라 한다.

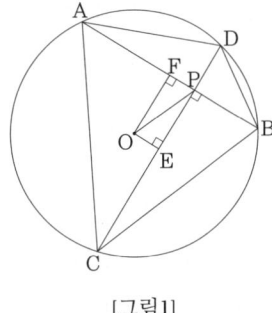

[그림1]

그러면,

$$\begin{aligned}
\overline{AB}^2 + \overline{CD}^2 &= (2 \times \overline{AF})^2 + (2 \times \overline{CE})^2 \\
&= 4(\overline{OA}^2 - \overline{OF}^2) + 4(\overline{OC}^2 - \overline{OE}^2) \\
&= 4(100 + 100) - 4(\overline{OF}^2 + \overline{OE}^2) \\
&= 800 - 4 \times \overline{OP}^2 \\
&= 800 - 4 \times 36 \\
&= 656
\end{aligned}$$

이다. $\square ACBD = S$라 하면,

$$S = \frac{1}{2} \times \overline{AB} \times \overline{CD}$$

이다. 또,

$$\overline{AB}^2 + \overline{CD}^2 = (\overline{AB} - \overline{CD})^2 + 2 \times \overline{AB} \times \overline{CD}$$

이므로
$$4S = 646 - (\overline{AB} - \overline{CD})^2$$
이다. 따라서 $\overline{AB} - \overline{CD} = 0$일 때, S는 최댓값 164를 갖는다.

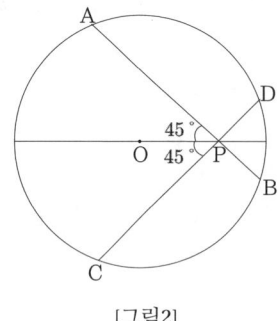

[그림2]

실제로 [그림2]와 같이 ∠APO = ∠CPO = 45°일 때, $\overline{AB} = \overline{CD}$이다.

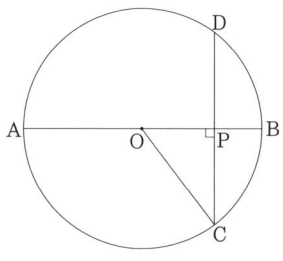

[그림3]

선분 AB와 CD의 길이의 차가 최대가 될 때가 S가 최소이다. 그러므로 선분 AB의 길이가 최대(즉, 선분 AB가 지름)이고, 선분 CD가 최소의 길이의 현일 때, S가 최소가 된다. ([그림3] 참고)
$\overline{AB} = 20$일 때,
$$\overline{CD}^2 = (2 \times \overline{CP})^2 = 4(\overline{OC}^2 - \overline{OP}^2) = 4(100 - 36) = 256$$
이므로 $\overline{CD} = 16$이다. 따라서
$$S = \frac{1}{2} \times 20 \times 16 = 160$$
이다. 그러므로 사각형 ABCD의 넓이의 최댓값은 164이고, 최솟값은 160이다.

문제 228

한 변의 길이가 36인 정사각형 ABCD에서 변 AB의 삼등분점을 점 A에 가까운 순서대로 E, F라 하고, 변 BC의 삼등분점을 점 B에 가까운 순서대로 G, H라 하고, 변 CD의 삼등분점을 점 C에 가까운 순서대로 I, J라 하고, 변 DA의 삼등분점을 점 D에 가까운 순서대로 K, L이라 한다. 선분 EG와 선분 FL, FH와의 교점을 각각 M, N이라 하고, 선분 GI와 선분 FH, HJ와의 교점을 각각 P, Q라 하고, 선분 IK와 선분 HJ, JL과의 교점을 각각 R, S라 하고, 선분 KE와 선분 JL, LF와의 교점을 각각 T, U라 할 때, 팔각형 MNPQRSTU의 넓이를 구하여라.

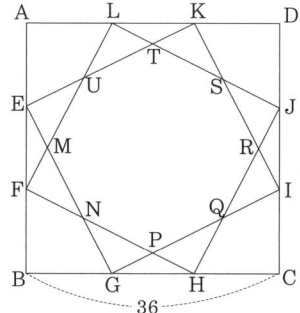

풀이1 그림과 같이 정사각형 ABCD의 중심을 O라 하고, 중심 O에서 변 AD에 내린 수선의 발을 X라 한다.

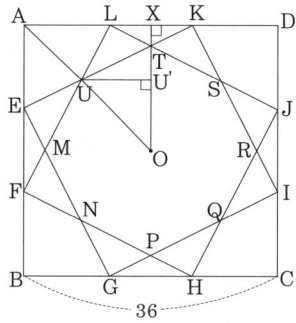

그러면, 삼각형 KXT와 삼각형 KAE는 닮음이므로
$$\overline{XT} : \overline{AE} = \overline{KX} : \overline{KA}$$
이다. 따라서
$$\overline{XT} = \overline{AE} \times \frac{\overline{KX}}{\overline{KA}} = 12 \times \frac{6}{24} = 3, \quad \overline{TO} = \overline{XO} - \overline{XT} = 18 - 3 = 15$$

이다. 또, 삼각형 OTU와 삼각형 AEU가 닮음이고, 닮음비는 $\overline{TO} : \overline{AE} = 15 : 12 = 5 : 4$이다. 점 U에서 선분 TO에 내린 수선의 발을 U′라 하면,

$$\overline{UU'} = \overline{AX} \times \frac{\overline{TO}}{\overline{TO} + \overline{AE}} = 18 \times \frac{5}{9} = 10$$

이다. 따라서 △TUO $= \frac{1}{2} \times 15 \times 10 = 75$이다. 그러므로 팔각형 MNPQRSTU의 넓이는 △TUO × 8 = 600이다.

풀이2 그림과 같이 사각형 UNQS는 정사각형이고, 변 UN은 변 AB와 평행하고, 변 US도 변 AD와 평행하다.

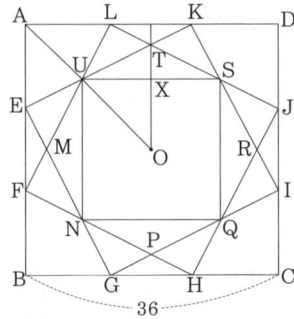

그러므로 삼각형 KUS와 삼각형 AKE는 닮음인 직각삼각형이 되어, 정사각형 UNQS와 정사각형 EGIK와의 닮음 관계는 정사각형 EGIK와 정사각형 ABCD와의 닮음 관계가 같다. 즉,

$$\square UNQS : \square EGIK = \square EGIK : \square ABCD$$

이다. 그런데, □ABCD = 36 × 36 = 1296이므로,

$$\begin{aligned}\square EGIK &= \square ABCD - 4 \times \triangle AKE \\ &= 1296 - 4 \times \frac{1}{2} \times 12 \times 24 \\ &= 720\end{aligned}$$

이다. 따라서

$$\begin{aligned}\square UNQS &= (\square EGIK \times \square EGIK) \div \square ABCD \\ &= 720 \times 720 \div 1296 \\ &= 400\end{aligned}$$

이다. 그러므로 정사각형 UNQS의 한 변의 길이는 20이다. 정사각형 ABCD의 중심을 O라 하고, 선분 TO와 US의 교점을 X라 한다. 그러면

$$\overline{TX} = \overline{UX} \times \frac{\overline{AE}}{\overline{AK}} = 10 \times \frac{12}{24} = 5$$

이다. 따라서

$$\triangle TUS = \frac{1}{2} \times \overline{US} \times \overline{TX} = \frac{1}{2} \times 20 \times 5 = 50$$

이다. 그러므로 팔각형 MNPQRSTU의 넓이는

$$\square UNQS + \triangle TUS \times 4 = 400 + 50 \times 4 = 600$$

이다.

문제 229

삼각형 ABC에서 변 BC의 중점을 D라 하면, ∠ABC = ∠CAD = 2 × ∠ACB이다. 이때, ∠ACB의 크기를 구하여라.

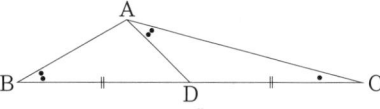

풀이 삼각형 ABC와 삼각형 ADC는 닮음이고,

$$\overline{AB} : \overline{AD} = \overline{BC} : \overline{AC} = \overline{AC} : \overline{DC}$$

이다. $\overline{BD} = \overline{DC} = x$라 하면, $\overline{BC} = 2x$이고, $\overline{AC}^2 = \overline{BC} \times \overline{DC} = 2x \times x = 2x^2$이므로, $\overline{AC} = \sqrt{2}x$이다. 마찬가지로, $\overline{AD} = y$라 하면 $\overline{AB} = \sqrt{2}y$이다.

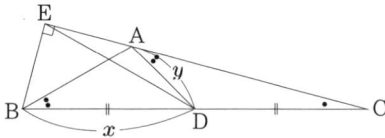

그림과 같이, 점 B에서 변 CA의 연장선에 내린 수선의 발을 E라 하면, 직각삼각형 EBC에서 점 D는 빗변 BC의 중점이므로, $\overline{ED} = \overline{BD} = \overline{DC}$이다. 즉, ∠AED = •이다. 그러므로 ∠ADE = ∠DAC − ∠AED = •이다. 따라서 $\overline{EA} = \overline{AD} = y$이다. $\overline{AB} = \sqrt{2}y$이므로, $\overline{EB} = y$이다. 즉, ∠EBA = ∠EAB = 45°이다. 그런데, ∠ADC = ∠BAC = 135°이므로, ∠ADB = 45° = 3 × •이다.

따라서 • = 15°이다. 즉, ∠ACB = 15°이다.

문제 230

$\overline{AD} \parallel \overline{BC}$이고, $\overline{AD} = 10$인 등변사다리꼴 ABCD에서 변 AD, BC의 중점을 각각 M, N이라 한다. 선분 AN과 BM의 교점을 E라 하고, 선분 CM과 DN의 교점을 F라 하고, 점 F에서 변 BC에 내린 수선의 발을 H라 하면, $\overline{FH} = 19.2$이다. 이때, 사각형 ENFM의 넓이를 구하여라.

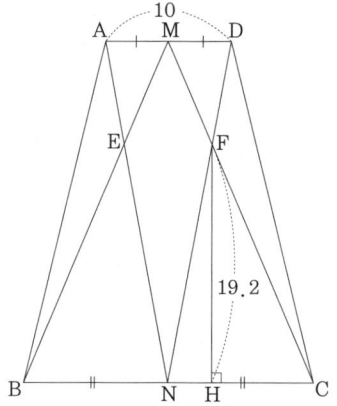

풀이 그림과 같이, 점 F에서 변 AD에 내린 수선의 발을 G라 한다.

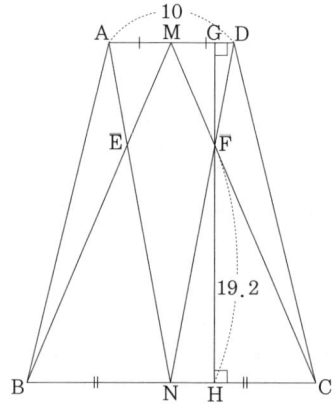

그러면,

$$\begin{aligned}
\square ENFM &= (\triangle NMD - \triangle FMD) \times 2 \\
&= \left(\frac{1}{2} \times \overline{MD} \times \overline{MN} - \frac{1}{2} \times \overline{MD} \times \overline{GF}\right) \times 2 \\
&= \overline{MD} \times (\overline{GH} - \overline{GF}) \\
&= \overline{MD} \times \overline{FH} \\
&= 5 \times 19.2 = 96
\end{aligned}$$

이다.

문제 231

$\overline{AB} = \overline{AC} = 20$, $\overline{BC} = 26$인 이등변삼각형 ABC에서 변 AB, AC에 각각 점 P, Q에서 접하는 원과 변 BC와의 교점을 R, S라고 한다. $\overline{AP} = 8$일 때, 선분 RS의 길이를 구하여라.

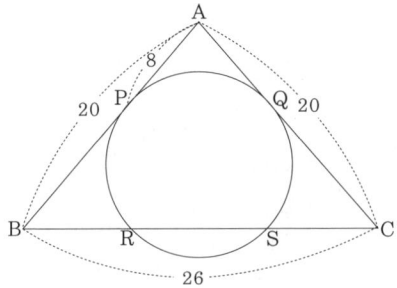

풀이1 그림과 같이, 세 점 P, Q, R을 연결한다.

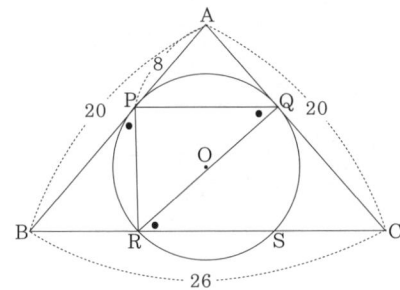

삼각형 BRP와 삼각형 CQR에서

$$\angle PBR = \angle RCQ, \ \angle BPR = \angle PQR = \angle CRQ$$

이다. 따라서 삼각형 BPR와 삼각형 CRQ는 닮음이고,

$$\overline{BR} : \overline{CQ} = \overline{BP} : \overline{CR}$$

이다. $\overline{BR} = x$라면 $\overline{CR} = 26 - x$이고, 이를 위 식에 대입하면

$$x : 12 = 12 : (26 - x)$$

이다. 이를 정리하면

$$x^2 - 26x + 144 = 0, \ (x-8)(x-18) = 0$$

이 되어 $x = 8$ 또는 $x = 18$이다. 그런데, 주어진 조건으로부터 $x < 13$이므로 $x = 8$이다. 또, $\overline{BR} = \overline{SC}$이므로 $\overline{SC} = 8$이다. 따라서

$$\overline{RS} = 26 - 8 \times 2 = 10$$

이다.

풀이2 그림과 같이 원의 중심을 O라 하고, 중심 O에서 변 BC에 내린 수선의 발을 H라 한다.

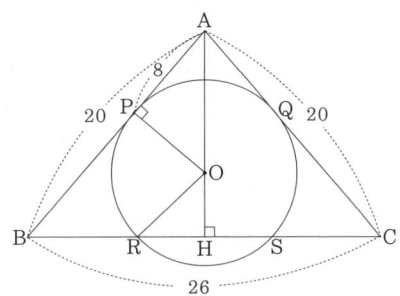

삼각형 ABH에서 피타고라스의 정리를 적용하면,

$$\overline{AH} = \sqrt{20^2 - 13^2} = \sqrt{33 \times 7}$$

이다. 삼각형 AOP와 삼각형 ABH는 닮음이므로,

$$\overline{AO} = 20 \times \frac{8}{\sqrt{33 \times 7}} = \frac{160}{\sqrt{33 \times 7}},$$
$$\overline{OP} = 13 \times \frac{8}{\sqrt{33 \times 7}} = \frac{104}{\sqrt{33 \times 7}},$$
$$\overline{OH} = \sqrt{33 \times 7} - \frac{160}{\sqrt{33 \times 7}} = \frac{71}{\sqrt{33 \times 7}}$$

이다. 삼각형 ORH에서 피타고라스의 정리를 적용하면,

$$\overline{HR}^2 = \overline{OR}^2 - \overline{OH}^2 = \frac{104^2 - 71^2}{33 \times 7} = \frac{175 \times 33}{33 \times 7} = 25$$

이다. 따라서 $\overline{HR} = 5$이다. 즉, $\overline{RS} = 10$이다.

문제 232

넓이가 232인 삼각형 ABC에서 변 BC를 사등분하여 점 B에 가까운 순서대로 점 D, E, F라 하고, $\triangle PBF = \frac{1}{2} \times \triangle ABC$, $\triangle QEC = \frac{1}{3} \times \triangle ABC$가 되도록 변 AB위에 점 P를, 변 AC위에 점 Q를 잡는다. 선분 PF와 QE의 교점을 R이라 할 때, 삼각형 REF의 넓이를 구하여라.

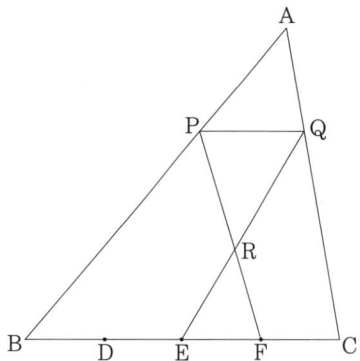

풀이 그림과 같이 점 P, R, A, Q에서 변 BC에 내린 수선의 발을 각각 P′, R′, A′, Q′라 한다.

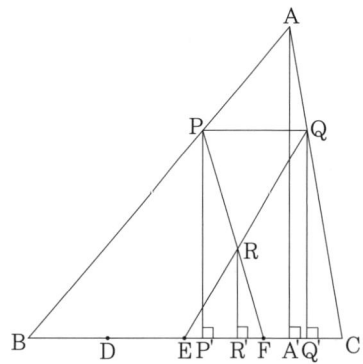

그러면 주어진 조건으로부터

$$\frac{1}{2} \times \overline{BF} \times \overline{PP'} = \frac{1}{2} \times \frac{1}{2} \times \overline{BC} \times \overline{AA'},$$
$$\frac{1}{2} \times \overline{EC} \times \overline{QQ'} = \frac{1}{3} \times \frac{1}{2} \times \overline{BC} \times \overline{AA'}$$

이다. 그러므로

$$\frac{1}{2} \times \overline{BC} \times \overline{AA'} = \overline{BF} \times \overline{PP'} = \frac{3}{4} \times \overline{BC} \times \overline{PP'},$$
$$\frac{1}{2} \times \overline{BC} \times \overline{AA'} = \frac{3}{2} \times \overline{EC} \times \overline{QQ'} = \frac{3}{4} \times \overline{BC} \times \overline{QQ'}$$

이다. 따라서 $\overline{PP'} = \overline{QQ'}$이다. 즉, $\overline{PQ} \parallel \overline{BC}$이다. 또, $\overline{PP'} = \frac{2}{3} \times \overline{AA'}$이다. 그러므로 삼각형 RQP와 삼각형 REF는 닮음이고, $\overline{PP'} : \overline{AA'} = 2 : 3$으로부터 $\overline{PQ} : \overline{BC} = 1 : 3$이다. 그러므로

$$\overline{EF} : \overline{PQ} = \frac{1}{4} \times \overline{BC} : \frac{1}{3} \times \overline{BC} = 3 : 4$$

이다. 따라서

$$\overline{RR'} = \frac{3}{7} \times \overline{PP'} = \frac{2}{7} \times \overline{AA'}$$

이다. 그러므로

$$\triangle REF = \frac{1}{2} \times \left(\frac{1}{4} \times \overline{BC}\right) \times \left(\frac{2}{7} \times \overline{AA'}\right)$$
$$= \frac{1}{2} \times \overline{BC} \times \overline{AA'} \times \frac{1}{14}$$
$$= \triangle ABC \times \frac{1}{14}$$
$$= 232 \times \frac{1}{14}$$
$$= \frac{116}{7}$$

이다.

문제 233

∠B = ∠D = 90°, ∠C ≠ 90°, ∠ACB = 2 × ∠ACD인 사각형 ABCD에서, 점 D에서 대각선 AC에 내린 수선의 발을 E라 한다. $\overline{DE}$ = 6일 때, 변 AB의 길이를 구하여라.

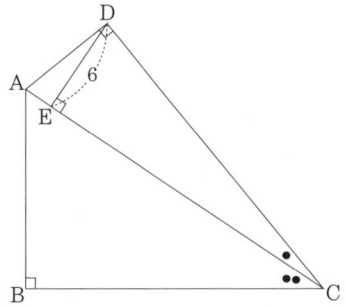

풀이 그림과 같이 점 A를 변 DC에 대하여 대칭이동한 점을 A′라 하고, 점 A, D에서 선분 A′C에 내린 수선의 발을 각각 점 P, Q라 한다.

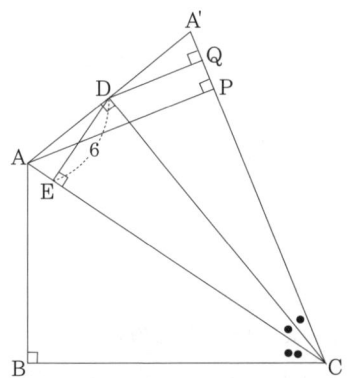

그러면 삼각형 CDA와 삼각형 CDA′는 합동이므로 $\overline{DE}$ = $\overline{DQ}$이다. 또, $\overline{DQ}$ ∥ $\overline{AP}$이고, 점 D가 선분 AA′의 중점이므로 삼각형 중점연결정리에 의하여 $\overline{DQ}$ = $\frac{1}{2}$ × $\overline{AP}$이다. 삼각형 ABC와 삼각형 APC에서

∠ACB = ∠ACP, $\overline{AC}$는 공통, ∠ABC = ∠APC = 90°

이므로,

△ABC ≡ △APC(ASA합동)

이다. 즉, $\overline{AP}$ = $\overline{AB}$이다. 그러므로

$\overline{DE}$ = $\overline{DQ}$ = $\frac{1}{2}$ × $\overline{AP}$ = $\frac{1}{2}$ × $\overline{AB}$

이다. 즉, $\overline{AB}$ = 2 × $\overline{DE}$ = 12이다.

문제 234

$\overline{AB}$ = 10, $\overline{BC}$ = 8, $\overline{CA}$ = 6인 직각삼각형 ABC에서 내접원의 중심을 P라 하자. 직선 AB와 점 A에서 접하고, 점 P를 지나는 원 O의 반지름의 길이를 구하여라.

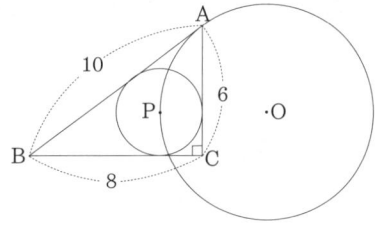

풀이 직각삼각형 ABC의 내접원 P의 반지름의 길이를 R이라 하면, 삼각형 ABC의 넓이를 구하는 두 가지 방법으로부터

$\frac{1}{2}$ × (6 + 8 + 10) × r = $\frac{1}{2}$ × 6 × 8

에서 r = 2이다.

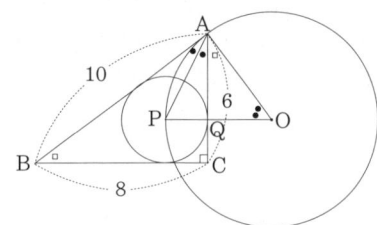

그림과 같이 선분 OP와 변 AC의 교점을 Q라 하면, 선분 AB는 원 O의 접선이므로, 접현각과 원주각과 중심각 사이의 관계에 의하여 ∠BAP = $\frac{1}{2}$ ∠AOP이다.
점 P는 삼각형 ABC의 내심이므로, ∠BAP = $\frac{1}{2}$ × ∠BAC 이다. 따라서 ∠BAC = ∠AOP이다.
∠ABC = 90° − ∠BAC, ∠OAQ = 90° − ∠BAC로부터 삼각형 ABC와 삼각형 OAQ는 닮음이다. ∠AQO = 90°이므로 점 Q는 내접원 P와 변 AC의 접점이다. 즉, $\overline{AQ}$ = 6 − 2 = 4이다. 그러므로 $\overline{BC}$: $\overline{AQ}$ = 8 : 4 = 2 : 1이다. 따라서

$\overline{OA}$ = $\overline{AB}$ × $\frac{1}{2}$ = 10 × $\frac{1}{2}$ = 5

이다.

문제 235

한 변의 길이가 16인 정사각형 ABCD에서 변 AD위에 $\overline{ED} = 10$인 점 E를, 변 AB위에 $\overline{AF} = 10$인 점 F를, 변 BC위에 $\overline{BG} = 10$인 점 G를 잡는다. 점 A를 선분 EF에 대하여 대칭이동한 점을 A′이라 한다. 이때, 오각형 EA′GCD의 넓이를 구하여라.

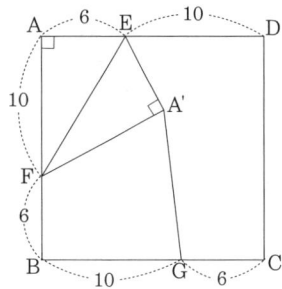

[풀이] 그림과 같이 변 CD위에 $\overline{CH} = 10$인 점 H를 잡는다. 그리고, 점 B를 선분 FG에 대하여 대칭이동시킨 점을 B′, 점 C를 선분 GH에 대하여 대칭이동시킨 점을 C′, 점 D를 선분 EH에 대하여 대칭이동시킨 점을 D′라 한다.

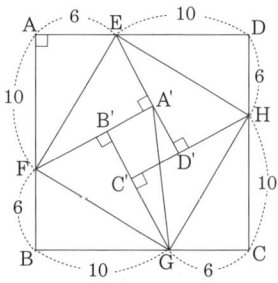

그러면, 사각형 A′B′C′D′는 한 변의 길이가 4인 정사각형이다. 그러므로 △A′B′G는 직각삼각형이다. 또, △AFE, △A′EF, △FBG, △FGB′는 합동인 직각삼각형이다. 따라서 오각형 EA′GCD의 넓이는

$$16 \times 16 - 4 \times \frac{1}{2} \times 6 \times 10 - \frac{1}{2} \times 4 \times 10 = 116$$

이다.

문제 236

사각형 ABCD에서 $\overline{AB} = \overline{AC}$, $\angle BAC = 36°$, $\angle CBD = 32°$이고, $\angle BDC = 18°$이다. 이때, $\angle CAD$의 크기를 구하여라.

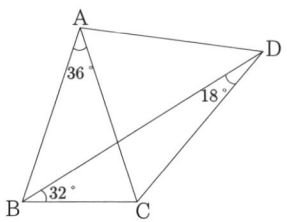

[풀이] 그림과 같이, 점 A를 중심으로 하고, 변 AB를 반지름으로 하는 원을 그린다.

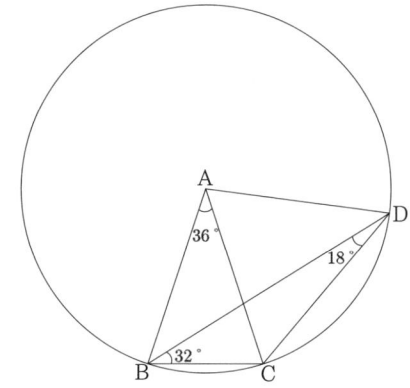

현 BC에 대한 중심각이 36°이고, 이에 대한 원주각은 18°이다. 그런데, $\angle BDC = 18°$이므로, 점 D는 이 원 위에 있는 점이다. 그러면 $\angle CAD$는 현 CD에 대한 중심각이고, 현 CD에 대한 원주각 $\angle DBC = 32°$이므로, $\angle CAD = 2 \times 32° = 64°$이다.

문제 237

∠A = ∠C = 90°인 사각형 ABCD에서 $\overline{AC}$ = 6이고, ∠ABD = 12°, ∠CBD = 18°일 때, 선분 BD의 길이를 구하여라.

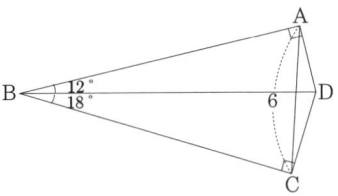

풀이1 ∠A = ∠C = 90°이므로, 선분 BD를 지름으로 하는 원 위에 네 점 A, B, C, D가 있다. ([그림1] 참고)

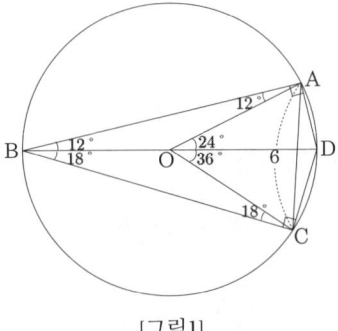

[그림1]

선분 BD의 중점을 O라 하면, $\overline{OB}$ = $\overline{OA}$ = $\overline{OC}$이다. 따라서 ∠AOD = 24°, ∠COD = 36°이므로, ∠AOC = 60°이다. 그러므로 삼각형 AOC는 정삼각형이다. 즉, $\overline{OA}$ = 6이다. 따라서 $\overline{BD}$ = 12이다.

풀이2 [그림2]와 같이, 변 CD의 연장선과 변 BA의 연장선의 교점을 E라 한다.

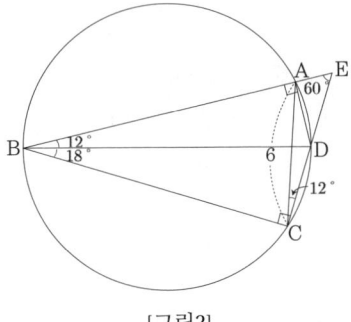

[그림2]

그러면, 삼각형 EBD와 삼각형 ECA에서 ∠ACE = ∠ABD(현 AD에 대한 원주각), ∠BED = ∠CEA = 60°이므로 삼각형 EBD와 삼각형 ECA는 닮음이다. 직각삼각형 EBC에서 ∠E = 60°이므로, 삼각비에 의하여 $\overline{BE}$: $\overline{EC}$ = 2 : 1이다. 그러므로 $\overline{BD}$: $\overline{AC}$ = $\overline{BE}$: $\overline{EC}$ = 2 : 1이다. 따라서 $\overline{BD}$ = $\overline{AC}$ × 2 = 12이다.

풀이3 [그림3]과 같이, 점 D를 변 AB에 대하여 대칭이동시킨 점을 D′, 변 BC에 대하여 대칭이동시킨 점을 D″라 한다.

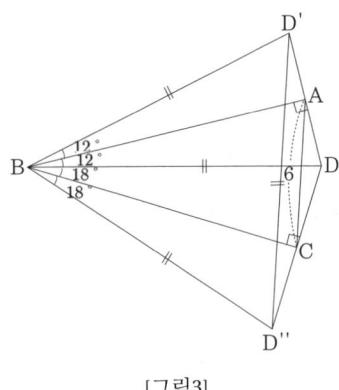

[그림3]

그러면, $\overline{BD'}$ = $\overline{BD''}$ = $\overline{BD}$, ∠D′BD″ = 60°가 되어 삼각형 D′BD″는 정삼각형이다. 따라서 $\overline{BD}$ = $\overline{D'D''}$이다. 점 A, C에서 각각 변 DD′, DD″의 중점이므로, 삼각형 DD′D″에서 삼각형 중점연결정리에 의하여 $\overline{D'D''}$ = 2 × $\overline{AC}$이다. 따라서 $\overline{BD}$ = 2 × $\overline{AC}$ = 12이다.

풀이4 [그림4]와 같이, 점 B를 변 AD에 대하여 대칭이동시킨 점을 B′, 변 DC에 대하여 대칭이동시킨 점을 B″라 한다.

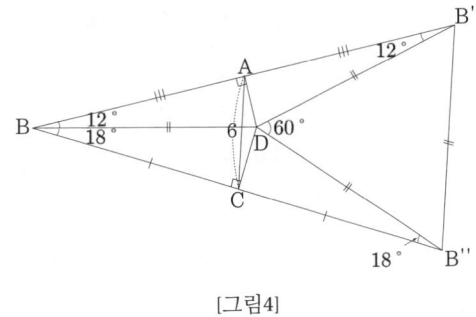

[그림4]

그러면 $\overline{BD}$ = $\overline{DB'}$ = $\overline{DB''}$, ∠B′DB″ = 60° 이므로 삼각형 B′DB″는 정삼각형이다. 따라서 $\overline{BD}$ = $\overline{B'B''}$이다. 그런데, 삼각형 B′BB″에서 삼각형 중점연결정리에 의하여 $\overline{B'B''}$ = $\overline{AC}$ × 2이다. 따라서 $\overline{BD}$ = $\overline{AC}$ × 2 = 12이다.

문제 238

∠A = 60°인 삼각형 ABC에서 ∠A의 내각이등분선과 변 BC와의 교점을 점 D라 하면, $\overline{AC} = \overline{AB} + \overline{BD}$이다. 이때, ∠ACB의 크기를 구하여라.

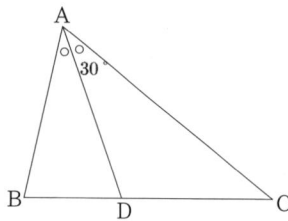

풀이 그림과 같이, 변 AB의 연장선 위에 $\overline{BD} = \overline{BE}$인 점 E를 잡는다.

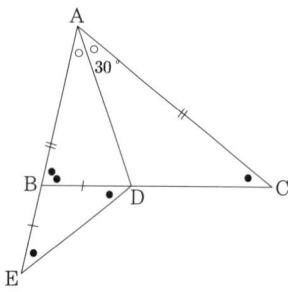

그러면,
$$\overline{AE} = \overline{AB} + \overline{BE} = \overline{AB} + \overline{BD} = \overline{AC}$$

이다. △ADE와 △ADC에서
$$\overline{AD}는 공통, \overline{AE} = \overline{AC}, \angle DAE = \angle DAC = 30°$$

이므로,
$$\triangle ADE \equiv \triangle ADC (SAS합동)$$

이다. 즉, ∠AED = ∠ACD이다. 또, 삼각형 BED는 이등변삼각형이므로, ∠BDE = ∠BED이다. 그러므로
$$\angle ABC = 2 \times \angle ACB$$

이다. 따라서
$$\angle ACB \times 3 + 60° = 180°$$

이다. 그러므로 ∠ACB = 40°이다.

문제 239

$\overline{AC}$ = 24인 정사각형 ABCD에서 대각선 AC 위에 $\overline{EC}$ = 6인 점 E를 잡고, 점 E를 지나고 BE에 수직인 직선과 변 AD와의 교점을 F라 하면, $\overline{BE} = \overline{EF}$이다. 사각형 BEFG가 정사각형이 되도록 점 G를 잡는다. 이때, 정사각형 BEFG의 넓이를 구하여라.

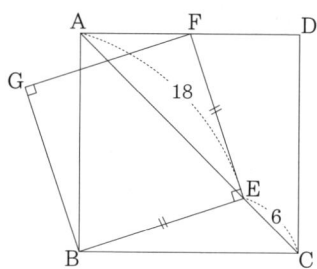

풀이1 ([그림1] 참고) 삼각형 AGB와 삼각형 CEB에서
$$\overline{AB} = \overline{BC}, \overline{GB} = \overline{EB}, \angle GBA = \angle EBC$$

이므로, △AGB ≡ △CEB(SAS합동)이다.

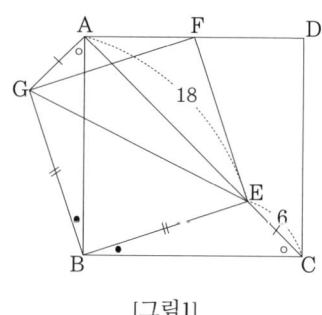

[그림1]

그러므로
$$\square AGBE = \triangle ABE + \triangle AGB$$
$$= \triangle ABE + \triangle CEB$$
$$= \triangle ABC$$
$$= 24 \times 12 \times \frac{1}{2}$$
$$= 144$$

이다. 또,
$$\overline{AG} = \overline{CE} = 6, \angle EAG = \angle BAG + \angle EAB = 90°$$

이다. 따라서
$$\triangle EAG = \frac{1}{2} \times 6 \times 18 = 54$$

이다. 그러므로

$$\triangle EGB = \square AGBE - \triangle EAG = 144 - 54 = 90$$

이다. 따라서 □BEFG = △EGB × 2 = 180이다.

[풀이2] [그림2]와 같이 정사각형 BLMH, EHCJ를 그린다.

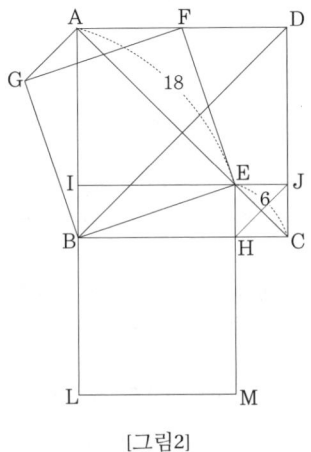

[그림2]

그러면 $\overline{BH} : \overline{HC} = \overline{AE} : \overline{EC} = 3 : 1$이다. 따라서 피타고라스의 정리에 의하여 $\overline{BE}^2 = \overline{EH}^2 + \overline{BH}^2$이다. 즉,

$$\square BEFG = \square BLMH + \square EHCJ$$

이다. 그런데,

$$\square BLMH = \frac{1}{2} \times 18 \times 18 = 162, \quad \square EHCJ = \frac{1}{2} \times 6 \times 6 = 18$$

이므로 □BEFG = 180이다.

[풀이3] [그림3]과 같이, 점 E에서 변 BC에 내린 수선의 발을 H, 변 AB에 내린 수선의 발을 I라 한다.

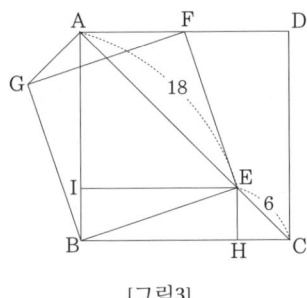

[그림3]

그러면 $\overline{EC} = 6$이므로 $\overline{EH} = 3\sqrt{2}$이고, $\overline{AE} = 18$이므로, $\overline{EI} = 9\sqrt{2}$이다. 따라서

$$\square BEFG = \overline{BE}^2 = \overline{EH}^2 + \overline{EI}^2 = 18 + 162 = 180$$

이다.

[문제] **240**

$\overline{AB} = \overline{AC} = 5$, $\overline{BC} = 6$인 이등변삼각형 ABC에서 외접원의 지름을 CE라고 하고, 선분 CE와 변 AB와의 교점을 D라 할 때, 선분 CD와 DE의 길이의 비를 구하여라.

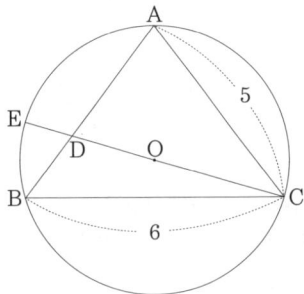

[풀이] 그림과 같이 점 A에서 변 BC에 내린 수선의 발을 F라 하고, 선분 AF의 연장선과 원과의 교점을 G라 한다.

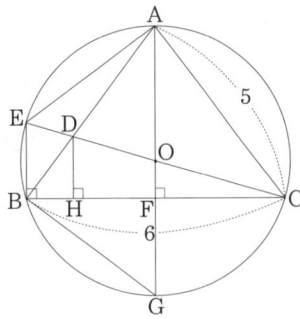

삼각형 ABF는 세 변의 길이의 비가 3 : 4 : 5인 직각삼각형이다. 그러므로 $\overline{AF} = 4$이다. $\overline{FG} = x$라 하면, 원과 비례의 성질(방멱의 원리)에 의하여 $4 \times x = 3 \times 3$이다. 즉, $x = \frac{9}{4}$이다. 따라서

$$\overline{AG} = 4 + \frac{9}{4} = \frac{25}{4}$$

이다. 삼각형 BCE가 직각삼각형이므로 피타고라스의 정리에 의하여

$$\overline{BE} = \sqrt{\left(\frac{25}{4}\right)^2 - 6^2} = \frac{7}{4}$$

이다. 따라서

$$\overline{CD} : \overline{DE} = \triangle ABC : \triangle ABE = \frac{1}{2} \times 6 \times 4 : \frac{1}{2} \times \frac{7}{4} \times 3 = 32 : 7$$

이다.

[문제] 241

삼각형 ABC에서 ∠ABC : ∠ACB = 3 : 4이고, 점 A에서 ∠C의 내각이등분선에 내린 수선의 발을 D라 하면, $\overline{BC} = 2 \times \overline{CD}$이다. 이때, ∠ABC의 크기를 구하여라.

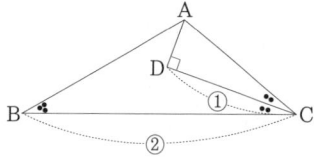

[풀이] 그림과 같이 선분 AD의 연장선과 변 BC의 교점을 E라 하고, 변 BC의 연장선 위에 $\overline{AC} = \overline{CF}$가 되는 점 F를 잡는다.

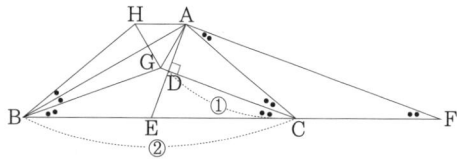

그러면, ∠CAF = ∠CFA = ∠ACD이다. 즉, $\overline{DC} \parallel \overline{AF}$이다. 또, $\overline{AD} = \overline{DE}$이므로, 삼각형 중점연결정리에 의하여 $\overline{AF} = \overline{CD} \times 2$이다. 주어진 조건에서 $\overline{BC} = 2 \times \overline{CD}$이므로 $\overline{AF} = \overline{BC}$이다.

삼각형 BCG가 $\overline{GB} = \overline{GC}$인 이등변삼각형이 되도록 선분 CD의 연장선 위에 점 G를 잡는다. 그러면 삼각형 GBC와 삼각형 CFA는 합동이다. 따라서 $\overline{GB} = \overline{GC} = \overline{CA} = \overline{CF}$이다. 점 G를 변 AB에 대하여 대칭이동시킨 점을 H라 하면 삼각형 BGH와 삼각형 CGA는 합동이다. 따라서 $\overline{HG} = \overline{GA} = \overline{HA}$이다. 즉, 삼각형 HGA는 정삼각형이다. 그러므로 ∠HGA = 60°이다. 점 G를 기준으로

$(90° - \bullet) + 60° + (90° - \bullet) + (180° - 4 \times \bullet) = 360°$

이므로 • = 10°이다. 따라서 ∠ABC = 30°이다.

[문제] 242

직사각형 ABCD에서 대각선 BD의 중점을 M이라 하고, ∠BAM의 내각이등분선과 대각선 BD, 변 BC와의 교점을 각각 P, E라 하면 $\overline{BM} \perp \overline{AP}$이고, $\overline{PE} = 24$이다. 이때, 선분 AD의 길이를 구하여라.

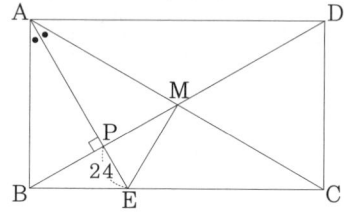

[풀이] 주어진 조건으로부터 $\overline{AB} = \overline{AM}$이고, 삼각형 ABD가 직각삼각형이므로, $\overline{AM} = \overline{BM} = \overline{MD}$이다. 즉, $\overline{AM} = \overline{BM} = \overline{AB}$이다. 따라서 삼각형 ABM은 정삼각형이다. $\overline{PE} = 24$이므로, 삼각비에 의하여 $\overline{EB} = 48$, $\overline{AE} = 96$이다.

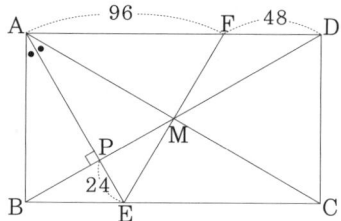

선분 EM의 연장선과 변 AD와의 교점을 F라고 하면, 삼각형 AEF도 정삼각형이다. 따라서 $\overline{AF} = 96$, $\overline{FD} = 48$이다. 그러므로 $\overline{AD} = 144$이다.

문제 243

사각형 ABCD에서, 사각형 내부에 삼각형 APB, 삼각형 DPC가 ∠APB = ∠DPC = 90°인 직각이등변삼각형이고, ∠ADP = 90°인 점 P를 잡으면, $\overline{CP} = \overline{DP} = 12$이다. 선분 DP의 연장선과 변 BC와의 교점을 Q라 하고, AB의 중점을 R이라고 하면, $\overline{QR} = 10$이다. 이때, 직각이등변삼각형 ABP의 넓이를 구하여라.

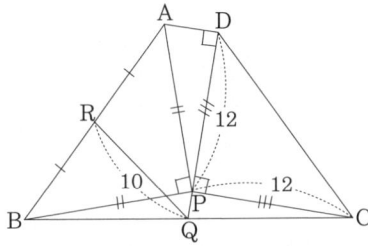

풀이 점 C를 지나 선분 QD에 평행한 직선과 변 AD의 연장선과의 교점을 E라 하고, 선분 CE와 선분 BP의 연장선과의 교점을 F라 한다.

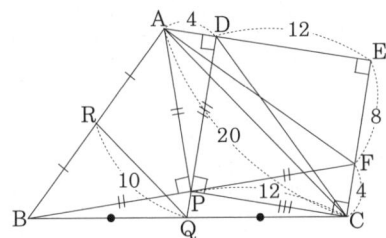

그러면 사각형 DPCE가 정사각형이므로 $\overline{DE} = \overline{EC} = 12$이다. 삼각형 APD와 삼각형 FPC에서 $\overline{PD} = \overline{PC}$이고,

$$\angle APD = 90° - \angle DPF = \angle FPC$$

이고,

$$\angle ADP = \angle FCP = 90°$$

이므로,

$$\triangle APD \equiv \triangle FPC \text{(ASA합동)}$$

이다. 즉, $\overline{AP} = \overline{FP}$이고, △APB ≡ △APF(SAS합동)이다. 또, 삼각형 FBC에서 $\overline{BP} = \overline{PF}$이고, $\overline{PQ} \parallel \overline{FC}$이므로 삼각형 중점연결정리에 의하여 $\overline{BQ} = \overline{QC}$이다. 그러면, 삼각형 ABC에서 $\overline{BR} = \overline{RA}$, $\overline{BQ} = \overline{QC}$이므로 삼각형 중점연결정리에 의하여 $\overline{AC} = \overline{QR} \times 2 = 20$이다. 따라서 삼각형 ACE는 세 변의 길이의 비가 3 : 4 : 5인 직각삼각형이다. 즉, $\overline{AE} = 16$이다. 그러므로

$$\overline{AD} = \overline{FC} = 4, \ \overline{FE} = 8$$

이다. 따라서

$$\triangle APF = \triangle APD + \square DPCE - \triangle AFE - \triangle FPC$$

이다. 그런데, △APD = △FPC이므로,

$$\triangle APF = \square DPCE - \triangle AFE = 12 \times 12 - \frac{1}{2} \times 16 \times 8 = 80$$

이다. 따라서 △ABP = △APF = 80이다.

[문제] **244**

볼록오각형 ABCDE에서 $\overline{BE} \parallel \overline{CD}$, $\overline{BC} \parallel \overline{AD}$, $\overline{BC} = \overline{DE}$, $\overline{AB} = \overline{CD}$이다. ∠BCD = 130°일 때, ∠ACE의 크기를 구하여라.

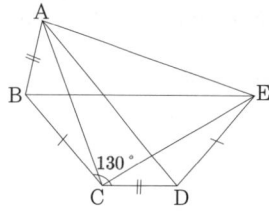

[풀이] 문제의 조건으로부터 사각형 ABCD와 사각형 BCDE는 등변사다리꼴이다. 삼각형 ABC와 삼각형 CDE에서

$$\overline{AB} = \overline{CD}, \ \overline{CB} = \overline{ED}, \ \angle ABC = \angle CDE = 130°$$

이므로,

$$\triangle ABC \equiv \triangle CDE (\text{SAS합동})$$

이다. 그러므로

$$\angle BCA + \angle DCE = \angle BCA + \angle BAC = 50°$$

이다. 따라서 ∠BCD = 130°이므로,

$$\angle ACE = \angle BCD - (\angle ACB + \angle DCE) = 80°$$

이다.

[문제] **245**

∠B = 90°인 직각삼각형 ABC에서 빗변 CA의 중점을 M이라 하고, 변 AB위에 $\overline{MP} = \overline{PB}$가 되는 점 P를, 변 BC위에 $\overline{MQ} = \overline{QB}$가 되는 점 Q를 잡으면, ∠PMQ = 90°이다. △MPQ = 28, △CMQ + △AMP = 52일 때, $\overline{AP} \times \overline{CQ}$를 구하여라.

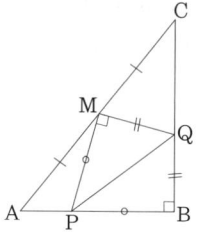

[풀이] 점 M을 중심으로 △MAP를 시계방향으로 180° 회전 이동시킨다. 이때, 점 A는 점 C로 회전이동하고, 점 P가 회전이동한 점을 R이라 한다.

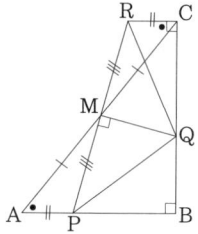

그러면, ∠RCB = ∠CBA = 90°이다. 삼각형 RMQ와 삼각형 PMQ에서

$$\overline{RM} = \overline{PM}, \ \overline{MQ}\text{는 공통}, \ \angle RMQ = \angle PMQ = 90°$$

이므로,

$$\triangle RMQ \equiv \triangle PMQ (\text{SAS합동})$$

이다. 그러므로 △RMQ = △PMQ = 28이다. 따라서

$$\triangle RQC = \frac{1}{2} \times \overline{RC} \times \overline{CQ}$$
$$= (\triangle MCR + \triangle CMQ) - \triangle RMQ$$
$$= (\triangle MAP + \triangle CMQ) - \triangle PMQ$$
$$= 52 - 28$$
$$= 24$$

이다. 그러므로 $\overline{RC} \times \overline{CQ} = 48$이다. 즉, $\overline{AP} \times \overline{CQ} = 48$이다.

문제 246

넓이가 246인 정삼각형 ABC에서 변 BC, CA의 중점을 각각 D, E라 하고, AD와 BE의 교점을 O라 한다. 선분 AE 위에 ∠CPO = 60°가 되도록 잡고, 삼각형 APO의 외접원과 변 AB가 만나는 점 중 A가 아닌 점을 Q라 하고, 삼각형 BQO의 외접원이 변 BC와 만나는 점 중 점 B가 아닌 점을 R이라 한다. 이때, 삼각형 PQR의 넓이를 구하여라.

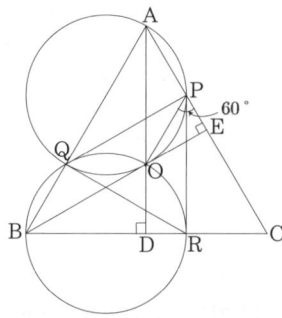

[풀이] 그림과 같이 정삼각형 ABC를 9개의 작은 정삼각형으로 나누면, 삼각형 PQR은 정삼각형임을 알 수 있고,

$$\triangle PQR = \triangle ABC \times \frac{1}{3}$$

이다.

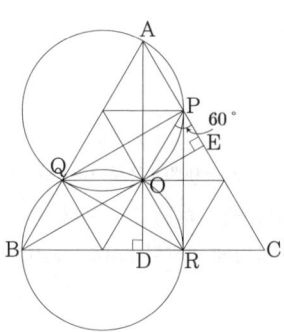

따라서 △PQR = $246 \times \frac{1}{3} = 82$이다.

문제 247

삼각형 ABC에서 변 AC위에 ∠ABD : ∠CBD = 1 : 2가 되도록 점 D를 잡고, 변 BC위에 ∠BDE = ∠ACB가 되도록 점 E를 잡는다. ∠A = 90°, $\overline{DE} = 12$일 때, 선분 AD의 길이를 구하여라. 단, $\overline{AB} < \overline{AC}$이다.

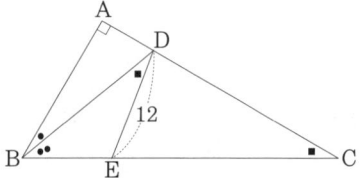

[풀이] 그림과 같이 점 D를 변 AB에 대하여 대칭이동시킨 점을 F라 한다.

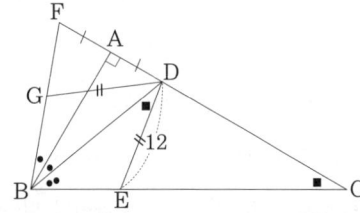

그러면 $\overline{AD} = \overline{AF}$, ∠FBA = ∠DBA이다. 즉, ∠DBF = ∠DBC이다. 그러므로 점 E를 변 BD에 대하여 대칭이동한 점을 G라 하면, 점 G는 선분 BF위에 있고, $\overline{DG} = \overline{DE}$이다. 그런데, △BED와 △BDC가 닮음이므로,

$$\angle DGF = \angle DEC = \angle BDA = \angle DFG$$

이다. 따라서 삼각형 DFG는 이등변삼각형이다. 즉,

$$\overline{DF} = \overline{DG} = \overline{DE} = 12$$

이다. 따라서 $\overline{AD} = \frac{1}{2} \times \overline{DF} = 6$이다.

문제 248

$\overline{AB} = 8$, $\overline{BC} = 12$, $\overline{CA} = 10$인 삼각형 ABC에서 변 BC 위에 $\overline{AB} = \overline{AP}$인 점 P를, 변 CA위에 $\angle APQ = \angle ACB$인 점 Q를 잡는다. 이때, 선분 BQ의 길이를 구하여라.

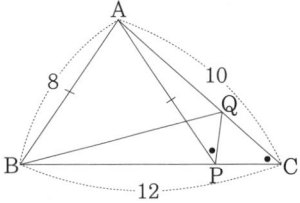

[풀이1] 삼각형 ACP와 삼각형 APQ에서

$$\angle ACP = \angle APQ, \quad \angle CAP = \angle PAQ$$

이므로, 삼각형 ACP와 삼각형 APQ는 닮음이다. 따라서

$$\overline{AQ} = \overline{AP} \times \frac{\overline{AP}}{\overline{AC}} = 8 \times \frac{8}{10} = \frac{32}{5}$$

이다. 또, 삼각형 ABQ와 삼각형 ACB에서

$$\angle BAQ = \angle CAB, \quad \overline{AB} : \overline{AQ} = 8 : \frac{32}{5} = 10 : 8 = \overline{AC} : \overline{AB}$$

이므로, 삼각형 ABQ와 삼각형 ACB는 닮음이다. 따라서

$$\overline{BQ} = \overline{BC} \times \frac{\overline{AB}}{\overline{AC}} = 12 \times \frac{8}{10} = \frac{48}{5}$$

이다.

[풀이2] $\angle ABP = \angle APB = \angle ACP + \angle PAC = \angle APQ + \angle PAC = \angle PQC$이므로, 내대각의 성질에 의하여 네 점 A, B, P, Q는 한 원 위에 있다.

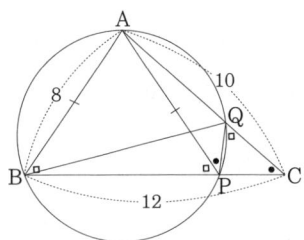

따라서 $\angle PAC = \angle QBC$이다. 삼각형 ACP와 삼각형 BCQ에서

$$\angle ACP = \angle BCQ, \quad \angle PAC = \angle QBC$$

이므로 삼각형 ACP와 삼각형 BCQ는 닮음이다. 따라서

$$\overline{BQ} = \overline{BC} \times \frac{\overline{AP}}{\overline{AC}} = 12 \times \frac{8}{10} = \frac{48}{5}$$

이다.

문제 249

삼각형 ABC에서 외접원의 중심을 O라 한다. 점 B에서 변 CA에 내린 수선의 발을 D라 하고, 선분 BD의 연장선 위에 $\overline{BC} = \overline{CE}$가 되도록 점 E를 잡는다. 선분 AO의 연장선과 선분 EC의 연장선과의 교점을 F라 한다. $\angle AFE = 33°$, $\angle BEF = 24°$일 때, $\angle ABC$의 크기를 구하여라.

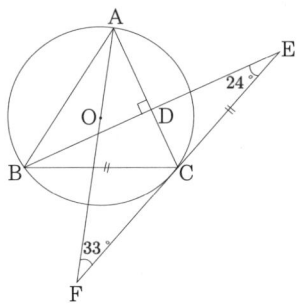

[풀이] 선분 AF와 외접원 O와의 교점을 G라고 한다.

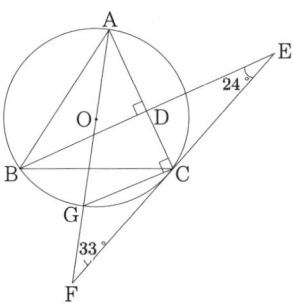

그러면, $\angle ADB = \angle ACG = 90°$이므로, $\overline{BE} \parallel \overline{GC}$이다. 그러므로 $\angle GCF = 24°$이다. 즉, $\angle AGC = 57°$이다.
따라서 원주각의 성질에 의하여 $\angle ABC = \angle AGC = 57°$이다.

문제 250

넓이가 32이고, $\overline{BC} = 16$, $\angle BAD = \angle ADC = 135°$인 사각형 ABCD에서 $\overline{AB} + \overline{CD} = \overline{AD}$를 만족한다. 사각형 ABCD의 외부(변 AD의 위쪽부분)에 $\overline{PA} = \overline{PD}$, $\angle APD = 45°$를 만족하는 점 P를 잡는다. 이때, 삼각형 PAD의 넓이를 구하여라.

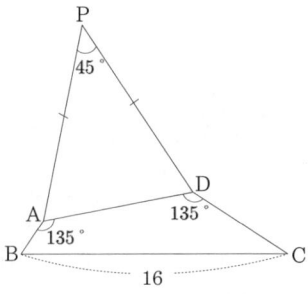

풀이 그림과 같이, 변 AD위에 점 E를 $\overline{AE} = \overline{AB}$가 되도록 잡는다.

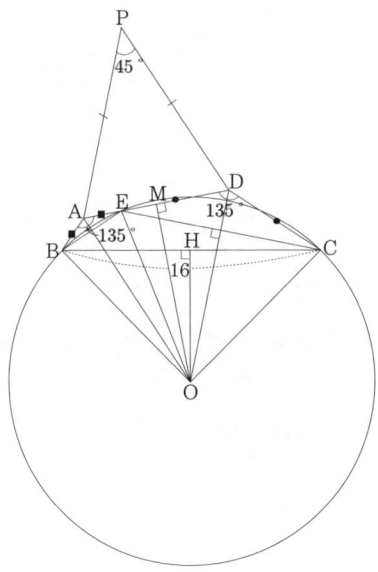

그러면, $\overline{AD} = \overline{AB} + \overline{CD}$에서

$$\overline{DE} = \overline{AD} - \overline{AE} = \overline{AD} - \overline{AB} = \overline{CD}$$

이다. 따라서, 삼각형 ABE, 삼각형 DEC는 모두 꼭지각이 135°인 이등변삼각형이 되고,

$$\angle ABE = \angle AEB = \angle DEC = \angle DCE = 22.5°$$

이다. 그러므로

$$\angle BEC = 180° - (\angle AEB + \angle DEC) = 135°$$

이다. 여기서 삼각형 EBC의 외접원의 중심을 O라 하면, $\angle BEC = 135° > 90°$에서, 중심 O는 변 BC에 대하여 점 E와 반대편에 있게 된다. $\angle BOC$(큰 각)은 $\overset{\frown}{BC}$(긴 호)의 중심각이고, $\angle BEC$는 원주각이 된다. 따라서

$$360° - \angle BOC(\text{작은 각}) = \angle BEC \times 2 = 270°$$

이다. 그러므로 △OBC는 $\angle BOC = 90°$인 직각이등변삼각형이 되고, $\overline{BC} = 16$이므로

$$\triangle OBC = \frac{1}{2} \times 16 \times 8 = 64$$

이다. 삼각형 ABO와 삼각형 AEO에서

$$\overline{AB} = \overline{AE}, \ \overline{BO} = \overline{EO}, \ \overline{AO}\text{는 공통}$$

이므로,

$$\triangle ABO \equiv \triangle AEO(\text{SSS합동})$$

이다. 따라서

$$\angle OAD = \angle ODA = 135° \times \frac{1}{2} = 67.5°$$

이다. 또,

$$\angle PAD = \angle PDA = 90° - 45° \times \frac{1}{2} = 67.5°$$

이다. 따라서 △PAD와 △OAD는 합동인 이등변삼각형이다. 그러므로

$$\triangle PAD = \triangle OAD$$
$$= \triangle AEO + \triangle DEO$$
$$= (\square ABCD + \triangle OBC) \times \frac{1}{2}$$
$$= (32 + 64) \times \frac{1}{2}$$
$$= 48$$

이다.

[문제] 251

∠A = 90°인 직각삼각형 ABC에서 내심을 I라 하고, 점 I를 지나 BI에 수직인 직선과 변 BC와의 교점을 D라 하고, 점 D에서 변 CA에 내린 수선의 발을 E라 한다. $\overline{AE}$ = 10일 때, 삼각형 ABC의 내접원의 반지름의 길이를 구하여라.

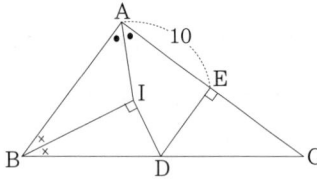

[풀이] 그림과 같이, 점 I, D에서 변 AB에 내린 수선의 발을 각각 F, H라 하고, 선분 DI의 연장선과 변 AB의 교점을 G라 하면, 구하는 삼각형 ABC의 내접원의 반지름의 길이는 선분 $\overline{FI}$의 길이이다.

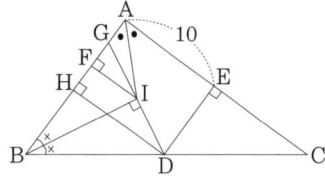

삼각형 BDI와 삼각형 BGI에서

$\overline{BI}$는 공통, ∠DBI = ∠GBI, ∠BID = ∠BIG = 90°

이므로

△BDI ≡ △BGI(ASA합동)

이다. 즉, $\overline{GI} = \overline{ID}$이다.
삼각형 GHD에서 점 I는 변 GD의 중점이고, $\overline{FI} \parallel \overline{HD}$이므로 삼각형 중점연결정리에 의하여

$$\overline{FI} = \overline{HD} \times \frac{1}{2} = \overline{AE} \times \frac{1}{2} = 5$$

이다. 즉, 삼각형 ABC의 내접원의 반지름의 길이는 5이다.

[문제] 252

삼각형 ABC에서 내부의 한 점 P에서, 선분 AP의 연장선과 변 BC와의 교점을 D라 하고, 선분 BP의 연장선과 변 CA와의 교점을 E라 하고, 선분 CP의 연장선과 변 AB와의 교점을 F라 하면, $\overline{AP}$ = 6, $\overline{PD}$ = 6, $\overline{BP}$ = 9, $\overline{PE}$ = 3, $\overline{CP}$ = 15이다. 이때, 삼각형 ABC의 넓이를 구하여라.

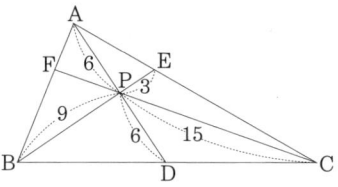

[풀이] 그림과 같이, 점 B를 지나 선분 FC에 평행한 직선 위에 $\overline{BG} = \overline{PC}$ = 15인 점 G를 잡는다.

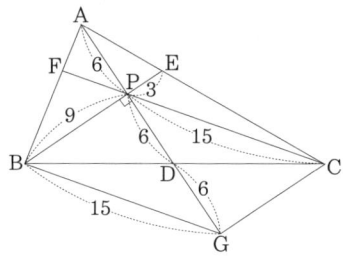

그러면 사각형 PBGC는 평행사변형이다. 그러므로

$\overline{BD} = \overline{DC}$, $\overline{PD} = \overline{DG}$, $\overline{PG}$ = 12

이다. 따라서 삼각형 BGP는 세 변의 길이의 비가 3 : 4 : 5인 삼각형이다. 즉, ∠BPG = 90°이다. 또,

△ABD = △ADC, △ABD = $\frac{1}{2}$ × 12 × 9 = 54

이므로,

△ABC = △ABD + △ADC = 2 × △ABD = 108

이다.

문제 253

삼각형 ABC에서 ∠ABC = 2 × ∠ACB이고, 삼각형 ABC의 내심을 I라 한다. $\overline{IC} = \overline{AB}$일 때, ∠BAC의 크기를 구하여라.

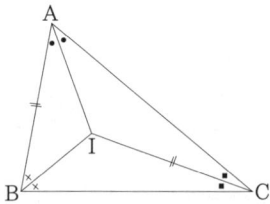

풀이 그림과 같이, 삼각형 ABC의 내접원과 외접원을 그리고, 선분 BI의 연장선과 외접원과의 교점을 D라고 한다. 또, ∠ACI = x, ∠BAI = y라 하면, ∠IBC = 2x, ∠DIC = 3x이다.

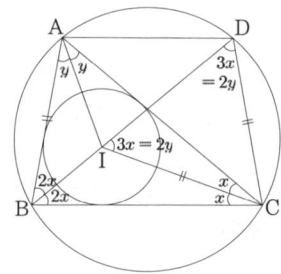

또, 삼각형 ABC와 삼각형 DCB에서 ∠DBC = ∠ACB = 2x이고, 원주각의 성질에 의하여 ∠BAC = ∠BDC이고, BC가 공통이므로, 삼각형 ABC와 삼각형 DCB는 합동이다. 즉, $\overline{AB} = \overline{DC} = \overline{IC}$이다. 따라서

$$3x = \angle CID = \angle CDI = 2y$$

이다. 그러므로 삼각형 ABC에서 내각의 합이 180°이므로,

$$3x + 4x + 2x = 180°$$

이다. 즉, $x = 20°$이다. 따라서 ∠BAC = 60°이다.

문제 254

$\overline{AB} = 32$, $\overline{AC} = 20$인 삼각형 ABC에서 변 BC의 중점을 D, 변 CA의 중점을 E라 한다. 선분 DE위에 $\overline{DP} = 6$인 점 P를 잡으면, ∠ACP = 2 × ∠ABP이다. 이때, 삼각형 PBC의 넓이를 구하여라.

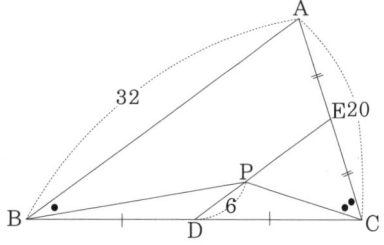

풀이 그림과 같이, 선분 CP의 연장선과 변 AB와의 교점을 F라 하고, 점 B에서 선분 CF의 연장선에 내린 수선의 발을 H라 한다.

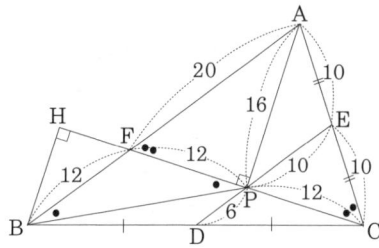

삼각형 CBF에서 점 D는 변 BC의 중점이고, $\overline{BF} \parallel \overline{DP}$이므로, 삼각형 중점연결정리에 의하여

$$\overline{DP} = \overline{BF} \times \frac{1}{2}$$

이다. 그러므로 $\overline{BF} = 12$이다. 따라서

$$\overline{AF} = \overline{AB} - \overline{FB} = 32 - 12 = 20$$

이다. 그러므로 삼각형 AFC는 $\overline{AF} = \overline{AC}$인 이등변삼각형이다. 따라서

$$\angle AFP = \angle ACP = \angle FBP \times 2$$

이다. 그러므로 삼각형 △FBP는 이등변삼각형이다. 즉, $\overline{FB} = \overline{FP} = 12$이다.

삼각형 CAF에서 삼각형 중점연결정리에 의하여 $\overline{PC} = \overline{FP} = 12$이고, 삼각형 AFC가 이등변삼각형이므로, 선분 AP는 선분 FC의 수직이등분선이다. 따라서 삼각형 AFP와 삼각형 ACP는 합동인 직각삼각형이다. 그런데,

$$\overline{AF} = \overline{AC} = 20, \quad \overline{FP} = \overline{CP} = 12$$

이므로 이들은 세 변의 길이의 비가 3 : 4 : 5인 직각삼각형이 된다. 따라서 $\overline{AP} = 16$이다. 삼각형 BFH는 삼각형 AFP와 닮음인 직각삼각형이므로,

$$\overline{BH} = \overline{BF} \times \frac{\overline{AP}}{\overline{AF}} = 12 \times \frac{16}{20} = \frac{48}{5}$$

이다. 따라서

$$\triangle PBC = \frac{1}{2} \times \overline{PC} \times \overline{BH} = \frac{1}{2} \times 12 \times \frac{48}{5} = \frac{288}{5}$$

이다.

문제 255

삼각형 ABC에서 변 AB의 중점을 D라 하면, ∠ACD = 30°, ∠ABC = 2 × ∠BCD이다. 이때, ∠BCD의 크기를 구하여라.

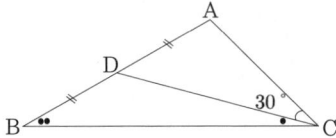

풀이 그림과 같이 점 D를 변 AC에 대하여 대칭이동시킨 점을 D′라고 하고, 변 BC위에 $\overline{DB} = \overline{DE}$를 만족하는 점 E를 잡는다.

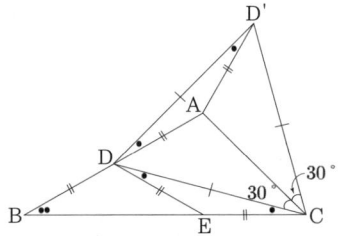

그러면, 삼각형 CD′D는 정삼각형이고, 삼각형 ECD는 $\overline{DE} = \overline{EC}$인 이등변삼각형이다. 따라서

$$\triangle ECD \equiv \triangle AD'D (SSS합동)$$

이다. 그러므로

$$\angle ADD' = \angle DCB$$

이다. 그런데,

$$\angle ADC = 3 \times \angle DCB$$

이므로,

$$\angle D'DC = \angle D'DA + \angle ADC = 4 \times \angle DCB = 60°$$

이다. 따라서

$$\angle BCD = \angle DCB = 15°$$

이다.

문제 256

$\overline{AB} : \overline{BC} : \overline{CA} = 3 : 4 : 5$인 삼각형 ABC에서 변 BC위에 $\overline{BP} : \overline{PC} = 3 : 5$인 점 P를 잡고, 점 P를 중심으로 삼각형 ABC를 반시계방향으로 30°회전이동시킨다. 점 A, B, C가 회전이동한 점을 각각 A′, B′, C′라 한다. 변 AB와 C′A′와의 교점을 D, 변 CA와 CB′, C′A′와의 교점을 각각 E, F라 한다. 삼각형 ABC의 넓이가 256일 때, 오각형 DBPEF의 넓이를 구하여라.

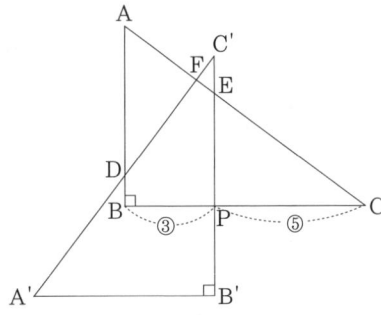

풀이 변 CB의 연장선과 변 C′A′와의 교점을 G라 한다.

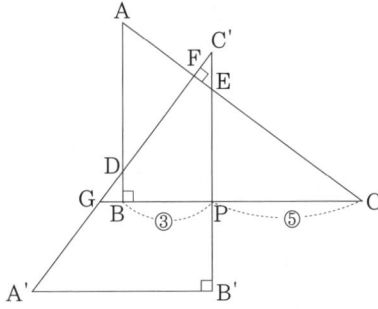

그러면,

오각형 DBPEF의 넓이 = △C′GP − △C′FE − △DGB

이다. 그런데, △ABC, △A′B′C′, △GBD, △EFC′, △EPC는 모두 닮음이고, 세 변의 길이의 비가 3 : 4 : 5 이다. $\overline{BC} = 32k$ 라 하면

$$\overline{BP} = 32k \times \frac{3}{8} = 12k,$$
$$\overline{PC} = 32k \times \frac{5}{8} = 20k,$$
$$\overline{EP} = \overline{GP} = 20k \times \frac{3}{4} = 15k$$

이다. 그러므로

$$\overline{GB} = 15k - 12k = 3k, \quad \overline{DB} = 4k$$

이다. 또,

$$\overline{C'E} = 20k - 15k = 5k$$

이므로

$$\overline{C'F} = 4k, \quad \overline{FE} = 3k$$

이다. 따라서

$$\triangle C'GP = \frac{1}{2} \times 15k \times 20k = 150k^2,$$
$$\triangle C'FE = \frac{1}{2} \times 3k \times 4k = 6k^2$$

이다. 그러므로

$$\triangle C'GP - \triangle C'FE - \triangle DGB = 150k^2 - 6k^2 \times 2 = 138k^2$$

이다. 그런데,

$$\triangle ABC = \frac{1}{2} \times 32k \times 24k = 384k^2$$

이므로,

$$\text{오각형 DBPEF의 넓이} = 256 \times \frac{138k^2}{384k^2} = 92$$

이다.

[문제] 257

사각형 ABCD에서 ∠BAD = 45°, ∠BCD = 90°, ∠ACB = 45°, △ABD = 32, △BCD = 8이다. 대각선 AC와 BD의 교점을 E라 할 때, 선분 AE의 길이를 구하여라.

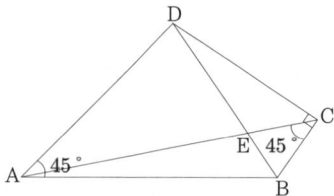

[풀이] 점 C, E를 변 AB에 대하여 대칭이동시킨 점을 각각 C′, E′라고 하고, 변 AD에 대하여 대칭이동시킨 점을 각각 C″, E″라고 한다.

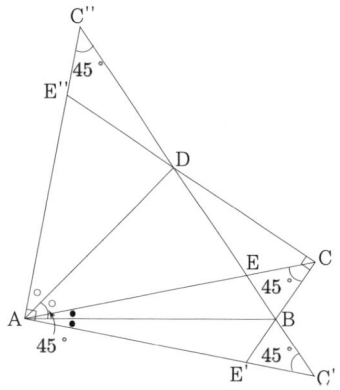

그러면, ∠C′AC″ = 90°이고, $\overline{AC'} = \overline{AC''}$이므로, 삼각형 C″AC′는 직각이등변삼각형이다. 즉,

∠AC″D = ∠ACD = 45°, ∠AC′B = ∠ACB = 45°

이다. 따라서

$$\triangle C''AC' = (\triangle C''AD + \triangle BAC') + \triangle ABD$$
$$= (\triangle CAD + \triangle BAC) + \triangle ABD$$
$$= (\triangle ABD + \triangle BCD) + \triangle ABD$$
$$= 32 + 8 + 32$$
$$= 72$$

이다. 그러므로 △C″AC′에서 변 AC′의 길이는 넓이가 72 × 2 = 144인 정사각형의 한 변의 길이와 같다. 따라서

$$\overline{AC} = \overline{AC'} = \overline{AC''} = 12$$

이다. 그런데,

$$\overline{AE} : \overline{EC} = \triangle ABD : \triangle BCD = 8 : 2 = 4 : 1$$

이다. 따라서

$$\overline{AE} = \overline{AC} \times \frac{4}{5} = 12 \times \frac{4}{5} = \frac{48}{5}$$

이다.

문제 258

$\overline{AB} = \overline{AC}$인 이등변삼각형 ABC에서 변 CA 쪽의 외부에 한 점 D를 잡으면, $\overline{BD} = \overline{BC}$, ∠ADB = 30°, ∠ABD : ∠DBC = 5 : 2이다. 이때, ∠ABC의 크기를 구하여라.

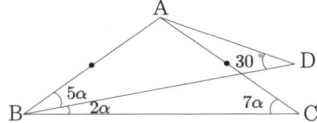

풀이 그림과 같이, 점 A에서 변 BC에 내린 수선의 발을 E, 점 B에서 선분 DA의 연장선에 내린 수선의 발을 F라 한다.

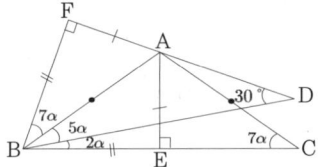

그러면, 삼각형 BDF는 한 내각이 30°인 직각삼각형이다. 즉,

$$2 \times \overline{BF} = \overline{BD} = \overline{BC} = 2 \times \overline{BE}$$

이다. 삼각형 BAF와 삼각형 BAE에서

$$\angle BFA = \angle BEA, \ \overline{AB}\text{는 공통}, \ \overline{BF} = \overline{BE}$$

이므로,

$$\triangle BAF \equiv \triangle BAE \text{(SAS합동)}$$

이다. 즉, ∠ABF = ∠ABE = 7α이다. 그러므로 12α = 60°이다. 즉, α = 5°이다.

따라서 ∠ABC = 35°이다.

문제 259

∠A = 90°, $\overline{AB}$ = 7인 삼각형 ABC에서 변 CA위에 ∠ABD = $\frac{1}{2}$ × ∠ACB를 만족하는 점 D를 잡고, 점 A, D에서 변 BC에서 내린 수선의 발을 각각 E, F라 한다. $\overline{DF}$ = 4일 때, 선분 AE의 길이를 구하여라.

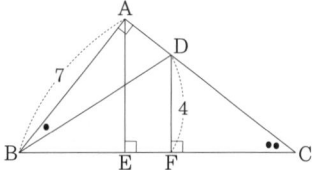

풀이 그림과 같이, 변 CA의 연장선 위에 $\overline{AD} = \overline{AD'}$인 점 D'라 잡는다. ∠ABD = •이라고 하면,

$$\angle DBA = \angle D'BA = \bullet, \ \angle ACB = 2 \times \bullet$$

이다.

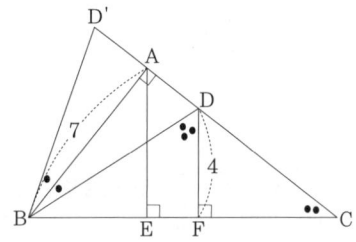

따라서

$$\angle BDF = \angle ABD + \angle DCB = 3 \times \bullet$$

이다. 그러므로

$$\angle D'BC = 90° - \bullet, \ \angle CD'B = 90° - \bullet$$

이다. 즉, 삼각형 CD'B는 $\overline{CD'} = \overline{CB}$인 이등변삼각형이다.

$$\triangle DAB = \triangle D'AB = S_1, \ \triangle DBC = S_2 = \frac{1}{2} \times 4 \times \overline{BC}$$

라고 하면,

$$\triangle ABC = S_1 + S_2 = \frac{1}{2} \times \overline{AE} \times \overline{BC} \quad \text{①}$$

$$\triangle D'BC = 2 \times S_1 + S_2 = \frac{1}{2} \times \overline{D'C} \times 7 = \frac{1}{2} \times 7 \times \overline{BC} \quad \text{②}$$

이다. ① × 2 − ②를 하면

$$S_2 = \overline{AE} \times \overline{BC} - \frac{1}{2} \times 7 \times \overline{BC} = \frac{1}{2} \times 4 \times \overline{BC}$$

이다. 이를 정리하면 $\overline{AE} = \frac{11}{2}$이다.

문제 260

$\overline{AB} = \overline{AC}$인 이등변삼각형 ABC에서 ∠ACB의 이등분선과 변 AB와의 교점을 D라 하고, 선분 DC위에 $\overline{AD} = \overline{DE}$가 되는 점 E를 잡으면, ∠DEB $= \frac{1}{2} \times$ ∠BAC이다. 이때, ∠EBC의 크기를 구하여라.

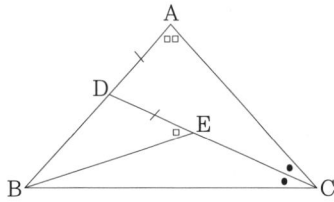

풀이 그림과 같이 점 D를 선분 BE에 대하여 대칭이동시킨 점을 D′라고 한다.

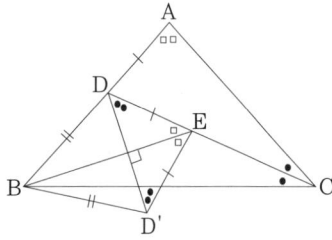

그러면, 삼각형 BD′B는 $\overline{BD} = \overline{BD'}$인 이등변삼각형이고, 삼각형 EDD′는 $\overline{ED} = \overline{ED'}$는 이등변삼각형이다. ∠D′EB = ∠DEB로부터 ∠D′ED = ∠DEB × 2 = ∠CAB이다. 그러므로 삼각형 EDD′는 삼각형 ABC와 닮음이다. 따라서

$$\overline{ED'} : \overline{DD'} = \overline{AC} : \overline{BC} \quad \text{①}$$

이다. 그런데, 선분 CD는 삼각형 ABC에서 ∠ACB의 이등분선이므로,

$$\overline{AD} : \overline{DB} = \overline{AC} : \overline{BC} \quad \text{②}$$

이다. 식 ①, ②에서 $\overline{ED'} : \overline{DD'} = \overline{AD} : \overline{DB}$이다. 그런데, $\overline{AD} = \overline{ED} = \overline{ED'}$이므로, $\overline{DD'} = \overline{DB}$이다. 즉, 삼각형 BD′D는 정삼각형이다. 그러므로 ∠DBE = ∠DBD′ ÷ 2 = 30°이다.

∠DCB = •, ∠CAB = 2 × □라고 하면,

$$2 \times \bullet + \square = 90, \quad 180° - (\bullet + 2 \times \square) + 2 \times \bullet = 120°$$

이다. 이를 연립하여 풀면

$$\bullet = 24°, \quad \square = 42°$$

이다. 따라서 ∠EBC = □ − • = 18°이다.

문제 261

원 C가 선분 AB를 지름으로 하는 반원 O에 내접하는데, 원 O와 점 E에서 접하고, 지름 AB와 점 D에서 접한다. 이때, ∠AED의 크기를 구하여라.

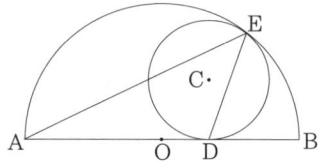

풀이 삼각형 OEA와 삼각형 CDE가 이등변삼각형이므로, 삼각형 COD에서

$$90° = ∠COD + ∠OCD$$
$$= 2 \times (∠AEO + ∠CED)$$
$$= 2 \times ∠AED$$

이다. 따라서 ∠AED = 45°이다.

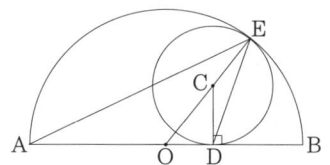

문제 262

정삼각형 ABC의 변 BC 위의 점 D에 대하여, 선분 AD의 연장선이 정삼각형 ABC의 외접원과 만나는 점을 P라 한다. $\overline{BP} = 5$, $\overline{PC} = 20$일 때, 선분 AD의 길이를 구하여라.

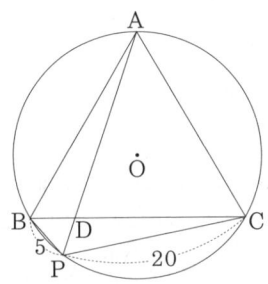

[풀이] 톨레미의 정리에 의하여

$$\overline{AB} \times 20 + 5 \times \overline{AC} = \overline{AP} \times \overline{BC}$$

이다. 그런데, $\overline{AB} = \overline{BC} = \overline{CA}$이므로 $\overline{AP} = 25$이다. 삼각형 ABP와 삼각형 CDP가 닮음이므로,

$$\overline{BP} : \overline{DP} = \overline{AP} : \overline{CP}, \quad 5 : \overline{DP} = 25 : 20$$

이다. 즉, $\overline{DP} = 4$이다. 따라서

$$\overline{AD} = \overline{AP} - \overline{DP} = 25 - 4 = 21$$

이다.

문제 263

반지름의 길이가 5인 원 O에 내접하는 사각형 ABCD에서 대각선 AC는 원 O의 지름이고, $\overline{BD} = \overline{AB}$이다. 대각선 AC와 BD의 교점을 P라 한다. $\overline{PC} = 2$일 때, 선분 CD의 길이를 구하여라.

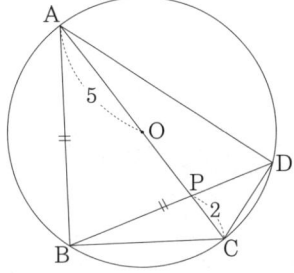

[풀이] 삼각형 ABD는 $\overline{AB} = \overline{BD}$인 이등변삼각형이다. 직선 BO는 선분 AD를 수직이등분한다.

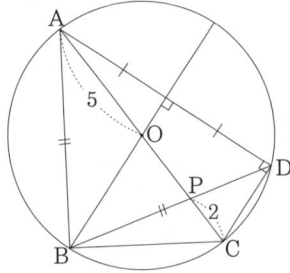

$\angle ADC = 90°$이므로 $\overline{BO} \parallel \overline{CD}$이다. 따라서 삼각형 POB와 삼각형 PCD는 닮음이다. 그러므로

$$\overline{CD} : \overline{OB} = \overline{PC} : \overline{PO}, \quad \overline{CD} : 5 = 2 : 3$$

이다. 따라서 $\overline{CD} = \frac{10}{3}$이다.

문제 264

정사각형 ABCD에서 변 BC, CD위에 각각 점 E, F를 잡는다. 점 F에서 선분 AE에 내린 수선의 발을 G라고 하면, 점 G는 선분 AE와 BD의 교점이다. $\overline{AK} = \overline{EF}$를 만족하는 점 K를 선분 FG위에 잡을 때, ∠EKF의 크기를 구하여라.

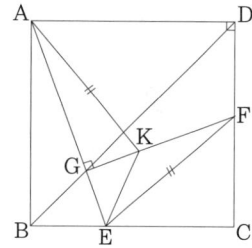

[풀이] ∠ADF = ∠AGF = 90°이므로, 네 점 A, G, F, D는 선분 AF를 지름으로 하는 원 위에 있다. 선분 AF의 중점을 O라 한다.

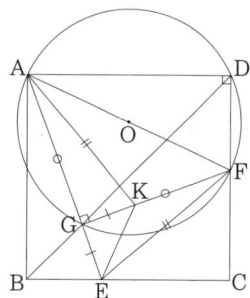

원주각의 성질에 의하여

$$\angle GAF = \angle GDF = 45°, \quad \angle GFA = \angle GDA = 45°$$

이다. 따라서 △AGF는 직각이등변삼각형이고, $\overline{GA} = \overline{GF}$이다. 그러므로

$$\triangle AGK \equiv \triangle FGE \text{(RHS합동)}$$

이다. 따라서 $\overline{GK} = \overline{GE}$이다. 즉, 삼각형 KGE는 직각이등변삼각형이다. 그러므로 ∠GKE = 45°이다. 따라서

$$\angle EKF = 180° - \angle GKE = 135°$$

이다.

문제 265

$\overline{AB} = \overline{AC}$, ∠ADB = 65°, ∠CDB = 50°인 사각형 ABCD에서 ∠BAC의 크기를 구하여라.

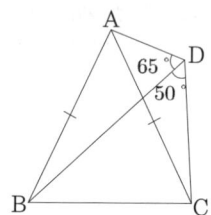

[풀이] 그림과 같이, 점 C를 선분 AD에 대하여 대칭이동시킨 점을 C'라 하면, $\overline{AB} = \overline{AC} = \overline{AC'}$이다. 따라서 점 A를 중심으로 하고 반지름의 길이가 AB인 원을 그리면 세 점 B, C, C'는 한 원 위에 있다.

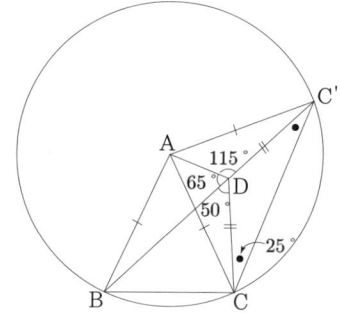

또, ∠ADC = ∠ADC' = 115°이므로

$$\angle BDA + \angle ADC' = 180°$$

이다. 즉, 세 점 B, D, C'는 한 직선 위에 있다.
∠CDC' = 130°, $\overline{DC} = \overline{DC'}$이므로, ∠DCC' = ∠DC'C = 25°이다. 따라서 원주각과 중심각의 사이의 관계에 의하여

$$\angle BAC = 2 \times \angle BC'C = 50°$$

이다.

문제 266

사각형 ABCD에서 ∠ABD : ∠DBC : ∠CDB = 1 : 3 : 5, $\overline{AB} = \overline{BC}$, $\overline{AD} \parallel \overline{BC}$일 때, ∠ABD의 크기를 구하여라.

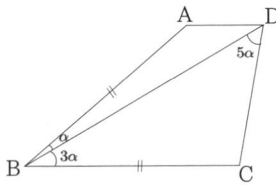

[풀이] ∠ABD = α라고 하면,

$$\angle DBC = 3\alpha, \quad \angle CDB = 5\alpha, \quad \angle BCD = 180° - 8\alpha$$

이고,

$$\angle BAC = \angle BCA = 90° - 2\alpha$$

이다. 그림과 같이 변 BA의 연장선과 선분 CD의 연장선과의 교점을 E라 하면, ∠BEC = 4α가 되어 $\overline{BC} = \overline{CE}$이다.

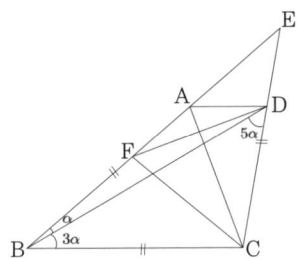

변 AB위에 ∠ABC = ∠BCF = 4α가 되는 점 F를 잡는다. 삼각형 AFC와 삼각형 ADC에서 $\overline{AC}$는 공통이고,

$$\angle FAC = \angle DAC = 90° - 2\alpha$$

이고,

$$\angle FCA = \angle DCA = 90° - 6\alpha$$

이므로,

$$\triangle AFC \equiv \triangle ADC \text{(ASA합동)}$$

이다. 즉, $\overline{AF} = \overline{AD}$, $\overline{FC} = \overline{DC}$이다. 또,

$$\angle AFD = \angle ADF = 2\alpha, \quad \angle FDB = \angle FBD = \alpha$$

이다. 그러므로 $\overline{BF} = \overline{FD}$이다. 즉, 삼각형 FCD는 정삼각형이고, ∠FDC = 6α = 60°이다. 따라서 ∠ABD = α = 10°이다.

문제 267

사각형 ABCD에서 $\overline{AB} = \overline{BC}$이고, ∠ABD = 48°, ∠DBC = 16°, ∠DAC = 30°일 때, ∠BDC의 크기를 구하여라.

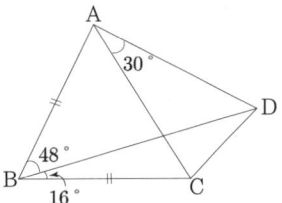

[풀이] 그림과 같이 변 BC를 한 변으로 하는 정삼각형 BEC를 그린다. 선분 AE와 BD, BC와의 교점을 각각 F, G라 한다.

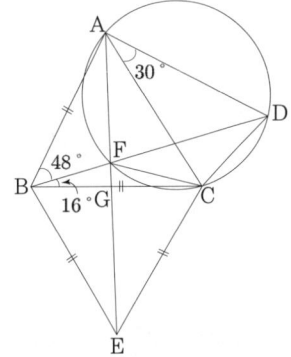

그러면 이등변삼각형 ABE에서

$$\angle ABE = 48° + 16° + 60° = 124°$$

이므로 ∠BAE = ∠BEA = 28°이다. 또, 이등변삼각형 ABC에서 ∠ABC = 64°이므로, ∠BAC = ∠BCA = 58°이다.

그러므로 ∠CAE = 30°, ∠CEA = 32°이다. 삼각형 ∠ABD = 48°, ∠BAD = 88°이므로, ∠ADB = 44°이다.

삼각형 FBE에서 ∠FBE = 76°, ∠BEF = 28°이므로, ∠BFE = 76°이다. 그러므로 $\overline{BE} = \overline{EF} = \overline{EC}$이다. 즉, 삼각형 FEC는 ∠EFC = ∠ECF = 74°인 이등변삼각형이다.

또, 삼각형 AFD에서 ∠FAD = 60°, ∠ADF = 44°이므로, ∠AFD = 76°이다. 따라서 ∠DFC = 30°이다. 그러므로 네 점 A, F, C, D는 한 원 위에 있다.

따라서 ∠BDC = ∠FDC = ∠FAC = 30°이다.

[문제] 268

∠A = 90°인 직각삼각형 ABC에서 외접원 O의 넓이가 400π이고, 내접원 O'의 넓이가 16π일 때, 직각삼각형 ABC의 넓이를 구하여라. 단, 원주율은 π로 계산한다.

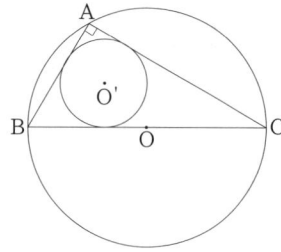

[풀이] 그림과 같이, 점 O'에서 변 BC, CA, AB에 내린 수선의 발을 각각 D, E, F라 한다.

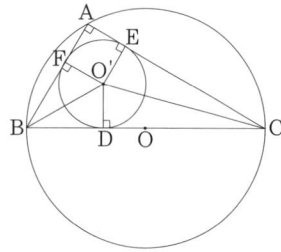

그러면
$$\overline{OB}^2 \times \pi = 400\pi, \quad \overline{O'D}^2 \times \pi = 16\pi$$
이다. 따라서
$$\overline{OB} \times \overline{O'D} = 80$$
이다. 그런데,
$$\triangle ABC = \square AFO'E + 2 \times \triangle O'BC$$
이므로,
$$\triangle ABC = \overline{O'D}^2 + 2 \times \frac{1}{2} \times \overline{O'D} \times \overline{BC} = 16 + 2 \times 80 = 176$$
이다.

[문제] 269

오각형 ABCDE에서 $\overline{AB} = \overline{BC} = \overline{CD} = \overline{DE}$이고, ∠B = 96°, ∠C = ∠D = 108°일 때, ∠AED의 크기를 구하여라.

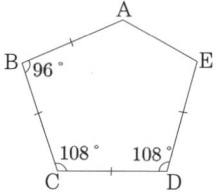

[풀이] 그림과 같이, 선분 BD와 선분 CE의 교점을 P라 한다.

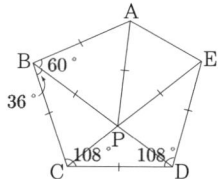

그러면,
$$\angle PBC = \angle PED = \angle PCD = \angle PDC = 36°$$
이고,
$$\angle BCP = \angle BPC = 72°$$
이다. 그러므로
$$\overline{BP} = \overline{BC} = \overline{AB}, \quad \angle ABP = 60°$$
이다. 따라서 삼각형 ABP는 정삼각형이고, $\overline{AP} = \overline{PE}$이다. 그러므로
$$\angle APE = 48°, \quad \angle AEP = 66°$$
이다. 따라서
$$\angle AED = 66° + 36° = 102°$$
이다.

문제 270

삼각형 ABC에서 $\overline{AB} = \overline{AC} = 26$, $\overline{BC} = 20$이다. 변 BC 위에 $\overline{BP} < \overline{PC}$인 점 P를 잡고, 삼각형 ABP와 삼각형 APC의 수심을 각각 H, K라 한다. 이때, $\overline{HK} = 4$일 때, 선분 PC의 길이를 구하여라.

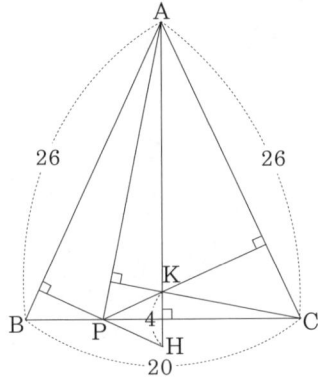

풀이) 직선 AKH는 변 BC와 수직이고, 직선 PH는 변 AB와 수직이고, 직선 PK는 변 AC와 수직이다. 그러므로 삼각형 PHK와 삼각형 ABC는 닮음이다.

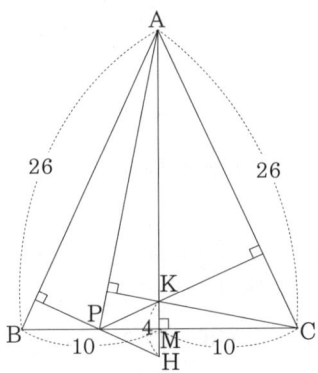

변 BC의 중점을 M이라 하면, 점 M은 선분 HK의 중점이다. 따라서

$$\overline{PM} = \overline{AM} \times \frac{\overline{HK}}{\overline{BC}} = \sqrt{26^2 - 10^2} \times \frac{4}{20} = \frac{24}{5}$$

이다. 그러므로

$$\overline{PC} = \overline{PM} + \overline{MC} = \frac{24}{5} + 10 = \frac{74}{5}$$

이다.

문제 271

$\angle BCA > 90°$인 삼각형 ABC에서 변 BC위에 $\angle BAD = 90°$인 점 D, $\angle CAD = \angle DAE$인 점 E를 잡으면, $\triangle CAD = 15$, $\triangle DAE = 9$이다. 이때, 삼각형 ABE의 넓이를 구하여라.

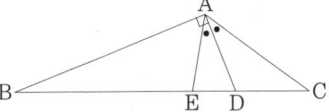

풀이) 그림과 같이, 점 C를 지나 선분 EA에 평행한 직선과 변 BA의 연장선과의 교점을 F라 하고, 점 C를 지나 선분 AD에 평행한 직선과 선분 BF와의 교점을 G라 한다.

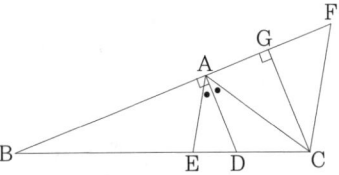

그러면, $\angle AFC = \angle BAE$이고,

$$\angle CAF = 90° - \angle CAD = 90° - \angle EAD = \angle BAE$$

이다. 따라서 $\angle AFC = \angle CAF$이다. 즉, 삼각형 CAF는 $\overline{CA} = \overline{CF}$인 이등변삼각형이다. 또,

$$\overline{AE} : \overline{FC} = \overline{AE} : \overline{AC} = \triangle AED : \triangle ADC = 3 : 5$$

이다. $\overline{AE} \parallel \overline{FC}$이므로,

$$\overline{BE} : \overline{BC} = \overline{AE} : \overline{FC} = 3 : 5$$

이다. 그러므로 $\overline{BE} : \overline{EC} = 3 : 2$이다. 따라서

$$\triangle ABE = \triangle AEC \times \frac{3}{2} = 24 \times \frac{3}{2} = 36$$

이다.

문제 272

사각형 ABCD에서 변 BC, DA의 중점을 각각 E, F라 하고, 선분 AE와 BF의 교점을 G, 선분 DE와 CF의 교점을 H라 한다. △AGF = 98, △BEG = 162, △ECH = 144일 때, 삼각형 FHD의 넓이를 구하여라.

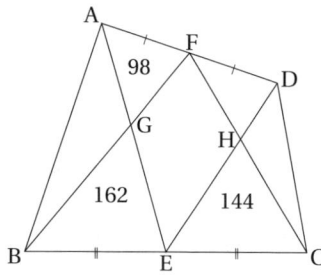

풀이 [그림1], [그림2]와 같이 선분 BD, AC를 그린다. △ABG = P, △CDH = Q, △FHD = X라 한다.

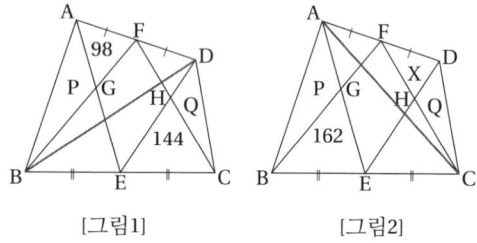

[그림1]   [그림2]

[그림1], [그림2]에서 사각형 ABCD의 넓이는

$$2 \times (98 + P + 144 + Q) = 2 \times (P + 162 + X + Q)$$

이다. 이를 정리하면, 98 + 144 = 162 + X가 성립한다. 즉, X = 80이다.

따라서 삼각형 FHD의 넓이는 80이다.

문제 273

$\overline{AB} = 7$인 삼각형 ABC의 외접원 O에서, 점 D가 변 AB에 대하여 점 C의 반대편에 있다. 변 AB와 선분 CD의 교점을 E라 하고, 선분 EB 위에 $\overline{MB} = 2$가 되는 점 M을 잡는다. 삼각형 EDM의 외접원 O′의 점 E에서의 접선이 변 BC와 점 F에서 만나고, 변 CA의 연장선과 점 G에서 만난다고 할 때, 선분 EG와 EF의 길이의 비를 구하여라.

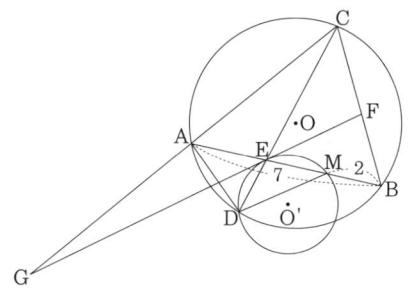

풀이 삼각형 ECA와 삼각형 EBD가 닮음이므로

$$\angle ECG = \angle ECA = \angle EBD = \angle MBD \quad ①$$

이다. 또, 접선과 현이 이루는 각(접현각)의 성질에 의하여 ∠GED = ∠EMD이다. 그러므로

$$\angle CEG = \angle BMD \quad ②$$

이다. 식 ①, ②에 의하여 삼각형 CEG와 삼각형 BMD는 닮음이다. 즉,

$$\frac{\overline{EG}}{\overline{CE}} = \frac{\overline{MD}}{\overline{BM}} \quad ③$$

이다. 원주각의 성질에 의하여,

$$\angle ECF = \angle DCB = \angle DAB = \angle MAD \quad ④$$

이다. 또 맞꼭지각과 접현각의 성질에 의하여

$$\angle CEF = \angle GED = \angle EMD = \angle AMD \quad ⑤$$

이다. 식 ④, ⑤에 의하여 삼각형 CEF와 삼각형 AMD는 닮음이다. 즉,

$$\frac{\overline{EF}}{\overline{CE}} = \frac{\overline{MD}}{\overline{AM}} \quad ⑥$$

이다. 따라서 식 ③, ⑥에 의하여

$$\frac{\overline{EG}}{\overline{EF}} = \frac{\overline{AM}}{\overline{BM}} = \frac{5}{2}$$

이다. 그러므로 $\overline{EG} : \overline{EF} = 5 : 2$이다.

문제 274

삼각형 ABC에서 변 AB의 중점을 P, 변 AC위에 $\overline{AQ} : \overline{QC} = 3 : 4$인 점 Q, 선분 CP와 BQ의 교점을 R이라 하면, $\overline{AR} = \overline{CR} = 8$, $\overline{BR} = 10$이다. 이때, 삼각형 ABC의 넓이를 구하여라.

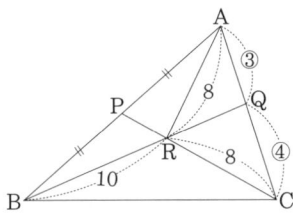

풀이 선분 AR의 연장선과 변 BC와의 교점을 S라 한다.

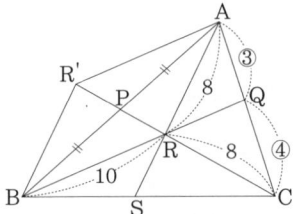

그러면,

$$\frac{\triangle RCA}{\triangle RCB} = \frac{\overline{AP}}{\overline{PB}},\ \frac{\triangle RAB}{\triangle RAC} = \frac{\overline{BS}}{\overline{SC}},\ \frac{\triangle RBC}{\triangle RBA} = \frac{\overline{CQ}}{\overline{QA}}$$

이다. 이 세 식을 변변 곱하면,

$$\frac{\triangle RCA}{\triangle RCB} \times \frac{\triangle RAB}{\triangle RAC} \times \frac{\triangle RBC}{\triangle RBA} = \frac{\overline{AP}}{\overline{PB}} \times \frac{\overline{BS}}{\overline{SC}} \times \frac{\overline{CQ}}{\overline{QA}} = 1$$

이다. 그러므로

$$\frac{1}{1} \times \frac{\overline{BS}}{\overline{SC}} \times \frac{4}{3} = 1$$

이다. 따라서 $\overline{BS} : \overline{SC} = 3 : 4$이다. 그러므로

$$\frac{\overline{CR}}{\overline{RP}} = \frac{\overline{SC}}{\overline{BS}} + \frac{\overline{CQ}}{\overline{QA}} = \frac{4}{3} + \frac{4}{3} = \frac{8}{3}$$

이다. 따라서

$$\overline{PR} = \overline{CR} \times \frac{3}{8} = 8 \times \frac{3}{8} = 3$$

이다. 선분 CP의 연장선 위에 $\overline{PR'} = \overline{PR}$인 점 R′를 잡는다. 그러면 삼각형 AR′P와 삼각형 BRP는 합동이다. 따라서 $\overline{AR'} = \overline{BR} = 10$이다. 또, $\overline{BR'} = \overline{AR} = 8$이므로 사각형 AR′BR은 평행사변형이다. 따라서 삼각형 AR′R은 세 변의 길이가 3 : 4 : 5인 직각삼각형이다. 그러므로

$$\triangle AR'R = \frac{1}{2} \times 6 \times 8 = 24$$

이다. 그런데, $\triangle ABC : \triangle AR'R = \overline{PR} : \overline{PC} = 3 : 11$이므로,

$$\triangle ABC = \triangle AR'R \times \frac{11}{3} = 24 \times \frac{11}{3} = 88$$

이다.

제 IV 편

개념정리

정리 1 (평행선과 각)

다음 그림에서 두 직선 l과 m이 평행($l \parallel m$)하면, 다음이 성립한다.

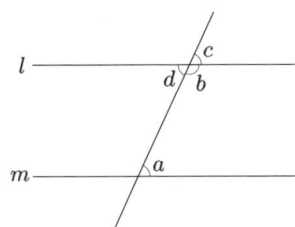

(1) (동측내각) $a + b = 180°$이다.

(2) (동위각) $a = c$이다.

(3) (엇각) $a = d$이다.

정리 2 (삼각형의 기본성질)

다음 그림의 삼각형 ABC에서 다음이 성립한다.

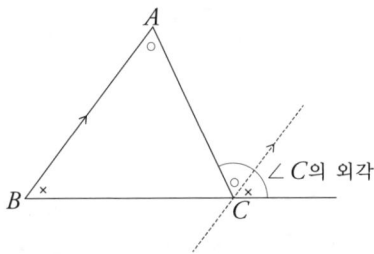

(1) 삼각형 ABC의 내각에 대하여 $\angle A + \angle B + \angle C = 180°$이다.

(2) 삼각형 ABC의 외각에 대하여 $\angle C$의 외각 $= \angle A + \angle B$이다.

(3) 삼각형의 두 변의 길이의 합은 나머지 다른 한 변의 길이보다 길다. 즉, $\overline{AB} + \overline{BC} > \overline{CA}$, $\overline{BC} + \overline{CA} > \overline{AB}$, $\overline{CA} + \overline{AB} > \overline{BC}$이다.

정리 3 (외각의 성질)

다음 그림에서 $a + b = c + d$가 성립한다.

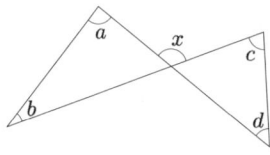

정리 4 (외각의 성질)

다음 그림에서 l과 m이 평행($l \parallel m$)하면, $a + c = b + d$가 성립한다.

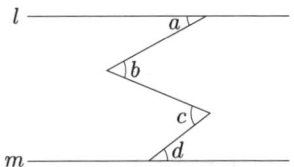

정리 5 (각도 공식)

다음이 성립한다.

(1) 아래 그림에서, $x = a+b+c$이다.

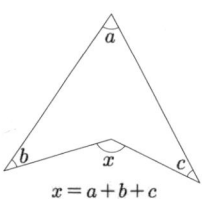

$x = a+b+c$

(2) 아래 그림에서, $a+b+c+d+e = 180°$이다.

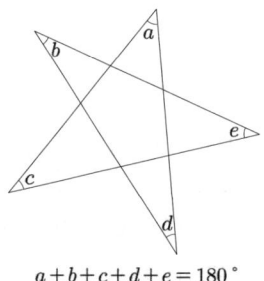

$a+b+c+d+e = 180°$

(3) 아래 그림에서, $x = 90° + \dfrac{a}{2}$이다.

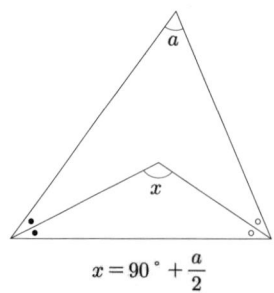

$x = 90° + \dfrac{a}{2}$

(4) 아래 그림에서, $x = \dfrac{a}{2}$이다.

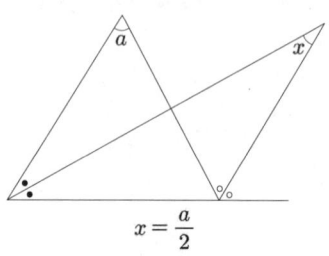

$x = \dfrac{a}{2}$

(5) 아래 그림에서, $x = \dfrac{a+b}{2}$이다.

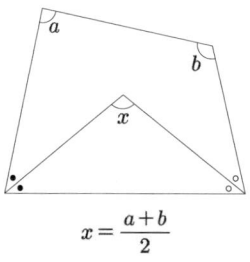

$x = \dfrac{a+b}{2}$

(6) 아래 그림에서, $x = \dfrac{a}{2}$이다.

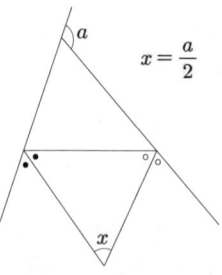

$x = \dfrac{a}{2}$

[정리] 6 (삼각형의 합동조건)

다음 세 가지 조건 중 하나를 만족하면 두 삼각형은 합동이다.

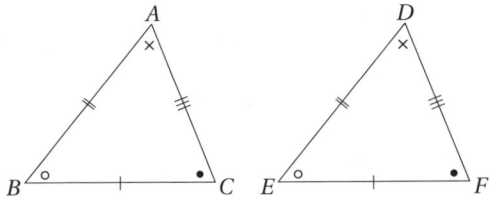

(1) (SSS합동) 대응하는 세 변의 길이가 모두 같을 때,

(2) (SAS합동) 대응하는 두 변의 길이가 같고 그 끼인각이 같을 때,

(3) (ASA합동) 한 변의 길이가 같고 대응하는 양끝각의 크기가 같을 때,

[정리] 8 (직각삼각형의 합동조건)

두 직각삼각형이 다음 두 조건 중 하나를 만족하면, 서로 합동이다.

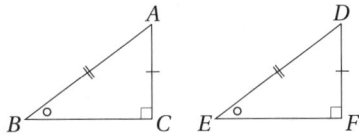

(1) (RHA합동) 빗변의 길이와 한 예각의 크기가 같을 때,

(2) (RHS합동) 빗변의 길이와 다른 변의 길이가 각각 같을 때,

[정리] 7 (이등변삼각형의 기본성질)

이등변삼각형에서 다음이 성립한다.

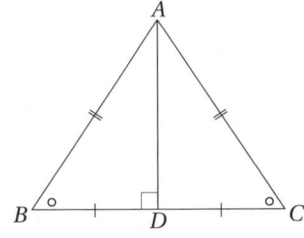

(1) 이등변삼각형의 두 밑각의 크기는 서로 같다.

(2) 두 내각의 크기가 같은 삼각형은 이등변삼각형이다.

(3) 이등변삼각형의 꼭지각의 이등분선은 밑변을 수직이등분한다.

[정리] 9 (평행사변형의 성질)

임의의 평행사변형은 다음 조건을 모두 만족한다. 역으로, 다음 조건 중 어느 하나만이라도 성립하면 그 사각형은 평행사변형이다.

(1) 두 쌍의 대변의 길이가 서로 같다.

(2) 두 쌍의 대각의 크기가 각각 같다.

(3) 두 대각선이 서로 다른 것을 이등분한다.

(4) 한 쌍의 대변의 길이가 같고, 그 대변이 평행하다.

[정리] 10

직사각형, 마름모, 정사각형의 성질은 다음과 같다.

(1) 직사각형은 두 대각선의 길이가 같고 서로 다른 것을 이등분한다. 그 역도 성립한다.

(2) 마름모의 두 대각선은 서로 다른 것을 수직이등분한다. 역으로, 두 대각선이 서로 다른 것을 수직이등분하는 사각형은 마름모이다.

(3) 정사각형의 두 대각선의 길이가 같고, 서로 다른 것을 수직이등분한다. 역으로, 두 대각선의 길이가 같고, 서로 다른 것을 수직이등분하는 사각형은 정사각형이다.

[정리] 11

볼록사각형 $ABCD$에서 두 대각선 AC와 BD의 교점을 O라고 하자. 그러면, 사각형 $ABCD$는 네 개의 삼각형 ABO, BCO, CDO, DAO로 나누어지고,

$$\triangle ABO \cdot \triangle CDO = \triangle BCO \cdot \triangle DAO$$

가 성립한다.

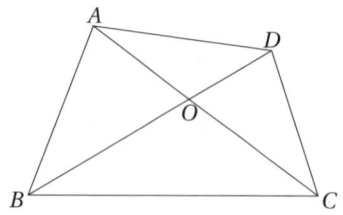

[정리] 12 (내각과 외각의 크기, 대각선의 수)

볼록 n각형에 대하여 다음이 성립한다.

(1) 볼록 n각형의 내각의 총합은 $(n-2) \times 180°$이다.

(2) 정 n각형의 한 내각의 크기는 $\dfrac{(n-2) \times 180°}{n}$이다.

(3) n각형의 외각의 합은 $360°$이다.

(4) n각형의 대각선의 총수는 $\dfrac{1}{2}n(n-3)$이다.

(5) 정 n각형의 서로 다른 대각선의 수는 $\left[\dfrac{n-2}{2}\right]$이다. 단, $[x]$는 x를 넘지 않는 최대의 정수이다.

[정리] 13 (피타고라스의 정리)

$\angle C = 90°$인 직각삼각형 ABC에서, $\overline{BC}^2 + \overline{CA}^2 = \overline{AB}^2$이 성립한다. 또, 역도 성립한다.

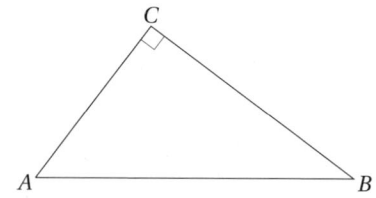

정리 14 (삼각형의 닮음조건)

두 삼각형은 다음 세 조건 중 어느 하나를 만족하면 닮음이다.

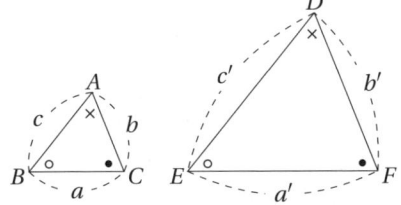

(1) (SSS닮음) 세 쌍의 대응변의 길이의 비가 같을 때,

(2) (SAS닮음) 두 쌍의 대응변의 길이의 비가 같고, 그 끼인각의 크기가 같을 때,

(3) (AA닮음) 두 쌍의 대응각의 크기가 같을 때,

정리 15 (삼각형과 선분의 길이의 비)

△ABC에서 변 BC에 평행한 직선이 변 AB, AC 또는 그 연장선과 만나는 점을 각각 D, E라고 하면, 다음이 성립한다.

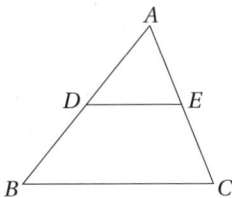

(1) $\dfrac{\overline{AD}}{\overline{AB}} = \dfrac{\overline{AE}}{\overline{AC}} = \dfrac{\overline{DE}}{\overline{BC}}$ 이다.

(2) $\dfrac{\overline{AD}}{\overline{DB}} = \dfrac{\overline{AE}}{\overline{EC}}$ 이다.

정리 16 (내각의 이등분선의 정리)

삼각형 ABC에서 ∠A의 이등분선과 변 BC의 교점을 D라 하면,

$$\overline{AB} : \overline{AC} = \overline{BD} : \overline{DC}$$

가 성립한다.

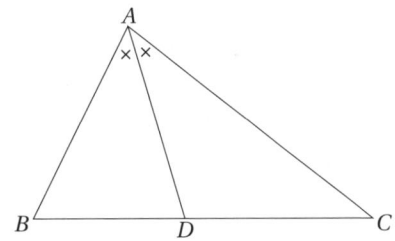

정리 17 (외각의 이등분선의 정리)

삼각형 ABC에서 ∠A의 외각의 이등분선과 변 BC의 연장선과의 교점을 D라 하면,

$$\overline{AB} : \overline{AC} = \overline{BD} : \overline{DC}$$

가 성립한다.

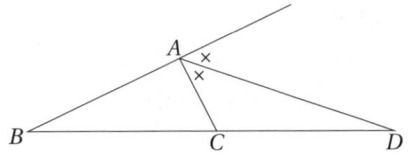

정리 18

삼각형 ABC에서 ∠A의 이등분선과 변 BC의 교점을 D라 할 때,

$$\overline{AD}^2 = \overline{AB} \cdot \overline{AC} - \overline{BD} \cdot \overline{DC}$$

가 성립한다.

정리 19 (직각삼각형의 닮음)

삼각형 ABC에서 $\angle A = 90°$이고, 점 A에서 변 BC에 내린 수선의 발을 H라 할 때, 다음이 성립한다.

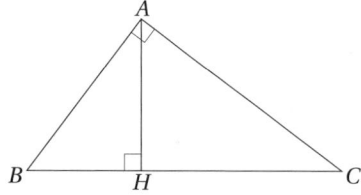

(1) $\overline{AB}^2 = \overline{BH} \cdot \overline{BC}$

(2) $\overline{AC}^2 = \overline{CH} \cdot \overline{BC}$

(3) $\overline{AH}^2 = \overline{BH} \cdot \overline{CH}$

(4) $\overline{AB} \cdot \overline{AC} = \overline{AH} \cdot \overline{BC}$

정리 20 (삼각형의 중점연결정리)

삼각형 ABC에서 변 AB, AC의 중점을 각각 D, E라 하면, $\overline{DE} \parallel \overline{BC}$, $\overline{DE} = \frac{1}{2}\overline{BC}$가 성립한다.

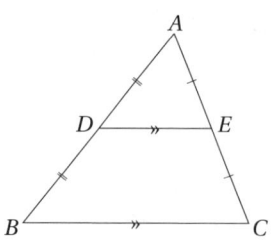

정리 21 (내심의 기본성질(1))

내심에서 세 변에 이르는 거리는 같다.

정리 22 (내심의 기본성질(2))

삼각형 ABC에서 변 BC, CA, AB의 길이를 각각 a, b, c라 하고, 반지름이 r인 내접원과 변 BC, CA, AB와의 교점을 각각 D, E, F라고 하면,

$$\overline{AE} = \overline{AF}, \ \overline{BF} = \overline{BD}, \ \overline{CD} = \overline{CE}$$

이다. $a + b + c = 2s$라고 할 때, 다음이 성립한다.

(1) $\overline{AE} = \overline{AF} = s - a, \overline{BF} = \overline{BD} = s - b, \overline{CD} = \overline{CE} = s - c$이다.

(2) 삼각형 ABC의 넓이 S는 $S = \frac{1}{2}(a + b + c)r = sr$이다.

정리 23 (외심의 기본성질)

외심에서 세 꼭짓점에 이르는 거리는 같다.

정리 24 (무게중심의 기본성질)

삼각형 ABC에서 세 변 BC, CA, AB의 중점을 각각 D, E, F라 하자. 세 중선의 교점을 G라 하자. 그러면 다음이 성립한다.

(1) $\overline{AG} : \overline{GD} = 2 : 1, \overline{BG} : \overline{GE} = 2 : 1, \overline{CG} : \overline{GF} = 2 : 1$이다.

(2) $\triangle AGF = \triangle GFB = \triangle BGD = \triangle GDC = \triangle CGE = \triangle GEA$이다.

정리 25 (스튜워트의 정리)

삼각형 ABC에서 변 BC, CA, AB의 길이를 각각 a, b, c라 하자. 또 점 D가 변 BC위의 한 점이고, 선분 AD, BD, CD의 길이를 각각 p, m, n이라 하자. 그러면

$$b^2 m + c^2 n = a(p^2 + mn)$$

이 성립한다.

정리 26 (파푸스의 중선정리)

삼각형 ABC에서 변 BC의 중점을 M이라 하면,

$$\overline{AB}^2 + \overline{AC}^2 = 2(\overline{BM}^2 + \overline{AM}^2)$$

이 성립한다.

정리 27 (삼각형 넓이의 비에 대한 정리)

평행하지 않은 두 선분 AB와 PQ의 교점 또는 그 연장선의 교점을 M이라고 하면, $\dfrac{\triangle ABP}{\triangle ABQ} = \dfrac{\overline{PM}}{\overline{QM}}$ 이 성립한다.

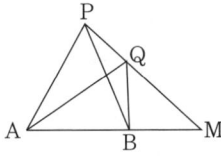
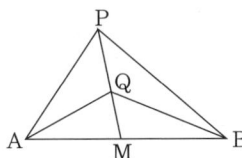
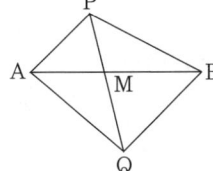
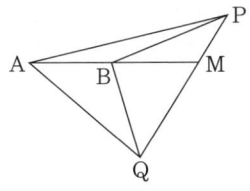

정리 28 (체바의 정리)

삼각형 ABC의 세 변 BC, CA, AB 위에 각각 주어진 점 D, E, F에 대하여, 세 선분 AD, BE, CF가 한 점에서 만날 필요충분조건은

$$\dfrac{\overline{AF}}{\overline{FB}} \cdot \dfrac{\overline{BD}}{\overline{DC}} \cdot \dfrac{\overline{CE}}{\overline{EA}} = 1$$

이다.

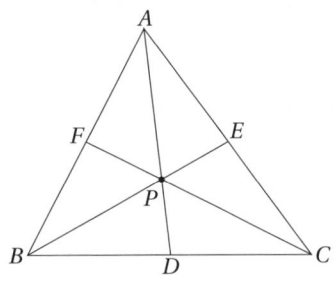

정리 29 (메넬라우스의 정리)

직선 ℓ이 삼각형 ABC에서 세 변 BC, CA, AB 또는 그 연장선과 각각 점 D, E, F에서 만나면

$$\dfrac{\overline{AF}}{\overline{FB}} \cdot \dfrac{\overline{BD}}{\overline{DC}} \cdot \dfrac{\overline{CE}}{\overline{EA}} = 1$$

이 성립한다. 역으로 위의 식이 성립하면, 세 점 D, E, F는 한 직선 위에 있다.

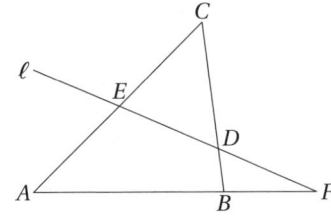

정리 30 (중심각과 호, 현의 비교)

한 원에서 중심각과 호, 현 사이에는 다음과 같은 관계가 성립한다.

(1) 한 원 또는 합동인 두 원에서 같은 크기의 중심각에 대한 호의 길이와 현의 길이는 각각 같다. 그 역도 성립한다.

(2) 부채꼴의 중심각의 크기와 호의 길이는 비례한다.

(3) 부채꼴의 중심각의 크기와 현의 길이는 비례하지 않는다.

정리 31 (현의 수직이등분선의 성질)

원의 중심에서 현에 내린 수선은 현을 수직이등분한다. 또, 현의 수직이등분선은 이 원의 중심을 지난다.

정리 32 (현의 길이의 성질)

원의 중심에서 같은 거리에 있는 두 현의 길이는 같다. 또, 길이가 같은 두 현은 중심에서 같은 거리에 있다.

정리 33 (원주각과 중심각 사이의 관계)

한 원에서 원주각과 중심각 사이에는 다음과 같은 관계가 성립한다.

(1) 한 원에서 주어진 호(또는 현) 위의 원주각의 크기는 중심각의 크기의 $\frac{1}{2}$이다.

(2) 한 원에서 같은 길이의 호에 대한 원주각의 크기는 일정하다. 또, 역도 성립한다.

정리 34 (원의 접선의 성질)

원의 접선은 그 접점을 지나는 반지름에 수직이다. 또, 원 위의 한 점을 지나고 그 점을 지나는 반지름에 수직인 직선은 이 원의 접선이다.

정리 35 (접선의 길이)

원의 외부에 있는 한 점에서 그 원에 그은 두 접선의 길이는 같다.

정리 36 (접선과 현이 이루는 각)

원의 접선과 그 접점을 지나는 현이 이루는 각의 크기는 이 각의 내부에 있는 호에 대한 원주각의 크기와 같다.

정리 37 (방멱의 원리(원과 비례의 성질))

원과 현(현의 연장선) 사이에 다음과 같은 관계가 성립한다. 이를 방멱의 원리 또는 원과 비례의 성질이라고 부른다.

(1) 한 원의 두 현 AB와 CD가 원의 내부에서 만나는 점을 P라고 하면, $\overline{PA} \cdot \overline{PB} = \overline{PC} \cdot \overline{PD}$가 성립한다.

(2) 한 원의 두 현 AB와 CD의 연장선이 원의 외부에서 만나는 점을 P라고 하면, $\overline{PA} \cdot \overline{PB} = \overline{PC} \cdot \overline{PD}$가 성립한다.

(3) 원의 외부의 한 점 P에서 그 원에 그은 접선과 할선이 원과 만나는 점을 각각 T, A, B라고 하면, $\overline{PT}^2 = \overline{PA} \cdot \overline{PB}$가 성립한다.

정리 38 (네 점이 한 원 위에 있을 조건)

네 점이 한 원에 있을 조건은 다음과 같다.

(1) 두 선분 AB, CD 또는 그 연장선이 점 P에서 만나고,
$$\overline{PA} \cdot \overline{PB} = \overline{PC} \cdot \overline{PD}$$
이면, 네 점 A, B, C, D는 한 원 위에 있다.

(2) $\angle DAB = \angle BCD = 90°$이면 네 점 A, B, C, D는 $\overline{BD}$를 지름으로 하는 원 위에 있다.

(3) 선분 AB에 대하여 같은 쪽에 있는 두 점을 각각 P, Q라고 할 때, $\angle APB = \angle AQB$이면 네 점 A, B, P, Q는 한 원 위에 있다.

정리 39 (원에 내접하는 사각형)

사각형 $ABCD$가 한 원에 내접하기 위한 필요충분조건은 다음과 같다.

(1) 원에 내접하는 사각형에서 한 쌍의 대각의 크기의 합은 $180°$이다.

(2) 원에 내접하는 사각형에서 한 외각의 크기는 그 내대각의 크기와 같다.

(3) 임의의 한 변에서, 나머지 두 점을 바라보는 각이 같다. 변 AB에서 점 C를 바라보는 각이 $\angle ACB$, 점 D를 바라보는 각이 $\angle ADB$라고 할 때, $\angle ACB = \angle ADB$이다.

(4) 두 대각선의 교점을 P라고 하면 $\overline{PA} \cdot \overline{PC} = \overline{PB} \cdot \overline{PD}$이다.

(5) 두 대변 AD와 BC(또는 AB와 CD)의 연장선의 교점을 P라 할 때, $\overline{PA} \cdot \overline{PD} = \overline{PB} \cdot \overline{PC}$ 또는 $\overline{PA} \cdot \overline{PB} = \overline{PC} \cdot \overline{PD}$이다.

(6) 네 꼭짓점에 이르는 거리가 같은 점이 존재한다.

(7) 네 변의 수직이등분선이 한 점에서 만난다.

(8) (톨레미의 정리) $\overline{AB} \cdot \overline{CD} + \overline{BC} \cdot \overline{DA} = \overline{AC} \cdot \overline{BD}$이다.

[정리] **40 (톨레미의 정리)**

원에 내접하는 사각형 $ABCD$의 대변의 길이의 곱을 합한 것은 대각선의 길이의 곱과 같다. 즉,

$$\overline{AB}\cdot\overline{CD}+\overline{BC}\cdot\overline{DA}=\overline{AC}\cdot\overline{BD}$$

가 성립한다.

[따름정리] **41 (톨레미 정리의 역)**

볼록사각형에서 두 쌍의 대변의 곱의 합이 두 대각선의 곱과 같으면 그 사각형은 원에 내접한다. 즉, 볼록사각형 $ABCD$에서

$$\overline{AB}\cdot\overline{CD}+\overline{BC}\cdot\overline{DA}=\overline{AC}\cdot\overline{BD}$$

가 성립하면, 사각형 $ABCD$는 원에 내접한다.

[정리] **42 (브라마굽타의 공식)**

원에 내접하는 사각형 $ABCD$의 대각선이 서로 직교할 때, 그 교점 O에서 한 변 BC에 그은 수선 OE의 연장선은 변 BC의 대변 AD를 이등분한다.

[정리] **43 (원에 외접하는 사각형)**

사각형 $ABCD$가 한 원에 외접하기 위한 필요충분조건은 다음과 같다.

(1) (듀란드의 문제) $\overline{AB}+\overline{CD}=\overline{BC}+\overline{DA}$이다.

(2) 네 변에 이르는 거리가 같은 점이 존재한다.

(3) 네 각의 이등분선이 한 점에서 만난다.

[정리] **44 (사인 법칙)**

$\overline{BC}=a, \overline{CA}=b, \overline{AB}=c$인 삼각형 ABC에서 다음이 성립한다. 단, R은 삼각형 ABC의 외접원의 반지름이다.

$$\frac{a}{\sin A}=\frac{b}{\sin B}=\frac{c}{\sin C}=2R$$

[정리] **45 (제 1 코사인법칙)**

$\overline{BC}=a, \overline{CA}=b, \overline{AB}=c$인 삼각형 ABC에서 다음이 성립한다.

$$a=b\cos C+c\cos B$$
$$b=c\cos A+a\cos C$$
$$c=a\cos B+b\cos A$$

[정리] **46 (제 2 코사인법칙)**

$\overline{BC}=a, \overline{CA}=b, \overline{AB}=c$인 삼각형 ABC에서 다음이 성립한다.

$$a^2=b^2+c^2-2bc\cos A$$
$$b^2=c^2+a^2-2ca\cos B$$
$$c^2=a^2+b^2-2ab\cos C$$

정리 47 (삼각형의 넓이 공식)

$\overline{BC} = a$, $\overline{CA} = b$, $\overline{AB} = c$인 삼각형 ABC의 넓이 S는 다음과 같다. 단, R은 삼각형 ABC의 외접원의 반지름이고, r은 내접원의 반지름, r_a, r_b, r_c는 방접원의 반지름이고, h_a, h_b, h_c는 삼각형의 높이이고, $s = \frac{a+b+c}{2}$이다.

(1) $S = \frac{1}{2}ah_a = \frac{1}{2}bh_b = \frac{1}{2}ch_c$이다.

(2) $S = \frac{1}{2}bc\sin A = \frac{1}{2}ca\sin B = \frac{1}{2}ab\sin C$이다.

(3) (헤론의 공식) $S = \sqrt{s(s-a)(s-b)(s-c)}$

(4) $S = \frac{abc}{4R}$이다.

(5) $S = rs = (s-a)r_a = (s-b)r_b = (s-c)r_c$이다.

(6) $S = 2R^2 \sin A \sin B \sin C$이다.

(7) $S = \sqrt{rr_a r_b r_c}$이다.

(8) $S = \frac{a^2 \sin B \sin C}{2\sin(B+C)} = \frac{b^2 \sin C \sin A}{2\sin(C+A)} = \frac{c^2 \sin A \sin B}{2\sin(A+B)}$이다.

정리 48

삼각형 ABC에서 외접원의 반지름 R, 내접원의 반지름 r, 방접원의 반지름 r_a, r_b, r_c 사이에 다음이 성립한다.

(1) $4R + r = r_a + r_b + r_c$이다.

(2) $\frac{1}{r} = \frac{1}{r_a} + \frac{1}{r_b} + \frac{1}{r_c}$이다.

(3) $1 + \frac{r}{R} = \cos A + \cos B + \cos C$이다.

도형의 최고수가 된다

365일 수학愛 미치다.
첫 번째 이야기-도형愛 미치다는 시즌 1~4로 구성되어 있으며
각 시즌마다 91~92문제로 모두 365문제입니다. 하루에 한 문제씩
포기하지 말고 꾸준히 풀어보세요.

"수학의 부라퀴가 되기 바랍니다."

부라퀴란 몹시 야물고 암팡스러운 사람으로 자신의 이익을 위해서는 수단과 방법을 가리지 않는 사람을 의미합니다.
수학 문제를 풀 때에는 이 문제를 어떻게든 풀기 위해서 수단과 방법을 가리지 않으면서, 끝까지 포기하지 말고 푸는 사람이 되기 바랍니다.

학교 수업 시간에 다룰 수 없었던 고난이도 문제로 구성되어 있으며
한 문제를 해결했을때 카타르시스를 느낄 수 있는 문제들로 구성되어
있습니다.

www.sehwapub.co.kr

개정합본

수학을 사랑하는 모든 사람들을 위한

365일

수학愛 미치다!

첫 번째 이야기 —
도형愛 미치다.

이주형 지음

시즌 4

- 학교수학이 쉬워 수업시간에 딴짓하는 학생
- 영재교육원 또는 수학경시를 준비하는 초등학생, 중학생
- 수능 준비하는 고등학생
- 모두에게 도움이 되는 365일 수학愛 미치다.

씨실과 날실

씨실과 날실은 도서출판 세화의 자매브랜드입니다.

[개정합본]

365일 수학愛 미치다!

첫 번째 이야기 –
도형愛 미치다. –시즌4

이주형 지음

씨실과 날실

씨실과 날실은 도서출판 세화의 자매브랜드입니다.

이 책을 지으신 선생님

이주형
멘사수학연구소 경시팀장
주요사항
한국수학올림피아드 바이블 프리미엄 (정수론, 대수, 기하, 조합) 공저
한국수학올림피아드 모의고사 및 풀이집 (KMO FINAL TEST) 공저
영재학교/과학고 합격수학 7판 저
영재학교/과학고 합격수학 입체도형 2021/22시즌 저
영재학교/과학고 합격수학 평면도형과 작도 2022/23시즌 저
영재학교/과학고 합격수학 함수 2023/24시즌 저
한국주니어수학올림피아드 최종점검 I, II, III (KJMO FINAL TEST) 저

e-mail : buraqui.lee@gmail.com

이 책의 내용에 관하여 궁금한 점이나 상담을 원하시는 독자 여러분께서는 E-MAIL이나 전화로 연락을 주시거나 도서출판 세화(www.sehwapub.co.kr) 게시판에 글을 남겨 주시면 적절한 확인 절차를 거쳐서 풀이에 관한 상세 설명을 받을 수 있습니다.

365일 수학愛미치다!
첫 번째 이야기
도형愛미치다-시즌 4

1판 1쇄 발행 2025년 04월 22일

지은이 | 이주형   **펴낸이** | 구정자
펴낸곳 | (주) 씨실과 날실   **출판등록** | (등록번호 : 2007.6.15 제302-2007-000035호)
주소 | 경기도 파주시 회동길 325-22(서패동 469-2) 1층   **전화** | (031)955-9445, **FAX** | (031)955-9446

판매대행 | 도서출판 세화   **출판등록** | (등록번호 : 1978.12.26 제1-338호)
구입문의 | (031)955-9331~2   **편집부** | (031)955-9333   **FAX** | (031)955-9334
주소 | 경기도 파주시 회동길 325-22(서패동 469-2)

정가 35,000원[365일 수학愛 미치다!(첫번째 이야기-도형愛 미치다.)-시즌 1, 2, 3, 4]
ISBN 979-11-89017-56-9 53410

※ 파손된 책은 교환하여 드립니다.

이 책의 저작권은 (주)씨실과 날실에게 있으며 무단 전재와 복제는 법으로 금지되어 있습니다. 독자여러분의 의견을 기다립니다.
Copyright © Ssisil & nalsil Publishing Co., Ltd

차 례

차 례

I   그림 그리며 풀기   1

II   그림보고 다시풀기   49

III   풀이   97

IV   개념정리   155

365일 수학愛 미치다

제 I 편

그림 그리며 풀기

문제 275 난이도 ★★★

넓이가 360인 정육각형 ABCDEF가 있다. 변 AF, BC, CD의 중점을 각각 P, Q, R이라 한다. 선분 QP, QE와 선분 AR의 교점을 각각 I, J라 한다. 이때, 삼각형 AIP의 넓이와 삼각형 IQJ의 넓이의 합을 구하여라.

문제 276 난이도 ★★★

$\overline{AB} = 10$, $\overline{AC} = 15$인 예각삼각형 ABC에서, 변 AB의 수직이등분선과 변 BC의 연장선과의 교점을 D라 하고, 변 AC의 수직이등분선과 변 BC와의 교점을 E라 한다. 삼각형 ABD의 내접원과 삼각형 AEC의 내접원을 그린다. 삼각형 ABD의 내접원의 반지름과 삼각형 AEC의 내접원의 반지름의 비가 3 : 2일 때, 변 BC의 길이를 구하여라.

문제 277 난이도 ★★

∠ABC = 40°, ∠ACB = 30°인 삼각형 ABC에서 ∠ABC의 이등분선과 변 AC와의 교점을 D라 하고, 점 A에서 선분 BD에 내린 수선의 발을 E라 하고, 점 E에서 변 BC에 내린 수선의 발을 F라 한다. $\overline{AC} = 24$일 때, 선분 EF의 길이를 구하여라.

문제 278 난이도 ★★★

평행사변형 ABCD에서 $\overline{AB} = 35$, $\overline{BC} = 49$, $\overline{AC} = 42$이다. 원 O가 점 A와 C를 지나고 점 C에서 직선 BC에 접한다. 직선 AD와 원 O가 만나는 점 E(≠A)라 할 때, 선분 DE의 길이를 구하여라.

문제 279 난이도 ★★★

$\overline{AC} = 16$, $\overline{BC} = 30$인 삼각형 ABC에서 변 BC의 중점을 M이라 하면, $\overline{AB} : \overline{AM} = 2 : 1$이다. 이때, 삼각형 ABC의 넓이를 구하여라.

문제 280 난이도 ★★★★

원에 내접하는 육각형 ABCDEF에서 선분 AD, BE, CF는 원의 지름이고, 변 AF의 점 F쪽의 연장선과 선분 CE의 점 E쪽의 연장선의 교점을 G라 한다. △ABG = 280, △EDG = 48일 때, 삼각형 ACE의 넓이를 구하여라.

문제 281 난이도 ★★★

삼각형 ABC의 내부에 $\overline{AB} = \overline{DB} = \overline{DC}$인 점 D를 잡으면, ∠BDC = 147°, ∠ABD = 27°이다. 이때, ∠ACD의 크기를 구하여라.

문제 282 난이도 ★★★

정삼각형 ABC에서 ∠DBC = ∠ECB = 45°를 만족하는 점 D, E를 각각 변 CA, AB 위에 잡고, 선분 BD와 CE의 교점을 F라 한다. $\overline{BD} = 10$일 때, 삼각형 FBC와 사각형 AEFD의 넓이의 차를 구하여라.

문제 283 난이도 ★★★

∠C = 90°, $\overline{BC}$ = 26인 직각삼각형 ABC에서 변 BC 위에 $\overline{BD}$ = 16, $\overline{DE}$ = 4, $\overline{EC}$ = 6이 되도록 점 D, E를 잡고, 변 CA 위에 ∠DFC = 30°가 되도록 점 E를 잡는다. ∠BAE = 30°일 때, 선분 AF의 길이를 구하여라.

문제 284 난이도 ★★★

∠A = 135°인 삼각형 ABC에서 점 A에서 변 BC에 내린 수선의 발을 D라 한다. $\overline{BD}$ = 22, $\overline{AD}$ = 14일 때, 삼각형 ABC의 넓이를 구하여라.

[문제] 285 — 난이도 ★★★

정사각형 ABCD에서 변 BC 위에 점 P를 잡는다. 점 C, A에서 선분 DP에 내린 수선의 발을 각각 H, I라 한다. 선분 AI위에 ∠BHQ = 90°가 되도록 점 Q를 잡는다. $\overline{AI} = 14$, $\overline{CH} = 6$일 때, 삼각형 QBH의 넓이를 구하여라.

[문제] 286 — 난이도 ★★★

∠B = ∠C = 40°인 삼각형 ABC가 있다. ∠ACB의 내각 이등분선 위에 $\overline{AC} = \overline{CD}$인 점 D를 잡고, 선분 AD의 연장선과 변 BC와의 교점을 E라 한다. 변 BC와 선분 AD의 길이의 차가 15일 때, 선분 BE의 길이를 구하여라.

문제 287 난이도 ★★★

∠B = 90°인 직각삼각형 ABC에서 점 B에서 변 AC에 내린 수선의 발을 D라 하고, ∠A의 내각이등분선과 변 BC와의 교점을 E라 한다. 선분 AE와 BD의 교점을 F라 하고, 점 F를 지나 변 AC에 평행한 직선과 변 BC와의 교점을 G라 한다. $\overline{AB}$ = 40, $\overline{GC}$ = 24일 때, 선분 EG의 길이를 구하여라.

문제 288 난이도 ★★★

한 변의 길이가 8인 정사각형 ABCD가 있다. 변 CD의 연장선(점 D쪽의 연장선) 위의 점 E에 대하여, 선분 BE와 변 AD의 교점을 F라 하면, 반지름이 2인 반원 O_1이 선분 BE와 점 G에서 접한다. 이때, 선분 CE의 길이를 구하여라.

문제 289 난이도 ★★

∠BAC = 76°, $\overline{AB} = \overline{AC}$인 삼각형 ABC에서 ∠DBC = ∠ACD = 30°가 되도록 점 D를 잡는다. 이때, ∠DAC의 크기를 구하여라.

문제 290 난이도 ★★★★

넓이가 230인 정삼각형 ABC에서 변 AB를 5등분하는 점을 점 A에 가까운 순으로 D, E, F, G라 하고, 선분 FC를 한 변으로 하는 정삼각형 FCH와 선분 DC를 한 변으로 하는 정삼각형 DCI를 그린다. 선분 CH와 선분 DI의 교점을 P라 할 때, 삼각형 PCI의 넓이를 구하여라. 단, 점 H, I는 변 AC에 대하여 점 B의 반대편에 있다.

문제 291 난이도 ★★★

외접원의 반지름의 길이가 10인 삼각형 ABC에서 $\overline{AB} = 12$이고 $\overline{AC} : \overline{BC} = 7 : 5$이다. 각 C의 이등분선이 변 AB와 만나는 점을 D라 할 때, 삼각형 ABC의 외부에 있는 원 O가 점 D에서 변 AB에 접하고 삼각형 ABC의 외접원에 내접한다. 원 O의 반지름의 길이를 구하여라. 단, $\angle B > 90°$이다.

문제 292 난이도 ★★★

$\angle A = 120°$인 이등변삼각형 ABC에서 변 BC위에 $\overline{BD} : \overline{DC} = 1 : 4$를 만족하는 점 D를 잡고, 변 CA위에 $\angle ADE = 30°$가 되도록 점 E를 잡는다. 이때, 선분 AE와 선분 EC의 길이의 비를 구하여라.

문제 293 난이도 ★★★

$\overline{AB} = 12$, $\overline{BC} = 22$, $\overline{CA} = 16$인 삼각형 ABC에서, 변 BC, CA, AB가 삼각형 ABC의 내접원에 각각 D, E, F에서 접한다. 변 AB와 AC의 중점을 연결한 직선이 직선 DE, DF와 각각 점 P, Q에서 만날 때, 선분 PQ의 길이를 구하여라.

문제 294 난이도 ★★

삼각형 ABC의 내부에 정삼각형 ADE가 있다. 점 E는 선분 CD위에 있고, ∠BAC = 120°, ∠BED = 10°, $\overline{BE} = \overline{CD}$일 때, ∠ACD의 크기를 구하여라.

문제 295   난이도 ★★

한 변의 길이가 20인 정사각형 ABCD에서 변 AB위에 ∠CDE = 75°인 점 E를, 변 BC위에 ∠AFB = 75°인 점 F를 잡고, 선분 AF와 DE와의 교점을 G라 한다. 이때, 사각형 EBFG의 넓이를 구하여라.

문제 296   난이도 ★★★★

내심이 I인 삼각형 ABC의 세 변 AB, BC, CA의 길이의 비가 4 : 5 : 6이다. 직선 AI와 BI가 삼각형 ABC의 외접원과 만나는 점을 각각 D(≠A), E(≠B)라 하고 직선 DE와 변 AC의 교점을 K라 한다. $\overline{IK} = 6$일 때, 변 BC의 길이를 구하여라.

[문제] 297 난이도 ★★★★

한 변의 길이가 10인 정사각형 ABCD에서 변 AD, CD 위에 각각 점 E, F를 잡고, 선분 EB와 선분 AF, AC와의 교점을 각각 P, Q라 하고, 선분 BF와 선분 AC, EC와의 교점을 각각 R, S라 하고, 선분 AF와 선분 EC의 교점을 T라 한다. 오각형 PQRST의 넓이가 10일 때, 별모양의 10각형 AQBRCSFTEP의 넓이를 구하여라.

[문제] 298 난이도 ★★★★

이등변삼각형 ABC에서 $\overline{AB} = \overline{AC} = 6$, $\overline{BC} = 9$이다. 선분 AC의 A쪽 연장선 위에 $\overline{AD} = 18$이 되도록 점 D를 잡고, 선분 AB의 B쪽의 연장선 위에 $\overline{BE} = 24$가 되도록 점 E를 잡자. 선분 AE의 중점 F와 삼각형 CDE의 무게중심 G를 연결한 직선 FG와 ∠DAE의 이등분선이 만나는 점을 K라 할 때, 선분 GK의 길이를 구하여라.

문제 299 난이도 ★★

정사각형 ABCD에서 변 CB의 연장선(점 B쪽의 연장선)에 $\overline{AE} = 16$인 점 E를 잡고, 점 C에서 선분 AE에 내린 수선의 발을 H라 하고, 변 AB와 선분 CH의 교점을 F라 한다. 선분 EF의 연장선과 변 AD의 교점을 G라 한다. ∠GFC = 75°일 때, 삼각형 FEB의 넓이를 구하여라.

문제 300 난이도 ★★★

$\overline{AB} = 3$, $\overline{BC} = 9$, ∠ABC = 60°, ∠BCD = 30°인 사다리꼴 ABCD에서 변 BC 위에 $\overline{BP} = 6$인 점 P를 잡고, 변 CD 위에 ∠APQ = 60°를 만족하는 점 Q를 잡는다. 이때, 사각형 APQD의 넓이는 사다리꼴 ABCD의 넓이의 몇 배인가?

문제 301 난이도 ★★★★

삼각형 ABC에서 $\overline{AB} = 9$, $\overline{BC} = 10$이다. 변 BC의 중점을 M이라 할 때 선분 BC를 지름으로 하는 원과 선분 AM이 점 D(≠ A)에서 만난다. 직선 CD와 변 AB가 점 E에서 만나고, 직선 BD와 변 AC가 점 F에서 만난다. $\overline{EF} = \dfrac{10}{3}$일 때, 선분 AC의 길이를 구하여라.

문제 302 난이도 ★★

$\overline{AD} \parallel \overline{BC}$, $\overline{AB} = \overline{CD}$인 등변사다리꼴 ABCD에서 내부에 한 점 E를 잡으면, 삼각형 ABE와 CDE는 합동인 직각이등변삼각형으로, ∠AEB = ∠DEC = 90°이다. 선분 AE와 BD의 교점을 F라 하면, $\overline{BF} = 11$, $\overline{FD} = 9$이다. 이때, 사각형 ABCD의 넓이를 구하여라.

문제 303 난이도 ★★

선분 AB가 지름인 반원의 호 위에 점 C와 D가 있다. 선분 CD를 지름으로 하는 원이 점 E에서 선분 AB에 접한다. 선분 AB의 중점 O라 한다. $\overline{OE} = 7$, $\overline{CD} = 8$일 때, 선분 AB의 길이를 구하여라.

문제 304 난이도 ★★★

$\overline{AB} = 16$, $\overline{BC} = 20$인 예각삼각형 ABC에서 ∠ABD = ∠EBC를 만족하도록 변 CA위에 점 D, E를 잡으면, $\overline{AD} = 5$, $\overline{CE} = 7$이다. 이때, 선분 BD와 BE의 길이의 비를 구하여라. 단, $\overline{AC} > 12$이다.

문제 305 난이도 ★★★

한 변의 길이가 24인 정사각형 ABCD에서 변 BC의 중점을 E라 하고, 선분 AE를 접는 선으로 하여 접었을 때, 점 B가 이동한 점을 F라 한다. 변 CD위의 한 점 E에 대하여, 점 D가 점 F와 겹치도록 선분 AG에 대하여 접는다. 이때, 선분 EG의 길이를 구하여라.

문제 306 난이도 ★★

$\overline{AB} = \overline{AC}$인 이등변삼각형의 내부에 한 점 D를 잡으면, $\overline{BD} = 6$, $\overline{DC} = 10$, ∠ABD = ∠BCD, ∠DBC = ∠DCA이다. 이때, 삼각형 ABD와 삼각형 ACD의 넓이의 비를 구하여라.

문제 307 난이도 ★★

∠A = 90°인 직각삼각형 ABC에서 변 BC, AB, AC위에 각각 점 D, E, F를 잡으면, $\overline{AE} = \overline{AF}$, $\overline{ED} = 12$, ∠EDB = 22.5°, ∠EDF = 90°이다. 이때, 사각형 AEDF의 넓이를 구하여라.

문제 308 난이도 ★★★

사각형 ABCD에서 ∠A = 90°, ∠B = 45°, ∠C = 75°, ∠D = 150°, $\overline{BC} = 12$이다. $\overline{CD} : \overline{DA} = 2 : 1$일 때, 사각형 ABCD의 넓이를 구하여라.

문제 309 난이도 ★★★

삼각형 ABC의 외접원 위의 점 A에서의 접선과 직선 BC가 점 D에서 만난다. 선분 AD의 중점을 M이라 할 때, 선분 BM이 삼각형 ABC의 외접원과 점 E(≠ B)에서 만난다. ∠ACE = 25°, ∠CED = 84°일 때, ∠ADE의 크기를 구하여라.

문제 310 난이도 ★★★★

∠ACB = 35°, ∠ABC > 90°인 삼각형 ABC의 내접원과 변 AB, BC, CA와의 접점을 각각 D, E, F라 하고, ∠AGE = 64°를 만족하는 점 G를 ∠ACB의 이등분선 위에 잡는다. ∠EAG = 26°일 때, ∠ABC의 크기를 구하여라.

문제 311 난이도 ★★★

$\overline{AB} \parallel \overline{BC}$, $\overline{AB} = \overline{CD} = 16$, $\overline{BC} = 26$, $\overline{AD} = 10$인 사다리꼴 ABCD에서 변 CD위에 $\overline{CE} = 10$인 점 E를 잡는다. 이때, 선분 AE의 길이를 구하여라.

문제 312 난이도 ★★★

∠B > 90°, $\overline{AB} = \overline{BC}$, $\overline{AC} = 16$인 삼각형 ABC에서 변 AB의 연장선(점 B쪽의 연장선) 위에 $\overline{BC} = \overline{CD}$인 점 D를 잡으면, ∠CDB = 30°이다. 선분 AD에 대하여 점 C의 반대편에 ∠ADE = 45°, $\overline{DE} = 12$인 점 E를 잡고, 선분 AE를 그린다. 이때, 삼각형 ADE의 넓이를 구하여라.

문제 313 (난이도 ★★)

$\overline{AD} \parallel \overline{BC}$, $\overline{AB} = 6$, $\angle A = \angle B = 90°$인 사다리꼴 ABCD에서 $\angle BAC = 60°$, $\angle DBC = 75°$이다. 이때, 사다리꼴 ABCD의 넓이를 구하여라.

문제 314 (난이도 ★★★)

$\overline{AB} = \overline{AC} = 10$, $\angle C = 90°$인 직각이등변삼각형 ABC에서 변 AB 위에 $\overline{AD} : \overline{DB} = 3 : 7$인 점 D를 잡고, 점 B에서 선분 CD에 내린 수선의 발을 E라 한다. 이때, 삼각형 EBC의 넓이를 구하여라.

문제 315 난이도 ★★

정사각형 ABCD에서 변 AB, BC, CD 위에 각각 점 E, F, G를 잡고, 점 G에서 선분 EF에 내린 수선의 발을 F라 하면, ∠EFB = 45°, $\overline{EH}$ = 6, $\overline{GH}$ = 8이다. 이때, 정사각형 ABCD의 넓이를 구하여라.

문제 316 난이도 ★★★

∠B = 90°인 직각삼각형 ABC에서 ∠A의 이등분선과 변 BC와의 교점을 D라 하고, 점 D를 지나 선분 AD에 수직인 직선과 변 AC와의 교점을 E라 한다. $\overline{AB}$ = 12, $\overline{AE}$ = 15일 때, 삼각형 EDC의 넓이를 구하여라.

문제 317 난이도 ★★

$\overline{AB} = 12$, $\overline{BC} = 18$인 직사각형 ABCD가 있다. 변 AB위에 $\overline{AE} = 8$인 점 E를, 변 BC위에 $\overline{BF} = 6$, $\overline{GC} = 4$인 점 F, G를, 변 CD위에 $\overline{HD} = 6$인 점 H를, 변 DA위에 $\overline{DI} = 6$인 점 I를 잡는다. 이때, 삼각형 IEF와 삼각형 IGH의 넓이의 비를 구하여라.

문제 318 난이도 ★★

$\overline{AB} = \overline{BC} = 12$, $\angle B = 30°$인 이등변삼각형 ABC에서 $\overline{BD} = \overline{DE} = \overline{EC}$, $\angle DBC = \angle ECB = 30°$를 만족하도록 점 D는 변 AB 위에, 점 E는 삼각형 ABC의 내부에 잡는다. 이때, 오목사각형 ADEC의 넓이를 구하여라.

문제 319　　　　　　　　　　난이도 ★★

정팔각형 ABCDEFGH에서 세 대각선 AE, DG, EG를 그리고, 대각선 AE와 DG의 교점을 I라 한다. 정팔각형 한 변의 길이가 12일 때, 삼각형 IEG의 넓이를 구하여라.

문제 320　　　　　　　　　　난이도 ★★★

$\angle B = 20°$이고, $\angle A > 90°$인 둔각삼각형 ABC에서 변 BC위에 $\overline{AB} = \overline{DC}$인 점 D를 잡으면, $\angle ADC = 40°$이다. 이때, $\angle ACB$의 크기를 구하여라.

문제 321 난이도 ★★

사각형 ABCD에서 변 CD위의 한 점 E를 잡으면, 삼각형 AED와 삼각형 CEB는 합동이고, 세 변의 길이의 비가 $\overline{BE} : \overline{BC} : \overline{CE} = \overline{ED} : \overline{AD} : \overline{AE} = 3 : 4 : 5$인 직각삼각형이다. 삼각형 AED의 넓이가 150일 때, 사각형 ABCD의 넓이를 구하여라.

문제 322 난이도 ★★★★

삼각형 ABC에서 $\overline{AB} = 45$와 $\overline{AC} = 33$이다. 점 D는 변 BC의 중점, 점 E와 F는 선분 AD를 삼등분하는 점 ($\overline{AE} = \overline{EF} = \overline{FD}$)이고, $\overline{CF} = \overline{CD}$이다. 직선 CF와 BE의 교점을 X라 할 때, 선분 EX의 길이를 구하여라.

문제 323   난이도 ★★

정사각형 ABCD에서 변 BC 위의 점 E와 변 DA위의 점 G에 대하여 직선 EG에 대하여 점 C, D가 각각 대칭이동한 점을 C′, D′라 하면, 점 C′는 변 AB위에 있다. 선분 C′D′와 변 AD와의 교점을 F, 변 AB의 중점을 M, 선분 GE의 중점을 N이라 한다. 선분 MN에 대하여 점 E가 대칭이동한 점을 E′라 하고, 선분 C′D′와 선분 E′N과의 교점을 H라 한다. ∠E′HF = 87°일 때, ∠C′EB의 크기를 구하여라.

문제 324   난이도 ★★★

삼각형 ABC에서 $\overline{AB} = 4$, $\overline{BC} = 5$, $\overline{CA} = 6$이다. 삼각형 ABC의 수심을 H, 외심을 O라 하고 직선 AO와 직선 BH, CH의 교점을 각각 X, Y라고 한다. 선분 XY와 선분 HX의 길이의 비를 구하여라.

문제 325   난이도 ★★

원에 내접하는 육각형 ABCDEF에서, $\overline{AE} = \overline{BF} = \overline{CD}$ 이고, 선분 AE와 BF의 교점을 G라 하면, ∠AGF = 142° 이다. 선분 AE, BF, CD의 중점을 각각 P, Q, R이라 할 때, ∠QRP의 크기를 구하여라.

문제 326   난이도 ★★★★

한 변 AB를 공유하는 합동인 두 정칠각형 ABCDEFG와 ABHIJKL에서 변 AB의 연장선(점 B쪽의 연장선)과 변 ED의 연장선(점 D쪽의 연장선)의 교점을 O라 한다. 삼각형 BOD의 넓이가 326일 때, 삼각형 LOF의 넓이를 구하여라.

문제 327 난이도 ★★

이등변삼각형 ABC에서 $\overline{AB} = \overline{AC} = 12$, $\overline{BC} = 9$이다. 변 AC위에 $\overline{CD} = 2$가 되도록 점 D를 잡자. 점 D와 변 BC의 중점을 연결한 직선이 변 AB와 만나는 점을 E라 할 때, 선분 BE의 길이를 구하여라.

문제 328 난이도 ★★★★

예각삼각형 ABC에서 변 AB를 한 변으로 하는 정사각형 ABED를 그리고, 변 AC를 한 변으로 하는 정사각형 ACHI를 그리고, 변 BC를 한 변으로 하는 정사각형 BFGC를 그린다. 점 E와 점 H를 연결하고, 선분 EH와 변 AB, AC와의 교점을 각각 J, K라 한다. 삼각형 EBJ의 넓이가 S_2이고, 삼각형 AJK의 넓이가 S_1이고, 삼각형 KCH의 넓이가 S_3일 때, 정사각형 BFGC의 넓이를 S_1, S_2, S_3를 이용하여 나타내어라.

문제 329 난이도 ★★★★

정사각형 ABCD에서 대각선 DB위에 $\overline{DE}:\overline{EB} = 1:3$이 되는 점 E를 잡고, 선분 AE의 연장선과 변 DC와의 교점을 F라 한다. 또, 변 BC위에 점 G를, 선분 AG와 GE의 길이의 합(즉, $\overline{AG} + \overline{GE}$)이 최소가 되도록 잡는다. 선분 AG와 대각선 DB의 교점을 H라 한다. $\overline{AB} = 8$일 때, 삼각형 AHE의 넓이를 구하여라.

문제 330 난이도 ★★★★

삼각형 ABC의 내부에 한 점 P를 잡고, P와 꼭짓점 A, B, C를 연결 하면, ∠PBC = 13°, ∠PCB = 30°, ∠PCA = ∠PAC = 17°이다. 이때, ∠PBA의 크기를 구하여라.

문제 331 난이도 ★★★

∠A = 60°, ∠B = 50°인 삼각형 ABC에 내접하는 원이 원과 변 BC, CA, AB와 접하는 점을 각각 D, E, F라 하고, 원의 중심을 I라 한다. 또, 직선 AI와 ED의 교점을 G라 한다. 이때, 다음 물음에 답하여라.

(1) ∠IGE의 크기를 구하여라.

(2) ∠DBG의 크기를 구하여라.

문제 332 난이도 ★★★

삼각형 ABC의 꼭짓점 A에서 변 BC에 내린 수선의 발을 D, 변 BC의 중점을 M이라 한다. $\overline{MD}$ = 15이고, ∠BAM = ∠CAD = 15°일 때, 삼각형 ABC의 넓이를 구하여라. (단, ∠A > 30°)

문제 333 난이도 ★★

$\overline{AB} = \overline{AD}$, $\angle A = \angle C = 90°$인 사각형 ABCD에서 대각선 AC와 BD의 교점을 E라 한다. $\overline{AC} = 8$, $\overline{BD} = 10$일 때, 선분 AE와 선분 EC의 길이의 비를 구하여라.

문제 334 난이도 ★★

예각삼각형 ABC의 외심을 O, 각 A의 이등분선과 변 BC가 만나는 점을 D, 삼각형 ABD의 외접원과 선분 OA의 교점을 E(≠ A)라 한다. ∠OCB = 14°이고 ∠OCA = 18°일 때, ∠DBE의 크기를 구하여라.

문제 335 난이도 ★★

직사각형 ABCD에서 ∠EBC = 26°를 만족하는 점 E를 변 CE위에 잡고, 선분 BE에 대하여 점 C가 대칭이동한 점을 C'라 한다. 또, ∠DAF = 24°인 점 F를 선분 BE 위에 잡고, 선분 AF와 선분 BC'의 교점을 G라 한다. 선분 AF에 대하여 점 C', D, E가 대칭이동한 점을 각각 C'', D', E'라 한다. 이때, ∠E'C''F의 크기를 구하여라.

문제 336 난이도 ★★

$\overline{AC} = 14$, $\overline{AB} = 21$, $\overline{BC} = 28$인 삼각형 ABC에서 변 BC 위에 $\overline{BD} = \overline{AD}$인 점 D를 잡는다. 이때, 선분 DC의 길이를 구하여라.

문제 337 난이도 ★★

∠B = 24°, ∠C = 90°인 직각삼각형 ABC에서 변 AC를 한 변으로 하는 정사각형 AEDC와 ACFG를 그리고, 변 BD를 한 변으로 하는 정사각형 BDHI를 그린다. 이때, ∠BIF의 크기를 구하여라. 단, 점 D는 변 BC위에 있고, 점 F는 변 BC의 연장선(점 C쪽의 연장선) 위에 있고, 점 E는 선분 HD 위에 있다.

문제 338 난이도 ★★★

삼각형 ABC에서 $\overline{AB} = \overline{AC}$이고, ∠B = 40°이다. 변 BC 위의 점 D를 ∠ADC = 120°가 되도록 잡고, 각 C의 이등분선과 변 AB의 교점을 E라 한다. ∠DEC의 크기를 구하여라.

문제 339 난이도 ★★★

사각형 ABCD의 두 대각선 AC와 BD의 교점을 E라 하고, 변 CD 위의 점 F를 잡는다. 삼각형 ABD와 삼각형 BCF는 정삼각형이고, $\overline{AB} = 10$, $\overline{FD} = 8$일 때, 선분 AE와 EC의 길이의 비를 구하여라.

문제 340 난이도 ★★

삼각형 ABC에 대하여 각 C의 이등분선이 변 AB와 만나는 점을 D라 하고 직선 CD와 평행하고 점 B를 지나는 직선이 직선 AC와 만나는 점을 E라 한다. $\overline{AD} = 6$, $\overline{BD} = 6$, $\overline{BE} = 15$일 때, $\overline{AC}^2$의 값을 구하여라.

문제 341 난이도 ★★

∠B = 60°인 삼각형 ABC에서 세 내각의 이등분선의 교점을 I라 하고, 선분 BI에 수직인 직선과 변 AB, BC와의 교점을 각각 D, E라 하면, $\overline{DI} = 20$, $\overline{EC} = 25$이다. 이때, 선분 AD의 길이를 구하여라.

문제 342 난이도 ★★

삼각형 ABC에서 $\overline{AB} = \overline{AC}$이고 ∠ABC > ∠CAB이다. 점 B에서 삼각형 ABC의 외접원에 접하는 직선이 직선 AC와 점 D에서 만난다. 선분 AC 위의 점 E는 ∠DBC = ∠CBE를 만족하는 점이다. $\overline{BE} = 40$, $\overline{CD} = 25$일 때, 선분 AE의 길이를 구하여라.

문제 343 난이도 ★★★

점 B를 중심으로 하는 호 AC, 점 C를 중심으로 하는 호 AB와 변 BC로 둘러싸인 도형이 있다. 호 AB 위의 점 D, 호 AC 위의 점 E, 변 BC 위의 점 F를 잡으면, ∠BDE = ∠DEF = 90°, $\overline{BF} = \overline{FC} = 10$이다. 이때, 사다리꼴 DBFE의 넓이를 구하여라.

문제 344 난이도 ★★★

원에 내접하는 칠각형 ABCDEFG의 변 CD와 변 AG가 평행하고, 변 EF와 변 AB가 평행하다. ∠AFB = 50°, ∠AEG = 15°, ∠CBD = 30°, ∠EDF = 13°일 때, ∠DGE의 크기를 구하여라.

문제 345 (난이도 ★★)

직사각형 ABCD에서 변 AB 위에 ∠DEC = 45°가 되도록 점 E를 잡는다. $\overline{AE} = 6$, $\overline{BC} = 14$일 때, 삼각형 DEC의 넓이를 구하여라.

문제 346 (난이도 ★★★)

삼각형 ABC가 ∠BAC > 90°, $\overline{AB} = 12$, $\overline{CA} = 20$을 만족한다. 변 BC의 중점을 M, 변 CA의 중점을 N이라 한다. 두 점 A와 N을 지나고 직선 AM에 접하는 원을 O라 하고, 직선 AB와 원 O가 만나는 점을 P(≠ A)라 한다. 이때, 삼각형 ABC와 삼각형 ANP의 넓이의 비를 구하여라.

문제 347   난이도 ★★★

예각삼각형 ABC에서 각 A의 이등분선이 변 BC와 만나는 점을 D, 삼각형 ABC의 내심을 I, 삼각형 ABC의 방접원 중 변 BC에 접하는 것의 중심을 J라 한다. $\overline{AD} = 5$, $\overline{DJ} = 10$일 때, 삼각형 BCI의 외접원의 반지름의 길이를 구하여라.

문제 348   난이도 ★★

$\angle A = 96°$, $\angle C = 30°$인 삼각형 ABC에서 변 AC 위에 $\overline{AB} = \overline{CD}$를 만족하는 점 D를 잡는다. 이때, $\angle ADB$의 크기를 구하여라.

문제 349 (난이도 ★★★)

∠ACB = 45°인 예각삼각형 ABC에서 무게중심을 G, 외심을 O라 한다. $\overline{OG}$ = 5이고, $\overline{OG} \parallel \overline{BC}$이다. 선분 BC의 길이를 구하여라.

문제 350 (난이도 ★★★★)

볼록사각형 ABCD가 있다. 삼각형 ABD와 BCD의 외접원을 각각 O_1과 O_2라 한다. 점 A에서 원 O_1의 접선과 점 C에서 원 O_2의 접선의 교점이 직선 BD위에 있다. $\overline{AB}$ = 7, $\overline{AD}$ = 4, $\overline{CD}$ = 8일 때, 선분 BC의 길이를 구하여라.

문제 351 난이도 ★★

정사각형 ABCD에서 ∠CAE = 30°, $\overline{AC} = \overline{AE}$인 이등변삼각형 ACE를 그리고, 선분 DP를 그린다. 이때, ∠CED의 크기를 구하여라.

문제 352 난이도 ★★★

예각삼각형 ABC에서 $\overline{AB} = 24$, $\overline{AC} = 18$이다. 원 O는 점 B에서 직선 AB에 접하고 점 C를 지난다. 원 O와 직선 AC의 교점을 D(≠ C)라 한다. 점 D와 선분 AB의 중점을 지나는 직선이 원 O와 점 E(≠ D)에서 만난다. $\overline{AE} = 15$일 때, 선분 DE의 길이를 구하여라.

문제 353 난이도 ★★★

선분 AB위의 점 C가 $\overline{AC} = 5$, $\overline{CB} = 4$를 만족한다. 점 B를 지나고 직선 AB에 수직한 직선을 ℓ이라 한다. ℓ 위의 점 P 중 ∠APC의 크기가 가장 크게 되도록 하는 점을 P_0이라 할 때, 선분 BP_0의 길이를 구하여라.

문제 354 난이도 ★★★★

원에 내접하는 오각형 ABCDE에서 선분 AD와 CE의 교점을 F라 하면, ∠AFE = 90°이고 $\overline{AF} : \overline{FD} = \overline{CF} : \overline{FE} = 2 : 1$이다. 직선 BE는 선분 AF의 중점을 지나고, $\overline{AB} = 10$일 때, 오각형 ABCDE의 넓이를 구하여라.

문제 355   난이도 ★★★★

점 O를 중심으로 하는 두 원 O_1, O_2가 있다. 원 O_1 위의 서로 다른 두 점 A, B에 대하여 선분 AB가 원 O_2와 서로 다른 두 점에서 만나는데, 이 두 점 중 점 B에 가까운 점을 C라 한다. 원 O_2위의 점 D에 대하여 직선 AD가 원 O_2에 접한다. $\overline{AC} = 36$, $\overline{AD} = 24$일 때, 선분 BC의 길이를 구하여라. 단, 원 O_1의 반지름이 원 O_2의 반지름보다 길다.

문제 356   난이도 ★★★

사각형 ABCD가 지름이 $\overline{AC}$인 원 O에 내접한다. 원 O의 현 XY는 직선 AC에 수직이고 변 BC, DA와 각각 점 Z, W에서 만난다. $\overline{BY} = 5 \times \overline{BX}$, $\overline{DX} = 10 \times \overline{DY}$, $\overline{ZW} = 49$일 때, 선분 XY의 길이를 구하여라.

문제 357 난이도 ★★★★

$\overline{AB} = 3$, $\overline{BC} = 5$, $\overline{CA} = 4$인 직각삼각형 ABC에서 변 BC, CA, AB를 각각 한 변으로 하는 정사각형 BDEC, CFGA, AHIB를 직각삼각형 ABC의 외부에 그린다. 선분 EF, GH, ID를 연결하고, 선분 EF, GH, ID를 각각 한 변으로 하는 정사각형 EKLF, GMNH, IOJD를 육각형 DEFGHI의 외부에 그리고, 선분 JK, LM, NO를 연결한다. 이때, 육각형 JKLMNO의 넓이를 구하여라.

문제 358 난이도 ★★★★

삼각형 ABC에서 ∠BAC = 90°, $\overline{AB}$ = 12이다. 변 AB, BC의 중점을 각각 M, N이라 하고 삼각형 ABC의 내심을 I라 한다. 네 점 M, B, N, I가 한 원 위에 있을 때 변 CA의 길이를 구하여라.

문제 359   난이도 ★★★

$\overline{AB} = \overline{BC}$, $\overline{AC} = \overline{AD}$, $\angle B = 90°$, $\angle CAD = 30°$인 사각형 ABCD와 $\overline{ED} = \overline{EG}$, $\overline{FE} = \overline{FG}$, $\angle F = 90°$, $\angle DEG = 30°$인 사각형 EFGD와 $\overline{HE} = \overline{HJ}$, $\overline{IH} = \overline{IE}$, $\angle I = 90°$, $\angle EHJ = 30°$인 사각형 HIEJ는 서로 닮음으로, 점 A는 선분 EH 위에, 점 J는 선분 EG 위에 있다. 변 CD의 연장선과 선분 EG의 교점을 K라 한다. $\overline{DK} = 22$일 때, 삼각형 ABC의 넓이를 구하여라.

문제 360   난이도 ★★

삼각형 ABC에서 $\angle A = 90°$, $\overline{AB} = \overline{AC}$이다. 변 AC위에 $\angle ABP = 20°$인 점 P, $\overline{AP} = \overline{CQ}$를 만족하는 점 Q를 각각 잡는다. 점 A를 지나 선분 BP에 수직인 직선과 변 BC와의 교점을 R이라 할 때, $\angle QRC$의 크기를 구하여라.

문제 361 난이도 ★★★

예각삼각형 ABC의 수심 H에서 변 BC에 내린 수선의 발을 D라 하고 선분 DH를 지름으로 하는 원과 직선 BH, CH의 교점 중 점 H가 아닌 점을 각각 P, Q라 한다. 직선 DH와 PQ의 교점을 E라 하면, $\overline{HE} : \overline{ED} = 2 : 3$이고 삼각형 EHQ의 넓이가 100이다. 직선 PQ와 변 AB의 교점을 R이라 할 때, 삼각형 DQR의 넓이를 구하여라.

문제 362 난이도 ★★★

$\overline{AB} = \overline{AC}$인 이등변삼각형 ABC의 내부에 ∠BCP = 30°, ∠APB = 150°, ∠CAP = 39°를 만족하는 점 P를 잡는다. 이때, ∠BAP를 구하여라.

문제 363 난이도 ★★★

예각삼각형 ABC의 한 변 BC를 지름으로 하는 원을 O라 한다. 변 AB위의 한 점 P를 지나고 변 AB에 수직인 직선이 변 AC와 만나는 점을 Q라 할 때, 삼각형 ABC의 넓이가 삼각형 APQ의 넓이의 4배이고, $\overline{AP} = 12$이다. 점 A를 지나는 직선이 점 T에서 원 O에 접할 때, 선분 AT의 길이를 구하여라.

문제 364 난이도 ★★★★

원에 내접하는 사각형 ABCD에서 $\overline{AB} = 21$, $\overline{BC} = 54$이다. ∠CDA의 이등분선과 변 BC의 교점을 E라 하고, 선분 DE 위에 ∠AED = ∠FCD가 되도록 점 F를 잡으면 $\overline{BE} = 15$, $\overline{EF} = 9$이다. 이때, 선분 DF의 길이를 구하여라.

문제 365 난이도 ★★★

∠C = 90°인 직각삼각형 ABC에서, 변 AB 위의 점 M을 중심으로 하고, 두 변 AC, BC와 모두 접하는 원의 반지름이 12이다. 변 AB의 B쪽으로의 연장선 위에 점 N을 중심으로 하고 점 B를 지나며 직선 AC와 접하는 원을 그린다. $\overline{AM}$ = 15일 때, 선분 BN의 길이를 구하여라.

제 II 편

그림보고 다시풀기

문제 275 _그림보고 다시 풀기_

넓이가 360인 정육각형 ABCDEF가 있다. 변 AF, BC, CD의 중점을 각각 P, Q, R이라 한다. 선분 QP, QE와 선분 AR의 교점을 각각 I, J라 한다. 이때, 삼각형 AIP의 넓이와 삼각형 IQJ의 넓이의 합을 구하여라.

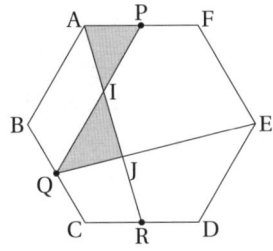

문제 276 _그림보고 다시 풀기_

$\overline{AB}=10, \overline{AC}=15$인 예각삼각형 ABC에서, 변 AB의 수직이등분선과 변 BC의 연장선과의 교점을 D라 하고, 변 AC의 수직이등분선과 변 BC와의 교점을 E라 한다. 삼각형 ABD의 내접원과 삼각형 AEC의 내접원을 그린다. 삼각형 ABD의 내접원의 반지름과 삼각형 AEC의 내접원의 반지름의 비가 3 : 2일 때, 변 BC의 길이를 구하여라.

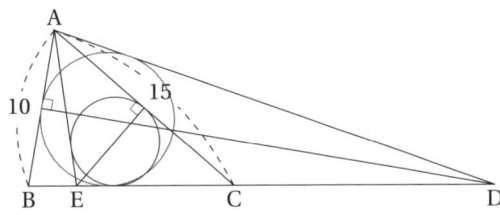

문제 277 그림보고 다시 풀기

∠ABC = 40°, ∠ACB = 30°인 삼각형 ABC에서 ∠ABC의 이등분선과 변 AC와의 교점을 D라 하고, 점 A에서 선분 BD에 내린 수선의 발을 E라 하고, 점 E에서 변 BC에 내린 수선의 발을 F라 한다. $\overline{AC}$ = 24일 때, 선분 EF의 길이를 구하여라.

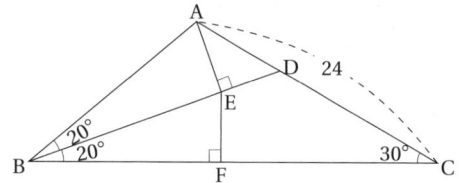

문제 278 그림보고 다시 풀기

평행사변형 ABCD에서 $\overline{AB}$ = 35, $\overline{BC}$ = 49, $\overline{AC}$ = 42이다. 원 O가 점 A와 C를 지나고 점 C에서 직선 BC에 접한다. 직선 AD와 원 O가 만나는 점 E(≠A)라 할 때, 선분 DE의 길이를 구하여라.

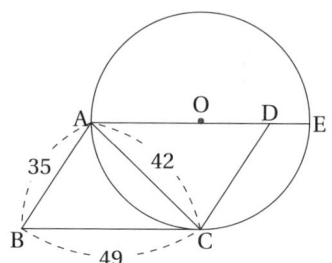

문제 279
$\overline{AC}=16$, $\overline{BC}=30$인 삼각형 ABC에서 변 BC의 중점을 M이라 하면, $\overline{AB}:\overline{AM}=2:1$이다. 이때, 삼각형 ABC의 넓이를 구하여라.

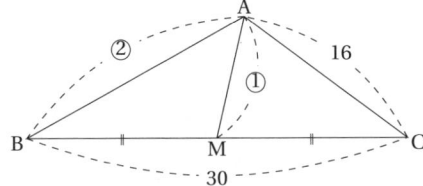

문제 280
원에 내접하는 육각형 ABCDEF에서 선분 AD, BE, CF는 원의 지름이고, 변 AF의 점 F쪽의 연장선과 선분 CE의 점 E쪽의 연장선의 교점을 G라 한다. △ABG = 280, △EDG = 48일 때, 삼각형 ACE의 넓이를 구하여라.

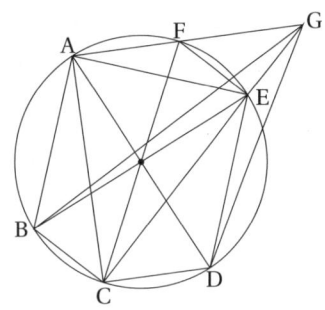

문제 281

삼각형 ABC의 내부에 $\overline{AB} = \overline{DB} = \overline{DC}$인 점 D를 잡으면, ∠BDC = 147°, ∠ABD = 27°이다. 이때, ∠ACD의 크기를 구하여라.

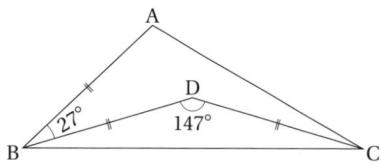

문제 282

정삼각형 ABC에서 ∠DBC = ∠ECB = 45°를 만족하는 점 D, E를 각각 변 CA, AB 위에 잡고, 선분 BD와 CE의 교점을 F라 한다. $\overline{BD} = 10$일 때, 삼각형 FBC와 사각형 AEFD의 넓이의 차를 구하여라.

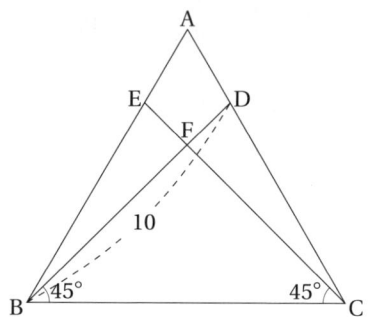

문제 283 — 그림보고 다시 풀기

∠C = 90°, $\overline{BC}$ = 26인 직각삼각형 ABC에서 변 BC 위에 $\overline{BD}$ = 16, $\overline{DE}$ = 4, $\overline{EC}$ = 6이 되도록 점 D, E를 잡고, 변 CA 위에 ∠DFC = 30°가 되도록 점 E를 잡는다. ∠BAE = 30°일 때, 선분 AF의 길이를 구하여라.

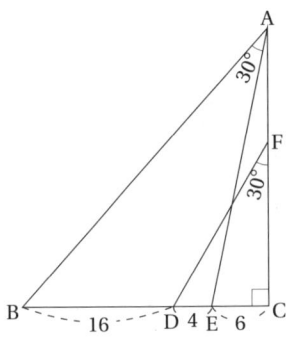

문제 284 — 그림보고 다시 풀기

∠A = 135°인 삼각형 ABC에서 점 A에서 변 BC에 내린 수선의 발을 D라 한다. $\overline{BD}$ = 22, $\overline{AD}$ = 14일 때, 삼각형 ABC의 넓이를 구하여라.

문제 285

정사각형 ABCD에서 변 BC 위에 점 P를 잡는다. 점 C, A에서 선분 DP에 내린 수선의 발을 각각 H, I라 한다. 선분 AI위에 ∠BHQ = 90°가 되도록 점 Q를 잡는다. $\overline{AI} = 14$, $\overline{CH} = 6$일 때, 삼각형 QBH의 넓이를 구하여라.

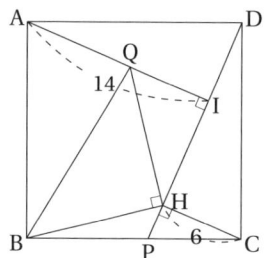

문제 286

∠B = ∠C = 40°인 삼각형 ABC가 있다. ∠ACB의 내각 이등분선 위에 $\overline{AC} = \overline{CD}$인 점 D를 잡고, 선분 AD의 연장선과 변 BC와의 교점을 E라 한다. 변 BC와 선분 AD의 길이의 차가 15일 때, 선분 BE의 길이를 구하여라.

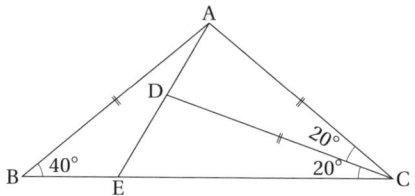

문제 287 〔그림보고 다시 풀기〕

∠B = 90°인 직각삼각형 ABC에서 점 B에서 변 AC에 내린 수선의 발을 D라 하고, ∠A의 내각이등분선과 변 BC와의 교점을 E라 한다. 선분 AE와 BD의 교점을 F라 하고, 점 F를 지나 변 AC에 평행한 직선과 변 BC와의 교점을 G라 한다. $\overline{AB} = 40$, $\overline{GC} = 24$일 때, 선분 EG의 길이를 구하여라.

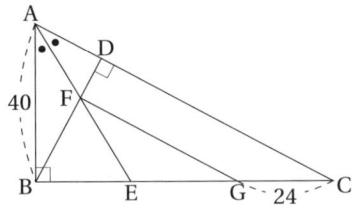

문제 288 〔그림보고 다시 풀기〕

한 변의 길이가 8인 정사각형 ABCD가 있다. 변 CD의 연장선(점 D쪽의 연장선) 위의 점 E에 대하여, 선분 BE와 변 AD의 교점을 F라 하면, 반지름이 2인 반원 O_1이 선분 BE와 점 G에서 접한다. 이때, 선분 CE의 길이를 구하여라.

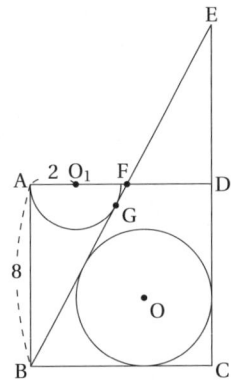

문제 289 _그림보고 다시 풀기_

∠BAC = 76°, $\overline{AB} = \overline{AC}$인 삼각형 ABC에서 ∠DBC = ∠ACD = 30°가 되도록 점 D를 잡는다. 이때, ∠DAC의 크기를 구하여라.

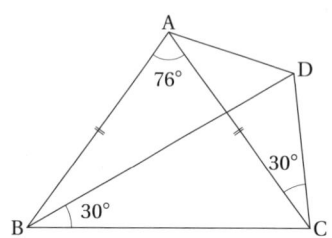

문제 290 _그림보고 다시 풀기_

넓이가 230인 정삼각형 ABC에서 변 AB를 5등분하는 점을 점 A에 가까운 순으로 D, E, F, G라 하고, 선분 FC를 한 변으로 하는 정삼각형 FCH와 선분 DC를 한 변으로 하는 정삼각형 DCI를 그린다. 선분 CH와 선분 DI의 교점을 P라 할 때, 삼각형 PCI의 넓이를 구하여라. 단, 점 H, I는 변 AC에 대하여 점 B의 반대편에 있다.

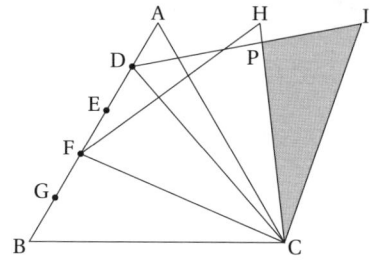

문제 291

외접원의 반지름의 길이가 10인 삼각형 ABC에서 $\overline{AB}=12$이고 $\overline{AC}:\overline{BC}=7:5$이다. 각 C의 이등분선이 변 AB와 만나는 점을 D라 할 때, 삼각형 ABC의 외부에 있는 원 O가 점 D에서 변 AB에 접하고 삼각형 ABC의 외접원에 내접한다. 원 O의 반지름의 길이를 구하여라. 단, $\angle B > 90°$이다.

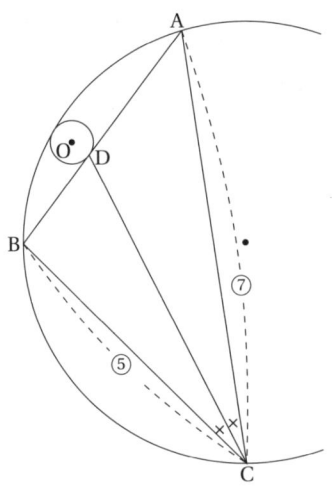

문제 292

$\angle A = 120°$인 이등변삼각형 ABC에서 변 BC위에 $\overline{BD}:\overline{DC}=1:4$를 만족하는 점 D를 잡고, 변 CA위에 $\angle ADE = 30°$가 되도록 점 E를 잡는다. 이때, 선분 AE와 선분 EC의 길이의 비를 구하여라.

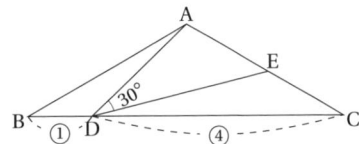

문제 293 　　　　그림보고 다시 풀기

$\overline{AB} = 12$, $\overline{BC} = 22$, $\overline{CA} = 16$인 삼각형 ABC에서, 변 BC, CA, AB가 삼각형 ABC의 내접원에 각각 D, E, F에서 접한다. 변 AB와 AC의 중점을 연결한 직선이 직선 DE, DF와 각각 점 P, Q에서 만날 때, 선분 PQ의 길이를 구하여라.

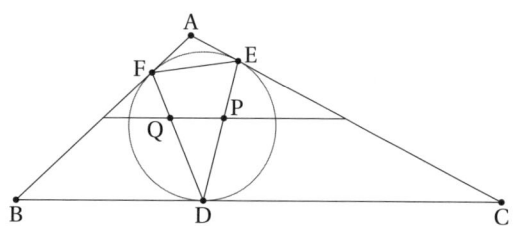

문제 294 　　　　그림보고 다시 풀기

삼각형 ABC의 내부에 정삼각형 ADE가 있다. 점 E는 선분 CD위에 있고, ∠BAC = 120°, ∠BED = 10°, $\overline{BE} = \overline{CD}$일 때, ∠ACD의 크기를 구하여라.

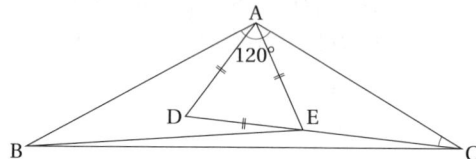

문제 295 〔그림보고 다시 풀기〕

한 변의 길이가 20인 정사각형 ABCD에서 변 AB위에 ∠CDE = 75°인 점 E를, 변 BC위에 ∠AFB = 75°인 점 F를 잡고, 선분 AF와 DE와의 교점을 G라 한다. 이때, 사각형 EBFG의 넓이를 구하여라.

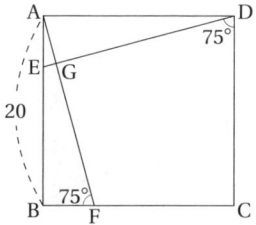

문제 296 〔그림보고 다시 풀기〕

내심이 I인 삼각형 ABC의 세 변 AB, BC, CA의 길이의 비가 4 : 5 : 6이다. 직선 AI와 BI가 삼각형 ABC의 외접원과 만나는 점을 각각 D($\neq$ A), E($\neq$ B)라 하고 직선 DE와 변 AC의 교점을 K라 한다. $\overline{IK}$ = 6일 때, 변 BC의 길이를 구하여라.

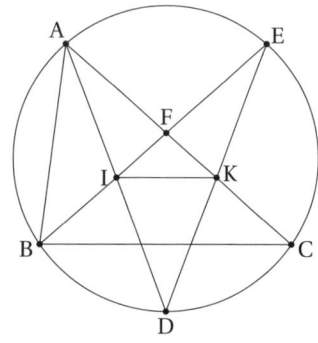

문제 297 〔그림보고 다시 풀기〕

한 변의 길이가 10인 정사각형 ABCD에서 변 AD, CD 위에 각각 점 E, F를 잡고, 선분 EB와 선분 AF, AC와의 교점을 각각 P, Q라 하고, 선분 BF와 선분 AC, EC와의 교점을 각각 R, S라 하고, 선분 AF와 선분 EC의 교점을 T라 한다. 오각형 PQRST의 넓이가 10일 때, 별모양의 10각형 AQBRCSFTEP의 넓이를 구하여라.

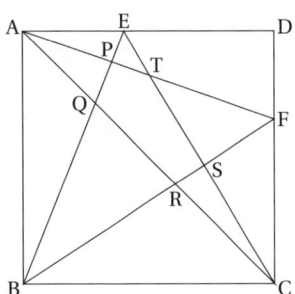

문제 298 〔그림보고 다시 풀기〕

이등변삼각형 ABC에서 $\overline{AB} = \overline{AC} = 6$, $\overline{BC} = 9$이다. 선분 AC의 A쪽 연장선 위에 $\overline{AD} = 18$이 되도록 점 D를 잡고, 선분 AB의 B쪽의 연장선 위에 $\overline{BE} = 24$가 되도록 점 E를 잡자. 선분 AE의 중점 F와 삼각형 CDE의 무게중심 G를 연결한 직선 FG와 ∠DAE의 이등분선이 만나는 점을 K라 할 때, 선분 GK의 길이를 구하여라.

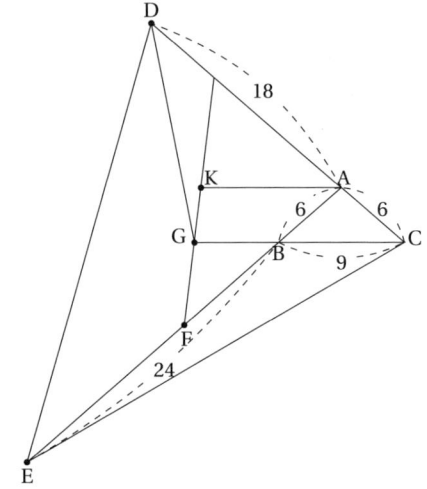

문제 299 ─────── 그림보고 다시 풀기

정사각형 ABCD에서 변 CB의 연장선(점 B쪽의 연장선)에 $\overline{AE}$ = 16인 점 E를 잡고, 점 C에서 선분 AE에 내린 수선의 발을 H라 하고, 변 AB와 선분 CH의 교점을 F라 한다. 선분 EF의 연장선과 변 AD의 교점을 G라 한다. ∠GFC = 75°일 때, 삼각형 FEB의 넓이를 구하여라.

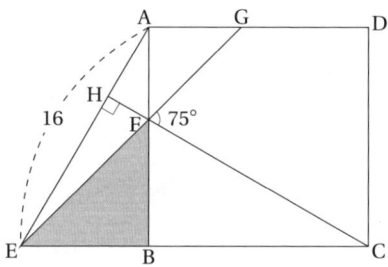

문제 300 ─────── 그림보고 다시 풀기

$\overline{AB}$ = 3, $\overline{BC}$ = 9, ∠ABC = 60°, ∠BCD = 30°인 사다리꼴 ABCD에서 변 BC 위에 $\overline{BP}$ = 6인 점 P를 잡고, 변 CD 위에 ∠APQ = 60°를 만족하는 점 Q를 잡는다. 이때, 사각형 APQD의 넓이는 사다리꼴 ABCD의 넓이의 몇 배인가?

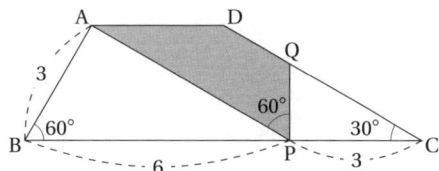

문제 301 ─────────── 그림보고 다시 풀기

삼각형 ABC에서 $\overline{AB}=9$, $\overline{BC}=10$이다. 변 BC의 중점을 M이라 할 때 선분 BC를 지름으로 하는 원과 선분 AM이 점 D($\neq$A)에서 만난다. 직선 CD와 변 AB가 점 E에서 만나고, 직선 BD와 변 AC가 점 F에서 만난다. $\overline{EF}=\dfrac{10}{3}$일 때, 선분 AC의 길이를 구하여라.

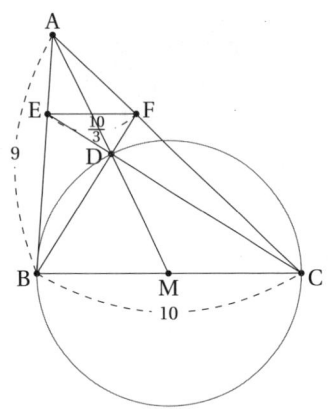

문제 302 ─────────── 그림보고 다시 풀기

$\overline{AD}\parallel\overline{BC}$, $\overline{AB}=\overline{CD}$인 등변사다리꼴 ABCD에서 내부에 한 점 E를 잡으면, 삼각형 ABE와 CDE는 합동인 직각이등변삼각형으로, $\angle AEB=\angle DEC=90°$이다. 선분 AE와 BD의 교점을 F라 하면, $\overline{BF}=11$, $\overline{FD}=9$이다. 이때, 사각형 ABCD의 넓이를 구하여라.

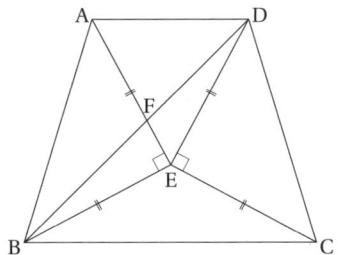

문제 303 ━━━━━━━━━━ 그림보고 다시 풀기

선분 AB가 지름인 반원의 호 위에 점 C와 D가 있다. 선분 CD를 지름으로 하는 원이 점 E에서 선분 AB에 접한다. 선분 AB의 중점 O라 한다. $\overline{OE} = 7$, $\overline{CD} = 8$일 때, 선분 AB의 길이를 구하여라.

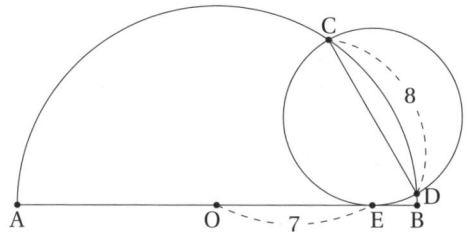

문제 304 ━━━━━━━━━━ 그림보고 다시 풀기

$\overline{AB} = 16$, $\overline{BC} = 20$인 예각삼각형 ABC에서 ∠ABD = ∠EBC를 만족하도록 변 CA위에 점 D, E를 잡으면, $\overline{AD} = 5$, $\overline{CE} = 7$이다. 이때, 선분 BD와 BE의 길이의 비를 구하여라. 단, $\overline{AC} > 12$이다.

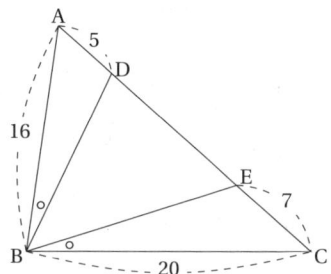

문제 305

한 변의 길이가 24인 정사각형 ABCD에서 변 BC의 중점을 E라 하고, 선분 AE를 접는 선으로 하여 접었을 때, 점 B가 이동한 점을 F라 한다. 변 CD위의 한 점 E에 대하여, 점 D가 점 F와 겹치도록 선분 AG에 대하여 접는다. 이때, 선분 EG의 길이를 구하여라.

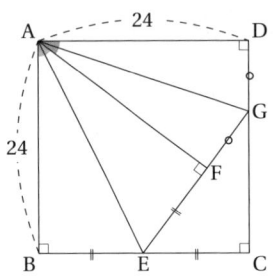

문제 306

$\overline{AB} = \overline{AC}$인 이등변삼각형의 내부에 한 점 D를 잡으면, $\overline{BD} = 6$, $\overline{DC} = 10$, ∠ABD = ∠BCD, ∠DBC = ∠DCA이다. 이때, 삼각형 ABD와 삼각형 ACD의 넓이의 비를 구하여라.

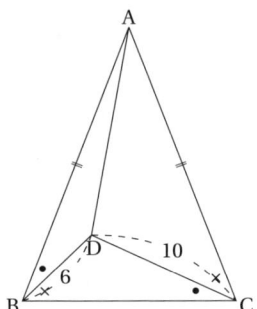

문제 307　　　　　　　　　　그림보고 다시 풀기

∠A = 90°인 직각삼각형 ABC에서 변 BC, AB, AC위에 각각 점 D, E, F를 잡으면, $\overline{AE} = \overline{AF}$, $\overline{ED} = 12$, ∠EDB = 22.5°, ∠EDF = 90°이다. 이때, 사각형 AEDF의 넓이를 구하여라.

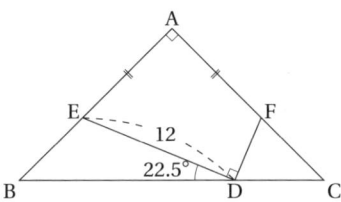

문제 308　　　　　　　　　　그림보고 다시 풀기

사각형 ABCD에서 ∠A = 90°, ∠B = 45°, ∠C = 75°, ∠D = 150°, $\overline{BC} = 12$이다. $\overline{CD} : \overline{DA} = 2 : 1$일 때, 사각형 ABCD의 넓이를 구하여라.

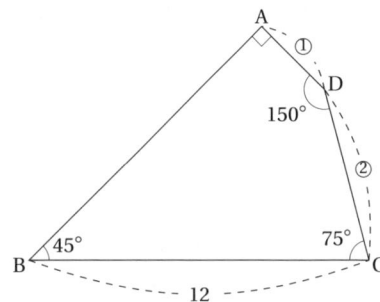

문제 309

삼각형 ABC의 외접원 위의 점 A에서의 접선과 직선 BC가 점 D에서 만난다. 선분 AD의 중점을 M이라 할 때, 선분 BM이 삼각형 ABC의 외접원과 점 E(≠ B)에서 만난다. ∠ACE = 25°, ∠CED = 84°일 때, ∠ADE의 크기를 구하여라.

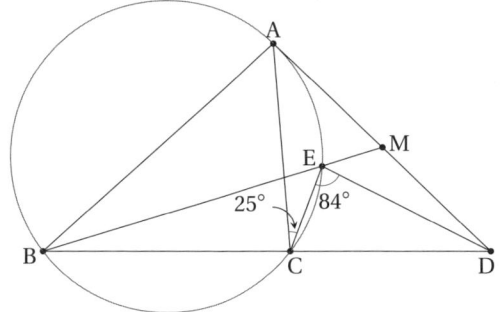

문제 310

∠ACB = 35°, ∠ABC > 90°인 삼각형 ABC의 내접원과 변 AB, BC, CA와의 접점을 각각 D, E, F라 하고, ∠AGE = 64°를 만족하는 점 G를 ∠ACB의 이등분선 위에 잡는다. ∠EAG = 26°일 때, ∠ABC의 크기를 구하여라.

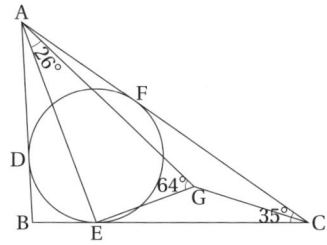

문제 311 『그림보고 다시 풀기』

$\overline{AB} \parallel \overline{BC}$, $\overline{AB} = \overline{CD} = 16$, $\overline{BC} = 26$, $\overline{AD} = 10$인 사다리꼴 ABCD에서 변 CD위에 $\overline{CE} = 10$인 점 E를 잡는다. 이때, 선분 AE의 길이를 구하여라.

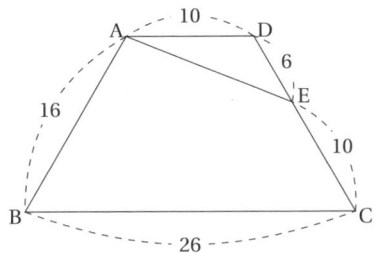

문제 312 『그림보고 다시 풀기』

∠B > 90°, $\overline{AB} = \overline{BC}$, $\overline{AC} = 16$인 삼각형 ABC에서 변 AB의 연장선(점 B쪽의 연장선) 위에 $\overline{BC} = \overline{CD}$인 점 D를 잡으면, ∠CDB = 30°이다. 선분 AD에 대하여 점 C의 반대편에 ∠ADE = 45°, $\overline{DE} = 12$인 점 E를 잡고, 선분 AE를 그린다. 이때, 삼각형 ADE의 넓이를 구하여라.

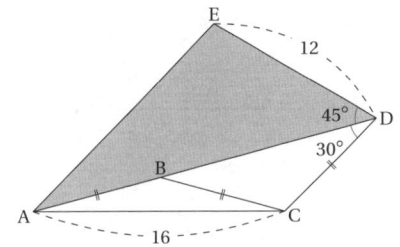

문제 313

$\overline{AD} \parallel \overline{BC}$, $\overline{AB} = 6$, $\angle A = \angle B = 90°$인 사다리꼴 ABCD에서 $\angle BAC = 60°$, $\angle DBC = 75°$이다. 이때, 사다리꼴 ABCD의 넓이를 구하여라.

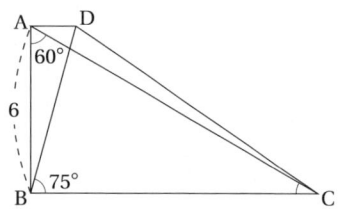

문제 314

$\overline{AB} = \overline{AC} = 10$, $\angle C = 90°$인 직각이등변삼각형 ABC에서 변 AB 위에 $\overline{AD} : \overline{DB} = 3 : 7$인 점 D를 잡고, 점 B에서 선분 CD에 내린 수선의 발을 E라 한다. 이때, 삼각형 EBC의 넓이를 구하여라.

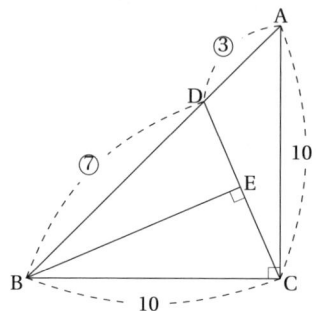

문제 315 그림보고 다시 풀기

정사각형 ABCD에서 변 AB, BC, CD 위에 각각 점 E, F, G를 잡고, 점 G에서 선분 EF에 내린 수선의 발을 F라 하면, ∠EFB = 45°, $\overline{EH}$ = 6, $\overline{GH}$ = 8이다. 이때, 정사각형 ABCD의 넓이를 구하여라.

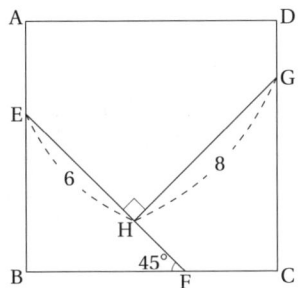

문제 316 그림보고 다시 풀기

∠B = 90°인 직각삼각형 ABC에서 ∠A의 이등분선과 변 BC와의 교점을 D라 하고, 점 D를 지나 선분 AD에 수직인 직선과 변 AC와의 교점을 E라 한다. $\overline{AB}$ = 12, $\overline{AE}$ = 15일 때, 삼각형 EDC의 넓이를 구하여라.

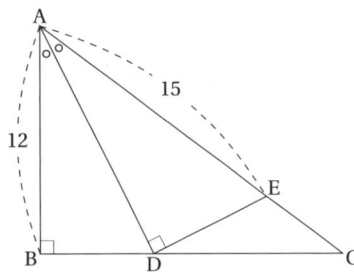

문제 317

$\overline{AB}=12$, $\overline{BC}=18$인 직사각형 ABCD가 있다. 변 AB위에 $\overline{AE}=8$인 점 E를, 변 BC위에 $\overline{BF}=6$, $\overline{GC}=4$인 점 F, G를, 변 CD위에 $\overline{HD}=6$인 점 H를, 변 DA위에 $\overline{DI}=6$인 점 I를 잡는다. 이때, 삼각형 IEF와 삼각형 IGH의 넓이의 비를 구하여라.

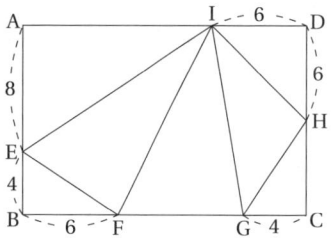

문제 318

$\overline{AB}=\overline{BC}=12$, $\angle B=30°$인 이등변삼각형 ABC에서 $\overline{BD}=\overline{DE}=\overline{EC}$, $\angle DBC=\angle ECB=30°$를 만족하도록 점 D는 변 AB 위에, 점 E는 삼각형 ABC의 내부에 잡는다. 이때, 오목사각형 ADEC의 넓이를 구하여라.

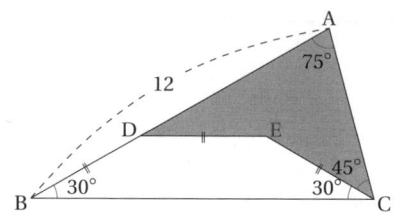

문제 319

정팔각형 ABCDEFGH에서 세 대각선 AE, DG, EG를 그리고, 대각선 AE와 DG의 교점을 I라 한다. 정팔각형 한 변의 길이가 12일 때, 삼각형 IEG의 넓이를 구하여라.

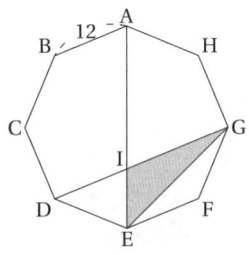

문제 320

∠B = 20°이고, ∠A > 90°인 둔각삼각형 ABC에서 변 BC위에 $\overline{AB} = \overline{DC}$인 점 D를 잡으면, ∠ADC = 40°이다. 이때, ∠ACB의 크기를 구하여라.

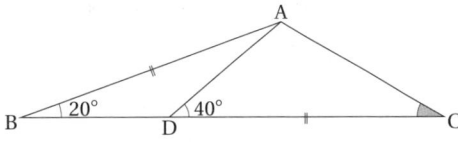

문제 321 *그림보고 다시 풀기*

사각형 ABCD에서 변 CD위의 한 점 E를 잡으면, 삼각형 AED와 삼각형 CEB는 합동이고, 세 변의 길이의 비가 $\overline{BE} : \overline{BC} : \overline{CE} = \overline{ED} : \overline{AD} : \overline{AE} = 3 : 4 : 5$인 직각삼각형이다. 삼각형 AED의 넓이가 150일 때, 사각형 ABCD의 넓이를 구하여라.

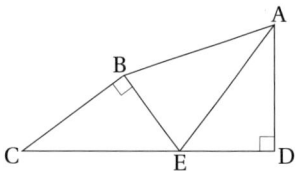

문제 322 *그림보고 다시 풀기*

삼각형 ABC에서 $\overline{AB} = 45$와 $\overline{AC} = 33$이다. 점 D는 변 BC의 중점, 점 E와 F는 선분 AD를 삼등분하는 점 ($\overline{AE} = \overline{EF} = \overline{FD}$)이고, $\overline{CF} = \overline{CD}$이다. 직선 CF와 BE의 교점을 X라 할 때, 선분 EX의 길이를 구하여라.

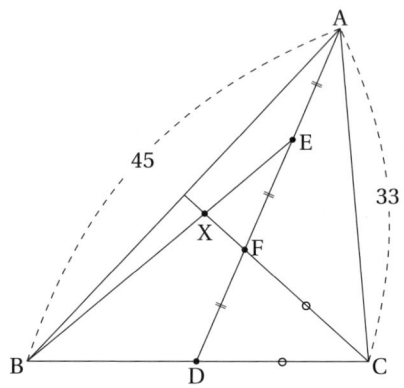

문제 323 *그림보고 다시 풀기*

정사각형 ABCD에서 변 BC 위의 점 E와 변 DA위의 점 G에 대하여 직선 EG에 대하여 점 C, D가 각각 대칭이동한 점을 C′, D′라 하면, 점 C′는 변 AB위에 있다. 선분 C′D′와 변 AD와의 교점을 F, 변 AB의 중점을 M, 선분 GE의 중점을 N이라 한다. 선분 MN에 대하여 점 E가 대칭이동한 점을 E′라 하고, 선분 C′D′와 선분 E′N과의 교점을 H라 한다. ∠E′HF = 87°일 때, ∠C′EB의 크기를 구하여라.

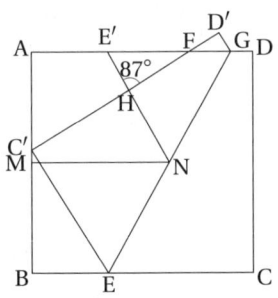

문제 324 *그림보고 다시 풀기*

삼각형 ABC에서 $\overline{AB} = 4$, $\overline{BC} = 5$, $\overline{CA} = 6$이다. 삼각형 ABC의 수심을 H, 외심을 O라 하고 직선 AO와 직선 BH, CH의 교점을 각각 X, Y라고 한다. 선분 XY와 선분 HX의 길이의 비를 구하여라.

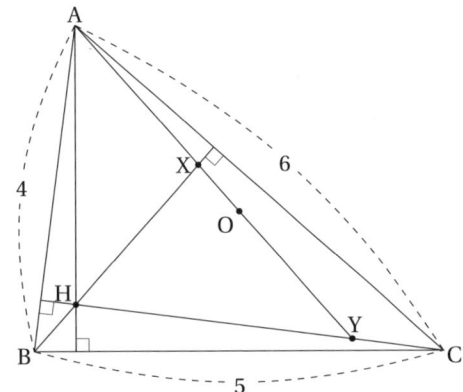

문제 325 그림보고 다시 풀기

원에 내접하는 육각형 ABCDEF에서, $\overline{AE} = \overline{BF} = \overline{CD}$ 이고, 선분 AE와 BF의 교점을 G라 하면, ∠AGF = 142° 이다. 선분 AE, BF, CD의 중점을 각각 P, Q, R이라 할 때, ∠QRP의 크기를 구하여라.

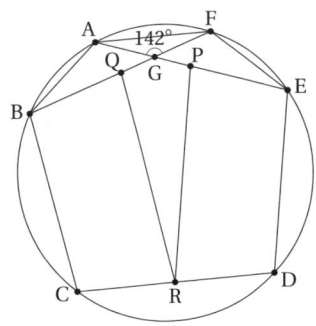

문제 326 그림보고 다시 풀기

한 변 AB를 공유하는 합동인 두 정칠각형 ABCDEFG와 ABHIJKL에서 변 AB의 연장선(점 B쪽의 연장선)과 변 ED의 연장선(점 D쪽의 연장선)의 교점을 O라 한다. 삼각형 BOD의 넓이가 326일 때, 삼각형 LOF의 넓이를 구하여라.

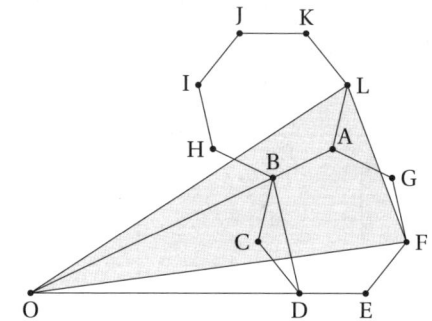

문제 327 그림보고 다시 풀기

이등변삼각형 ABC에서 $\overline{AB} = \overline{AC} = 12$, $\overline{BC} = 9$이다. 변 AC위에 $\overline{CD} = 2$가 되도록 점 D를 잡자. 점 D와 변 BC의 중점을 연결한 직선이 변 AB와 만나는 점을 E라 할 때, 선분 BE의 길이를 구하여라.

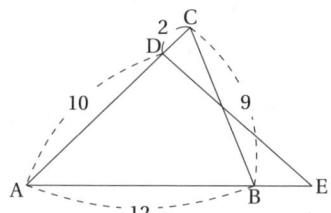

문제 328 그림보고 다시 풀기

예각삼각형 ABC에서 변 AB를 한 변으로 하는 정사각형 ABED를 그리고, 변 AC를 한 변으로 하는 정사각형 ACHI를 그리고, 변 BC를 한 변으로 하는 정사각형 BFGC를 그린다. 점 E와 점 H를 연결하고, 선분 EH와 변 AB, AC와의 교점을 각각 J, K라 한다. 삼각형 EBJ의 넓이가 S_2이고, 삼각형 AJK의 넓이가 S_1이고, 삼각형 KCH의 넓이가 S_3일 때, 정사각형 BFGC의 넓이를 S_1, S_2, S_3를 이용하여 나타내어라.

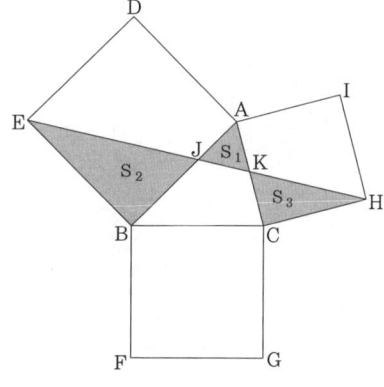

문제 329

정사각형 ABCD에서 대각선 DB위에 $\overline{DE}:\overline{EB} = 1:3$이 되는 점 E를 잡고, 선분 AE의 연장선과 변 DC와의 교점을 F라 한다. 또, 변 BC위에 점 G를, 선분 AG와 GE의 길이의 합(즉, $\overline{AG} + \overline{GE}$)이 최소가 되도록 잡는다. 선분 AG와 대각선 DB의 교점을 H라 한다. $\overline{AB} = 8$일 때, 삼각형 AHE의 넓이를 구하여라.

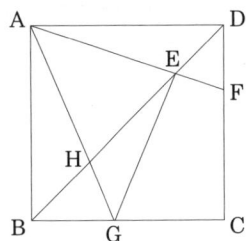

문제 330

삼각형 ABC의 내부에 한 점 P를 잡고, P와 꼭짓점 A, B, C를 연결 하면, ∠PBC = 13°, ∠PCB = 30°, ∠PCA = ∠PAC = 17°이다. 이때, ∠PBA의 크기를 구하여라.

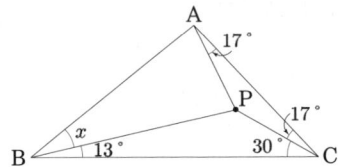

문제 331

∠A = 60°, ∠B = 50°인 삼각형 ABC에 내접하는 원이 원과 변 BC, CA, AB와 접하는 점을 각각 D, E, F라 하고, 원의 중심을 I라 한다. 또, 직선 AI와 ED의 교점을 G라 한다. 이때, 다음 물음에 답하여라.

(1) ∠IGE의 크기를 구하여라.

(2) ∠DBG의 크기를 구하여라.

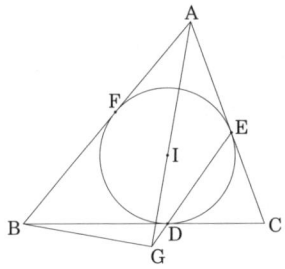

문제 332

삼각형 ABC의 꼭짓점 A에서 변 BC에 내린 수선의 발을 D, 변 BC의 중점을 M이라 한다. $\overline{MD} = 15$이고, ∠BAM = ∠CAD = 15°일 때, 삼각형 ABC의 넓이를 구하여라. (단, ∠A > 30°)

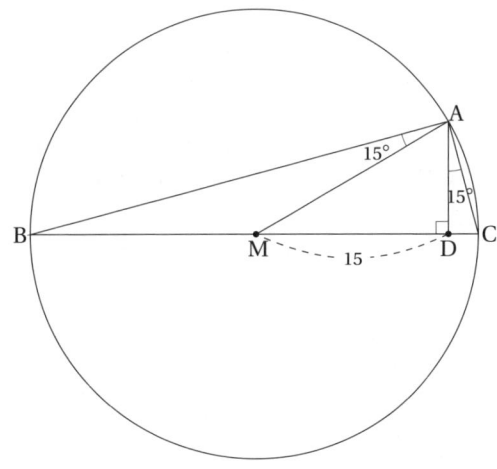

문제 333 　　　　　　　　　　　　그림보고 다시 풀기

$\overline{AB} = \overline{AD}$, $\angle A = \angle C = 90°$인 사각형 ABCD에서 대각선 AC와 BD의 교점을 E라 한다. $\overline{AC} = 8$, $\overline{BD} = 10$일 때, 선분 AE와 선분 EC의 길이의 비를 구하여라.

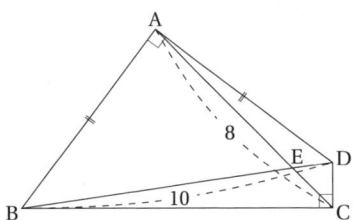

문제 334 　　　　　　　　　　　　그림보고 다시 풀기

예각삼각형 ABC의 외심을 O, 각 A의 이등분선과 변 BC가 만나는 점을 D, 삼각형 ABD의 외접원과 선분 OA의 교점을 E(≠ A)라 한다. ∠OCB = 14°이고 ∠OCA = 18°일 때, ∠DBE의 크기를 구하여라.

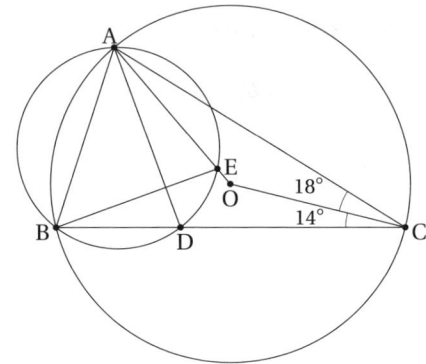

문제 335

직사각형 ABCD에서 ∠EBC = 26°를 만족하는 점 E를 변 CE위에 잡고, 선분 BE에 대하여 점 C가 대칭이동한 점을 C'라 한다. 또, ∠DAF = 24°인 점 F를 선분 BE 위에 잡고, 선분 AF와 선분 BC'의 교점을 G라 한다. 선분 AF에 대하여 점 C', D, E가 대칭이동한 점을 각각 C'', D', E'라 한다. 이때, ∠E'C''F의 크기를 구하여라.

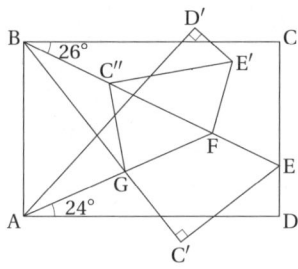

문제 336

$\overline{AC} = 14$, $\overline{AB} = 21$, $\overline{BC} = 28$인 삼각형 ABC에서 변 BC 위에 $\overline{BD} = \overline{AD}$인 점 D를 잡는다. 이때, 선분 DC의 길이를 구하여라.

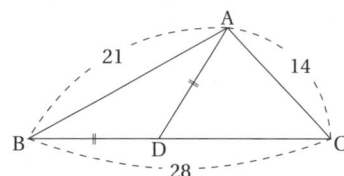

문제 337

∠B = 24°, ∠C = 90°인 직각삼각형 ABC에서 변 AC를 한 변으로 하는 정사각형 AEDC와 ACFG를 그리고, 변 BD를 한 변으로 하는 정사각형 BDHI를 그린다. 이때, ∠BIF의 크기를 구하여라. 단, 점 D는 변 BC위에 있고, 점 F는 변 BC의 연장선(점 C쪽의 연장선) 위에 있고, 점 E는 선분 HD 위에 있다.

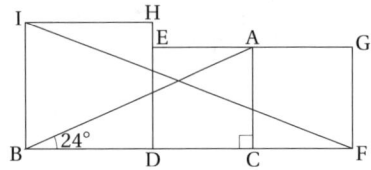

문제 338

삼각형 ABC에서 $\overline{AB} = \overline{AC}$이고, ∠B = 40°이다. 변 BC 위의 점 D를 ∠ADC = 120°가 되도록 잡고, 각 C의 이등분선과 변 AB의 교점을 E라 한다. ∠DEC의 크기를 구하여라.

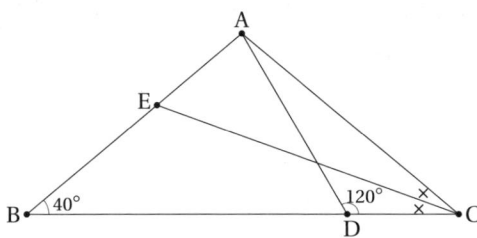

문제 339 ─ 그림보고 다시 풀기

사각형 ABCD의 두 대각선 AC와 BD의 교점을 E라 하고, 변 CD 위의 점 F를 잡는다. 삼각형 ABD와 삼각형 BCF는 정삼각형이고, $\overline{AB} = 10$, $\overline{FD} = 8$일 때, 선분 AE와 EC의 길이의 비를 구하여라.

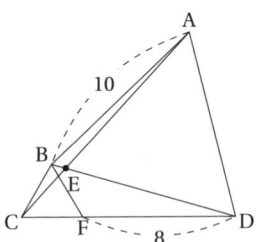

문제 340 ─ 그림보고 다시 풀기

삼각형 ABC에 대하여 각 C의 이등분선이 변 AB와 만나는 점을 D라 하고 직선 CD와 평행하고 점 B를 지나는 직선이 직선 AC와 만나는 점을 E라 한다. $\overline{AD} = 6$, $\overline{BD} = 6$, $\overline{BE} = 15$일 때, $\overline{AC}^2$의 값을 구하여라.

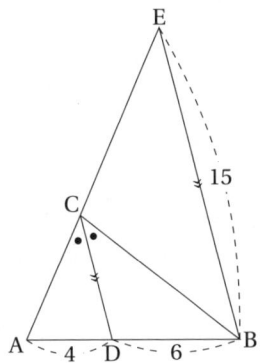

문제 341 *그림보고 다시 풀기*

∠B = 60°인 삼각형 ABC에서 세 내각의 이등분선의 교점을 I라 하고, 선분 BI에 수직인 직선과 변 AB, BC와의 교점을 각각 D, E라 하면, $\overline{DI}=20$, $\overline{EC}=25$이다. 이때, 선분 AD의 길이를 구하여라.

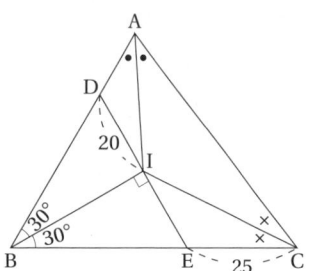

문제 342 *그림보고 다시 풀기*

삼각형 ABC에서 $\overline{AB}=\overline{AC}$이고 ∠ABC > ∠CAB이다. 점 B에서 삼각형 ABC의 외접원에 접하는 직선이 직선 AC와 점 D에서 만난다. 선분 AC 위의 점 E는 ∠DBC = ∠CBE를 만족하는 점이다. $\overline{BE}=40$, $\overline{CD}=25$일 때, 선분 AE의 길이를 구하여라.

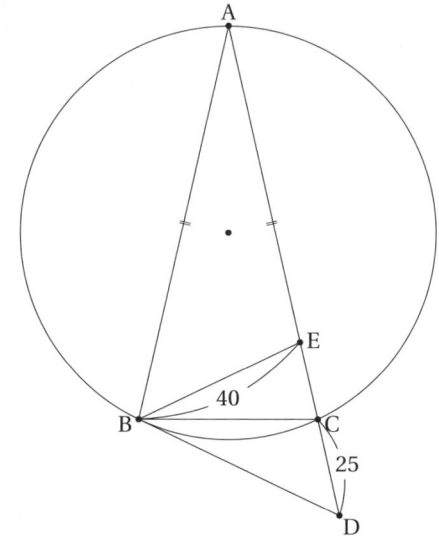

문제 343 — 그림보고 다시 풀기

점 B를 중심으로 하는 호 AC, 점 C를 중심으로 하는 호 AB와 변 BC로 둘러싸인 도형이 있다. 호 AB 위의 점 D, 호 AC 위의 점 E, 변 BC 위의 점 F를 잡으면, $\angle BDE = \angle DEF = 90°$, $\overline{BF} = \overline{FC} = 10$이다. 이때, 사다리꼴 DBFE의 넓이를 구하여라.

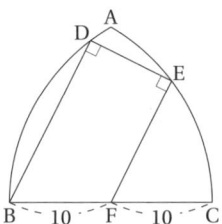

문제 344 — 그림보고 다시 풀기

원에 내접하는 칠각형 ABCDEFG의 변 CD와 변 AG가 평행하고, 변 EF와 변 AB가 평행하다. $\angle AFB = 50°$, $\angle AEG = 15°$, $\angle CBD = 30°$, $\angle EDF = 13°$일 때, $\angle DGE$의 크기를 구하여라.

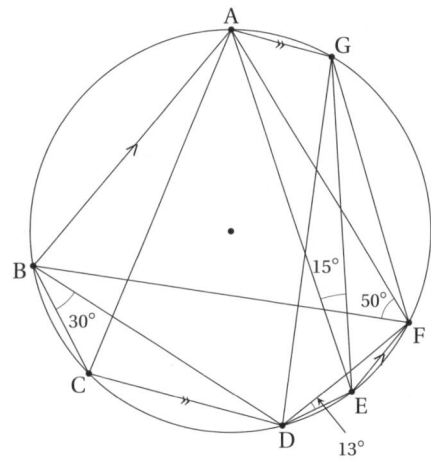

문제 345 그림보고 다시 풀기

직사각형 ABCD에서 변 AB 위에 ∠DEC = 45°가 되도록 점 E를 잡는다. $\overline{AE} = 6$, $\overline{BC} = 14$일 때, 삼각형 DEC의 넓이를 구하여라.

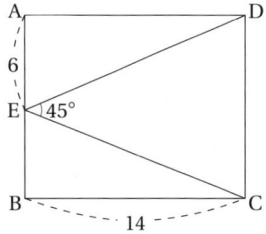

문제 346 그림보고 다시 풀기

삼각형 ABC가 ∠BAC > 90°, $\overline{AB} = 12$, $\overline{CA} = 20$을 만족한다. 변 BC의 중점을 M, 변 CA의 중점을 N이라 한다. 두 점 A와 N을 지나고 직선 AM에 접하는 원을 O라 하고, 직선 AB와 원 O가 만나는 점을 P(≠ A)라 한다. 이때, 삼각형 ABC와 삼각형 ANP의 넓이의 비를 구하여라.

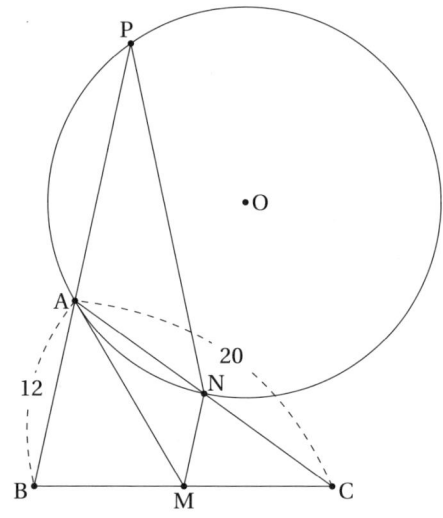

문제 347 〔그림보고 다시 풀기〕

예각삼각형 ABC에서 각 A의 이등분선이 변 BC와 만나는 점을 D, 삼각형 ABC의 내심을 I, 삼각형 ABC의 방접원 중 변 BC에 접하는 것의 중심을 J라 한다. $\overline{AD} = 5$, $\overline{DJ} = 10$일 때, 삼각형 BCI의 외접원의 반지름의 길이를 구하여라.

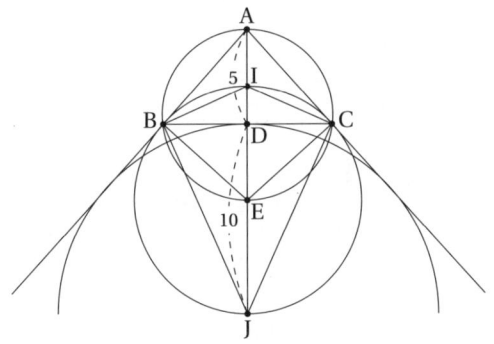

문제 348 〔그림보고 다시 풀기〕

∠A = 96°, ∠C = 30°인 삼각형 ABC에서 변 AC 위에 $\overline{AB} = \overline{CD}$를 만족하는 점 D를 잡는다. 이때, ∠ADB의 크기를 구하여라.

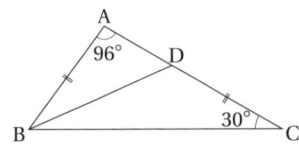

문제 349

∠ACB = 45°인 예각삼각형 ABC에서 무게중심을 G, 외심을 O라 한다. $\overline{OG}$ = 5이고, $\overline{OG} \parallel \overline{BC}$이다. 선분 BC의 길이를 구하여라.

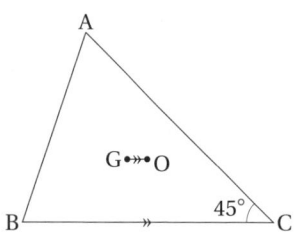

문제 350

볼록사각형 ABCD가 있다. 삼각형 ABD와 BCD의 외접원을 각각 O_1과 O_2라 한다. 점 A에서 원 O_1의 접선과 점 C에서 원 O_2의 접선의 교점이 직선 BD위에 있다. $\overline{AB} = 7, \overline{AD} = 4, \overline{CD} = 8$일 때, 선분 BC의 길이를 구하여라.

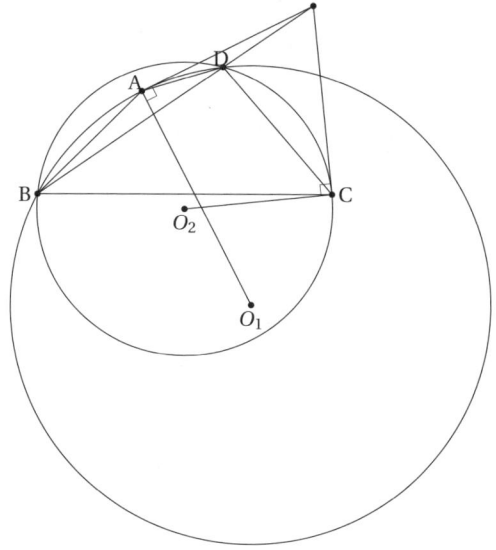

문제 351 [그림보고 다시 풀기]

정사각형 ABCD에서 ∠CAE = 30°, $\overline{AC} = \overline{AE}$인 이등변삼각형 ACE를 그리고, 선분 DP를 그린다. 이때, ∠CED의 크기를 구하여라.

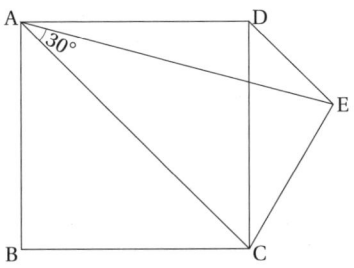

문제 352 [그림보고 다시 풀기]

예각삼각형 ABC에서 $\overline{AB} = 24$, $\overline{AC} = 18$이다. 원 O는 점 B에서 직선 AB에 접하고 점 C를 지난다. 원 O와 직선 AC의 교점을 D(≠ C)라 한다. 점 D와 선분 AB의 중점을 지나는 직선이 원 O와 점 E(≠ D)에서 만난다. $\overline{AE} = 15$일 때, 선분 DE의 길이를 구하여라.

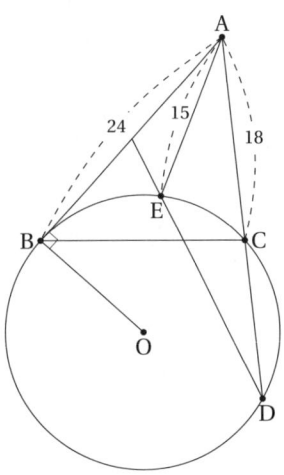

문제 353 _그림보고 다시 풀기_

선분 AB위의 점 C가 $\overline{AC} = 5$, $\overline{CB} = 4$를 만족한다. 점 B를 지나고 직선 AB에 수직한 직선을 ℓ이라 한다. ℓ 위의 점 P 중 ∠APC의 크기가 가장 크게 되도록 하는 점을 P_0이라 할 때, 선분 BP_0의 길이를 구하여라.

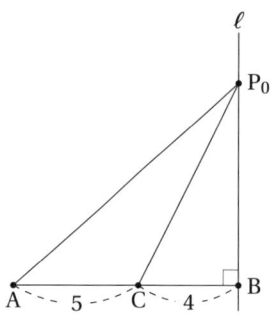

문제 354 _그림보고 다시 풀기_

원에 내접하는 오각형 ABCDE에서 선분 AD와 CE의 교점을 F라 하면, ∠AFE = 90°이고 $\overline{AF} : \overline{FD} = \overline{CF} : \overline{FE} = 2 : 1$이다. 직선 BE는 선분 AF의 중점을 지나고, $\overline{AB} = 10$일 때, 오각형 ABCDE의 넓이를 구하여라.

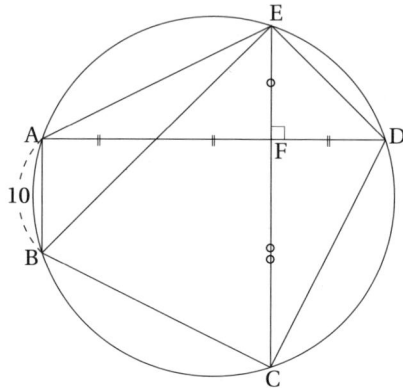

문제 355 ─────── 그림보고 다시 풀기

점 O를 중심으로 하는 두 원 O_1, O_2가 있다. 원 O_1 위의 서로 다른 두 점 A, B에 대하여 선분 AB가 원 O_2와 서로 다른 두 점에서 만나는데, 이 두 점 중 점 B에 가까운 점을 C라 한다. 원 O_2위의 점 D에 대하여 직선 AD가 원 O_2에 접한다. $\overline{AC}=36$, $\overline{AD}=24$일 때, 선분 BC의 길이를 구하여라. 단, 원 O_1의 반지름이 원 O_2의 반지름보다 길다.

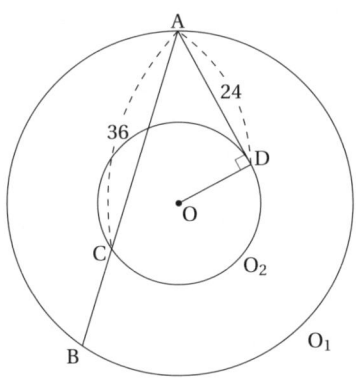

문제 356 ─────── 그림보고 다시 풀기

사각형 ABCD가 지름이 $\overline{AC}$인 원 O에 내접한다. 원 O의 현 XY는 직선 AC에 수직이고 변 BC, DA와 각각 점 Z, W에서 만난다. $\overline{BY}=5\times\overline{BX}$, $\overline{DX}=10\times\overline{DY}$, $\overline{ZW}=49$일 때, 선분 XY의 길이를 구하여라.

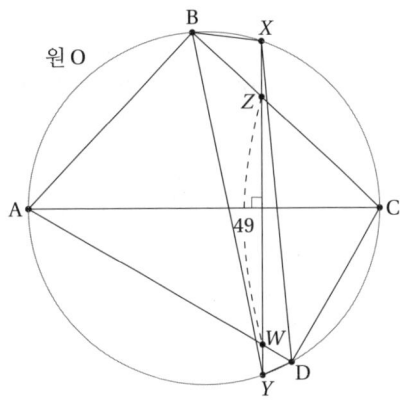

문제 357 〔그림보고 다시 풀기〕

$\overline{AB} = 3$, $\overline{BC} = 5$, $\overline{CA} = 4$인 직각삼각형 ABC에서 변 BC, CA, AB를 각각 한 변으로 하는 정사각형 BDEC, CFGA, AHIB를 직각삼각형 ABC의 외부에 그린다. 선분 EF, GH, ID를 연결하고, 선분 EF, GH, ID를 각각 한 변으로 하는 정사각형 EKLF, GMNH, IOJD를 육각형 DEFGHI의 외부에 그리고, 선분 JK, LM, NO를 연결한다. 이때, 육각형 JKLMNO의 넓이를 구하여라.

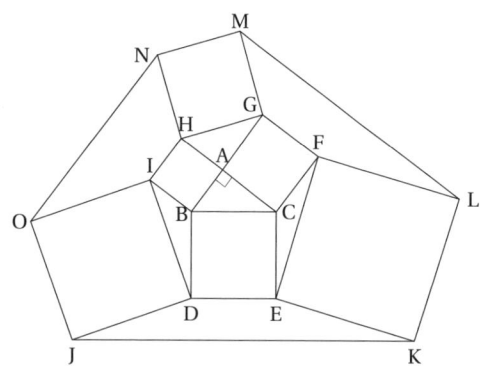

문제 358 〔그림보고 다시 풀기〕

삼각형 ABC에서 ∠BAC = 90°, $\overline{AB} = 12$이다. 변 AB, BC의 중점을 각각 M, N이라 하고 삼각형 ABC의 내심을 I라 한다. 네 점 M, B, N, I가 한 원 위에 있을 때 변 CA의 길이를 구하여라.

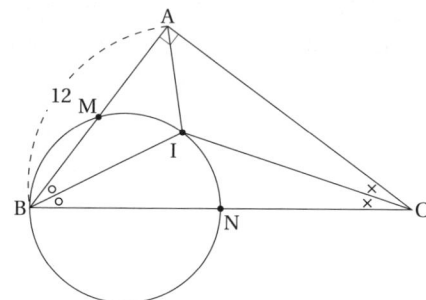

문제 359 그림보고 다시 풀기

$\overline{AB} = \overline{BC}$, $\overline{AC} = \overline{AD}$, $\angle B = 90°$, $\angle CAD = 30°$인 사각형 ABCD와 $\overline{ED} = \overline{EG}$, $\overline{FE} = \overline{FG}$, $\angle F = 90°$, $\angle DEG = 30°$인 사각형 EFGD와 $\overline{HE} = \overline{HJ}$, $\overline{IH} = \overline{IE}$, $\angle I = 90°$, $\angle EHJ = 30°$인 사각형 HIEJ는 서로 닮음으로, 점 A는 선분 EH 위에, 점 J는 선분 EG 위에 있다. 변 CD의 연장선과 선분 EG의 교점을 K라 한다. $\overline{DK} = 22$일 때, 삼각형 ABC의 넓이를 구하여라.

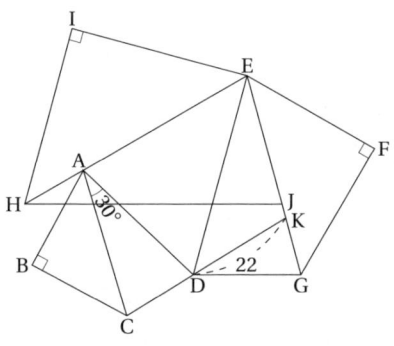

문제 360 그림보고 다시 풀기

삼각형 ABC에서 $\angle A = 90°$, $\overline{AB} = \overline{AC}$이다. 변 AC위에 $\angle ABP = 20°$인 점 P, $\overline{AP} = \overline{CQ}$를 만족하는 점 Q를 각각 잡는다. 점 A를 지나 선분 BP에 수직인 직선과 변 BC와의 교점을 R이라 할 때, ∠QRC의 크기를 구하여라.

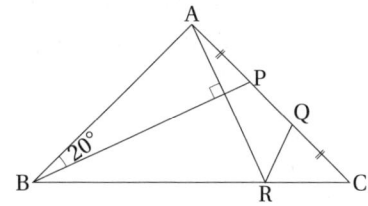

문제 361 _그림보고 다시 풀기_

예각삼각형 ABC의 수심 H에서 변 BC에 내린 수선의 발을 D라 하고 선분 DH를 지름으로 하는 원과 직선 BH, CH의 교점 중 점 H가 아닌 점을 각각 P, Q라 한다. 직선 DH와 PQ의 교점을 E라 하면, $\overline{HE} : \overline{ED} = 2 : 3$이고 삼각형 EHQ의 넓이가 100이다. 직선 PQ와 변 AB의 교점을 R이라 할 때, 삼각형 DQR의 넓이를 구하여라.

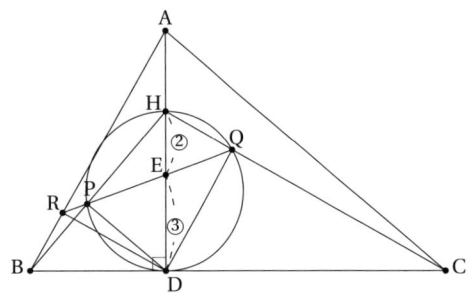

문제 362 _그림보고 다시 풀기_

$\overline{AB} = \overline{AC}$인 이등변삼각형 ABC의 내부에 ∠BCP = 30°, ∠APB = 150°, ∠CAP = 39°를 만족하는 점 P를 잡는다. 이때, ∠BAP를 구하여라.

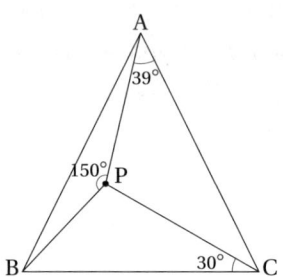

문제 363 그림보고 다시 풀기

예각삼각형 ABC의 한 변 BC를 지름으로 하는 원을 O라 한다. 변 AB위의 한 점 P를 지나고 변 AB에 수직인 직선이 변 AC와 만나는 점을 Q라 할 때, 삼각형 ABC의 넓이가 삼각형 APQ의 넓이의 4배이고, $\overline{AP} = 12$이다. 점 A를 지나는 직선이 점 T에서 원 O에 접할 때, 선분 AT의 길이를 구하여라.

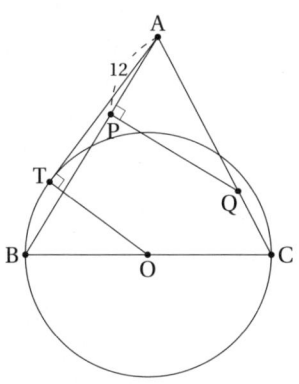

문제 364 그림보고 다시 풀기

원에 내접하는 사각형 ABCD에서 $\overline{AB} = 21$, $\overline{BC} = 54$이다. ∠CDA의 이등분선과 변 BC의 교점을 E라 하고, 선분 DE 위에 ∠AED = ∠FCD가 되도록 점 F를 잡으면 $\overline{BE} = 15$, $\overline{EF} = 9$이다. 이때, 선분 DF의 길이를 구하여라.

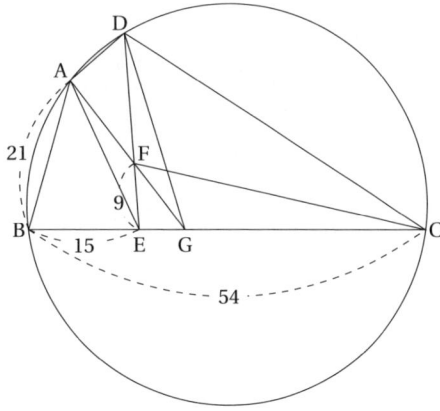

문제 365 　　　　　　　　　　　그림보고 다시 풀기

∠C = 90°인 직각삼각형 ABC에서, 변 AB 위의 점 M을 중심으로 하고, 두 변 AC, BC와 모두 접하는 원의 반지름이 12이다. 변 AB의 B쪽으로의 연장선 위에 점 N을 중심으로 하고 점 B를 지나며 직선 AC와 접하는 원을 그린다. $\overline{AM}$ = 15일 때, 선분 BN의 길이를 구하여라.

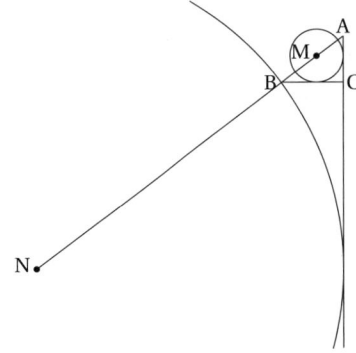

제 III 편

풀이

문제 275

넓이가 360인 정육각형 ABCDEF가 있다. 변 AF, BC, CD의 중점을 각각 P, Q, R이라 한다. 선분 QP, QE와 선분 AR의 교점을 각각 I, J라 한다. 이때, 삼각형 AIP의 넓이와 삼각형 IQJ의 넓이의 합을 구하여라.

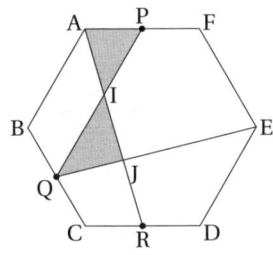

풀이 $\overline{AB} \parallel \overline{PQ} \parallel \overline{CF}$이므로 △QIJ = △QIA이다.
따라서 삼각형 AIP의 넓이와 삼각형 IQJ의 넓이의 합은 삼각형 AQP의 넓이와 같다.

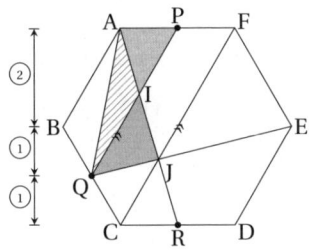

삼각형 PAB, PAQ, PAC에서 밑변을 $\overline{PA}$로 보면, 높이의 비가 2 : 3 : 4이고, 삼각형 PAC의 넓이가 정육각형 ABCDEF의 넓이의 $\frac{1}{6}$이므로 삼각형 PAQ의 넓이는 $360 \times \frac{1}{6} \times \frac{3}{4} = 45$이다.

문제 276

$\overline{AB} = 10$, $\overline{AC} = 15$인 예각삼각형 ABC에서, 변 AB의 수직이등분선과 변 BC의 연장선과의 교점을 D라 하고, 변 AC의 수직이등분선과 변 BC와의 교점을 E라 한다. 삼각형 ABD의 내접원과 삼각형 AEC의 내접원을 그린다. 삼각형 ABD의 내접원의 반지름과 삼각형 AEC의 내접원의 반지름의 비가 3 : 2일 때, 변 BC의 길이를 구하여라.

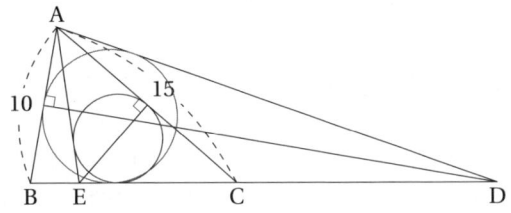

풀이 삼각형 ABC, ABD, AEC의 내접원의 중심을 각각 I, J, K라 하고, 그림과 같이 접점을 P, Q, R, S, T라 한다.

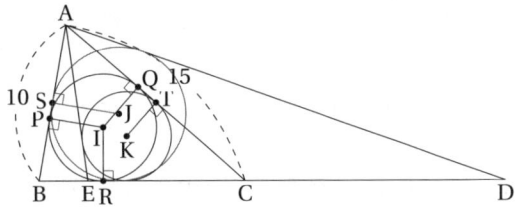

∠IBP = ∠JBS이므로 삼각형 IBP와 삼각형 JBS는 닮음이고, $\overline{BP} : \overline{PI} = \overline{BS} : \overline{SJ} = 5 : \overline{SJ}$이다.

∠ICQ = ∠KCT이므로 삼각형 ICQ와 삼각형 KCT는 닮음이고, $\overline{CQ} : \overline{QI} = \overline{CT} : \overline{TK} = 7.5 : \overline{TK}$이다.

원 J와 원 K의 반지름의 비가 3 : 2이므로 $\overline{SJ} : \overline{TK} = 3 : 2$이다. 즉, $3 \times \overline{TK} = 2 \times \overline{SJ}$이다.

그러므로 $\overline{BP} : \overline{CQ} = 5 \times 2 : 7.5 \times 3 = 4 : 9$이다.

$\overline{AP} = \overline{AQ}$이므로 $\overline{AC} - \overline{AB} = \overline{CQ} - \overline{BP} = 5$이다. 즉, $\overline{BP} : \overline{CQ} = 4 : 9$이다. 그러므로 $\overline{BP} = 4$, $\overline{CQ} = 9$이다. 따라서 $\overline{BC} = \overline{BP} + \overline{CR} = \overline{BP} + \overline{CQ} = 13$이다.

문제 277

∠ABC = 40°, ∠ACB = 30°인 삼각형 ABC에서 ∠ABC의 이등분선과 변 AC와의 교점을 D라 하고, 점 A에서 선분 BD에 내린 수선의 발을 E라 하고, 점 E에서 변 BC에 내린 수선의 발을 F라 한다. $\overline{AC}$ = 24일 때, 선분 EF의 길이를 구하여라.

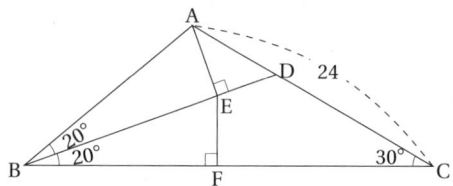

[풀이] 그림과 같이, 선분 AE의 연장선과 변 BC의 교점을 G라 하고, 점 A에서 변 BC에 내린 수선의 발을 H라 한다.

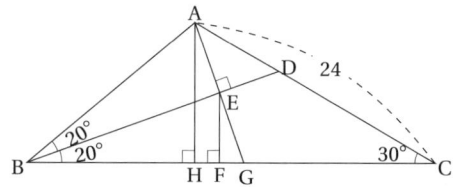

삼각형 AHC는 한 내각이 30°인 직각삼각형이므로, $\overline{AH} = \overline{AC} \times \frac{1}{2} = 12$이다.

삼각형 ABE와 삼각형 GBE는 합동이므로 $\overline{AE} = \overline{EG}$이다. AH ∥ EF이므로 삼각형 중점연결정리에 의하여 $\overline{EF} = \overline{AH} \times \frac{1}{2} = 6$이다.

문제 278

평행사변형 ABCD에서 $\overline{AB}$ = 35, $\overline{BC}$ = 49, $\overline{AC}$ = 42이다. 원 O가 점 A와 C를 지나고 점 C에서 직선 BC에 접한다. 직선 AD와 원 O가 만나는 점 E(≠ A)라 할 때, 선분 DE의 길이를 구하여라.

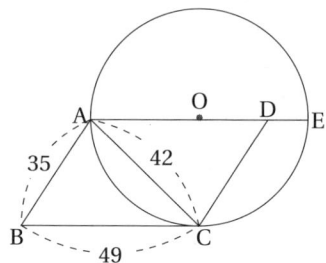

[풀이] 점 A에서 변 BC에 내린 수선의 발을 H라 하고, 점 C에서 변 AD에 내린 수선의 발을 F라 한다. 그러면 직각삼각형 ABH와 직각삼각형 CDF는 합동이다.

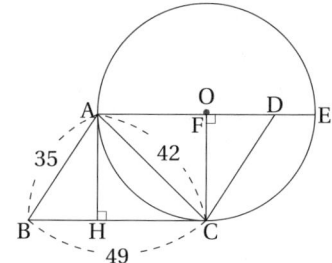

직각삼각형 ABH와 AHC에서 피타고라스의 정리에 의하여 $\overline{AH}^2 = \overline{AB}^2 - \overline{BH}^2 = \overline{AC}^2 - \overline{HC}^2$이 성립한다. 이 식에 $\overline{AB}$ = 35, $\overline{AC}$ = 42, $\overline{HC}$ = 49 − $\overline{BH}$를 대입하여 정리하면 $\overline{BH}$ = 19이다. 즉, $\overline{HC} = \overline{AF}$ = 30이다.

따라서 $\overline{DE} = \overline{FE} - \overline{FD}$ = 30 − 19 = 11이다.

문제 279

$\overline{AC} = 16$, $\overline{BC} = 30$인 삼각형 ABC에서 변 BC의 중점을 M이라 하면, $\overline{AB} : \overline{AM} = 2 : 1$이다. 이때, 삼각형 ABC의 넓이를 구하여라.

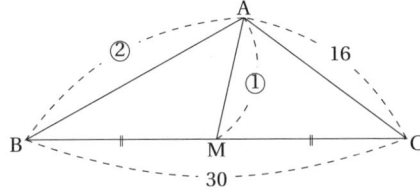

풀이 그림과 같이 평행사변형 ABDC를 그리고, 평행사변형 BDAE를 그린다.

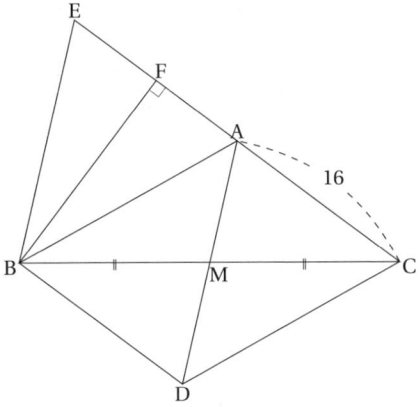

그러면, $\overline{BE} = \overline{AD} = 2 \times \overline{AM} = \overline{AB}$이다. 즉, 삼각형 EBA는 이등변삼각형이다. 점 B에서 선분 AE에 내린 수선의 발을 F라 하면, $\overline{AF} = \frac{1}{2} \times \overline{EA} = \frac{1}{2} \times \overline{AC} = 8$이다. 즉, $\overline{FC} = 24$이다. 직각삼각형 FBC에서 $\overline{BC} : \overline{FC} = 5 : 4$이므로 $\overline{FB} = 30 \times \frac{3}{5} = 18$이다.
따라서 삼각형 ABC의 넓이는 $16 \times 18 \times \frac{1}{2} = 144$이다.

문제 280

원에 내접하는 육각형 ABCDEF에서 선분 AD, BE, CF는 원의 지름이고, 변 AF의 점 F쪽의 연장선과 선분 CE의 점 E쪽의 연장선의 교점을 G라 한다. △ABG = 280, △EDG = 48일 때, 삼각형 ACE의 넓이를 구하여라.

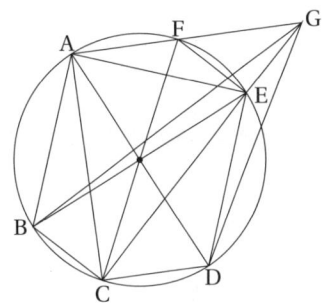

풀이 점 B를 지나 선분 AG에 평행한 직선과 선분 CG와의 교점을 H라 한다.

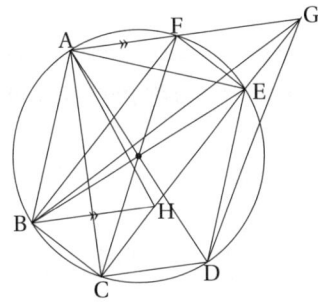

선분 BE와 CF가 지름이므로 사각형 BCEF는 직사각형이다. $\overline{FE} \parallel \overline{BC}$이므로 $\overline{FE} = \overline{BC}$, ∠FEG = ∠BCH = 90°이다. $\overline{FG} \parallel \overline{CH}$이므로 ∠FGE = ∠BHC이다. 따라서 △FEG ≡ △BCH이다. 즉, $\overline{EG} = \overline{CH}$이다.
그러므로 $\overline{AG} \parallel \overline{BH}$이므로 △ABG = △AHG이고, $\overline{CH} = \overline{EG}$이므로 △AHG = △ACE이다. 즉,

$$\triangle ACE = \triangle AHG = \triangle ABG = 280$$

이다.

문제 281

삼각형 ABC의 내부에 $\overline{AB} = \overline{DB} = \overline{DC}$인 점 D를 잡으면, ∠BDC = 147°, ∠ABD = 27°이다. 이때, ∠ACD의 크기를 구하여라.

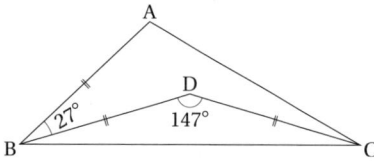

풀이 그림과 같이, 사각형 DBEC가 마름모가 되도록 점 E를 잡는다.

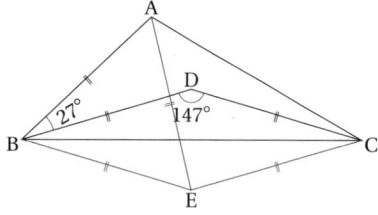

그러면, ∠DBE = 180° − 147° = 33°이다. 즉, ∠ABE = 60°이다. 따라서 삼각형 ABE는 정삼각형이다. 즉, ∠BEA = 60°이다.
∠AEC = 147° − 60° = 87°이므로 ∠ECA = $\frac{180° - 87°}{2}$ = 46.5°이다.
따라서 ∠ACD = 46.5° − 33° = 13.5°이다.

문제 282

정삼각형 ABC에서 ∠DBC = ∠ECB = 45°를 만족하는 점 D, E를 각각 변 CA, AB 위에 잡고, 선분 BD와 CE의 교점을 F라 한다. $\overline{BD}$ = 10일 때, 삼각형 FBC와 사각형 AEFD의 넓이의 차를 구하여라.

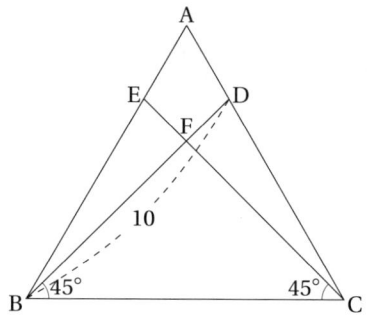

풀이 그림과 같이, 변 BA의 연장선 위에 $\overline{BD} = \overline{DG}$를 만족하는 점 G를 잡고, 점 G에서 선분 BD의 연장선 위에 내린 수선의 발을 H라 한다. 선분 ED를 그린다.

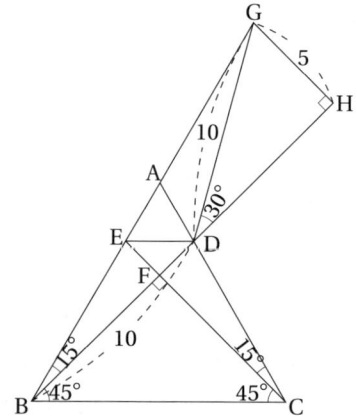

삼각형 BDG에서 외각의 성질에 의하여 ∠GDH = 30°이다. $\overline{GD}$ = 10이므로 $\overline{GH}$ = 5이다.
삼각형 ECD와 삼각형 DGA에서 $\overline{EC} = \overline{DG}$ = 10, $\overline{ED} = \overline{DA}$, ∠DEC = ∠ADG = 45°이므로 △ECD ≡ △DGA이다.
그러므로 삼각형 FBC와 사각형 AEFD의 넓이의 차는 사다리꼴 BCDE와 삼각형 BDG의 넓이의 차와 같다.
사다리꼴 BCDE의 넓이는 $10 \times 10 \times \frac{1}{2}$ = 50이고, 삼각형 BDG의 넓이는 $10 \times 5 \times \frac{1}{2}$ = 25이다.
따라서 구하는 삼각형 FBC와 사각형 AEFD의 넓이의 차는 25이다.

문제 283

∠C = 90°, $\overline{BC}$ = 26인 직각삼각형 ABC에서 변 BC 위에 $\overline{BD}$ = 16, $\overline{DE}$ = 4, $\overline{EC}$ = 6이 되도록 점 D, E를 잡고, 변 CA 위에 ∠DFC = 30°가 되도록 점 E를 잡는다. ∠BAE = 30°일 때, 선분 AF의 길이를 구하여라.

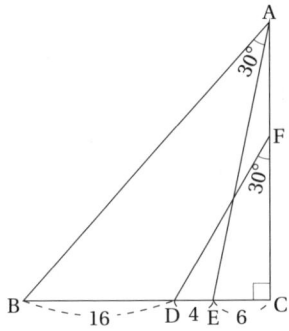

풀이 그림과 같이 선분 BE를 한 변으로 하는 정삼각형 OBE를 그린다.

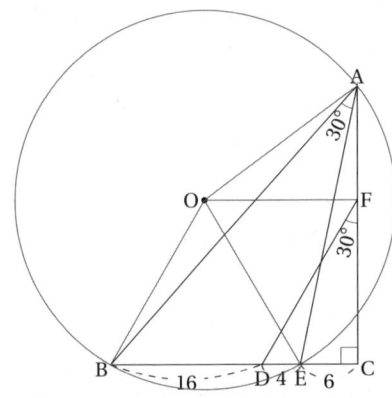

∠DFC = 30°이므로 $\overline{DF}$ = 2 × $\overline{DC}$ = 20이고, $\overline{BE}$ = 20이다.
또, ∠OBD = ∠FDC = 60°이므로 사각형 OBDF는 평행사변형이다.
∠BOE = 60°, ∠BAE = 30°이므로 점 O를 중심으로 선분 OB를 반지름으로 하는 원은 점 A를 지난다.
직각삼각형 AOF에서 $\overline{AO}$ = 20, $\overline{OF}$ = 16이므로 $\overline{AO}$: $\overline{OF}$: $\overline{FA}$ = 5 : 4 : 3이다. 따라서 $\overline{AF}$ = 12이다.

문제 284

∠A = 135°인 삼각형 ABC에서 점 A에서 변 BC에 내린 수선의 발을 D라 한다. $\overline{BD}$ = 22, $\overline{AD}$ = 14일 때, 삼각형 ABC의 넓이를 구하여라.

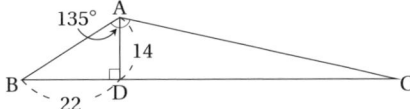

풀이1 그림과 같이, △EFB ≡ △BDA가 되도록 삼각형 EFB를 그리고, 점 E에서 직선 AD에 내린 수선의 발을 G라 한다.

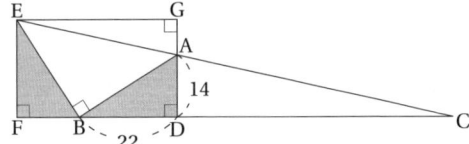

$\overline{BD}$ = 22, $\overline{AD}$ = 14, $\overline{GE}$ = 36, $\overline{GA}$ = 8이고, 삼각형 AGE와 삼각형 ADC는 닮음이므로,

$$\overline{DC} : \overline{AD} = \overline{GE} : \overline{AG}, \quad \overline{DC} = \frac{36 \times 14}{8} = 63$$

이다. 즉, $\overline{BC}$ = 85이다.
따라서 삼각형 ABC의 넓이는 $\frac{1}{2}$ × 85 × 14 = 595이다.

풀이2 그림과 같이, 점 C에서 변 BA의 연장선 위에 내린 수선의 발을 E라 한다.

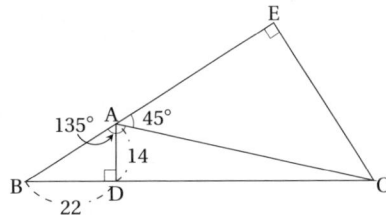

그러면, ∠EAC = 45°이므로 삼각형 AEC는 직각이등변삼각형이다. 즉, $\overline{EA}$ = $\overline{EC}$이다. 삼각형 ABD와 삼각형 CBE는 닮음이므로,

$$\overline{EC} : \overline{EB} = \overline{DA} : \overline{DB} = 14 : 22 = 7 : 11$$

이다. 즉, $\overline{AB} : \overline{AE} = \overline{AB} : \overline{EC} = 4 : 7$이다. 그러므로

$$\triangle ABC = \frac{1}{2} \times \overline{AB} \times \overline{EC} = \frac{1}{2} \times \overline{AB} \times \frac{7}{4} \times \overline{AB} = \frac{7}{8} \times \overline{AB}^2$$

이다. 삼각형 ABD에서 피타고라스의 정리에 의하여
$$\overline{AB}^2 = \overline{BD}^2 + \overline{AD}^2 = 22^2 + 14^2 = 680$$
이다. 따라서 △ABC = $\frac{7}{8}$ × 680 = 595이다.

| 문제 | 285

정사각형 ABCD에서 변 BC 위에 점 P를 잡는다. 점 C, A에서 선분 DP에 내린 수선의 발을 각각 H, I라 한다. 선분 AI위에 ∠BHQ = 90°가 되도록 점 Q를 잡는다. $\overline{AI}$ = 14, $\overline{CH}$ = 6일 때, 삼각형 QBH의 넓이를 구하여라.

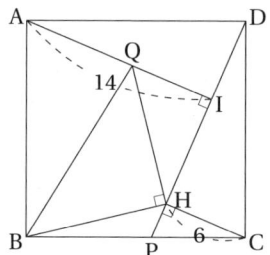

| 풀이 | 그림과 같이, 점 B에서 선분 AI에 내린 수선의 발을 R이라 하고, 선분 CH의 연장선과 선분 BR의 교점을 S라 하면, 삼각형 ABR, 삼각형 CBS, 삼각형 DCH, 삼각형 ADI는 모두 합동(RHA합동)이다. 그러므로 사각형 SRIH의 한 변의 길이는 8인 정사각형이다.

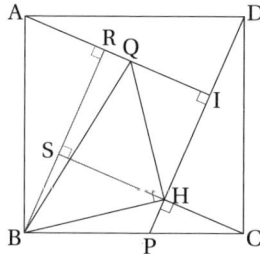

직각삼각형 HBS와 HQI에서 $\overline{HS}$ = $\overline{HI}$ = 8, ∠BHS = ∠QHI, ∠BSH = ∠QIH = 90°이므로 △HBS ≡ △HQI이다. 즉, $\overline{BS}$ = $\overline{QI}$ = 6이다. 그러므로 $\overline{BH}$ = $\overline{QH}$ = 10이다. 따라서 삼각형 BHQ의 넓이는 10 × 10 × $\frac{1}{2}$ = 50이다.

문제 286

∠B = ∠C = 40°인 삼각형 ABC가 있다. ∠ACB의 내각이등분선 위에 $\overline{AC} = \overline{CD}$인 점 D를 잡고, 선분 AD의 연장선과 변 BC와의 교점을 E라 한다. 변 BC와 선분 AD의 길이의 차가 15일 때, 선분 BE의 길이를 구하여라.

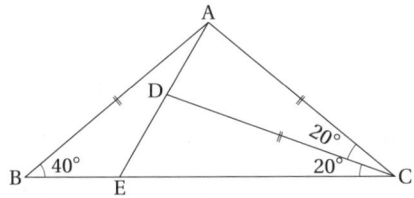

[풀이] 그림과 같이, 삼각형 ABE와 삼각형 CDF가 합동이 되도록 점 F를 변 BC 위에 잡는다.

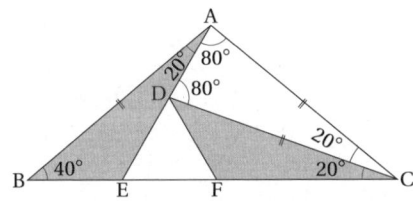

그러면 삼각형 DEF는 정삼각형이다. 즉, $\overline{DE} = \overline{EF} = \overline{DF} = \overline{BE}$이다. 따라서

$$15 = \overline{BC} - \overline{AD}$$
$$= (\overline{BE} + \overline{EF} + \overline{FC}) - \overline{AD}$$
$$= \overline{BE} + \overline{EF} + (\overline{FC} - \overline{AD})$$
$$= 3 \times \overline{BE}$$

이다. 따라서 $\overline{BE} = 5$이다.

문제 287

∠B = 90°인 직각삼각형 ABC에서 점 B에서 변 AC에 내린 수선의 발을 D라 하고, ∠A의 내각이등분선과 변 BC와의 교점을 E라 한다. 선분 AE와 BD의 교점을 F라 하고, 점 F를 지나 변 AC에 평행한 직선과 변 BC와의 교점을 G라 한다. $\overline{AB} = 40$, $\overline{GC} = 24$일 때, 선분 EG의 길이를 구하여라.

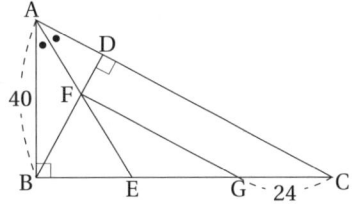

[풀이] 점 E에서 변 AC에 내린 수선의 발을 H, 선분 EH와 FG의 교점을 I, 점 B에서 선분 AE에 내린 수선의 발을 J라 한다.

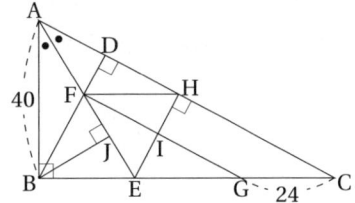

그러면, 삼각형 ABC와 삼각형 BDC, 삼각형 FBC, 삼각형 EHC는 닮음이다. 또, 삼각형 ABE와 삼각형 BJE, 삼각형 AJB, 삼각형 BJF, 삼각형 ADF는 닮음이다.
삼각형 ABE와 삼각형 AHE가 합동이므로 $\overline{BE} = \overline{EH}$이고, $\overline{BD} \parallel \overline{EH}$이므로 사각형 FBEH는 평행사변형이다. 또, 사각형 FGCH도 평행사변형이다. 즉, $\overline{BE} = \overline{FH} = \overline{GC} = 24$이다.
그러므로 $\overline{AB} : \overline{BE} = 40 : 24 = 5 : 3$이다.
또, $\overline{BJ} : \overline{JE} = \overline{AJ} : \overline{JB} = 5 : 3$이므로 $\overline{JE} : \overline{BJ} : \overline{AJ} = 9 : 15 : 25$이다. 따라서

$$\overline{AF} : \overline{FE} = (25 - 9) : (9 + 9) = 16 : 18 = 8 : 9$$

이다. 즉, $\overline{GC} : \overline{EG} = \overline{AF} : \overline{FE} = 8 : 9$이다.
따라서 $\overline{EG} = 24 \times \dfrac{9}{8} = 27$이다.

문제 288

한 변의 길이가 8인 정사각형 ABCD가 있다. 변 CD의 연장선(점 D쪽의 연장선) 위의 점 E에 대하여, 선분 BE와 변 AD의 교점을 F라 하면, 반지름이 2인 반원 O_1이 선분 BE와 점 G에서 접한다. 이때, 선분 CE의 길이를 구하여라.

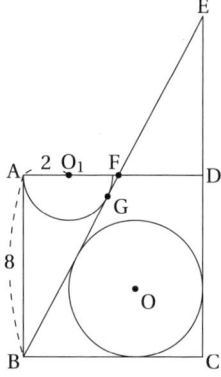

[풀이] 그림과 같이, 내접원 O와 선분 BE, 변 BC, CD와의 접점을 각각 H, I, J라 한다. 선분 OI의 연장선과 변 AD와의 교점을 K라 한다.

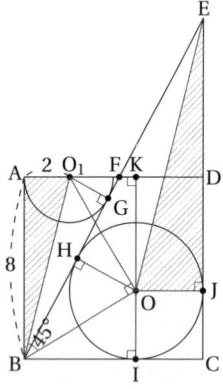

그러면, $\triangle ABO_1 \equiv \triangle GBO_1$이고, $\triangle BHO \equiv \triangle BIO$이다. 그러므로 $\angle O_1BO = 45°$이다. 즉, 삼각형 O_1BO는 직각이등변삼각형이고, $\triangle O_1OK \equiv \triangle OBI$이다. 따라서

$$\overline{BI} + \overline{O_1K} = 8, \quad \overline{BI} - \overline{O_1K} = 2$$

이다. 이를 풀면 $\overline{BI} = 5$, $\overline{O_1K} = 3$이다.
삼각형 BO_1A와 삼각형 EOJ는 닮음이고, $\overline{OJ} : \overline{EJ} = \overline{AO_1} : \overline{AB} = 1 : 4$이다. $\overline{OJ} = 3$이므로 $\overline{EJ} = 12$이다.
그러므로 $\overline{CE} = 12 + 3 = 15$이다.

문제 289

$\angle BAC = 76°$, $\overline{AB} = \overline{AC}$인 삼각형 ABC에서 $\angle DBC = \angle ACD = 30°$가 되도록 점 D를 잡는다. 이때, $\angle DAC$의 크기를 구하여라.

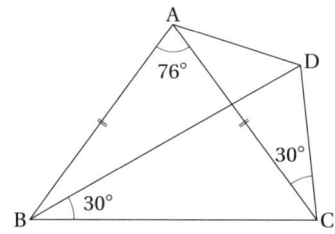

[풀이] 그림과 같이 점 A를 중심으로 하고 $\overline{AB}$를 반지름으로 하는 원과 선분 BD의 연장선과의 교점을 E($\neq$ B)라 한다.

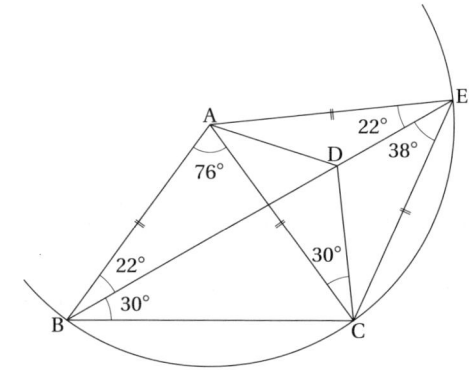

$\angle ABC = \angle ACB = 52°$이므로,

$$\angle AEB = \angle ABE = 22°, \quad \angle BEC = \frac{1}{2} \times \angle BAC = 38°$$

이다. 그러므로 $\angle AEC = 60°$이다. 즉, 삼각형 ACE는 정삼각형이다.
삼각형 DCE와 삼각형 DCA에서 $\angle DCE = \angle DCA = 30°$, $\overline{DC}$는 공통, $\overline{CA} = \overline{CE}$이므로 $\triangle DCE \equiv \triangle DCA$(SAS합동)이다.
따라서 $\angle DAC = \angle DEC = 38°$이다.

문제 290

넓이가 230인 정삼각형 ABC에서 변 AB를 5등분하는 점을 점 A에 가까운 순으로 D, E, F, G라 하고, 선분 FC를 한 변으로 하는 정삼각형 FCH와 선분 DC를 한 변으로 하는 정삼각형 DCI를 그린다. 선분 CH와 선분 DI의 교점을 P라 할 때, 삼각형 PCI의 넓이를 구하여라. 단, 점 H, I는 변 AC에 대하여 점 B의 반대편에 있다.

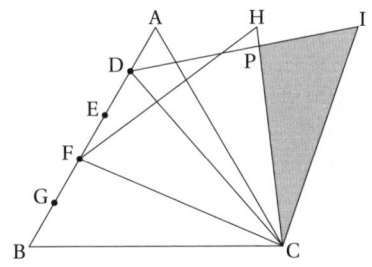

[풀이] 그림과 같이 정삼각형 BJK를 그린다.

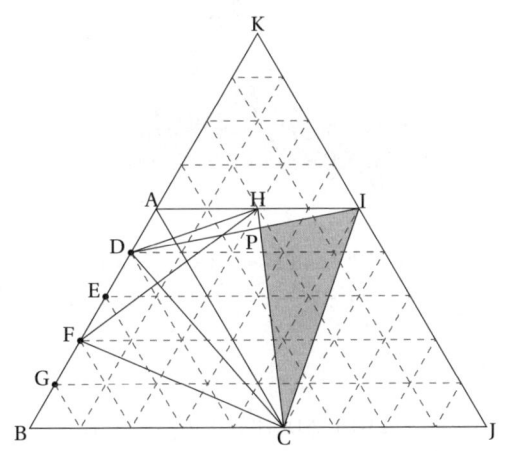

△ABC = 25S라 하면, △BJK = 81S, △KDI = △DBC = △CJI = △ABC × $\frac{4}{5}$ = 20S, △ADC = 5S, △ADI = 4S, △DCI = 21S이다.

그러므로 □ADCI = 25S, △ACH = △HCI = 10S이다. 또, △ADH = 2S이므로 △DCH = 23S이다.

따라서 $\overline{DP} : \overline{PI}$ = △HDC : △HCI = 13 : 10이다

그러므로 △PCI = △DCI × $\frac{10}{23}$이다. 즉,

$$\triangle PCI = 230 \times \frac{21}{25} \times \frac{10}{23} = 84$$

이다.

문제 291

외접원의 반지름의 길이가 10인 삼각형 ABC에서 $\overline{AB}$ = 12이고 $\overline{AC} : \overline{BC}$ = 7 : 5이다. 각 C의 이등분선이 변 AB와 만나는 점을 D라 할 때, 삼각형 ABC의 외부에 있는 원 O가 점 D에서 변 AB에 접하고 삼각형 ABC의 외접원에 내접한다. 원 O의 반지름의 길이를 구하여라. 단, ∠B > 90°이다.

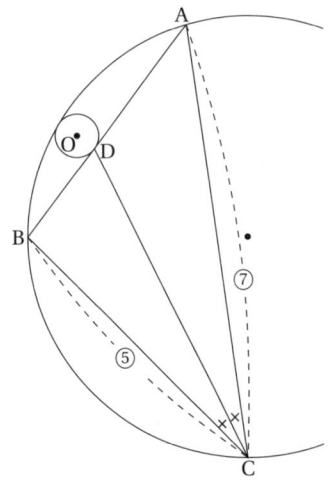

[풀이] 삼각형 ABC의 외접원의 중심을 O_1, 선분 CD의 연장선과 삼각형 ABC의 외접원과의 교점을 E, O에서 선분 O_1E에 내린 수선의 발을 F, 선분 O_1E와 변 AB와의 교점을 G라 하고, 원 O의 반지름을 r이라 한다.

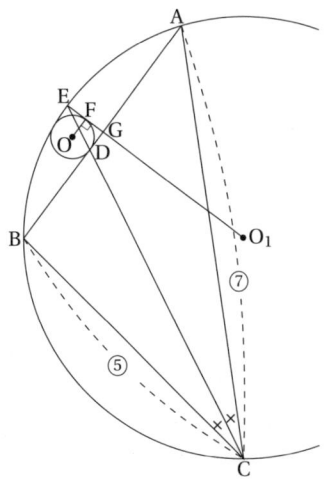

내각이등분선의 정리에 의하여 $\overline{CA} : \overline{CB} = \overline{AD} : \overline{DB}$ = 7 : 5

이므로 $\overline{AD} = 7$, $\overline{DB} = 5$이다. 또, $\overline{AG} = 6$, $\overline{GD} = 1$이다. $\overline{O_1A} = 10$이므로 피타고라스의 정리에 의하여 $\overline{O_1G} = 8$이다. 이제 삼각형 O_1FO에 피타고라스의 정리를 적용하면

$$(8+r)^2 + 1^2 = (10-r)^2$$

이다. 이를 풀면 $r = \frac{35}{36}$이다. 즉, 원 O의 반지름의 길이는 $\frac{35}{36}$이다.

문제 **292**

$\angle A = 120°$인 이등변삼각형 ABC에서 변 BC위에 $\overline{BD} : \overline{DC} = 1 : 4$를 만족하는 점 D를 잡고, 변 CA위에 $\angle ADE = 30°$가 되도록 점 E를 잡는다. 이때, 선분 AE와 선분 EC의 길이의 비를 구하여라.

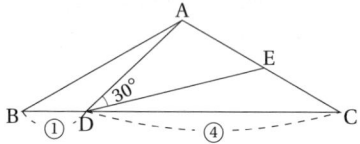

풀이 그림과 같이 변 BC를 한 변으로 하는 정삼각형 CFB를 그리고, 변 FB위에 $\overline{FG} : \overline{GB} = 1 : 4$인 점 G를 잡고, 변 CF위에 $\overline{CH} : \overline{HF} = 1 : 4$인 점 H를 잡는다.

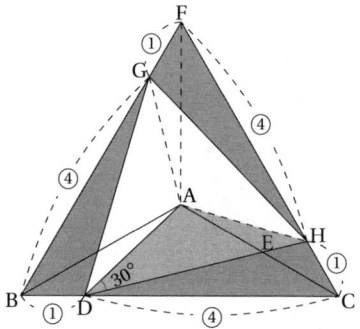

$\triangle FBC = \boxed{25}$라 하면, $\triangle DCH = \triangle HGF = \triangle GBD = \boxed{4}$이므로 $\triangle GDH = \boxed{25} - \boxed{4} \times 3 = \boxed{13}$이다. 또, $\triangle ADH = \triangle GDH \times \frac{1}{3} = \boxed{\frac{13}{3}}$이다.
따라서

$$\overline{AE} : \overline{EC} = \triangle ADH : \triangle DCH = \boxed{\frac{13}{3}} : \boxed{4} = 13 : 12$$

이다.

[문제] 293

$\overline{AB} = 12$, $\overline{BC} = 22$, $\overline{CA} = 16$인 삼각형 ABC에서, 변 BC, CA, AB가 삼각형 ABC의 내접원에 각각 D, E, F에서 접한다. 변 AB와 AC의 중점을 연결한 직선이 직선 DE, DF와 각각 점 P, Q에서 만날 때, 선분 PQ의 길이를 구하여라.

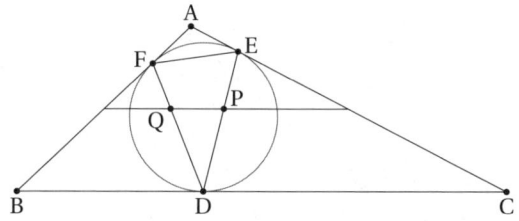

[풀이] 변 AB, AC의 중점을 각각 M, N이라고 하면, 삼각형 중점연결정리에 의하여 $\overline{MN} \parallel \overline{BC}$이고 $\overline{MN} = \frac{1}{2} \times \overline{BC} = 11$이다.

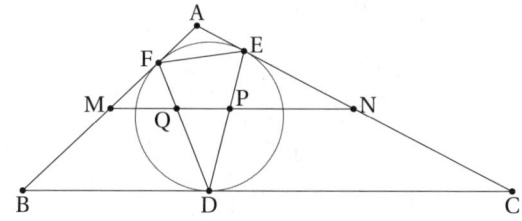

$\overline{AF} = \overline{AE}$, $\overline{BF} = \overline{BD}$, $\overline{CD} = \overline{CE}$이므로,

$$\overline{AF} = \overline{AE} = \frac{\overline{AB} + \overline{AC} - \overline{BC}}{2} = 3$$

이다. 즉, $\overline{FM} = 3$, $\overline{FB} = 9$, $\overline{EN} = 5$, $\overline{EC} = 13$이다.

$\overline{FM} : \overline{FB} = \overline{MQ} : \overline{BD}$이므로, $\overline{MQ} = 3$이다.
$\overline{EN} : \overline{EC} = \overline{PN} : \overline{DC}$이므로, $\overline{PN} = 5$이다.
따라서 $\overline{PQ} = 11 - (3 + 5) = 3$이다.

[문제] 294

삼각형 ABC의 내부에 정삼각형 ADE가 있다. 점 E는 선분 CD위에 있고, ∠BAC = 120°, ∠BED = 10°, $\overline{BE} = \overline{CD}$일 때, ∠ACD의 크기를 구하여라.

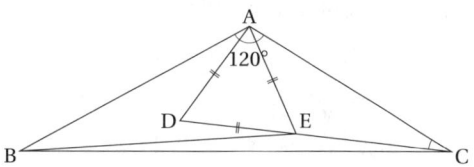

[풀이] 그림과 같이, 삼각형 ABE를 점 A를 중심으로 시계방향으로 60°회전하면, 점 E는 점 D로 이동하고, 점 B가 이동한 점을 B'라 한다.

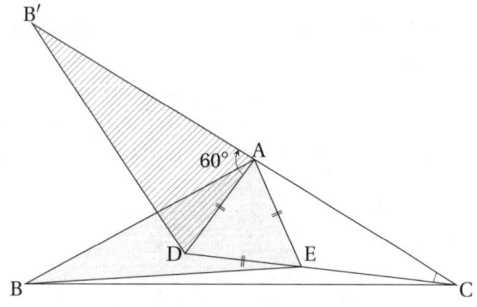

∠B'AB + ∠BAC = 60° + 120° = 180°이므로 세 점 B', A, C는 한 직선 위에 있다.
$\overline{DB'} = \overline{BE} = \overline{DC}$이므로 삼각형 B'DC는 이등변삼각형이다.
∠B'DA = ∠BEA = 70°이므로 ∠B'DC = 130°이다.
따라서 ∠ACD = $\frac{180° - 130°}{2}$ = 25°이다.

문제 295

한 변의 길이가 20인 정사각형 ABCD에서 변 AB위에 ∠CDE = 75°인 점 E를, 변 BC위에 ∠AFB = 75°인 점 F를 잡고, 선분 AF와 DE와의 교점을 G라 한다. 이때, 사각형 EBFG의 넓이를 구하여라.

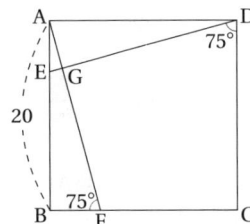

풀이 [그림1]의 삼각형 DAE와 삼각형 ABF에서 $\overline{AD} = \overline{AB}$, ∠DAE = ∠ABF = 90°, ∠EDA = ∠FAB = 15°이므로 △AED ≡ △ABF(ASA합동)이다.

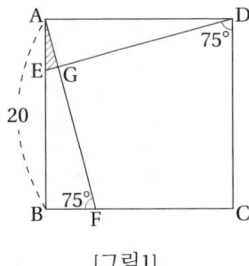

[그림1]

삼각형 AED와 삼각형 ABF에서 삼각형 AEG를 제거한 나머지 부분인 삼각형 AGD와 사각형 EBFG의 넓이는 같다.

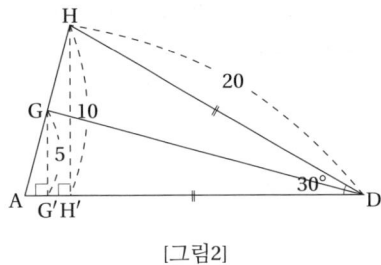

[그림2]

[그림2]와 같이 한 내각이 30°이고 등변의 길이가 20인 이등변삼각형 HAD에서 변 AH의 중점을 G라 한다. 점 G, H에서 변 AD에 내린 수선의 발을 각각 G′, H′이라 하면, $\overline{HH'} = 10$이므로 $\overline{GG'} = 5$이다. 그러므로 삼각형 AGD의 넓이는 $20 \times 5 \times \frac{1}{2} = 50$이다.

따라서 구하는 사각형 EBFG의 넓이는 50이다.

문제 296

내심이 I인 삼각형 ABC의 세 변 AB, BC, CA의 길이의 비가 4 : 5 : 6이다. 직선 AI와 BI가 삼각형 ABC의 외접원과 만나는 점을 각각 D(≠ A), E(≠ B)라 하고 직선 DE와 변 AC의 교점을 K라 한다. $\overline{IK} = 6$일 때, 변 BC의 길이를 구하여라.

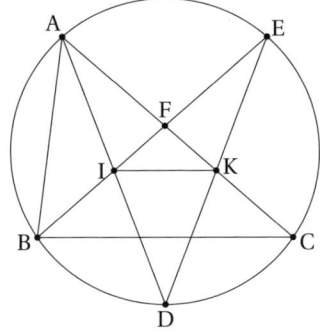

풀이 선분 EC를 그린다.

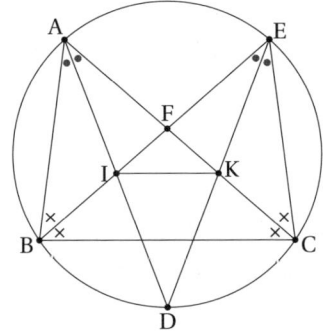

내심과 원주각의 성질에 의하여

∠BAD = ∠DAC = ∠BED = ∠DEC

이고,

∠ABE = ∠EBC = ∠BCA = ∠ACE

이다. 그러므로 삼각형 ABC와 삼각형 ECB는 합동(ASA합동)이다. 또, 점 K는 삼각형 EBC의 내심이다. 즉, $\overline{IK} \parallel \overline{BC}$이다.

삼각형 ABC에서 내각이등분선의 정리에 의하여

$$\overline{AF} : \overline{FC} = \overline{AB} : \overline{BC} = 4 : 5$$

이다. 즉,

$$\overline{AB} : \overline{BC} : \overline{AF} = 4 : 5 : \left(6 \times \frac{4}{4+5}\right) = 12 : 15 : 8$$

이다. 삼각형 ABF에서 내각이등분선의 정리에 의하여

$$\overline{BI}:\overline{IF} = \overline{AB}:\overline{AF} = 12:8 = 3:2$$

이다. 그러므로 삼각형 FIK와 삼각형 FBC는 닮음비가 2:5인 닮음이다. 즉, $\overline{BC} = \overline{IK} \times \frac{5}{2} = 15$이다.

문제 **297**

한 변의 길이가 10인 정사각형 ABCD에서 변 AD, CD 위에 각각 점 E, F를 잡고, 선분 EB와 선분 AF, AC와의 교점을 각각 P, Q라 하고, 선분 BF와 선분 AC, EC와의 교점을 각각 R, S라 하고, 선분 AF와 선분 EC의 교점을 T라 한다. 오각형 PQRST의 넓이가 10일 때, 별모양의 10각형 AQBRCSFTEP의 넓이를 구하여라.

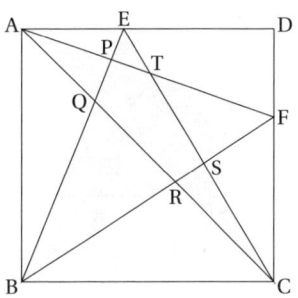

풀이 [그림1]에서 삼각형 AOB와 삼각형 EQC의 넓이가 같고, [그림2]에서 삼각형 ARF와 삼각형 RBC의 넓이가 같다.

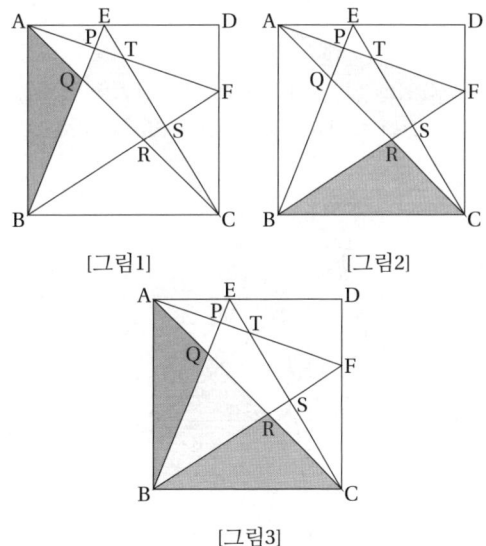

[그림1]   [그림2]

[그림3]

[그림3]에서 별모양의 10각형 AQBRCSFTEP의 넓이는 삼각형 ABC의 넓이에서 오각형 PQRST의 넓이를 뺀 것과 같다. 즉, 구하는 넓이는 $100 \times \frac{1}{2} - 10 = 40$이다.

문제 298

이등변삼각형 ABC에서 $\overline{AB} = \overline{AC} = 6$, $\overline{BC} = 9$이다. 선분 AC의 A쪽 연장선 위에 $\overline{AD} = 18$이 되도록 점 D를 잡고, 선분 AB의 B쪽의 연장선 위에 $\overline{BE} = 24$가 되도록 점 E를 잡자. 선분 AE의 중점 F와 삼각형 CDE의 무게중심 G를 연결한 직선 FG와 ∠DAE의 이등분선이 만나는 점을 K라 할 때, 선분 GK의 길이를 구하여라.

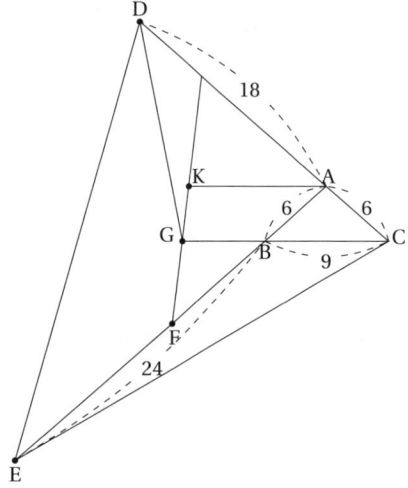

풀이 선분 CD의 중점을 M, 선분 CD와 직선 FG의 교점을 N이라 한다. 그러면, 점 G가 무게중심이므로 $\overline{EG} : \overline{GM} = 2 : 1$이다.

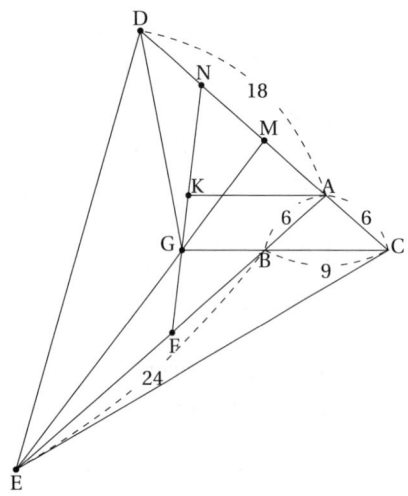

삼각형 EAM과 직선 FGN에 대하여 메넬라우스의 정리를 적용하면,

$$\frac{\overline{AF}}{\overline{FE}} \times \frac{\overline{EG}}{\overline{GM}} \times \frac{\overline{MN}}{\overline{NA}} = 1, \quad \frac{1}{1} \times \frac{2}{1} \times \frac{\overline{MN}}{\overline{NA}} = 1$$

이다. 따라서 $\overline{AN} = 2 \times \overline{MN}$이다. 즉, $\overline{AM} = \overline{MN} = 6$이다.

삼각형 NAF와 직선 MGE에 대하여 메넬라우스의 정리를 적용하면,

$$\frac{\overline{NG}}{\overline{GF}} \times \frac{\overline{FE}}{\overline{EA}} \times \frac{\overline{AM}}{\overline{MN}} = 1, \quad \frac{\overline{NG}}{\overline{GF}} \times \frac{1}{2} \times \frac{1}{1} = 1$$

이다. 따라서 $\overline{NG} = 2 \times \overline{GF}$이다.

삼각형 ANF에서 각 이등분선의 정리에 의하여

$$\overline{AN} : \overline{AF} = \overline{NK} : \overline{KF} = 4 : 5$$

이다. 즉, $\overline{NK} : \overline{KG} : \overline{GF} = 4 : 2 : 3$이다.

삼각형 ABC에서 제 2 코사인 법칙에 의하여

$$\cos A = \frac{6^2 + 6^2 - 9^2}{2 \times 6 \times 6} = -\frac{1}{8}$$

이다. 그러므로

$$\cos \angle NAF = \cos(180° - \angle BAC) = \frac{1}{8}$$

이다.

따라서 삼각형 ANF에서 제 2 코사인 법칙에 의하여

$$\overline{NF}^2 = 12^2 + 15^2 - 2 \times 12 \times 15 \times \frac{1}{8} = 324$$

이다. 즉, $\overline{NF} = 18$이고, $\overline{GK} = 18 \times \frac{2}{9} = 4$이다.

문제 299

정사각형 ABCD에서 변 CB의 연장선(점 B쪽의 연장선)에 $\overline{AE}$ = 16인 점 E를 잡고, 점 C에서 선분 AE에 내린 수선의 발을 H라 하고, 변 AB와 선분 CH의 교점을 F라 한다. 선분 EF의 연장선과 변 AD의 교점을 G라 한다. ∠GFC = 75°일 때, 삼각형 FEB의 넓이를 구하여라.

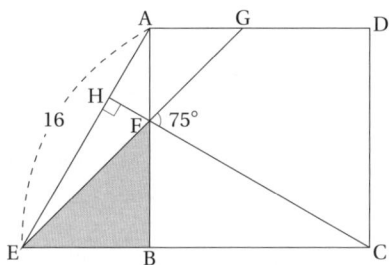

[풀이] 삼각형 EBA와 삼각형 FBC에서 $\overline{AB} = \overline{BC}$, ∠EBA = ∠FBC = 90°, ∠BAE = ∠BCF이므로 △EBA ≡ △FBC(RHA 합동)이다. 따라서 $\overline{EB} = \overline{FB}$이다. 즉, 삼각형 EBF는 직각이등변삼각형이다.

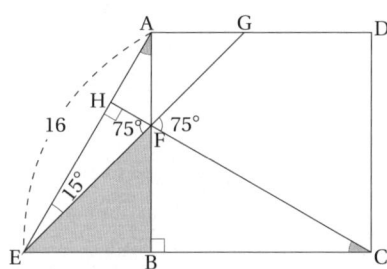

∠FEB = 45°, ∠AEB = 15°이므로 ∠AEB = 60°이다. 따라서 삼각형 AEB는 ∠AEB = 60°인 직각삼각형이다. 즉, $\overline{EB}$ = 8이다.

따라서 삼각형 EBF의 넓이는 8 × 8 ÷ 2 = 32이다.

문제 300

$\overline{AB}$ = 3, $\overline{BC}$ = 9, ∠ABC = 60°, ∠BCD = 30°인 사다리꼴 ABCD에서 변 BC 위에 $\overline{BP}$ = 6인 점 P를 잡고, 변 CD 위에 ∠APQ = 60°를 만족하는 점 Q를 잡는다. 이때, 사각형 APQD의 넓이는 사다리꼴 ABCD의 넓이의 몇 배인가?

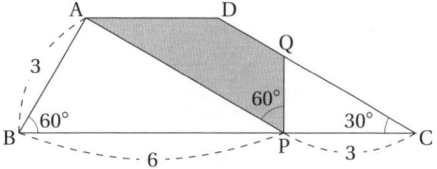

[풀이] 그림과 같이 변 BA의 연장선과 변 CD의 연장선의 교점을 R이라 한다.

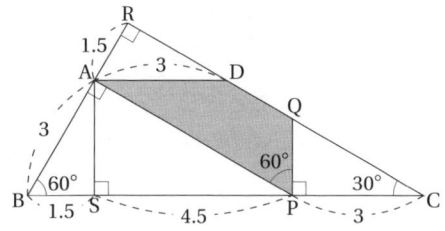

∠B = 60°, ∠C = 30°이므로 ∠BRC = 90°이다. $\overline{AP} \parallel \overline{RC}$이므로 $\overline{RA}$ = 1.5, $\overline{AD}$ = 3이다. 점 A에서 변 BC에 내린 수선의 발을 S라 하면, $\overline{BS}$ = 1.5, $\overline{SP}$ = 4.5이다.
△ABS = ③이라 하면,

△RAD = ③, △ASP = ⑨, △QPC = ④, △RBC = ㉗

이다. 따라서

□ABCD = ㉔, □APQD = ㉔ − (③ + ⑨ + ④) = ⑧

이다. 즉, 사각형 APQD의 넓이는 사다리꼴 ABCD의 넓이의 $\frac{1}{3}$배다.

문제 301

삼각형 ABC에서 $\overline{AB} = 9, \overline{BC} = 10$이다. 변 BC의 중점을 M이라 할 때 선분 BC를 지름으로 하는 원과 선분 AM이 점 D($\neq$ A)에서 만난다. 직선 CD와 변 AB가 점 E에서 만나고, 직선 BD와 변 AC가 점 F에서 만난다. $\overline{EF} = \dfrac{10}{3}$일 때, 선분 AC의 길이를 구하여라.

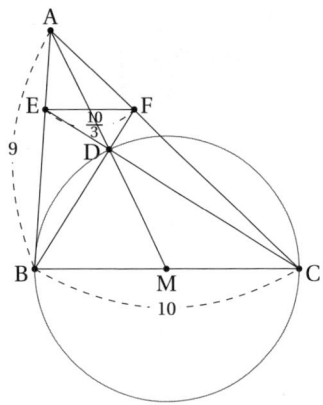

풀이

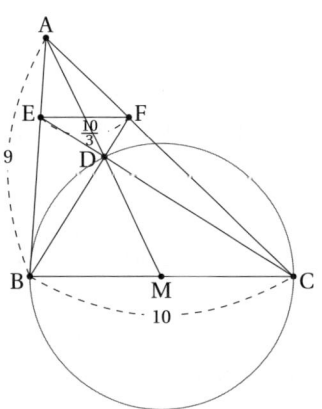

세 직선 AM, BF, CE는 한 점 D에서 만나므로, 체바의 정리의 역에 의하여
$$\frac{\overline{AE}}{\overline{EB}} \times \frac{\overline{BM}}{\overline{MC}} \times \frac{\overline{CF}}{\overline{FA}} = 1$$
이다. $\overline{BM} = \overline{MC}$이므로 $\overline{AE} : \overline{EB} = \overline{AF} : \overline{FC}$이다. 즉, $\overline{EF} \parallel \overline{BC}$이다.
$\overline{EF} = \dfrac{10}{3}, \overline{BC} = 10$이므로 $\overline{AE} : \overline{EB} = 1 : 2, \overline{ED} : \overline{DC} = 1 : 3$이다. 그러므로 $\overline{AD} = \overline{DM}$이다.
$\angle BDC = 90°$이므로 $\overline{BM} = \overline{MC} = \overline{DM} = 5$이다. 즉, $\overline{AM} = 10$이다.

삼각형 ABC에서 파푸스의 중선 정리에 의하여
$$\overline{AB}^2 + \overline{AC}^2 = 2(\overline{BM}^2 + \overline{AM}^2)$$
이다. 즉,
$$9^2 + \overline{AC}^2 = 2(5^2 + 10^2), \quad \overline{AC}^2 = 169 = 13^2$$
이다. 따라서 $\overline{AC} = 13$이다.

문제 302

$\overline{AD} \parallel \overline{BC}$, $\overline{AB} = \overline{CD}$인 등변사다리꼴 ABCD에서 내부에 한 점 E를 잡으면, 삼각형 ABE와 CDE는 합동인 직각이등변삼각형으로, $\angle AEB = \angle DEC = 90°$이다. 선분 AE와 BD의 교점을 F라 하면, $\overline{BF} = 11$, $\overline{FD} = 9$이다. 이때, 사각형 ABCD의 넓이를 구하여라.

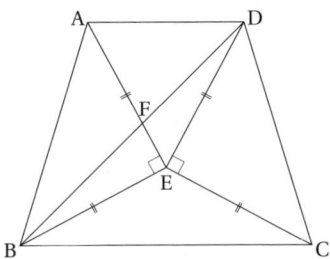

[풀이] 아래 그림에서 삼각형 BDE와 삼각형 AEC는 합동이고, 삼각형 BDE를 점 E를 중심으로 시계방향으로 90° 회전하면 삼각형 AEC와 겹쳐진다. 따라서 $\overline{AC} \perp \overline{BD}$이다.

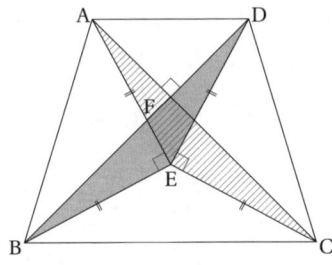

그러므로 사각형 ABCD의 넓이는

$$\overline{AC} \times \overline{BD} \times \frac{1}{2} = 20 \times 20 \times \frac{1}{2} = 200$$

이다.

문제 303

선분 AB가 지름인 반원의 호 위에 점 C와 D가 있다. 선분 CD를 지름으로 하는 원이 점 E에서 선분 AB에 접한다. 선분 AB의 중점을 O라 한다. $\overline{OE} = 7$, $\overline{CD} = 8$일 때, 선분 AB의 길이를 구하여라.

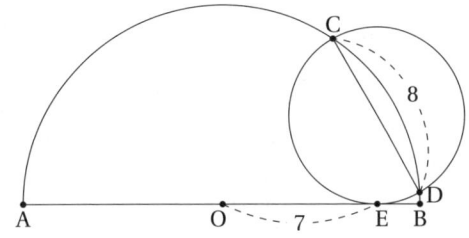

[풀이] 선분 CD의 중점을 O_1이라 하면, $\overline{O_1E} = \frac{1}{2} \times \overline{CD} = 4$ 이다.

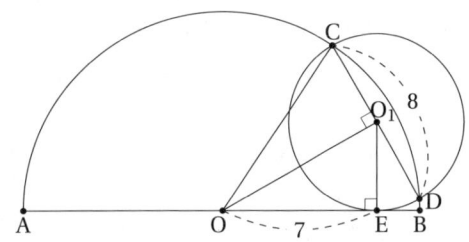

직각삼각형 O_1OE에서 피타고라스의 정리에 의하여 $\overline{OO_1} = \sqrt{7^2 + 4^2} = \sqrt{65}$이다.

직각삼각형 COO_1에서 피타고라스의 정리에 의하여 $\overline{CO} = \sqrt{(\sqrt{65})^2 + 4^2} = \sqrt{81} = 9$이다.

따라서 $\overline{AB} = 9$이다.

문제 304

$\overline{AB} = 16$, $\overline{BC} = 20$인 예각삼각형 ABC에서 ∠ABD = ∠EBC를 만족하도록 변 CA위에 점 D, E를 잡으면, $\overline{AD} = 5$, $\overline{CE} = 7$이다. 이때, 선분 BD와 BE의 길이의 비를 구하여라. 단, $\overline{AC} > 12$이다.

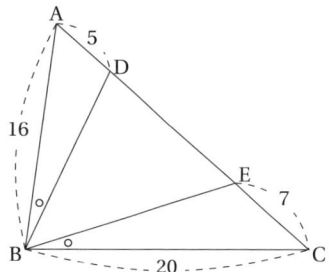

풀이) 그림과 같이, 점 D에서 변 AB에 내린 수선의 발을 D'라 하고, 점 E에서 변 BC에 내린 수선의 발을 E'라 한다.

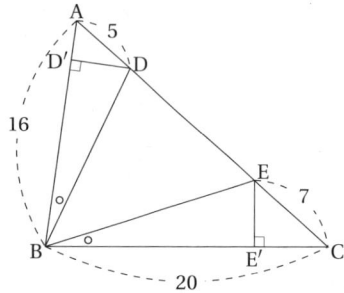

△BDA : △BCE = 5 : 7이므로

$$16 \times \overline{DD'} : 20 \times \overline{EE'} = 5 : 7$$

이다. 즉, $\overline{DD'} : \overline{EE'} = 100 : 112 = 25 : 28$이다.
따라서 직각삼각형 BDD'와 BEE'는 닮음비가 25 : 28인 닮음이다. 즉, $\overline{BD} : \overline{BE} = 25 : 28$이다.

문제 305

한 변의 길이가 24인 정사각형 ABCD에서 변 BC의 중점을 E라 하고, 선분 AE를 접는 선으로 하여 접었을 때, 점 B가 이동한 점을 F라 한다. 변 CD위의 한 점 E에 대하여, 점 D가 점 F와 겹치도록 선분 AG에 대하여 접는다. 이때, 선분 EG의 길이를 구하여라.

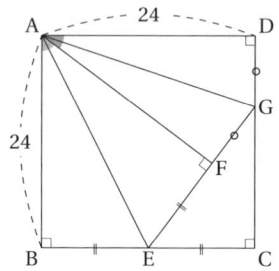

풀이1) 그림과 같이, 변 AD의 연장선 위에 $\overline{DH} = 12$인 점 H, 변 BC의 연장선 위에 $\overline{CJ} = 12$인 점 J를 잡고, 선분 HJ의 중점을 I라 한다. 선분 EI, AI를 그린다.

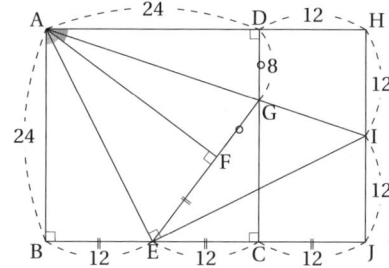

직각삼각형 ABE와 EJI에서 $\overline{AB} = \overline{EJ}$, $\overline{BE} = \overline{JI}$, ∠ABE = ∠EJI 이므로 △ABE ≡ △EJI이다. 즉, $\overline{AE} = \overline{EI}$이다. 따라서 삼각형 AEI는 직각이등변삼각형이다.

∠EAG = 45°이므로 점 G는 직각이등변삼각형 AEI의 빗변 AI 위에 있다. 그러면, $\overline{AD} : \overline{AH} = \overline{DG} : \overline{HI} = 2 : 3$이므로 $\overline{DG} = 8$이다. 따라서 $\overline{EG} = \overline{EF} + \overline{FG} = \overline{BE} + \overline{DG} = 12 + 8 = 20$이다.

풀이2) $\overline{DG} = x$라 하면,

$$\overline{EG} = 12 + x, \quad \overline{GC} = 24 - x, \quad \overline{EC} = 12$$

이므로, 직각삼각형 GEC에서 피타고라스의 정리에 의해

$$(12 + x)^2 = 12^2 + (24 - x)^2$$

이다. 이를 정리하면 $x = 8$이다. 따라서 $\overline{EG} = 20$이다.

문제 306

$\overline{AB} = \overline{AC}$인 이등변삼각형의 내부에 한 점 D를 잡으면, $\overline{BD} = 6$, $\overline{DC} = 10$, $\angle ABD = \angle BCD$, $\angle DBC = \angle DCA$이다. 이때, 삼각형 ABD와 삼각형 ACD의 넓이의 비를 구하여라.

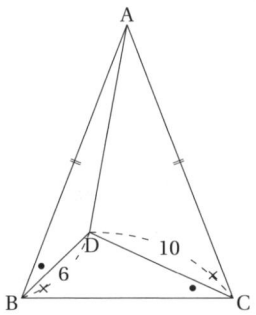

[풀이] 그림과 같이, 점 D를 지나 변 BC에 평행한 직선과 변 AB, AC와의 교점을 각각 E, F라 한다.

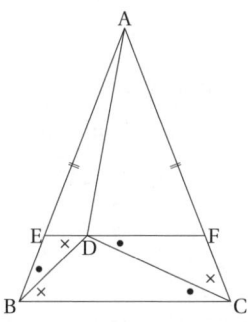

그러면, $\angle EDB = \angle DBC$, $\angle FDC = \angle DCB$이다.
그러므로 삼각형 EBD, 삼각형 FDC, 삼각형 DCB는 닮음이고, $\overline{EB} : \overline{ED} = \overline{DF} : \overline{FC} = \overline{DC} : \overline{BD} = 10 : 6$이다. $\overline{EB} = \overline{FC}$이므로

$$\overline{ED} : \overline{DF} = \frac{3}{5} \times \overline{EB} : \frac{5}{3} \times \overline{FC} = 9 : 25$$

이다. 점 A에서 변 BC에 내린 수선의 길이를 h라 하면,

$$\triangle ABD : \triangle ACD = \frac{1}{2} \times \overline{ED} \times h : \frac{1}{2} \times \overline{DF} \times h = 9 : 25$$

이다.

문제 307

$\angle A = 90°$인 직각삼각형 ABC에서 변 BC, AB, AC위에 각각 점 D, E, F를 잡으면, $\overline{AE} = \overline{AF}$, $\overline{ED} = 12$, $\angle EDB = 22.5°$, $\angle EDF = 90°$이다. 이때, 사각형 AEDF의 넓이를 구하여라.

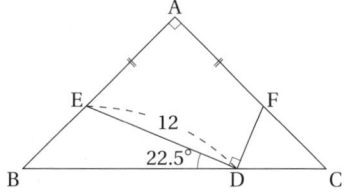

[풀이] 그림과 같이, 정사각형 BCGH, 정사각형 DIJK를 그린다.

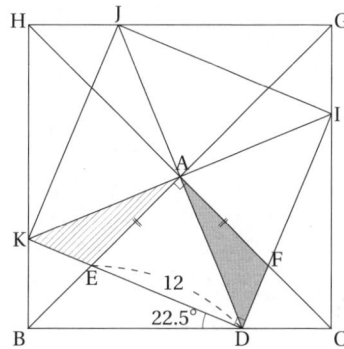

그러면 삼각형 ADF와 삼각형 AKE에서 $\overline{AE} = \overline{AF}$, $\angle DAF = \angle KAE$, $\angle AFD = \angle AEK(\angle ADF = \angle AKE = 45°)$이므로, $\triangle ADF \equiv \triangle AKE$이다. 즉, $\overline{DF} = \overline{KE}$이다.
따라서 사각형 AEDF의 넓이와 삼각형 AKD의 넓이가 같다.
$\angle BAD = \angle BDA = \angle AED = 67.5°$이므로, $\overline{AD} = \overline{DE} = 12$이다.
따라서 삼각형 AKD의 넓이는 $12 \times 12 \times \frac{1}{2} = 72$이다. 즉, 사각형 AEDF의 넓이는 72이다.

문제 308

사각형 ABCD에서 ∠A = 90°, ∠B = 45°, ∠C = 75°, ∠D = 150°, $\overline{BC} = 12$이다. $\overline{CD} : \overline{DA} = 2 : 1$일 때, 사각형 ABCD의 넓이를 구하여라.

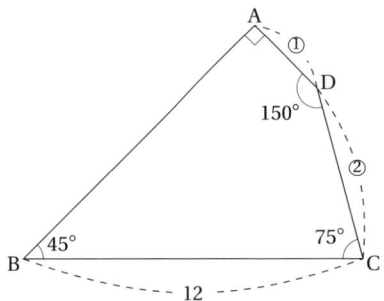

풀이 그림과 같이, 점 B에서 변 CD에 내린 수선의 발을 E라 하고, 선분 BD를 그린다.

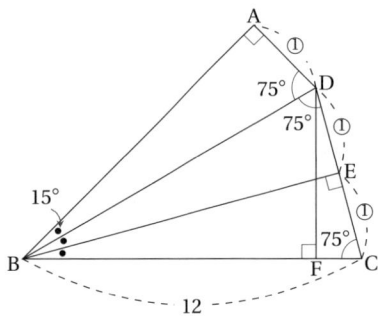

그러면 삼각형 BCE와 삼각형 BDE는 합동이고, ∠BCE = ∠BDE = 75°이다. 즉, ∠CBE = ∠DBE = 15°이다. 따라서 ∠ABD = 15°이다. 즉, 삼각형 ABD와 삼각형 BDE는 합동이다.
점 D에서 변 BC에 내린 수선의 발을 F라 하면, 삼각형 DBF는 한 내각이 30°인 직각삼각형이므로, $\overline{DF} = \overline{BD} \times \frac{1}{2} = 6$이다. 그러므로 △DBC = $12 \times 6 \times \frac{1}{2} = 36$이다. 또, △ABD = △DBC $\times \frac{1}{2} = 18$이다.
따라서 사각형 ABCD의 넓이는 36 + 18 = 54이다.

문제 309

삼각형 ABC의 외접원 위의 점 A에서의 접선과 직선 BC가 점 D에서 만난다. 선분 AD의 중점을 M이라 할 때, 선분 BM이 삼각형 ABC의 외접원과 점 E(≠ B)에서 만난다. ∠ACE = 25°, ∠CED = 84°일 때, ∠ADE의 크기를 구하여라.

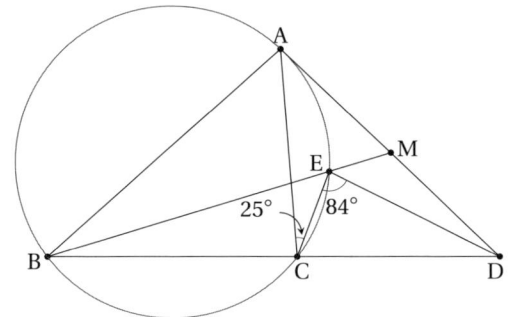

풀이 선분 AE를 그린다. ∠ADE = $x°$라 한다.

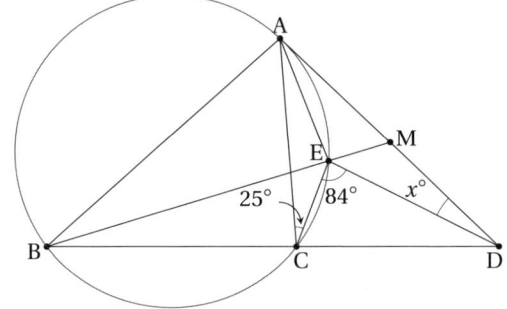

원주각의 성질과 접선과 현이 이루는 각의 성질에 의하여

$$\angle ACE = \angle ABE = \angle ABM = \angle MAE = 25°$$

이다. $\overline{AM} = \overline{MB}$와 방멱의 원리(원과 비례의 성질)로부터

$$\overline{AM}^2 = \overline{ME} \times \overline{MB} = \overline{MD}^2$$

이 성립하므로, 삼각형 EBD의 외접원은 직선 MD와 점 D에서 접한다. 그러므로 원주각의 성질과 접선과 현이 이루는 각의 성질에 의하여

$$\angle MDE = \angle DBM = \angle CBE = \angle CAE = x°$$

이다. ∠CED = ∠ACE + ∠ADE + ∠CAD이므로,

$$84° = 25° + x° + (x° + 25°)$$

이다. 이를 정리하면 $x° = 17°$이다. 따라서 ∠ADE = 17°이다.

문제 310

∠ACB = 35°, ∠ABC > 90°인 삼각형 ABC의 내접원과 변 AB, BC, CA와의 접점을 각각 D, E, F라 하고, ∠AGE = 64°를 만족하는 점 G를 ∠ACB의 이등분선 위에 잡는다. ∠EAG = 26°일 때, ∠ABC의 크기를 구하여라.

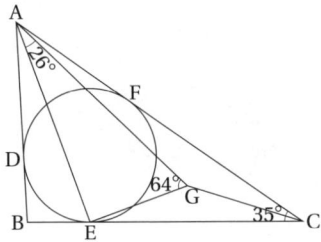

풀이 그림과 같이, 내접원의 중심을 I라 하고, 선분 CG의 연장선(∠ACB의 이등분선)과 선분 AE의 교점을 P라 하고, ∠EAC의 이등분선과 선분 CP의 교점을 Q라 한다. 점 E와 F는 선분 PC에 대하여 대칭이다.

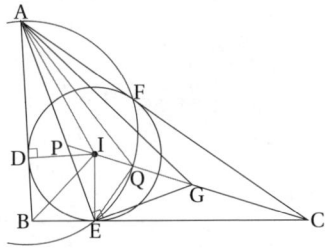

삼각형 AEG에서 ∠AEG = 180° − (26° + 64°) = 90°이므로, ∠AEI = ∠CEG이다.
점 Q는 삼각형 AEC의 내심이므로 ∠AEQ = ∠CEQ이다. 따라서 ∠IEQ = ∠GEQ이다. 내각 이등분선의 정리에 의하여 $\overline{PQ}:\overline{QC} = \overline{PE}:\overline{EC} = \overline{PA}:\overline{AC}$이다. 그러므로 $\overline{PX}:\overline{XC} = \overline{PQ}:\overline{QC}$를 만족하는 점 X의 자취는 원으로 네 점 A, E, Q, F가 이 원 위에 있다.
또, 내각이등분선의 정리에 의하여 $\overline{IQ}:\overline{QG} = \overline{EI}:\overline{EG}$이다. 그러므로 $\overline{IY}:\overline{YG} = \overline{IQ}:\overline{QG}$를 만족하는 점 Y의 자취는 원으로 세 점 E, Q, F는 이 원 위에 있다. 즉, 점 A도 이 원 위에 있다. 따라서 AI : AG = IQ : QC이다. 즉, ∠IAQ = ∠GAQ이다.
$\overline{IE} = \overline{ID}$이므로, $\overline{ID}:\overline{IA} = \overline{IE}:\overline{IA} = \overline{GE}:\overline{GA}$이다. 따라서 삼각형 ADI와 삼각형 AEG는 닮음이다.

∠BID = ∠AIB − ∠AID = $\left(90° + \frac{35°}{2}\right) − 64° = \frac{87°}{2}$이다. 따라서 ∠ABC = 180° − 87° = 93°이다.

[문제] 311

$\overline{AB} \parallel \overline{BC}$, $\overline{AB} = \overline{CD} = 16$, $\overline{BC} = 26$, $\overline{AD} = 10$인 사다리꼴 ABCD에서 변 CD위에 $\overline{CE} = 10$인 점 E를 잡는다. 이때, 선분 AE의 길이를 구하여라.

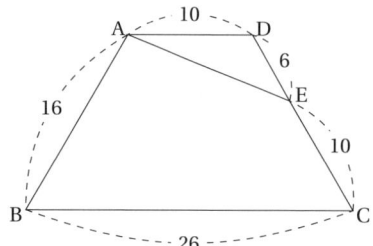

[풀이] 그림과 같이, 점 D를 지나 변 AB에 평행한 직선과 변 BC와의 교점을 F라 하면, 삼각형 DFC는 정삼각형이다. 즉, ∠ABC = ∠DCB = 60°이다.
변 BA의 연장선과 변 CD의 연장선의 교점을 G라 하면, 삼각형 GBC는 정삼각형이다.

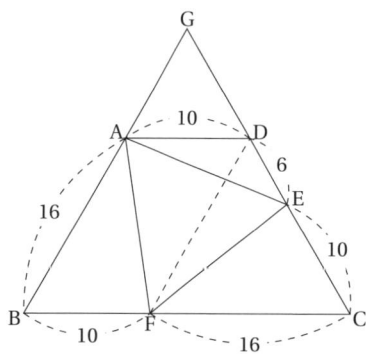

정삼각형 GBC의 넓이는 한 변의 길이가 1인 정삼각형의 넓이의 26 × 26 = 676배고, 삼각형 FAE의 넓이는 한 변의 길이가 1인 정삼각형의 넓이의 10 × 16 = 160배다.

그러므로 삼각형 AFE의 넓이는 한 변의 길이가 1인 정삼각형의 넓이의 676 − 160 × 3 = 196이다.

삼각형 AFE는 정삼각형이고, 196 = 14 × 14이므로 $\overline{AE} = 14$이다.

[문제] 312

∠B > 90°, $\overline{AB} = \overline{BC}$, $\overline{AC} = 16$인 삼각형 ABC에서 변 AB의 연장선(점 B쪽의 연장선) 위에 $\overline{BC} = \overline{CD}$인 점 D를 잡으면, ∠CDB = 30°이다. 선분 AD에 대하여 점 C의 반대편에 ∠ADE = 45°, $\overline{DE} = 12$인 점 E를 잡고, 선분 AE를 그린다. 이때, 삼각형 ADE의 넓이를 구하여라.

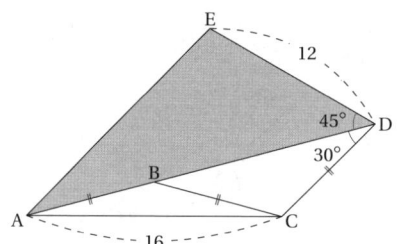

[풀이] 그림과 같이, 점 A에서 변 DE의 연장선 위에 내린 수선의 발을 F라 하고, 변 AC의 연장선과 변 ED의 연장선의 교점을 G라 한다.

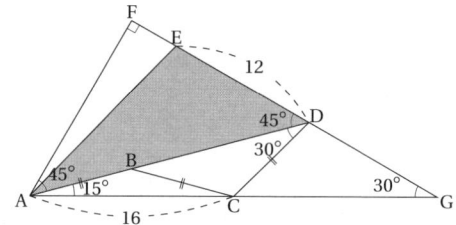

∠EDA = 45°이므로, 삼각형 ADF는 직각이등변삼각형이고, ∠FAG = 60°, ∠AGF = 30°이다.
삼각형 ACD와 삼각형 ADG는 닮음이므로 $\overline{AC} : \overline{AD} = \overline{AD} : \overline{AG}$이다. 즉, $\overline{AD} \times \overline{AD} = \overline{AC} \times \overline{AG}$이다.
직각이등변삼각형 FAD에서 넓이를 구하는 두 가지 방법으로부터 $\overline{AF} \times \overline{AF} = \overline{AD} \times \overline{AD} \times \frac{1}{2}$이 성립한다. 즉, $\overline{AD} \times \overline{AD} = \overline{AF} \times \overline{AF} \times 2$이다.
삼각형 AGF는 한 내각이 30°인 직각삼각형이므로 $\overline{AG} = \overline{AF} \times 2$이다.
그러므로 $\overline{AD} \times \overline{AD} = \overline{AC} \times \overline{AG}$에서

$$\overline{AF} \times \overline{AF} \times 2 = \overline{AC} \times \overline{AF} \times 2$$

이다. 이를 정리하면 $\overline{AF} = \overline{AC} = 16$이다. 따라서 삼각형 ADE의 넓이는 $12 \times 16 \times \frac{1}{2} = 96$이다.

문제 **313**

$\overline{AD} \parallel \overline{BC}$, $\overline{AB} = 6$, $\angle A = \angle B = 90°$인 사다리꼴 ABCD에서 $\angle BAC = 60°$, $\angle DBC = 75°$이다. 이때, 사다리꼴 ABCD의 넓이를 구하여라.

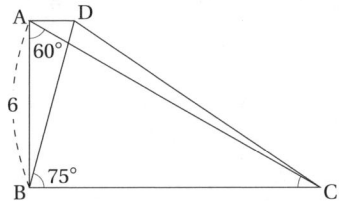

[풀이] 사다리꼴 ABCD의 넓이는 삼각형 ABC와 삼각형 ADC의 넓이의 합이다. 그런데, $\overline{AD} \parallel \overline{BC}$이므로 △ADB = △ADC이다. 따라서 사다리꼴 ABCD의 넓이는 삼각형 ABC와 삼각형 ADB의 넓이의 합이다.

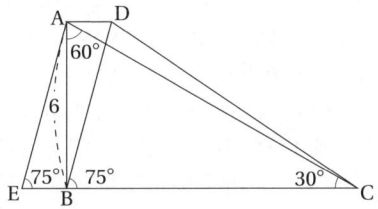

그림과 같이, 점 A를 지나 선분 DB에 평행한 직선과 변 BC의 연장선과의 교점을 E라 하면, 사각형 AEBD는 평행사변형이다. 즉, △ABD = △AEB이다.
따라서 사다리꼴 ABCD의 넓이는 삼각형 AEC의 넓이와 같다.
삼각형 AEC에서 $\angle AEC = \angle DBC = 75°$이고, $\angle EAC = 180° - (75° + 30°) = 75°$이다. 즉, $\overline{AC} = \overline{EC}$이다.
한 내각이 30°인 직각삼각형 ABC에서 $\overline{AC} = \overline{AB} \times 2 = 12$이므로, $\overline{EC} = 12$이다. 그러므로 삼각형 AEC의 넓이는 $12 \times 6 \times \frac{1}{2} = 36$이다.
따라서 사다리꼴 ABCD의 넓이는 36이다.

문제 **314**

$\overline{AB} = \overline{AC} = 10$, $\angle C = 90°$인 직각이등변삼각형 ABC에서 변 AB 위에 $\overline{AD} : \overline{DB} = 3 : 7$인 점 D를 잡고, 점 B에서 선분 CD에 내린 수선의 발을 E라 한다. 이때, 삼각형 EBC의 넓이를 구하여라.

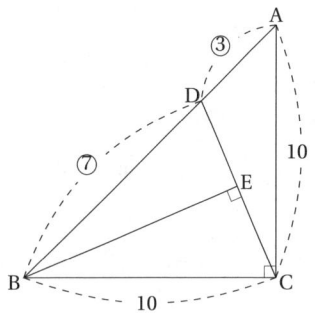

[풀이] 그림과 같이, 선분 CD의 연장선과 점 A를 지나 변 BC에 평행한 직선과의 교점을 F라 하고, 선분 BE의 연장선과 변 AC와의 교점을 G라 한다.

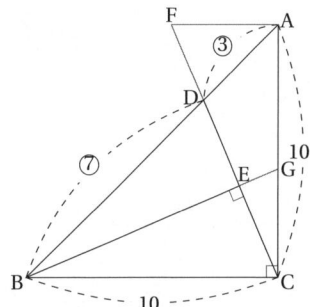

삼각형 DAF와 삼각형 DBC는 닮음비가 3:7인 닮음이므로 $\overline{FA} = 10 \times \frac{3}{7} = \frac{30}{7}$이다.
삼각형 GBC와 삼각형 FCA에서 $\overline{BC} = \overline{CA}$, $\angle BCG = \angle CAF = 90°$, $\angle GBC = \angle FCA$이므로 △GBC ≡ △FCA이다. 즉, $\overline{GC} = \overline{FA} = \frac{30}{7}$이다.
그러므로 삼각형 GBC의 넓이는 $10 \times \frac{30}{7} \times \frac{1}{2} = \frac{150}{7}$이다.
삼각형 GBC, 삼각형 GCE, 삼각형 CBE는 모두 닮음이고, 직각을 이루는 두 변의 길이의 비가 3:7이므로

$$\overline{EG} : \overline{EC} : \overline{EB} = 9 : 21 : 49$$

이다.
그러므로 삼각형 EBC의 넓이는 삼각형 GBC의 넓이의 $\frac{49}{58}$이다. 즉, 삼각형 EBC의 넓이는 $\frac{150}{7} \times \frac{49}{58} = \frac{525}{29}$이다.

문제 315

정사각형 ABCD에서 변 AB, BC, CD 위에 각각 점 E, F, G를 잡고, 점 G에서 선분 EF에 내린 수선의 발을 F라 하면, ∠EFB = 45°, $\overline{EH} = 6$, $\overline{GH} = 8$이다. 이때, 정사각형 ABCD의 넓이를 구하여라.

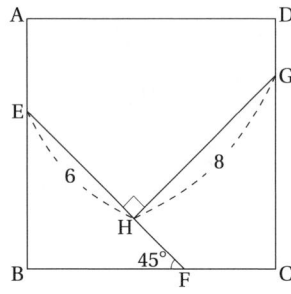

풀이 그림과 같이, 선분 EF의 연장선과 변 DC의 연장선의 교점을 I라 한다.

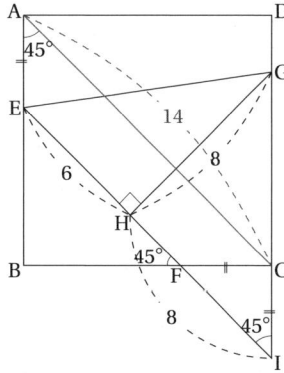

그러면, 삼각형 GHI는 직각이등변삼각형이다. 즉, $\overline{GH} = \overline{HI} = 8$이다. 또, ∠BAC = 45°이다. $\overline{AE} = \overline{FC} = \overline{CI}$이므로 사각형 AEIC는 평행사변형이다. 즉, $\overline{AC} = 14$이다.
따라서 정사각형 ABCD의 넓이는 $14 \times 14 \times \frac{1}{2} = 98$이다.

문제 316

∠B = 90°인 직각삼각형 ABC에서 ∠A의 이등분선과 변 BC와의 교점을 D라 하고, 점 D를 지나 선분 AD에 수직인 직선과 변 AC와의 교점을 E라 한다. $\overline{AB} = 12$, $\overline{AE} = 15$일 때, 삼각형 EDC의 넓이를 구하여라.

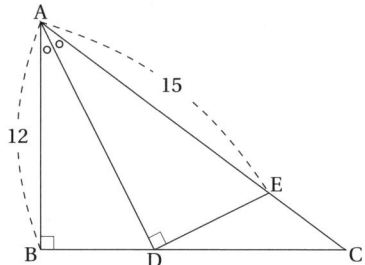

풀이 그림과 같이, 선분 ED의 연장선과 변 AB의 연장선의 교점을 F라 하면, 삼각형 ADE와 삼각형 ADF에서 AD는 공통, ∠DAE = ∠DAF, ∠ADE = ∠ADF = 90°이므로 △ADE ≡ △ADF이다. 즉, $\overline{BF} = 3$, $\overline{DF} = \overline{DE}$이다.
점 E에서 변 BC에 내린 수선의 발을 E′라 하면, 삼각형 DBF와 삼각형 DE′E에서 $\overline{FD} = \overline{DE}$, ∠BDF = ∠E′DE, ∠BFD = ∠E′ED이므로 △DBF ≡ △DE′E이다. 즉, $\overline{BF} = \overline{EE'} = 3$이다.

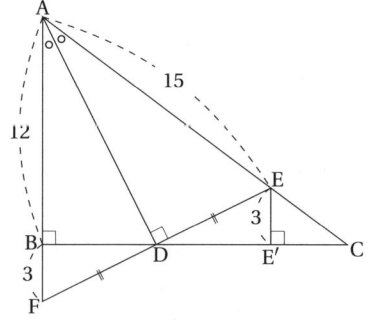

또, 삼각형 ABD와 삼각형 DBF는 닮음이므로

$$\overline{AB} : \overline{BD} = \overline{BD} : 3, \quad \overline{BD} \times \overline{BD} = 12 \times 3 = 36$$

이다. 즉, $\overline{BD} = 6$이다. 그러므로 $\overline{DE} = 6$이다.
삼각형 EE′C와 삼각형 ABC는 닮음비가 1 : 4인 닮음이므로, $\overline{E'C} = 4$이다. 즉, $\overline{DC} = 10$이다.
따라서 삼각형 EDC의 넓이는 $10 \times 3 \times \frac{1}{2} = 15$이다.

문제 317

$\overline{AB} = 12$, $\overline{BC} = 18$인 직사각형 ABCD가 있다. 변 AB위에 $\overline{AE} = 8$인 점 E를, 변 BC위에 $\overline{BF} = 6$, $\overline{GC} = 4$인 점 F, G를, 변 CD위에 $\overline{HD} = 6$인 점 H를, 변 DA위에 $\overline{DI} = 6$인 점 I를 잡는다. 이때, 삼각형 IEF와 삼각형 IGH의 넓이의 비를 구하여라.

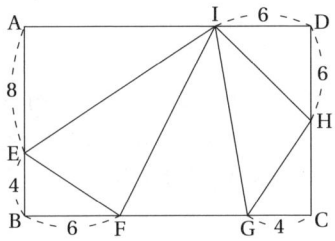

[풀이] 그림과 같이, 점 E를 지나 변 AD에 평행한 직선과 선분 IF와의 교점을 E′이라 하고, 점 H를 지나 변 AD에 평행한 직선과 선분 IG와의 교점을 H′이라 한다.

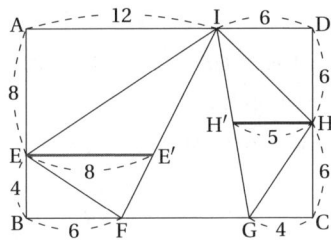

그러면,

$$\overline{EE'} = \frac{8 \times 6 + 4 \times 12}{8 + 4} = 8, \quad \overline{H'H} = \frac{6 \times 6 + 6 \times 4}{6 + 6} = 5$$

이다. 그러므로

$$\triangle IEF = \overline{EE'} \times \overline{AB} \times \frac{1}{2}, \quad \triangle IGH = \overline{H'H} \times \overline{CD} \times \frac{1}{2}$$

이다. 즉, $\triangle IEF : \triangle IGH = \overline{EE'} : \overline{HH'} = 8 : 5$이다.

문제 318

$\overline{AB} = \overline{BC} = 12$, $\angle B = 30°$인 이등변삼각형 ABC에서 $\overline{BD} = \overline{DE} = \overline{EC}$, $\angle DBC = \angle ECB = 30°$를 만족하도록 점 D는 변 AB 위에, 점 E는 삼각형 ABC의 내부에 잡는다. 이때, 오목사각형 ADEC의 넓이를 구하여라.

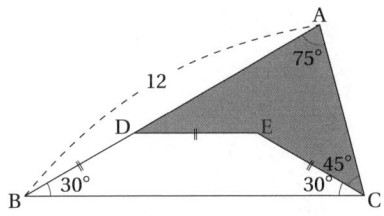

[풀이] 그림과 같이, 변 AC의 중점을 F라 하고, 선분 BF, AE를 그린다.

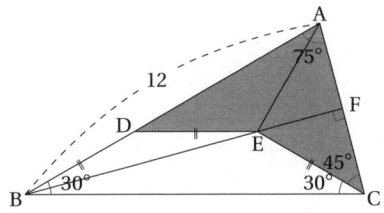

그러면, 삼각형 DBE는 밑각이 15°인 이등변삼각형이고, 삼각형 EFC는 직각이등변삼각형이다. 삼각형 DBE에서 점 B에서 직선 DE에 내린 수선의 길이는 선분 DE의 길이의 절반이고, 삼각형 EFC에서 점 F에서 변 EC에 내린 수선의 길이는 선분 EC의 길이의 절반이다. 따라서 삼각형 DBE와 삼각형 EFC는 넓이가 같다.

그러므로 오목사각형 ADEC의 넓이는 삼각형 ABC의 넓이의 절반이다.

점 A에서 변 BC에 내린 수선의 길이가 6이므로, 오목사각형 ADEC의 넓이는 $\frac{1}{2} \times 12 \times 6 \times \frac{1}{2} = 18$이다.

문제 319

정팔각형 ABCDEFGH에서 세 대각선 AE, DG, EG를 그리고, 대각선 AE와 DG의 교점을 I라 한다. 정팔각형 한 변의 길이가 12일 때, 삼각형 IEG의 넓이를 구하여라.

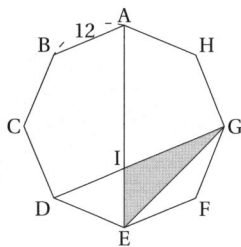

풀이 $\overline{DG} \mathbin{/\mkern-5mu/} \overline{EF}$이므로 △IEG = △IFG이다.

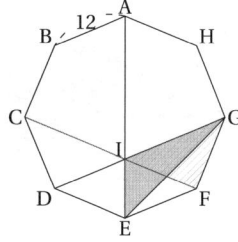

사각형 IDEF는 평행사변형이므로 $\overline{IF} = \overline{DE}$이다. 즉, 삼각형 IFG는 직각이등변삼각형이다.

따라서 삼각형 IEG의 넓이는 $12 \times 12 \times \dfrac{1}{2} = 72$이다.

문제 320

∠B = 20°이고, ∠A > 90°인 둔각삼각형 ABC에서 변 BC위에 $\overline{AB} = \overline{DC}$인 점 D를 잡으면, ∠ADC = 40°이다. 이때, ∠ACB의 크기를 구하여라.

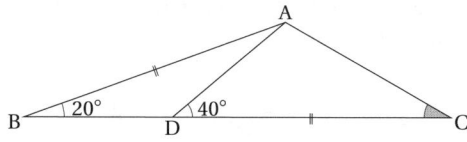

풀이 그림과 같이, 삼각형 ABD와 삼각형 CDE가 합동이 되도록 점 E를 잡는다. 그러면, 삼각형 ADE는 정삼각형이고, 삼각형 AEC는 이등변삼각형이다.

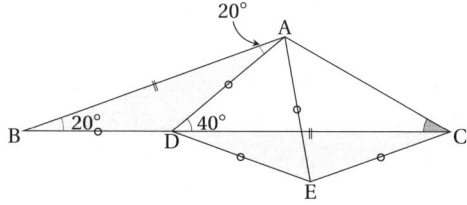

∠DEC = 140°, ∠DEA = 60°이므로 ∠AEC = 80°이다. 즉, ∠ECA = ∠EAC = 50°이다.

따라서 ∠ACB = 50° − 20° = 30°이다.

[문제] 321

사각형 ABCD에서 변 CD위의 한 점 E를 잡으면, 삼각형 AED와 삼각형 CEB는 합동이고, 세 변의 길이의 비가 $\overline{BE} : \overline{BC} : \overline{CE} = \overline{ED} : \overline{AD} : \overline{AE} = 3 : 4 : 5$인 직각삼각형이다. 삼각형 AED의 넓이가 150일 때, 사각형 ABCD의 넓이를 구하여라.

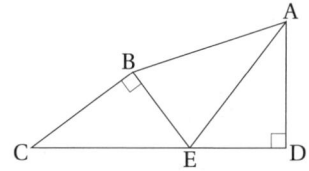

[풀이] 그림과 같이, 변 CD의 연장선 위에 $\overline{DE} = \overline{DF}$인 점 F를 잡는다.

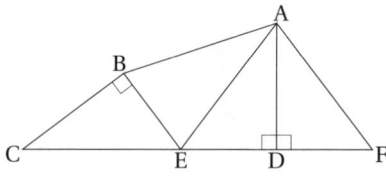

그러면 △ADE ≡ △ADF ≡ △CBE이다. 즉, □ABCD = □ABEF이다.

∠BEC = ∠AED = ∠AFD이므로 $\overline{BE} \parallel \overline{AF}$이다. 즉, 사각형 ABEF는 사다리꼴이다. 또, △ABE : △AFE = $\overline{BE} : \overline{AF}$ = 3 : 5 이다.

△AED = 150이므로 △ABE = $300 \times \frac{3}{5}$ = 180이다.

그러므로 사각형 ABEF의 넓이는 300 + 180 = 480이다. 즉, 사각형 ABCD의 넓이는 480이다.

[문제] 322

삼각형 ABC에서 $\overline{AB}$ = 45와 $\overline{AC}$ = 33이다. 점 D는 변 BC의 중점, 점 E와 F는 선분 AD를 삼등분하는 점 ($\overline{AE} = \overline{EF} = \overline{FD}$)이고, $\overline{CF} = \overline{CD}$이다. 직선 CF와 BE의 교점을 X라 할 때, 선분 EX의 길이를 구하여라.

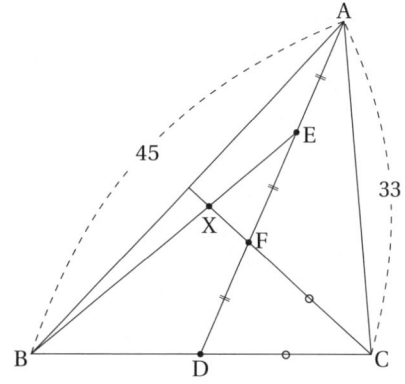

[풀이]

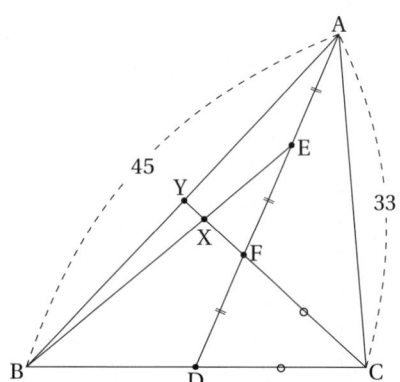

△CFD가 이등변삼각형이므로, ∠CFE = ∠BDF이고, $\overline{AF} = \overline{ED}$, $\overline{CF} = \overline{DB}$이므로, 삼각형 ACF와 삼각형 EBD는 합동 (SAS합동)이다. 그러므로 $\overline{BE}$ = 33이다.

직선 CX와 변 AB의 교점을 Y라 한다. 삼각형 ABD와 직선 CFY에 대하여 메넬라우스 정리를 적용하면,

$$\frac{\overline{AY}}{\overline{YB}} \cdot \frac{\overline{BC}}{\overline{CD}} \cdot \frac{\overline{DF}}{\overline{FA}} = \frac{\overline{AY}}{\overline{YB}} \cdot \frac{2}{1} \cdot \frac{1}{2} = 1$$

에서 $\frac{\overline{AY}}{\overline{YB}}$ = 1이다. 삼각형 ABE와 직선 FXY에 대하여 메넬라우스 정리를 적용하면,

$$\frac{\overline{AY}}{\overline{YB}} \cdot \frac{\overline{BX}}{\overline{XE}} \cdot \frac{\overline{EF}}{\overline{FA}} = \frac{1}{1} \cdot \frac{\overline{BX}}{\overline{XE}} \cdot \frac{1}{2} = 1$$

에서 $\frac{\overline{BX}}{\overline{XE}}$ = 2이다. 따라서 $\overline{EX} = \frac{1}{3} \times \overline{BE} = \frac{1}{3} \times 33$ = 11이다.

문제 323

정사각형 ABCD에서 변 BC 위의 점 E와 변 DA위의 점 G에 대하여 직선 EG에 대하여 점 C, D가 각각 대칭이동한 점을 C′, D′라 하면, 점 C′는 변 AB위에 있다. 선분 C′D′와 변 AD와의 교점을 F, 변 AB의 중점을 M, 선분 GE의 중점을 N이라 한다. 선분 MN에 대하여 점 E가 대칭이동한 점을 E′라 하고, 선분 C′D′와 선분 E′N과의 교점을 H라 한다. ∠E′HF = 87°일 때, ∠C′EB의 크기를 구하여라.

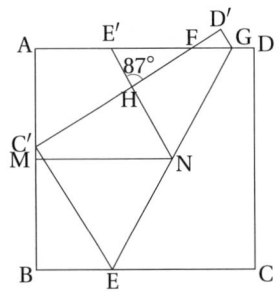

풀이 ∠C′EB = x, ∠C′EG = ∠GEC = y라 한다.

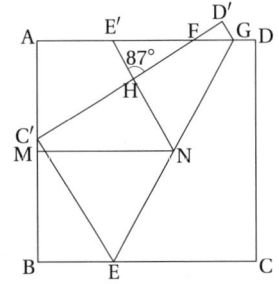

∠HC′E = 90°이므로,

∠AC′H = x, ∠AE′H = $x + y$

이다. ∠BEC = 180°, 사각형 AC′HE′의 내각의 합은 360°이므로,

$$x + 2y = 180°,$$
$$2x + y + 90° + 93° = 360°$$

이다. 이를 연립하여 풀면, $x = 58°$이다.

문제 324

삼각형 ABC에서 $\overline{AB} = 4$, $\overline{BC} = 5$, $\overline{CA} = 6$이다. 삼각형 ABC의 수심을 H, 외심을 O라 하고 직선 AO와 직선 BH, CH의 교점을 각각 X, Y라고 한다. 선분 XY와 선분 HX의 길이의 비를 구하여라.

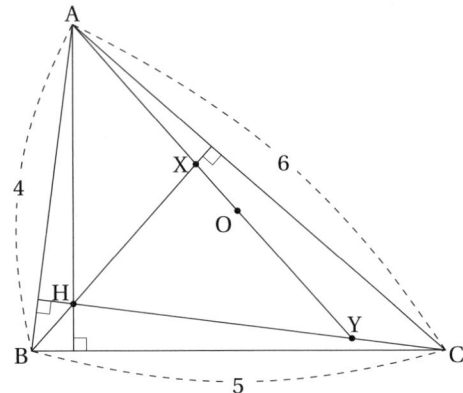

풀이

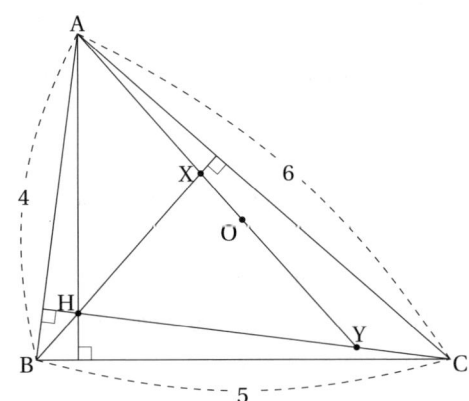

∠ACY = 90° − ∠A, ∠CAY = 90° − ∠B이므로

$$\angle AYH = \angle ACY + \angle CAY$$
$$= 180° - (\angle A + \angle B) = \angle C$$

이다. 또,

$$\angle XHY = \angle XHC = 90° - (90° - \angle A) = \angle A$$

이다. 따라서, 삼각형 HXY와 삼각형 ABC는 닮음(AA닮음)이다. 그러므로 $\overline{XY} : \overline{HX} = \overline{BC} : \overline{AB} = 5 : 4$이다.

문제 325

원에 내접하는 육각형 ABCDEF에서, $\overline{AE} = \overline{BF} = \overline{CD}$ 이고, 선분 AE와 BF의 교점을 G라 하면, ∠AGF = 142° 이다. 선분 AE, BF, CD의 중점을 각각 P, Q, R이라 할 때, ∠QRP의 크기를 구하여라.

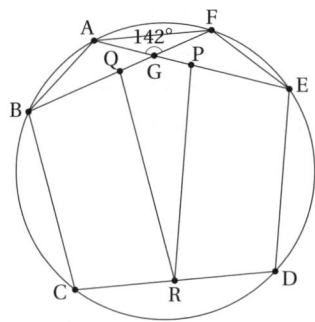

풀이 그림과 같이 원의 중심을 O라 하고, 선분 OP, OQ, OR을 그린다.

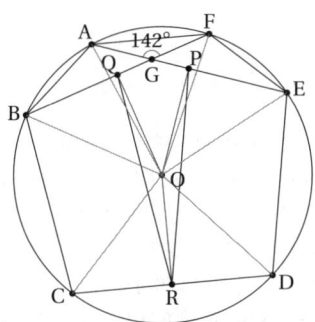

$\overline{AE} = \overline{BF} = \overline{CD}$이므로, △OAE ≡ △OBF ≡ △OCD(SSS합동) 이다. 그러므로 $\overline{OP} = \overline{OQ} = \overline{OR}$이다.
∠OPG = ∠OQG = 90°, ∠QGP = 142°이므로, ∠QOP = 38° 이다.
따라서 ∠QRP = $\frac{1}{2}$ × ∠QOP = 19°이다.

문제 326

한 변 AB를 공유하는 합동인 두 정칠각형 ABCDEFG 와 ABHIJKL에서 변 AB의 연장선(점 B쪽의 연장선) 과 변 ED의 연장선(점 D쪽의 연장선)의 교점을 O라 한다. 삼각형 BOD의 넓이가 326일 때, 삼각형 LOF의 넓이를 구하여라.

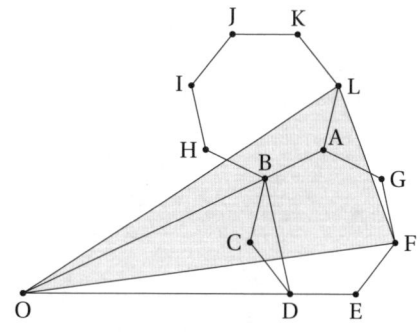

풀이 삼각형 FOE를 반시계방향으로 $\frac{180°}{7}$ 회전하면 삼각 형 LOA와 일치하므로, △LOB ≡ △FOD이다.

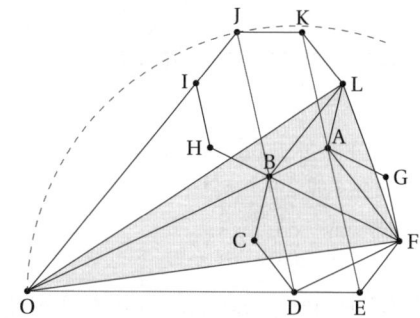

그러므로 삼각형 LOF의 넓이는 오목오각형 LBODF의 넓 이와 같고, 오각형 LBODF의 넓이는 삼각형 BOD와 사각형 LBDF의 넓이의 합과 같다. 또, 사각형 LBDF의 넓이는 사 각형 LBAF와 사각형 ABDF의 넓이의 합과 같다.
△BOD ≡ △FJD이고, 삼각형 FJD는 삼각형 AJB와 사각형 ABDF의 넓이의 합과 같다.
△AJB ≡ △CFB이고, 선분 BC와 LA는 평행하고, 길이가 같 으므로 삼각형 CFB의 넓이는 오목사각형 LBAF의 넓이와 같다. 그러므로 사각형 LBDF의 넓이는 삼각형 FJD의 넓이 와 같다.
따라서 삼각형 LOF의 넓이는 삼각형 BOD의 넓이의 2배이 다. 즉, 삼각형 LOF의 넓이는 652이다.

문제 327

이등변삼각형 ABC에서 $\overline{AB} = \overline{AC} = 12$, $\overline{BC} = 9$이다. 변 AC위에 $\overline{CD} = 2$가 되도록 점 D를 잡자. 점 D와 변 BC의 중점을 연결한 직선이 변 AB와 만나는 점을 E라 할 때, 선분 BE의 길이를 구하여라.

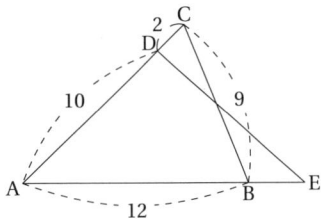

풀이

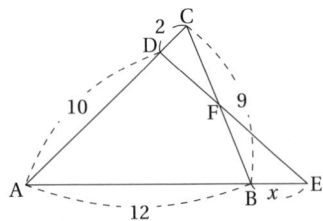

변 BC의 중점을 F라 하고, $\overline{BE} = x$라 한다. 삼각형 ABC와 직선 DFE에 대하여 메넬라우스의 정리를 적용하면,

$$\frac{\overline{AE}}{\overline{EB}} \times \frac{\overline{BF}}{\overline{FC}} \times \frac{\overline{CD}}{\overline{DA}} = \frac{12+x}{x} \times \frac{1}{1} \times \frac{1}{5} = 1$$

이다. 이를 정리하면 $12+x = 5x$이다. 즉, $x = 3$이다. 따라서 $\overline{BE} = 3$이다.

문제 328

예각삼각형 ABC에서 변 AB를 한 변으로 하는 정사각형 ABED를 그리고, 변 AC를 한 변으로 하는 정사각형 ACHI를 그리고, 변 BC를 한 변으로 하는 정사각형 BFGC를 그린다. 점 E와 점 H를 연결하고, 선분 EH와 변 AB, AC와의 교점을 각각 J, K라 한다. 삼각형 EBJ의 넓이가 S_2이고, 삼각형 AJK의 넓이가 S_1이고, 삼각형 KCH의 넓이가 S_3일 때, 정사각형 BFGC의 넓이를 S_1, S_2, S_3를 이용하여 나타내어라.

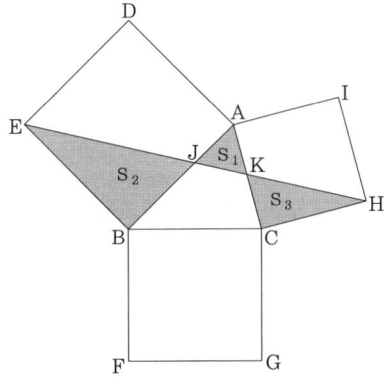

풀이 점 A에서 변 BC에 내린 수선의 발을 P라 하고, 점 B에서 변 AC에 내린 수선의 발을 Q라 하고, 점 C에서 변 AB에 내린 수선의 발을 R이라 한다. 선분 AP의 연장선과 변 FG와의 교점을 P′라 하고, 선분 BQ의 연장선과 변 IH와의 교점을 Q′라 하고, 선분 CR의 연장신과 변 DE와의 교점을 R′라 한다. (아래 그림에서 점 R과 J는 일반적으로 다른 점이다.)

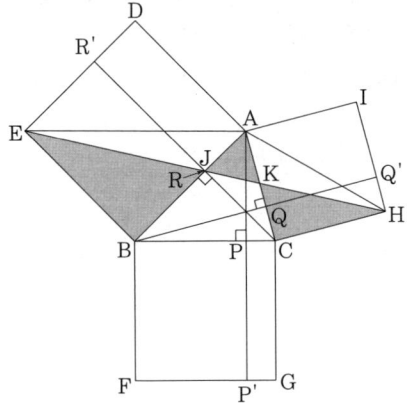

그러면,

$$\overline{AD} : \overline{AE} = \overline{AC} : \overline{AH} = 1 : \sqrt{2} \text{ 이고, } \angle DAC = \angle EAH$$

이므로 △ADC와 △AEH는 닮음이고, 넓이의 비는 1 : 2이다.
따라서
$$□ADR'R = 2 × △ADC = △AEH$$
이다.
∠ARC = ∠APC = 90°이므로 네 점 A, R, P, C는 한 원 위에 있고, 원과 비례의 성질에 의하여 $\overline{BR} × \overline{BA} = \overline{BP} × \overline{BC}$이다.
따라서 □BRR'E = □BFP'P이다.
같은 방법으로
$$□CHQ'Q = □CGP'P, \quad □ARR'D = □AQQ'I$$
이다. 그러므로,
$$□BFGC = □R'EBR + □QCHQ'$$
$$= □ADEB + □ACHI − (□ADR'R + □AQQ'I)$$
$$= 2 × △AEB + 2 × △ACH − 2 × □ADR'R$$
$$= 2 × △AEB + 2 × △ACH − 2 × △AEH$$
$$= 2 × (△EBJ + △AEJ) + 2 × (△KCH + △AKH)$$
$$\quad − 2(△AJK + △AEJ + △AKH)$$
$$= 2 × (△EBJ + △KCH − △AJK)$$
$$= 2 × (S_2 + S_3 − S_1)$$
이다.

|문제| **329**

정사각형 ABCD에서 대각선 DB위에 $\overline{DE} : \overline{EB} = 1 : 3$이 되는 점 E를 잡고, 선분 AE의 연장선과 변 DC와의 교점을 F라 한다. 또, 변 BC위에 점 G를, 선분 AG와 GE의 길이의 합(즉, $\overline{AG} + \overline{GE}$)이 최소가 되도록 잡는다. 선분 AG와 대각선 DB의 교점을 H라 한다. $\overline{AB} = 8$일 때, 삼각형 AHE의 넓이를 구하여라.

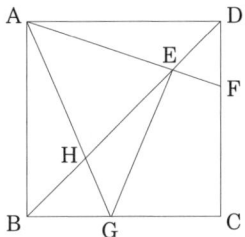

|풀이| 그림과 같이, 변 BC에 대하여 점 A의 대칭점을 A'이라 한다.

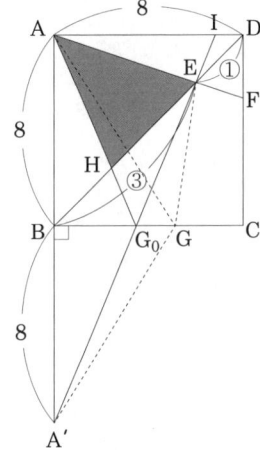

변 BC위에 점 G에 대하여 $\overline{AG} + \overline{GE} = \overline{A'G} + \overline{GE} \geq \overline{A'E}$이다.
단, 등호는 세 점 A', G, E가 한 직선 위에 있을 때 성립한다.
즉, 점 G가 그림에서 G_0에 있을 때이다.
선분 G_0E의 연장선과 변 AD와의 교점을 I라 하면, $\overline{ID} : \overline{BG_0} = \overline{DE} : \overline{EB} = 1 : 3$이다. 또, 점 B는 선분 AA'의 중점이므로, $\overline{AI} : \overline{BG_0} = 2 : 1 = 6 : 3$이다. 따라서
$$\overline{DH} : \overline{HB} = \overline{AD} : \overline{BG_0} = (6 + 1) : 3 = 7 : 3$$
이다. 그러므로
$$\overline{DE} = \frac{1}{1+3} × \overline{BD} = \frac{1}{4} × \overline{BD}, \quad \overline{DH} = \frac{7}{7+3} × \overline{BD} = \frac{7}{10} × \overline{BD}$$

이다. 따라서 $\overline{EH} = \left(\dfrac{7}{10} - \dfrac{1}{4}\right) \times \overline{BD} = \dfrac{9}{20} \times \overline{BD}$이다. 그러므로

$$\triangle AHE = \dfrac{9}{20} \times \triangle ABD = \dfrac{9}{20} \times \dfrac{1}{2} \times 8 \times 8 = \dfrac{72}{5}$$

이다.

문제 330

삼각형 ABC의 내부에 한 점 P를 잡고, P와 꼭짓점 A, B, C를 연결 하면, ∠PBC = 13°, ∠PCB = 30°, ∠PCA = ∠PAC = 17°이다. 이때, ∠PBA의 크기를 구하여라.

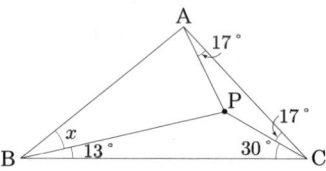

풀이1 주어진 조건으로부터 ∠APC = 146°, ∠BPC = 137°, ∠BPA = 77°이다. 점 P를 변 BC에 대하여 대칭이동한 점을 Q라 잡고, 점 Q와 점 B, C, P를 연결하고, 각 a, b, c, x를 표시한다.

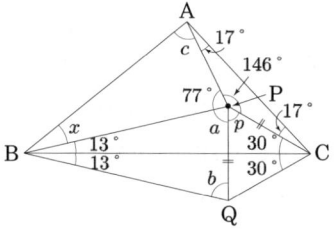

삼각형 CPQ는 정삼각형이므로, $p = 60°$, $a = 137° - 60° = 77°$이다. 대칭성에 의하여 △PBC ≡ △QBC이고, $b = a = 77°$이다. 삼각형 BPQ은 $\overline{BP} = \overline{BQ}$, 밑각이 77°이고, 꼭짓각이 26°인 이등변삼각형이다.

이제 삼각형 BPA와 삼각형 BPQ는 합동임을 보이자. 삼각형 PCA는 이등변삼각형이므로, $\overline{PA} = \overline{PC}$이다. 또, $\overline{PC} = \overline{PQ}$이다. 따라서 $\overline{PA} = \overline{PQ}$이다. $\overline{BP}$는 공통이고, ∠BPA = ∠BPQ = a = 77°이다. 그러므로 △BPA ≡ △BPQ(SAS합동)이다. 따라서 x = ∠PBA = ∠PBQ = 26°이다.

풀이2 그림과 같이, 각 s, x를 표시한다. 삼각형 PBC를 선분 PB를 축으로하여 대칭이동시킨 도형을 삼각형 PBD라 한다.

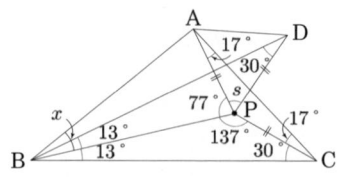

이제 삼각형 DAP가 정삼각형임을 보이자. ∠BPD = ∠BPC = 137°, s = 137° − 77° = 60°이다. 그러면 삼각형 PCA가 이등변삼각형이어서 $\overline{PD} = \overline{PC} = \overline{PA}$이다. 따라서 삼각형 DAP는 정삼각형이다.

이제 직선 DB가 선분 AP의 수직이등분선임을 보이자. ∠PDA = 60°, ∠PDB = ∠PCB = 30°이므로, 직선 DB는 이등변삼각형의 꼭짓각을 이등분하는 직선이다. 그러므로 직선 DB는 선분 AP를 수직이등분한다. 삼각형 BAP는 $\overline{BP} = \overline{BA}$인 이등변삼각형이고, 밑각은 77°이므로 $x = 180° − 77° \times 2 = 26°$이다.

[풀이3] 그림과 같이, 각 t, x를 표시한다. 삼각형 PBC와 합동인 삼각형 PEA를 그린다.

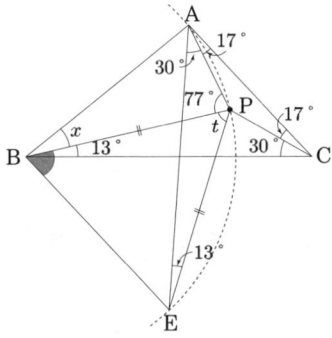

삼각형 PBE가 정삼각형임을 보이자. ∠EPA = 137°, $t = 137° − 77° = 60°$, $\overline{PB} = \overline{PE}$이다. 삼각형 PBE는 꼭짓각이 60°인 이등변삼각형이므로, 정삼각형이다.

$\overline{BP} = \overline{BE}$이므로, 점 B를 중심으로 하고, 점 E, P를 지나는 원이 점 A를 지남을 보이자. ∠PBE = 60°, ∠PAE = 30°, ∠PBE = 2 × ∠PAE이므로 원주각의 성질에 의하여 점 A는 점 B를 중심으로 하고, 점 E, P를 지나는 원 위에 있다. 따라서 $x = 2 \times \angle PEA = 2 \times 13 = 26°$이다.

[문제] **331**

∠A = 60°, ∠B = 50°인 삼각형 ABC에 내접하는 원이 원과 변 BC, CA, AB와 접하는 점을 각각 D, E, F라 하고, 원의 중심을 I라 한다. 또, 직선 AI와 ED의 교점을 G라 한다. 이때, 다음 물음에 답하여라.

(1) ∠IGE의 크기를 구하여라.

(2) ∠DBG의 크기를 구하여라.

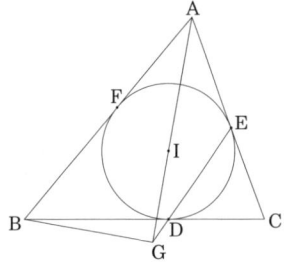

[풀이]

(1) ∠C = 180° − (60° + 50°) = 70°, $\overline{CE} = \overline{CD}$이므로, ∠CED = (180° − 70°) ÷ 2 = 55°이다.

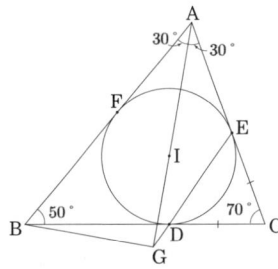

따라서 ∠IGE = ∠CED − ∠EAG = 55° − 30° = 25°이다.

(2) △AGF ≡ △AGE(SAS합동)이므로, ∠AGF = ∠AGE = 25°이고, ∠FGD = ∠FBD = 50°이다.

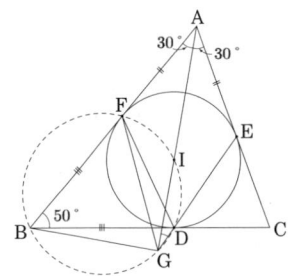

그러므로 네 점 F, B, G, D는 한 원 위에 있고,

$$\angle BFD = (180° - 50°) \div 2 = 65°$$

$$\angle BFG = 30° + 25° = 55°$$

이다. 따라서 ∠DBG = ∠DFG = 65° − 55° = 10°이다.

문제 332

삼각형 ABC의 꼭짓점 A에서 변 BC에 내린 수선의 발을 D, 변 BC의 중점을 M이라 한다. $\overline{MD} = 15$이고, ∠BAM = ∠CAD = 15°일 때, 삼각형 ABC의 넓이를 구하여라. (단, ∠A > 30°)

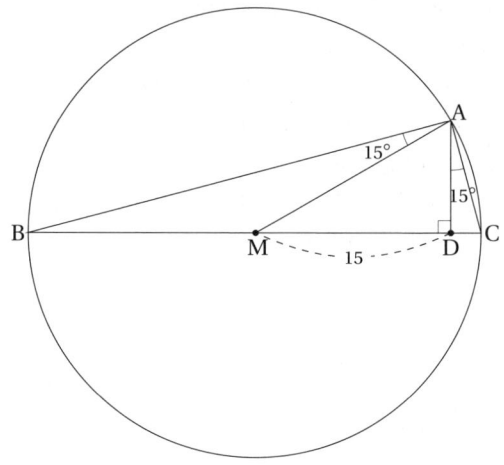

풀이 삼각형 ABC의 외접원과 선분 AM의 연장선과의 교점을 E라 한다.

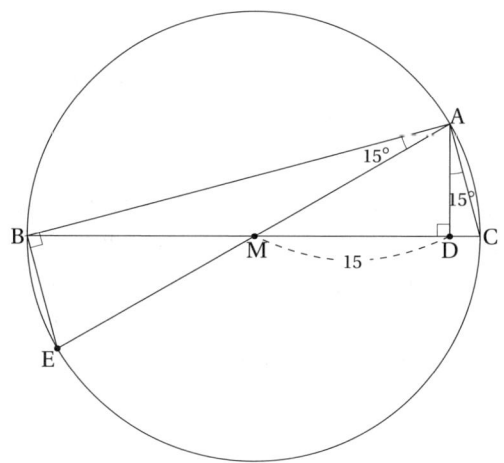

원주각의 성질에 의하여 ∠AEB = ∠ACB이다. 또, ∠BAM = ∠CAD = 15°이므로 △ABE ∽ △ADC이다. 또, ∠ABE = 90°가 되어 $\overline{AE}$는 삼각형 ABC의 외접원의 지름이 된다. 그러므로 점 M은 삼각형 ABC의 외심이다. $\overline{AM} = \overline{BM}$이므로 ∠ABC = 15°이다. 즉, ∠AMC = 30°이다. 따라서 △AMD는 길이의 비가 $1 : \sqrt{3} : 2$인 직각삼각형이다. 즉, $\overline{DM} = 15$,

$\overline{AD} = 5\sqrt{3}$, $\overline{AM} = 10\sqrt{3}$이다. 그러므로 $\overline{BC} = 20\sqrt{3}$이다. 따라서 삼각형 ABC의 넓이는 $\frac{1}{2} \times \overline{BC} \times \overline{AD} = 150$이다.

문제 333

$\overline{AB} = \overline{AD}$, $\angle A = \angle C = 90°$인 사각형 ABCD에서 대각선 AC와 BD의 교점을 E라 한다. $\overline{AC} = 8$, $\overline{BD} = 10$일 때, 선분 AE와 선분 EC의 길이의 비를 구하여라.

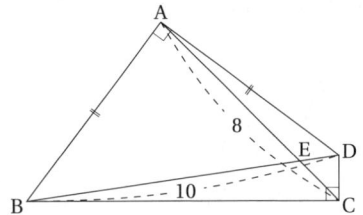

풀이 그림과 같이, 삼각형 ACD를 점 A를 중심으로 시계방향으로 90° 회전하면, 점 D는 점 B로 이동하고, 점 C가 이동한 점을 F라 한다. 그러면 사각형 ABCD의 넓이와 삼각형 AFC의 넓이가 같다.

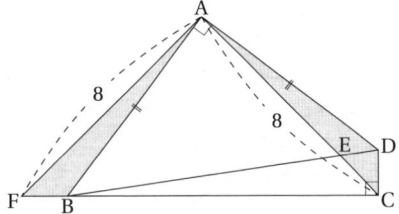

$\triangle ABE : \triangle BCE = \overline{AE} : \overline{EC}$, $\triangle ADE : \triangle CDE = \overline{AE} : \overline{EC}$이므로 $\triangle ABD : \triangle BCD = \overline{AE} : \overline{EC}$이다.
$\triangle ABD = 10 \times 5 \times \frac{1}{2} = 25$이고, $\triangle AFC = 8 \times 8 \times \frac{1}{2} = 32$이므로, 삼각형 BCD의 넓이는 $32 - 25 = 7$이다.
따라서 $\overline{AE} : \overline{EC} = \triangle ABD : \triangle BCD = 25 : 7$이다.

문제 334

예각삼각형 ABC의 외심을 O, 각 A의 이등분선과 변 BC가 만나는 점을 D, 삼각형 ABD의 외접원과 선분 OA의 교점을 E(≠ A)라 한다. ∠OCB = 14°이고 ∠OCA = 18°일 때, ∠DBE의 크기를 구하여라.

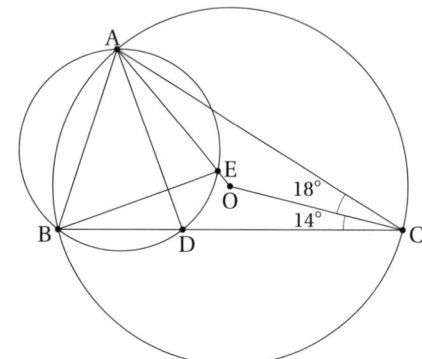

풀이

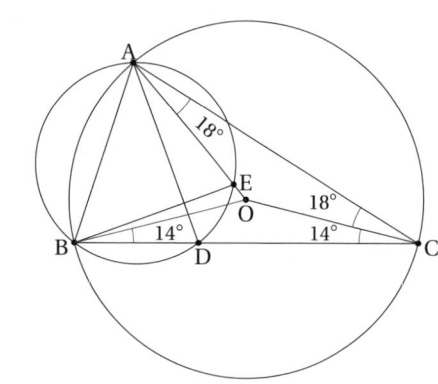

∠OBC = ∠OCB = 14°, ∠OCA = ∠OAC = 18°이므로, ∠OAB = ∠OBA = 58°이다. 또, ∠A = 76°이므로, ∠DBE = ∠DAE = 38° − 18° = 20°이다.

문제 335

직사각형 ABCD에서 ∠EBC = 26°를 만족하는 점 E를 변 CE위에 잡고, 선분 BE에 대하여 점 C가 대칭이동한 점을 C′라 한다. 또, ∠DAF = 24°인 점 F를 선분 BE 위에 잡고, 선분 AF와 선분 BC′의 교점을 G라 한다. 선분 AF에 대하여 점 C′, D, E가 대칭이동한 점을 각각 C″, D′, E′라 한다. 이때, ∠E′C″F의 크기를 구하여라.

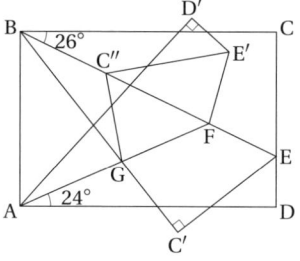

풀이 그림과 같이, 선분 AF의 연장선과 변 CD의 교점을 I 라 한다.

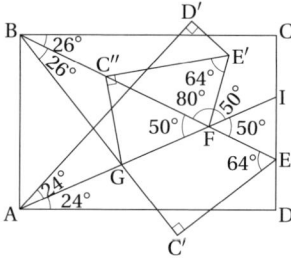

∠EBC′ = 26°이므로, ∠C″E′F = ∠BEC′ = 64°이다.
∠BFA = ∠CBF + ∠FAD = 50°이므로, ∠EFI = ∠IFE = 50°이다. 즉, ∠C″FE′ = 80°이다.
따라서 ∠E′C″F = 180° − (64° + 80°) = 36°이다.

문제 336

$\overline{AC} = 14$, $\overline{AB} = 21$, $\overline{BC} = 28$인 삼각형 ABC에서 변 BC 위에 $\overline{BD} = \overline{AD}$인 점 D를 잡는다. 이때, 선분 DC의 길이를 구하여라.

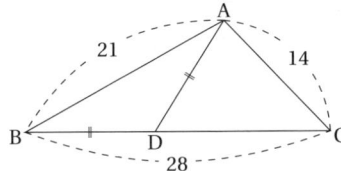

[풀이] 그림과 같이, 변 BC 위에 $\overline{AB} = \overline{BE}$인 점 E를 잡고, 점 D를 지나 선분 AE에 평행한 직선과 변 AB와의 교점을 F라 한다.

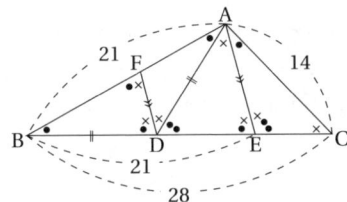

그러면, 삼각형 ABC와 삼각형 EAC에서 $\overline{BC} : \overline{AC} = \overline{AC} : \overline{EC} = 2 : 1$, $\angle BCA = \angle ACE$이므로 $\triangle ABC \sim \triangle EAC$이다. 그러므로 $\overline{AE} = 14 \times \frac{3}{4} = \frac{21}{2}$이다.

$\angle ABC = \bullet$, $\angle ACB = \times$라 하고, 그림과 같이 각도를 $\bullet$, $\times$로 나타낸다. 그러면, 삼각형 AFD와 삼각형 AEC는 닮음이므로, $\overline{FD} = 2x$라 하면,

$$\overline{AD} = \overline{BD} = 4x, \quad \overline{AF} = \overline{DE} = 3x$$

이다. $\overline{BD} + \overline{DE} = 7x = 21$이므로, $x = 3$이다.

따라서 $\overline{DC} = \overline{DE} + \overline{EC} = 9 + 7 = 16$이다.

문제 337

$\angle B = 24°$, $\angle C = 90°$인 직각삼각형 ABC에서 변 AC를 한 변으로 하는 정사각형 AEDC와 ACFG를 그리고, 변 BD를 한 변으로 하는 정사각형 BDHI를 그린다. 이때, $\angle BIF$의 크기를 구하여라. 단, 점 D는 변 BC위에 있고, 점 F는 변 BC의 연장선(점 C쪽의 연장선) 위에 있고, 점 E는 선분 HD 위에 있다.

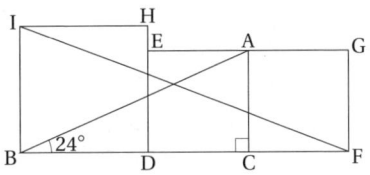

[풀이] 그림과 같이, 선분 ID, DA, AF를 그린다. 그러면 $\angle DAF = 90°$, $\angle IDA = 90°$이다.

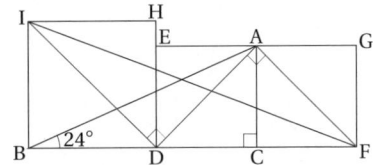

삼각형 IBD와 삼각형 DAF는 직각이등변삼각형이므로,

$$\overline{BD} : \overline{ID} = \overline{AD} : \overline{DF}$$

이고, $\angle BDA = \angle IDF = 135°$이다. 그러므로 삼각형 BDA와 삼각형 IDF는 닮음이다.

따라서 $\angle BIF = \angle BID + \angle DIF = 45° + 24° = 69°$이다.

문제 338

삼각형 ABC에서 $\overline{AB} = \overline{AC}$이고, ∠B = 40°이다. 변 BC 위의 점 D를 ∠ADC = 120°가 되도록 잡고, 각 C의 이등분선과 변 AB의 교점을 E라 한다. ∠DEC의 크기를 구하여라.

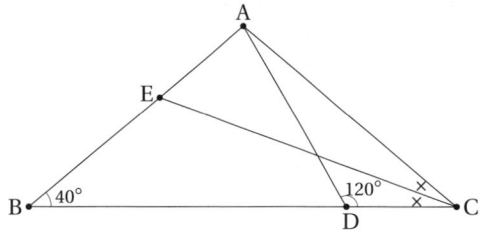

풀이 변 AC의 A쪽의 연장선 위에 한 점 F를 잡는다.

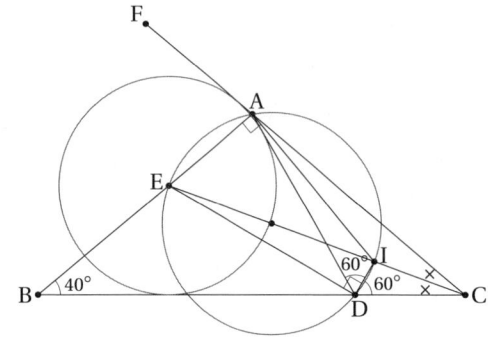

∠FAB = ∠DAB = 80°이므로 점 E는 △ADC의 방심이다.
그러므로 ∠ADE = ∠BDE = 30°이다.
또, ∠ADC의 이등분선과 선분 CE의 교점을 I라 하면, 점 I는 삼각형 ADC의 내심이다.
그러므로, ∠IAC = ∠IAD = 10°, ∠IDA = ∠IDC = 60°이다.
따라서, ∠IAE = ∠IDE = 90°이다. 즉, 네 점 A, I, D, E는 한 원 위에 있다.
따라서 ∠DEC = ∠DEI = ∠DAI = 10°이다.

문제 339

사각형 ABCD의 두 대각선 AC와 BD의 교점을 E라 하고, 변 CD 위의 점 F를 잡는다. 삼각형 ABD와 삼각형 BCF는 정삼각형이고, $\overline{AB} = 10$, $\overline{FD} = 8$일 때, 선분 AE와 EC의 길이의 비를 구하여라.

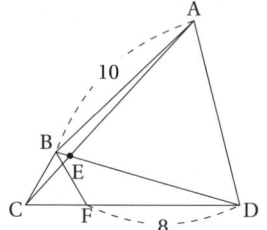

풀이 그림과 같이, $\overline{BD} = 10$을 한 변으로 하는 정육각형을 그리고, 이 정육각형의 넓이를 편의상 $10 \times 10 = \boxed{100}$이라 한다. 또, 이 정육각형의 내부에 삼각형 BCD의 합동인 6개의 삼각형을 그려서 작은 정육각형을 만든다.

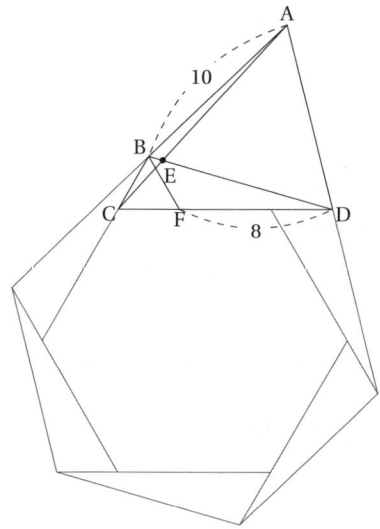

그러면 이 작은 정육각형의 넓이는 $8 \times 8 = \boxed{64}$이다.
그러므로 삼각형 BCD의 넓이는 $\frac{\boxed{100} - \boxed{64}}{6} = \boxed{6}$이다. 삼각형 ABD의 넓이는 $\frac{\boxed{100}}{6} = \boxed{\frac{50}{3}}$이다.
삼각형 ABD와 삼각형 BCD의 넓이의 비는 $\boxed{\frac{50}{3}} : \boxed{6} = 25 : 9$이다.
따라서 선분 AE와 선분 EC의 길이의 비는 25 : 9이다.

문제 340

삼각형 ABC에 대하여 각 C의 이등분선이 변 AB와 만나는 점을 D라 하고 직선 CD와 평행하고 점 B를 지나는 직선이 직선 AC와 만나는 점을 E라 한다. $\overline{AD} = 6$, $\overline{BD} = 6$, $\overline{BE} = 15$일 때, $\overline{AC}^2$의 값을 구하여라.

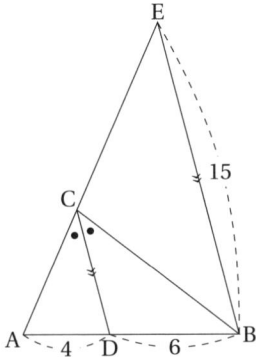

풀이

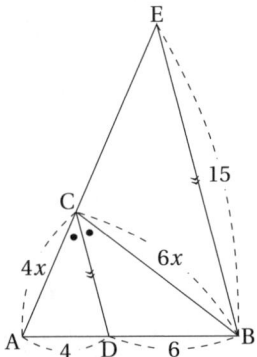

선분 CD가 ∠C의 내각이등분선이므로, $\overline{CA} : \overline{CB} = \overline{AD} : \overline{DB} = 4 : 6$이고,

$$\overline{CD}^2 = \overline{CA} \times \overline{CB} - \overline{AD} \times \overline{DB}$$

가 성립한다. $\overline{AC} = 4x$, $\overline{BC} = 6x$라 한다. 그러면

$$\overline{CD}^2 = 24x^2 - 24$$

이다. 삼각형 ADC와 삼각형 ABE는 닮음비가 2 : 5인 닮음이다. $\overline{EB} = 15$이므로, $\overline{CD} = 6$이다. 즉, $\overline{CD}^2 = 36$이다. 그러므로

$$\overline{CD}^2 = 24x^2 - 24 = 36, \quad 4x^2 = 10$$

이다. 따라서 $\overline{AC}^2 = 16x^2 = 40$이다.

문제 341

∠B = 60°인 삼각형 ABC에서 세 내각의 이등분선의 교점을 I라 하고, 선분 BI에 수직인 직선과 변 AB, BC와의 교점을 각각 D, E라 하면, $\overline{DI} = 20$, $\overline{EC} = 25$이다. 이때, 선분 AD의 길이를 구하여라.

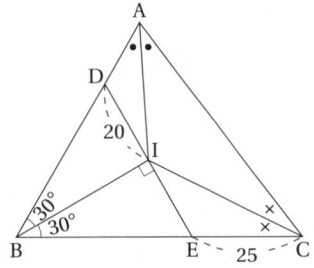

풀이 그림에서 ∠ADI = ∠IEC = 120°이고, • + × = 60°이므로 삼각형 ADI와 삼각형 IEC는 닮음이다.

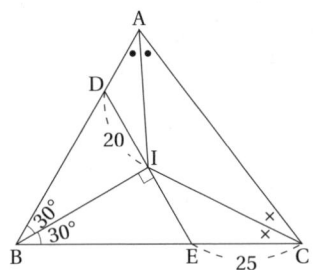

그러므로 $\overline{AD} : \overline{IE} = \overline{DI} : \overline{EC}$이다. $\overline{DI} = \overline{IE} = 20$이므로

$$\overline{AD} : 20 = 20 : 25$$

이다. 따라서 $\overline{AD} = 16$이다.

[문제] 342

삼각형 ABC에서 $\overline{AB} = \overline{AC}$이고 ∠ABC > ∠CAB이다. 점 B에서 삼각형 ABC의 외접원에 접하는 직선이 직선 AC와 점 D에서 만난다. 선분 AC 위의 점 E는 ∠DBC = ∠CBE를 만족하는 점이다. $\overline{BE} = 40$, $\overline{CD} = 25$일 때, 선분 AE의 길이를 구하여라.

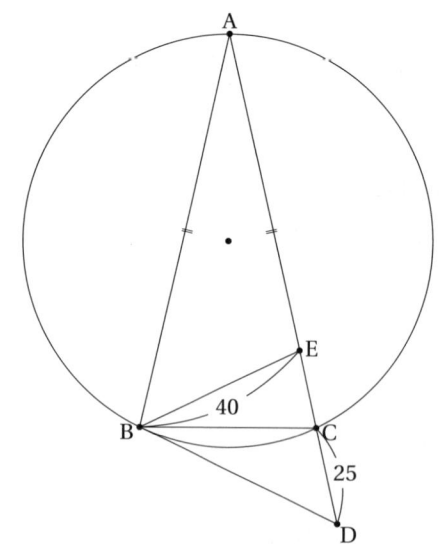

[풀이]

주어진 조건과 접현각의 성질에 의하여 ∠DBC = ∠CBE = ∠BAC이다. 그러므로 △ABC ∼ △BCE이다. 또, ∠AEB = ∠BCD = 180° − ∠BCA이므로, △EAB ∼ △CBD이다. 그러므로 $\overline{AE} : \overline{BE} = \overline{CB} : \overline{DC}$이다. 즉, $\overline{AE} : 40 = 40 : 25$이다. 이를 풀면 $\overline{AE} = 64$이다.

문제 343

점 B를 중심으로 하는 호 AC, 점 C를 중심으로 하는 호 AB와 변 BC로 둘러싸인 도형이 있다. 호 AB 위의 점 D, 호 AC 위의 점 E, 변 BC 위의 점 F를 잡으면, $\angle BDE = \angle DEF = 90°$, $\overline{BF} = \overline{FC} = 10$이다. 이때, 사다리꼴 DBFE의 넓이를 구하여라.

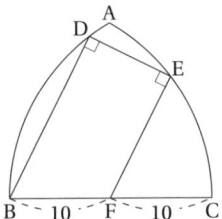

[풀이] 그림과 같이, 점 C를 중심으로 하고 변 BC를 반지름으로 하는 반원을 그리고, 반원과 변 BC의 연장선과의 교점을 G라 한다. $\angle BDG = 90°$이므로 선분 DE의 연장선은 점 G를 지난다. 선분 FG의 중점을 H라 한다. 점 H를 중심으로 하고 변 FH를 반지름으로 하는 반원을 그린다. 점 E에서 선분 FG에 내린 수선의 발을 I라 한다.

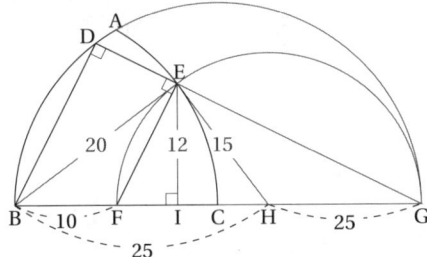

$\overline{BE} = 20$, $\overline{FH} = \overline{HG} = \overline{EH} = 15$, $\overline{BH} = 25$이므로 삼각형 BEH는 $\angle BEH = 90°$인 직각삼각형이다. 따라서

$$\overline{BE} \times \overline{EH} = \overline{BH} \times \overline{EI},\ 20 \times 15 = 25 \times \overline{EI}$$

이다. 즉, $\overline{EI} = 12$이다.
삼각형 EFG의 넓이는 $30 \times 12 \times \frac{1}{2} = 180$이고, 삼각형 EFG와 삼각형 DBG의 넓이의 비가 9 : 16이므로 사다리꼴 DBFE의 넓이는 삼각형 EFG의 넓이의 $\frac{7}{9}$이다.
따라서 사다리꼴 DBFE의 넓이는 $180 \times \frac{7}{9} = 140$이다.

문제 344

원에 내접하는 칠각형 ABCDEFG의 변 CD와 변 AG가 평행하고, 변 EF와 변 AB가 평행하다. $\angle AFB = 50°$, $\angle AEG = 15°$, $\angle CBD = 30°$, $\angle EDF = 13°$일 때, $\angle DGE$의 크기를 구하여라.

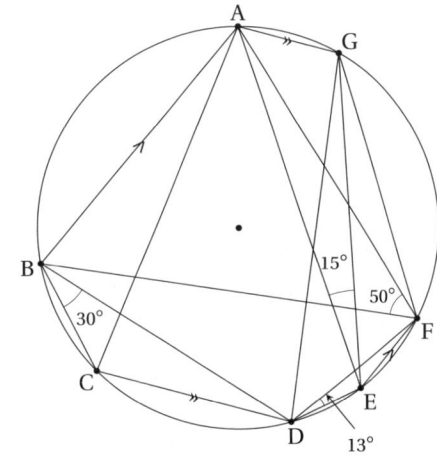

[풀이] $\stackrel{\frown}{DE}$, $\stackrel{\frown}{BC}$, $\stackrel{\frown}{GF}$에 대한 원주각의 크기를 각각 $x°$, $y°$, $z°$라 하면, 원주각의 총합은 $180°$이므로

$$180 = 15 + 50 + y + 30 + x + 13 + z$$

이다. 즉,

$$x + y + z = 72 \qquad (가)$$

이다. 사각형 ACDG는 등변사다리꼴이고, $\overline{AC} = \overline{GD}$이다. 그러므로

$$50 + y = x + 13 + z \qquad (나)$$

이다. 또, 사각형 ABEF는 등변사다리꼴이고, $\overline{AF} = \overline{BE}$이다. 그러므로

$$15 + z = x + y + 30 \qquad (다)$$

이다. 위 세 식 (가), (나), (다)를 연립하여 풀면 $x = 11$, $y = 17.5$, $z = 43.5$이다. 따라서 $\angle DGE = 11°$이다.

문제 345

직사각형 ABCD에서 변 AB 위에 ∠DEC = 45°가 되도록 점 E를 잡는다. $\overline{AE} = 6$, $\overline{BC} = 14$일 때, 삼각형 DEC의 넓이를 구하여라.

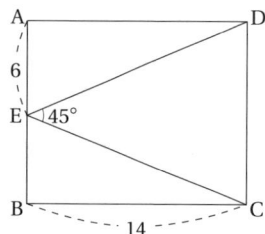

풀이 그림과 같이, 점 D를 지나 선분 DE에 수직인 직선과 선분 EC의 연장선의 교점을 G라 하고, 점 G에서 변 AD, AB의 연장선에 내린 수선의 발을 각각 F, H라 한다.

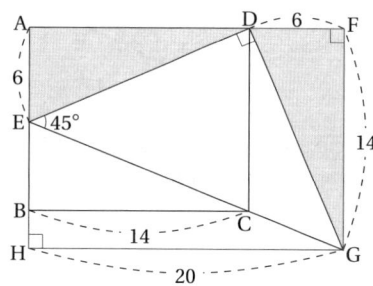

삼각형 DEG는 $\overline{DE} = \overline{DG}$인 직각이등변삼각형이고, ∠ADE = ∠FGD, ∠A = ∠F = 90°이므로 △AEG ≡ △FDG(RHA합동 또는 ASA합동)이다.
사다리꼴 AEGF의 넓이는 $(6 + 14) \times 20 \div 2 = 200$이므로, 삼각형 DEG의 넓이는 $200 - 6 \times 14 = 116$이다.
$\overline{EC} : \overline{CG} = \overline{AD} : \overline{DF} = 14 : 6 = 7 : 3$이므로, 삼각형 DEC의 넓이는 삼각형 DEG의 넓이의 $\frac{7}{10}$이다. 즉,

$$\triangle DEC = 116 \times \frac{7}{10} = \frac{812}{10} = \frac{406}{5}$$

이다.

문제 346

삼각형 ABC가 ∠BAC > 90°, $\overline{AB} = 12$, $\overline{CA} = 20$을 만족한다. 변 BC의 중점을 M, 변 CA의 중점을 N이라 한다. 두 점 A와 N을 지나고 직선 AM에 접하는 원을 O라 하고, 직선 AB와 원 O가 만나는 점을 P(≠ A)라 한다. 이때, 삼각형 ABC와 삼각형 ANP의 넓이의 비를 구하여라.

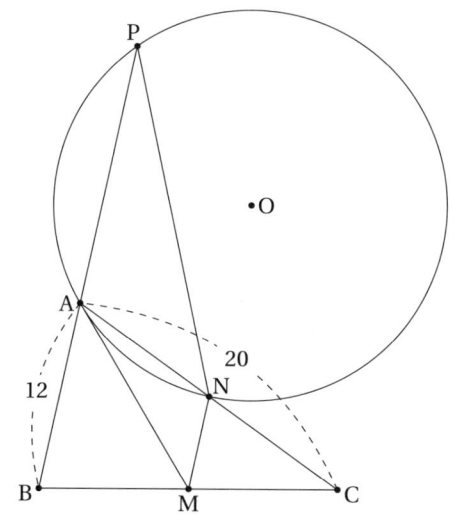

풀이

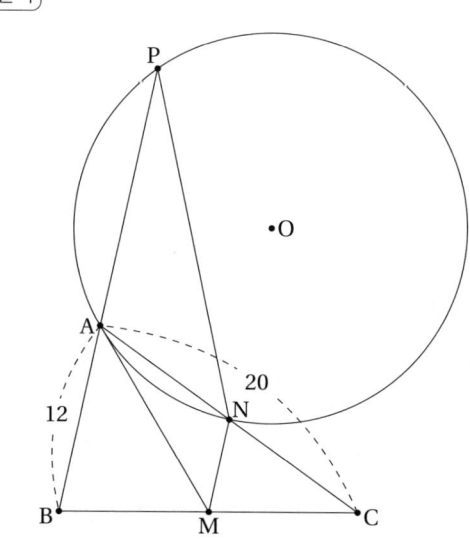

접선과 현이 이루는 각의 성질에 의하여 ∠APN = ∠NAM이고, 삼각형 중점연결정리에 의하여 $\overline{MN} \parallel \overline{AB}$이므로 ∠NMA = ∠BAM(엇각)이다.

그런데, 삼각형 APN에서 외각의 성질과 맞꼭지각으로부터 ∠APN + ∠ANP = ∠NAM + ∠BAM이다. 그러므로 ∠APN = ∠BAM = ∠NMA이다.

따라서 삼각형 APN과 삼각형 NAM은 닮음이다. 즉, $\overline{AN} : \overline{AP} = \overline{NM} : \overline{AN}$이다. 그러므로 $\overline{AP} = \frac{\overline{AN}^2}{\overline{NM}} = \frac{100}{6} = \frac{50}{3}$이다.

따라서
$$\triangle ABC : \triangle ANP = \overline{AC} \times \overline{AB} : \overline{AP} \times \overline{AN}$$
$$= 20 \times 12 : \frac{50}{3} \times 10$$
$$= 36 : 25$$

이다.

문제 347

예각삼각형 ABC에서 각 A의 이등분선이 변 BC와 만나는 점을 D, 삼각형 ABC의 내심을 I, 삼각형 ABC의 방접원 중 변 BC에 접하는 것의 중심을 J라 한다. $\overline{AD} = 5, \overline{DJ} = 10$일 때, 삼각형 BCI의 외접원의 반지름의 길이를 구하여라.

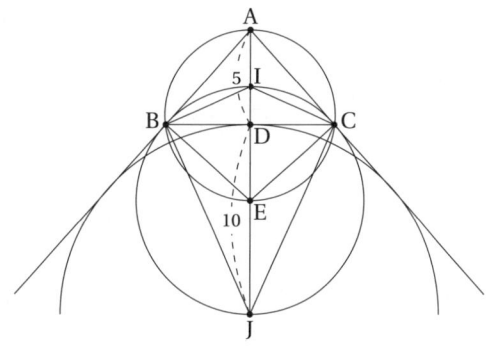

풀이

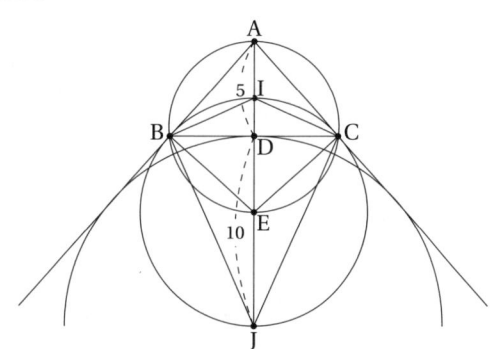

내심은 세 내각의 이등분선의 교점이고, 방심은 한 내각의 이등분선과 다른 두 외각의 이등분선의 교점이므로, ∠IBJ = 90°, ∠ICJ = 90°이다. 즉, 삼각형 IBJ와 삼각형 ICJ는 모두 직각삼각형이다.

그러므로 빗변 IJ의 중점이 삼각형 BCI의 외심이다. 이 점을 E라 한다. 접선과 현이 이루는 각의 성질로부터 ∠ABI = ∠BJE = ∠EBJ이다.

그러므로 ∠ABE = 90°이다. 즉, E는 삼각형 ABC의 외접원 위의 점이다.

방멱의 원리(원과 비례의 성질)에 의하여
$$\overline{AD} \times \overline{DE} = \overline{BD} \times \overline{DC} = \overline{ID} \times \overline{DJ}$$

이다. 즉,
$$30 \times \left(30 - \frac{\overline{ID}}{2}\right) = \overline{ID} \times 15$$

이다. 이를 풀면, $\overline{ID} = 2$이다.

따라서 삼각형 BCI의 외접원의 반지름의 길이는 $\overline{IE} = \overline{EJ} = 5 + \frac{\overline{ID}}{2} = 6$이다.

문제 **348**

$\angle A = 96°$, $\angle C = 30°$인 삼각형 ABC에서 변 AC 위에 $\overline{AB} = \overline{CD}$를 만족하는 점 D를 잡는다. 이때, $\angle ADB$의 크기를 구하여라.

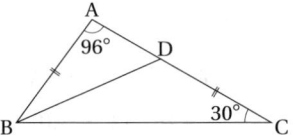

풀이 그림과 같이, 삼각형 ABC의 외접원을 그리고, 외심을 O라 한다.

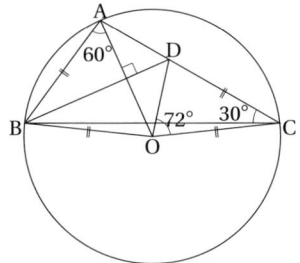

중심각과 원주각 사이의 관계에 의하여 $\angle AOB = 2 \times \angle ACB = 60°$이다. 그러므로 삼각형 ABO는 정삼각형이다. $\angle AOC = 2 \times \angle ABC = 108°$, $\angle OCA = 36°$이므로,

$$\angle AOD = 108° - \frac{180° - 36°}{2} = 36°$$

이다. 즉, 삼각형 ADO는 이등변삼각형이다.

따라서 $\overline{BD} \perp \overline{AO}$이다. 즉, $\angle ADB = 90° - 36° = 54°$이다.

문제 349

∠ACB = 45°인 예각삼각형 ABC에서 무게중심을 G, 외심을 O라 한다. $\overline{OG}$ = 5이고, $\overline{OG}$ ∥ $\overline{BC}$이다. 선분 BC의 길이를 구하여라.

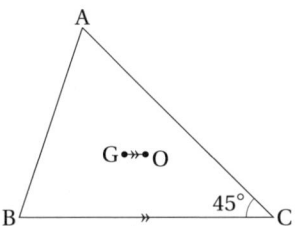

풀이 삼각형 ABC의 수심을 H라 하고, 점 A에서 변 BC에 내린 수선의 발을 A_1, 점 B에서 변 CA에 내린 수선의 발을 B_1이라 하고, 변 BC의 중점을 B_2라 한다.

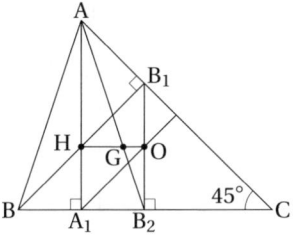

$\overline{AG} : \overline{GB_2}$ = 2 : 1이므로 삼각형 AHG와 삼각형 B_2OG는 닮음이고 닮음비는 2 : 1이다. 따라서 $\overline{OH}$ = 3 × $\overline{OG}$ = 15이다.
∠ACB = 45°이므로 $\overline{BB_1}$ = $\overline{B_1C}$이다.
따라서 세 점 B_1, O, B_2는 변 BC의 수직이등분선 위에 있다.
즉, $\overline{B_1B_2} \perp \overline{BC}$이다. 따라서 $\overline{B_1B_2}$ ∥ $\overline{HA_1}$이다.
같은 방법으로 $\overline{A_1O}$ ∥ $\overline{BB_1}$이다.
$\overline{HO}$ ∥ $\overline{BC}$이므로, 삼각형 HA_1O의 모든 변은 삼각형 B_2B_1B의 변과 평행이다. 그러므로 삼각형 HA_1O의 모든 꼭짓점은 삼각형 B_2B_1B의 변의 중점이다.
따라서 $\overline{BC}$ = 2 × $\overline{BB_2}$ = 4 × $\overline{OH}$ = 60이다.

문제 350

볼록사각형 ABCD가 있다. 삼각형 ABD와 BCD의 외접원을 각각 O_1과 O_2라 한다. 점 A에서 원 O_1의 접선과 점 C에서 원 O_2의 접선의 교점이 직선 BD위에 있다. $\overline{AB}$ = 7, $\overline{AD}$ = 4, $\overline{CD}$ = 8일 때, 선분 BC의 길이를 구하여라.

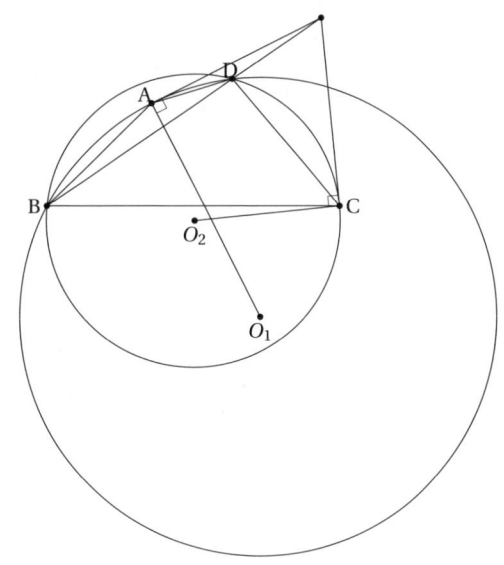

풀이 점 A에서 원 O_1의 접선과 점 C에서 원 O_2의 접선의 교점이 직선 BD위에 있으므로, 그 점을 E라 한다.

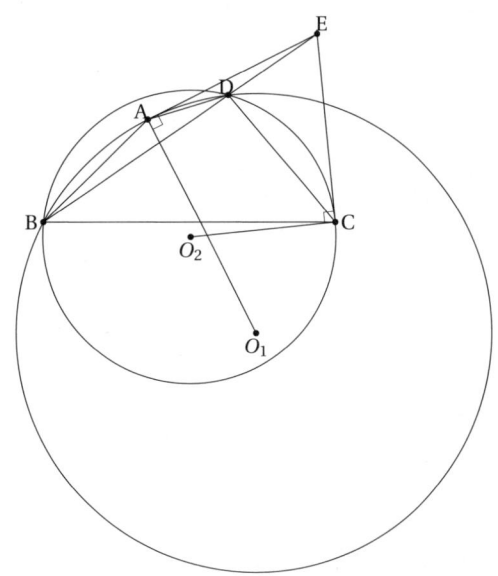

삼각형 ABD와 원 O_1에서 접선과 현이 이루는 각(접현각)의 성질에 의하여 ∠EAD = ∠ABD이고, 세 점 B, D, E가 한 직선 위에 있으므로, 삼각형 EAD와 삼각형 EBA는 닮음이다.

또, 삼각형 BCD와 원 O_2에서 접선과 현이 이루는 각(접현각)의 성질에 의하여 ∠ECD = ∠CBD이고, 세 점 B, D, E가 한 직선 위에 있으므로, 삼각형 EDC와 삼각형 ECB는 닮음이다. 따라서 $\overline{EA}^2 = \overline{ED}\cdot\overline{EB} = \overline{EC}^2$이다. 즉, $\overline{EA} = \overline{EC}$이다. 그러므로 $\frac{\overline{AB}}{\overline{AD}} = \frac{\overline{EA}}{\overline{DE}} = \frac{\overline{EC}}{\overline{DE}} = \frac{\overline{BC}}{\overline{CD}}$에서 $\overline{BC} = \frac{\overline{AB}}{\overline{AD}}\cdot\overline{CD} = \frac{7}{4}\cdot 8 = 14$이다.

문제 351

정사각형 ABCD에서 ∠CAE = 30°, $\overline{AC} = \overline{AE}$인 이등변삼각형 ACE를 그리고, 선분 DP를 그린다. 이때, ∠CED의 크기를 구하여라.

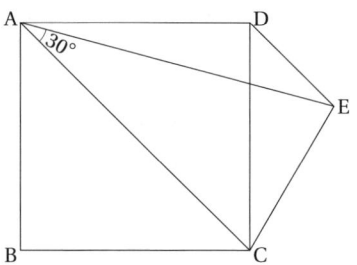

풀이 그림과 같이, 삼각형 ADE와 삼각형 AFC가 합동이 되도록 점 F를 잡고, 선분 DF를 그린다.

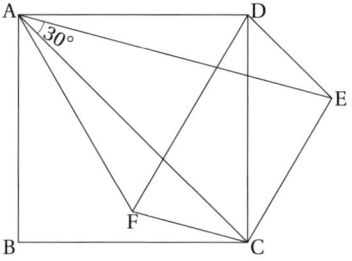

∠DAE = ∠FAC = 15°이므로 삼각형 AFD는 정삼각형이다. $\overline{FD} \parallel \overline{CE}$이고, $\overline{DE} = \overline{FC}$이므로 사각형 FCED는 등변사다리꼴이다.
∠FDC = 30°이고, $\overline{DF} = \overline{DC}$이므로 ∠DFC = ∠DCF = 75°이다. 따라서 CED = 180° − 75° = 105°이다.

문제 352

예각삼각형 ABC에서 $\overline{AB} = 24$, $\overline{AC} = 18$이다. 원 O는 점 B에서 직선 AB에 접하고 점 C를 지난다. 원 O와 직선 AC의 교점을 D($\neq$ C)라 한다. 점 D와 선분 AB의 중점을 지나는 직선이 원 O와 점 E($\neq$ D)에서 만난다. $\overline{AE} = 15$일 때, 선분 DE의 길이를 구하여라.

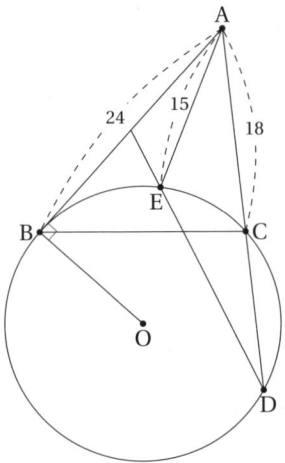

풀이 선분 AB의 중점을 F라 한다.

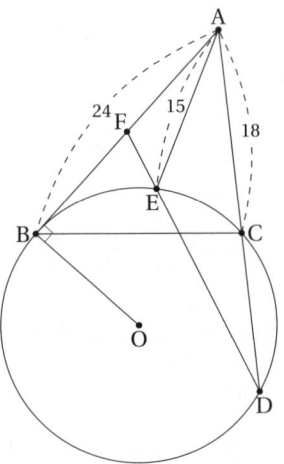

직선 AB가 원 O의 접선이므로, 방멱의 원리에 의하여 $\overline{AB}^2 = \overline{AC} \cdot \overline{AD}$이다. 그러므로, $24^2 = 18 \cdot \overline{AD}$이다. 즉, $\overline{AD} = 32$이다.

방멱의 원리에 의하여 $\overline{FB}^2 = \overline{FE} \cdot \overline{FD}$이고, $\overline{AF} = \overline{FB}$이므로 $\overline{AF}^2 = \overline{FE} \cdot \overline{FD}$이다. 즉, $\overline{AF} : \overline{FE} = \overline{FD} : \overline{AF}$이다.

또, $\angle$AFE = $\angle$DFA이므로, 삼각형 AFE와 삼각형 DFA는 닮음(SAS닮음)이다.

그러므로 $\overline{AE} : \overline{AD} = \overline{FE} : \overline{AF}$에서 $\overline{FE} = \frac{15 \cdot 12}{32} = \frac{45}{8}$이다. 또, $\overline{FB}^2 = \overline{FE} \cdot \overline{FD}$에서 $\overline{FD} = \frac{\overline{FB}^2}{\overline{FE}} = \frac{12^2}{\frac{45}{8}} = \frac{128}{5}$이다.

따라서 $\overline{DE} = \overline{FD} - \overline{FE} = \frac{128}{5} - \frac{45}{8} = \frac{799}{40}$이다.

문제 353

선분 AB위의 점 C가 $\overline{AC}=5$, $\overline{CB}=4$를 만족한다. 점 B를 지나고 직선 AB에 수직한 직선을 ℓ이라 한다. ℓ 위의 점 P 중 ∠APC의 크기가 가장 크게 되도록 하는 점을 P_0이라 할 때, 선분 BP_0의 길이를 구하여라.

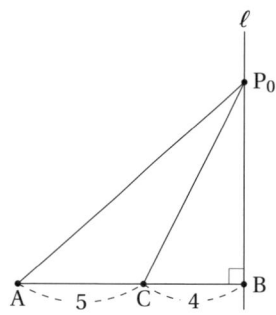

풀이 삼각형 ACP의 외접원을 그린다.

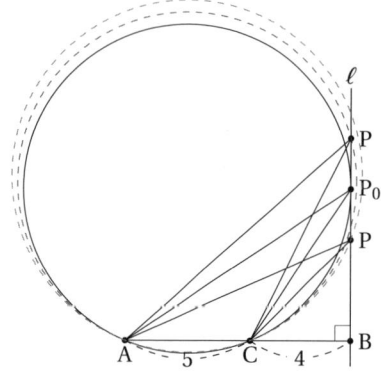

현 AC에 대한 원주각 ∠APC이 가장 클 때는 외접원의 중심과 직선 ℓ 사이의 거리가 가장 짧을 때이다. 즉, 외접원이 직선 ℓ에 접할 때이다. 접점을 P_0라 하면, 방멱의 원리(원과 비례의 성질)에 의하여

$$\overline{BC}\times\overline{BA}=\overline{BP_0}^2, \quad 4\times 9 = 6^2 = \overline{BP_0}^2$$

이다. 따라서 $\overline{BP_0}=6$이다.

문제 354

원에 내접하는 오각형 ABCDE에서 선분 AD와 CE의 교점을 F라 하면, ∠AFE = 90°이고 $\overline{AF}:\overline{FD}=\overline{CF}:\overline{FE}=2:1$이다. 직선 BE는 선분 AF의 중점을 지나고, $\overline{AB}=10$일 때, 오각형 ABCDE의 넓이를 구하여라.

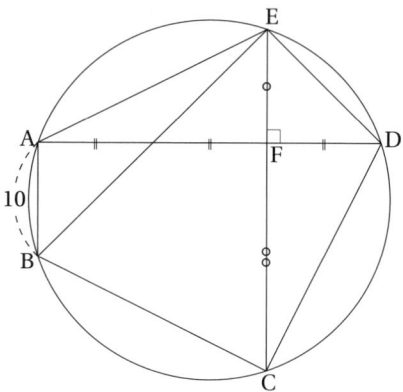

풀이 선분 AF의 중점을 M이라 한다.

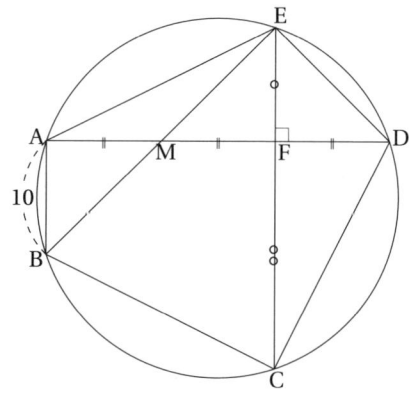

방멱의 원리(원과 비례의 성질)에 의하여

$$\overline{FD}\times\overline{FA}=\overline{FE}\times\overline{FC}$$

에서 $\overline{AF}=2\times\overline{FD}$, $\overline{CF}=2\times\overline{FE}$이므로 $\overline{EF}=\overline{FD}$이다. 즉, $\overline{AM}=\overline{MF}=\overline{EF}$이다. 그러므로

$$\angle ABE = \angle ADE = \angle CED = \angle BEC = 45°$$

이다. 즉, $\overline{AB} \parallel \overline{EC}$이다.
그러므로 삼각형 ABM은 직각이등변삼각형이다. 또, 삼각형 EFD도 직각이등변삼각형이다.

오각형 ABCDE의 넓이는 사다리꼴 ABCE의 넓이와 삼각형 CDE의 넓이의 합이다. 또,

□ABCE = (10+30)×20÷2 = 400, △CDE = 30×10÷2 = 150

이므로 오각형 ABCDE의 넓이는 550이다.

문제 355

점 O를 중심으로 하는 두 원 O_1, O_2가 있다. 원 O_1 위의 서로 다른 두 점 A, B에 대하여 선분 AB가 원 O_2와 서로 다른 두 점에서 만나는데, 이 두 점 중 점 B에 가까운 점을 C라 한다. 원 O_2위의 점 D에 대하여 직선 AD가 원 O_2에 접한다. $\overline{AC}$ = 36, $\overline{AD}$ = 24일 때, 선분 BC의 길이를 구하여라. 단, 원 O_1의 반지름이 원 O_2의 반지름보다 길다.

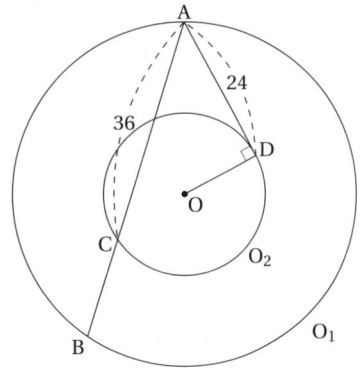

풀이1 점 O에서 선분 AB에 내린 수선의 발을 H라 한다.

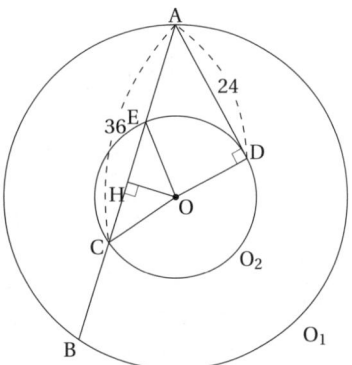

$\overline{OA} = \overline{OB}$이므로 직선 OH는 선분 AB의 수직이등분선이다. 즉, 점 H는 선분 AB의 중점이다.

선분 AB와 원 O_2와의 교점 중 점 C 이외의 점을 E라 하면, $\overline{OC} = \overline{OE}$이므로 직선 OH는 선분 CE의 수직이등분선이 되고, 점 H는 선분 CE의 중점이다. 그러므로

$$\overline{BC} = \overline{BH} - \overline{CH} = \overline{AH} - \overline{EH} = \overline{AE}$$

가 성립한다. 한편 방멱의 원리(원과 비례의 성질)에 의하여 $\overline{AD}^2 = \overline{AC} \cdot \overline{AE}$이므로,

$$\overline{BC} = \overline{AE} = \frac{\overline{AD}^2}{\overline{AC}} = \frac{24^2}{36} = 16$$

이다.

[풀이2] 점 C에서의 원 O_2의 접선과 원 O_1과의 교점을 각각 F, G라 한다.

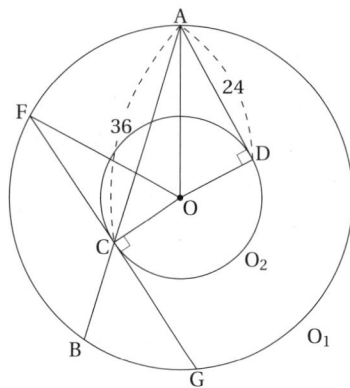

$\overline{OA} = \overline{OF}, \overline{OC} = \overline{OD}$과 접선의 성질로부터 $\triangle OAD \equiv \triangle OFC$이다. 그러므로 $\overline{CF} = \overline{AD} = 24$이다.
같은 방법으로 $\overline{CG} = \overline{AD} = 24$이다.
그러므로 방멱의 원리(원과 비례의 성질)에 의하여

$$\overline{AC} \cdot \overline{BC} = \overline{CF} \cdot \overline{CG}$$

가 성립한다. 즉,

$$\overline{BC} = \frac{\overline{CF} \cdot \overline{CG}}{\overline{AC}} = \frac{24 \cdot 24}{36} = 16$$

이다.

[문제] 356

사각형 ABCD가 지름이 $\overline{AC}$인 원 O에 내접한다. 원 O의 현 XY는 직선 AC에 수직이고 변 BC, DA와 각각 점 Z, W에서 만난다. $\overline{BY} = 5 \times \overline{BX}, \overline{DX} = 10 \times \overline{DY}, \overline{ZW} = 49$일 때, 선분 XY의 길이를 구하여라.

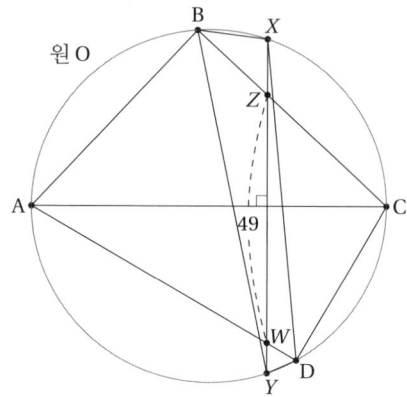

[풀이] $\overset{\frown}{XC} = \overset{\frown}{CY}$이므로 $\angle YBC = \angle XBC$이다. 따라서 선분 BZ는 $\angle YBX$의 이등분선이다. 내각이등분선의 정리에 의하여 $\overline{BY} : \overline{BX} = \overline{YZ} : \overline{ZX} = 5 : 1$이다. 같은 방법으로 $\overset{\frown}{AX} = \overset{\frown}{YA}$이므로 $\angle XDA = \angle YDA$이다. 따라서 선분 DW는 $\angle YDX$의 이등분선이다. 내각이등분선의 정리에 의하여 $\overline{DX} : \overline{DY} = \overline{XW} : \overline{WY} = 10 : 1$이다.

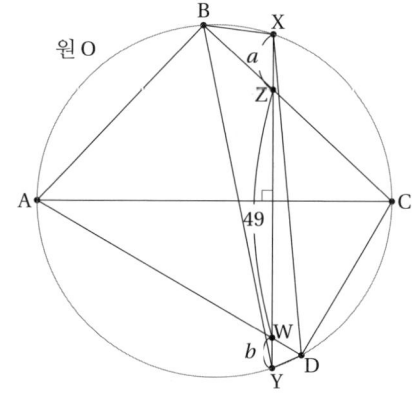

$\overline{XZ} = a, \overline{WY} = b$라 하면,

$$(49 + b) : a = 5 : 1, \quad (a + 49) : b = 10 : 1$$

이다. 이를 정리하면,

$$5a = b + 49, \quad a + 49 = 10b$$

이다. 이를 풀면 $a = 11, b = 6$이다. 즉, $\overline{XY} = 11 + 49 + 6 = 66$이다.

문제 357

$\overline{AB} = 3$, $\overline{BC} = 5$, $\overline{CA} = 4$인 직각삼각형 ABC에서 변 BC, CA, AB를 각각 한 변으로 하는 정사각형 BDEC, CFGA, AHIB를 직각삼각형 ABC의 외부에 그린다. 선분 EF, GH, ID를 연결하고, 선분 EF, GH, ID를 각각 한 변으로 하는 정사각형 EKLF, GMNH, IOJD를 육각형 DEFGHI의 외부에 그리고, 선분 JK, LM, NO를 연결한다. 이때, 육각형 JKLMNO의 넓이를 구하여라.

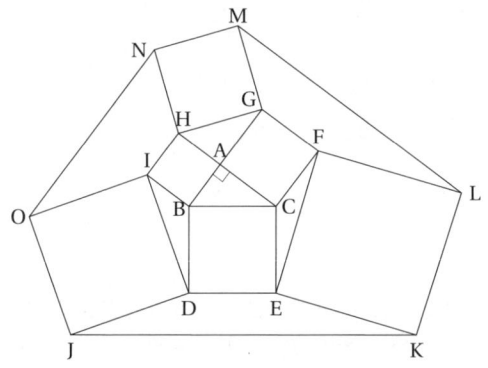

[풀이] 그림과 같이, 직선 ON과 직선 ML의 교점을 P, 점 J에서 직선 ON에 내린 수선의 발을 Q, 점 K에서 직선 QJ, 직선 ML에 내린 수선의 발을 각각 R, S라 한다.

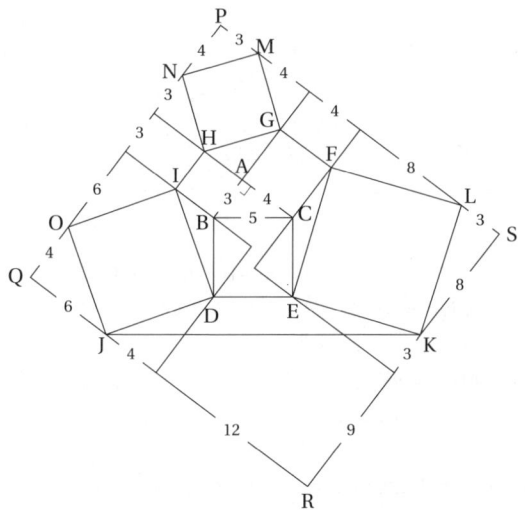

그러면, 육각형 JKLMNO의 넓이는 직사각형 PQRS의 넓이에서 직각삼각형 PNM, OQJ, JRK, KSL의 넓이를 뺀 것과 같다.

직사각형 PQRS에서 $\overline{PQ} = 20$, $\overline{QR} = 22$이므로, □PQRS = $20 \times 22 = 440$이다. 또, △PNM = 6, △OQJ = 12, △JRK = 96, △KSL = 12이다.

따라서 육각형 JKLMNO의 넓이는 $440 - (6 + 12 + 96 + 12) = 314$이다.

[참고] 일반적으로 ∠A = 90°, $\overline{BC} = a$, $\overline{CA} = b$, $\overline{AB} = c$인 직각삼각형 ABC에서 육각형 JKLMNO의 넓이는 $8a^2 + \frac{19}{2}bc$ 이다.

문제 358

삼각형 ABC에서 ∠BAC = 90°, $\overline{AB}$ = 12이다. 변 AB, BC의 중점을 각각 M, N이라 하고 삼각형 ABC의 내심을 I라 한다. 네 점 M, B, N, I가 한 원 위에 있을 때 변 CA의 길이를 구하여라.

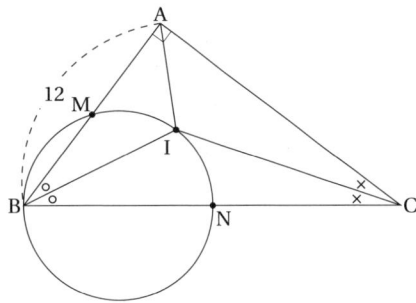

풀이 점 I에서 변 BC, CA, AB에 내린 수선의 발을 각각 D, E, F라 하고, 점 I를 중심으로 하고 $\overline{MI}$를 반지름으로 하는 원과 변 CA와의 교점을 L이라 한다. ∠MBI = ∠NBI이므로 $\overline{MI} = \overline{LI} = \overline{NI}$이다.

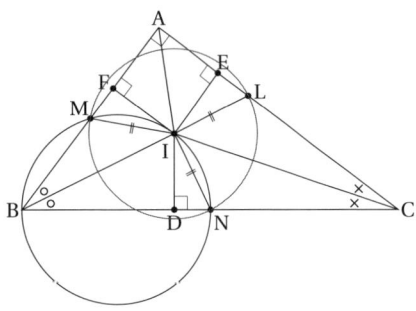

직각삼각형 IFM, IDN, IEL에서 $\overline{IM} = \overline{IN} = \overline{IL}$, $\overline{IF} = \overline{ID} = \overline{IE}$, ∠IFM = ∠IDN = ∠IESL = 90°이므로 △IFM ≡ △IDN ≡ △IEL(RHS합동)이다.
그러므로 ∠IMF = ∠IND = ∠ILE이다.
삼각형 AMI, ALI에서 $\overline{AI}$는 공통, $\overline{IM} = \overline{IL}$, ∠AIM = ∠AIL이므로 △AMI ≡ △ALI(SAS합동)이다. 즉, $\overline{AM} = \overline{AL} = 6$이다.
삼각형 CIL과 CIN에서 $\overline{IC}$는 공통, $\overline{IL} = \overline{IN}$, ∠CIL = ∠CIN이므로 △CIL ≡ △CIN(SAS합동)이다. 즉, $\overline{CL} = \overline{CN} = \frac{1}{2} \times \overline{BC}$이다.
$\overline{BN} = x$라 두면, $\overline{BC} = 2x$, $\overline{AC} = x+6$이다. 직각삼각형 ABC에서 피타고라스의 정리에 의하여
$$(2x)^2 = (x+6)^2 + 12^2, \quad 3x^2 - 12x - 180 = 0$$
이다. 이를 인수분해하면 $3(x-10)(x+6) = 0$이다. 이를 풀면, $x = 10 (x > 0)$이다. 그러므로 $\overline{CA} = 16$이다.

문제 359

$\overline{AB} = \overline{BC}$, $\overline{AC} = \overline{AD}$, ∠B = 90°, ∠CAD = 30°인 사각형 ABCD와 $\overline{ED} = \overline{EG}$, $\overline{FE} = \overline{FG}$, ∠F = 90°, ∠DEG = 30°인 사각형 EFGD와 $\overline{HE} = \overline{HJ}$, $\overline{IH} = \overline{IE}$, ∠I = 90°, ∠EHJ = 30°인 사각형 HIEJ는 서로 닮음으로, 점 A는 선분 EH 위에, 점 J는 선분 EG 위에 있다. 변 CD의 연장선과 선분 EG의 교점을 K라 한다. $\overline{DK}$ = 22일 때, 삼각형 ABC의 넓이를 구하여라.

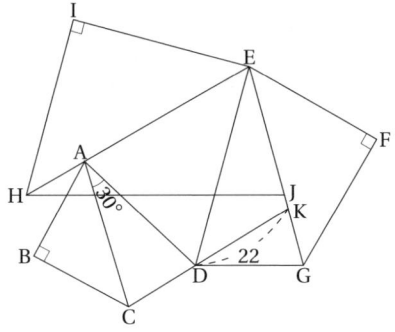

풀이 ∠ADC = ∠AEK = 75°이므로 내대각의 성질에 의하여 사각형 ADKE는 원에 내접한다. 이 원의 중심을 O라 한다.

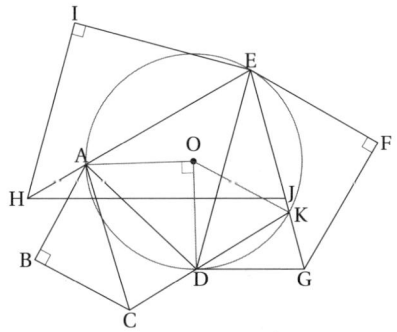

∠AED = 45°이므로 ∠AOD = 90°이다. 또, ∠DEG = 30°이므로 ∠DOK = 60°이다. 그러므로 삼각형 ODK는 정삼각형이다. 즉, $\overline{OD} = \overline{DK} = 22$이다.
삼각형 ABC와 삼각형 AOD는 $\overline{AC} = \overline{AD}$인 직각이등변삼각형이므로 △ABC ≡ △AOD이다. 즉, $\overline{AB} = \overline{OA} = \overline{OD} = 22$이다.
따라서 삼각형 ABC의 넓이는 $22 \times 22 \times \frac{1}{2} = 242$이다.

문제 360

삼각형 ABC에서 $\angle A = 90°$, $\overline{AB} = \overline{AC}$이다. 변 AC위에 $\angle ABP = 20°$인 점 P, $\overline{AP} = \overline{CQ}$를 만족하는 점 Q를 각각 잡는다. 점 A를 지나 선분 BP에 수직인 직선과 변 BC와의 교점을 R이라 할 때, $\angle QRC$의 크기를 구하여라.

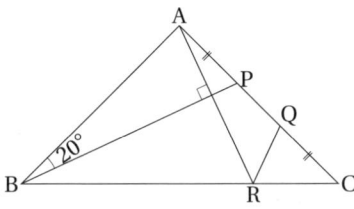

[풀이] 그림과 같이 점 A를 지나 변 BC에 수직인 직선과 선분 BP와의 교점을 S라 한다.

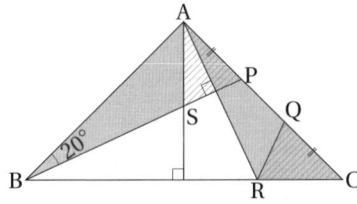

삼각형 ABS와 삼각형 CAR에서

$$\overline{AB} = \overline{CA},\ \angle ABS = \angle CAR = 20°,\ \angle BAS = \angle ACR = 45°$$

이므로, $\triangle ABS \equiv \triangle CAR$(ASA합동)이다. 즉, $\overline{AS} = \overline{CR}$이다.
삼각형 PAS와 삼각형 QCR에서

$$\overline{PA} = \overline{QC},\ \angle PAS = \angle QCR = 45°,\ \overline{AS} = \overline{CR}$$

이므로 $\triangle PAS \equiv \triangle QCR$(SAS합동)이다.
따라서 $\angle QRC = \angle PSA = 45° + 20° = 65°$이다.

문제 361

예각삼각형 ABC의 수심 H에서 변 BC에 내린 수선의 발을 D라 하고 선분 DH를 지름으로 하는 원과 직선 BH, CH의 교점 중 점 H가 아닌 점을 각각 P, Q라 한다. 직선 DH와 PQ의 교점을 E라 하면, $\overline{HE} : \overline{ED} = 2 : 3$이고 삼각형 EHQ의 넓이가 100이다. 직선 PQ와 변 AB의 교점을 R이라 할 때, 삼각형 DQR의 넓이를 구하여라.

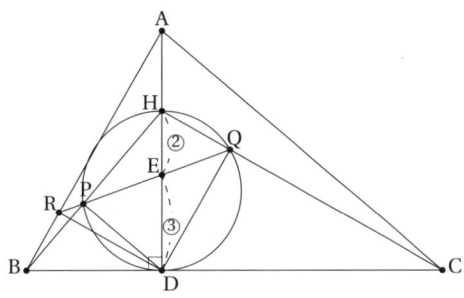

[풀이]

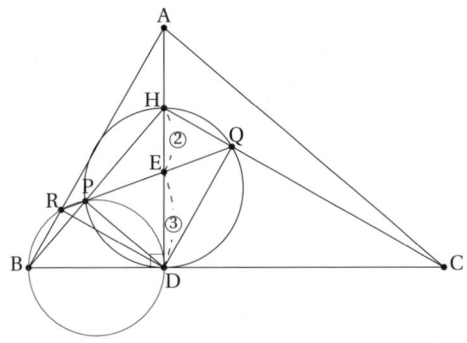

$\angle DQP + \angle HQP = 90°$이고, $\overline{QD} \parallel \overline{AB}$이다. 즉, $\angle DQP = \angle PRA$이다. 또, 현과 접선이 이루는 각의 성질에 의하여 $\angle BDP = \angle DQP$이다. 즉 $\angle BDP = \angle PRA$(내대각)이다. 그러므로 네 점 D, P, R, B는 한 원 위에 있다. 따라서 $\angle DPB = \angle DRB = 90°$이다. 즉, $\overline{CH} \parallel \overline{DR}$이다. 그러므로 $\triangle QHE$와 $\triangle RDE$는 닮음이고, 닮음비는 $\overline{HE} : \overline{ED} = 2 : 3$이다. 따라서 $\triangle EHQ : \triangle DER = 4 : 9$이다. 즉, $\triangle DER = 225$이다. 그러므로 $\triangle DQR = \triangle DER \times \frac{2}{3} = 150$이다.

문제 362

$\overline{AB} = \overline{AC}$인 이등변삼각형 ABC의 내부에 ∠BCP = 30°, ∠APB = 150°, ∠CAP = 39°를 만족하는 점 P를 잡는다. 이때, ∠BAP를 구하여라.

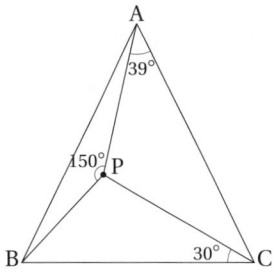

풀이 삼각형 BCP의 외접원을 그리고 외심을 O라고 한다.

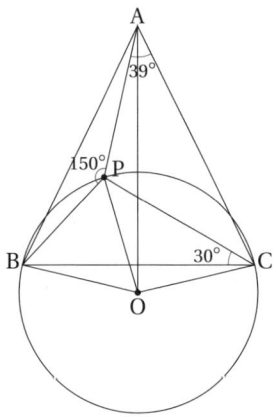

그러면, ∠POB = 2 × ∠PCB = 60°이고, $\overline{OB} = \overline{OP}$이다. 또, ∠BCP = 30°이므로 원주각과 중심각의 관계에 의하여 ∠BOP = 60°이고, 삼각형 BOP는 정삼각형이다. 그래서, ∠APO = 360° − 150° − 60° = 150° = ∠APB이다. 또, $\overline{PB} = \overline{PO}$이므로, △APB ≡ △APO이다.
$\overline{AD} = \overline{AB} = \overline{AC}$, $\overline{OB} = \overline{OC}$이므로, △ABO ≡ △ACO이다. 그러므로 ∠BAP = ∠OAP, ∠BAO = ∠CAO이다.
따라서 ∠BAP = $\frac{1}{3}$ × ∠CAP = 13°이다.

문제 363

예각삼각형 ABC의 한 변 BC를 지름으로 하는 원을 O라 한다. 변 AB위의 한 점 P를 지나고 변 AB에 수직인 직선이 변 AC와 만나는 점을 Q라 할 때, 삼각형 ABC의 넓이가 삼각형 APQ의 넓이의 4배이고, $\overline{AP}$ = 12이다. 점 A를 지나는 직선이 점 T에서 원 O에 접할 때, 선분 AT의 길이를 구하여라.

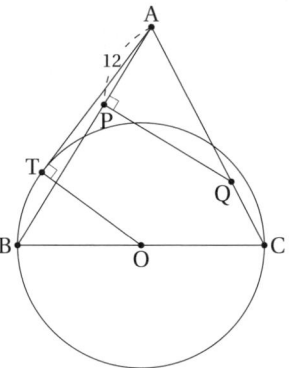

풀이

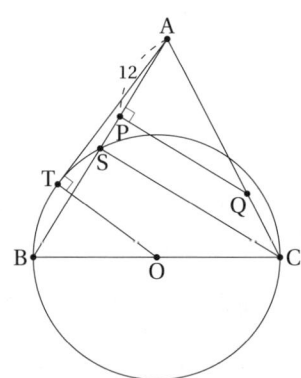

원 O와 변 AB의 교점 중 점 B가 아닌 점을 S라 한다. 그러면, 방멱의 원리에 의하여

$$\overline{AT}^2 = \overline{AS} \times \overline{AB} \qquad (1)$$

이다. 또, 삼각형 ABC의 넓이가 삼각형 APQ의 넓이의 4배이므로,

$$\overline{AB} \times \overline{AC} = (4 \times \overline{AP}) \times \overline{AQ} = 48 \times \overline{AQ}, \quad \overline{AB} = \frac{48 \times \overline{AQ}}{\overline{AC}} \qquad (2)$$

이다. 변 BC가 원 O의 지름이므로, 삼각형 APQ와 삼각형 ASC는 닮음이다. 그러므로

$$\overline{AP} : \overline{AS} = \overline{AQ} : \overline{AC}, \quad \overline{AS} = \frac{12 \times \overline{AC}}{\overline{AQ}} \qquad (3)$$

이다. 식 (1)에 식 (2), (3)을 대입하면, $\overline{AT}^2 = 576$이다. 따라서 $\overline{AT} = 24$이다.

문제 364

원에 내접하는 사각형 ABCD에서 $\overline{AB} = 21$, $\overline{BC} = 54$이다. ∠CDA의 이등분선과 변 BC의 교점을 E라 하고, 선분 DE 위에 ∠AED = ∠FCD가 되도록 점 F를 잡으면 $\overline{BE} = 15$, $\overline{EF} = 9$이다. 이때, 선분 DF의 길이를 구하여라.

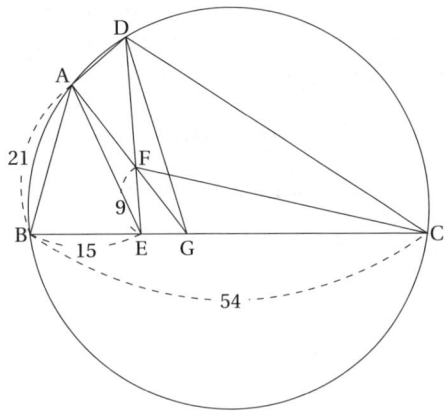

풀이

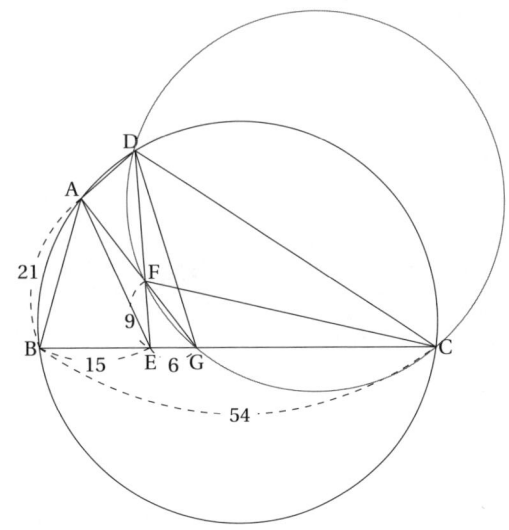

∠ADE = ∠FDC와 ∠DEA = ∠DCF이므로 삼각형 DAE와 삼각형 DFC는 닮음이고, $\overline{DA} : \overline{DE} = \overline{DF} : \overline{DC}$가 성립한다.
이것과 ∠ADF = ∠EDC로부터 삼각형 DAF와 삼각형 DEC는 닮음(SAS닮음)이다. 직선 AF와 직선 EC의 사잇각과 직선 AD와 직선 ED의 사잇각은 같다.
그러므로 직선 AF와 직선 BC의 교점을 G라 하면, ∠AGE =

∠ADE이다.

$$\angle BAG = 180° - \angle ABC - \angle AGB$$
$$= \angle ADC - \angle AGB$$
$$= \angle AGB$$

이므로 $\overline{BA} = \overline{BG}$이다. 즉, $\overline{EG} = \overline{BG} - \overline{BE} = 6$이다. 내대각 ∠FGE = ∠FDC이므로 사각형 DFGC는 원에 내접하고, 방멱의 원리(원과 비례의 성질)에 의하여

$$\overline{EF} \cdot \overline{ED} = \overline{EG} \cdot \overline{EC}$$

가 성립한다. 그러므로 $\overline{ED} = 26$이다. 즉, $\overline{FD} = \overline{ED} - \overline{EF} = 17$이다.

문제 365

∠C = 90°인 직각삼각형 ABC에서, 변 AB 위의 점 M을 중심으로 하고, 두 변 AC, BC와 모두 접하는 원의 반지름이 12이다. 변 AB의 B쪽으로의 연장선 위에 점 N을 중심으로 하고 점 B를 지나며 직선 AC와 접하는 원을 그린다. $\overline{AM} = 15$일 때, 선분 BN의 길이를 구하여라.

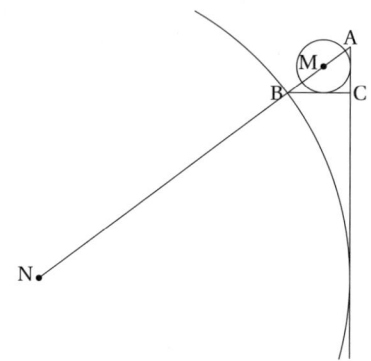

풀이 $\overline{BN} = x$라 하고, 점 M을 중심으로 하는 원과 변 AC, BC와의 접점을 각각 E, F라 하고, 점 N을 중심으로 하는 원과 직선 AC와의 접점을 G라 한다.

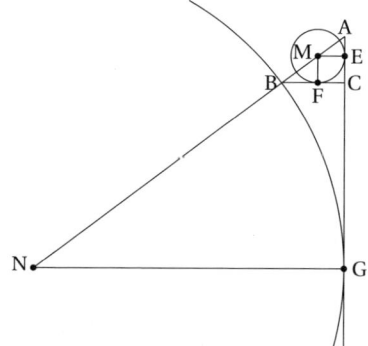

그러면, $\overline{EM} = \overline{MF} = \overline{CF} = \overline{EC} = 12$이다. 삼각형 AME는 직각삼각형이므로, 피타고라스의 정리에 의하여 $\overline{AE} = 9$이다. 삼각형 AME와 삼각형 MBF는 닮음이므로, $\overline{BF} = 16$, $\overline{MB} = 20$이다. 또, 삼각형 AME와 삼각형 ANG도 닮음이므로, $\overline{AM} : \overline{EM} = \overline{AN} : \overline{NG}$에서 $15 : 12 = (35 + x) : x$이다. 이를 풀면, $x = 140$이다. 따라서 $\overline{BN} = 140$이다.

제 IV 편

개념정리

정리 1 (평행선과 각)

다음 그림에서 두 직선 l과 m이 평행($l \parallel m$)하면, 다음이 성립한다.

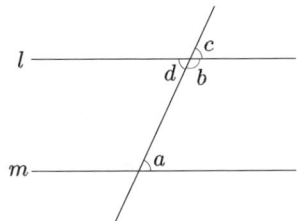

(1) (동측내각) $a + b = 180°$이다.

(2) (동위각) $a = c$이다.

(3) (엇각) $a = d$이다.

정리 2 (삼각형의 기본성질)

다음 그림의 삼각형 ABC에서 다음이 성립한다.

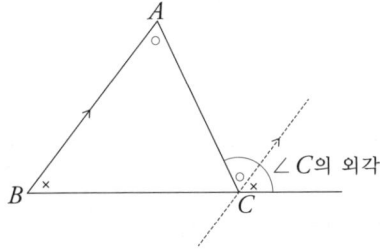

(1) 삼각형 ABC의 내각에 대하여 $\angle A + \angle B + \angle C = 180°$이다.

(2) 삼각형 ABC의 외각에 대하여 $\angle C$의 외각 $= \angle A + \angle B$이다.

(3) 삼각형의 두 변의 길이의 합은 나머지 다른 한 변의 길이보다 길다. 즉, $\overline{AB} + \overline{BC} > \overline{CA}$, $\overline{BC} + \overline{CA} > \overline{AB}$, $\overline{CA} + \overline{AB} > \overline{BC}$이다.

정리 3 (외각의 성질)

다음 그림에서 $a + b = c + d$가 성립한다.

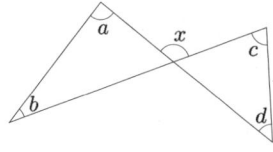

정리 4 (외각의 성질)

다음 그림에서 l과 m이 평행($l \parallel m$)하면, $a + c = b + d$가 성립한다.

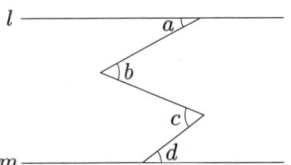

정리 5 (각도 공식)

다음이 성립한다.

(1) 아래 그림에서, $x = a+b+c$이다.

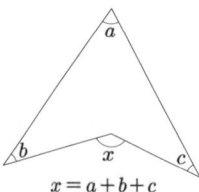

$x = a+b+c$

(2) 아래 그림에서, $a+b+c+d+e = 180°$이다.

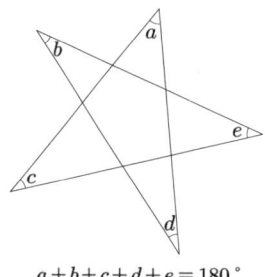

$a+b+c+d+e = 180°$

(3) 아래 그림에서, $x = 90° + \dfrac{a}{2}$이다.

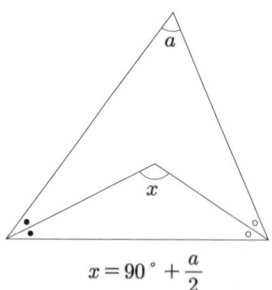

$x = 90° + \dfrac{a}{2}$

(4) 아래 그림에서, $x = \dfrac{a}{2}$이다.

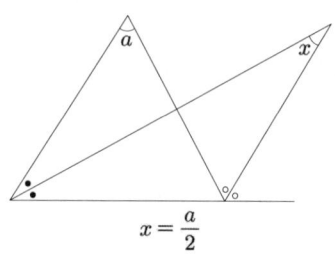

$x = \dfrac{a}{2}$

(5) 아래 그림에서, $x = \dfrac{a+b}{2}$이다.

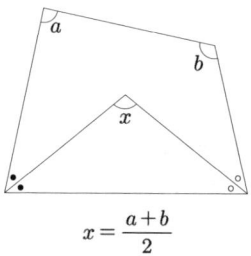

$x = \dfrac{a+b}{2}$

(6) 아래 그림에서, $x = \dfrac{a}{2}$이다.

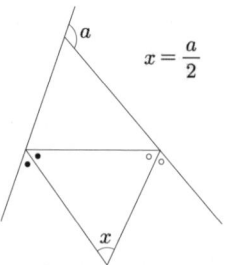

$x = \dfrac{a}{2}$

정리 6 (삼각형의 합동조건)

다음 세 가지 조건 중 하나를 만족하면 두 삼각형은 합동이다.

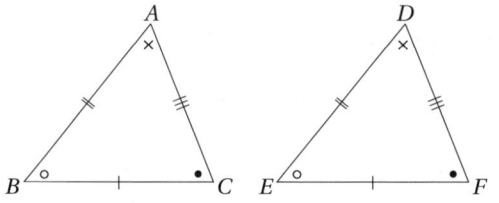

(1) (SSS합동) 대응하는 세 변의 길이가 모두 같을 때,

(2) (SAS합동) 대응하는 두 변의 길이가 같고 그 끼인각이 같을 때,

(3) (ASA합동) 한 변의 길이가 같고 대응하는 양끝각의 크기가 같을 때,

정리 7 (이등변삼각형의 기본성질)

이등변삼각형에서 다음이 성립한다.

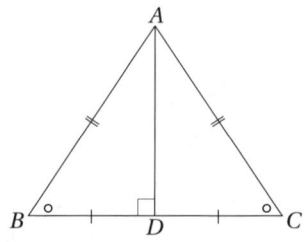

(1) 이등변삼각형의 두 밑각의 크기는 서로 같다.

(2) 두 내각의 크기가 같은 삼각형은 이등변삼각형이다.

(3) 이등변삼각형의 꼭지각의 이등분선은 밑변을 수직이등분한다.

정리 8 (직각삼각형의 합동조건)

두 직각삼각형이 다음 두 조건 중 하나를 만족하면, 서로 합동이다.

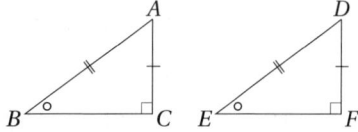

(1) (RHA합동) 빗변의 길이와 한 예각의 크기가 같을 때,

(2) (RHS합동) 빗변의 길이와 다른 변의 길이가 각각 같을 때,

정리 9 (평행사변형의 성질)

임의의 평행사변형은 다음 조건을 모두 만족한다. 역으로, 다음 조건 중 어느 하나만이라도 성립하면 그 사각형은 평행사변형이다.

(1) 두 쌍의 대변의 길이가 서로 같다.

(2) 두 쌍의 대각의 크기가 각각 같다.

(3) 두 대각선이 서로 다른 것을 이등분한다.

(4) 한 쌍의 대변의 길이가 같고, 그 대변이 평행하다.

정리 10

직사각형, 마름모, 정사각형의 성질은 다음과 같다.

(1) 직사각형은 두 대각선의 길이가 같고 서로 다른 것을 이등분한다. 그 역도 성립한다.

(2) 마름모의 두 대각선은 서로 다른 것을 수직이등분한다. 역으로, 두 대각선이 서로 다른 것을 수직이등분하는 사각형은 마름모이다.

(3) 정사각형의 두 대각선의 길이가 같고, 서로 다른 것을 수직이등분한다. 역으로, 두 대각선의 길이가 같고, 서로 다른 것을 수직이등분하는 사각형은 정사각형이다.

정리 11

볼록사각형 $ABCD$에서 두 대각선 AC와 BD의 교점을 O라고 하자. 그러면, 사각형 $ABCD$는 네 개의 삼각형 ABO, BCO, CDO, DAO로 나누어지고,

$$\triangle ABO \cdot \triangle CDO = \triangle BCO \cdot \triangle DAO$$

가 성립한다.

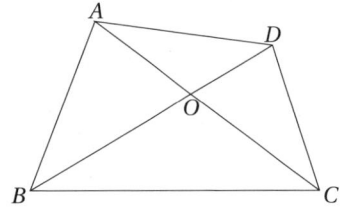

정리 12 (내각과 외각의 크기, 대각선의 수)

볼록 n각형에 대하여 다음이 성립한다.

(1) 볼록 n각형의 내각의 총합은 $(n-2) \times 180°$이다.

(2) 정 n각형의 한 내각의 크기는 $\dfrac{(n-2) \times 180°}{n}$이다.

(3) n각형의 외각의 합은 $360°$이다.

(4) n각형의 대각선의 총수는 $\dfrac{1}{2}n(n-3)$이다.

(5) 정 n각형의 서로 다른 대각선의 수는 $\left[\dfrac{n-2}{2}\right]$이다. 단, $[x]$는 x를 넘지 않는 최대의 정수이다.

정리 13 (피타고라스의 정리)

$\angle C = 90°$인 직각삼각형 ABC에서, $\overline{BC}^2 + \overline{CA}^2 = \overline{AB}^2$이 성립한다. 또, 역도 성립한다.

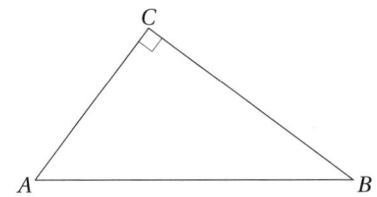

정리 14 (삼각형의 닮음조건)

두 삼각형은 다음 세 조건 중 어느 하나를 만족하면 닮음이다.

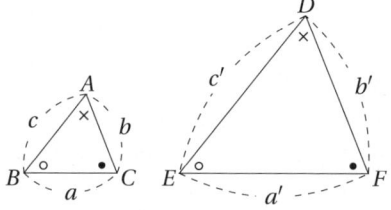

(1) (SSS닮음) 세 쌍의 대응변의 길이의 비가 같을 때,

(2) (SAS닮음) 두 쌍의 대응변의 길이의 비가 같고, 그 끼인각의 크기가 같을 때,

(3) (AA닮음) 두 쌍의 대응각의 크기가 같을 때,

정리 15 (삼각형과 선분의 길이의 비)

$\triangle ABC$에서 변 BC에 평행한 직선이 변 AB, AC 또는 그 연장선과 만나는 점을 각각 D, E라고 하면, 다음이 성립한다.

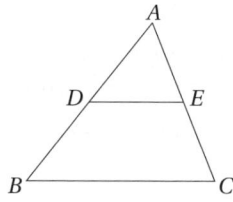

(1) $\dfrac{\overline{AD}}{\overline{AB}} = \dfrac{\overline{AE}}{\overline{AC}} = \dfrac{\overline{DE}}{\overline{BC}}$ 이다.

(2) $\dfrac{\overline{AD}}{\overline{DB}} = \dfrac{\overline{AE}}{\overline{EC}}$ 이다.

정리 16 (내각의 이등분선의 정리)

삼각형 ABC에서 $\angle A$의 이등분선과 변 BC의 교점을 D라 하면,

$$\overline{AB} : \overline{AC} = \overline{BD} : \overline{DC}$$

가 성립한다.

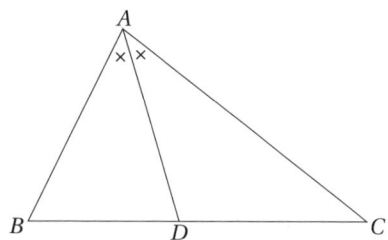

정리 17 (외각의 이등분선의 정리)

삼각형 ABC에서 $\angle A$의 외각의 이등분선과 변 BC의 연장선과의 교점을 D라 하면,

$$\overline{AB} : \overline{AC} = \overline{BD} : \overline{DC}$$

가 성립한다.

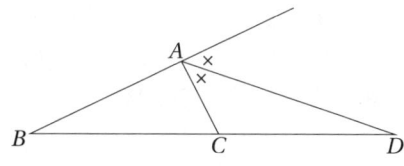

정리 18

삼각형 ABC에서 $\angle A$의 이등분선과 변 BC의 교점을 D라 할 때,

$$\overline{AD}^2 = \overline{AB} \cdot \overline{AC} - \overline{BD} \cdot \overline{DC}$$

가 성립한다.

[정리] **19** (직각삼각형의 닮음)

삼각형 ABC에서 $\angle A = 90°$이고, 점 A에서 변 BC에 내린 수선의 발을 H라 할 때, 다음이 성립한다.

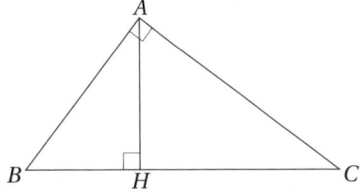

(1) $\overline{AB}^2 = \overline{BH} \cdot \overline{BC}$

(2) $\overline{AC}^2 = \overline{CH} \cdot \overline{BC}$

(3) $\overline{AH}^2 = \overline{BH} \cdot \overline{CH}$

(4) $\overline{AB} \cdot \overline{AC} = \overline{AH} \cdot \overline{BC}$

[정리] **20** (삼각형의 중점연결정리)

삼각형 ABC에서 변 AB, AC의 중점을 각각 D, E라 하면, $\overline{DE} \parallel \overline{BC}$, $\overline{DE} = \frac{1}{2}\overline{BC}$가 성립한다.

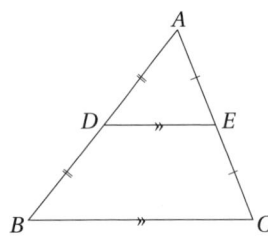

[정리] **21** (내심의 기본성질(1))

내심에서 세 변에 이르는 거리는 같다.

[정리] **22** (내심의 기본성질(2))

삼각형 ABC에서 변 BC, CA, AB의 길이를 각각 a, b, c라 하고, 반지름이 r인 내접원과 변 BC, CA, AB와의 교점을 각각 D, E, F라고 하면,

$$\overline{AE} = \overline{AF}, \quad \overline{BF} = \overline{BD}, \quad \overline{CD} = \overline{CE}$$

이다. $a + b + c = 2s$라고 할 때, 다음이 성립한다.

(1) $\overline{AE} = \overline{AF} = s - a$, $\overline{BF} = \overline{BD} = s - b$, $\overline{CD} = \overline{CE} = s - c$이다.

(2) 삼각형 ABC의 넓이 S는 $S = \frac{1}{2}(a + b + c)r = sr$ 이다.

[정리] **23** (외심의 기본성질)

외심에서 세 꼭짓점에 이르는 거리는 같다.

[정리] **24** (무게중심의 기본성질)

삼각형 ABC에서 세 변 BC, CA, AB의 중점을 각각 D, E, F라 하자. 세 중선의 교점을 G라 하자. 그러면 다음이 성립한다.

(1) $\overline{AG} : \overline{GD} = 2 : 1$, $\overline{BG} : \overline{GE} = 2 : 1$, $\overline{CG} : \overline{GF} = 2 : 1$ 이다.

(2) $\triangle AGF = \triangle GFB = \triangle BGD = \triangle GDC = \triangle CGE = \triangle GEA$이다.

정리 25 (스튜워트의 정리)

삼각형 ABC에서 변 BC, CA, AB의 길이를 각각 a, b, c라 하자. 또 점 D가 변 BC위의 한 점이고, 선분 AD, BD, CD의 길이를 각각 p, m, n이라 하자. 그러면

$$b^2 m + c^2 n = a(p^2 + mn)$$

이 성립한다.

정리 26 (파푸스의 중선정리)

삼각형 ABC에서 변 BC의 중점을 M이라 하면,

$$\overline{AB}^2 + \overline{AC}^2 = 2(\overline{BM}^2 + \overline{AM}^2)$$

이 성립한다.

정리 27 (삼각형 넓이의 비에 대한 정리)

평행하지 않은 두 선분 AB와 PQ의 교점 또는 그 연장선의 교점을 M이라고 하면, $\dfrac{\triangle ABP}{\triangle ABQ} = \dfrac{\overline{PM}}{\overline{QM}}$이 성립한다.

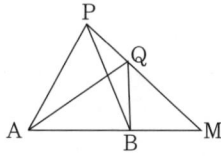
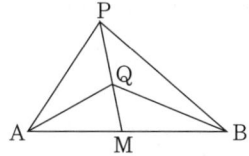
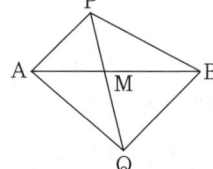
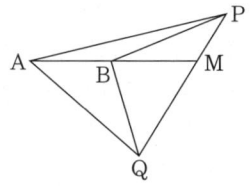

정리 28 (체바의 정리)

삼각형 ABC의 세 변 BC, CA, AB 위에 각각 주어진 점 D, E, F에 대하여, 세 선분 AD, BE, CF가 한 점에서 만날 필요충분조건은

$$\dfrac{\overline{AF}}{\overline{FB}} \cdot \dfrac{\overline{BD}}{\overline{DC}} \cdot \dfrac{\overline{CE}}{\overline{EA}} = 1$$

이다.

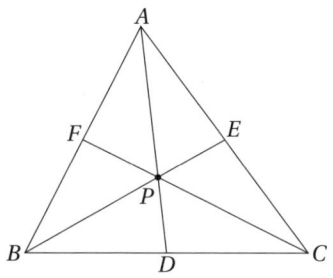

정리 29 (메넬라우스의 정리)

직선 ℓ이 삼각형 ABC에서 세 변 BC, CA, AB 또는 그 연장선과 각각 점 D, E, F에서 만나면

$$\dfrac{\overline{AF}}{\overline{FB}} \cdot \dfrac{\overline{BD}}{\overline{DC}} \cdot \dfrac{\overline{CE}}{\overline{EA}} = 1$$

이 성립한다. 역으로 위의 식이 성립하면, 세 점 D, E, F는 한 직선 위에 있다.

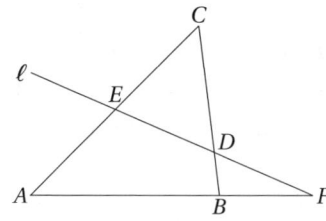

정리 30 (중심각과 호, 현의 비교)

한 원에서 중심각과 호, 현 사이에는 다음과 같은 관계가 성립한다.

(1) 한 원 또는 합동인 두 원에서 같은 크기의 중심각에 대한 호의 길이와 현의 길이는 각각 같다. 그 역도 성립한다.

(2) 부채꼴의 중심각의 크기와 호의 길이는 비례한다.

(3) 부채꼴의 중심각의 크기와 현의 길이는 비례하지 않는다.

정리 31 (현의 수직이등분선의 성질)

원의 중심에서 현에 내린 수선은 현을 수직이등분한다. 또, 현의 수직이등분선은 이 원의 중심을 지난다.

정리 32 (현의 길이의 성질)

원의 중심에서 같은 거리에 있는 두 현의 길이는 같다. 또, 길이가 같은 두 현은 중심에서 같은 거리에 있다.

정리 33 (원주각과 중심각 사이의 관계)

한 원에서 원주각과 중심각 사이에는 다음과 같은 관계가 성립한다.

(1) 한 원에서 주어진 호(또는 현) 위의 원주각의 크기는 중심각의 크기의 $\frac{1}{2}$이다.

(2) 한 원에서 같은 길이의 호에 대한 원주각의 크기는 일정하다. 또, 역도 성립한다.

정리 34 (원의 접선의 성질)

원의 접선은 그 접점을 지나는 반지름에 수직이다. 또, 원 위의 한 점을 지나고 그 점을 지나는 반지름에 수직인 직선은 이 원의 접선이다.

정리 35 (접선의 길이)

원의 외부에 있는 한 점에서 그 원에 그은 두 접선의 길이는 같다.

정리 36 (접선과 현이 이루는 각)

원의 접선과 그 접점을 지나는 현이 이루는 각의 크기는 이 각의 내부에 있는 호에 대한 원주각의 크기와 같다.

정리 37 (방멱의 원리(원과 비례의 성질))

원과 현(현의 연장선) 사이에 다음과 같은 관계가 성립한다. 이를 방멱의 원리 또는 원과 비례의 성질이라고 부른다.

(1) 한 원의 두 현 AB와 CD가 원의 내부에서 만나는 점을 P라고 하면, $\overline{PA} \cdot \overline{PB} = \overline{PC} \cdot \overline{PD}$가 성립한다.

(2) 한 원의 두 현 AB와 CD의 연장선이 원의 외부에서 만나는 점을 P라고 하면, $\overline{PA} \cdot \overline{PB} = \overline{PC} \cdot \overline{PD}$가 성립한다.

(3) 원의 외부의 한 점 P에서 그 원에 그은 접선과 할선이 원과 만나는 점을 각각 T, A, B라고 하면, $\overline{PT}^2 = \overline{PA} \cdot \overline{PB}$가 성립한다.

정리 38 (네 점이 한 원 위에 있을 조건)

네 점이 한 원에 있을 조건은 다음과 같다.

(1) 두 선분 AB, CD 또는 그 연장선이 점 P에서 만나고,
$$\overline{PA} \cdot \overline{PB} = \overline{PC} \cdot \overline{PD}$$
이면, 네 점 A, B, C, D는 한 원 위에 있다.

(2) $\angle DAB = \angle BCD = 90°$이면 네 점 A, B, C, D는 $\overline{BD}$를 지름으로 하는 원 위에 있다.

(3) 선분 AB에 대하여 같은 쪽에 있는 두 점을 각각 P, Q라고 할 때, $\angle APB = \angle AQB$이면 네 점 A, B, P, Q는 한 원 위에 있다.

정리 39 (원에 내접하는 사각형)

사각형 $ABCD$가 한 원에 내접하기 위한 필요충분조건은 다음과 같다.

(1) 원에 내접하는 사각형에서 한 쌍의 대각의 크기의 합은 $180°$이다.

(2) 원에 내접하는 사각형에서 한 외각의 크기는 그 내대각의 크기와 같다.

(3) 임의의 한 변에서, 나머지 두 점을 바라보는 각이 같다. 변 AB에서 점 C를 바라보는 각이 $\angle ACB$, 점 D를 바라보는 각이 $\angle ADB$라고 할 때, $\angle ACB = \angle ADB$이다.

(4) 두 대각선의 교점을 P라고 하면 $\overline{PA} \cdot \overline{PC} = \overline{PB} \cdot \overline{PD}$이다.

(5) 두 대변 AD와 BC(또는 AB와 CD)의 연장선의 교점을 P라 할 때, $\overline{PA} \cdot \overline{PD} = \overline{PB} \cdot \overline{PC}$ 또는 $\overline{PA} \cdot \overline{PB} = \overline{PC} \cdot \overline{PD}$이다.

(6) 네 꼭짓점에 이르는 거리가 같은 점이 존재한다.

(7) 네 변의 수직이등분선이 한 점에서 만난다.

(8) (톨레미의 정리) $\overline{AB} \cdot \overline{CD} + \overline{BC} \cdot \overline{DA} = \overline{AC} \cdot \overline{BD}$이다.

정리 40 (톨레미의 정리)

원에 내접하는 사각형 $ABCD$의 대변의 길이의 곱을 합한 것은 대각선의 길이의 곱과 같다. 즉,

$$\overline{AB}\cdot\overline{CD}+\overline{BC}\cdot\overline{DA}=\overline{AC}\cdot\overline{BD}$$

가 성립한다.

따름정리 41 (톨레미 정리의 역)

볼록사각형에서 두 쌍의 대변의 곱의 합이 두 대각선의 곱과 같으면 그 사각형은 원에 내접한다. 즉, 볼록사각형 $ABCD$에서

$$\overline{AB}\cdot\overline{CD}+\overline{BC}\cdot\overline{DA}=\overline{AC}\cdot\overline{BD}$$

가 성립하면, 사각형 $ABCD$는 원에 내접한다.

정리 42 (브라마굽타의 공식)

원에 내접하는 사각형 $ABCD$의 대각선이 서로 직교할 때, 그 교점 O에서 한 변 BC에 그은 수선 OE의 연장선은 변 BC의 대변 AD를 이등분한다.

정리 43 (원에 외접하는 사각형)

사각형 $ABCD$가 한 원에 외접하기 위한 필요충분조건은 다음과 같다.

(1) (듀란드의 문제) $\overline{AB}+\overline{CD}=\overline{BC}+\overline{DA}$이다.

(2) 네 변에 이르는 거리가 같은 점이 존재한다.

(3) 네 각의 이등분선이 한 점에서 만난다.

정리 44 (사인 법칙)

$\overline{BC}=a, \overline{CA}=b, \overline{AB}=c$인 삼각형 ABC에서 다음이 성립한다. 단, R은 삼각형 ABC의 외접원의 반지름이다.

$$\frac{a}{\sin A}=\frac{b}{\sin B}=\frac{c}{\sin C}=2R$$

정리 45 (제 1 코사인법칙)

$\overline{BC}=a, \overline{CA}=b, \overline{AB}=c$인 삼각형 ABC에서 다음이 성립한다.

$$a=b\cos C+c\cos B$$
$$b=c\cos A+a\cos C$$
$$c=a\cos B+b\cos A$$

정리 46 (제 2 코사인법칙)

$\overline{BC}=a, \overline{CA}=b, \overline{AB}=c$인 삼각형 ABC에서 다음이 성립한다.

$$a^2=b^2+c^2-2bc\cos A$$
$$b^2=c^2+a^2-2ca\cos B$$
$$c^2=a^2+b^2-2ab\cos C$$

정리 47 (삼각형의 넓이 공식)

$\overline{BC} = a$, $\overline{CA} = b$, $\overline{AB} = c$인 삼각형 ABC의 넓이 S는 다음과 같다. 단, R은 삼각형 ABC의 외접원의 반지름이고, r은 내접원의 반지름, r_a, r_b, r_c는 방접원의 반지름이고, h_a, h_b, h_c는 삼각형의 높이이고, $s = \frac{a+b+c}{2}$이다.

(1) $S = \frac{1}{2}ah_a = \frac{1}{2}bh_b = \frac{1}{2}ch_c$이다.

(2) $S = \frac{1}{2}bc\sin A = \frac{1}{2}ca\sin B = \frac{1}{2}ab\sin C$이다.

(3) (헤론의 공식) $S = \sqrt{s(s-a)(s-b)(s-c)}$

(4) $S = \frac{abc}{4R}$이다.

(5) $S = rs = (s-a)r_a = (s-b)r_b = (s-c)r_c$이다.

(6) $S = 2R^2 \sin A \sin B \sin C$이다.

(7) $S = \sqrt{rr_a r_b r_c}$이다.

(8) $S = \frac{a^2 \sin B \sin C}{2\sin(B+C)} = \frac{b^2 \sin C \sin A}{2\sin(C+A)} = \frac{c^2 \sin A \sin B}{2\sin(A+B)}$이다.

정리 48

삼각형 ABC에서 외접원의 반지름 R, 내접원의 반지름 r, 방접원의 반지름 r_a, r_b, r_c 사이에 다음이 성립한다.

(1) $4R + r = r_a + r_b + r_c$이다.

(2) $\frac{1}{r} = \frac{1}{r_a} + \frac{1}{r_b} + \frac{1}{r_c}$이다.

(3) $1 + \frac{r}{R} = \cos A + \cos B + \cos C$이다.